Matemática Aplicada à Administração, Economia e Contabilidade

Funções de uma e mais variáveis

Dados Internacionais de Catalogação na Publicação (CIP)
(Câmara Brasileira do Livro, SP, Brasil)

Silva, Luiza Maria Oliveira da
   Matemática aplicada à administração, economia e
contabilidade: funções de uma e mais variáveis /
Luiza Maria Oliveira da Silva e Maria Augusta Soares
Machado. - São Paulo: Cengage Learning, 2016.

   3. reimpr. da 1. ed. de 2010.
   ISBN 978-85-221-0742-1

   1. Matemática - Estudo e ensino I. Machado, Maria
Augusta Soares. II. Título.

10-07111   CDD-510.07

Índice para catálogo sistemático:

1. Matemática aplicada: Estudo e ensino 510.07

Matemática Aplicada à Administração, Economia e Contabilidade

Funções de uma e mais variáveis

Luiza Maria Oliveira da Silva
Maria Augusta Soares Machado

Austrália • Brasil • Japão • Coreia • México • Cingapura • Espanha • Reino Unido • Estados Unidos

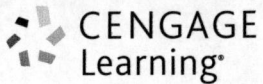

Matemática aplicada à Administração, Economia e Contabilidade – Funções de uma e mais variáveis.

Luiza Maria Oliveira da Silva
e Maria Augusta Soares Machado

Gerente Editorial: Patricia La Rosa

Editora de Desenvolvimento: Noelma Brocanelli

Supervisora de Produção Editorial: Fabiana Alencar Albuquerque

Produtora Editorial: Gisela Carnicelli

Copidesque: Carlos Alberto Villarruel Moreira

Revisão: Cristiane Mayumi Morinaga, Cintia Leitão e Iara A. Ramos

Criação e composição de gráficos: Casa Editorial Maluhy & Co

Diagramação: Alfredo Carracedo Castillo

Capa: Souto Crescimento de Marca

© 2011 Cengage Learning Edições Ltda.

Todos os direitos reservados. Nenhuma parte deste livro poderá ser reproduzida, sejam quais forem os meios empregados, sem a permissão, por escrito, da Editora. Aos infratores aplicam-se as sanções previstas nos artigos 102, 104, 106 e 107 da Lei nº 9.610, de 19 de fevereiro de 1998.

Esta editora empenhou-se em contatar os responsáveis pelos direitos autorais de todas as imagens e de outros materiais utilizados neste livro. Se porventura for constatada a omissão involuntária na identificação de algum deles, dispomo-nos a efetuar, futuramente, os possíveis acertos.

A Editora não se responsabiliza pelo funcionamento dos links contidos neste livro que possam estar suspensos.

Para informações sobre nossos produtos, entre em contato pelo telefone **0800 11 19 39**

Para permissão de uso de material desta obra, envie seu pedido para **direitosautorais@cengage.com**

© 2011 Cengage Learning. Todos os direitos reservados.

ISBN-13: 978-85-221-0742-1
ISBN-10: 85-221-0742-4

Cengage Learning
Condomínio E-Business Park
Rua Werner Siemens, 111 – Prédio 11 – Torre A
Conjunto 12 – Lapa de Baixo
CEP 05069-900 – São Paulo – SP
Tel.: (11) 3665-9900 – Fax: (11) 3665-9901
SAC: 0800 11 19 39

Para suas soluções de curso e aprendizado, visite **www.cengage.com.br**

Impresso no Brasil.
Printed in Brazil.
1 2 3 4 5 6 7   14 13 12 11

Prefácio

As professoras Maria Augusta e Luiza Maria oferecem ao grande público um livro novo na área de métodos quantitativos com foco nos cursos de graduação em administração de empresas, ciências contábeis e ciências econômicas.

Quem leciona na área de métodos quantitativos sabe o quão desafiante é lecionar disciplinas como a de matemática para alunos calouros. A apresentação da matéria, nesse caso, deve ser feita de forma rigorosa, mas também de maneira motivadora, enfatizando-se não apenas a ótica matemática, mas também os assuntos tratados em sala de aula para a futura vida profissional do aluno.

As professoras Maria Augusta e Luiza Maria fornecem neste livro material muito bem organizado, de forma a ajudar os professores dessa área de conhecimento no desempenho de suas rotinas de trabalho.

É importante mencionar que as duas autoras têm grande experiência de sala de aula, ótima formação acadêmica e publicações relevantes.

O material que compõe este livro vem sendo utilizado pelas duas professoras há mais de dez anos. O resultado é um livro rico em exemplos e exercícios – testados em aula e em provas. Os exemplos são apresentados de forma didática, logo após a apresentação da teoria, em ordem crescente de dificuldade e de complexidade. Os exercícios resolvidos facilitam sobremaneira a fixação de conteúdo.

Diante da forma organizada e objetiva pela qual o material é apresentado ao leitor, este livro pode ser usado também para cobrir o conteúdo de disciplinas como aquelas de cálculo em cursos de engenharia, e até mesmo como referência básica para disciplinas quantitativas em programas de pós-graduação nas áreas das ciências humanas e sociais.

Resumindo, a qualidade e clareza do material oferecido pelas autoras garantem a presença deste livro dentre as referências básicas em métodos quantitativos de diversos cursos de graduação e de pós-graduação.

Prof. Antonio Marcos Duarte Júnior, Ph.D.
Professor e Diretor, Faculdades Ibmec-RJ
Rio de Janeiro, 20 de março de 2009

Sumário

1	CAPÍTULO 1 – REVISÃO DE ÁLGEBRA
2	Conjuntos numéricos
2	Conjuntos
3	Igualdade de conjuntos
4	Subconjunto de um conjunto
4	Complemento de um conjunto
4	Conjunto vazio
4	Conjunto universo
5	Interseção de conjuntos
5	União de conjuntos
5	Conjuntos disjuntos
6	Diagramas de Venn
7	Diferença de conjuntos
7	Produto cartesiano de dois conjuntos
7	Propriedade dos conjuntos
8	Leis de De Morgan
11	Ordenação do conjunto dos números reais
11	Intervalos
12	Potenciação de números racionais
13	Propriedades da potenciação
15	Expressões algébricas
15	Polinômios
17	Produtos notáveis
19	Adição e subtração de frações algébricas
19	Equações do primeiro grau
20	Equações de segundo grau
20	Fatoração de equações de segundo grau
21	Coordenadas cartesianas no plano

25 CAPÍTULO 2 – FUNÇÕES

26 Introdução
27 Função composta
30 Função inversa
33 Funções implícitas
34 Função linear
40 Inequação produto e quociente
45 Função modular
50 Função raiz quadrada
52 Equações quadráticas
77 Função exponencial
86 Função logarítmica
95 Funções trigonométricas

115 CAPÍTULO 3 – APLICAÇÕES

115 Conceitos econômicos

143 CAPÍTULO 4 – LIMITES

143 Limites
144 Propriedades dos limites
147 Forma indeterminada do tipo $\frac{0}{0}$
150 Limites no infinito
153 Forma indeterminada do tipo $\frac{\infty}{\infty}$
155 Limites laterais

165 CAPÍTULO 5 – CONTINUIDADE DAS FUNÇÕES

165 Definição
166 Condições de continuidade
166 Continuidade de funções poliminais
168 Continuidade em um intervalo aberto
169 Continuidade à direita
169 Continuidade à esquerda

170	Continuidade em um intervalo fechado
171	Tipos de descontinuidades e assíntotas
173	Assíntota vertical
174	Assíntota horizontal

193	**CAPÍTULO 6 – DERIVADAS DAS FUNÇÕES DE UMA VARIÁVEL**
193	Definição de primeira derivada
194	Interpretação geométrica da derivada
195	Fórmulas para derivação
219	Diferencial
220	Derivadas de ordem superior
222	Análise marginal

237	**CAPÍTULO 7 – MÁXIMOS E MÍNIMOS DE FUNÇÕES DE UMA VARIÁVEL**
237	Funções crescentes e decrescentes
238	Pontos críticos
239	Máximos e mínimos relativos ou locais
239	Máximos e mínimos absolutos
241	Teste da segunda derivada
246	Ponto de inflexão

269	**CAPÍTULO 8 – TEOREMA DE L'HOSPITAL**
269	Teorema de L'Hospital
269	Formas indeterminadas do tipo $\frac{0}{0}$ e $\frac{\infty}{\infty}$
273	Formas indeterminadas do tipo $\infty \cdot 0$
275	Formas indeterminadas do tipo 0^0
276	Formas indeterminadas do tipo ∞^0
277	Formas indeterminadas do tipo 1^∞
279	Formas indeterminada do tipo $\infty - \infty$

285 CAPÍTULO 9 – INTEGRAÇÃO

285 Integração
285 Integração indefinida
290 Integral definida
302 Formas padrão de integração
311 Integração por partes
314 Integração por frações parciais
321 Integração por substituição racionalizante
323 Integração por substituição mista
325 Aplicações

333 CAPÍTULO 10 – ÁLGEBRA MATRICIAL

333 Introdução
333 Noção de matriz
335 Operações com matrizes
347 Determinante de uma matriz
348 Sistemas lineares

357 CAPÍTULO 11 – FUNÇÕES DE MAIS DE UMA VARIÁVEL

357 Definição
359 Derivada parcial
362 Derivadas de ordem superior
365 Diferencial total
367 Derivada total
371 Derivada de funções implícitas
373 Aplicações

385 CAPÍTULO 12 – MÁXIMOS E MÍNIMOS DE FUNÇÕES DE DUAS VARIÁVEIS

385 Definição
385 Máximos e mínimos de funções de duas variáveis
391 Aplicações
395 Máximos e mínimos restritos ou condicionados: método dos multiplicadores de Lagrange
399 Aplicações de máximos e mínimos condicionados

CAPÍTULO 13 – MÁXIMOS E MÍNIMOS DE FUNÇÕES COM N VARIÁVEIS

405 Máximos e mínimos não condicionados
410 Máximos e mínimos condicionados
417 Aplicações

CAPÍTULO 14 – INTEGRAIS MÚLTIPLAS

425 Definição
427 Integrais duplas
434 Aplicações

CAPÍTULO 15 – SEQUÊNCIAS E SÉRIES

443 Definição
444 Séries positivas
446 Séries alternadas
449 Teste da comparação
458 Séries de potências

CAPÍTULO 16 – EQUAÇÕES DIFERENCIAIS

467 Introdução
468 Definição e classificação
469 Equações diferenciais separáveis
471 Equações diferenciais homogêneas
475 Equações diferenciais exatas
478 Equações diferenciais lineares
479 Equações diferenciais lineares em uma função de y ou x
482 Aplicações

Exercícios complementares disponíveis na página do livro – www.cengage.com.

1 Revisão de álgebra

Após o estudo deste capítulo, você estará apto a conceituar:

- Conjuntos numéricos
- Igualdade de conjuntos
- Subconjunto de um conjunto
- Complemento de um conjunto
- Conjunto vazio
- Conjunto universo
- Interseção de conjuntos
- União de conjuntos
- Conjuntos disjuntos
- Diagramas de Venn
- Diferença de conjuntos
- Produto cartesiano de conjuntos
- Potenciação de números racionais
- Produtos notáveis
- Equações de primeiro e segundo graus

Conjuntos numéricos

Aqui serão considerados os conjuntos da Tabela 1.1.

Tabela 1.1: Conjuntos numéricos

Conjunto	Notação
Números naturais = {0, 1, 2, ...}	N
Números naturais não-nulos = {1, 2, ...}	N*
Números inteiros = {... −3, −2, −1, 0, 1, 2, ...}	Z
Números inteiros não negativos = {0, 1, 2, ...}	Z_+
Números inteiros positivos = {1, 2, ...}	Z_+^*
Números inteiros não positivos = {... −3, −2, −1, 0}	Z_-
Números inteiros negativos = {... −3, −2, −1, ...}	Z_-^*
Números racionais = $\{x \mid x = \dfrac{p}{q}, p, q \in Z, q \neq 0\}$	Q
Números irracionais: números que não podem ser escritos da forma $\dfrac{p}{q}$, $p, q \neq 0$. Exemplos: $\sqrt{2}, \sqrt{3}, \pi = 3,1415..., e = 2,718281...$	I
Números reais: conjunto dos números racionais e irracionais	R
Números reais positivos	R_+
Números reais positivos excluído o zero	R_+^*
Números reais negativos	R_-
Números reais negativos excluído o zero	R_-^*

Conjuntos

Qualquer coleção de objetos, tais como as laranjas de uma árvore, os números naturais menores que 40 etc., será denominada conjunto. As laranjas e os números são denominados elementos dos respectivos conjuntos. A notação geralmente utilizada é letra maiúscula para conjunto e letra minúscula para elemento.

Seja X um conjunto e x_1, x_2 elementos de X. A notação utilizada para indicar que um elemento pertence a um conjunto é:

$x_1 \in X$ e $x_2 \in X$

A notação utilizada para indicar que um elemento x_3 não pertence a X é:

$x_3 \notin X$

▶ **Exemplo 1.1**

$1 \in N$; $\dfrac{1}{2} \in Z$; $0,14 \in R_+$

Os conjuntos podem ser definidos por enunciados precisos, em palavras ou em forma tabular, pela apresentação de seus elementos entre um par de chaves.

▶ **Exemplo 1.2**

A = {a} é o conjunto formado por um único elemento *a*, que é chamado conjunto unitário.

B = {a, b, c} é o conjunto formado por três elementos *a*, *b*, *c*.

C = {1, 2, 3, 4, 5, 6} é o conjunto dos números naturais positivos menores que 7.

D = {0, 2, 4, 6, ...} é o conjunto dos números naturais pares.

E = {... −10, −8, −6, −4, −2, 0, 2, 4, 6, ...} é o conjunto dos números inteiros divisíveis por 2.

Os conjuntos C, D e E podem ser também definidos como:

C = $\{x \mid x \in N^*, x < 7\}$

D = $\{x \mid x \in N, x \text{ é par}\}$

E = $\{x \mid x \in Z, x \text{ é divisível por 2}\}$

Igualdade de conjuntos

Se dois conjuntos A e B têm os mesmos elementos, eles são iguais, e escreve-se: A = B. Para indicar que A e B não são iguais, escreve-se A ≠ B.

▶ **Exemplo 1.3**

A = {2, 5, 7} e B = {7, 2, 5}

A = B, pois a ordem não é importante.

▶ **Exemplo 1.4**

A = {−3, −2, −1} e B = {1, 2, 3}

A ≠ B, pois os elementos de A são diferentes de B.

▶ **Exemplo 1.5**

A = {1, 2, 4} e B = {2, 4, 5}

A ≠ B, pois o elemento 1 pertence a A e não pertence a B, e o elemento 5 pertence a B e não pertence a A.

Subconjunto de um conjunto

Seja X um conjunto. Qualquer conjunto A, cujos elementos são também elementos de X, é dito estar contido em X e é denominado subconjunto de X. A notação utilizada é A ⊂ X.

◗ **Exemplo 1.6**
Sejam X = {x, y, z} e A = {x, y}
A ⊂ X, pois todos os elementos de A estão em X.

◗ **Exemplo 1.7**
Sejam X = {x ∈ N | x é par} e A = {2, 4, 6}
A ⊂ X, pois todos os elementos de A estão em X.

Complemento de um conjunto

Seja A um subconjunto de X. Então, X contém os elementos de A e outros elementos que não estão em A. O conjunto dos elementos de X que não pertencem a A é denominado complemento de A em X. A notação utilizada é $\overline{A}$ ou A'.

◗ **Exemplo 1.8**
Seja X = {a, b, c, d, e}. O complemento de A = {a, b} em X é $\overline{A}$ = {c, d, e} = A'.

Conjunto vazio

O conjunto vazio é o conjunto que não possui elementos. A notação é ∅ ou { }.

Conjunto universo

Seja U o conjunto universo. Se U ≠ ∅, então U é o conjunto de todos os elementos possíveis.

◗ **Exemplo 1.9**
Seja N o conjunto universo e A = {3, 4, 5}. Pode-se afirmar que A ⊂ N.

Interseção de conjuntos

Sejam dois conjuntos A e B. O conjunto de todos os elementos que estão em ambos os conjuntos A e B é denominado interseção de A e B. A notação utilizada é A ∩ B. Logo, A ∩ B = {x| x ∈ A e x ∈ B}.

▶ **Exemplo 1.10**
Sejam A = {2, 3, 4} e B = {4, 5, 6}
A ∩ B = {4}.

▶ **Exemplo 1.11**
Sejam   A = {x ∈ N | x < 10} e B = {x ∈ N | x < 20}
A ∩ B = A.

União de conjuntos

Sejam dois conjuntos A e B. O conjunto de todos os elementos que estão em A ou em B é denominado união de A e B. A notação utilizada é A ∪ B.

▶ **Exemplo 1.12**
Sejam A = {1, 2, 3} e B = {4, 5, 6}
A ∪ B = {1, 2, 3, 4, 5, 6}.

▶ **Exemplo 1.13**
Sejam A = {x ∈ N | x < 4} e B = {x ∈ N | x ≥ 4}
A ∪ B = N.

Conjuntos disjuntos

Dois conjuntos são denominados disjuntos se não possuem elementos em comum, isto é, A ∩ B = ∅.

▶ **Exemplo 1.14**
Sejam A = {1, 2, 3} e B = {4, 5, 6}
A e B são disjuntos, pois A ∩ B = ∅.

Diagramas de Venn

O complemento, a interseção e a união de conjuntos podem ser representados por meio de diagramas de Venn. Nos diagramas a seguir, o conjunto universo U é representado pelos pontos no interior do retângulo.

No Gráfico 1.1, os subconjuntos A e B de U satisfazem a relação A ⊂ B.

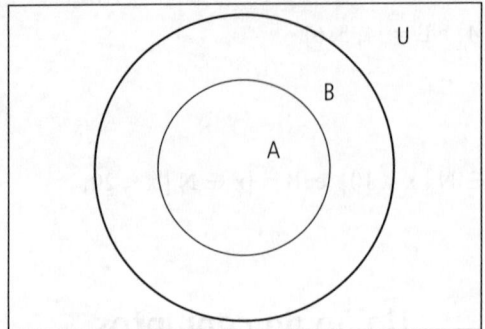

Gráfico 1.1: A ⊂ B

No Gráfico 1.2, os subconjuntos A e B de U satisfazem a relação A ∩ B = ∅.

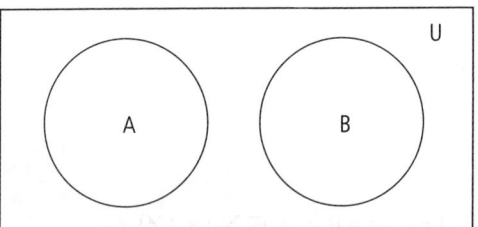

Gráfico 1.2: A ∩ B

No Gráfico 1.3, os subconjuntos A e B de U satisfazem a relação A ∩ B ≠ ∅.

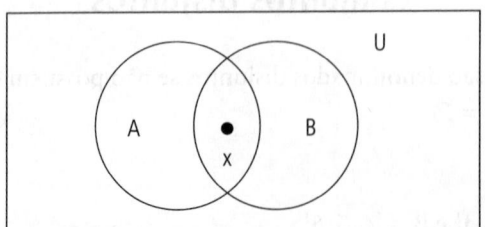

Gráfico 1.3: A ∩ B ≠ ∅

No Gráfico 1.4, os subconjuntos A e B de U satisfazem a relação A ∪ B = {1, 2, 3}, A ∩ B = {3}.

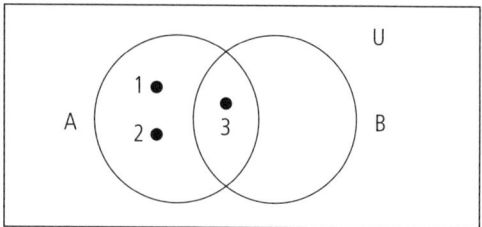

Gráfico 1.4: A ∪ B

Diferença de conjuntos

A diferença de dois conjuntos A e B é o conjunto dos elementos de A que não pertencem a B. A notação utilizada é A – B.

▶ Exemplo 1.15
Sejam A = {1, 2, 3, 4, 5} e B = {1, 2}
A – B = {3, 4, 5}.

Produto cartesiano de dois conjuntos

O produto cartesiano de dois conjuntos A e B é um conjunto de pares ordenados, onde x ∈ A e y ∈ B.
A notação utilizada é AB = {(x, y) | x ∈ A e y ∈ B}.

▶ Exemplo 1.16
Sejam A = {1, 2} e B = {0, 4}
AB = {(1, 0); (1, 4); (2, 0); (2, 4)}

Propriedade dos conjuntos

(A) (A')' = A
(B) ∅' = U

(C) $U' = \emptyset$
(D) $A - A = \emptyset$
(E) $A - \emptyset = A$
(F) $A \cup \emptyset = A$
(G) $A \cup U = U$
(H) $A \cup A = A$
(I) $A \cup A' = U$
(J) $A \cap U = A$
(K) $A \cap \emptyset = \emptyset$
(L) $A \cap A = A$
(M) $A \cap A' = \emptyset$
(N) $(A \cup B) \cup C = A \cup (B \cup C)$ (associativa para união)
(O) $(A \cap B) \cap C = A \cap (B \cap C)$ (associativa para interseção)
(P) $A \cup B = B \cup A$ (comutativa para união)
(Q) $A \cap B = B \cap A$ (comutativa para interseção)
(R) $A \cup (B \cap C) = (A \cup B) \cap (A \cup C)$ (distributiva)
(S) $A \cap (B \cup C) = (A \cap B) \cup (A \cap C)$ (distributiva)

Leis de De Morgan

(A) $(A \cup B)' = A' \cap B'$
(B) $(A \cap B)' = A' \cup B'$
(C) $A - (B \cup C) = (A - B) \cap (A - C)$
(D) $A - (B \cap C) = (A - B) \cup (A - C)$

▶ **Exemplo 1.17**
Sejam $A = \{1, 2, 3\}$, $B = \{4, 5, 6\}$, $C = \{7, 8\}$ e $U = N$
(A) $A \cup B = \{1, 2, 3, 4, 5, 6,\}$
(B) $(A \cup B)' = N - \{1, 2, 3, 4, 5, 6\}$
(C) $A' = N - \{1, 2, 3\}$
(D) $B' = N - \{4, 5, 6\}$
(E) $A' \cap B' = N - \{1, 2, 3, 4, 5, 6\} = (A \cup B)'$
(F) $A \cap B = \emptyset$
(G) $(A \cap B)' = N$
(H) $A' \cup B' = N = (A \cap B)'$
(I) $B \cup C = \{4, 5, 6, 7, 8\}$

(J) $A - (B \cup C) = \{1, 2, 3\} = A$
(K) $A - B = \{1, 2, 3\} = A$
(L) $A - C = A$
(M) $(A - B) \cup (A - C) = A = A - (B \cap C)$

Exercício resolvido

▶ **Exercício 1.1**

Dados os conjuntos $A = \{x \in N \mid x \text{ é ímpar}\}$, $B = \{x \in N \mid x \text{ é par}\}$ e $C = \{x \in N \mid x \text{ é múltiplo de 3}\}$, determine se as afirmativas são verdadeiras ou falsas. Justifique.

(A) $3 \in A$
Verdadeiro, pois 3 é um número natural ímpar.

(B) $-5 \in A$
Falso, pois -5 não é um número natural ímpar.

(C) $4 \in B$
Verdadeiro, pois 4 é um número natural par.

(D) $\frac{1}{3} \in B$
Falso, pois $\frac{1}{3}$ não é um número natural par.

(E) $9 \in C$
Verdadeiro, pois 9 é um número natural múltiplo de 3.

(F) $-12 \in C$
Falso, pois -12 não é um número natural múltiplo de 3.

(G) $2 \notin A$
Verdadeiro, pois 2 não é um número natural ímpar.

(H) $A \not\subset B$
Verdadeiro, pois nenhum número natural ímpar é par.

(I) $B \subset C$
Falso, pois somente alguns números naturais pares são múltiplos de 3.

(J) $A \not\subset C$
Verdadeiro, pois somente alguns números naturais ímpares são múltiplos de 3.

(K) $B \cap C = \emptyset$
Falso, pois existem alguns números pares que são múltiplos de 3.

(L) A ∪ B = N
Verdadeiro, pois N é o conjunto dos números naturais pares e ímpares.

(M) (A ∩ C) ∩ B = ∅
Verdadeiro, pois A ∩ C = {x ∈ N | x é ímpar e múltiplo de 3}.

(N) (A ∩ C) ∩ B = ∅, pois não existe nenhum número natural ímpar e múltiplo de 3 que seja par.

(O)

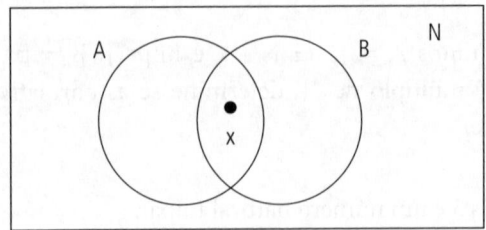

Gráfico 1.5: A ∩ B

Solução:
O diagrama de Venn é falso, pois A ∩ B = ∅.

(P)

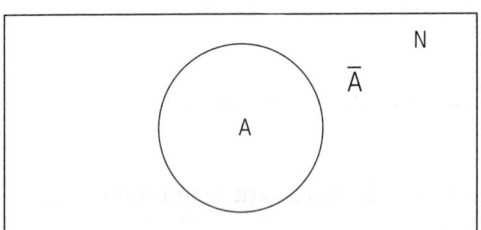

Gráfico 1.6: Ā

Solução:
O diagrama de Venn é verdadeiro, pois Ā = N – A.

(Q)

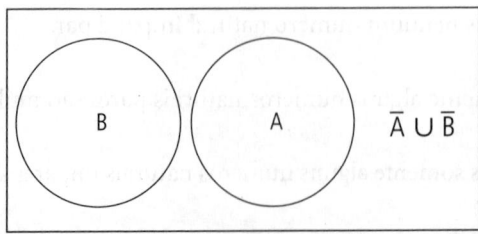

Gráfico 1.7: Ā ∪ B̄

Solução:
O diagrama de Venn é verdadeiro, pois $\overline{A} = B$, $\overline{B} = A$ e $\overline{A} \cup \overline{B} = \overline{A \cup B} = N \neq N - (A \cup B)$.
(R)

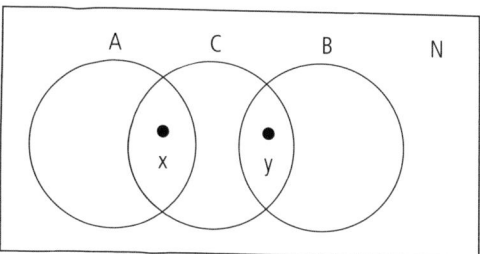

Gráfico 1.8: $A \cap C \neq \emptyset$ e $B \cap C \neq \emptyset$

Solução:
O diagrama de Venn é verdadeiro, $A \cap C \neq \emptyset$, pois existem números naturais ímpares múltiplos de 3; e $B \cap C \neq \emptyset$, pois existem números naturais pares múltiplos de 3.

Ordenação do conjunto dos números reais

Existe uma correspondência biunívoca entre os números reais e os pontos da reta ordenada. Diz-se que um número 'a' é menor que um número 'b' (ou b é maior que a) se a representação na reta ordenada é:

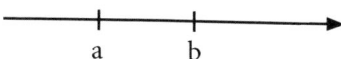

cuja notação é $a < b$ ou $b > a$. As expressões do tipo $x < y$ são denominadas desigualdades, e $x \leq y$ significa que 'x' é menor ou igual a 'y' (ou de modo análogo, $y \geq x$, 'y' é maior ou igual a 'x'). Também pode ser escrito $a < x < b$ para exprimir que o número x está entre 'a' e 'b', ou seja, x é maior que 'a' e menor que 'b'.

Intervalos

Algumas desigualdades importantes são denominadas intervalos.

• *Intervalo fechado*: [a; b] é o conjunto de números reais compreendidos entre 'a' e 'b', incluindo 'a' e 'b'. Representação na reta:

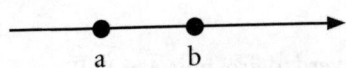

- *Intervalo aberto*: (a; b), também representado por]a,b[, é o conjunto de números reais compreendidos entre 'a' e 'b', excluindo 'a' e 'b'. Representação na reta:

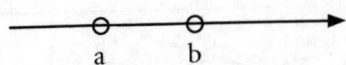

- *Intervalo fechado à direita (ou semiaberto à esquerda)*: (a; b], também representado por]a,b], é o conjunto dos números reais compreendidos entre 'a' e 'b', excluindo 'a'. Representação na reta:

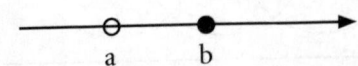

- *Intervalo fechado à esquerda (ou semiaberto à direita)*: [a; b), também representado por [a;b[, é o conjunto dos números reais compreendidos entre 'a' e 'b', excluindo 'b'. Representação na reta.

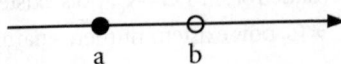

Potenciação de números racionais

A potenciação é uma multiplicação repetida.

Notação: $y = x^n$

Onde: x é a base, $x \in R$

n é o expoente, $n \in R$

▶ **Exemplo 1.18**

(A) $3^2 = 3.3 = 9$

(B) $1^3 = 1$

(C) $0^5 = 0$

(D) $(-1)^5 = -1$ (expoente ímpar)

(E) $(-1)^2 = 1$ (expoente par)

(F) $\left(\dfrac{2}{3}\right)^2 = \left(\dfrac{2}{3}\right) \cdot \left(\dfrac{2}{3}\right) = \dfrac{4}{9}$

(G) $(-15)^0 = 1$

(H) $5^{-1} = \dfrac{1}{5}$

Propriedades da potenciação

(1) $x^m \cdot x^n = x^{m+n}$

▶ **Exemplo 1.19**

$3^2 \cdot 3^3 = 3^{2+3} = 3^5$

(2) $\dfrac{x^m}{x^n} = x^{m-n}$, $x \neq 0$

▶ **Exemplo 1.20**

$\dfrac{5^6}{5^3} = 5^{6-3} = 5^3$

(3) $(x^m)^n = x^{m \cdot n}$

▶ **Exemplo 1.21**

$(5^3)^2 = 5^{3 \cdot 2} = 5^6$

(4) $(x \cdot y)^m = x^m \cdot y^m$

▶ **Exemplo 1.22**

$(3.5)^2 = 3^2 \cdot 5^2 = 9 \cdot 25 = 225$

(5) $\left(\dfrac{x}{y}\right)^m = \dfrac{x^m}{y^m}$, $y \neq 0$

▶ **Exemplo 1.23**

$\left(\dfrac{3}{5}\right)^2 = \dfrac{3^2}{5^2} = \dfrac{9}{25}$

(6) $\dfrac{1}{x^m} = x^{-m}$, $x \neq 0$

▶ **Exemplo 1.24**

$\dfrac{1}{x^{10}} = x^{-10}$

(7) $\sqrt[n]{x} = x^{1/n}$, $n > 0$

▶ **Exemplo 1.25**
$\sqrt[2]{x} = x^{1/2}$

(8) $\sqrt[n]{x^m} = (\sqrt[n]{x})^m = x^{m/n}$, n>0

▶ **Exemplo 1.26**
$\sqrt[3]{x^2} = x^{2/3}$

Exercícios resolvidos

▶ **Exercício 1.2**
Determine o valor de $2^{-1} \cdot 2^3 \cdot 2^{-4}$

$$2^{-1} \cdot 2^3 \cdot 2^{-4} = 2^{-1+3-4} = 2^{-2} = \frac{1}{2^2} = \frac{1}{4}$$

▶ **Exercício 1.3**
Determine o valor de $2^{\frac{1}{3}} \cdot 2^{\frac{1}{3}} \cdot 6^{\frac{2}{3}}$

$2^{\frac{1}{3}} \cdot 2^{\frac{1}{3}} \cdot 6^{\frac{2}{3}} = (2 \cdot 3)^{\frac{1}{3}} \cdot 6^{\frac{2}{3}} = 6^{\frac{1}{3}} \cdot 6^{\frac{2}{3}} = 6^{\frac{1}{3}+\frac{2}{3}} = 6$

▶ **Exercício 1.4**
5^3
Solução: $5^3 = 5 \cdot 5 \cdot 5 = 125$

▶ **Exercício 1.5**
-3^4
Solução: $-3^4 = -(3 \cdot 3 \cdot 3 \cdot 3) = -81$

▶ **Exercício 1.6**
$(-2)^3$
Solução: $(-2)^3 = (-2) \cdot (-2) \cdot (-2) = -8$

▶ **Exercício 1.7**
$(-10)^0$
Solução: $(-10)^0 = 1$

▶ **Exercício 1.8**
3^{-2}

Solução: $3^{-2} = \dfrac{1}{3^2} = \dfrac{1}{3 \cdot 3} = \dfrac{1}{9}$

▶ **Exercício 1.9**

$\left(-\dfrac{1}{3}\right)^{-2}$

Solução: $\left(-\dfrac{1}{3}\right)^{-2} = \dfrac{1}{\left(-\dfrac{1}{3}\right)^2} = \dfrac{1}{\left(-\dfrac{1}{3}\right) \cdot \left(-\dfrac{1}{3}\right)} = \dfrac{1}{\dfrac{1}{9}} = 9$

▶ **Exercício 1.10**

$(5^2)^3$

Solução: $(5^2)^3 = 5^6$

Expressões algébricas

Referem-se a toda sentença matemática que não contenha valores fixados, mas apresente números, letras ou ambos.

Exemplo: $x + y$; $x^2 + x + 2$; $2[x + 4]$

Polinômios

São expressões que não têm variáveis em radicais nem em denominadores, isto é, o expoente da variável é um número natural.

Os polinômios podem ter uma ou mais variáveis e, por exemplo, o polinômio na variável x pode ser escrito como:

$P(x) = a_n x^n + a_{n-1} x^{n-1} + \ldots + a_1 x + a_0$

Se $a_n \neq 0$ então $P(x)$ é um polinômio de grau n.

Qualquer polinômio de grau $n \geq 1$ pode ser escrito na forma fatorada:

$P(x) = a_n (x - x_1) \cdot (x - x_2) \ldots (x - x_n)$

Onde:

a_n é o coeficiente do termo de maior grau;

$x_1, x_2, \ldots, x_n$ são as raízes de $P(x)$.

▶ **Exemplo 1.27**

$2x + xy + 3$; $2 + 2x^2yz$

Multiplicação de polinômios

Aplica-se a propriedade distributiva da multiplicação.

▶ **Exemplo 1.28**
(A) $3(x - y) = 3x - 3y$
(B) $(x - 1)(x + 1) = x^2 + x - x - 1 = x^2 - 1$

Divisão entre polinômios

A divisão entre dois polinômios só poderá ser efetuada quando o grau do polinômio do numerador for maior ou igual ao grau do polinômio do denominador e, para realizar tal operação, usa-se um algoritmo semelhante ao da divisão entre números inteiros.

▶ **Exemplo 1.29**
Dividir $P(x)$ por $S(x)$, onde $P(x) = 3x^2 - 2x + 4$ e $S(x) = x - 3$.

$3x^2 - 2x + 4 \; \lfloor \underline{x - 3}$

(A) Divide-se o termo de maior grau do dividendo pelo termo de maior grau do divisor.

$$\frac{3x^2}{x} = 3x \qquad\qquad 3x^2 - 2x + 4 \; \lfloor \underline{x - 3}$$
$$ 3x$$

(B) Multiplica-se o quociente pelo divisor e subtrai-se esse resultado do dividendo.

$$\begin{array}{r|l} 3x^2 - 2x + 4 & x - 3 \\ \underline{-3x^2 + 9x} & 3x \\ 7x + 4 & \end{array}$$

Esse processo é repetido até obter-se um polinômio de grau menor que o divisor. Esse último polinômio será o resto da divisão.

$$\begin{array}{r|l} 3x^2 - 2x + 4 & x - 3 \\ \underline{-3x^2 + 9x} & 3x + 7 \\ 7x + 4 & \\ \underline{-7x + 21} & \\ 25 & \end{array}$$

Quociente: $3x + 7$
Resto: 25

Exercícios resolvidos

▶ **Exercício 1.11**
Dividir P(x) por S(x):
$$P(x) = x^5 - 3x^3 + 5x - 3$$
$$S(x) = x + 2$$

Solução:

$$
\begin{array}{r|l}
x^5 - 3x^3 + 5x - 3 & \underline{x + 2} \\
\underline{-x^5 - 2x^4} & x^4 - 2x^3 + x^2 - 2x + 9 \\
-2x^4 - 3x^3 + 5x - 3 & \\
\underline{2x^4 + 4x^3} & \\
x^3 + 5x - 3 & \\
\underline{-x^3 - 2x^2} & \\
-2x^2 + 5x - 3 & \\
\underline{2x^2 + 4x} & \\
9x - 3 & \\
\underline{-9x - 18} & \\
-21 &
\end{array}
$$

Quociente: $x^4 - 2x^3 + x^2 - 2x + 9$
Resto: -21

▶ **Exercício 1.12**
$$P(x) = 10x^3 - 3x^2 + 3x + 10$$
$$S(x) = 2x^2 - 3x + 5$$

Solução:

$$
\begin{array}{r|l}
10x^3 - 3x^2 + 3x + 10 & \underline{2x^2 - 3x + 5} \\
\underline{-10x^3 + 15x^2 - 25x} & 5x + 6 \\
12x^2 - 22x + 10 & \\
\underline{-12x^2 + 18x - 30} & \\
-4x - 20 &
\end{array}
$$

Quociente: $5x + 6$
Resto: $-4x - 20$

Produtos notáveis

São multiplicações entre polinômios.

▶ **Exemplo 1.30**
$$(a + b)^2 = a^2 + 2ab + b^2$$
$$(a - b)^2 = a^2 - 2ab + b^2$$

$(a + b) \cdot (a - b) = a^2 - b^2$
$(a + b)^3 = a^3 + 3a^2 b + 3ab^2 + b^3$
$(a - b)^3 = a^3 - 3a^2 b + 3ab^2 - b^3$
$(x - m) \cdot (x - n) = x^2 - sx + p$
Onde: $s = m + n$
$p = m \cdot n$
$(a + b + c)^2 = a^2 + b^2 + c^2 + 2ab + 2ac + 2bc$

Exercícios resolvidos

Calcule:
▶ **Exercício 1.13**
$(x - 2)^2$
Solução: $(x - 2)^2 = x^2 - 4x + 4$

▶ **Exercício 1.14**
$(x - 3) \cdot (x + 3)$
Solução: $(x - 3) \cdot (x + 3) = x^2 - 9$

▶ **Exercício 1.15**
$(x + 3)^3$
Solução: $(x + 3)^3 = x^3 + 3x^2 \cdot 3 + 3x \cdot 3^2 + 3^3 = x^3 + 9x^2 + 27x + 27$

▶ **Exercício 1.16**
$(x - 3) \cdot (x - 4)$
Solução: $(x - 3) \cdot (x - 4) = x^2 - 7x + 12$

▶ **Exercício 1.17**
$\left(x - \dfrac{3}{2}\right)^2$
Solução: $\left(x - \dfrac{3}{2}\right)^2 = x^2 - 2 \cdot \dfrac{3}{2} x + \left(\dfrac{3}{2}\right)^2 = x^2 - 3x + \dfrac{9}{4}$

Fatoração de expressões algébricas

Fatorar um polinômio é escrevê-lo como produto de outros polinômios.

▶ **Exemplos 1.31**
$4x + x^2 = x(4 + x)$
$x^2 - 9 = (x + 3) \cdot (x - 3)$
$x^4 - a^4 = (x^2 - a^2) \cdot (x^2 + a^2) = (x - a) \cdot (x + a) \cdot (x^2 + a^2)$

Adição e subtração de frações algébricas

As operações de adição e subtração de frações algébricas só são possíveis quando as frações têm o mesmo denominador.

▶ **Exemplo 1.32**

$$\frac{5}{x+7} + \frac{7}{x-1}$$

Calcula-se o MMC entre os denominadores e o denominador é o próprio MMC. A partir daí, numeradores são recalculados.

$$\frac{5(x-1) + 7(x+7)}{(x-1) \cdot (x+7)} = \frac{5x - 5 + 7x + 49}{(x-1) \cdot (x+7)} = \frac{12x + 44}{(x-1) \cdot (x+7)}$$

Equações do primeiro grau

É toda equação que pode ser escrita na forma $ax + b = 0$, onde $a, b \in R$ e $a \neq 0$.

▶ **Exemplos 1.33**
$x + 4 = 0 \rightarrow x = -4$
$5x + 5 = 0 \rightarrow 5x = -5 \rightarrow x = -1$
$3x + 1 = 2x - 1 \rightarrow 3x - 2x = -2 \rightarrow x = -2$

Equações de segundo grau

É toda equação que pode ser escrita na forma $ax^2 + bx + c = 0$, onde a, b, c $\in$ R e a $\neq$ 0.

Solução: $x_1, x_2 = \dfrac{-b \pm \sqrt{b^2 - 4ac}}{2a}$

▶ **Exemplos 1.34**

(A) $x^2 - 2x + 1 = 0 \rightarrow x_1, x_2 = \dfrac{-(-2) \pm \sqrt{(-2)^2 - 4 \cdot 1 \cdot 1}}{2 \cdot 1}$

Observa-se nesse caso que $b^2 - 4ac = 0$. Logo, as raízes são iguais.

$x_1, x_2 = \dfrac{2 \pm \sqrt{4-4}}{2} = \dfrac{2 \pm 0}{2} \rightarrow x_1 = x_2 = 1$

(B) $-x^2 - 4x + 60 = 0 \rightarrow x_1, x_2 = \dfrac{-(-4) \pm \sqrt{(-4)^2 - 4 \cdot (-1) \cdot (60)}}{2 \cdot (-1)}$

$x_1, x_2 = \dfrac{4 \pm \sqrt{16 + 240}}{-2} = \dfrac{4 \pm 16}{-2} \rightarrow x_1 = -10 \text{ e } x_2 = 6$

(C) $x^2 - 2x + 5 = 0 \rightarrow x_1, x_2 = \dfrac{-(-2) \pm \sqrt{(-2)^2 - 4 \cdot (1) \cdot (5)}}{2}$

Observa-se nesse caso que $b^2 - 4ac < 0$. Logo, as raízes não são reais.

$x_1, x_2 = \dfrac{2 \pm \sqrt{4 - 20}}{2}$

Não há solução no conjunto dos números reais.

Fatoração de equações de segundo grau

Seja $ax^2 + bx + c = 0$, onde a, b, c, $\in$ R e a $\neq$ 0. A fatoração é dada por:
$ax^2 + bx + c = a(x - x_1) \cdot (x - x_2)$ onde x_1 e x_2 são as raízes reais da equação.

▶ **Exemplo 1.35**

$2t^2 - t - 3 = 2\left(t - \dfrac{3}{2}\right)(t + 1)$

Exercícios resolvidos

Determine os valores de x que satisfaçam a equação em R:

▶ **Exercício 1.18**

$4x + 7 = 0$

Solução: $4x + 7 = 0 \rightarrow 4x = -7 \rightarrow x = -\dfrac{7}{4}$

▶ **Exercício 1.19**

$-3x^2 + x - 2 = 0$

Solução:

$x_1, x_2 = \dfrac{-1 \pm \sqrt{1^2 - 4 \cdot (-3) \cdot (-2)}}{2 \cdot (-3)} = \dfrac{-1 \pm \sqrt{1-24}}{-6} = \dfrac{-1 \pm \sqrt{-23}}{-6}$

Não é possível encontrar valor para x, pois as raízes não são reais.

▶ **Exercício 1.20**

$x^2 - 3x + 2 = 0$

Solução:

$x_1, x_2 = \dfrac{-(-3) \pm \sqrt{(-3)^2 - 4 \cdot 1 \cdot 2}}{2 \cdot 1} = \dfrac{3 \pm \sqrt{9-8}}{2}$

$x_1 = \dfrac{3+1}{2} = 2$

$x_2 = \dfrac{3-1}{2} = 1$

▶ **Exercício 1.21**

$x^2 - 4x = 0$

Solução: $x^2 - 4x = 0 \rightarrow x(x-4) = 0$

$x = 0 \text{ e } x - 4 = 0 \rightarrow x = 4$

Coordenadas cartesianas no plano

Pode-se afirmar que sistemas de coordenadas cartesianas são meios usados para determinação de uma posição ou localização de um ser ou objeto. Assim, são sistemas usuais de coordenadas:

(A) A indicação da temperatura nos termômetros é feita por um número.
(B) A posição de um submarino no fundo do mar é determinada por sua latitude, longitude e profundidade.

Um conjunto de dois números reais em uma determinada ordem forma um par ordenado e o conjunto de todos os pares ordenados chama-se plano numérico,

R^2. Cada par ordenado (x, y) é denominado ponto do plano numérico. Os eixos coordenados são definidos por duas retas perpendiculares dividindo o plano em quatro partes denominadas quadrantes, definidas assim:

- Primeiro quadrante: {(x,y)/x > 0 e y > 0}
- Segundo quadrante: {(x,y)/x < 0 e y > 0}
- Terceiro quadrante: {(x,y)/x < 0 e y < 0}
- Quarto quadrante: {(x,y)/x > 0 e y < 0}

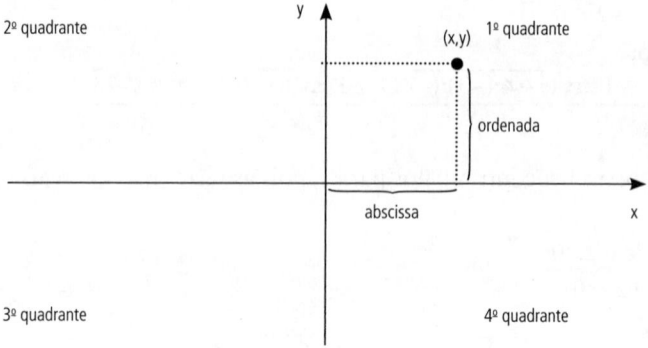

Exercícios propostos

Encontre a solução das seguintes equações:

▶ 1.1: $x - \dfrac{3}{5} = 0$

▶ 1.2: $x + \dfrac{3}{2} = 0$

▶ 1.3: $x + 5 = 0$

▶ 1.4: $5x - 7 = 0$

▶ 1.5: $-3x + \dfrac{3}{5} = 0$

▶ 1.6: $x^2 - 3x - 1 = 0$

▶ 1.7: $2x^2 - 5x = 0$

▶ 1.8: $x^2 - 49 = 0$

▶ 1.9: $2x^2 + 7x + 5 = 0$

▶ 1.10: $x^2 + 3x - 4 = 0$

Calcule:

▶ 1.11: 2^3

▶ 1.12: -2^2

▶ 1.13: $(-1)^2$

▶ 1.14: $(-4)^3$

▶ 1.15: 0^4

▶ 1.16: $(-2)^4$

▶ 1.17: $\left(-\dfrac{5}{7}\right)^2$

▶ 1.18: $\left(\dfrac{2}{3}\right)^3$

▶ 1.19: $\left(\dfrac{1}{3}\right)^4$

▶ 1.20: $\left(-\dfrac{1}{5}\right)^2$

▶ 1.21: $5^2 \cdot 5^8$

▶ 1.22: $\left(\dfrac{3^8}{3^7}\right)$

▶ 1.23: $(7^3)^4$

▶ 1.24: $\left(-\dfrac{3}{2}\right)^2$

▶ 1.25: $\left(\dfrac{5}{8}\right)^4$

Determine o quociente e o resto da divisão de P(x) por S(x):

▶ 1.26: $P(x) = 3x^4 - 3x^3 - x + 1$
   $S(x) = 3x^3 - 1$

▶ 1.27: $P(x) = 3x^4 - 2x^3 + x^2 - 2x + 1$
   $S(x) = x^3 - x^2 + 3x - 2$

▶ 1.28: $P(x) = -x^6 + 3x^2 - 2x - 4$
   $S(x) = x^2 - 3x$

▶ 1.29: $P(x) = 3x^3 - 5x - 2$
   $S(x) = 2x + 1$

2
Funções

Após o estudo deste capítulo, você estará apto a conceituar:

- Funções composta e inversa
- Domínio e imagem das funções
- Gráficos
- Funções lineares
- Aplicações na economia e administração
- Equações quadráticas
- Gráficos das equações quadráticas, das funções exponenciais, logarítmicas e trigonométricas

Introdução

Sejam dados dois conjuntos quaisquer X, de elementos x, e Y de elementos y.

Uma função definida no conjunto X com valores no conjunto Y é uma correspondência que a cada elemento de X associa-se um único elemento de Y (denominada correspondência unívoca). Designando-se a função com a letra f, representa-se por f(x) o valor de y que está associado a x, por meio da função f. O modelo matemático é dado por:

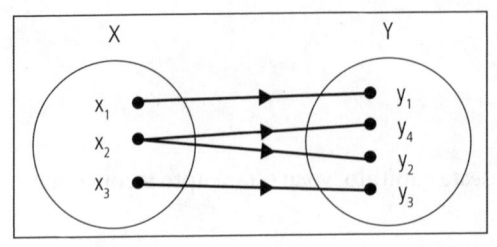

f: x ➜ y/ y = f(x)

O diagrama acima não representa uma função, pois para x_2 existem dois valores correspondentes de y.

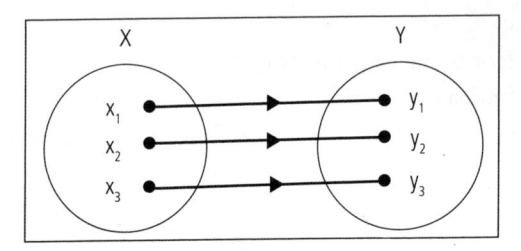

O diagrama acima representa uma função, pois para cada x_i existe um único valor correspondente de y.

Define-se como domínio o conjunto de todos os valores possíveis de x, e como imagem o conjunto de todos os valores possíveis de y. A variável x é a variável independente da função, e y é a variável dependente da função.

▶ **Exemplo 2.1**

Se a cada dia do ano associa-se o dia da semana em que o dia cai, obtém-se a função conhecida como calendário (e cuja tabela é dita folhinha), cujo domínio é cada dia do ano e imagem é o dia da semana em que o dia cai.

Modelo matemático:

f: x(dias/ano) ➜ y(dias/semana) ➜ y = f(x) = calendário

◗ **Exemplo 2.2**

Se a cada número real associa-se o seu quadrado, obtém-se a função conhecida como o quadrado de um número cujo domínio é cada número real e imagem é o número real positivo.

Modelo matemático:

f: x(r) → y(r)/y = f(x) = x^2

◗ **Exemplo 2.3**

A população y de um país é função do ano x, conforme ilustrado na Tabela 2.1.

Tabela 2.1: Dados do exemplo 2.3

Ano (x)	1980	1981	1982	1983	1984	1985	1986	1987
População (y) em milhões	65,4	67,8	68,4	69,3	70,5	71,2	72,1	72,9

Fonte: Dados fictícios.

Modelo matemático:

f: x(ano) → y(população)/y = f(x)

Função composta

Dadas duas funções f e g, a função composta, cuja notação é fog, é definida por: fog(x) = f(g(x)).

O domínio de fog é o conjunto de todos os valores de x do domínio de g, tal que g(x) esteja no domínio de f.

◗ **Exemplo 2.4**

Dadas as funções f(x) = x + 1 e g(x) = 2x + 1, a função composta fog(x) = f(g(x)) é obtida substituindo-se o valor da função g no lugar da variável independente da função f, ou seja: fog(x) = f(g(x)) = f(2x + 1) = (2x + 1) + 1 = 2x + 2

◗ **Exemplo 2.5**

Dadas as funções f(x) = x − 6 e g(x) = −x^2 + 1, a função composta gof(x) = g(f(x)) é obtida substituindo-se o valor da função f no lugar da variável independente da função g, ou seja:

gof(x) = g(f(x)) = g(x − 6) = − (x − 6)^2 + 1 = − (x^2 − 12x + 36) + 1= −x^2 + 12x − 35

◗ **Exemplo 2.6**

Sejam as funções $f(x) = x - 2$ e $g(x) = x + 1$.

A função composta fog(x) é obtida substituindo-se o valor da função g no lugar da variável independente da função f, ou seja:

$$fog(x) = f(g(x)) = f(x + 1) = (x + 1) - 2 = x - 1$$

Para determinar o domínio da função fog(x), determinam-se todos os possíveis valores de x nas funções g(x) e fog(x). A interseção desses possíveis valores de x será o domínio da função fog(x).

Para determinar a imagem da função fog(x), determinam-se todos os possíveis valores de fog(x) para seu domínio.

No caso do exemplo 2.6, o domínio é R e a imagem é R.

A função composta gof(x) é obtida substituindo-se o valor da função f no lugar da variável independente da função g, ou seja:

$$gof(x) = g(f(x)) = g(x - 2) = (x - 2) + 1 = x - 1$$

Para determinar o domínio da função gof(x), determinam-se todos os possíveis valores de x nas funções f(x) e gof(x). A interseção desses possíveis valores de x será o domínio da função gof(x).

Para determinar a imagem da função gof(x), determinam-se todos os possíveis valores de gof(x) para seu domínio.

No exemplo anterior, o domínio da função gof(x) é R e a imagem é R.

Exercícios resolvidos

Determine o domínio e a imagem das funções compostas fog(x) e gof(x) definidas no conjunto dos números reais.

◗ **Exercício 2.1**

$f(x) = x + 5$ e $g(x) = -x - 3$

Solução:

$fog(x) = f(g(x)) = (-x - 3) + 5 = -x + 2$

domínio: R; imagem: R

$gof(x) = g(f(x)) = -(x + 5) - 3 = -x - 8$

domínio: R; imagem: R

▶ **Exercício 2.2**
$f(x) = |x + 5|$ e $g(x) = 4x + 1$
Solução:
$fog(x) = f(g(x)) = |(4x + 1) + 5| = |4x + 6|$
domínio: R; imagem: R_+
$gof(x) = g(f(x)) = 4|x + 5| + 1$
domínio: R; imagem: $[1; \infty)$

▶ **Exercício 2.3**
$f(x) = \sqrt{x}$ e $g(x) = x^2 - 9$
Solução:
$fog(x) = f(g(x)) = \sqrt{x^2 - 9}$
domínio: $x^2 - 9 \geq 0 \rightarrow x \geq 3$ ou $x \leq -3 = (-\infty; -3] \cup [3; \infty)$
imagem: R_+
$gof(x) = g(f(x)) = (\sqrt{x})^2 - 9 = x - 9$
domínio: R_+; imagem: $[-9; \infty)$

▶ **Exercício 2.4**
$f(x) = 3x - 2$ e $g(x) = 3x + x^2$
Solução:
$fog(x) = f(g(x)) = 3(3x + x^2) - 2 = 3x^2 + 9x - 2$
domínio: R; imagem: $[-35/4; \infty)$
$gof(x) = g(f(x)) = 3(3x - 2) + (3x - 2)^2 = 9x - 6 + 9x^2 - 12x + 4 = 9x^2 - 3x - 2$
domínio: R; imagem: $[-9/4; \infty)$

▶ **Exercício 2.5**
$f(x) = -3e^{x+1} + 5$ e $g(x) = -x + 2$
Solução:
$fog(x) = f(g(x)) = -3e^{(-x+2)+1} + 5 = -3e^{-x+3} + 5$
domínio: R; imagem: $(-\infty; 5)$
$gof(x) = g(f(x)) = -(-3e^{x+1} + 5) + 2 = 3e^{x+1} - 3$
domínio: R; imagem: $(-3; \infty)$

▶ **Exercício 2.6**
$f(x) = \text{sen}\left(\dfrac{x}{2} + 1\right)$ e $g(x) = 2x^2$

Solução:
$fog(x) = f(g(x)) = \text{sen}\left(\dfrac{2x^2}{2} + 1\right) = \text{sen}(x^2 + 1)$

domínio: R; imagem: [−1; 1]

$gof(x) = g(f(x)) = 2\left(\text{sen}\left(\dfrac{x}{2} + 1\right)\right)^2 = 2\text{sen}^2\left(\dfrac{x}{2} + 1\right)$

domínio: R; imagem: [0;2]

▶ **Exercício 2.7**
$f(x) = \ln(4x - 1)$ e $g(x) = \sqrt{x+2}$
Solução:
$fog(x) = f(g(x)) = \ln(4\sqrt{x+2} - 1)$

domínio: $\left(-\dfrac{31}{16}; \infty\right)$; imagem: R

$gof(x) = g(f(x)) = \sqrt{\ln(4x-1) + 2}$
$\ln(4x - 1) + 2 \geq 0$
$\ln(4x - 1) \geq -2$ resolvendo a equação $\ln(4x-1) = -2$
$e^{-2} = (4x - 1) \rightarrow x = \dfrac{e^{-2} + 1}{4} \cong 0{,}28$

domínio: $(0{,}28; \infty)$; imagem: R_+

Função inversa

Considere a função f: X → Y que a cada x ∈ X associa-se um valor y ∈ Y, por meio da correspondência y = f(x). Suponha agora que exista uma função ϕ: Y → X na qual a cada y associe-se um valor de x, de modo que x = ϕ(y) quando y = f(x). É como se a função ϕ destruísse o papel da função f. Aplicando f e depois ϕ, saímos de um ponto x e a ele retornamos.
Logo:
x = ϕ(y) → f(ϕ(y))= y. As funções f: X → Y e ϕ: Y → X são denominadas inversa uma da outra. A notação aqui adotada será: $\phi = f^{-1}$.

▶ **Exemplo 2.7**
(A) Dada a função $f(x) = \dfrac{1}{x+1}$, a função inversa $f^{-1}(x)$ é obtida do seguinte modo:

1) Faz-se $f(x) = y = \dfrac{1}{x+1}$.

2) Substitui-se x por y e y por x, ou seja, $x = \dfrac{1}{y+1} \rightarrow xy + x = 1 \rightarrow xy = 1 - x$.

3) Explicitando y, obtém-se a função inversa: $f^{-1}(x) = y = \dfrac{1-x}{x}$.

(B) Dada a função $f(x) = \dfrac{x}{-x+3}$, a função inversa $f^{-1}(x)$ é obtida do seguinte modo:

1) Faz-se $f(x) = y = \dfrac{x}{-x+3}$.

2) Substitui-se x por y e y por x, ou seja,

$x = \dfrac{y}{-y+3} \rightarrow -xy + 3x = y \rightarrow -xy - y = -3x$.

3) Explicitando y, obtém-se a função inversa: $-y(x+1) = -3x \rightarrow f^{-1}(x) = y = \dfrac{3x}{x+1}$.

(C) Dada a função $y = -3x + 1$, a função inversa $f^{-1}(x)$ é obtida do seguinte modo:
1) Faz-se $f(x) = y = -3x + 1$.
2) Substitui-se x por y e y por x, ou seja, $x = -3y + 1 \rightarrow 3y = -x + 1$.
3) Explicitando y, obtém-se a função inversa: $f^{-1}(x) = y = \dfrac{-x+1}{3}$.

Exercícios resolvidos

Determine a função inversa:
▶ **Exercício 2.8**
$f(x) = x + 3$
Solução:
A função inversa $f^{-1}(x)$ é obtida do seguinte modo:
a) Faz-se $f(x) = y = x + 3$.
b) Substitui-se x por y e y por x, ou seja, $x = y + 3$.
c) Explicitando y, obtém-se a função inversa: $f^{-1}(x) = y = x - 3$.

▶ **Exercício 2.9**
$\dfrac{y+1}{x-2} = -\dfrac{3}{2}, x \neq 2$

Solução:

$$y + 1 = -\frac{3}{2}(x - 2) \rightarrow y = -\frac{3}{2}x + 2$$

a) Faz-se $f(x) = y = -\frac{3}{2}x + 2$.

b) Substitui-se x por y e y por x, ou seja, $x = -\frac{3}{2}y + 2 \rightarrow 2x = -3y + 4 \rightarrow -3y = 2x - 4$.

c) Explicitando y, obtém-se a função inversa: $y = \frac{-2x + 4}{3} \rightarrow f^{-1}(x) = y = \left(-\frac{2x}{3} + \frac{4}{3}\right)$.

▶ **Exercício 2.10**

$f(x) = \frac{x - 1}{x + 2}, x \neq -2$

Solução:

a) Faz-se $f(x) = \frac{x - 1}{x + 2}$.

b) Substitui-se x por y e y por x, ou seja, $x = \frac{y - 1}{y + 2} \rightarrow xy + 2x = y - 1 \rightarrow xy - y = -2x - 1 \rightarrow y(x - 1) = -2x - 1$.

c) Explicitando y, obtém-se a função inversa: $f^{-1}(x) = y = \frac{-2x - 1}{x - 1}, x \neq 1$.

▶ **Exercício 2.11**

$f(x) = x^{\frac{1}{2}} + 1, x \geq 0$

Solução:

a) Faz-se $f(x) = y = x^{\frac{1}{2}} + 1$.

b) Substitui-se x por y e y por x, ou seja, $x = y^{\frac{1}{2}} + 1 \rightarrow \sqrt{y} = x - 1$.

c) Explicitando y, obtém-se a função inversa: $f^{-1}(x) = y = (x - 1)^2$.

▶ **Exercício 2.12**

$f(x) = \sqrt{\frac{x - 2}{x - 4}}, x \leq 2 \cup x > 4$.

Solução:

a) Faz-se $f(x) = y = \sqrt{\frac{x - 2}{x - 4}}$.

b) Substitui-se x por y e y por x, ou seja, $x = \sqrt{\frac{y - 2}{y - 4}} \rightarrow x^2 = \frac{y - 2}{y - 4} \rightarrow x^2 y - 4x^2 = y - 2 \rightarrow y(x^2 - 1) = 4x^2 - 2$.

c) Explicitando y, obtém-se a função inversa $f^{-1}(x) = y = \dfrac{4x^2 - 2}{x^2 - 1}$, $x \neq \pm 1$.

Determine a função inversa das funções compostas fog(x) e gof(x):

▶ **Exercício 2.13**

$f(x) = \dfrac{x - 2}{x} + 7$, $x \neq 0$ e $g(x) = -x + 2$

Solução:
Para determinar a função composta fog(x), substitui-se o x da função f(x) pela função g(x), ou seja,

$fog(x) = f(g(x)) = \dfrac{(-x + 2) - 2}{-x + 2} + 7 \rightarrow f(g(x)) = y = \dfrac{-x}{-x + 2} + 7$

A função inversa $(fog)^{-1}(x)$ é obtida do seguinte modo:

a) Faz-se $fog(x) = y = \dfrac{-x}{-x + 2} + 7$.

b) Substitui-se x por y e y por x, ou seja,

$x = \dfrac{-y}{-y + 2} + 7 \rightarrow -xy + 2x = -y - 7y + 14 \rightarrow y(-x + 8) = -2x + 14$

c) Explicitando y, obtém-se a função inversa:

$(fog)^{-1}(x) = y = \dfrac{-2x + 14}{-x + 8}$, $x \neq 8$.

De modo análogo, determina-se $(gof)^{-1}(x)$.

$gof(x) = g(f(x)) = -\left(\dfrac{x-2}{x} + 7\right) + 2 \rightarrow g(f(x)) = y = \dfrac{-x + 2}{x} - 5$

$x = \dfrac{-y + 2}{y} - 5 \rightarrow xy = -y + 2 - 5y \rightarrow xy = -6y + 2 \rightarrow y(x + 6) = 2$

$(gof)^{-1}(x) = y = \dfrac{2}{x + 6}$, $x \neq -6$.

Funções implícitas

Muitas das funções de X em Y são dadas por modelos matemáticos, como $F(x,y) = 0$, que não explicita y.

▶ **Exemplo 2.8**
$F(x,y) = y^4 + 4xy - \sqrt{y}$
$F(x,y) = x^3 - y^2 + 1$
$F(x,y) = \text{sen}(x^2 + y^3)$

Função linear

Modelo matemático	Observações
y = ax + b	a, b são constantes a é o coeficiente angular, b é o coeficiente linear Função linear crescente se a > 0 Função linear decrescente se a < 0 Função constante se a = 0

▶ **Exemplo 2.9**
(A) Seja a função y = 2x + 3.

Trata-se de uma função linear crescente, pois o coeficiente angular é positivo. O domínio e a imagem da função são o conjunto dos números reais. O gráfico é apresentado a seguir.

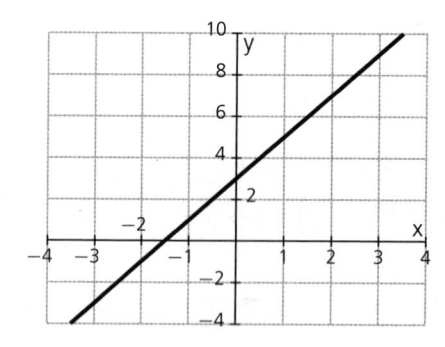

Gráfico 2.1: y = 2x + 3

▶ **Exemplo 2.10**
(A) Seja a função $y = -\dfrac{3}{5}x + 2$.

Trata-se de uma função linear decrescente, pois o coeficiente angular é negativo. O domínio e a imagem da função são o conjunto dos números reais. O gráfico é apresentado a seguir.

Gráfico 2.2: $y = -\dfrac{3}{5}x + 2$

▶ **Exemplo 2.11**

y = 3

Trata-se de uma função constante, pois o coeficiente angular é nulo. O domínio da função é o conjunto dos números reais e a imagem da função é {3}. O gráfico é apresentado a seguir.

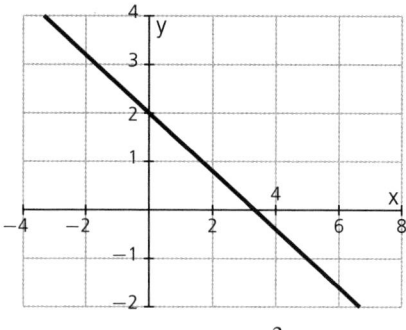

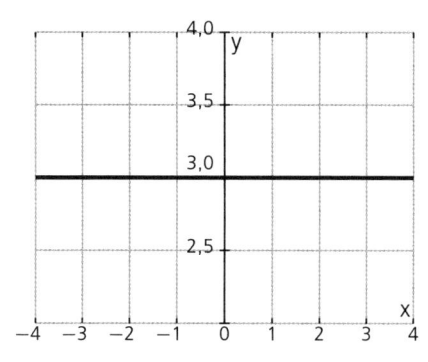

Gráfico 2.3: y = 3

Declividade (ou coeficiente angular) de uma reta

A inclinação de uma reta é determinada por sua declividade, que é função do ângulo entre a reta e o eixo x.

A declividade pode ser positiva (reta ascendente), negativa (reta descendente) ou nula (reta constante).

Sejam (x_1, y_1) e (x_2, y_2) dois pontos pertencentes à reta y. A declividade dessa reta, representada por m, é dada por:

$$m = \frac{y_2 - y_1}{x_2 - x_1}$$

▶ **Exemplo 2.12**
(A) Seja a reta $y = 2x + 1$.
Tem declividade positiva com valor 2. O gráfico é apresentado a seguir.

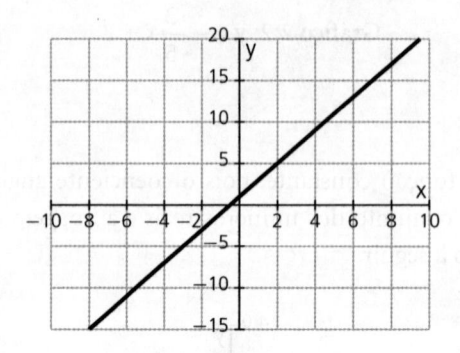

Gráfico 2.4: $y = 2x + 1$

(B) Seja a reta $y = -3x + 4$.
Tem declividade negativa com valor –3. O gráfico é apresentado a seguir:

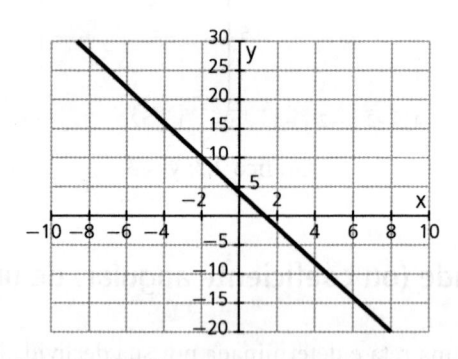

Gráfico 2.5: $y = -3x + 4$

(C) Seja a reta $y = 7$.
Tem declividade nula. O gráfico é apresentado a seguir.

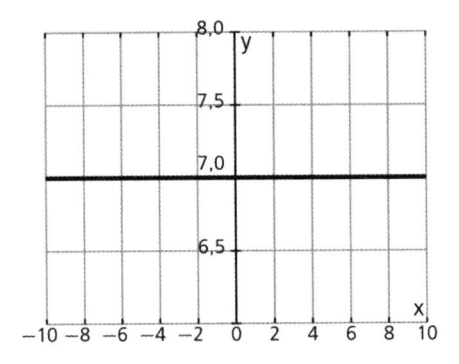

Gráfico 2.6: y = 7

(D) Seja a reta x = −3.
Não tem declividade definida. O gráfico é apresentado a seguir.

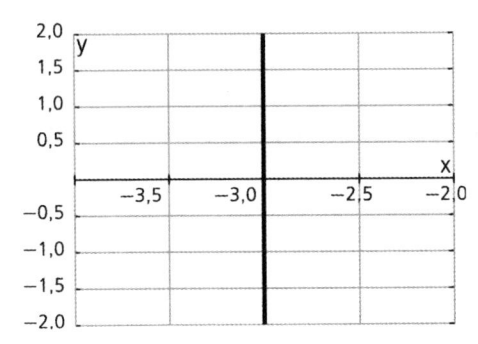

Gráfico 2.7: x = −3

Equações da reta

⟹ Forma dois pontos

A equação da reta que passa por dois pontos (x_1, y_1) e (x_2, y_2) é dada por:

$$y - y_1 = \frac{y_2 - y_1}{x_2 - x_1}(x - x_1)$$

▶ **Exemplo 2.13**

Determine a equação da reta que passa pelos pontos (2, 2) e (−5, 7).

$x_1 = 2$; $y_1 = 2$; $x_2 = -5$; $y_2 = 7$

$$y - 2 = \frac{7-2}{-5-2}(x-2) \rightarrow y - 2 = -\frac{5}{7}(x-2) \rightarrow y = -\frac{5x}{7} + \frac{10}{7} + 2 \rightarrow y = -\frac{5x}{7} + \frac{24}{7}$$

O coeficiente angular (ou declividade) é $-\frac{5}{7}$.

➡ Forma ponto – declividade

A equação da reta que passa por um ponto (x_1, y_1) e tem coeficiente angular m é dada por:
$$y - y_1 = m(x - x_1)$$

▶ **Exemplo 2.14**

Determine a equação da reta que passa pelo ponto (3, 2) e tem coeficiente angular $m = \frac{3}{5}$.

$$y - 2 = \frac{3}{5} \cdot (x - 3) \rightarrow y = \frac{3x}{5} - \frac{9}{5} + 2 \rightarrow y = \frac{3x}{5} + \frac{1}{5}$$

Retas paralelas e perpendiculares

Duas retas não verticais são paralelas se, e somente se, têm o mesmo coeficiente angular.

Duas retas não verticais são perpendiculares se, e somente se, os coeficientes angulares são simétricos e inversos.

Sejam as retas $y_1 = m_1 x + b_1$ e $y_2 = m_2 x + b_2$.

➡ Retas paralelas

As retas y_1 e y_2 são paralelas se, e somente se, $m_1 = m_2$ (ou seja, têm o mesmo coeficiente angular).

▶ **Exemplo 2.15**

As retas $y_1 = x + 2$ e $y_2 = x - 1$ são paralelas, pois o coeficiente angular é 1, conforme o gráfico a seguir.

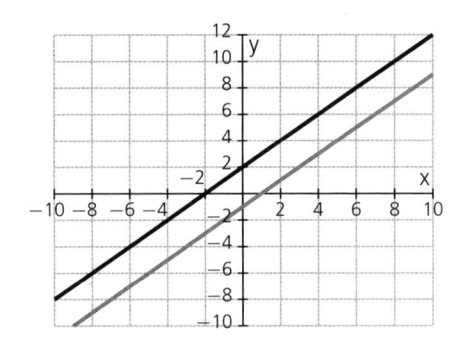

Gráfico 2.8: $y_1 = x + 2$ e $y_2 = x - 1$

▸ **Retas perpendiculares**

As retas y_1 e y_2 são perpendiculares se, e somente se, $m_1 = -\dfrac{1}{m_2}$.

▶ **Exemplo 2.16**

(A) As retas $y_1 = x + 2$ e $y_2 = -x + 2$ são perpendiculares, pois os coeficientes angulares são 1 e −1, conforme o gráfico a seguir.

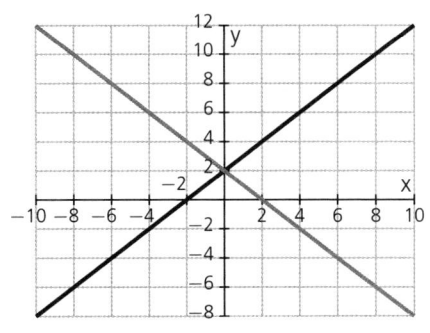

Gráfico 2.9: $y_1 = x + 2$ e $y_2 = -x + 2$

(B) Determine a equação da reta perpendicular à reta $y = 3x + 1$ que passa pelo ponto (2, 3).

O coeficiente angular da reta dada é $m_1 = 3$. O coeficiente angular da reta perpendicular à reta dada é $m_2 = -\dfrac{1}{m_1} = -\dfrac{1}{3}$.

A equação da reta que passa por um ponto (x, y) e tem coeficiente angular (m) dado é:

$y - y_1 = m(x - x_1)$ ➡ $x_1 = 2;\ y_1 = 3;\ m = -\dfrac{1}{3}$

Logo,
$$y - 3 = -\frac{1}{3}(x - 2) \rightarrow y = -\frac{1}{3}x + \frac{2}{3} + 3 \rightarrow y = -\frac{1}{3}x + \frac{11}{3}$$

Interseção de duas retas

A interseção de duas retas é o ponto onde as retas se encontram.

▶ **Exemplo 2.17**
Determine a interseção das retas $y_1 = 3x + 1$ e $y_2 = -4x + 1$.
$y_1 = y_2$ é o ponto onde as retas se encontram. Logo,
$3x + 1 = -4x + 1 \rightarrow 7x = 0 \rightarrow x = 0$
Substituindo $x = 0$ na reta y_1, temos:
$y_1 = 3x + 1 \rightarrow y_1 = 3 \cdot 0 + 1 \rightarrow y_1 = 1$
O ponto (0, 1) é o ponto de interseção das retas.

Inequação produto e quociente

Inequação produto

Sejam f(x) e g(x) duas funções.
As inequações
$f(x) \cdot g(x) > 0$; $f(x) \cdot g(x) < 0$;
$f(x) \cdot g(x) \geq 0$ e $f(x) \cdot g(x) \leq 0$
são denominadas inequações produto.

▶ **Exemplo 2.18**
$(2x - 3) \cdot (x - 1) > 3$
$2x^2 - 2x - 3x + 3 - 3 > 0 \rightarrow 2x^2 - 5x > 0$
Resolvendo a equação $2x^2 - 5x = 0 \rightarrow x(2x - 5) = 0$, $x = 0$; $x = \frac{5}{2}$

```
   +        −        +
───────┼────────┼───────
       0       5/2
```

a solução é $(-\infty ; 0) \cup \left(\frac{5}{2}; \infty\right)$.

Inequação quociente

Sejam f(x) e g(x) duas funções, onde $g(x) \neq 0$.
As inequações
$\dfrac{f(x)}{g(x)} > 0$; $\dfrac{f(x)}{g(x)} < 0$; $\dfrac{f(x)}{g(x)} \geq 0$ e $\dfrac{f(x)}{g(x)} \leq 0$
são denominadas inequações quociente.

▶ **Exemplo 2.19**

$\dfrac{3x+4}{6x+5} \leq 2$; $x \neq -\dfrac{5}{6}$

$\dfrac{3x+4}{6x+5} - 2 \leq 0 \rightarrow \dfrac{3x+4-12x-10}{6x+5} \leq 0 \rightarrow \dfrac{-9x-6}{6x+5} \leq 0$

estudo dos sinais do numerador

$-9x - 6 = 0 \rightarrow x = -\dfrac{2}{3}$

```
____+_____+____|__−__−__
                −2/3
```

estudo dos sinais do denominador

$6x + 5 = 0 \rightarrow x = -\dfrac{5}{6}$

```
__−__−__|____+_____+____
       −5/6
```

Numerador dividido pelo denominador

```
____+_____+____|__−__−__
                −2/3

__−__−__|____+_____+___
       −5/6

__−__−__|____+___|__−__−__
       −5/6    −2/3
```

A solução é $\left(-\infty; -\dfrac{5}{6}\right) \cup \left[-\dfrac{2}{3}; \infty\right)$

Exercícios resolvidos

Determine a equação da reta que passa por dois pontos (x_1, y_1) e (x_2, y_2) dados, determine o coeficiente angular da reta, trace o gráfico e dê o domínio e a imagem.

Fórmula a ser utilizada: $y - y_1 = \dfrac{y_2 - y_1}{x_2 - x_1}(x - x_1)$

▶ **Exercício 2.14**
$(x_1, y_1) = (3, -2)$ e $(x_2, y_2) = (0,1)$
Solução:
Fazendo
$x_1 = 3;\ y_1 = -2;\ x_2 = 0;\ y_2 = 1$
e substituindo na fórmula a ser utilizada, tem-se:

$$y - (-2) = \dfrac{1 - (-2)}{0 - 3}(x - 3)$$

Explicitando y,
$y + 2 = -(x - 3) \rightarrow y = -x + 1$,
obtém-se a equação da reta.
O coeficiente angular é –1, logo a reta é decrescente.
Para traçar o gráfico, tomam-se alguns valores de x e calcula-se o valor de y:

Tabela 2.2: Possíveis pontos para esboço do Gráfico 2.10.

x	y = –x + 1
0	1 (corte no eixo y)
1	0 (corte no eixo x)

O domínio é calculado verificando-se todos os valores possíveis de x, logo domínio: R.

A imagem é calculada substituindo-se todos os valores do domínio na função de y, logo imagem: R.

O gráfico é apresentado a seguir.

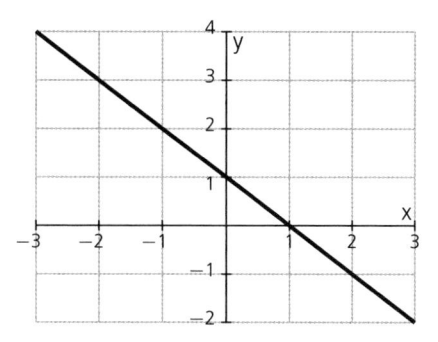

Gráfico 2.10: $y = -x + 1$

▶ **Exercício 2.15**
$(x_1, y_2) = (0, 0)$ e $(x_2, y_2) = (-1, -2)$
Solução:
$x_1 = 0$; $y_1 = 0$; $x_2 = -1$; $y_2 = -2$
$$y - 0 = \frac{-2 - 0}{-1 - 0}(x - 0) \rightarrow y = 2x$$

O coeficiente angular é 2, logo a reta é crescente.
Para traçar o gráfico:

Tabela 2.3: Possíveis pontos para esboço do Gráfico 2.11.

x	y = 2x
0	0 (corte no eixo y) e (corte no eixo x)
1	2

Domínio: R e Imagem: R
O gráfico é apresentado a seguir.

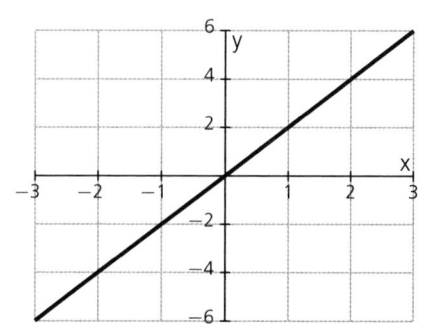

Gráfico 2.11: $y = 2x$

Determine a equação da reta que passa pelo ponto (x, y) e tem coeficiente angular m.

Fórmula a ser utilizada: $y - y_1 = m(x - x_1)$

▶ **Exercício 2.16**

$m = -\dfrac{1}{3}$; $(x,y) = (3, -5)$

Solução:
Fazendo $x_1 = 3$; $y_1 = -5$
e substituindo na fórmula a ser utilizada,

$y - (-5) = -\dfrac{1}{3}(x - 3)$

$y + 5 = -\dfrac{x}{3} + 1 \rightarrow y = -\dfrac{x}{3} - 4$

▶ **Exercício 2.17**
$m = 0$; $(x,y) = (-3, -4)$
Solução:
$x_1 = -3$; $y_1 = -4$
$y - (-4) = 0 \cdot (x - (-3)) \rightarrow y + 4 = 0 \rightarrow y = -4$

Determine a equação da reta perpendicular à reta dada e que passa pelo ponto (x, y) dado.

▶ **Exercício 2.18**
$x + y - 3 = 0$; $(x, y) = (-1, 2)$
Solução:
A reta dada é $x + y - 3 = 0$, logo
$y = -x + 3$
O coeficiente angular é $m_1 = -1$.

O coeficiente angular da reta perpendicular é $m_2 = -\dfrac{1}{m_1} = 1$.

O ponto dado é $(x, y) = (-1, 2)$.
A equação da reta passando pelo ponto $(-1, 2)$ com coeficiente angular 1 é:
$y - 2 = 1(x - (-1)) \rightarrow y - 2 = x + 1 \rightarrow y = x + 3$.

▶ **Exercício 2.19**
$3x - 4 + y = 0$; $(x, y) = (0, -5)$
Solução:
$3x - 4 + y = 0 \rightarrow y = -3x + 4$
Coeficiente angular $m_1 = -3$
Coeficiente angular da reta perpendicular $m_2 = -\dfrac{1}{m_1} = \dfrac{1}{3}$

$y - (-5) = \dfrac{1}{3}(x - 0) \rightarrow y + 5 = \dfrac{x}{3} \rightarrow y = \dfrac{x}{3} - 5$

Função modular

Modelo matemático:
$y = |x|$
Utilizando a definição de módulo, tem-se:
$y = \begin{cases} x \text{ se } x \geq 0 \\ -x \text{ se } x < 0 \end{cases}$

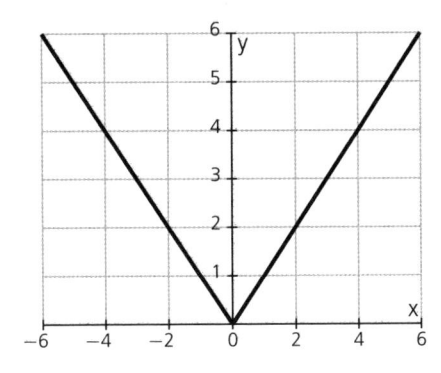

Gráfico 2.12: $y = |x|$

O domínio da função é o conjunto R, e a imagem da função, o conjunto R_+.
Para a resolução de inequações modulares, os seguintes teoremas serão utilizados:
$|x| < a \leftrightarrow -a < x < a$
$|x| \leq a \leftrightarrow -a \leq x \leq a$
$|x| > a \leftrightarrow x > a$ ou $x < -a$
$|x| \geq a \leftrightarrow x \geq a$ ou $x \leq -a$.

▶ **Exemplo 2.20**

(A) Determine o domínio e a imagem, e esboce o gráfico da função y = |5x + 9|.

$$|5x + 9| = \begin{cases} 5x + 9 & \text{se } 5x + 9 \geq 0 \rightarrow x \geq -9/5 \\ -(5x + 9) & \text{se } 5x + 9 < 0 \rightarrow x < -9/5 \end{cases}$$

Domínio: R e Imagem: R_+
O gráfico é apresentado a seguir:

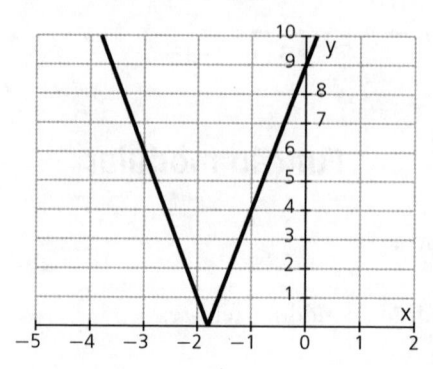

Gráfico 2.13: y = |5x + 9|

(B) Determine a solução da inequação: |4x + 6| > 7.
|4x + 6| > 7 ➜ 4x + 6 > 7 ou 4x + 6 < −7
Solução:
Por definição de módulo, têm-se dois casos possíveis:
Primeiro caso:

$4x + 6 > 7 \rightarrow 4x > 1 \rightarrow x > \dfrac{1}{4}$

$S_1 = \left(\dfrac{1}{4}, \infty\right)$

Segundo caso:

$4x + 6 < -7 \rightarrow 4x < -13 \rightarrow x < -\dfrac{13}{4}$

$S_2 = \left(-\infty; -\dfrac{13}{4}\right)$

A solução final é:

$S = S_1 \cup S_2 = \left(-\infty, -\dfrac{13}{4}\right) \cup \left(\dfrac{1}{4}, \infty\right)$

Exercícios resolvidos

Determine o domínio e a imagem, e esboce o gráfico da função.

▶ **Exercício 2.20**

$y = |2x + 1| + 2$

Solução:

$$|2x + 1| = \begin{cases} 2x + 1 & \text{se } 2x + 1 \geq 0 \rightarrow x \geq -1/2 \\ -(2x + 1) & \text{se } 2x + 1 < 0 \rightarrow x < -1/2 \end{cases}$$

$$y = \begin{cases} 2x + 1 + 2 & \text{se } x \geq -1/2 \\ -2x - 1 + 2 & \text{se } x < -1/2 \end{cases}$$

$$y = \begin{cases} 2x + 3 & \text{se } x \geq -1/2 \\ -2x + 1 & \text{se } x < -1/2 \end{cases}$$

Domínio: R e Imagem: $[2; \infty)$

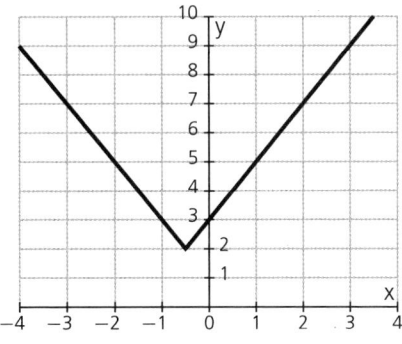

Gráfico 2.14: $y = |2x + 1| + 2$

▶ **Exercício 2.21**

$y = ||6 - x| - 1|$

Solução:

$$|6 - x| = \begin{cases} 6 - x & \text{se } 6 - x \geq 0 \rightarrow x \leq 6 \\ -(6 - x) & \text{se } 6 - x < 0 \rightarrow x > 6 \end{cases}$$

$$|6 - x| - 1 = \begin{cases} 6 - x - 1 & \text{se } x \leq 6 \\ -6 + x - 1 & \text{se } x > 6 \end{cases}$$

$$y = ||6 - x| - 1| = \begin{cases} |5 - x| & \text{se } x \leq 6 \\ |x - 7| & \text{se } x > 6 \end{cases}$$

$$|5 - x| = \begin{cases} 5 - x & \text{se } 5 - x \geq 0 \rightarrow x \leq 5 \\ -(5 - x) & \text{se } 5 - x < 0 \rightarrow x > 5 \end{cases}$$

$$|x-7| = \begin{cases} x-7 & \text{se } x-7 \geq 0 \rightarrow x \geq 7 \\ -(x-7) & \text{se } x-7 < 0 \rightarrow x < 7 \end{cases}$$

Observe que $|5-x|$ está definido apenas para valores de x, tais que $x \leq 6$ e $|x-7|$ para $x > 6$.

$$y = \begin{cases} 5-x & \text{se } x \leq 5 \\ x-5 & \text{se } 5 < x \leq 6 \\ -x+7 & \text{se } 6 < x < 7 \\ x-7 & \text{se } x \geq 7 \end{cases}$$

Domínio: R e Imagem: R_+

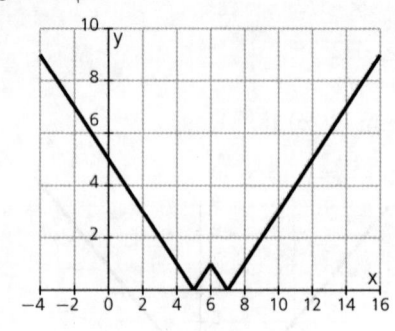

Gráfico 2.15: $y = ||6-x|-1|$

Determine a solução das seguintes inequações.

◗ **Exercício 2.22**

$|4x-7| \leq 10$

$-10 \leq 4x-7 \leq 10$

Tabela 2.4: Solução de $|4x-7| \leq 10$

1º Caso	2º Caso
$4x-7 \leq 10$	$4x-7 \geq -10$
$4x-7 \leq 10 \rightarrow 4x-7-10 \leq 0$	$4x-7 \geq -10 \rightarrow 4x-7+10 \geq 0$
$4x-17 \leq 0 \rightarrow x \leq \frac{17}{4}$	$4x+3 \geq 0 \rightarrow x \geq -\frac{3}{4}$
Solução	Solução
$S_1 = \left(-\infty; \frac{17}{4}\right]$	$S_2 = \left[-\frac{3}{4}; \infty\right)$

A solução final é:
$S = S_1 \cap S_2 = [-3/4, 17/4]$

▶ **Exercício 2.23**

$$\left|\frac{x^2 + x + 1}{x^2 - 3x + 5}\right| \leq 3$$

Solução:

$$-3 \leq \frac{x^2 + x + 1}{x^2 - 3x + 5} \leq 3$$

Tabela 2.5: Solução de $\left|\dfrac{x^2 + x + 1}{x^2 - 3x + 5}\right| \leq 3$

1º Caso	2º Caso
$\dfrac{x^2 + x + 1}{x^2 - 3x + 5} \leq 3$	$\dfrac{x^2 + x + 1}{x^2 - 3x + 5} \geq -3$
$\dfrac{x^2 + x + 1}{x^2 - 3x + 5} - 3 \leq 0$	$\dfrac{x^2 + x + 1}{x^2 - 3x + 5} + 3 \geq 0$
$\dfrac{x^2 + x + 1 - 3x^2 + 9x - 15}{x^2 - 3x + 5} \leq 0$	$\dfrac{x^2 + x + 1 + 3x^2 - 9x + 15}{x^2 - 3x + 5} \geq 0$
$\dfrac{-2x^2 + 10x - 14}{x^2 - 3x + 5} \leq 0$	$\dfrac{4x^2 - 8x + 16}{x^2 - 3x + 5} \geq 0$

1º Caso	2º Caso
Numerador	Numerador
$-2x^2 + 10x - 14 = 0$	$4x^2 - 8x + 16 = 0$
não tem raiz no conjunto dos números reais	não tem raiz no conjunto dos números reais
− − − − − −	+ + + + + +
Função negativa ∀ x	Função positiva ∀ x
Denominador	Denominador
$x^2 - 3x + 5 = 0$	$x^2 - 3x + 5 = 0$
não tem raiz no conjunto dos números reais	não tem raiz no conjunto dos números reais
+ + + + +	+ + + + +
Função positiva ∀ x	Função positiva ∀ x
$S_1 = R$	$S_2 = R$

A solução final é:
$S = S_1 \cap S_2 = R.$

Função raiz quadrada

Modelo matemático:

$y = \sqrt{x}$

Restrição: $x \geq 0$

O domínio da função é o conjunto R_+, e a imagem da função é o conjunto R_+.

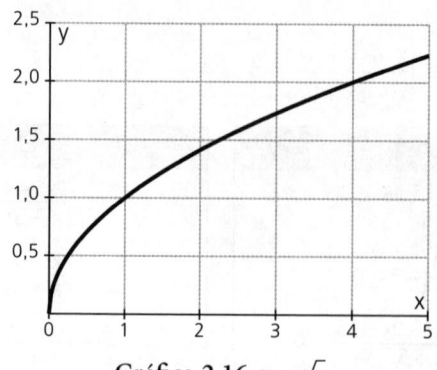

Gráfico 2.16: $y = \sqrt{x}$

▶ **Exemplo 2.21**

Determine o domínio e a imagem da relação $y^2 = x^2 - 9$.

$y^2 = x^2 - 9 \rightarrow y = \pm\sqrt{x^2 - 9}$

Pela definição de raiz quadrada, $x^2 - 9 \geq 0$.

Resolvendo a igualdade $x^2 - 9 = 0 \rightarrow x = \pm 3$

```
   +        -        +
 -----|-----------|-----
     -3           3
```

Domínio: $(-\infty; -3] \cup [3; \infty)$ e Imagem: R

Exercícios resolvidos

Dê o domínio e a imagem da função.

▶ **Exercício 2.24**

$y = \sqrt{x^2 - 1}$

Solução:

Por definição de raiz quadrada, $x^2 - 1 \geq 0$.

Resolvendo a equação $x^2 - 1 = 0$, tem-se: $x = \pm 1$

Domínio: $(-\infty; -1] \cup [1; \infty)$ e Imagem: R_+

▶ **Exercício 2.25**

$y = \sqrt{\dfrac{x-2}{x^2-4}}$, $x \neq \pm 2$

Solução:

Pela definição de raiz quadrada,

$\dfrac{x-2}{x^2-4} \geq 0 \rightarrow \dfrac{x-2}{(x-2)(x+2)} \geq 0 \rightarrow \dfrac{1}{x+2} \geq 0$

```
N    ____+___+___+___+____

D    ___-_○___+___○___+___
         -2       2

N/D  ___-_○___+___○___+___
         -2       2
```

Domínio: $(-2; \infty) - \{2\}$ e Imagem: R_+^*

▶ **Exercício 2.26**

$y = \sqrt{\dfrac{25}{x} - x}$, $x \neq 0$

Solução:

Pela definição de raiz quadrada, $\dfrac{25}{x} - x \geq 0 \rightarrow \dfrac{25 - x^2}{x} \geq 0$.

Numerador: $25 - x^2 = 0 \rightarrow x = \pm 5$.
Denominador: $x \neq 0$.

```
N    ___-_○___+___+___○___-___
         -5          5

D    ___-_____-_○___+_____+___
               0

N/D  _+_○___-___○___+___○___-___
      -5     0       5
```

Domínio: $(-\infty; -5] \cup (0; 5]$ e Imagem: R_+

Equações quadráticas

Modelo matemático geral:

$Ax^2 + Bxy + Cy^2 + Dx + Ey + F = 0$

onde A, B, C, D, E, F são constantes e pelo menos uma das constantes A, B e C é diferente de zero.

Quando B = 0 é A e C, não são ambos nulos, a identificação das curvas é feita do seguinte modo:
a) Se A = C, a curva é uma circunferência.
b) Se A ≠ C, mas A e C têm o mesmo sinal, a curva é uma elipse.
c) Se A = 0 ou C = 0 (mas não ambas), a curva é uma parábola.
d) Se A e C têm sinais opostos, a curva é uma hipérbole.

Circunferência

Uma circunferência é o conjunto de todos os pontos do plano, equidistantes de um ponto fixo (centro). O gráfico 2.17 representa uma circunferência onde (h, k) = (0,0) e r = 2.

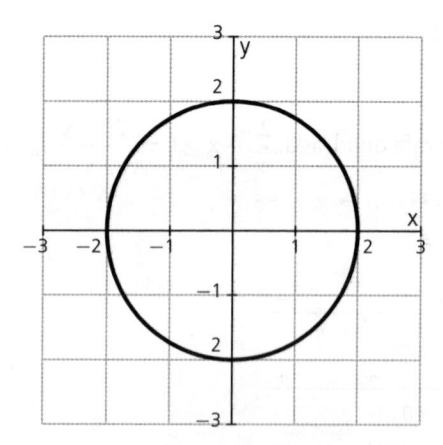

Gráfico 2.17: Circunferência de raio r = 2 e centro (0, 0)

Modelo matemático:
$Ax^2 + Cy^2 + Dx + Ey + F = 0$ com A = C

A curva também pode ser identificada em função de seus parâmetros por meio da equação $(x - h)^2 + (y - k)^2 = r^2$, denominada forma canônica da circunferência, onde (h, k) é o centro, e r, o raio.

O domínio é o intervalo $[h - r; h + r]$ e a imagem é o conjunto $[k - r; k + r]$.

Se $r^2 < 0$, o lugar geométrico é o conjunto vazio, isto é, não existe valor para x e y que satisfaça a equação (circunferência degenerada).

Se $r^2 = 0$, o lugar geométrico é um ponto, o centro (circunferência degenerada).

▶ **Exemplo 2.22**

A equação $4x^2 + 4y^2 + 16x - 16y - 164 = 0$ representa a equação de uma circunferência, pois A = C = 4.

Para determinar a forma canônica, deve-se determinar dois produtos notáveis (um em x e outro em y):

$(4x^2 + 16x) + (4y^2 - 16y) = 164 \rightarrow 4(x^2 + 4x) + 4(y^2 - 4y) = 164$

Para se obter o quadrado perfeito em x, a partir do termo $(x^2 + 4x)$, deve-se somar uma constante, k_1^2. Do mesmo modo, para se obter o quadrado perfeito em y, a partir do termo $(y^2 - 4y)$, deve-se somar uma constante k_2^2. E, para não alterar a igualdade matemática, adiciona-se essas constantes no lado direito da equação.

$4(x^2 + 4x + k_1^2) + 4(y^2 - 4y + k_2^2) = 164 + 4k_1^2 + 4k_2^2$

Como $2k_1 = 4 \rightarrow k_1 = 2$ e $2k_2 = -4 \rightarrow k_2 = -2$, tem-se:

$4(x^2 + 4x + 4) + 4(y^2 - 4y + 4) = 164 + 16 + 16$

$4(x + 2)^2 + 4(y - 2)^2 = 196 \rightarrow (x + 2)^2 + (y - 2)^2 = 49$

que é uma circunferência de centro $(-2,2)$ e raio 7. O domínio é o intervalo $[-9;5]$ e a imagem é o intervalo $[-5;9]$. O gráfico é apresentado a seguir.

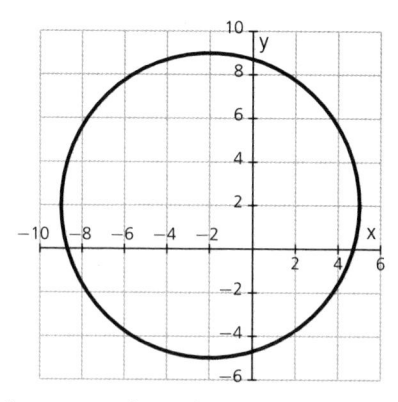

Gráfico 2.18: $4x^2 + 4y^2 + 16x - 16y - 164 = 0$

▶ **Exemplo 2.23**

A equação $x^2 + y^2 + 2x - 4y + 5 = 0$ representa a equação de uma circunferência, pois A = C = 1.

Obtem-se um produto notável em x e outro em y:
$(x^2 + 2x) + (y^2 - 4y) = -5$
$(x^2 + 2x + k_1^2) + (y^2 - 4y + k_2^2) = -5 + k_1^2 + k_2^2$

tem-se então que:
$2k_1 = 2 \rightarrow k_1 = 1$ e $2k_2 = -4 \rightarrow k_2 = -2$

Logo,
$(x^2 + 2x + 1) + (y^2 - 4y + 4) = -5 + 1 + 4 \rightarrow (x+1)^2 + (y-2)^2 = 0$

que é uma circunferência degenerada de centro (−1,2) e raio 0. O domínio é x = −1 e a imagem é y = 2. O gráfico é apresentado a seguir:

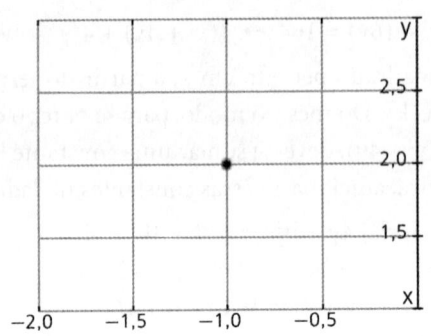

Gráfico 2.19: $x^2 + y^2 + 2x - 4y + 5 = 0$

▶ **Exemplo 2.24**

A equação $3x^2 + 3y^2 - 9x - 15y + 30 = 0$ representa a equação de uma circunferência, pois A = C = 3.

Obtem-se um produto notável em x e outro em y:
$(3x^2 - 9x) + (3y^2 - 15y) = -30 \rightarrow 3(x^2 - 3x) + 3(y^2 - 5y) = -30$
$3(x^2 - 3x + k_1^2) + 3(y^2 - 5y + k_2^2) = -30 + 3k_1^2 + 3k_2^2$

tem-se então que:
$2k_1 = -3 \rightarrow k_1 = -\dfrac{3}{2}$ e $2k_2 = -5 \rightarrow k_2 = -\dfrac{5}{2}$

Logo, $3\left(x^2 - 3x + \dfrac{9}{4}\right) + 3\left(y^2 - 5y + \dfrac{25}{4}\right) = -30 + \dfrac{27}{4} + \dfrac{75}{4}$

$3\left(x - \dfrac{3}{2}\right)^2 + 3\left(y - \dfrac{5}{2}\right)^2 = -\dfrac{18}{4} \rightarrow \left(x - \dfrac{3}{2}\right)^2 + \left(y - \dfrac{5}{2}\right)^2 = -\dfrac{6}{4} < 0$

Como r² < 0, a circunferência é degenerada (o lugar geométrico é o conjunto vazio).

Elipse

É o lugar geométrico dos pontos do plano tal que a soma das suas distâncias a dois pontos fixos – denominados focos – é constante.

A elipse tem dois eixos de simetria, perpendiculares entre si, chamados eixo maior e eixo menor e a interseção desses eixos é o centro da elipse.

A representação de uma elipse é apresentada a seguir:

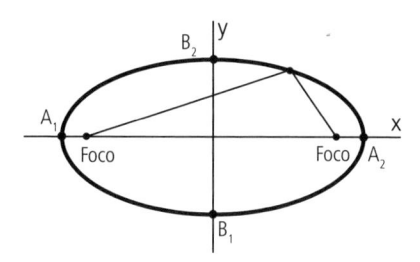

Gráfico 2.20: Representação gráfica da elipse

Modelo matemático:

$Ax^2 + By^2 + Dx + Ey + F = 0$ com $A \neq C$ e A e C têm o mesmo sinal.

A curva também pode ser identificada em função de seus parâmetros por meio da equação:

$\dfrac{(x-h)^2}{a^2} + \dfrac{(y-k)^2}{b^2} = 1$ denominada forma canônica da elipse, onde (h, k) é o centro.

O domínio é o intervalo [h – a; h + a] e a imagem é o intervalo [k – b; k + b].

Se $\dfrac{(x-h)^2}{a^2} + \dfrac{(y-k)^2}{b^2} < 0$, o lugar geométrico é o conjunto vazio (elipse degenerada).

Se $\dfrac{(x-h)^2}{a^2} + \dfrac{(y-k)^2}{b^2} = 0$, o lugar geométrico é um ponto, o centro (elipse degenerada).

Se a > b, a elipse está deitada (eixo maior é paralelo ao eixo x).
Se a < b, a elipse está em pé (eixo maior é paralelo ao eixo y).

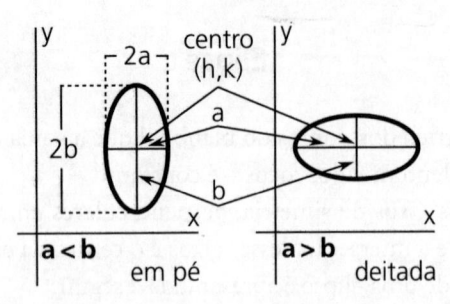

Gráfico 2.21: Exemplos de elipses em pé e deitada

▶ **Exemplo 2.25**

A equação $x^2 + 4y^2 - 6x + 16y = 0$ representa a equação de uma elipse, pois $A \neq C$ e A e C têm o mesmo sinal.

Obtem-se um produto notável em x e outro em y:
$(x^2 - 6x) + (4y^2 + 16y) = 0 \rightarrow (x^2 - 6x + k_1^2) + 4(y^2 + 4y + k_2^2) = k_1^2 + 4k_2^2$
Como $2k_1 = -6 \rightarrow k_1 = -3$ e $2k_2 = 4 \rightarrow k_2 = 2$, tem-se:
$(x^2 - 6x + 9) + 4(y^2 + 4y + 4) = 9 + 16$
$(x - 3)^2 + 4(y + 2)^2 = 25$
$$\frac{(x-3)^2}{25} + \frac{4(y+2)^2}{25} = 1 \rightarrow \frac{(x-3)^2}{25} + \frac{(y+2)^2}{25/4} = 1$$

que é uma elipse de centro (3,–2), a = 5 e b = $\frac{5}{2}$. O domínio é o intervalo [–2;8], e a imagem é o intervalo [–9/2; 1/2]. O gráfico é apresentado a seguir.

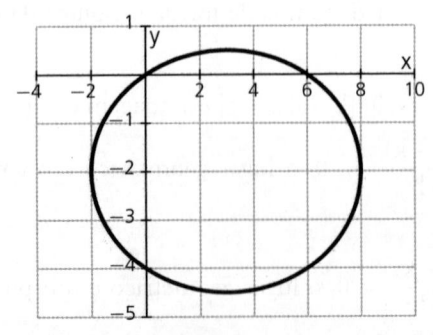

Gráfico 2.22: $x^2 + 4y^2 - 6x + 16y = 0$

▶ **Exemplo 2.26**

A equação $2x^2 + 3y^2 + x + 6y + 4 = 0$ representa a equação de uma elipse, pois $A \neq C$ e A e C têm o mesmo sinal.

Obtem-se um produto notável em x e outro em y:

$(2x^2 + x) + (3y^2 + 6y) = -4 \rightarrow 2\left(x^2 + \dfrac{1}{2}x\right) + 3(y^2 + 2y) = -4$

$2\left(x^2 + \dfrac{1}{2}x + k_1^2\right) + 3(y^2 + 2y + k_2^2) = -4 + 2k_1^2 + 3k_2^2$

Como $2k_1 = \dfrac{1}{2} \rightarrow k_1 = \dfrac{1}{4}$ e $2k_2 = 2 \rightarrow k_2 = 1$, tem-se:

$2\left(x^2 + \dfrac{1}{2}x + \dfrac{1}{16}\right) + 3(y^2 + 2y + 1) = -4 + \dfrac{1}{8} + 3$

$2\left(x + \dfrac{1}{4}\right)^2 + 3(y+1)^2 = -\dfrac{7}{8} \rightarrow \dfrac{(x + 1/4)^2}{7/16} + \dfrac{(y+1)^2}{7/24} = -1 < 0$

Como é igual a -1, a elipse é degenerada (o lugar geométrico é conjunto vazio).

▶ **Exemplo 2.27**

A equação $4x^2 + 2y^2 + 16x - 2y + \dfrac{33}{2} = 0$ representa a equação de uma elipse, pois $A \neq C$ e A e C têm o mesmo sinal.

Obtem-se um produto notável em x e outro em y:

$(4x^2 + 16x) + (2y^2 - 2y) = -\dfrac{33}{2}$

$4(x^2 + 4x) + 2(y^2 - y) = -\dfrac{33}{2}$

$4(x^2 + 4x + k_1^2) + 2(y^2 - y + k_2^2) = -\dfrac{33}{2} + 4k_1^2 + 2k_2^2$

Como $2k_1 = 4 \rightarrow k_1 = 2$ e $2k_2 = -1 \rightarrow k_2 = -\dfrac{1}{2}$, tem-se:

$4(x^2 + 4x + 4) + 2\left(y^2 - y + \dfrac{1}{4}\right) = -\dfrac{33}{2} + 16 + \dfrac{1}{2}$

$4(x+2)^2 + 2\left(y - \dfrac{1}{2}\right)^2 = 0 \rightarrow (x+2)^2 + \dfrac{(y - 1/2)^2}{2} = 0$

que é uma elipse degenerada de centro $\left(-2, \dfrac{1}{2}\right)$, $a = 1$ e $b = \sqrt{2}$.

O domínio é x = –2, e a imagem é y = $\frac{1}{2}$. O gráfico é apresentado a seguir.

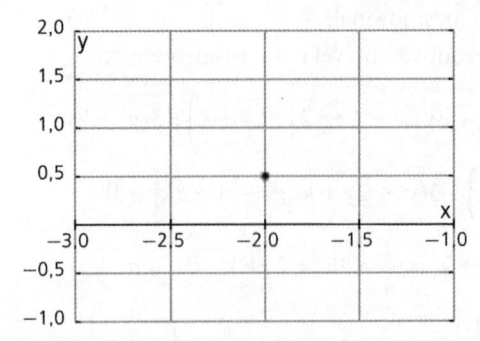

Gráfico 2.23: $4x^2 + 2y^2 + 16x - 2y + 33/2 = 0$

Parábola

Uma parábola é o conjunto de todos os pontos do plano equidistantes de um ponto e de uma reta fixos. O ponto fixo é chamado de foco (F) e a reta fixa é chamada de diretriz.

Modelo matemático:

$Ax^2 + Cy^2 + Dx + Ey + F = 0$ com A ou C igual a zero.

Primeiro caso: parábola com eixo transversal paralelo ao eixo X.

Modelo matemático:

$Cy^2 + Dx + Ey + F = 0$

A curva também pode ser identificada em função de seus parâmetros por meio da equação $(y - k)^2 = 4p(x - h)$, denominada forma canônica da parábola, onde (h, k) é o vértice, e p, a distância do foco ao vértice.

Se p > 0, o domínio é o intervalo [h; ∞) e a imagem é o conjunto R. Se p < 0, o domínio é o intervalo (–∞; h] e a imagem é o conjunto R.

Se $(y - k)^2 < 0$, o lugar geométrico é o conjunto vazio (parábola degenerada).

Se $(y - k)^2 = 0$, o lugar geométrico é formado por duas retas coincidentes (parábola degenerada).

Se $(y - k_1)(y - k_2) = 0$, o lugar geométrico é formado por duas retas paralelas (parábola degenerada).

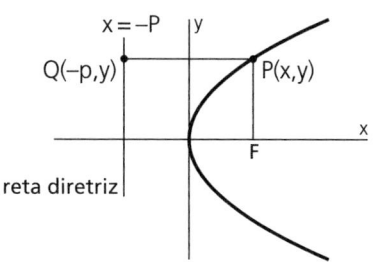

Gráfico 2.24: Representação gráfica da parábola

Segundo caso: parábola com eixo transversal paralelo ao eixo Y.
$Ax^2 + Dx + Ey + F = 0$

A curva também pode ser identificada em função de seus parâmetros por meio da equação $(x - h)^2 = 4p(y - k)$ denominada forma canônica da parábola, onde (h, k) é o vértice e p, a distância do foco ao vértice.

Se p > 0, o domínio é o conjunto R e a imagem é o intervalo $[k;\infty)$. Se p < 0, o domínio é o conjunto R e a imagem é o intervalo $(-\infty; k]$.

Se $(x - h)^2 < 0$, o lugar geométrico é o conjunto vazio (parábola degenerada).

Se $(x - h)^2 = 0$, o lugar geométrico é formado por duas retas coincidentes (parábola degenerada).

Se $(x - h_1)(x - h_2) = 0$, o lugar geométrico é formado por duas retas paralelas (parábola degenerada).

▸ **Exemplo 2.28**
A equação $y^2 = 8x$ representa a equação de uma parábola, pois A = 0.
$4p = 8 \rightarrow p = 2 > 0$
Parábola com vértice (0, 0) e reta diretriz x = – 2.
O domínio é o intervalo $[0;\infty)$ e a imagem é R. O gráfico é apresentado a seguir.

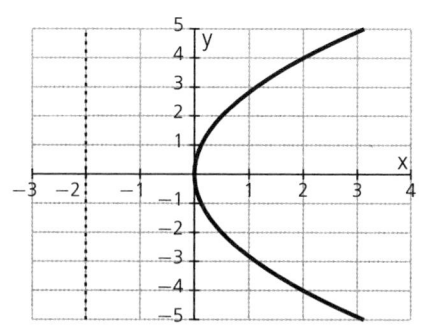

Gráfico 2.25: $y^2 = 8x$

▶ **Exemplo 2.29**
A equação $x^2 = -4y$ representa a equação de uma parábola, pois C = 0.
$4p = -4 \rightarrow p = -1 < 0$
Parábola com vértice (0, 0) e reta diretriz y = 1.
O domínio é R e a imagem é o intervalo $(-\infty; 0]$. O gráfico é apresentado a seguir.

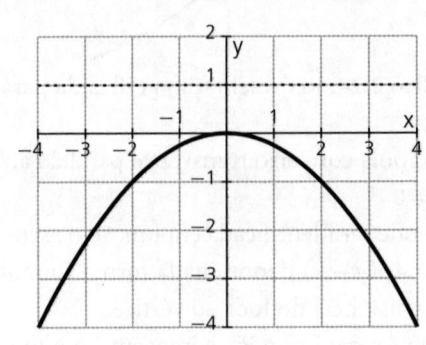

Gráfico 2.26: $x^2 = -4y$

▶ **Exemplo 2.30**
A equação $x^2 - 4x + 9 = 0$ representa a equação de uma parábola, pois C = 0.
Obtem-se o produto notável em x:
$x^2 - 4x = -9 \rightarrow x^2 - 4x + k^2 = -9 + k^2$
Como $2k = -4 \rightarrow k = -2$, tem-se:
$x^2 - 4x + 4 = -9 + 4$
$(x-2)^2 = -5 < 0$ parábola degenerada.

▶ **Exemplo 2.31**
A equação $2y^2 + 12y + 18 = 0$ representa a equação de uma parábola, pois A = 0.
Obtem-se o produto notável em y:
$2(y^2 + 6y) = -18 \rightarrow 2(y^2 + 6y + k^2) = -18 + 2k^2$
Como $2k = 6 \rightarrow k = 3$
Logo, $2(y^2 + 6y + 9) = -18 + 18 \rightarrow 2(y + 3)^2 = 0$
$(y + 3)^2 = 0$ parábola degenerada em duas retas coincidentes, y = –3.

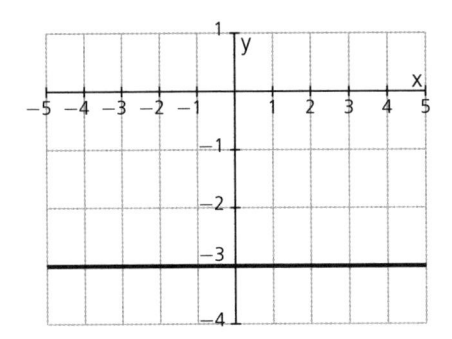

Gráfico 2.27: $2y^2 + 12y + 18 = 0$

▶ **Exemplo 2.32**

A equação $x^2 + 2x - 3 = 0$ representa a equação de uma parábola, pois C = 0.
Obtem-se o produto notável em x:
$x^2 + 2x = 3 \rightarrow x^2 + 2x + k^2 = 3 + k^2$
Como $2k = 2 \rightarrow k = 1$, tem-se:
$x^2 + 2x + 1 = 3 + 1$
$(x+1)^2 = 4 \rightarrow x + 1 = \pm 2 \begin{cases} x + 1 = -2 \rightarrow x = -3 \\ x + 1 = 2 \rightarrow x = 1 \end{cases}$

Representam 2 retas paralelas, logo parábola degenerada em duas retas paralelas, $x = 1$ e $x = -3$.

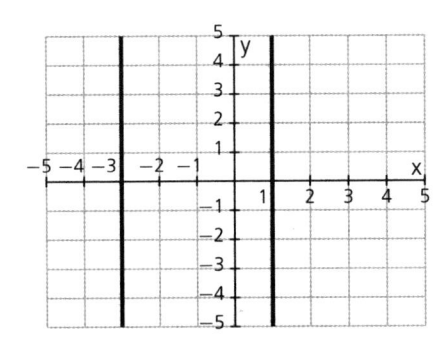

Gráfico 2.28: $x^2 + 2x - 3 = 0$

⇒ **Lado reto**

A corda que une os dois lados de uma parábola, passando por seu foco e que é perpendicular ao eixo da parábola, é chamada lado reto. O comprimento do lado reto de uma parábola é igual a |4p|, isto é, quatro vezes a distância do foco ao vértice. O gráfico é apresentado a seguir.

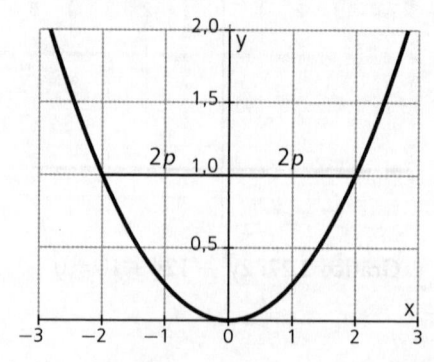

Gráfico 2.29: Representação gráfica do lado reto

Hipérbole

É o lugar geométrico dos pontos do plano cuja diferença das distâncias em relação a dois pontos fixos F_1 e F_2, chamados focos, é constante.

A hipérbole tem dois eixos de simetria perpendiculares entre si.

Toda hipérbole tem um par de retas concorrentes como assíntotas.

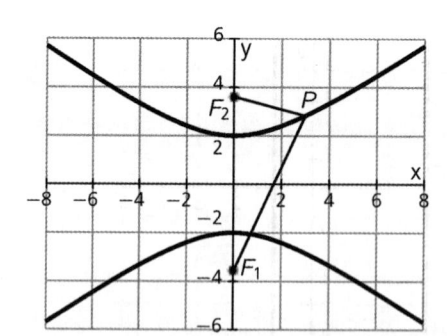

Gráfico 2.30: Representação gráfica de uma hipérbole

Modelo matemático:
$Ax^2 + Cy^2 + Dx + Ey + F = 0$ onde A e C têm sinais opostos.
Primeiro caso: eixo transversal paralelo ao eixo X.

A curva também pode ser identificada em função de seus parâmetros por meio da equação $\frac{(x-h)^2}{a^2} - \frac{(y-k)^2}{b^2} = 1$, denominada forma canônica da hipérbole, onde (h, k) é o vértice e a, a distância do centro ao vértice. O domínio é o intervalo $(-\infty; h-a] \cup [h+a; \infty)$ e a imagem é R.

A hipérbole tem duas assíntotas dadas por: $\frac{y-k}{b} = \pm \frac{x-h}{a}$

Segundo caso: eixo transversal paralelo ao eixo Y.

A curva também pode ser identificada em função de seus parâmetros por meio da equação $\frac{(y-k)^2}{b^2} - \frac{(x-h)^2}{a^2} = 1$, denominada forma canônica da hipérbole, onde (h, k) é o vértice e b, a distância do centro ao vértice. O domínio é R e a imagem da função é o intervalo $(-\infty; k-b] \cup [k+b; \infty)$.

A hipérbole tem duas assíntotas dadas por: $\frac{x-h}{a} = \pm \frac{y-k}{b}$

Se $\frac{(x-h)^2}{a^2} - \frac{(y-k)^2}{b^2} = 0$, o lugar geométrico é formado por duas retas concorrentes, $\frac{y-k}{b} = \pm \frac{x-h}{a}$, que são as retas assíntotas.

▶ **Exemplo 2.33**

A equação $4y^2 - 9x^2 = 36$ representa a equação de uma hipérbole, pois A e C têm sinais opostos.

Dividindo a equação por 36, tem-se: $\frac{y^2}{9} - \frac{x^2}{4} = 1$ que é uma hipérbole de centro (0,0), a = 2 e b = 3. O domínio é R e a imagem é o intervalo $(-\infty; -3] \cup [3; \infty)$. As assíntotas são: $\frac{y}{3} = \pm \frac{x}{2}$.

O gráfico é apresentado a seguir.

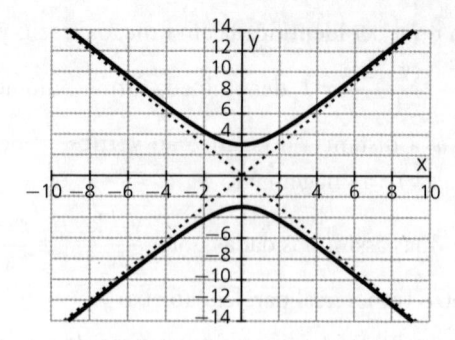

Gráfico 2.31: $4y^2 - 9x^2 = 36$

▶ **Exemplo 2.34**

A equação $3x^2 - 2y^2 - 6x - 4y - 5 = 0$ representa a equação de uma hipérbole, pois A e C têm sinais opostos.

Obtem-se um produto notável em x e outro em y:

$(3x^2 - 6x) + (-2y^2 - 4y) = 5 \rightarrow 3(x^2 - 2x) - 2(y^2 + 2y) = 5$

$3(x^2 - 2x + k_1^2) - 2(y^2 + 2y + k_2^2) = 5 + 3k_1^2 - 2k_2^2$

Como $2k_1 = -2 \rightarrow k_1 = -1$ e $2k_2 = 2 \rightarrow k_1 = 1$, tem-se:

$3(x^2 - 2x + 1) - 2(y^2 + 2y + 1) = 5 + 3 - 2$

$3(x-1)^2 - 2(y+1)^2 = 6 \rightarrow \dfrac{(x-1)^2}{2} - \dfrac{(y+1)^2}{3} = 1.$

que é uma hipérbole de centro $(1,-1)$, e $a = \sqrt{2}$ e $b = \sqrt{3}$.

O domínio da função é o intervalo $(-\infty; 1 -\sqrt{2}] \cup [1 +\sqrt{2}; \infty)$ e a imagem da função é R. As assíntotas são: $\dfrac{y+1}{\sqrt{3}} = \pm \dfrac{x-1}{\sqrt{2}}$.

O gráfico é apresentado a seguir.

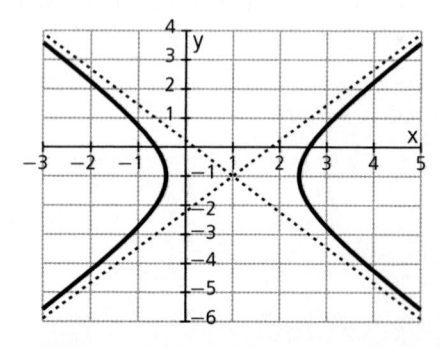

Gráfico 2.32: $3x^2 - 2y^2 - 6x - 4y - 5 = 0$

▶ **Exemplo 2.35**

A equação $4y^2 - 9x^2 + 16y + 18x + 7 = 0$ representa a equação de uma hipérbole, pois A e C têm sinais opostos.

Obtem-se um produto notável em x e outro em y:

$(4y^2 + 16y) - (9x^2 - 18x) = -7 \to 4(y^2 + 4y) - 9(x^2 - 2x) = -7$

$4(y^2 + 4y + k_1^2) - 9(x^2 - 2x + k_2^2) = -7 + 4k_1^2 - 9k_2^2$

Como $2k_1 = 4 \to k_1 = 2$ e $2k_2 = -2 \to k_2 = -1$, tem-se:

$4(y^2 + 4y + 4) - 9(x^2 - 2x + 1) = -7 + 16 - 9$

$4(y + 2)^2 - 9(x - 1)^2 = 0$

$\dfrac{(y+2)^2}{9} - \dfrac{(x-1)^2}{4} = 0$ hipérbole degenerada.

A representação gráfica é composta apenas das retas assíntotas $\dfrac{y+2}{3} = \pm \dfrac{x-1}{2}$.

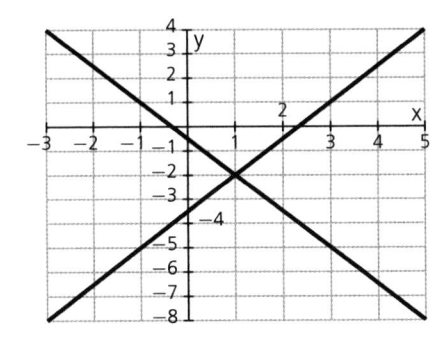

Gráfico 2.33: $4y^2 - 9x^2 + 16y + 18x + 7 = 0$

Hipérbole equilátera

Uma hipérbole é denominada equilátera quando a = b. Logo, a curva pode ser identificada por uma das formas canônicas:

$\dfrac{(x-h)^2}{a^2} - \dfrac{(y-k)^2}{a^2} = 1 \to (x-h)^2 - (y-k)^2 = a^2$ ou

$\dfrac{(y-k)^2}{a^2} - \dfrac{(x-h)^2}{a^2} = 1 \to (y-k)^2 - (x-h)^2 = a^2$

A hipérbole tem duas assíntotas perpendiculares entre si, dadas por $(x-h) = \pm(y-k)$

Caso Especial

Modelo matemático:

Bxy + Dx + Ey + F = 0. A curva também pode ser identificada em função de seus parâmetros por meio da equação (x – h)(y – k) = c, denominada forma canônica da hipérbole equilátera, onde (h, k) é o vértice. O domínio da função é o conjunto R – {h} e a imagem é R – {k}.

A hipérbole equilátera tem duas assíntotas dadas por x = h e y = k.

Se (x – h) (y – k) = 0, o lugar geométrico é formado por duas retas concorrentes, x = h e y = k, que são as assíntotas.

▶ **Exemplo 2.36**

A equação (x – 4)(y – 3) = 2 representa a equação de uma hipérbole equilátera, pois B ≠ 0 e A = C = 0.

O domínio da função é o conjunto R – {4} e a imagem da função é o conjunto R – {3}. As assíntotas são x = 4 e y = 3.

O gráfico é apresentado a seguir.

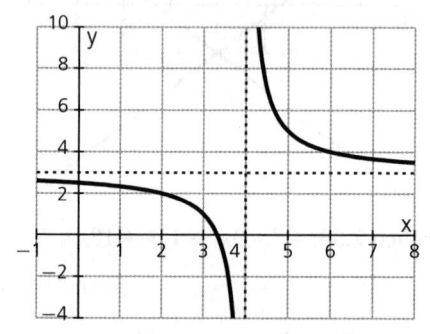

Gráfico 2.34: (x – 4)(y – 3) = 2

▶ **Exemplo 2.37**

A equação xy – 2y + 2x – 4 = 0 representa a equação de uma hipérbole equilátera, pois B ≠ 0 e A = C = 0.

Colocando y em evidência, temos y(x – 2) + 2x = 4

Formando outro termo x – 2:

y (x – 2) + 2 (x – 2) = 4 – 4

Colocando (x – 2) em evidência:

(x – 2) (y + 2) = 0 ➡ hipérbole degenerada.

A representação gráfica é composta apenas das retas assíntotas $x = 2$ e $y = -2$.

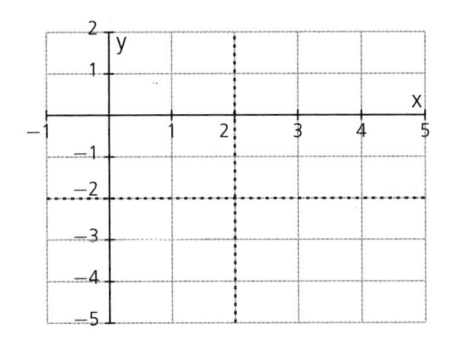

Gráfico 2.35: $xy - 2y + 2x - 4 = 0$

Exercícios resolvidos

Para as seguintes equações, identifique o tipo de curva e o lugar geométrico, dê o domínio e a imagem, e esboce o gráfico.

▶ **Exercício 2.27**
$x^2 + y^2 - 14x - 16 = 0$
Solução:
$(x^2 - 14x) + (y^2) = 16$
$(x^2 - 14x + k_1^2) + (y^2 + k_2^2) = 16 + k_1^2 + k_2^2$
$2k_1 = -14 \rightarrow k_1 = -7$ e $2k_2 = 0 \rightarrow k_2 = 0$
$(x^2 - 14x + 49) + (y^2) = 16 + 49 \rightarrow (x - 7)^2 + (y^2) = 65$ que é a forma canônica de uma circunferência com centro $(7,0)$ e raio $r = \sqrt{65}$.
Domínio: $[7 - \sqrt{65}; 7 + \sqrt{65}]$; Imagem: $[-\sqrt{65}; +\sqrt{65}]$.

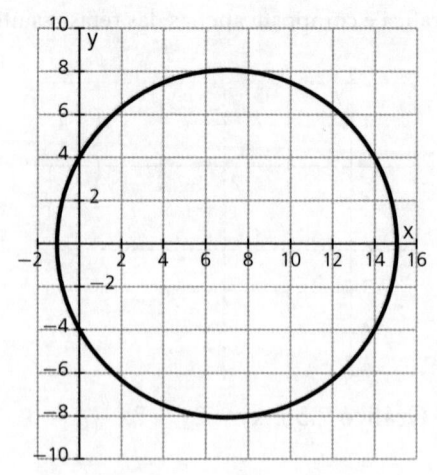

Gráfico 2.36: $x^2 + y^2 - 14x - 16 = 0$

▶ Exercício 2.28
$x^2 + y^2 - 4x - 6y + 50 = 0$
Solução:
$(x^2 - 4x) + (y^2 - 6y) = -50$
$(x^2 - 4x + k_1^2) + (y^2 - 6y + k_2^2) = -50 + k_1^2 + k_2^2$
$2k_1 = -4 \rightarrow k_1 = -2$ e $2k_2 = -6 \rightarrow k_2 = -3$
$(x^2 - 4x + 4) + (y^2 - 6y + 9) = -50 + 4 + 9$
$(x - 2)^2 + (y - 3)^2 = -37$, como $r = \sqrt{-37}$, não existe a curva.

▶ Exercício 2.29
$3x^2 + 3y^2 - 6x - 6y - 6 = 0$
Solução:
$3(x^2 - 2x) + 3(y^2 - 2y) = 6$
$3(x^2 - 2x + k_1^2) + 3(y^2 - 2y + k_2^2) = 6 + 3k_1^2 + 3k_2^2$
$2k_1 = -2 \rightarrow k_1 = -1$ e $2k_2 = -2 \rightarrow k_2 = -1$
$3(x^2 - 2x + 1) + 3(y^2 - 2y + 1) = 6 + 3 + 3$
$3(x - 1)^2 + 3(y - 1)^2 = 12$
$(x - 1)^2 + (y - 1)^2 = 4$, que é a forma canônica de uma circunferência com centro $(1,1)$ e raio $r = 2$.

Domínio: $[-1; 3]$; Imagem: $[-1; 3]$.

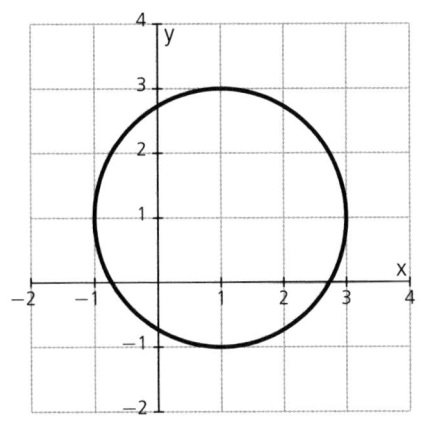

Gráfico 2.37: $3x^2 + 3y^2 - 6x - 6y - 6 = 0$

▶ **Exercício 2.30**
$9x^2 + 4y^2 - 54x - 16y + 61 = 0$
Solução:
$9(x^2 - 6x) + 4(y^2 - 4y) = -61$
$9(x^2 - 6x + k_1^2) + 4(y^2 - 4y + k_2^2) = -61 + 9k_1^2 + 4k_2^2$
$2k_1 = -6 \rightarrow k_1 = -3$ e $2k_2 = -4 \rightarrow k_2 = -2$
$9(x^2 - 6x + 9) + 4(y^2 - 4y + 4) = -61 + 81 + 16$
$9(x - 3)^2 + 4(y - 2)^2 = 36$
$\dfrac{(x-3)^2}{4} + \dfrac{(y-2)^2}{9} = 1$, que é a forma canônica de uma elipse com centro (3,2), a = 2 e b = 3.
Domínio: [1; 5] e Imagem: [−1; 5].

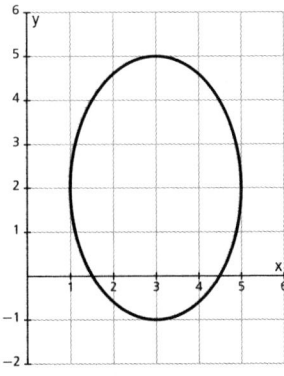

Gráfico 2.38: $9x^2 + 4y^2 - 54x - 16y + 61 = 0$

▶ **Exercício 2.31**

$36x^2 + 25y^2 - 900 = 0$

Solução:

$36x^2 + 25y^2 = 900 \rightarrow \dfrac{x^2}{25} + \dfrac{y^2}{36} = 1$, que é a forma canônica de uma elipse com centro $(0,0)$, $a = 5$ e $b = 6$.

Domínio: $[-5; 5]$ e Imagem: $[-6; 6]$.

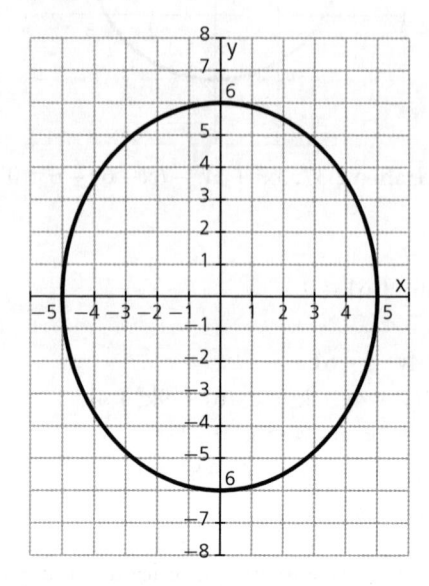

Gráfico 2.39: $36x^2 + 25y^2 - 900 = 0$

▶ **Exercício 2.32**

$x^2 + y^2 - 6x + 6y + 18 = 0$

Solução:

$(x^2 - 6x) + (y^2 + 6y) = -18$

$(x^2 - 6x + k_1^2) + (y^2 + 6y + k_2^2) = -18 + k_1^2 + k_2^2$

$2k_1 = -6 \rightarrow k_1 = -3$ e $2k_2 = 6 \rightarrow k_2 = 3$

$(x^2 - 6x + 9) + (y^2 + 6y + 9) = -18 + 9 + 9$

$(x-3)^2 + (y+3)^2 = 0$, que é a forma canônica de uma circunferência com centro $(3, -3)$ e raio nulo.

Domínio: $\{3\}$ e Imagem: $\{-3\}$.

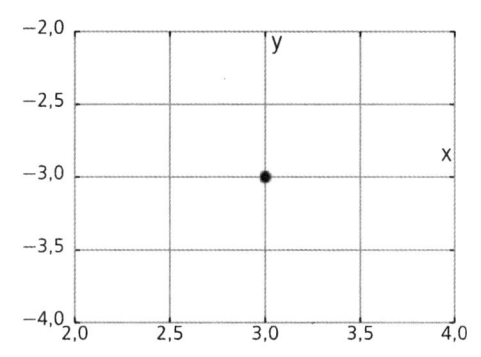

Gráfico 2.40: $x^2 + y^2 - 6x + 6y + 18 = 0$.

▶ **Exercício 2.33**
$x^2 - 4x - 4y + 8 = 0$
Solução:
$x^2 - 4x = 4y - 8 \to x^2 - 4x + k_1^2 = 4y - 8 + k_1^2$
$2k_1 = -4 \to k_1 = -2$
$x^2 - 4x + 4 = 4y - 8 + 4$
$x^2 - 4x + 4 = 4y - 4 \to (x-2)^2 = 4(y-1)$
$4p = 4 \to p = 1$
que é a forma canônica de uma parábola com vértice (2,1) e reta diretriz $y = 0$.
Domínio: R e Imagem: $[1; \infty)$.

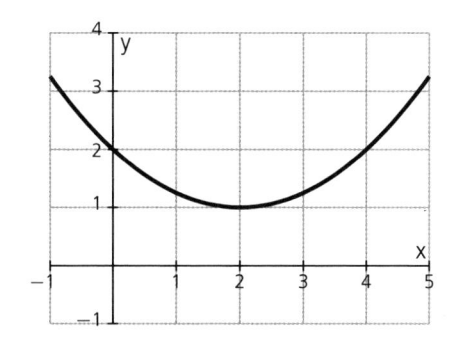

Gráfico 2.41: $x^2 - 4x - 4y + 8 = 0$

▶ **Exercício 2.34**
$x^2 - 2x + 4y + 21 = 0$
Solução:
$x^2 - 2x = -4y - 21$

$x^2 - 2x + k_1^2 = -4y - 21 + k_1^2$

$2k_1 = -2 \rightarrow k_1 = -1$

$x^2 - 2x + 1 = -4y - 21 + 1$

$x^2 - 2x + 1 = -4y - 20 \rightarrow (x-1)^2 = -4(y+5)$

$4p = -4 \rightarrow p = -1$

que é a forma canônica de uma parábola com vértice (1, −5) e reta diretriz $y = -4$.

Domínio: R e Imagem: $(-\infty; -5]$.

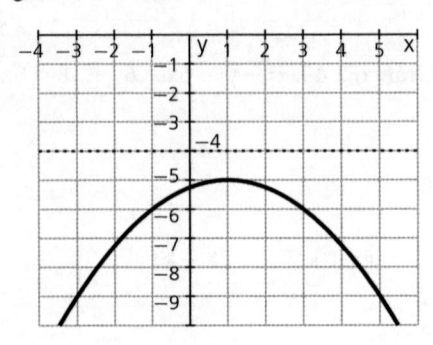

Gráfico 2.42: $x^2 - 2x + 4y + 21 = 0$

▶ **Exercício 2.35**

$y^2 + 2y - 4x - 15 = 0$

Solução:

$y^2 + 2y = 4x + 15$

$y^2 + 2y + k_1^2 = 4x + 15 + k_1^2$

$2k_1 = 2 \rightarrow k_1 = 1$

$y^2 + 2y + 1 = 4x + 15 + 1$

$y^2 + 2y + 1 = 4x + 16 \rightarrow (y+1)^2 = 4(x+4)$

$4p = 4 \rightarrow p = 1$

que é a forma canônica de uma parábola com vértice (−4, −1) e reta diretriz $x = -5$.

Domínio: $[-4; \infty)$ e Imagem: R.

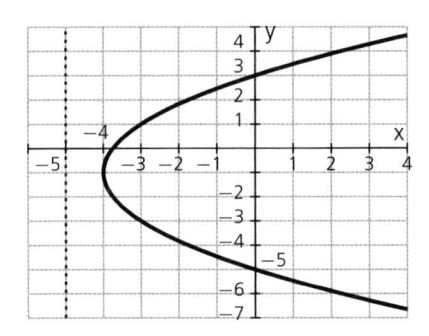

Gráfico 2.43: $y^2 + 2y - 4x - 15 = 0$

▶ **Exercício 2.36**
$y^2 + 5x + 8y + 21 = 0$
Solução:
$y^2 + 8y = -5x - 21 \rightarrow y^2 + 8y + k_1^2 = -5x - 21 + k_1^2$
$2k_1 = 8 \rightarrow k_1 = 4$
$y^2 + 8y + 16 = -5x - 21 + 16$
$y^2 + 8y + 16 = -5x - 5 \rightarrow (y + 4)^2 = -5(x + 1)$
$4p = -5 \rightarrow p = -\dfrac{5}{4}$

que é a forma canônica de uma parábola com vértice $(-1,-4)$ e reta diretriz $x = \dfrac{1}{4}$

Domínio: $(-\infty; -1]$ e Imagem: $\mathbb{R}$

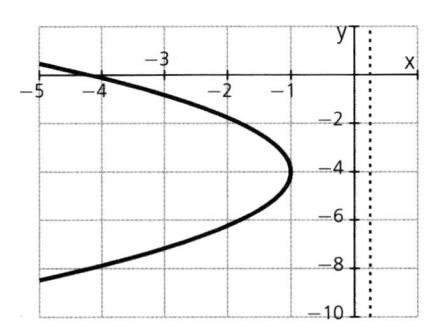

Gráfico 2.44: $y^2 + 5x + 8y + 21 = 0$

▶ **Exercício 2.37**
$y^2 - y + 3 = 0$
Solução:
$y^2 - y = -3 \rightarrow y^2 - y + k^2 = -3 + k^2$

$2k = -1 \rightarrow k = -\dfrac{1}{2}$

$y^2 - y + \dfrac{1}{4} = -3 + \dfrac{1}{4} \rightarrow \left(y - \dfrac{1}{2}\right)^2 = -\dfrac{11}{4} < 0$

Parábola degenerada.

▶ **Exercício 2.38**
$3x^2 + 6x + 3 = 0$
Solução:
$3x^2 + 6x + 3 = 0 \rightarrow 3(x^2 + 2x) = -3$
$3(x^2 + 2x + k^2) = -3 + 3k^2$
$2k = 2 \rightarrow k = 1$
$3(x^2 + 2x + 1) = -3 + 3 \rightarrow 3(x + 1)^2 = 0 \rightarrow (x + 1)^2 = 0$
Parábola degenerada em duas retas coincidentes, $x = -1$.

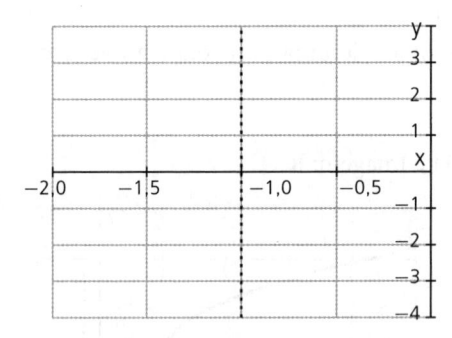

Gráfico 2.45: $3x^2 + 6x + 3 = 0$

▶ **Exercício 2.39**
$x^2 + 3x + 2 = 0$
Solução:
Fatorando a equação, tem-se: $(x + 1)(x + 2) = 0$.
Daí, $x = -1$ ou $x = -2$.
Parábola degenerada em duas retas paralelas, $x = -1$ e $x = -2$.
Domínio: $\{-2, -1\}$ e Imagem: R.

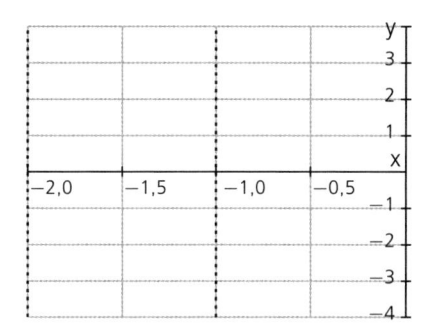

Gráfico 2.46: $x^2 + 3x + 2 = 0$

▶ **Exercício 2.40**
$2x^2 - 3y^2 + 20x - 6y + 41 = 0$
Solução:
$(2x^2 + 20x) + (-3y^2 - 6y) = -41 \rightarrow 2(x^2 + 10x) - 3(y^2 + 2y) = -41$
$2(x^2 + 10x + k_1^2) - 3(y^2 + 2y + k_2^2) = -41 + 2k_1^2 - 3k_2^2$
$2k_1 = 10 \rightarrow k_1 = 5$ e $2k_2 = 2 \rightarrow k_2 = 1$
$2(x^2 + 10x + 25) - 3(y^2 + 2y + 1) = -41 + 50 - 3$
$2(x^2 + 10x + 25) - 3(y^2 + 2y + 1) = 6$
$$\frac{(x+5)^2}{3} - \frac{(y+1)^2}{2} = 1$$
que é a forma canônica de uma hipérbole com centro $(-5,-1)$, $a = \sqrt{3}$ e $b = \sqrt{2}$.

Assíntotas: $\dfrac{y+1}{\sqrt{2}} = \pm \dfrac{x+5}{\sqrt{3}}$.

Domínio: $(-\infty; -5 - \sqrt{3}] \cup [-5 + \sqrt{3}; \infty)$ e Imagem: $\mathbb{R}$.

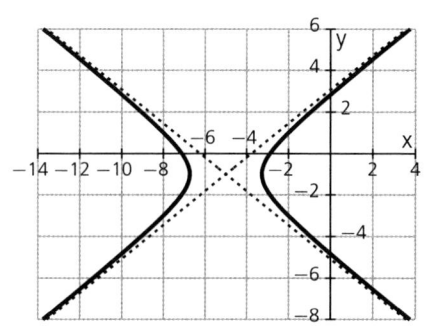

Gráfico 2.47: $2x^2 - 3y^2 - 20x - 6y + 41 = 0$

▶ **Exercício 2.41**

$4y^2 - x^2 + 2x - 56y + 191 = 0$

Solução:

$(4y^2 - 56y) + (-x^2 + 2x) = -191 \rightarrow 4(y^2 - 14y) - (x^2 - 2x) = -191$

$4(y^2 - 14y + k_1^2) - (x^2 - 2x + k_2^2) = -191 + 4k_1^2 - k_2^2$

$2k_1 = -14 \rightarrow k_1 = -7$ e $2k_2 = -2 \rightarrow k_2 = -1$

$4(y^2 - 14y + 49) - (x^2 - 2x + 1) = -191 + 196 - 1$

$4(y^2 - 14y + 49) - (x^2 - 2x + 1) = 4$

$(y - 7)^2 - \dfrac{(x-1)^2}{4} = 1$

que é a forma canônica de uma hipérbole com centro (1,7), a = 2 e b = 1.

Assíntotas: $y - 7 = \pm \dfrac{x-1}{2}$.

Domínio: R e Imagem: $(-\infty; 6] \cup [8; \infty)$.

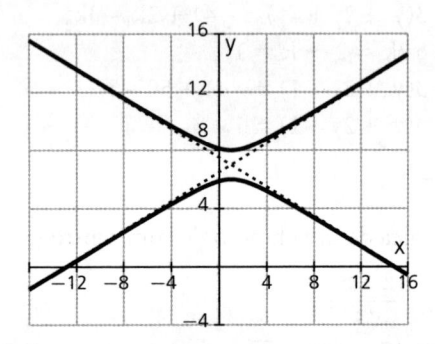

Gráfico 2.48: $4y^2 - x^2 + 2x - 56y + 191 = 0$

▶ **Exercício 2.42**

$3x^2 - 5y^2 - 6x + 20y - 17 = 0$

Solução:

$(3x^2 - 6x) - (5y^2 - 20y) = 17 \rightarrow 3(x^2 - 2x) - 5(y^2 - 4y) = 17$

$3(x^2 - 2x + k_1^2) - 5(y^2 - 4y + k_2^2) = 17 + 3k_1^2 - 5k_2^2$

$2k_1 = -2 \rightarrow k_1 = -1$ e $2k_2 = -4 \rightarrow k_2 = -2$

$3(x^2 - 2x + 1) - 5(y^2 - 4y + 4) = 17 + 3 - 20$

$3(x - 1)^2 - 5(y - 2)^2 = 0$

$\dfrac{(x-1)^2}{5} - \dfrac{(y-2)^2}{3} = 0$

que é a equação de uma hipérbole degenerada em duas retas concorrentes $\frac{y-2}{\sqrt{3}} = \pm \frac{x-1}{\sqrt{5}}$.

Domínio: $\varnothing$ e Imagem: $\varnothing$.

Função exponencial

Modelo matemático:
$y = a^x$, onde $a \in R$ tal que $a > 0$ e $a \neq 1$.

O domínio é o conjunto R e a imagem é o conjunto R_+^*. A função exponencial tem uma assíntota horizontal dada por $y = 0$.

Equações exponenciais

São equações formadas por funções exponenciais.

▶ **Exemplo 2.38**
$3^x = 16$; $3^{x^2-x} = 9$

Se $a^{x_1} = a^{x_2}$, então $x_1 = x_2$.

▶ **Exemplo 2.39**
Resolva as equações:
$2^x = 16$; como $16 = 2^4$, tem-se $2^x = 2^4$ ➙ $x = 4$
$3^{x+2} = 27$; como $27 = 3^3$, tem-se $3^{x+2} = 3^3$ ➙ $x + 2 = 3$ ➙ $x = 1$
$(5^2)^x = 125$; como $125 = 5^3$ e $(5^2)^x = 5^{2x}$, tem-se $5^{2x} = 5^3$ ➙ $2x = 3$ ➙ $x = \frac{3}{2}$

Exercícios resolvidos

▶ **Exercício 2.43**
Resolva a equação $4^{x^2+4x} = 4^{12}$.
Solução:
$4^{x^2+4x} = 4^{12}$ ➙ $x^2 + 4x = 12$ ➙ $x^2 + 4x - 12 = 0$ ➙ $x = 2$ e $x = -6$

▶ **Exercício 2.44**
Resolva a equação $27^{2x+1} = \sqrt[4]{9^{x+2}}$.
Solução:
$27^{2x+1} = \sqrt[4]{9^{x+2}} \rightarrow 27^{2x+1} = 9^{\frac{x+2}{4}}$, transformando 27 e 9 para base 3, tem-se:

$(3^3)^{2x+1} = (3^2)^{\frac{x+2}{4}} \rightarrow 3^{6x+3} = 3^{\frac{x+2}{2}} \rightarrow 6x + 3 = \frac{x+2}{2} \rightarrow x = -\frac{4}{11}$

Função exponencial crescente

Modelo matemático:
$y = a^x$, onde $a \in R$ tal que $a > 1$.
Pode-se utilizar como base o número irracional $e = 2{,}718...$. Esse número é definido como $\lim_{n \to \infty} \left(1 + \frac{1}{n}\right)^n = e$, que será visto no Capítulo 4.

▶ **Exemplo 2.40**
Seja a função $y = 5^x$. O domínio é R e a imagem é R_+^*. A assíntota horizontal é a reta $y = 0$. O gráfico é apresentado a seguir.

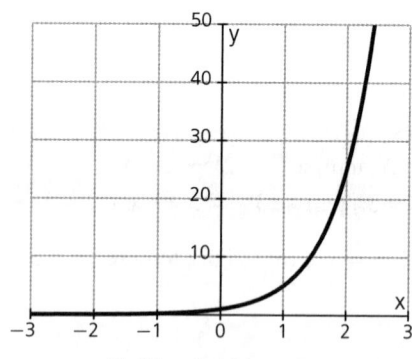

Gráfico 2.49: $y = 5^x$

▶ **Exemplo 2.41**
Seja a função $y = e^x - 1$. O domínio é R e a imagem é o intervalo $(-1, \infty)$. A assíntota horizontal é a reta $y = -1$.
O gráfico é apresentado a seguir.

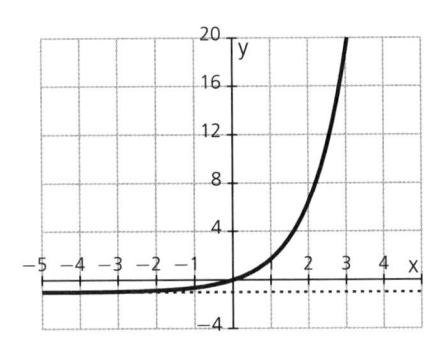

Gráfico 2.50: Função y = e^x −1

Função exponencial decrescente

Modelo matemático:
y = a^x, onde a ∈ R tal que 0 < a < 1.

▶ **Exemplo 2.42**

Seja a função $y = \left(\dfrac{1}{e}\right)^x$. O domínio é R e a imagem é R$_+^*$. A assíntota horizontal é a reta y = 0. O gráfico é apresentado a seguir.

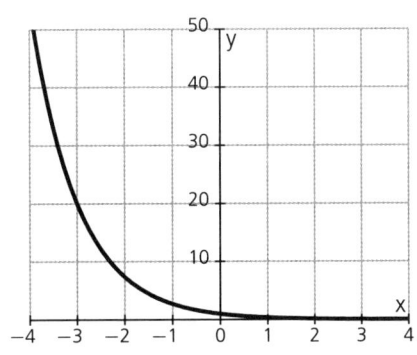

Gráfico 2.51: Função $y = \left(\dfrac{1}{e}\right)^x$

▶ **Exemplo 2.43**

Seja a função $y = \left(\dfrac{2}{3}\right)^x + 5$. O domínio é R e a imagem é o intervalo (5,∞). A assíntota horizontal é a reta y = 5.

O gráfico é apresentado a seguir.

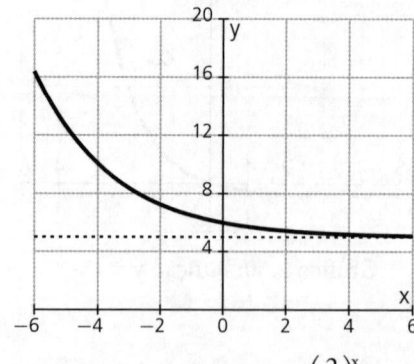

Gráfico 2.52: Função $y = \left(\dfrac{2}{3}\right)^x + 5$

Exercícios resolvidos

Determine o domínio e a imagem, e esboce o gráfico das seguintes funções:
▶ **Exercício 2.45**
$y = 3^x$
Solução:
Como $a > 1$ e o coeficiente de x é positivo, a função é crescente. A assíntota horizontal é o eixo x. Para traçar a curva, podem-se tomar os pontos da Tabela 2.6.

Tabela 2.6: Possíveis pontos para esboço do Gráfico 2.53

Valor de x	Valor de y
−2	1/9
−1	1/3
0	1
1	3
2	9

Domínio: R e Imagem: R_+^*.

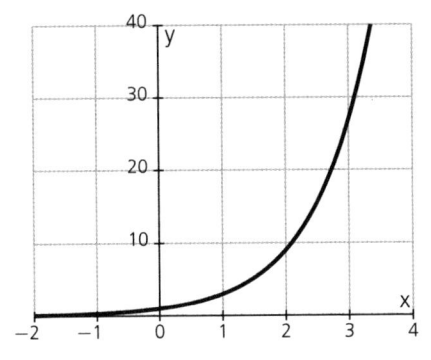

Gráfico 2.53: Função de y = 3^x

▶ **Exercício 2.46**

$y = \left(\dfrac{1}{3}\right)^{x+1}$

Solução:

Como 0 < a < 1 e o coeficiente de x é positivo, a função é decrescente. A assíntota horizontal é o eixo x. Para traçar a curva, podem-se tomar os pontos da Tabela 2.7.

Tabela 2.7: Possíveis pontos para esboço do Gráfico 2.54

Valor de x	Valor de y
−2	3
−1	1
0	1/3
1	1/9
2	1/27

Domínio: R e Imagem: R_+^*.

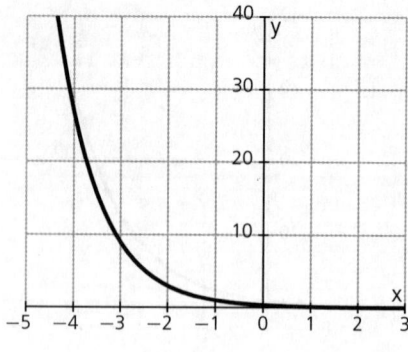

Gráfico 2.54: Função de $y = \left(\dfrac{1}{3}\right)^{x+1}$

▶ **Exercício 2.47**

$y = \left(\dfrac{1}{2}\right)^{-3x}$

Solução:

Como $0 < a < 1$ e o coeficiente de x é negativo, a função é crescente. A assíntota horizontal é o eixo x. Para traçar a curva, podem-se tomar os pontos da Tabela 2.8.

Tabela 2.8: Possíveis pontos para esboço do Gráfico 2.55

Valor de x	Valor de y
−2	1/64
−1	1/8
0	1
1	8
2	64

Domínio: R e Imagem: R_+^*.

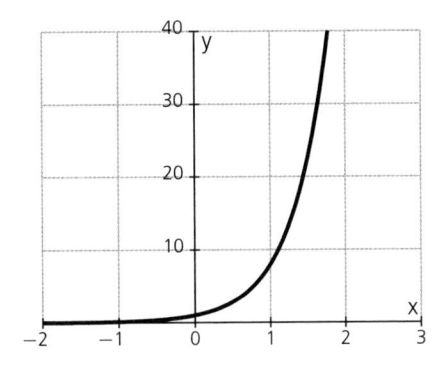

Gráfico 2.55: Função de $y = \left(\dfrac{1}{2}\right)^{-3x}$

▶ **Exercício 2.48**

$y = 2(1/4)^x$

Solução:

Como $0 < a < 1$ e o coeficiente de x é positivo, a função é decrescente. A assíntota horizontal é o eixo x. Para traçar a curva, podem-se tomar os pontos da Tabela 2.9.

Tabela 2.9: Possíveis pontos para esboço do Gráfico 2.56

Valor de x	Valor de y
−2	32
−1	8
0	2
1	1/2
2	1/8

Domínio: R e Imagem: R_+^*.

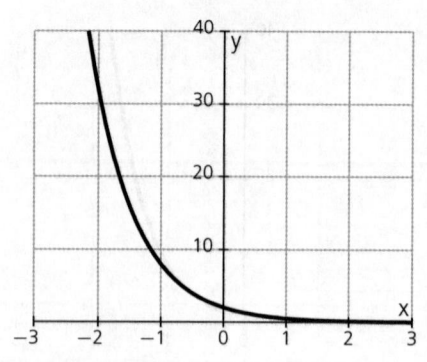

Gráfico 2.56: Função de $y = 2(1/4)^x$

▶ **Exercício 2.49**
$y = 8 + (4)^{x/2}$
Solução:
Como a > 1 e o coeficiente de x é positivo, a função é crescente. A assíntota horizontal é a reta y = 8. Para traçar a curva, podem-se tomar os pontos da Tabela 2.10.

Tabela 2.10: Possíveis pontos para esboço do Gráfico 2.57

Valor de x	Valor de y
−2	33/4
−1	17/2
0	9
1	10
2	12

Domínio: R e Imagem: $(8; \infty)$.

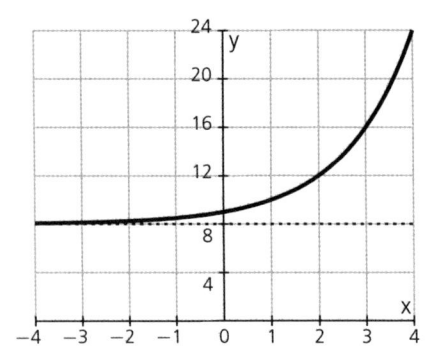

Gráfico 2.57: Função de $y = 8 + (4)^{x/2}$

▶ **Exercício 2.50**

$y = -3 + 4^{|1-3x|}$

Solução:

Como o expoente está em módulo, a função se abre em dois ramos:

$$y = \begin{cases} -3 + 4^{1-3x} & \text{se } 1 - 3x \geq 0, \text{ que é decrescente} \\ -3 + 4^{-(1-3x)} & \text{se } 1 - 3x < 0, \text{ que é crescente} \end{cases}$$

$y = -3 + 4^{1-3x}$ se $x \leq 1/3$

Tabela 2.11: Possíveis pontos para esboço do Gráfico 2.58

Valor de x	Valor de y
1/3	−2
0	1
−1	253

$y = -3 + 4^{3x-1}$ se $x > 1/3$

Tabela 2.12: Possíveis pontos para esboço do Gráfico $y = -3 + 4^{3x-1}$

Valor de x	Valor de y
1/3	−2
1	13
2	1021

Domínio: R e Imagem: $[-2; \infty)$.

A função não possui assíntota horizontal.

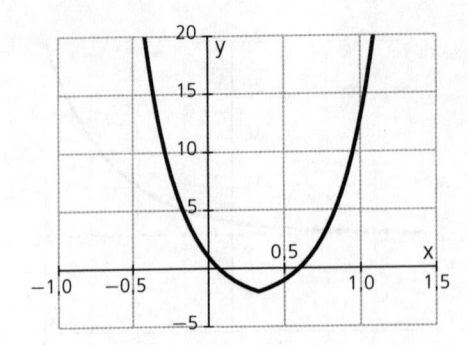

Gráfico 2.58: Função de $y = -3 + 4^{|1-3x|}$

Função logarítmica

Modelo matemático:
$y = \log_a x$, onde $a \in \mathbb{R}$ tal que $a > 0$ e $a \neq 1$.
a é denominado base, e x, argumento.

O domínio é o conjunto $\mathbb{R}_+^*$ e a imagem é $\mathbb{R}$. A função logarítmica tem uma assíntota vertical dada por $x = 0$.

Notações:
base 10 → log x
base e → ln x (logaritmo neperiano)
A função inversa da função logarítmica é a função exponencial.
$y = \log_a x \leftrightarrow x = a^y$
$y = \ln x \leftrightarrow x = e^y$

Exercícios resolvidos

▶ **Exercício 2.51**
Calcule:
(A) $\log_5 625$
Solução:
$\log_5 625 = x \rightarrow 5^x = 625 \rightarrow 5^x = 5^4 \rightarrow x = 4$

(B) $\log_{1/3} \sqrt[3]{9}$

Solução:

$$\log_{1/3} \sqrt[3]{9} = x \rightarrow \left(\frac{1}{3}\right)^x = \sqrt[3]{9} \rightarrow \left(\frac{1}{3}\right)^x = \sqrt[3]{3^2} \rightarrow 3^{-x} = 3^{2/3} \rightarrow x = -\left(\frac{2}{3}\right)$$

(C) $\log_2 1$

Solução:
$\log_2 1 = x \rightarrow 2^x = 1 \rightarrow 2^x = 2^0 \rightarrow x = 0$

▶ **Exercício 2.52**
Resolva a equação:
(A) $\log(3x + 1) = 2$

Solução:
$\log(3x + 1) = 2 \rightarrow 10^2 = 3x + 1 \rightarrow 100 = 3x + 1 \rightarrow 3x = 99 \rightarrow x = 33$

(B) $\ln(4 - x) = 1$

Solução:
$\ln(4 - x) = 1 \rightarrow e^1 = 4 - x \rightarrow x = 4 - e \rightarrow x \cong 1,28$

(C) $\log_2(2x^2 - 5x + 1) = 2$

Solução:
$\log_2(2x^2 - 5x + 1) = 2 \rightarrow 2^2 = 2x^2 - 5x + 1 \rightarrow 2x^2 - 5x + 1 = 4$
$2x^2 - 5x - 3 = 0 \rightarrow x = -\frac{1}{2} \text{ e } x = 3$

Operações com logaritmos

$\log_a(xy) = \log_a x + \log_a y$, onde $a > 0$, $a \neq 1$ e $x, y > 0$.

▶ **Exemplo 2.44**
$\log(2.3) = \log 2 + \log 3$

$\log_a\left(\frac{x}{y}\right) = \log_a x - \log_a y$

▶ **Exemplo 2.45**
$\log_{1/2}\left(\frac{3}{4}\right) = \log_{1/2} 3 - \log_{1/2} 4$

$\log_a x^n = n \log_a x$

▶ **Exemplo 2.46**

$\log_2 x^3 = 3 \log_2 x$

$\log_a \sqrt[n]{x} = \dfrac{1}{n} \log_a x$

▶ **Exemplo 2.47**

$\log_{1/5} \sqrt[4]{x} = \log_{1/5} x^{1/4} = \dfrac{1}{4} \log_{1/5} x$

Mudança de base: $\log_a x = \dfrac{\log_b x}{\log_b a}$

▶ **Exemplo 2.48**

Transforme $\log_3 2$ para logaritmo na base 10.

$\log_3 2 = \dfrac{\log_{10} 2}{\log_{10} 3}$

Função logarítmica com base a > 1

Modelo matemático:
$y = \log_a x$, onde $a > 1$.

▶ **Exemplo 2.49**

Seja a função $y = \log_2 2x$. O domínio é o conjunto R_+^* e a imagem é R. A assíntota vertical é a reta $x = 0$.

O gráfico é apresentado a seguir.

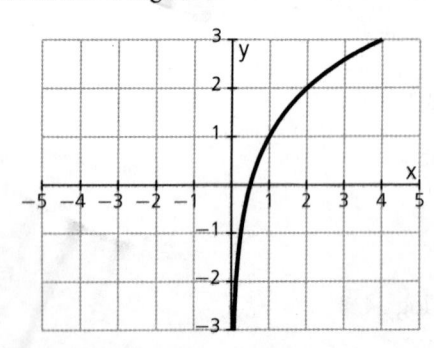

Gráfico 2.59: Função $y = \log_2 2x$

▶ **Exemplo 2.50**

Seja a função $y = \ln x$. O domínio é o conjunto R_+^* e a imagem é R. A assíntota vertical é a reta $x = 0$.

O gráfico é apresentado a seguir.

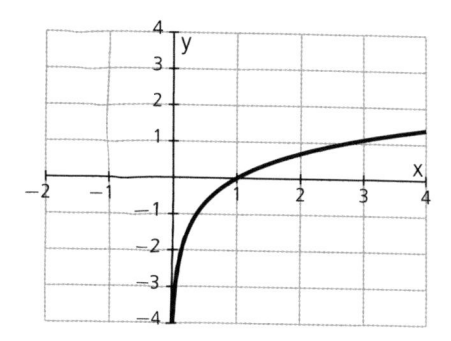

Gráfico 2.60: Função $y = \ln x$

Função logarítmica com base 0 < a < 1

Modelo matemático:
$y = \log_a x$, onde $0 < a < 1$.

▶ **Exemplo 2.51**

Seja a função $y = \log_{1/4} x$. O domínio é o conjunto R^* e a imagem é o conjunto R. A assíntota vertical é a reta $x = 0$.

O gráfico é apresentado a seguir.

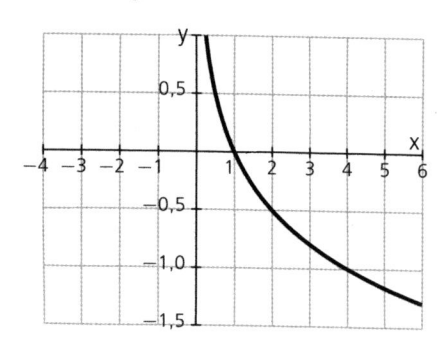

Gráfico 2.61: Função $y = \log_{1/4} x$

▶ **Exemplo 2.52**

Seja a função $y = \log_{1/2}(-2x)$. O domínio é o conjunto R_-^* e a imagem é o conjunto R. A assíntota vertical é a reta $x = 0$.

O gráfico é apresentado a seguir.

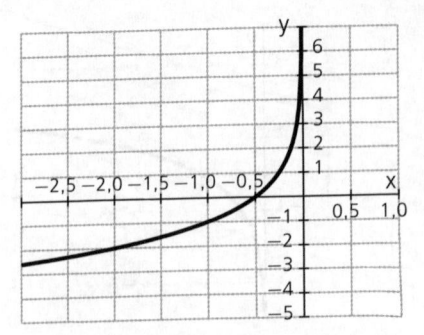

Gráfico 2.62: Função $y = \log_{1/2}(-2x)$

Exercícios resolvidos

Determine o domínio e a imagem, e esboce o gráfico das seguintes funções:

▶ **Exercício 2.53**

$y = \log_{1/2}(5x + 4)$

Solução:

Pela definição de logaritmo, $5x + 4 > 0 \rightarrow x > -\dfrac{4}{5}$ ($x = -\dfrac{4}{5}$ é a assíntota vertical).

Base $\dfrac{1}{2}\left(0 < \dfrac{1}{2} < 1\right)$

Tabela 2.13: Possíveis pontos para esboço do Gráfico 2.63

x	y	Observações
$5x + 4 = 0$ $x = -4/5$	∞	Pois o logaritmo com base no intervalo (0;1) tende a ∞ quando o argumento é nulo.
$5x + 4 = 1$ $x = -3/5$	0	Pois o logaritmo é nulo quando o argumento é 1.

Tabela 2.13: Continuação

x	y	Observações
5x + 4 = 1/2 x = −7/10	1	Pois o logaritmo da base é igual a 1.
5x + 4 ⇢ ∞ x ⇢ ∞	−∞	Pois o logaritmo com base no intervalo (0;1) tende a −∞ quando argumento tende a infinito.

Domínio: (−4/5; ∞); Imagem: R.

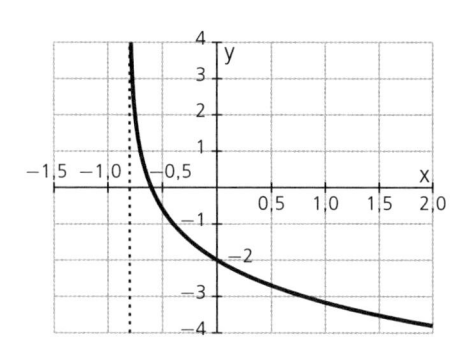

Gráfico 2.63: Função de $y = \log_{1/2}(5x + 4)$

▶ **Exercício 2.54**
$y = \ln(x + 4)$
Solução:
Pela definição de logaritmo, $x + 4 > 0 \rightarrow x > -4$ ($x = -4$ é a assíntota vertical).
Base e (e > 1), e ≅ 2,718

Tabela 2.14: Possíveis pontos para esboço do Gráfico 2.64

x	y
x + 4 = 0 → x = −4	−∞
x + 4 = 1 → x = −3	0
x + 4 = e → x = −1,282	1
x + 4 ⇢ ∞ x ⇢ ∞	∞

Domínio: $(-4; \infty)$ e Imagem: R.

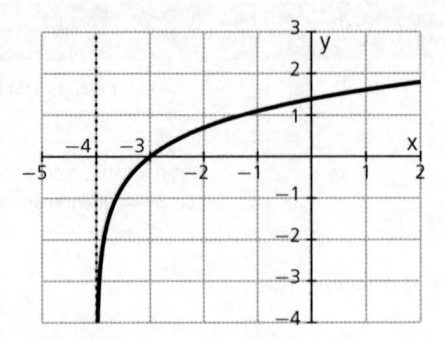

Gráfico 2.64: Função de $y = \ln(x + 4)$

▶ **Exercício 2.55**
$y = \log(-3x - 1)$
Solução:
Pela definição de logaritmo,

$-3x - 1 > 0 \rightarrow x < -\dfrac{1}{3}$ ($x = -\dfrac{1}{3}$ é a assíntota vertical)

Base 10 $(10 > 1)$

Tabela 2.15: Possíveis pontos para eboço do Gráfico 2.65

x	y
$-3x - 1 = 0 \rightarrow x = -1/3$	$-\infty$
$-3x - 1 = 1 \rightarrow x = -2/3$	0
$-3x - 1 = 10 \rightarrow x = -11/3$	1
$-3x - 1 \rightarrow \infty$ $x \rightarrow -\infty$	∞

Domínio: $(-\infty; -1/3)$ e Imagem: R.

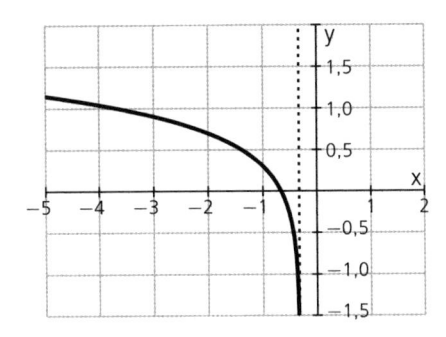

Gráfico 2.65: $y = \log(-3x - 1)$

◗ **Exercício 2.56**
$y = -4 + \log_2(3x - 1)$
Solução:
Pela definição de logaritmo, $3x - 1 > 0 \to x > \dfrac{1}{3}$ ($x = \dfrac{1}{3}$ assíntota vertical).

Base 2 $(2 > 1)$

Tabela 2.16: Possíveis pontos para eboço do Gráfico 2.66

x	y
$3x - 1 = 0 \to x = 1/3$	$-\infty$
$3x - 1 = 1 \to x = 2/3$	-4
$3x - 1 = 2 \to x = 1$	-3
$3x - 1 \to \infty$ $x \to \infty$	∞

Domínio: $(1/3; \infty)$ e Imagem: R.

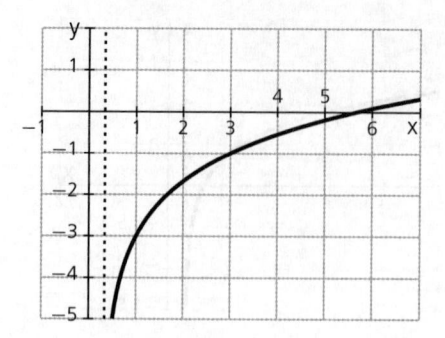

Gráfico 2.66: Função de y = − 4 + log$_2$(3 x − 1)

▶ **Exercício 2.57**
y = 2 + 5 ln |3x + 7|
Solução:

$$|3x + 7| = \begin{cases} 3x + 7, & \text{se } 3x + 7 > 0 \\ -(3x + 7), & \text{se } 3x + 7 < 0 \end{cases}$$

a função será definida como
$y_1 = 2 + 5 \ln (3x + 7)$ se x > −7/3   (1º caso)
$y_2 = 2 + 5 \ln (-(3x + 7))$ se x < −7/3   (2º caso)

Primeiro caso:
$y_1 = 2 + 5 \ln (3x + 7)$
Pela definição de logaritmo,

$3x + 7 > 0 \rightarrow x > -\dfrac{7}{3}$, $(x = -\dfrac{7}{3}$ é a assíntota vertical)

Base e (e > 1)

Tabela 2.17: Possíveis pontos para esboço do Gráfico 2.67

x	$y_1 = 2 + 5\ln(3x + 7)$
3x + 7 = 0 → x = −7/3	− ∞
3x + 7 = 1 → x = −2	2
3x + 7 = e → x = − 1,43	7
3x + 7 → ∞ x → ∞	− ∞

Domínio: (− 7/3; ∞) e Imagem: R.

Segundo caso:

$y_2 = 2 + 5 \ln(-3x - 7)$

Pela definição de logaritmo,

$-3x - 7 > 0, -3x > 7 \rightarrow x < -\dfrac{7}{3}$ ($x = -\dfrac{7}{3}$ é assíntota vertical)

Base e (e > 1)

Tabela 2.18: Possíveis pontos para esboço do gráfico 2.67

x	$y_2 = 2 + 5\ln(-3x - 7)$
$-3x - 7 = 0 \rightarrow x = -7/3$	$-\infty$
$-3x - 7 = 1 \rightarrow x = -8/3$	2
$-3x - 7 = e \rightarrow x = -3,24$	7
$-3x - 7 \rightarrow \infty$ $x \rightarrow \infty$	$-\infty$

Domínio: $(-\infty; -7/3)$ e Imagem: R.

Logo, o domínio da função $y = 2 + 5 \ln|3x + 7|$ é $R - \left\{-\dfrac{7}{3}\right\}$ e a imagem é R.

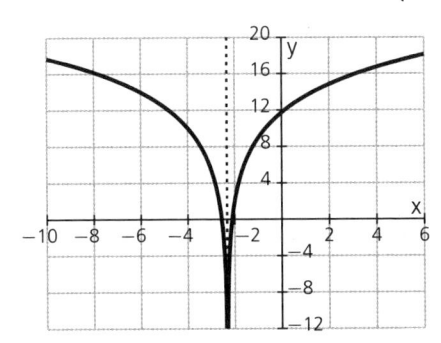

Gráfico 2.67: Função de $y = 2 + 5 \ln |3x + 7|$

Funções trigonométricas

Um ângulo pode ser medido em graus ou radianos e é medido no sentido oposto aos do ponteiro do relógio. A medida de um ângulo em graus é baseada na hipótese de que um círculo contém 360°. Como existem 2π radianos em um círculo, tem-se as relações:

$2\pi = 360°$; $\pi = 180°$; $\dfrac{\pi}{2} = 90°$, e assim sucessivamente, onde

π é um número irracional cujo valor é 3,14159...

Por meio do círculo com centro na origem e raio r (Gráfico 2.68), pode-se retirar as seguintes relações:

$$\text{sen } \alpha = \frac{a}{r} \qquad \text{cotg } \alpha = \frac{b}{a}$$

$$\cos \alpha = \frac{b}{r} \qquad \sec \alpha = \frac{r}{b}$$

$$\text{tg } \alpha = \frac{a}{b} \qquad \text{cossec } \alpha = \frac{r}{a}$$

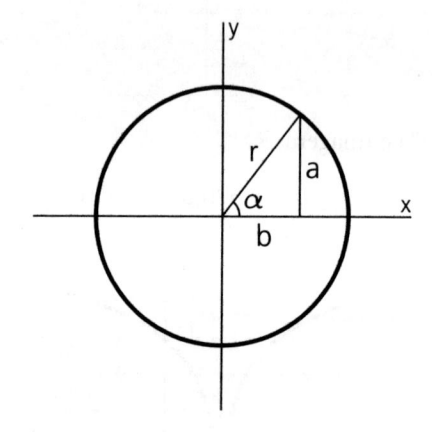

Gráfico 2.68: Círculo trigonométrico com centro na origem e raio r

As relações entre as funções são:

$$\text{tg } \alpha = \frac{\text{sen } \alpha}{\cos \alpha} \text{ ; } \text{cotg } \alpha = \frac{\cos \alpha}{\text{sen } \alpha} = \frac{1}{\text{tg } \alpha}$$

$$\sec \alpha = \frac{1}{\cos \alpha} \text{ ; } \text{cossec } \alpha = \frac{1}{\text{sen } \alpha}.$$

Sinais das funções trigonométricas:

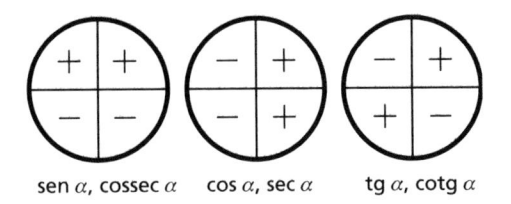

```
    +  +         −  +         −  +
    −  −         −  +         +  −
 sen α, cossec α  cos α, sec α  tg α, cotg α
```

Gráfico 2.69: Sinais das funções trigonométricas

Função seno

Modelo matemático:

y = sen(x)

onde x é denominado argumento. O domínio é o conjunto dos números reais e a imagem é o intervalo [−1;1]. O gráfico é apresentado a seguir.

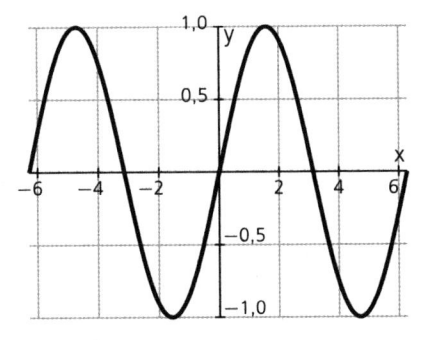

Gráfico 2.70: Função y = sen x

Função cosseno

Modelo matemático:

y = cos(x)

onde x é denominado argumento. O domínio é o conjunto dos números reais e a imagem é o intervalo [−1;1]. O gráfico é apresentado a seguir.

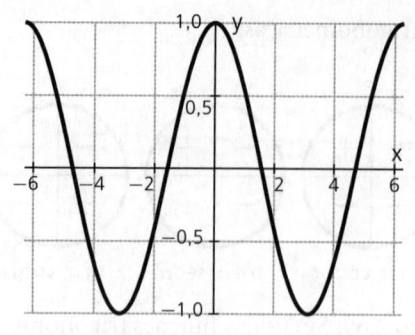

Gráfico 2.71: y = cos x

Função tangente

Modelo matemático:

y = tg(x)

onde x é denominado argumento. O domínio é o conjunto $R - \left\{ x/x = k\pi + \dfrac{\pi}{2}, k \in Z \right\}$ e a imagem é o conjunto R. O gráfico é apresentado a seguir.

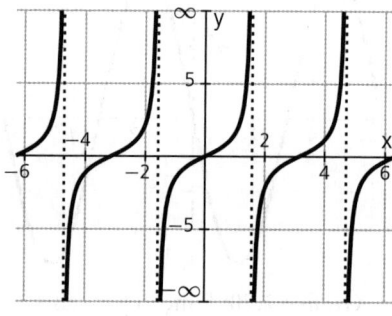

Gráfico 2.72: y = tg(x)

Função cotangente

Modelo matemático:

y = cotg(x)

onde x é denominado argumento. O domínio é o conjunto $R - \{x/x = k\pi, k \in Z\}$ e a imagem é R. O gráfico é apresentado a seguir.

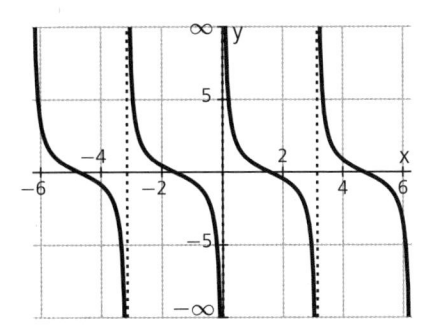

Gráfico 2.73: Função de y = cotg(x)

Função secante

Modelo matemático:

y = sec(x) onde x é denominado argumento. O domínio é o conjunto $R - \left\{ x/x = k\pi + \dfrac{\pi}{2}, k \in Z \right\}$. A imagem é o intervalo $(\infty; -1] \cup [1; \infty)$. O gráfico é apresentado a seguir.

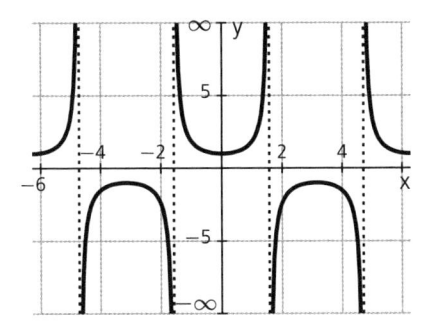

Gráfico 2.74: Função de y = sec(x)

Função cossecante

Modelo matemático:

y = cossec(x)
onde x é denominado argumento. O domínio é o conjunto $R - \{x/x = k\pi, k \in Z\}$ e a imagem é $(-\infty; -1] \cup [1; \infty)$. O gráfico é apresentado a seguir.

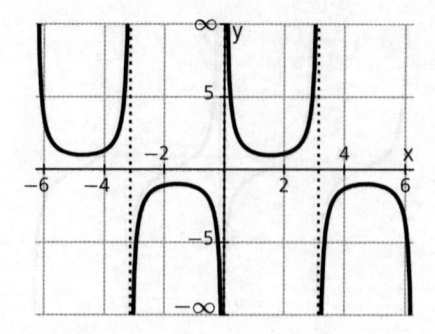

Gráfico 2.75: Função de y = cossec(x)

Identidades trigonométricas

$\text{sen}^2 x + \cos^2 x = 1$

$\sec^2 x - \text{tg}^2 x = 1$

$\text{cossec}^2 x - \text{cotg}^2 x = 1$

$\text{sen}(x + y) = \text{sen } x \cos y + \cos x \text{ sen } y$

$\text{sen}(x - y) = \text{sen } x \cos y - \cos x \text{ sen } y$

$\cos(x + y) = \cos x \cos y - \text{sen } x \text{ sen } y$

$\cos(x - y) = \cos x \cos y + \text{sen } x \text{ sen } y$

$\text{sen } 2x = 2\text{sen } x \cos x$

$\cos 2x = \cos^2 x - \text{sen}^2 x$

$\text{sen}\left(\dfrac{x}{2}\right) = \pm \sqrt{\dfrac{1 - \cos x}{2}}$

$\cos\left(\dfrac{x}{2}\right) = \pm \sqrt{\dfrac{1 + \cos x}{2}}$

Valores das funções trigonométricas

Tabela 2.19: Valores das funções trigonométricas

Graus	0	30	45	60	90	180	270	360
Radianos	0	$\pi/6$	$\pi/4$	$\pi/3$	$\pi/2$	π	$3\pi/2$	2π
Seno	0	1/2	$\sqrt{2}/2$	$\sqrt{3}/2$	1	0	−1	0
Cosseno	1	$\sqrt{3}/2$	$\sqrt{2}/2$	1/2	0	−1	0	1
Tangente	0	$\sqrt{3}/3$	1	$\sqrt{3}$	∄	0	∄	0
Cotangente	∄	$\sqrt{3}$	1	$\sqrt{3}/3$	0	∄	0	∄
Secante	1	$2\sqrt{3}/3$	$\sqrt{2}$	2	∄	−1	∄	1
Cossecante	∄	2	$\sqrt{2}$	$2\sqrt{3}/3$	1	∄	−1	∄

Exercícios resolvidos

Determine o domínio e a imagem, e esboce o gráfico das seguintes funções:

▶ **Exercício 2.58**

y = sen (5x − 1)   5x−1 ∈ [−2π; 2π]

5x − 1 é o argumento da função seno.

Devem-se determinar valores de x para os quais o argumento da função seja igual a ângulos cujos valores da função são conhecidos, ou seja, valores como $-2\pi, -\dfrac{3\pi}{2}, -\pi, -\dfrac{\pi}{2}, 0, \pi, \dfrac{3\pi}{2}, 2\pi$.

Solução:

Tabela 2.20: Possíveis pontos para esboço do Gráfico 2.76

x	y
5x − 1 = −2π $x = -\dfrac{2\pi}{5} + \dfrac{1}{5}$	sen(−2π) = 0

Tabela 2.20: Continuação.

x	y
$5x - 1 = -\dfrac{3\pi}{2} \rightarrow x = -\dfrac{3\pi}{10} + \dfrac{1}{5}$	$\operatorname{sen}\left(-\dfrac{3\pi}{2}\right) = 1$
$5x - 1 = -\pi \rightarrow x = -\dfrac{\pi}{5} + \dfrac{1}{5}$	$\operatorname{sen}(-\pi) = 0$
$5x - 1 = -\dfrac{\pi}{2} \rightarrow x = -\dfrac{\pi}{10} + \dfrac{1}{5}$	$\operatorname{sen}\left(-\dfrac{\pi}{2}\right) = -1$
$5x - 1 = 0 \rightarrow x = \dfrac{1}{5}$	$\operatorname{sen}(0) = 0$
$5x - 1 = \dfrac{\pi}{2} \rightarrow x = \dfrac{\pi}{10} + \dfrac{1}{5}$	$\operatorname{sen}\left(\dfrac{\pi}{2}\right) = 1$
$5x - 1 = \pi \rightarrow x = \dfrac{\pi}{5} + \dfrac{1}{5}$	$\operatorname{sen}(\pi) = 0$
$5x - 1 = \dfrac{3\pi}{2} \rightarrow x = \dfrac{3\pi}{10} + \dfrac{1}{5}$	$\operatorname{sen}\left(\dfrac{3\pi}{2}\right) = -1$
$5x - 1 = 2\pi \rightarrow x = \dfrac{2\pi}{5} + \dfrac{1}{5}$	$\operatorname{sen}(2\pi) = 0$

Domínio: R, e Imagem: [−1; 1].

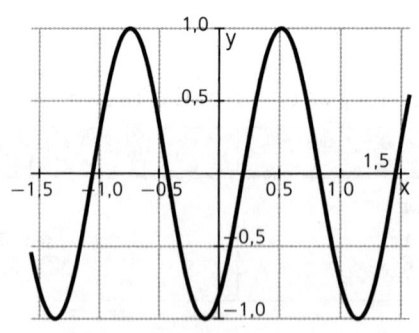

Gráfico 2.76: $y = \operatorname{sen}(5x - 1)$

▶ Exercício 2.59
y = 5 + 3 cos (4x − 7)   4x − 7 ∈ [−2π; 2π]
Solução:

Tabela 2.21: Valores possíveis para esboço do Gráfico 2.77

x	y
$4x - 7 = -2\pi \rightarrow x = -\dfrac{\pi}{2} + \dfrac{7}{4}$	$5 + 3\cos(-2\pi) = 5 + 3 \cdot 1 = 8$
$4x - 7 = -\dfrac{3\pi}{2} \rightarrow x = -\dfrac{3\pi}{8} + \dfrac{7}{4}$	$5 + 3\cos\left(-\dfrac{3\pi}{2}\right) = 5 + 3 \cdot 0 = 5$
$4x - 7 = -\pi \rightarrow x = -\dfrac{\pi}{4} + \dfrac{7}{4}$	$5 + 3\cos(-\pi) = 5 + 3(-1) = 2$
$4x - 7 = -\dfrac{\pi}{2} \rightarrow x = -\dfrac{\pi}{8} + \dfrac{7}{4}$	$5 + 3\cos\left(-\dfrac{\pi}{2}\right) = 5 + 3 \cdot 0 = 5$
$4x - 7 = 0 \rightarrow x = \dfrac{7}{4}$	$5 + 3\cos(0) = 5 + 3 \cdot 1 = 8$
$4x - 7 = \dfrac{\pi}{2} \rightarrow x = \dfrac{\pi}{8} + \dfrac{7}{4}$	$5 + 3\cos\left(\dfrac{\pi}{2}\right) = 5 + 3 \cdot 0 = 2$
$4x - 7 = \pi \rightarrow x = \dfrac{\pi}{4} + \dfrac{7}{4}$	$5 + 3\cos(\pi) = 5 + 3(-1) = 2$
$4x - 7 = \dfrac{3\pi}{2} \rightarrow x = \dfrac{3\pi}{8} + \dfrac{7}{4}$	$3 + 3\cos\left(\dfrac{3\pi}{2}\right) = 5 + 3 \cdot 0 = 5$
$4x - 7 = 2\pi \rightarrow x = \dfrac{\pi}{2} + \dfrac{7}{4}$	$5 + 3\cos(2\pi) = 5 + 3 \cdot 1 = 8$

Domínio: R e Imagem: [2; 8].

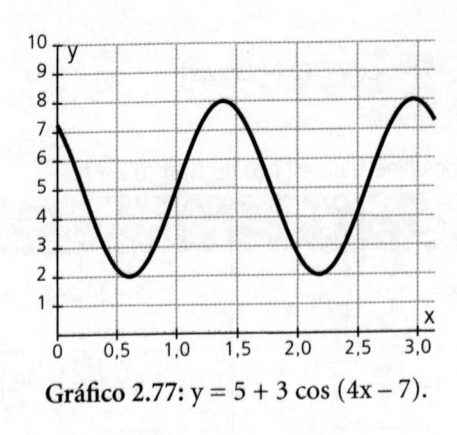

Gráfico 2.77: $y = 5 + 3 \cos(4x - 7)$.

▶ **Exercício 2.60**

$y = \text{tg}(3x + 5)$ $\qquad 3x + 5 \in [-2\pi; 2\pi]$

Solução:

Tabela 2.22: Possíveis pontos para esboço do Gráfico 2.78

x	y
$3x + 5 = -2\pi \rightarrow x = -\dfrac{2\pi}{3} - \dfrac{5}{3}$	$\text{tg}(-2\pi) = \dfrac{\text{sen}(-2\pi)}{\cos(-2\pi)} = \dfrac{0}{1} = 0$
$3x + 5 = -\dfrac{3\pi}{2} \rightarrow x = -\dfrac{\pi}{2} - \dfrac{5}{3}$	$\text{tg}\left(-\dfrac{3\pi}{2}\right) \nexists$
$3x + 5 = -\pi \rightarrow x = -\dfrac{\pi}{3} - \dfrac{5}{3}$	$\text{tg}(-\pi) = \dfrac{0}{-1} = 0$
$3x + 5 = -\dfrac{\pi}{2} \rightarrow x = -\dfrac{\pi}{6} - \dfrac{5}{3}$	$\text{tg}\left(-\dfrac{\pi}{2}\right) \nexists$
$3x + 5 = 0 \rightarrow x = -\dfrac{5}{3}$	$\text{tg}(0) = \dfrac{0}{-1} = 0$
$3x + 5 = \dfrac{\pi}{2} \rightarrow x = \dfrac{\pi}{6} - \dfrac{5}{3}$	$\text{tg}\left(\dfrac{\pi}{2}\right) \nexists$
$3x + 5 = \pi \rightarrow x = \dfrac{\pi}{3} - \dfrac{5}{3}$	$\text{tg}(\pi) = \dfrac{0}{-1} = 0$

Tabela 2.22: Continuação

x	y
$3x + 5 = \dfrac{3\pi}{2} \rightarrow x = \dfrac{\pi}{2} - \dfrac{5}{3}$	$\text{tg}\left(\dfrac{3\pi}{2}\right) \nexists$
$3x + 5 = 2\pi \rightarrow x = \dfrac{2\pi}{3} - \dfrac{5}{3}$	$\text{tg}(2\pi) = \dfrac{0}{1} = 0$

Domínio: $R - \left\{ x/x = \dfrac{k\pi}{3} + \dfrac{\pi}{6} - \dfrac{5}{3}, k \in Z \right\}$ e Imagem: R.

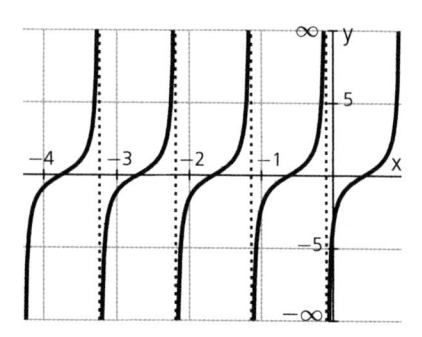

Gráfico 2.78: $y = \text{tg}(3x + 5)$

▶ **Exercício 2.61**
$y = \text{cotg}(5x - 1)$ $5x - 1 \in [-2\pi; 2\pi]$
Solução:

Tabela 2.23: Valores possíveis para esboço do Gráfico 2.79

x	y
$5x - 1 = -2\pi \rightarrow x = -\dfrac{2\pi}{5} + \dfrac{1}{5}$	$\text{cotg}(-2\pi) \nexists$
$5x - 1 = -\dfrac{3\pi}{2} \rightarrow x = -\dfrac{3\pi}{10} + \dfrac{1}{5}$	$\text{cotg}\left(-\dfrac{3\pi}{2}\right) = 0$
$5x - 1 = -\pi \rightarrow x = -\dfrac{\pi}{5} + \dfrac{1}{5}$	$\text{cotg}(-\pi) \nexists$

Tabela 2.23: Continuação

x	y
$5x - 1 = -\dfrac{\pi}{2} \rightarrow x = -\dfrac{\pi}{10} + \dfrac{1}{5}$	$\cotg\left(-\dfrac{\pi}{2}\right) = 0$
$5x - 1 = 0 \rightarrow x = \dfrac{1}{5}$	$\cotg(0)\;\nexists$
$5x - 1 = \dfrac{\pi}{2} \rightarrow x = \dfrac{\pi}{10} + \dfrac{1}{5}$	$\cotg\left(\dfrac{\pi}{2}\right) = 0$
$5x - 1 = \pi \rightarrow x = \dfrac{\pi}{5} + \dfrac{1}{5}$	$\cotg(\pi)\;\nexists$
$5x - 1 = \dfrac{3\pi}{2} \rightarrow x = \dfrac{3\pi}{10} + \dfrac{1}{5}$	$\cotg\left(\dfrac{3\pi}{2}\right) = 0$
$5x - 1 = 2\pi \rightarrow x = \dfrac{2\pi}{5} + \dfrac{1}{5}$	$\cotg(2\pi)\;\nexists$

Domínio: $R - \left\{ x/x = \dfrac{k\pi}{5} + \dfrac{1}{5}, k \in Z \right\}$ e Imagem: R.

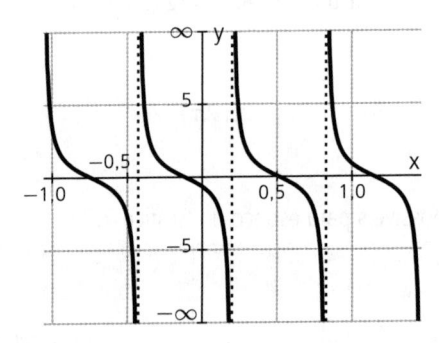

Gráfico 2.79: $y = \cotg(5x - 1)$.

▶ **Exercício 2.62**

$y = 3 + 4\sec(7x - 5) \quad 7x - 5 \in [-2\pi; 2\pi]$

Solução:

Tabela 2.24: Valores possíveis para esboço do Gráfico 2.80

x	y
$7x - 5 = -2\pi$ $x = -\dfrac{2\pi}{7} + \dfrac{5}{7}$	$3 + 4\sec(-2\pi) = ∄$
$7x - 5 = -\dfrac{3\pi}{2}$ $x = -\dfrac{3\pi}{14} + \dfrac{5}{7}$	$3 + 4\cotg\left(-\dfrac{3\pi}{2}\right) = 3 + 4\cdot 0 = 3$
$7x - 5 = -\pi$ $x = -\dfrac{\pi}{7} + \dfrac{5}{7}$	$3 + 4\cotg(-\pi)$ ∄
$7x - 5 = -\dfrac{\pi}{2}$ $x = -\dfrac{\pi}{14} + \dfrac{5}{7}$	$3 + 4\cotg\left(-\dfrac{\pi}{2}\right) = 3 + 4\cdot 0 = 3$
$7x - 5 = 0$ $x = \dfrac{5}{7}$	$3 + 4\cotg(0)$ ∄
$7x - 5 = \dfrac{\pi}{2}$ $x = \dfrac{\pi}{14} + \dfrac{5}{7}$	$3 + 4\cotg\left(\dfrac{\pi}{2}\right) = 3 + 4\cdot 0 = 3$
$7x - 5 = \pi$ $x = \dfrac{\pi}{7} + \dfrac{5}{7}$	$3 + 4\cotg(\pi)$ ∄
$7x - 5 = \dfrac{3\pi}{2}$ $x = \dfrac{3\pi}{14} + \dfrac{5}{7}$	$3 + 4\cotg\left(\dfrac{3\pi}{2}\right) = 3 + 4\cdot 0 = 3$
$7x - 5 = 2\pi$ $x = \dfrac{2\pi}{7} + \dfrac{5}{7}$	$3 + 4\cotg(2\pi)$ ∄

Domínio: $R - \left\{ x/x = \dfrac{k\pi}{7} + \dfrac{\pi}{14} + \dfrac{5}{7}, k \in Z \right\}$ e Imagem: $(-\infty; -1] \cup [7; \infty)$.

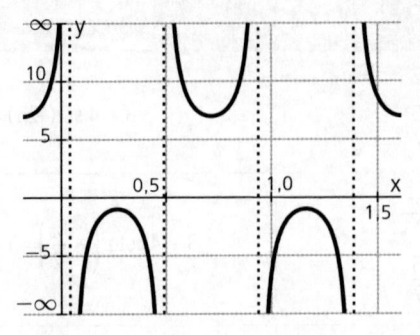

Gráfico 2.80: $y = 3 + 4\sec(7x - 5)$

▶ **Exercício 2.63**
$y = \text{cossec}(5x - 1)$ $5x - 1 \in [-2\pi; 2\pi]$
Solução:

Tabela 2.25: Valores possíveis para esboço do Gráfico 2.81

x	y
$5x - 1 = -2\pi$ $x = -\dfrac{2\pi}{5} + \dfrac{1}{5}$	$\text{cossec}(-2\pi)$ ∄
$5x - 1 = -\dfrac{3\pi}{2}$ $x = -\dfrac{3\pi}{10} - \dfrac{1}{5}$	$\text{cossec}\left(-\dfrac{3\pi}{2}\right) = 1$
$5x - 1 = -\pi$ $x = -\dfrac{\pi}{5} + \dfrac{1}{5}$	$\text{cossec}(-\pi)$ ∄
$5x - 1 = -\dfrac{\pi}{2}$ $x = -\dfrac{\pi}{10} + \dfrac{1}{5}$	$\text{cossec}\left(-\dfrac{\pi}{2}\right) = -1$

Tabela 2.25: Continuação

x	y
$5x - 1 = 0$ $x = \dfrac{1}{5}$	$\text{cossec}(0)\ \nexists$
$5x - 1 = \dfrac{\pi}{2}$ $x = \dfrac{\pi}{10} + \dfrac{1}{5}$	$\text{cossec}\left(\dfrac{\pi}{2}\right) = 1$
$5x - 1 = \pi$ $x = \dfrac{\pi}{5} + \dfrac{1}{5}$	$\text{cossec}(\pi)\ \nexists$
$5x - 1 = \dfrac{3\pi}{2}$ $x = \dfrac{3\pi}{10} + \dfrac{1}{5}$	$\text{cossec}\left(\dfrac{3\pi}{2}\right) = -1$
$5x - 1 = 2\pi$ $x = \dfrac{2\pi}{5} + \dfrac{1}{5}$	$\text{cossec}(2\pi)\ \nexists$

Domínio: $R - \left\{ x/x = \dfrac{k\pi}{5} + \dfrac{1}{5}, k \in Z \right\}$ e Imagem: $(-\infty; -1] \cup [1; \infty)$.

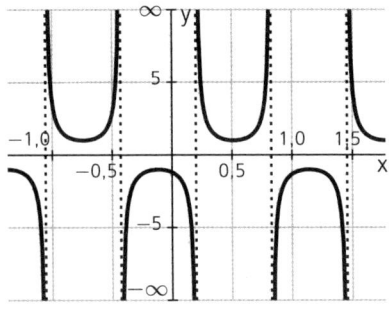

Gráfico 2.81: $y = \text{cossec}(5x - 1)$

Exercícios propostos

Determine o domínio e a imagem das funções compostas fog e gof definidas no conjunto dos números reais.

▶ **2.1:** $f(x) = 5x + 2$ e $g(x) = x - 2x^2$

▶ **2.2:** $f(x) = -3x + 5$ e $g(x) = -x + 2$

▶ **2.3:** $f(x) = \dfrac{x}{3} + 1$ e $g(x) = x - 7$

▶ **2.4:** $f(x) = |x + 7|$ e $g(x) = 3x + 1$

▶ **2.5:** $f(x) = 3x + 1$ e $g(x) = |x| + 4$

▶ **2.6:** $f(x) = |x + 3| - 7$ e $g(x) = \dfrac{x}{5}$

▶ **2.7:** $f(x) = \sqrt{x}$ e $g(x) = x^2 - 25$

▶ **2.8:** $f(x) = \sqrt{x}$ e $g(x) = 36 - x^2$

▶ **2.9:** $f(x) = x - 7$ e $g(x) = x - 4$

▶ **2.10:** $f(x) = 3x - 1$ e $g(x) = x + x^2$

▶ **2.11:** $f(x) = -3e^{x+1} + 9$ e $g(x) = -x + 3$

▶ **2.12:** $f(x) = \cos\left(\dfrac{x}{2} + 5\right)$ e $g(x) = 3x^2$

▶ **2.13:** $f(x) = \ln(4x - 2)$ e $g(x) = 3x^2$

▶ **2.14:** $f(x) = \sqrt{3 - x}$ e $g(x) = \sqrt{x^2 - 16}$

▶ **2.15:** $f(x) = \sqrt{x - 2}$ e $g(x) = \sqrt{x + 5}$

Para as funções a seguir, determine a função inversa:

▶ **2.16:** $f(x) = x + 7$

▶ **2.17:** $f(x) = -3x + 1$

▶ **2.18:** $f(x) = -\dfrac{5x}{7} + 3$

▶ **2.19:** $f(x) = \dfrac{x + 4}{x - 2}$

▶ **2.20:** $f(x) = \dfrac{x + 5}{x - 3}$

▶ **2.21:** $f(x) = \dfrac{3x + 4}{2}$

▶ **2.22:** $f(x) = 2x - 7$

▶ **2.23:** $f(x) = x^{1/2} + 9$, $x \geq 0$

▶ **2.24:** $f(x) = \dfrac{x + 7}{x - 1}$, $x \neq 1$

▶ **2.25:** $f(x) = \sqrt{x + 5} - 8$

▶ **2.26:** $f(x) = \sqrt{\dfrac{x - 5}{x - 8}}$, $x \leq 5 \cup x > 8$

Para as funções a seguir, determine a inversa das funções compostas fog(x) e gof(x):

▶ **2.27:** $f(x) = \sqrt{x-2} + 7$ e $g(x) = x + 8$

▶ **2.28:** $f(x) = x + 9$ e $g(x) = x - 4$

▶ **2.29:** $f(x) = \dfrac{3}{x} - 7$ e $g(x) = x - 8$

▶ **2.30:** $f(x) = \dfrac{x-2}{x} + 6$ e $g(x) = -x + 3$

▶ **2.31:** $f(x) = x + 4$ e $g(x) = -\dfrac{x}{2} - 5$

Determine a equação da reta que passa por dois pontos (x_1, y_1) e (x_2, y_2) dados, determine o coeficiente angular (ou declividade) da reta, trace o gráfico, dê o domínio e a imagem.

▶ **2.32:** $(x_1, y_1) = (2, -1); (x_2, y_2) = (0, 2)$

▶ **2.33:** $(x_1, y_1) = (2, -5); (x_2, y_2) = (1, -3)$

▶ **2.34:** $(x_1, y_1) = (-2, -1); (x_2, y_2) = (-2, 7)$

▶ **2.35:** $(x_1, y_1) = (3, 0); (x_2, y_2) = (1, 2)$

▶ **2.36:** $(x_1, y_1) = (3, 2); (x_2, y_2) = (1, 6)$

Determine a equação da reta dado o coeficiente angular (ou declividade) m e que passa pelo ponto (x_1, y_1), trace o gráfico, dê o domínio e a imagem.

Fórmula a ser utilizada: $y - y_1 = m(x - x_1)$.

▶ **2.37:** $m = -\dfrac{1}{2}; (x, y) = (-3, -5)$

▶ **2.38:** $m = 3; (x, y) = (0, 2)$

▶ **2.39:** $m = 0; (x, y) = (5, 4)$

▶ **2.40:** $m = -3; (x, y) = (-1, -1)$

▶ **2.41:** $m = -\dfrac{3}{4}; (x, y) = (-2, -1)$

Determine a equação da reta perpendicular à reta dada e que passa pelo ponto (x,y) dado, dê o domínio e a imagem, e esboce o gráfico das retas.

▶ **2.42:** $x + y = 3 = 0; (x, y) = (1, -2)$

▶ **2.43:** $3x - 4y = 1; (x, y) = (-1, -2)$

▶ **2.44:** $\dfrac{x}{2} + \dfrac{y}{4} - 3 = 0; (x, y) = (-2, -3)$

▶ **2.45:** $2x + 3y - 1 = 0; (x, y) = (-1, 0)$

▶ **2.46:** $\dfrac{x}{2} - \dfrac{y}{3} + \dfrac{1}{2} = 0; (x, y) = (0, -1)$

Determine a solução das seguintes inequações:

▸ 2.47: $|5x + 3| \geq 2$

▸ 2.48: $|4x - 5| \geq 1$

▸ 2.49: $\left|\dfrac{x + 3}{x + 1}\right| \geq 6$

▸ 2.50: $\left|\dfrac{x^2 - x + 1}{x^2 + 3x + 5}\right| \geq 5$

▸ 2.51: $\left|\dfrac{4x^2 - 14x + 6}{x^2 - 4x + 3}\right| > 3$

▸ 2.52: $\left|\dfrac{2x - 1}{x + 3}\right| < 4$

▸ 2.53: $\left|\dfrac{x^2 + 4x - 1}{x^2 + 1}\right| \leq 6$

Para as funções a seguir, determine o domínio e a imagem:

▸ 2.54: $y = \sqrt{x^2 - 4}$

▸ 2.55: $y = \sqrt{x^2 + 2x - 15}$

▸ 2.56: $y = \sqrt{\dfrac{x - 3}{x^2 - 9}}$

▸ 2.57: $y = \sqrt{\dfrac{x + 2}{x^2 + 4x + 4}}$

▸ 2.58: $y = \sqrt{\dfrac{x^2 + 5x + 6}{x^2 + 8x + 7}}$

▸ 2.59: $\sqrt{\dfrac{49}{x} - x}$

Para as funções a seguir, identifique o tipo de curva, dê o domínio e a imagem, e faça o gráfico.

▸ 2.60: $2x^2 + 9y^2 - 12x - 18y + 9 = 0$

▸ 2.61: $9x^2 + 16y^2 - 54x + 32y - 47 = 0$

▸ 2.62: $x^2 + y^2 - 4x - 6y - 12 = 0$

▸ 2.63: $xy + 12x + 4y + 46 = 0$

▸ 2.64: $y^2 - 4y - 4x = 0$

▸ 2.65: $6x^2 - 5y^2 = 30$

▸ 2.66: $2x^2 + 3y^2 + 8x - 6y + 5 = 0$

▸ 2.67: $\dfrac{x^2}{2} + \dfrac{y^2}{3} = 1$

▸ 2.68: $x^2 + y^2 - 36 = 0$

▸ 2.69: $y^2 - x^2 + 2x - 2y - 1 = 0$

▸ 2.70: $x^2 + y^2 - 2x - 2y - 3 = 0$

▸ 2.71: $6x^2 + 4y^2 - 36x + 16y + 70 = 0$

▸ 2.72: $x^2 - 7x + 12 = 0$

▸ 2.73: $x^2 - 6x - 12y - 3 = 0$

- 2.74: $x^2 + y^2 + 4y - 6 = 0$
- 2.75: $x^2 + y^2 + 6x - 6y + 18 = 0$
- 2.76: $y^2 - 6y + 2x + 7 = 0$
- 2.77: $3x^2 - 2y^2 + 18x - 8y + 13 = 0$
- 2.78: $x^2 - y^2 + 10x - 10y - 2 = 0$
- 2.79: $3y^2 - 2x^2 - 16x + 6y - 35 = 0$
- 2.80: $x^2 + y^2 - 6x - 6y + 14 = 0$
- 2.81: $3y^2 - 2x^2 + 6 = 0$
- 2.82: $xy + 3x - 4y - 12 = 0$
- 2.83: $x^2 - y^2 - 3x + 2y + \dfrac{5}{4} = 0$
- 2.84: $y^2 + y - 2 = 0$
- 2.85: $xy + 5x + 5 = 0$
- 2.86: $5x^2 + 2y^2 - 10x - 8y + 15 = 0$
- 2.87: $y^2 + 5y + 7 = 0$

Resolva as seguintes equações:

- 2.88: $3^{x^2-3x} = \dfrac{1}{9}$
- 2.89: $[4^{3-x}]^{2-x} = 1$
- 2.90: $3^{x^2-1} = 27^x$
- 2.91: $\sqrt{2^{x^2-x-9}} = \sqrt[4]{8^{x-7}}$

Para as funções a seguir, determine o domínio e a imagem, e esboce o gráfico.

- 2.92: $y = 7^{x-2}$
- 2.93: $y = \left(\dfrac{4}{3}\right)^x$
- 2.94: $y = 6^{2x-3}$
- 2.95: $y = 5^{-3x}$
- 2.96: $y = 7(3^x)$
- 2.97: $y = 2 \cdot 3^{-x+2}$
- 2.98: $y = -3 + 3^{x/2}$
- 2.99: $y = 2 - \left(\dfrac{1}{5}\right)^{x-3}$
- 2.100: $y = \left(\dfrac{1}{4}\right)^{|x-5|} - 3$
- 2.101: $y = \left|\left(\dfrac{1}{4}\right)^{|x-5|} - 3\right|$
- 2.102: $y = e^{-5x} - 3$
- 2.103: $y = \left(\dfrac{5}{3}\right) - 3e^{-3x/2}$

Resolva as seguintes equações:

- **2.104:** $\log_{1/3}(2x - 1) = -1$
- **2.105:** $\log_3 (x^2 + 6x) = 3$
- **2.106:** $\ln (5x - 1) = -2$
- **2.107:** $4 - \log_{1/2}(4x + 3) = 5$

Para as funções a seguir, determine o domínio e a imagem, e esboce o gráfico.

- **2.108:** $y = \log (3x + 4)$
- **2.109:** $y = \log_{1/2} (8x - 3)$
- **2.110:** $y = -\ln (2x - 7)$
- **2.111:** $y = \log_{2/3}(-x - 3)$
- **2.112:** $y = \log (-5x + 10)$
- **2.113:** $y = -3 \ln |7x + 5|$
- **2.114:** $y = -3 \log (8x - 3)$
- **2.115:** $y = -2 + \log (x - 2)$
- **2.116:** $y = -2 + \ln (3x - 1)$
- **2.117:** $y = |-4 + 3\ln|2x + 7||$

2.118: $y = |\text{sen} (4x - 5)|$	$4x - 5 \in [-2\pi; 2\pi]$
2.119: $y = -3 + 2 \text{ sen} (x - 5)$	$x - 5 \in [-2\pi; 2\pi]$
2.120: $y = -\cos (-6x + 1)$	$-6x + 1 \in [-2\pi; 2\pi]$
2.121: $y = |2 \cos (-x + 4)|$	$-x + 4 \in [-2\pi; 2\pi]$
2.122: $y = \text{sen} |x|$	$x \in [-2\pi; 2\pi]$
2.123: $y = -7 + 5 \cos (x - 7)$	$x - 7 \in [-2\pi; 2\pi]$
2.124: $y = \text{tg} (6x + 9)$	$6x + 9 \in [-2\pi; 2\pi]$
2.125: $y = -9 + 6 \text{ tg} (-x - 1)$	$-x - 1 \in [-2\pi; 2\pi]$
2.126: $y = -8 + \text{cotg} (x - 5)$	$x - 5 \in [-2\pi; 2\pi]$
2.127: $y = -4 + \sec (x - 8)$	$x - 8 \in [-2\pi; 2\pi]$
2.128: $y = \text{cossec} (-6x - 1)$	$-6x - 1 \in [-2\pi; 2\pi]$

3
Aplicações

Após o estudo deste capítulo, você estará apto a conceituar:

▶ As aplicações de funções na economia e administração

Conceitos econômicos

Oferta e demanda

Um dos principais fundamentos econômicos relaciona-se ao estudo da variação na quantidade ofertada e/ou demandada de determinado produto a partir de variações no preço desse produto.

A função demanda D pode ser vista como função do preço, isto é, $y_1 = f_1(x)$, onde y_1 representa o preço e x, a quantidade demandada. Um aumento nos preços causará um decréscimo na quantidade consumida (ou demandada), e quando o preço baixar ocorrerá um acréscimo na quantidade consumida. Logo, a função demanda é geralmente decrescente, conforme demonstra o Gráfico 3.1.

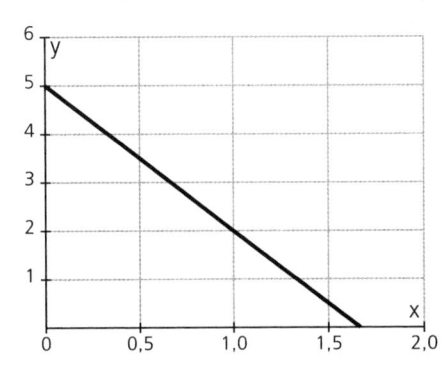

Gráfico 3.1: Representação gráfica da função demanda $y = -3x + 5$

A função oferta O pode ser vista como função do preço, ou seja, $y_2 = f_2(x)$, onde y_2 representa o preço, e x, a quantidade ofertada. Um aumento nos preços causará um acréscimo na quantidade disponível (ou ofertada) para aquisição, e quando o preço aumentar ocorrerá um acréscimo nas quantidades disponíveis. Logo, a função oferta é geralmente crescente, como demonstra o Gráfico 3.2.

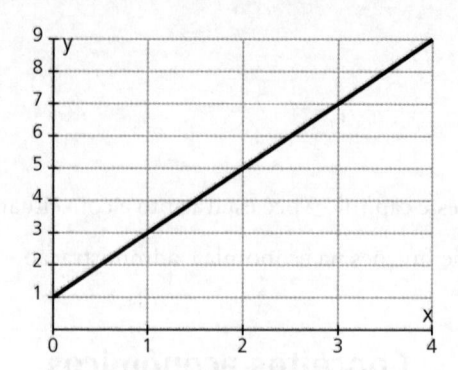

Gráfico 3.2: Representação gráfica da função oferta $y = 2x + 1$

O Gráfico 3.3 mostra uma representação geral das curvas de oferta e demanda.

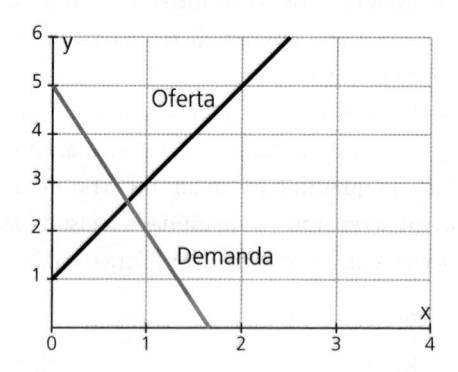

Gráfico 3.3: Representação geral das curvas de oferta e demanda

As curvas estão representadas no primeiro quadrante, pois as quantidades ofertadas e demandas e o preço são positivos.

A oferta negativa significa que os produtos ainda estão em produção (ou estocados) e a demanda negativa significa que os preços estão altos demais e não há consumidor.

O objetivo deste capítulo é ilustrar as aplicações de modelos matemáticos elementares. Usa-se como variável independente a quantidade (x) e como variável dependente o preço (y), supondo constantes todas as outras variáveis que influenciam o mercado.

Supondo que a economia funcione em um regime de concorrência perfeita, quando os preços são determinados pela lei de oferta e de procura, pode-se encontrar um preço que atenda tanto os consumidores quanto aos produtores, isto é, o preço de equilíbrio. Como o preço de equilíbrio é o ponto comum das curvas de oferta e de demanda, pode-se escrever então:

$$y_1(x) = y_2(x)$$

que é a interseção das curvas de oferta e demanda, conforme demonstra o Gráfico 3.4.

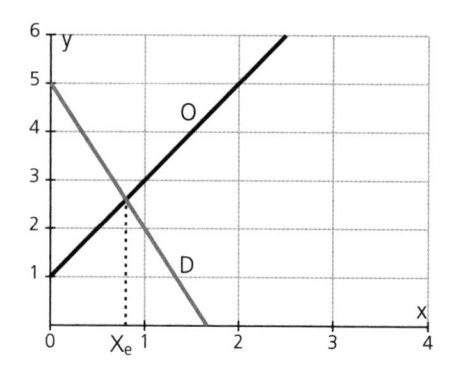

Gráfico 3.4: Representação gráfica das curvas de oferta, demanda e o ponto de equilíbrio

O objetivo de representar as curvas de oferta e demanda no mesmo gráfico é a visualização do comportamento conjunto das curvas para compará-las.

Observando-se o Gráfico 3.4, pode-se afirmar:

À esquerda de x_e, ou seja, no intervalo $[0, x_e)$, há excesso de demanda (demanda > oferta).

No ponto x_e, a demanda é igual à oferta, ou seja, há o equilíbrio de mercado.

À direita de x_e, ou seja, no intervalo (x_e, x), há excesso de oferta (oferta > demanda).

Custo, receita e lucro

A função receita total, R_t, é função do preço unitário de venda, p_1, e da quantidade vendida, x_1, sendo dada por:

$$R_t = f_1(x_1, p_1) = p_1 x_1$$

A função do custo total, C_t, é função de custos fixos, C_f (ou custos indiretos, tais como seguro, aluguel, energia elétrica etc.) e de custos variáveis, C_v, que são os custos envolvidos diretamente na produção, dada por:

$$C_t = C_v + C_f$$

O custo variável, C_v, é função do custo unitário de produção, p_2, e da quantidade produzida x_2, dado por:

$$C_v = f_2(x_2, p_2) = p_2 x_2$$

Antes do início da produção, quando a quantidade produzida é nula ($x_2 = 0$), tem-se $C_v = 0$, ou seja, $C_t = C_f$ – o custo total é igual ao custo fixo.

Supondo que a quantidade produzida seja igual à quantidade vendida, ou seja, ausência de estoque, a função lucro total, L_t, é a diferença entre a função receita total, R_t, e a função custo total, C_t, dada por:

$$L_t = R_t - C_t$$

O objetivo de representar as curvas de receita total e custo total no mesmo gráfico é a visualização do comportamento conjunto das curvas para compará-las, como demonstra o Gráfico 3.5.

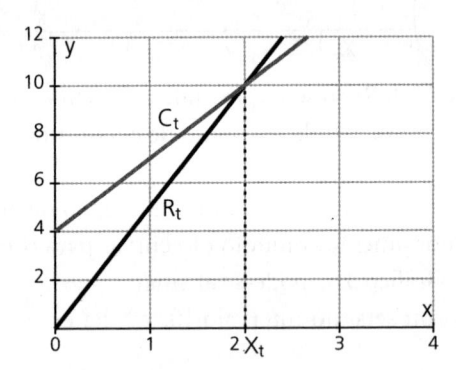

Gráfico 3.5: Representação gráfica das curvas de receita total e custo total

Observando-se o Gráfico 3.5 pode-se afirmar:

As curvas de receita total e custo total só serão analisados no primeiro quadrante, pois a receita, o custo e a quantidade são sempre positivos ou nulos.

A interseção das curvas R_t e C_t é o ponto (x_t, y_t), onde a receita total é igual ao custo total, ou seja, o ponto em que o lucro é nulo. Esse ponto é conhecido como ponto de equilíbrio.

À esquerda de x_t, ou seja, no intervalo $[0, x_t)$, o custo total é maior que a receita, gerando assim prejuízo.

À direita de x_t, ou seja, no intervalo (x_t, x), a receita é maior que o custo total, gerando assim lucro.

▶ Exemplo 3.1

Considere as curvas de oferta e de demanda dadas pelas funções $y = 2x + 5$ e $y = -3x + 10$, respectivamente, onde x representa quantidade, e y, o preço. A curva de oferta é crescente, pois trata-se de uma função linear com coeficiente angular positivo. A curva de demanda é decrescente, pois trata-se de uma função linear com coeficiente angular negativo.

O ponto de equilíbrio é obtido igualando-se as curvas de oferta e demanda, logo: $y = 2x + 5 = -3x + 10 \rightarrow 5x = 5 \rightarrow x = 1$.

Para obter o preço de equilíbrio, basta substituir x na equação de oferta ou de demanda. Substituindo-se x na equação de oferta tem-se:

$y = 2 \cdot 1 + 5 = 7$

O ponto de equilíbrio é (1, 7).

O Gráfico 3.6 ilustra as curvas de oferta e demanda no mesmo sistema de eixos, bem como o ponto de equilíbrio para as funções dadas.

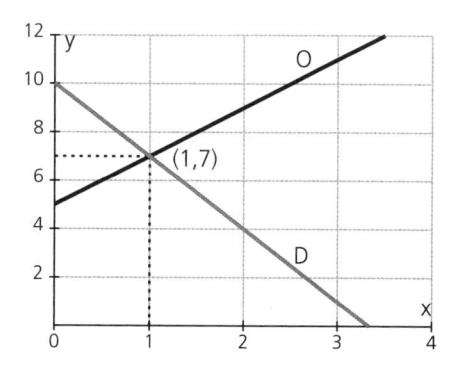

Gráfico 3.6: Representação gráfica das funções de oferta e demanda

Exercícios resolvidos

▶ Exercício 3.1

Uma indústria fabrica televisores, CD, *laptop* e *desktop*. O custo fixo da empresa é 50 unidades monetárias (em milhares). Os preços em unidades monetárias (em milhares) e quantidades (em milhares) são apresentados na Tabela 3.1.

Tabela 3.1: Dados do exercício 3.1

Produto	Custo unitário de produto	Preço unitário de venda ($1000)	Quantidade produzida (1000)	Quantidade vendida (1000)
TV	2	3	45	40
CD	1	2	55	50
Laptop	5	6	30	20
Desktop	3	4	25	20

Pede-se:

(A) A receita total de TV.

Solução:

$R_t^{TV} = 3 \cdot 40 = 120$ (em 1000 unidades monetárias)

(B) A receita total de CD.

Solução:

$R_t^{CD} = 2 \cdot 50 = 100$ (em 1000 unidades monetárias)

(C) A receita total de *laptop*.

Solução:

$R_t^{LP} = 6 \cdot 20 = 120$ (em 1000 unidades monetárias)

(D) A receita total de *desktop*.

Solução:

$R_t^{dt} = 4 \cdot 20 = 80$ (em 1000 unidades monetárias)

(E) A receita total da indústria.

Solução:

$R_t^{indústria} = R_t^{TV} + R_t^{CD} + R_t^{LP} + R_t^{dt} = 120 + 100 + 120 + 80 = 420$ (em 1000 unidades monetárias)

(F) A função receita total da indústria.

Solução:

$R_t^{indústria} = p_1 q_1 + p_2 q_2 + p_3 q_3 + p_4 q_4 = \sum_{i=1}^{4} p_i q_i$

onde:

p_i = o preço unitário de venda do produto i (i = 1, ..., 4),

q_i = a quantidade vendida do produto i (i = 1, ..., 4).

(G) O custo variável de TV.

Solução:

$C_v^{TV} = 2 \cdot 45 = 90$ (em 1000 unidades monetárias)

(H) O custo variável de CD.

Solução:

$C_v^{CD} = 1 \cdot 55 = 55$ (em 1000 unidades monetárias)

(I) O custo variável de *laptop*.
Solução:
$C_v^{LP} = 5 \cdot 30 = 150$ (em 1000 unidades monetárias)

(J) O custo variável de *desktop*.
Solução:
$C_v^{dt} = 3 \cdot 25 = 75$ (em 1000 unidades monetárias)

(K) O custo variável da indústria.
Solução:
$C_v^{indústria} = C_v^{TV} + C_v^{CD} + C_v^{LP} + C_v^{dt} = 90 + 55 + 150 + 75 = 370$ (em 1000 unidades monetárias)

(L) A função custo variável da indústria.
Solução:
$$C_v^{indústria} = p_1 q_1 + p_2 q_2 + p_3 q_3 + p_4 q_4 = \sum_{i=1}^{4} p_i q_i$$
onde:
p_i = o custo de produção do produto i (i = 1, ..., 4),
q_i = a quantidade produzida do produto i (i = 1, ..., 4).

(M) O custo total da indústria.
Solução:
$C_t^{indústria} = 50 + C_v^{indústria} = 50 + 370 = 420$ (em 1000 unidades monetárias).

(N) O custo médio dos produtos produzidos pela indústria.
Solução:

O custo médio é: $C_{med} = \dfrac{C_t^{indústria}}{\text{quantidade total}} = \dfrac{420}{155} \cong 2,8$ (em 1000 unidades monetárias)

(O) O lucro da empresa, supondo que as quantidades vendidas sejam todas as quantidades produzidas.
Solução:
Lucro total = receita total – custo total
Receita total → $R_t = 3 \cdot 45 + 2 \cdot 55 + 6 \cdot 30 + 4 \cdot 25 = 525$ (em 1000 unidades monetárias)
Custo total → $C_t = 420$ (em 1000 unidades monetárias)
Lucro total → $L_t = 525 - 420 = 105$ (em 1000 unidades monetárias)

(P) O ponto de equilíbrio da indústria na fabricação somente de TV, supondo que a parcela de custo fixo referente à produção de TV seja de 20 unidades monetárias e que toda a quantidade produzida seja vendida.

Solução:
R_t = preço unitário de venda x quantidade vendida de TV.
A função receita total é $R_t = 3x$
A função custo total é C_t = custo fixo + custo variável
custo variável = custo unitário de fabricação x quantidade produzida de TV
A função custo variável é $C_v = 2x$
Logo, $C_t = 20 + 2x$
No ponto de equilíbrio, tem-se:
$R_t = C_t \rightarrow 3x = 20 + 2x \rightarrow x = 20$
$R_t = 3 \cdot 20 = 60$
Ponto de equilíbrio (20,60)

▶ Exercício 3.2
Os produtos comercializados por uma fazenda são arroz, feijão e soja. A Tabela 3.2 apresenta o modelo matemático adequado para cada produto.

Tabela 3.2: Dados do exercício 3.2

Produto	Função custo total (em 1000 unidades monetárias)	Função receita total (em 1000 unidades monetárias)
Arroz (x_1)	$C_t^a = 3x_1 + 3$	$R_t^a = 7x_1 + 2$
Feijão (x_2)	$C_t^f = 2x_2 + 4$	$R_t^f = 5x_2 + 3$
Soja (x_3)	$C_t^s = 4x_3 + 15$	$R_t^s = 8x_3 + 10$

Onde x_i (i = 1, ... 3) é quantidade do produto em toneladas.
Admitindo que toda produção é vendida, pede-se:

(A) A função custo total da fazenda.
Solução:
$C_t^{fazenda} = C_t^a + C_t^f + C_t^s = (3x_1 + 3) + (2x_2 + 4) + (4x_3 + 15)$
$C_t^{fazenda} = 3x_1 + 2x_2 + 4x_3 + 22$

(B) A função receita total da fazenda.
Solução:
$R_t^{fazenda} = R_t^a + R_t^f + R_t^s = (7x_1 + 2) + (5x_2 + 3) + (8x_3 + 10) = 7x_1 + 5x_2 + 8x_3 + 15$

(C) A função lucro total da fazenda.
Solução:
$L_t^{fazenda} = R_t^{fazenda} - C_t^{fazenda} = (7x_1 + 5x_2 + 8x_3 + 15) - (3x_1 + 2x_2 + 4x_3 + 22)$
$L_t^{fazenda} = 4x_1 + 3x_2 + 4x_3 - 7$

(D) O lucro total da fazenda na venda de 5 toneladas de arroz, 2 toneladas de feijão e 3 toneladas de soja.

Solução:

$L_t = 4 \cdot 5 + 3 \cdot 2 + 4 \cdot 3 - 7 = 31$ (em 1000 unidades monetárias)

(E) O custo fixo na produção dos produtos.

Solução:

O custo fixo é o custo existente, independentemente de produção. Logo, fazendo $x_1 = x_2 = x_3 = 0$, tem-se:

$C_{fixo} = (3 \cdot 0 + 3) + (2 \cdot 0 + 4) + (4 \cdot 0 + 15) = 22$ (em 1000 unidades monetárias)

(F) A função lucro de cada produto.

Solução:

Função lucro do arroz $L_t^a = R_t^a - C_t^a = (7x_1 + 2) - (3x_1 + 3) = 4x_1 - 1$
Função lucro do feijão $L_t^f = R_t^f - C_t^f = (5x_2 + 3) - (2x_2 + 4) = 3x_2 - 1$
Função lucro da soja $L_t^s = R_t^s - C_t^s = (8x_3 + 10) - (4x_3 + 15) = 4x_3 - 5$

(G) O custo fixo alocado a cada produto.

Solução:

Custo fixo alocado ao arroz → $x_1 = 0$ em $C_f^a = 3 \cdot 0 + 3 = 3$ (em 1000 unidades monetárias)

Custo fixo alocado ao feijão → $x_2 = 0$ em $C_f^f = 2 \cdot 0 + 4 = 4$
Custo fixo alocado à soja → $x_3 = 0$ em $C_f^s = 4.0 + 15 = 15$

(H) O ponto de equilíbrio para cada um dos produtos.

Solução:

O ponto de equilíbrio é o ponto onde a receita total é igual ao custo total. Logo, o ponto de equilíbrio para o arroz é:

$R_t^a = C_t^a \rightarrow 7x_1 + 2 = 3x_1 + 3 \rightarrow 4x_1 = 1 \rightarrow x_1 = \dfrac{1}{4}$

Substituindo x_1 na função $R_t^a \rightarrow R_t^a = 7x_1 + 2 = 7 \cdot \dfrac{1}{4} + 2 = \dfrac{15}{4}$

Ponto de equilíbrio (1/4; 15/4)

O ponto de equilíbrio para o feijão é:

$R_t^f = C_t^f \rightarrow 5x_2 + 3 = 2x_2 + 4 \rightarrow 3x_2 = 1 \rightarrow x_2 = \dfrac{1}{3}$

Substituindo x_2 na função $R_t^f \rightarrow R_t^f = 5x_2 + 3 = 5 \cdot \dfrac{1}{3} + 3 = \dfrac{14}{3}$

Ponto de equilíbrio (1/3; 14/3)

O ponto de equilíbrio para a soja é:

$R_t^s = C_t^s \rightarrow 8x_3 + 10 = 4x_3 + 15 \rightarrow 4x_3 = 5 \rightarrow x_3 = \dfrac{5}{4}$

Substituindo x_3 na função $R_t^s \rightarrow R_t^s = 8x_3 + 10 = 8 \cdot \dfrac{5}{4} + 10 = 20$

Ponto de equilíbrio (5/4; 20)

(I) Esboço do gráfico da funções L_t, R_t e C_t no mesmo sistema de eixos para cada produto.

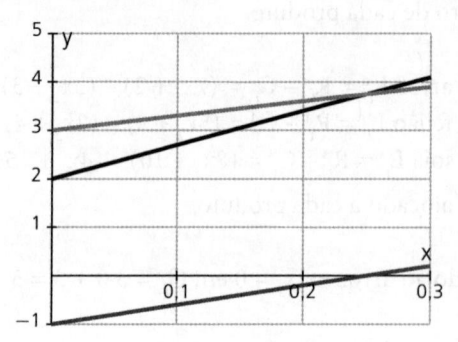

Solução:

Gráfico 3.7: Representação gráfica das funções L_t, R_t e C_t do arroz

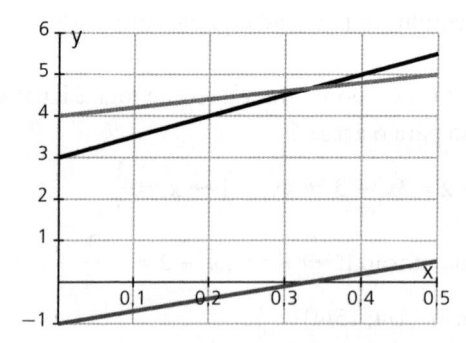

Gráfico 3.8: Representação gráfica das funções L_t, R_t e C_t do feijão

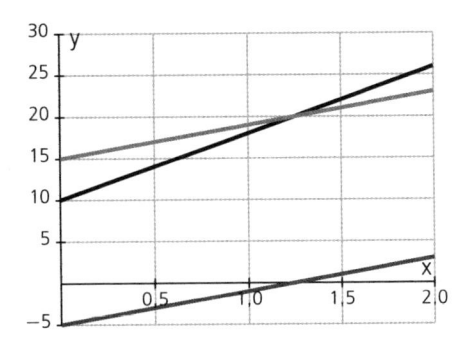

Gráfico 3.9: Representação gráfica das funções L_t, R_t e C_t da soja

(J) A interpretação econômica.
Solução:
Para o arroz:
$0 \leq x < \dfrac{1}{4}$ prejuízo; $x = \dfrac{1}{4}$ equilíbrio; $x > \dfrac{1}{4}$ lucro

Para o feijão:
$0 \leq x < \dfrac{1}{3}$ prejuízo; $x = \dfrac{1}{3}$ equilíbrio; $x > \dfrac{1}{3}$ lucro

Para a soja:
$0 \leq x < \dfrac{5}{4}$ prejuízo; $x = \dfrac{5}{4}$ equilíbrio; $x > \dfrac{5}{4}$ lucro

▶ Exercício 3.3

Uma indústria produz sapatos, bolsas e cintos femininos. As funções de oferta e de demanda são apresentadas na Tabela 3.3.

Tabela 3.3: Dados do exercício 3.3

Produto	Oferta	Demanda
Sapatos (x_1)	$y_1^s = 4x_1 + 1$	$y_2^s = -2x_1 + 7$
Bolsas (x_2)	$y_1^b = 7x_2 + 3$	$y_2^b = -x_2 + 19$
Cintos (x_3)	$y_1^c = 5x_3 + 2$	$y_2^c = -4x_3 + 20$

Onde x_i é a quantidade do produto i (i = 1, 2, 3).
Pede-se:
(A) O ponto de equilíbrio de cada produto.

Solução:

Sapatos
$y_1^s = y_2^s \rightarrow 4x_1 + 1 = -2x_1 + 7 \rightarrow 6x_1 = 6 \rightarrow x_1 = 1$
$y_1^s = 4 \cdot 1 + 1 = 5$
Ponto de equilíbrio (1,5)

Bolsas
$y_1^b = y_2^b \rightarrow 7x_2 + 3 = -x_2 + 19 \rightarrow 8x_2 = 16 \rightarrow x_2 = 2$
$y_1^b = 7 \cdot 2 + 3 = 17$
Ponto de equilíbrio (2,17)

Cintos
$y_1^c = y_2^c \rightarrow 5x_3 + 2 = -4x_3 + 20 \rightarrow 9x_3 = 18 \rightarrow x_3 = 2$
$y_1^c = 5 \cdot 2 + 2 = 12$
Ponto de equilíbrio (2,12)

(B) A função de oferta da indústria.
Solução:
$O^{indústria} = y_1^s + y_1^b + y_1^c = (4x_1 + 1) + (7x_2 + 3) + (5x_3 + 2) = 4x_1 + 7x_2 + 5x_3 + 6$

(C) A função de demanda da indústria.
Solução:
$D^{indústria} = y_2^s + y_2^b + y_2^c = (-2x_1 + 7) + (-x_2 + 19) + (-4x_3 + 20)$
$D^{indústria} = -2x_1 - x_2 - 4x_3 + 46$

(D) O esboço do gráfico das funções de oferta e demanda num mesmo sistema de eixos para cada um dos produtos.
Solução:

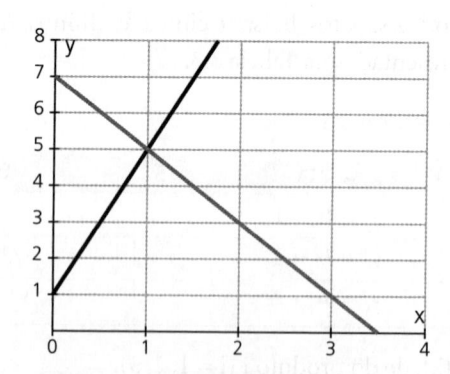

Gráfico 3.10: Representação gráfica das funções de oferta e demanda do sapato

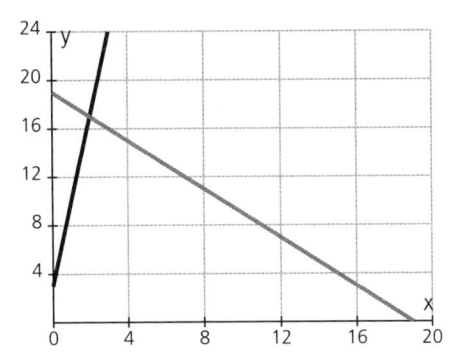

Gráfico 3.11: Representação gráfica das funções de oferta e demanda da bolsa

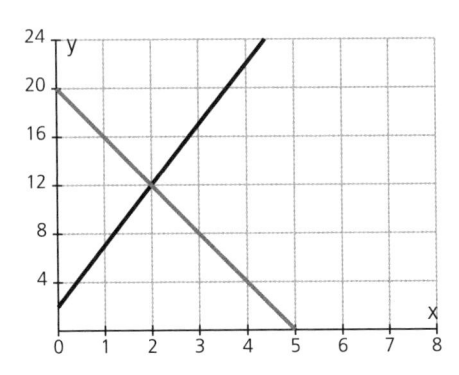

Gráfico 3.12: Representação gráfica das funções de oferta e demanda do cinto

(E) A análise econômica de cada produto.
Solução:

Sapatos
$0 \leq x < 1$ excesso de demanda
$x = 1$ oferta = demanda
$x > 1$ excesso de oferta

Bolsas
$0 \leq x < 2$ excesso de demanda
$x = 2$ oferta = demanda
$x > 2$ excesso de oferta

Cintos
$0 \leq x < 2$ excesso de demanda
$x = 2$ oferta = demanda
$x > 2$ excesso de oferta

▶ **Exercício 3.4**

Uma pessoa investe em dois tipos de ações A e B. Pelos dados históricos das ações, o modelo matemático adequado de rentabilidade para representar cada tipo de ação é apresentado na Tabela 3.4.

Tabela 3.4: Dados do exercício 3.4

Tipo de ação	Modelo matemático de rentabilidade (%)
A	$y_1 = 3t + 3$
B	$y_2 = 4t + 6$

Onde: t é medido em meses e t = 0 representa outubro de 1993. Admitindo-se o mesmo modelo antes de outubro de 1993, pede-se:

(A) A rentabilidade no início da aplicação em t = 0.
Solução:
Ação A
Rentabilidade de 3%
Ação B
Rentabilidade 6%

(B) A rentabilidade após 3 meses de investimento.
Solução:
t = 3
Ação A $y_1 = 3·3 + 3 = 12\%$
Ação B $y_2 = 4·3 + 6 = 18\%$

(C) Quando as ações tiveram mesma rentabilidade.
Solução:
$y_1 = y_2$ → $3t + 3 = 4t + 6$ → $t = -3$

As ações tiveram a mesma rentabilidade em julho de 1993.

(D) O esboço do gráfico da rentabilidade das ações no mesmo sistema de eixos.

Solução:

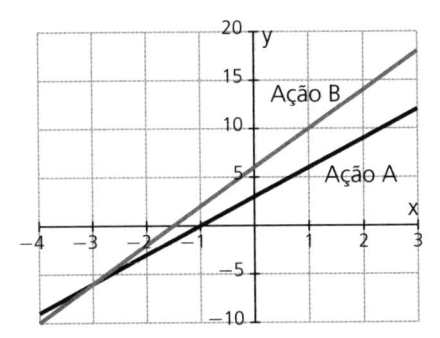

Gráfico 3.13: Representação gráfica da rentabilidade das ações

(E) Um comentário sobre o investimento.
Solução:
A ação B é mais rentável que a ação A.

(F) A previsão de rentabilidade das ações para outubro de 1994, t = 12.
Solução:
Ação A
$y_1 = 3 \cdot 12 + 3 = 39\%$
Ação B
$y_2 = 4 \cdot 12 + 6 = 54\%$

▶ **Exercício 3.5**

Considerando-se o estoque estratégico, dois tipos de grãos têm produtividade segundo os seguintes modelos matemáticos: $y_1 = 2t + 5$ (toneladas de grãos) e $y_2 = 3t + 4$ (toneladas de grãos), onde t é medido em meses. Pede-se a quantidade de toneladas de grãos:

(A) No início do plantio.
Solução:
t = 0
$y_1 = 2 \cdot 0 + 5 = 5$ toneladas de grãos do tipo 1
$y_2 = 3 \cdot 0 + 4 = 4$ toneladas de grãos do tipo 2
que é o estoque estratégico

(B) 2 meses após.
Solução:
t = 2

$y_1 = 2 \cdot 2 + 5 = 9$ toneladas de grãos do tipo 1
$y_2 = 3 \cdot 2 + 4 = 10$ toneladas de grãos do tipo 2

(C) Quando as produções terão quantidades iguais.
Solução:
$y_1 = y_2 \rightarrow 2t + 5 = 3t + 4 \rightarrow t = 1$ (após um mês de plantio)

(D) A previsão para 10 meses após o início do plantio.
Solução:
$t = 10$
$y_1 = 2 \cdot 10 + 5 = 25$ toneladas de grãos do tipo 1
$y_2 = 3 \cdot 10 + 4 = 34$ toneladas de grãos do tipo 2

(E) O esboço do gráfico de y_1 e y_2 no mesmo sistema de eixos.

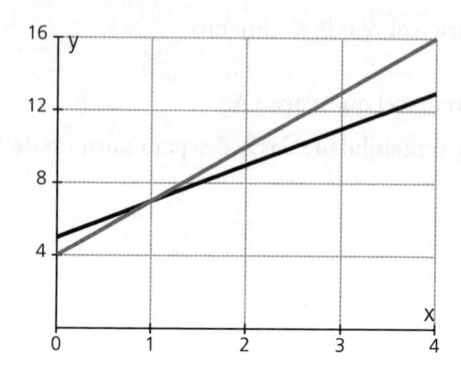

Gráfico 3.14: Representação gráfica da produtividade dos grãos

(F) Um comentário.
Solução:
Os grãos do tipo 2 têm maior produtividade.

▶ **Exercício 3.6**

Dadas as funções de oferta e demanda $3x^2 + 3x - 2y + 1 = 0$ e $2x^2 + y - 8 = 0$, sendo x a quantidade em milhares e y o preço em 1000 unidades monetárias, pede-se:

(A) O ponto de equilíbrio.
Solução:

$3x^2 + 3x - 2y + 1 = 0 \rightarrow 2y = 3x^2 + 3x + 1 \rightarrow y = \dfrac{3x^2 + 3x + 1}{2}$

$2x^2 + y - 8 = 0 \rightarrow y = -2x^2 + 8$

$\dfrac{3x^2 + 3x + 1}{2} = -2x^2 + 8 \rightarrow 3x^2 + 3x + 1 = -4x^2 + 16 \rightarrow 7x^2 + 3x - 15 = 0$

$x_1 = 1{,}26$ e $x_2 < 0$ não tem significado econômico

Se $x = 1{,}26$, então $y = 4{,}82$. Logo, o ponto de equilíbrio é $(1{,}26; 4{,}82)$.

(B) O gráfico das curvas, a identificação destas e o ponto de equilíbrio.
Solução:

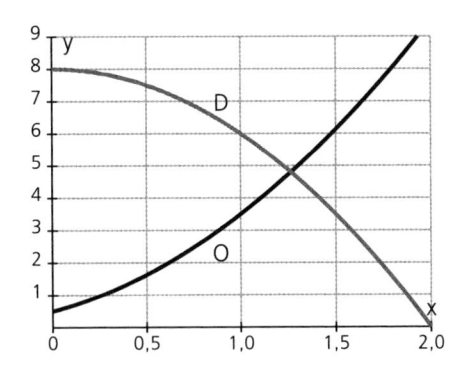

Gráfico 3.15: Representação gráfica da funções de oferta e demanda

(C) A interpretação econômica.
Solução:
$0 \leq x < 1{,}26$ excesso de demanda
$x = 1{,}26$ oferta = demanda
$1{,}26 < x \leq 2$ excesso de oferta

▶ **Exercício 3.7**

Uma empresa tem a função lucro dada por $L_t = -x^2 + 3x - 2$. A relação entre preço e quantidade é dada por $y = 5 - x$, onde x é quantidade em milhares, e y, preço em 1000 unidades monetárias. Pede-se:

(A) A função receita total.
Solução:
O preço de venda é $y = 5 - x$,
logo $R_t = (5 - x)x \rightarrow R_t = 5x - x^2$

(B) A função custo total.
Solução:
$L_t = R_t - C_t \rightarrow C_t = R_t - L_t$

$C_t = (5x - x^2) - (-x^2 + 3x - 2)$
$C_t = 2x + 2$

(C) O valor do custo fixo
Solução:
$C_t = 2x + 2$ se $x = 0 \rightarrow C_f = 2$

(D) Esboço do gráfico de L_t, R_t e C_t no mesmo sistema de eixos.
Solução:

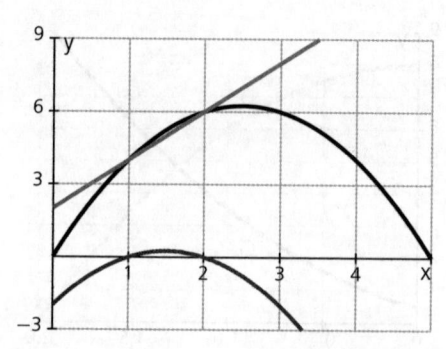

Gráfico 3.16: Representação gráfica das funções L_t, R_t e C_t

(E) O ponto de equilíbrio.
Solução:
$R_t = C_t \rightarrow 5x - x^2 = 2x + 2 \rightarrow -x^2 + 3x - 2 = 0$
$x_1 = 2 \rightarrow R_t = C_t = 6$ ponto de equilíbrio (2,6)
$x_2 = 1 \rightarrow R_t = C_t = 4$ ponto de equilíbrio (1,4)

(F) O lucro (ou prejuízo) na venda de 3 e 2 unidades do produto.
Solução:
$L_t(x) = -x^2 + 3x - 2$
$L_t(3) = -9 + 9 - 2 = -2$ prejuízo
$L_t(2) = -4 + 6 - 2 = 0$ não tem lucro nem prejuízo

(G) O estudo econômico.
Solução:
$0 \leq x < 1$ e $x > 2 \rightarrow$ a empresa tem prejuízo
$x = 1$ e $x = 2 \rightarrow$ a empresa não tem lucro nem prejuízo
$1 < x < 2 \rightarrow$ a empresa tem lucro

▶ **Exercício 3.8**

As funções de oferta e demanda de um produto são $y_1 = 27 + 3^x$ e $y_2 = 81 - 3^x$, respectivamente. O ponto de equilíbrio é (K, 54), onde x é quantidade em milhares e y é preço em 1000 unidades monetárias. Pede-se:

(A) O ponto de equilíbrio.
Solução:
No ponto de equilíbrio $y_1 = y_2 = 54$
Logo, $y_2 = 27 + 3^x = 54$ ➡ $3^x = 27$ ➡ $3^x = 3^3$ ➡ $k = x = 3$

(B) O gráfico das funções de oferta e demanda no mesmo sistema de eixos.
Solução:

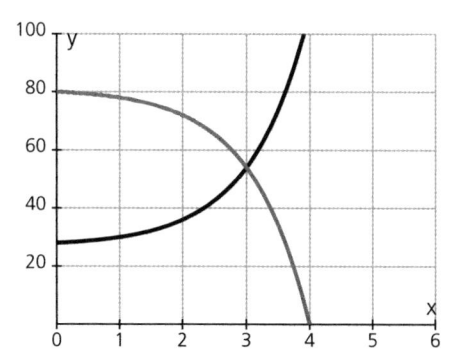

Gráfico 3.17: Representação gráfica das funções de oferta e demanda

(C) A análise econômica.
Solução:
$0 \leq x < 3$ ➡ excesso de demanda
$x = 3$ ➡ oferta = demanda
$3 < x \leq 4$ ➡ excesso de oferta

▶ **Exercício 3.9**

As funções de receita e de custo de uma empresa são $R_t = -1 + 2^x$ e $C_t = 1 + 2x$, onde x representa a quantidade. O ponto de equilíbrio é (K,7). Pede-se:

(A) O valor do ponto de equilíbrio.
Solução:

No ponto de equilíbrio $R_t = C_t$
$C_t = 7 = 1 + 2x$ ➡ $2x = 6$ ➡ $x = 3$
O ponto de equilíbrio é (3, 7)

(B) O valor do custo fixo.
Solução:
$C_t = 1 + 2x$ se $x = 0 \rightarrow C_t = 1$
O custo fixo é 1.

(C) A função lucro total.
Solução:
$L_t = R_t - C_t \rightarrow L_t = (-1 + 2^x) - (1 + 2x)$
$L_t = -2 + 2^x - 2x$

(D) O lucro (ou prejuízo) na venda de 3 e 10 unidades do produto.
Solução:
Para $x = 3$
$L_t(3) = -2 + 2^3 - 2 \cdot 3 = 0$ não há lucro nem prejuízo
Para $x = 10$
$L_t(10) = -2 + 2^{10} - 20 = 1002$ a empresa tem lucro

(E) O gráfico de R_t e C_t no mesmo sistema de eixos.
Solução:

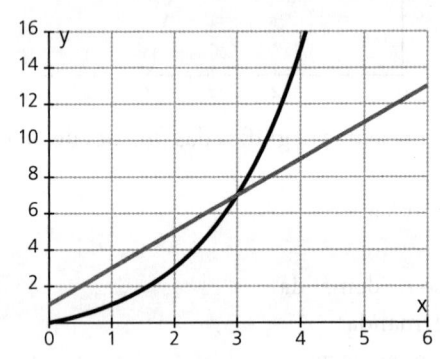

Gráfico 3.18: Representação gráfica das funções R_t e C_t

(F) A análise econômica.
$0 \leq x < 3 \rightarrow$ a empresa tem prejuízo
$x = 3 \rightarrow$ a empresa não tem lucro nem prejuízo
$x > 3 \rightarrow$ a empresa tem lucro

▶ **Exercício 3.10**
Uma empresa produz dois tipos de sorvetes em uma mesma quantidade. A demanda é sazonal e foi modelada por $y_{sorvete1} = 2 \operatorname{sen}(2x) + 40$ e $y_{sorvete2} = \operatorname{sen}(2x) + 20$,

onde x representa a quantidade em quilos, e y o preço. A função custo total é $C_{sorvete1} = 3x + 1$ e $C_{sorvete2} = 5x + 1$. Pede-se:

(A) A representação gráfica das curvas no mesmo sistema de eixos para cada tipo de sorvete.
Solução:

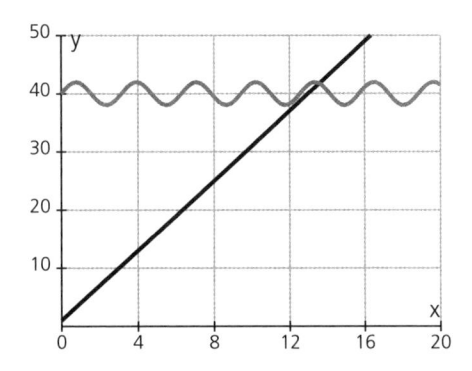

Gráfico 3.19: Representação gráfica das funções de oferta e demanda do sorvete tipo 1

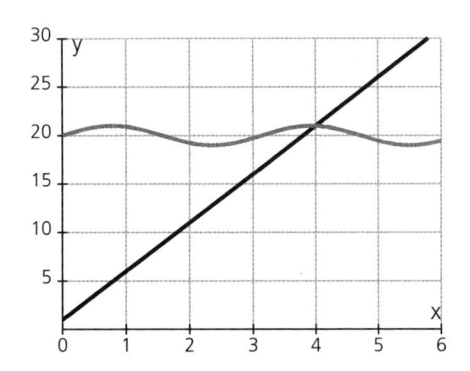

Gráfico 3.20: Representação gráfica das funções de oferta e demanda do sorvete tipo 2

(B) A função receita total da empresa.
Solução:
A função receita total do sorvete tipo 1 é:
$R_{sorvete1} = (2\,sen\,(2x) + 40)x = 2x\,sen\,(2x) + 40x$
A função receita total do sorvete tipo 2 é:
$R_{sorvete2} = (sen\,(2x) + 20)x = x\,sen\,(2x) + 20x$

A função receita total da empresa é:
$R_{empresa} = 3x \operatorname{sen}(2x) + 60x$.

(C) A função lucro total da empresa.

Solução:

A função lucro total do sorvete tipo 1 é:
$L_{sorvete1} = 2x \operatorname{sen}(2x) + 40x - (3x + 1) = 2x \operatorname{sen}(2x) + 37x - 1$

A função lucro total do sorvete tipo 2 é:
$L_{sorvete2} = x \operatorname{sen}(2x) + 20x - (5x + 1) = x \operatorname{sen}(2x) + 15x - 1$

A função lucro total da empresa é:
$L_{empresa} = 3x \operatorname{sen}(2x) + 52x - 2$

(D) O valor do custo fixo da empresa.

Solução:

Fazendo $x = 0$:

O custo fixo do sorvete tipo 1 é:
$C_{sorvete1} = 3x + 1 \rightarrow C_{sorvete1} = 1$

O custo fixo do sorvete tipo 2 é:
$C_{sorvete2} = 5x + 1 \rightarrow C_{sorvete2} = 1$

O custo fixo da empresa é de 2.

(E) O custo variável da empresa.

Solução:

O custo variável do sorvete tipo 1 é $3x$ e do sorvete tipo 2 é $5x$. Logo, o custo variável da empresa é $8x$.

Exercícios propostos

▶ **3.1:** Uma indústria fabrica quatro tipos de componentes eletrônicos. O custo fixo da empresa é R$ 100 (em milhares). Os preços em reais e quantidades (em milhares) são apresentados na tabela a seguir:

Produto	Custo unitário de produto	Preço unitário de venda (em 1000)	Quantidade produzida (em 1000)	Quantidade vendida (em 1000)
Componente A	1	3	40	30
Componente B	2	3	50	30
Componente C	3	5	20	20
Componente D	4	6	20	15

Dados do exercício proposto 3.1

Pede-se:
(A) A receita de componente tipo A.
(B) A receita de componente tipo B.
(C) A receita de componente tipo C.
(D) A receita de componente tipo D.
(E) A receita total da indústria.
(F) A função receita total da indústria.
(G) O custo variável de componente tipo A.
(H) O custo variável de componente tipo B.
(I) O custo variável de componente tipo C.
(J) O custo variável de componente tipo D.
(K) O custo variável da indústria.
(L) A função custo variável da indústria.
(M) O custo total da indústria.
(N) O custo médio dos produtos produzidos pela indústria.
(O) O lucro da empresa supondo que as quantidades vendidas sejam todas as quantidades produzidas.
(P) O ponto de equilíbrio da indústria na fabricação somente de componente tipo A.

▶ 3.2: Os produtos comercializados por uma fazenda são: batata, trigo e tomate. A tabela a seguir apresenta o modelo matemático adequado para cada produto.

Produto	Função custo total (em 1000 unidades monetárias)	Função receita total (em 1000 unidades monetárias)
Batata (x_1)	$C_t^{batata} = 2x_1 + 15$	$R_t^{batata} = 5x_1 + 8$
Trigo (x_2)	$C_t^{trigo} = 3x_2 + 5$	$R_t^{trigo} = 7x_2 + 12$
Tomate (x_3)	$C_t^{tomate} = 7x_3 + 10$	$R_t^{tomate} = 3x_3 + 15$

Dados do exercício proposto 3.2

Onde x_i, (i = 1, ...3), é quantidade em toneladas.
Admitindo que toda produção é vendida, pede-se:
(A) A função custo total da fazenda.
(B) A função receita total da fazenda.
(C) A função lucro total da fazenda.
(D) O lucro total da fazenda na venda de 3 toneladas de batata, 1 tonelada de trigo e 3 toneladas de tomate.
(E) O custo fixo na produção dos produtos.

(F) A função lucro total de cada produto.
(G) O custo fixo alocado a cada produto.
(H) O ponto de equilíbrio para cada um dos produtos.
(I) O esboço do gráfico das funções L_t, R_t e C_t no mesmo sistema de eixos e o ponto de equilíbrio para cada produto.
(J) A interpretação econômica.

▶ **3.3:** Uma indústria farmacêutica produz três tipos de produtos. A tabela a seguir apresenta o modelo matemático adequado para cada produto.

Produto	Função custo total (em 1000 unidades monetárias)	Função lucro total (em 1000 unidades monetárias)
A	$C_t^a = 3a + 2$	$L_t^a = 2a - 1$
B	$C_t^b = b + 6$	$L_t^b = 2b - 2$
C	$C_t^c = 3c + 7$	$L_t^c = 6c - 6$

Dados do exercício proposto 3.3

Onde a, b e c são quantidades em milhares. Pede-se:
(A) A função receita total de cada produto.
(B) A função receita total da indústria.
(C) O custo total da indústria.
(D) O custo fixo da indústria.
(E) O custo fixo atribuído a cada produto.
(F) O custo variável de cada produto.
(G) O ponto de equilíbrio de cada produto.
(H) O esboço do gráfico das funções L_t, R_t e C_t no mesmo sistema de eixos para cada produto.
(I) A interpretação econômica.

▶ **3.4:** Uma indústria produz xampu, sabonete e desodorante. As funções oferta e demanda (em 1000 unidades monetárias) estão apresentadas na tabela a seguir.

Produto	Oferta	Demanda
Xampu (x_1)	$y_1^{xampu} = 3x_1 + 2$	$y_2^{xampu} = -x_1 + 5$
Sabonete (x_2)	$y_1^{sabonete} = 3x_2 + 5$	$y_2^{sabonete} = -2x_2 + 15$
Desodorante (x_3)	$y_1^{desodorante} = x_3 + 4$	$y_2^{desodorante} = -2x_3 + 7$

Dados do exercício proposto 3.4

Onde x_i, (i = 1, 2, 3), é a quantidade do produto i. Pede-se:
(A) O ponto de equilíbrio de cada produto.
(B) A função de oferta da indústria.
(C) A função de demanda da indústria.
(D) O esboço do gráfico das funções de oferta e demanda num mesmo sistema de eixos para cada um dos produtos.
(E) A análise econômica de cada produto.

▶ **3.5:** Uma empresa da construção naval constrói 3 tipos de navios: graneleiros, petroleiros e passageiros. O modelo matemático adequado à empresa e o ponto de equilíbrio são apresentados na tabela a seguir.

Navio	Modelo matemático do custo total (em 100.000 unidades monetárias)	Preço unitário (em 100.000 unidades monetárias)	Ponto de equilíbrio
Graneleiros (x_1)	$C_t(x_1) = x_1 + 300$	4	(k_1, 400)
Petroleiros (x_2)	$C_t(x_2) = 3x_2 + 500$	5	(k_2, 1250)
Passageiros (x_3)	$C_t(x_3) = 3x_3 + 700$	8	(k_3, 1120)

Dados do exercício proposto 3.5

Onde x_i, (i = 1, 2, 3), é a quantidade de navios construídos. Pede-se:
(A) O valor de k_i, (i = 1, 2, 3), para cada tipo de navio.
(B) A função receita total para cada tipo de navio.
(C) A função lucro total para cada tipo de navio.
(D) A função custo total da empresa.
(E) A função custo variável (C_v) da empresa.
(F) O custo fixo (C_f) da empresa.
(G) O esboço do gráfico de R_t e C_t no mesmo sistema de eixos para cada tipo de navio.
(H) A análise econômica para cada tipo de navio.

▶ **3.6:** Uma pessoa investe em dois tipos de ações A e B. Pelos dados históricos das ações, o modelo matemático adequado de rentabilidade para representar cada tipo de ação é apresentado na tabela a seguir.

Tipo de ação	Modelo matemático de rentabilidade (%)
A	$y_1 = 4t + 5$
B	$y_2 = 7t + 9$

Dados do exercício proposto 3.6

Onde t é medido em meses e t = 0 representa setembro de 1993.
Pede-se:
(A) A rentabilidade no início da aplicação.
(B) A rentabilidade após 4 meses de investimento.
(C) Quando as ações têm mesma rentabilidade.
(D) O esboço do gráfico da rentabilidade das ações no mesmo sistema de eixos.
(E) Um comentário sobre os investimentos.
(F) A previsão de rentabilidade das ações para setembro de 1994.

▶ **3.7:** Após vários anos de coleta de dados, pesquisadores concluíram que o modelo matemático adequado para representar a confiabilidade de dois tipos de equipamentos é dada por $y_1 = -4t + 98$ para o equipamento tipo 1 e $y_2 = -t + 95$ para o equipamento tipo 2, onde t é medido em anos e y em porcentagem. Pede-se:
(A) A confiabilidade inicial de cada equipamento.
(B) A confiabilidade após 5 anos.
(C) Quando a confiabilidade dos equipamentos é a mesma.
(D) O esboço do gráfico das curvas no mesmo sistema de eixos.
(E) Um comentário.

▶ **3.8:** Duas bactérias são erradicadas por um produto, segundo os modelos matemáticos $y_1 = -3t + 100$ (milhões por bactérias do tipo 1) e $y_2 = -t + 200$ (milhões por bactérias do tipo 2), onde t é medido em dias a partir de janeiro de 1998. Pede-se:
(A) A quantidade de bactérias no início da pesquisa.
(B) A quantidade de bactérias após 1 semana de pesquisa.
(C) Quando as bactérias têm quantidades iguais baseadas no mesmo modelo matemático.
(D) A previsão para 1 mês de pesquisa.
(E) O esboço do gráfico de y_1 e y_2 no mesmo sistema de eixos.
(F) Um comentário.

▶ **3.9:** Considerando-se o estoque estratégico, dois tipos de grãos têm produtividade segundo os seguintes modelos matemáticos $y_1 = 2t + 3$ toneladas de grãos e $y_2 = t + 4$ toneladas de grãos, onde t é dado em meses. Pede-se a tonelada de grãos:
(A) No início do plantio.
(B) Dois meses após.
Pede-se ainda:
(C) Quando as produções têm quantidades iguais.

(D) A previsão para 10 meses após o início do plantio.
(E) O esboço do gráfico de y_1 e y_2 no mesmo sistema de eixos.
(F) Um comentário.

▶ **3.10:** Uma empresa emprega um montante em diversas aplicações financeiras em agosto de 1998. A rentabilidade tem o comportamento segundo os modelos matemáticos apresentados na tabela a seguir.

Tipo de investimento	Modelo matemático
A	$y_1 = 5t + 13$
B	$y_2 = t - 1$
C	$y_3 = \dfrac{t}{3} + 4$
D	$y_4 = -2t + 7$
E	$y_5 = 4t$
F	$y_6 = t + 2$

Modelo matemático e dados do exercício proposto 3.10

Onde t representa mês, t = 0 é agosto de 1998 e y_i é percentual (i = 1, ...6).
Pede-se:
(A) A rentabilidade no início da aplicação.
(B) Em novembro de 1998.
(C) Previsão para janeiro de 1999.
(D) Quando a rentabilidade dos investimentos A e C é igual.
(E) Quando a rentabilidade dos investimentos B e E é igual.
(F) Quando a rentabilidade dos investimentos D e F é igual.

▶ **3.11:** Dadas as funções de oferta e demanda $y^2 + 4y - x + 4 = 0$ e $3y^2 + x - 39 = 0$, respectivamente, sendo x a quantidade em milhares e y o preço em 1000 unidades monetárias. Pede-se:
(A) O ponto de equilíbrio.
(B) O gráfico das curvas no mesmo sistema de eixos.
(C) A interpretação econômica.

▶ **3.12:** Uma empresa tem a função lucro dada por $L_t = -2x^2 + 8x - 6$. A relação entre preço e quantidade é dada por y = 3 − x, onde x é quantidade em milhares, e y, preço em 1000 unidades monetárias. Pede-se:

(A) A função receita total.
(B) A função custo total.
(C) O valor do custo fixo.
(D) O esboço do gráfico das funções L_t, R_t e C_t no mesmo sistema de eixos.
(E) O ponto de equilíbrio.

▶ **3.13:** As funções de oferta e demanda de um produto são $y = 4^x$ e $y = 64 \cdot 2^{-x}$, respectivamente, sendo x quantidade em milhares e y preço em 1000 unidades monetárias. Pede-se:
(A) O ponto de equilíbrio.
(B) O gráfico das funções de oferta e demanda no mesmo sistema de eixos.
(C) A análise econômica do problema.

▶ **3.14:** As funções de oferta e demanda de um produto são $y_1 = 20 + 5^x$ e $y_2 = 30 - 5^x$, respectivamente. O ponto de equilíbrio é (k, 25), onde x é quantidade em milhares, e y, preço em 1000 unidades monetárias. Pede-se:
(A) O ponto de equilíbrio.
(B) O gráfico das curvas de oferta e demanda no mesmo sistema de eixos.
(C) A análise econômica.

▶ **3.15:** As funções de receita e de custo de uma empresa são $R_t = -3 + 3^x$ e $C_t = 2x + 2$, onde x é quantidade em milhares, e R_t, C_t são representados em 1000 unidades monetárias. O ponto de equilíbrio é (k,6). Pede-se:
(A) O valor do ponto de equilíbrio.
(B) O valor do custo fixo.
(C) A função lucro total.
(D) O gráfico de R_t e C_t no mesmo sistema de eixos.
(E) A análise econômica.

▶ **3.16:** As funções de receita e custo de uma empresa são $R_t = -x^2 + 10x + 14$ e $C_t = 5^x + 5$, onde x representa quantidade em milhares, e R_t e C_t são representados em 1000 unidades monetárias. O ponto de equilíbrio é (k,30). Pede-se:
(A) A representação gráfica das curvas no mesmo sistema de eixos.
(B) O valor do ponto de equilíbrio.
(C) O valor do custo fixo.
(D) A função lucro total.
(E) O lucro (ou prejuízo) na venda de 5 e 1 unidades do produto.

4 Limites

Após o estudo deste capítulo, você estará apto a conceituar:

- A ideia de limite
- O ensino de cálculo de limites

Limites

Limite é um conceito dos mais importantes no estudo das funções. É utilizado quando se deseja estudar o comportamento de uma função $y = f(x)$, onde x pertence a uma vizinhança de um certo ponto a, sem se preocupar com o que acontece com a função em $x = a$.

Diz-se, então, que a função $y = f(x)$ tem limite L quando x se aproxima de a. A notação utilizada é $\lim_{x \to a} f(x) = L$.

• **Definição:**
$\lim_{x \to a} f(x) = L$ se $\forall \varepsilon > 0, \exists \delta > 0$ tal que $|x - a| < \delta$ então $|f(x) - L| < \varepsilon$.

O limite de uma função $y = f(x)$ quando x se aproxima de a é único, ou seja, se $\lim_{x \to a} f(x) = L_1$ e $\lim_{x \to a} f(x) = L_2$ então $L_1 = L_2$.

Propriedades dos limites

(1) Seja a função y = k onde k é constante, então:
$$\lim_{x \to a} f(x) = \lim_{x \to a} k = k$$

▶ **Exemplo 4.1**
Se y = 5, então $\lim_{x \to a} 5 = 5$

(2) Sejam $\lim_{x \to a} f(x) = L$ e k uma constante, então:
$$\lim_{x \to a} kf(x) = k \lim_{x \to a} f(x) = kL$$

▶ **Exemplo 4.2**
Se f(x) = 5x, então:
$$\lim_{x \to 3} 5x = 3 \cdot 5 = 15$$

(3) Sejam f(x) e g(x) duas funções onde $\lim_{x \to a} f(x) = L$ e $\lim_{x \to a} g(x) = M$, então:
$$\lim_{x \to a}(f(x) \pm g(x)) = L \pm M$$

▶ **Exemplo 4.3**
Sejam f(x) = x + 3 e g(x) = x − 1, então:
$$\lim_{x \to 2} f(x) = \lim_{x \to 2}(x + 3) = 2 + 3 = 5$$
$$\lim_{x \to 2} g(x) = \lim_{x \to 2}(x - 1) = 2 - 1 = 1$$
$$\lim_{x \to 2}(f(x) + g(x)) = 5 + 1 = 6$$
$$\lim_{x \to 2}(f(x) - g(x)) = 5 - 1 = 4$$

(4) Sejam f(x) e g(x) duas funções onde $\lim_{x \to a} f(x) = L$ e $\lim_{x \to a} g(x) = M$, então:
$$\lim_{x \to a}(f(x) \cdot g(x)) = L \cdot M$$

▶ **Exemplo 4.4**
Sejam f(x) = x e g(x) = x + 1, então:
$$\lim_{x \to 2} f(x) = \lim_{x \to 2} x = 2$$
$$\lim_{x \to 2} g(x) = \lim_{x \to 2} (x + 1) = 2 + 1 = 3$$
$$\lim_{x \to 2}(f(x) \cdot g(x)) = 2 \cdot 3 = 6$$

(5) Sejam f(x) e g(x) duas funções onde $\lim_{x \to a} f(x) = L$ e $\lim_{x \to a} g(x) = M$ e $M \neq 0$, então:

$$\lim_{x \to a} \frac{f(x)}{g(x)} = \frac{\lim_{x \to a} f(x)}{\lim_{x \to a} g(x)} = \frac{L}{M}$$

▶ **Exemplo 4.5**
Sejam $f(x) = x^2$ e $g(x) = x - 3$, então:
$$\lim_{x \to 2} f(x) = \lim_{x \to 2} x^2 = 2^2 = 4$$
$$\lim_{x \to 2} g(x) = \lim_{x \to 2}(x - 3) = 2 - 3 = -1$$
$$\lim_{x \to 2} \frac{f(x)}{g(x)} = \frac{4}{-1} = -4$$

(6) Sejam a função $y = f(x)$, k uma constante e $\lim_{x \to a} f(x) = L$, então:
$$\lim_{x \to a}(f(x))^k = \left(\lim_{x \to a} f(x)\right)^k = L^k$$

▶ **Exemplo 4.6**
Sejam $f(x) = x^2$ e a constante $k = 3$, então:
$$\lim_{x \to 2}(f(x)) = \lim_{x \to 2}(x^2) = 2^2 = 4$$
$$\lim_{x \to 2}(f(x))^k = \lim_{x \to 2}(x^2)^3 = 4^3 = 64$$

Exercícios resolvidos

Calcule os limites:
▶ **Exercício 4.1**
$$\lim_{x \to 1}(7x - 1)$$
Solução:
Usando a propriedade (3)
$$\lim_{x \to 1}(7x - 1) = \lim_{x \to 1}(7x) + \lim_{x \to 1}(-1) = 7 - 1 = 6$$
ou, substituindo x por 1 na função original, temos:
$$\lim_{x \to 1}(7x - 1) = 7 \cdot 1 - 1 = 6$$

▶ **Exercício 4.2**
$$\lim_{y \to 2}\left(\frac{y^2 + 5}{y - 3}\right)$$

Solução:
Usando a propriedade (5)

$$\lim_{y \to 2}\left(\frac{y^2+5}{y-3}\right) = \frac{\lim_{y\to 2}(y^2+5)}{\lim_{y\to 2}(y-3)} = \frac{2^2+5}{2-3} = -9$$

ou, substituindo y por 2 na função original, temos:

$$\lim_{y \to 2}\left(\frac{y^2+5}{y-3}\right) = \frac{2^2+5}{2-3} = -9$$

◗ **Exercício 4.3**

$$\lim_{x \to 0}\left(4 - \frac{3x}{5x+1}\right)$$

Solução:
Usando as propriedades (3) e (5)

$$\lim_{x \to 0}\left(4 - \frac{3x}{5x+1}\right) = \lim_{x \to 0} 4 - \frac{\lim_{x\to 0} 3x}{\lim_{x\to 0}(5x+1)} = 4 - \frac{0}{1} = 4$$

ou, substituindo x por 0 na função original, temos:

$$\lim_{x \to 0}\left(4 - \frac{3x}{5x+1}\right) = 4 - \frac{3 \cdot 0}{5 \cdot 0 + 1} = 4$$

Os próximos exercícios serão resolvidos diretamente, ou seja, substituindo o valor de x na função.

◗ **Exercício 4.4**

$$\lim_{x \to 4} e^{-x+4}$$

Solução:

$$\lim_{x \to 4} e^{-x+4} = e^{-4+4} = e^0 = 1$$

◗ **Exercício 4.5**

$$\lim_{t \to -1}\left(\frac{t^2-t+1}{t-1}\right)$$

Solução:

$$\lim_{t \to -1}\left(\frac{t^2-t+1}{t-1}\right) = \frac{(-1)^2-(-1)+1}{(-1)-1} = -\frac{3}{2}$$

▶ **Exercício 4.6**

$$\lim_{t \to 0} \frac{\text{sen}(2t) + 1}{\cos(3t + \pi)}$$

Solução:

$$\lim_{t \to 0} \frac{\text{sen}(2t) + 1}{\cos(3t + \pi)} = \frac{\text{sen } 0 + 1}{\cos(3 \cdot 0 + \pi)} = \frac{1}{-1} = -1$$

▶ **Exercício 4.7**

$$\lim_{x \to e} \frac{\ln(x) + 4}{x - 5}$$

Solução:

$$\lim_{x \to e} \frac{\ln(x) + 4}{x - 5} = \frac{\ln e + 4}{e - 5} = \frac{1 + 4}{e - 5} = \frac{5}{e - 5}$$

▶ **Exercício 4.8**

$$\lim_{x \to -2} \frac{\log(2x + 14)}{x - 4}$$

Solução:

$$\lim_{x \to -2} \frac{\log(2x + 14)}{x - 4} = \frac{\log(2 \cdot (-2) + 14)}{-2 - 4} = -\frac{1}{6}$$

Forma indeterminada do tipo $\frac{0}{0}$

A propriedade do limite da divisão de duas funções só é válida quando o limite da função do denominador é não nulo. Quando o limite da função for do tipo $\frac{0}{0}$, que é indeterminado, deve-se fatorar a função dada e calcular o limite.

▶ **Exemplo 4.7**

$$\lim_{x \to -1} \left(\frac{x^2 - 1}{x + 1} \right) = \frac{(-1)^2 - 1}{(-1) + 1} = \frac{1 - 1}{-1 + 1} = \frac{0}{0}, \text{ que é uma forma indeterminada}$$

Fatorando o numerador e simplificando o numerador com o denominador, temos:

$$\lim_{x \to -1} \frac{x^2 - 1}{x + 1} = \lim_{x \to -1} \frac{(x + 1)(x - 1)}{x + 1} = \lim_{x \to -1} (x - 1) = -1 - 1 = -2$$

Exercícios resolvidos

Calcule os limites:

▶ **Exercício 4.9**

$$\lim_{x \to 1} \left(\frac{3x - 3}{x - 1} \right)$$

Solução:

$$\lim_{x \to 1} \left(\frac{3x - 3}{x - 1} \right) = \frac{3 \cdot (1) - 3}{1 - 1} = \frac{0}{0}, \text{ que é indeterminado}$$

Colocando 3 em evidência no numerador e simplificando o numerador com o denominador, temos:

$$\lim_{x \to 1} \frac{3x - 3}{x - 1} = \lim_{x \to 1} \frac{3(x - 1)}{x - 1} = \lim_{x \to 1} 3 = 3$$

▶ **Exercício 4.10**

$$\lim_{x \to 2} \left(\frac{x - 2}{x^2 - 4} \right)$$

$$\lim_{x \to 2} \left(\frac{x - 2}{x^2 - 4} \right) = \frac{2 - 2}{4 - 4} = \frac{0}{0}, \text{ que é indeterminado}$$

Fatorando o denominador e simplificando o numerador com o denominador, temos:

$$\lim_{x \to 2} \left(\frac{x - 2}{x^2 - 4} \right) = \lim_{x \to 2} \frac{x - 2}{(x + 2)(x - 2)} = \lim_{x \to 2} \frac{1}{x + 2} = \frac{1}{4}$$

▶ **Exercício 4.11**

$$\lim_{x \to -1} \left(\frac{x^2 + 2x + 1}{x + 1} \right)$$

Solução:

$$\lim_{x \to -1} \left(\frac{x^2 + 2x + 1}{x + 1} \right) = \frac{0}{0}, \text{ que é indeterminado}$$

Fatorando o numerador e simplificando o numerador com o denominador, temos:

$$\lim_{x \to -1} \left(\frac{x^2 + 2x + 1}{x + 1} \right) \lim_{x \to -1} \frac{(x + 1)^2}{x + 1} = \lim_{x \to -1} (x + 1) = 0$$

▶ **Exercício 4.12**

$$\lim_{x \to 0} \left(\frac{\sqrt{1+x}-1}{x} \right)$$

Solução:

$$\lim_{x \to 0} \left(\frac{\sqrt{1+x}-1}{x} \right) = \frac{1-1}{0} = \frac{0}{0}, \text{ que é indeterminado}$$

Multiplicando o numerador e o denominador pelo conjugado de $\sqrt{1+x}-1$ e simplificando, temos:

$$\lim_{x \to 0} \left(\frac{\sqrt{1+x}-1}{x} \right) = \lim_{x \to 0} \frac{(\sqrt{1+x}-1)(\sqrt{1+x}+1)}{x(\sqrt{1+x}+1)} =$$

$$\lim_{x \to 0} \frac{x}{x(\sqrt{1+x}+1)} = \lim_{x \to 0} \frac{1}{\sqrt{1+x}+1} = \frac{1}{2}$$

▶ **Exercício 4.13**

$$\lim_{t \to 1} \left(\frac{t^3-1}{t-1} \right)$$

Solução:

$$\lim_{t \to 1} \left(\frac{t^3-1}{t-1} \right) = \frac{0}{0}, \text{ que é indeterminado}$$

Fatorando o numerador e simplificando o numerador com o denominador, temos:

$$\lim_{t \to 1} \frac{t^3-1}{t-1} = \lim_{t \to 1} \frac{(t-1)(t^2+t+1)}{t-1} = \lim_{t \to 1} (t^2+t+1) = 3$$

▶ **Exercício 4.14**

$$\lim_{x \to -1} \left(\frac{x^2-x-2}{2x^2-x-3} \right)$$

Solução:

$$\lim_{x \to -1} \left(\frac{x^2-x-2}{2x^2-x-3} \right) = \frac{0}{0}, \text{ que é indeterminado}$$

Fatorando e simplificando o numerador e o denominador, temos:

$$\lim_{x \to -1} \left(\frac{x^2-x-2}{2x^2-x-3} \right) = \lim_{x \to -1} \frac{(x+1)(x-2)}{(x+1)(2x-3)} = \lim_{x \to -1} \left(\frac{x-2}{2x-3} \right) = \frac{3}{5}$$

Limites no infinito

Até agora foram vistos limites quando a variável independente aproxima-se de um número real. Nesta seção, serão apresentados limites quando a variável independente aproxima-se de infinito (∞).

Seja f uma função definida em todo número de um intervalo aberto (a, ∞). O limite de f(x), quando x cresce ilimitadamente, é L se, para qualquer $\varepsilon > 0$, existir um $N > 0$ tal que $x > N$, então $|f(x) - L| < \varepsilon$.

Seja f uma função definida em todo número de um intervalo aberto $(-\infty, a)$. O limite de f(x), quando x decresce ilimitadamente, é L se, para qualquer $\varepsilon > 0$, existir um $N < 0$ tal que $x < N$, então $|f(x) - L| < \varepsilon$.

Os seguintes teoremas serão utilizados se 'n' é inteiro e positivo:

$$\lim_{x \to \infty} \frac{1}{x^n} = 0 \text{ e } \lim_{x \to -\infty} \frac{1}{x^n} = 0$$

▶ **Exemplo 4.8**

$$\lim_{x \to \infty} = \left(\frac{5}{5 + \frac{1}{x}} \right) = \frac{5}{5 + \frac{1}{\infty}} = \frac{5}{5 + 0} = 1$$

Igualdades simbólicas

Convém observar que, no cálculo com limites, empregam-se frequentemente as seguintes igualdades simbólicas, onde R representa um número real, P um número positivo e N, um número negativo.

Tabela 4.1: Igualdades simbólicas

Igualdade simbólica	Exemplo
$R + (+\infty) = \infty$	$\lim_{x \to \infty} (5 + x) = 5 + \infty = \infty$
$R + (-\infty) = -\infty$	$\lim_{x \to -\infty} (5 + x) = 5 + (-\infty) = -\infty$
$R - \infty = -\infty$	$\lim_{x \to \infty} (4 - x) = 4 - \infty = -\infty$
$P \cdot (+\infty) = \infty$	$\lim_{x \to \infty} 2x = 2 \cdot \infty = \infty$
$N \cdot (+\infty) = -\infty$	$\lim_{x \to \infty} (-2x) = -2 \cdot \infty = -\infty$

continua

$P \cdot (-\infty) = -\infty$	$\lim_{x \to -\infty} 2x = 2 \cdot (-\infty) = -\infty$
$N \cdot (-\infty) = \infty$	$\lim_{x \to -\infty} (-2x) = -2 \cdot (-\infty) = \infty$
$\infty + \infty = \infty$	$\lim_{x \to \infty} (2x + e^x) = 2 \cdot \infty + e^{\infty} = \infty + \infty = \infty$
$\infty - (-\infty) = \infty$	$\lim_{x \to -\infty} (-3x - x^3) = -3 \cdot (-\infty) - (-\infty)^3 = \infty - (-\infty) = \infty$
$\infty \cdot \infty = \infty$	$\lim_{x \to \infty} 3xe^x = 3 \cdot \infty \cdot e^{\infty} = \infty \cdot \infty = \infty$
$\infty \cdot (-\infty) = -\infty$	$\lim_{x \to -\infty} x^3 \log(-x) = -\infty \cdot \infty = -\infty$
$\dfrac{\infty}{P} = \infty$	$\lim_{x \to \infty} \left(\dfrac{x}{2} \right) = \dfrac{\infty}{2} = \infty$
$\dfrac{-\infty}{N} = \infty$	$\lim_{x \to -\infty} \left(\dfrac{x}{-3} \right) = \dfrac{-\infty}{-3} = \infty$
$\dfrac{P}{0^+} = \infty$	$\lim_{x \to 0^+} \left(\dfrac{3}{x} \right) = \dfrac{3}{0^+} = \infty$
$\dfrac{N}{0^+} = -\infty$	$\lim_{x \to 0^+} \left(\dfrac{-4}{x} \right) = \dfrac{-4}{0^+} = -\infty$
$\dfrac{P}{0^-} = -\infty$	$\lim_{x \to 0^-} \left(\dfrac{7}{x} \right) = \dfrac{7}{0^-} = -\infty$
$\dfrac{N}{0^-} = \infty$	$\lim_{x \to 0^-} \left(\dfrac{-4}{x} \right) = \dfrac{-4}{0^-} = \infty$
$\dfrac{P}{\infty} = 0$	$\lim_{x \to \infty} \left(\dfrac{3}{x} \right) = \dfrac{3}{\infty} = 0$
$\dfrac{N}{\infty} = 0$	$\lim_{x \to \infty} \left(\dfrac{-4}{x} \right) = \dfrac{-4}{\infty} = 0$
$\dfrac{P}{-\infty} = 0$	$\lim_{x \to -\infty} \left(\dfrac{7}{x} \right) = \dfrac{7}{-\infty} = 0$
$\dfrac{N}{-\infty} = 0$	$\lim_{x \to -\infty} \left(\dfrac{-4}{x} \right) = \dfrac{-4}{-\infty} = 0$

Exercícios resolvidos

Calcule os limites:
▶ **Exercício 4.15**

$$\lim_{x \to \infty} \left(\dfrac{4}{x^2 - 1} \right)$$

Solução:
Substituindo x por ∞, tem-se:

$$\lim_{x \to \infty} \left(\dfrac{4}{x^2 - 1} \right) = \dfrac{4}{\infty - 1} = \dfrac{4}{\infty} = 0$$

▶ Exercício 4.16

$\lim\limits_{y \to \infty} (e^{-2y} + 4)$

Solução:

Substituindo y por ∞, tem-se:

$\lim\limits_{y \to -\infty} (e^{-2y} + 4) = e^{-2\infty} + 4 = \dfrac{1}{e^\infty} + 4 = 0 + 4 = 4$

▶ Exercício 4.17

$\lim\limits_{x \to \infty} \left(\dfrac{3 + e^{1/x}}{e^x}\right)$

Solução:

Substituindo x por ∞, tem-se:

$\lim\limits_{x \to \infty} \left(\dfrac{3 + e^{1/x}}{e^x}\right) = \dfrac{3 + e^{1/\infty}}{e^\infty} = \dfrac{3 + e^0}{e^\infty} = \dfrac{3 + 1}{\infty} = \dfrac{4}{\infty} = 0$

▶ Exercício 4.18

$\lim\limits_{x \to -\infty} \left(5 + \dfrac{3}{t^2 + 1}\right)$

Solução:

Substituindo x por −∞, tem-se:

$\lim\limits_{x \to -\infty} \left(5 + \dfrac{3}{t^2 + 1}\right) = 5 + \dfrac{3}{(-\infty)^2 + 1} = 5 + \dfrac{3}{\infty} = 5 + 0 = 5$

▶ Exercício 4.19

$\lim\limits_{x \to -\infty} \log(-2x + 5)$

Solução:

Substituindo x por −∞, tem-se:

$\lim\limits_{x \to -\infty} \log(-2x + 5) = \log(-2 \cdot (-\infty) + 5) = \log(\infty) = \infty$

▶ Exercício 4.20

$\lim\limits_{x \to \infty} \left(\dfrac{x + 1}{4e^{1/x}}\right)$

Solução:

Substituindo x por ∞, tem-se:

$\lim\limits_{x \to \infty} \left(\dfrac{x + 1}{4e^{1/x}}\right) = \dfrac{\infty + 1}{4e^{1/\infty}} = \dfrac{\infty}{4e^0} = \infty$

Forma indeterminada do tipo $\dfrac{\infty}{\infty}$

Outro tipo de forma indeterminada pode aparecer quando se calcula o limite da divisão de funções, nos casos em que a variável independente aproxima-se de infinito.

▶ **Exemplo 4.9**

$\lim\limits_{x \to \infty}\left(\dfrac{x^2 + 3}{x^3 - 3}\right) = \dfrac{\infty}{\infty} \rightarrow$ indeterminado

Para sair da indeterminação, dividem-se o numerador e o denominador pela potência de mais alto grau do denominador, que, no caso, é x^3.

$$\lim_{x \to \infty}\left(\dfrac{x^2 + 3}{x^3 - 3}\right) = \lim_{x \to \infty}\dfrac{\dfrac{x^2}{x^3} + \dfrac{3}{x^3}}{\dfrac{x^3}{x^3} - \dfrac{3}{x^3}} = \lim_{x \to \infty}\dfrac{\dfrac{1}{x} + \dfrac{3}{x^3}}{1 - \dfrac{3}{x^3}} = \dfrac{\dfrac{1}{\infty} + \dfrac{3}{\infty^3}}{1 - \dfrac{3}{\infty^3}} = \dfrac{0}{1} = 0$$

Exercícios resolvidos

▶ **Exercício 4.21**

$\lim\limits_{x \to \infty}\left(\dfrac{x^2 + 3x + 1}{x^2}\right)$

Solução:

$\lim\limits_{x \to \infty}\left(\dfrac{x^2 + 3x + 1}{x^2}\right) = \dfrac{\infty}{\infty} \rightarrow$ indeterminado

Para sair da indeterminação, dividem-se o numerador e o denominador pela potência de mais alto grau do denominador, que, no caso, é x^2.

$$\lim_{x \to \infty}\left(\dfrac{x^2 + 3x + 1}{x^2}\right) = \lim_{x \to \infty}\dfrac{\dfrac{x^2}{x^2} + \dfrac{3x}{x^2} + \dfrac{1}{x^2}}{\dfrac{x^2}{x^2}} =$$

$$\lim_{x \to \infty}\dfrac{1 + \dfrac{3}{x} + \dfrac{1}{x^2}}{1} = \dfrac{1 + \dfrac{3}{\infty} + \dfrac{1}{\infty^2}}{1} = \dfrac{1 + 0 + 0}{1} = 1$$

▶ **Exercício 4.22**

$$\lim_{x \to \infty} \frac{\sqrt{x+2}}{\sqrt{x-4}}$$

Solução:

$$\lim_{x \to \infty} \frac{\sqrt{x+2}}{\sqrt{x-4}} = \frac{\infty}{\infty} \to \text{indeterminado}$$

$$\lim_{x \to \infty} \frac{\sqrt{x+2}}{\sqrt{x-4}} = \lim_{x \to \infty} \frac{\sqrt{\frac{x}{x}+\frac{2}{x}}}{\sqrt{\frac{x}{x}-\frac{4}{x}}} = \lim_{x \to \infty} \frac{\sqrt{1+\frac{2}{x}}}{\sqrt{1-\frac{4}{x}}} = \frac{\sqrt{1+0}}{\sqrt{1-0}} = 1$$

▶ **Exercício 4.23**

$$\lim_{x \to \infty} \frac{x+4}{\sqrt{x^2+1}}$$

Solução:

$$\lim_{x \to \infty} \frac{x+4}{\sqrt{x^2+1}} = \frac{\infty}{\infty} \to \text{indeterminado}$$

$$\sqrt{x^2} = |x| = \begin{cases} x \text{ se } x \geq 0 \\ -x \text{ se } x < 0 \end{cases} \text{ e como } x > 0, \text{ dividiremos o numerador e o denominador por x.}$$

$$\lim_{x \to \infty} \frac{x+4}{\sqrt{x^2+1}} = \lim_{x \to \infty} \frac{\frac{x}{x}+\frac{4}{x}}{\sqrt{\frac{x^2}{x^2}+\frac{1}{x^2}}} = \lim_{x \to \infty} \frac{1+\frac{4}{x}}{\sqrt{1+\frac{1}{x^2}}} = 1$$

▶ **Exercício 4.24**

$$\lim_{x \to -\infty} \left(\frac{x^3+4}{x-5}\right)$$

Solução:

$$\lim_{x \to -\infty} \left(\frac{x^3+4}{x-5}\right) = \frac{\infty}{\infty} \to \text{indeterminado}$$

$$\lim_{x \to -\infty} \left(\frac{x^3+4}{x-5}\right) = \lim_{x \to -\infty} \frac{\frac{x^3}{x}+\frac{4}{x}}{\frac{x}{x}-\frac{5}{x}} = \lim_{x \to -\infty} \frac{x^2+\frac{4}{x}}{1-\frac{5}{x}} = \frac{\infty}{1-0} = \infty$$

▶ **Exercício 4.25**

$$\lim_{x \to -\infty} \frac{\sqrt{x^2-1}}{x^2}$$

Solução:

$$\lim_{x \to -\infty} \frac{\sqrt{x^2-1}}{x^2} = \frac{\infty}{\infty} \to \text{indeterminado}$$

Lembrete: $x^2 = \sqrt{x^4}$

$$\lim_{x \to -\infty} \frac{\sqrt{x^2-1}}{x^2} = \lim_{x \to -\infty} \frac{\sqrt{\frac{x^2}{x^4} - \frac{1}{x^4}}}{\frac{x^2}{x^2}} = \lim_{x \to -\infty} \frac{\sqrt{\frac{1}{x^2} - \frac{1}{x^4}}}{1} = \frac{0}{1} = 0$$

▶ **Exercício 4.26**

$$\lim_{x \to -\infty} \frac{x^2 + a^2}{\sqrt{x^2 + a^2}}, \text{ a é constante}$$

Solução:

$$\lim_{x \to -\infty} \frac{x^2 + a^2}{\sqrt{x^2 + a^2}} = \frac{\infty}{\infty} \to \text{indeterminado}$$

$$\lim_{x \to -\infty} \frac{x^2 + a^2}{\sqrt{x^2 + a^2}} = \lim_{x \to -\infty} \frac{\frac{x^2}{-x} + \frac{a^2}{-x}}{\sqrt{\frac{x^2}{(-x)^2} + \frac{a^2}{(-x)^2}}} = \lim_{x \to -\infty} \frac{-x - \frac{a^2}{x}}{\sqrt{1 + \frac{a^2}{x^2}}} = \frac{\infty + 0}{1} = \infty$$

Limites laterais

Limite lateral à direita

Utiliza-se o limite lateral à direita para estudar o comportamento da função y = f(x) quando x pertence a uma vizinhança à direita do ponto x = a, sem considerar o que acontece com a função nesse ponto. Diz-se que a função tem limite L quando x se aproxima à direita de a.

A notação utilizada é $\lim_{x \to a^+} f(x) = L$

• **Definição:**
$\lim_{x \to a^+} f(x) = L$ se $\forall \varepsilon > 0, \exists \delta > 0$, tal que $0 < x - a < \delta$ então $|f(x) - L| < \varepsilon$.

▶ **Exemplo 4.10**

Em $\lim_{x \to 0^+} \frac{1}{x}$ verifica-se que $\lim_{x \to 0^+} \frac{1}{x} = \frac{1}{0^+} = +\infty$

Limite lateral à esquerda

Utiliza-se o limite lateral à esquerda para estudar o comportamento da função y = f(x) quando x pertence a uma vizinhança à esquerda do ponto x = a, sem considerar o que acontece com a função nesse ponto. Diz-se que a função tem limite L quando x se aproxima à esquerda de a.

A notação utilizada é $\lim_{x \to a^-} f(x) = L$.

• **Definição:**
$\lim_{x \to a^-} f(x) = L$ se $\forall \varepsilon > 0, \exists \delta > 0$, tal que $-\delta < x - a < 0$, então $|f(x) - L| < \varepsilon$.

▶ **Exemplo 4.11**

Em $\lim_{x \to 0^-} \frac{1}{x}$, verifica-se que $\lim_{x \to 0^-} \frac{1}{x} = \frac{1}{0^-} = -\infty$

O $\lim_{x \to a} f(x)$ é igual a L se, e somente se, os limites laterais $\lim_{x \to a^+} f(x)$ e $\lim_{x \to a^-} f(x)$ existirem e forem iguais a L. Se $\lim_{x \to a^+} f(x) \neq \lim_{x \to a^-} f(x)$, então $\lim_{x \to a} f(x)$ não existe.

Os seguintes teoremas são utilizados:

Se 'n' é um número inteiro positivo, então:

$\lim_{x \to 0^+} \frac{1}{x^n} = +\infty$ $\quad \lim_{x \to 0^-} \frac{1}{x^n} = \begin{cases} -\infty & \text{se n é ímpar} \\ \infty & \text{se n é par} \end{cases}$

Se a é um número real e se $\lim_{x \to a} f(x) = 0$ e $\lim_{x \to a} g(x) = c$, onde c é constante não nula, então:

(1) Se c > 0 e f(x) → 0 através de valores positivos de f(x) então $\lim_{x \to a} \frac{g(x)}{f(x)} = +\infty$

(2) Se c > 0 e f(x) → 0 através de valores negativos de f(x) então $\lim_{x \to a} \frac{g(x)}{f(x)} = -\infty$

(3) Se c < 0 e f(x) → 0 através de valores positivos de f(x) então $\lim_{x \to a} \frac{g(x)}{f(x)} = -\infty$

(4) Se c < 0 e f(x) → 0 através de valores negativos de f(x) então $\lim_{x \to a} \frac{g(x)}{f(x)} = \infty$.

Exercícios resolvidos

Calcule o limite:

▶ **Exercício 4.27**

$$\lim_{x \to 4^+} \frac{3}{x-4}$$

Solução:

$$\lim_{x \to 4^+} \frac{3}{x-4} = \frac{3}{0^+} = \infty \text{ , pela propriedade (1)}$$

▶ **Exercício 4.28**

$$\lim_{x \to 4^-} \frac{3}{x-4}$$

Solução:

$$\lim_{x \to 4^-} \frac{3}{x-4} = \frac{3}{0^-} = -\infty \text{ , pela propriedade (2)}$$

▶ **Exercício 4.29**

$$\lim_{x \to 0^-} \frac{3}{x^2+x}$$

Solução:

$$\lim_{x \to 0^-} \frac{3}{x^2+x} = \frac{3}{0^-} = -\infty$$

▶ **Exercício 4.30**

$$\lim_{x \to 0^+} \frac{1}{1+3^{1/x}}$$

Solução:

$$\lim_{x \to 0^+} \frac{1}{1+3^{1/x}} = \frac{1}{1+3^{1/0^+}} = \frac{1}{1+3^{\infty}} = \frac{1}{\infty} = 0$$

▶ **Exercício 4.31**

$$\lim_{x \to 0^-} \frac{5+e^{2x}}{e^{2/x}}$$

Solução:

$$\lim_{x \to 0^-} \frac{5+e^{2x}}{e^{2/x}} = \frac{5+e^{0^-}}{e^{2/0^-}} = \frac{5+e^{0^-}}{e^{-\infty}} = e^{\infty}(5+1) = \infty$$

▶ **Exercício 4.32**

Seja f definida por $f(x) = \begin{cases} x^2 + 4 & \text{se } x < 0 \\ 5 & \text{se } x = 0 \\ 6 & \text{se } x > 0 \end{cases}$, calcule os limites:

(A) $\lim_{x \to 0} f(x)$ (B) $\lim_{x \to 2} f(x)$ (C) $\lim_{x \to -1} f(x)$

(D) $\lim_{x \to \infty} f(x)$ (E) $\lim_{x \to -\infty} f(x)$

Solução:

(A) $\lim_{x \to 0} f(x)$

$\lim_{x \to 0^-} f(x) = \lim_{x \to 0^-} (x^2 + 4) = 4$

$\lim_{x \to 0^+} f(x) = \lim_{x \to 0^+} 6 = 6$

Como $\lim_{x \to 0^-} f(x) \neq \lim_{x \to 0^+} f(x)$, então $\lim_{x \to 0} f(x)$ não existe.

(B) $\lim_{x \to 2} f(x) = \lim_{x \to 2} 6 = 6$

(C) $\lim_{x \to -1} f(x) = \lim_{x \to -1} (x^2 + 4) = 1 + 4 = 5$

(D) $\lim_{x \to \infty} f(x) = \lim_{x \to \infty} 6 = 6$

(E) $\lim_{x \to -\infty} f(x) = \lim_{x \to -\infty} (x^2 + 4) = \infty$

▶ **Exercício 4.33**

Seja f definida por $f(x) = \begin{cases} -x^2 + 5 & \text{se } x < -1 \\ 0 & \text{se } x = -1 \\ \dfrac{x^2 - 1}{x^2 + 2x + 1} & \text{se } x > -1 \end{cases}$, calcule os limites:

(A) $\lim_{x \to \infty} f(x)$ (B) $\lim_{x \to -\infty} f(x)$ (C) $\lim_{x \to -1} f(x)$

(D) $\lim_{x \to 0} f(x)$ (E) $\lim_{x \to -5} f(x)$

Solução:

(A) $\lim_{x \to \infty} f(x) = \lim_{x \to \infty} \dfrac{x^2 - 1}{x^2 + 2x + 1} = \dfrac{\infty}{\infty} \to$ indeterminado

$$\lim_{x\to\infty}\frac{x^2-1}{x^2+2x+1}=\lim_{x\to\infty}\frac{\frac{x^2}{x^2}-\frac{1}{x^2}}{\frac{x^2}{x^2}+\frac{2x}{x^2}+\frac{1}{x^2}}=\lim_{x\to\infty}\frac{1-\frac{1}{x^2}}{1+\frac{2}{x}+\frac{1}{x^2}}=\frac{1-0}{1+0+0}=1$$

(B) $\lim_{x\to-\infty} f(x) = \lim_{x\to-\infty}(-x^2+5) = -(-\infty)^2+5 = -\infty$

(C) $\lim_{x\to-1^+} f(x) = \lim_{x\to-1^+}\frac{x^2-1}{x^2+2x+1} = \frac{0}{0} \rightarrow$ indeterminado

$\lim_{x\to-1^+}\frac{x^2-1}{x^2+2x+1} \lim_{x\to-1^+}\frac{(x-1)(x+1)}{(x+1)^2} = \lim_{x\to-1^+}\frac{x-1}{x+1} = \frac{-2}{-1^++1} = \frac{-2}{0^+} = -\infty$

$\lim_{x\to-1^-} f(x) = \lim_{x\to-1^-}(-x^2+5) = 4$

Como $\lim_{x\to-1^-} f(x) \neq \lim_{x\to-1^+} f(x)$, então $\lim_{x\to-1} f(x)$ não existe.

(D) $\lim_{x\to 0} f(x) = \lim_{x\to 0}\frac{x^2-1}{x^2+2x+1} = \frac{-1}{1} = -1$

(E) $\lim_{x\to-5} f(x) = \lim_{x\to-5}(-x^2+5) = -20$

▶ **Exercício 4.34**

Se $f(x)=\begin{cases}-kx+4 & \text{se } x\leq 3\\ x^2-k & \text{se } x>3\end{cases}$, determine o valor de 'k' para o qual $\lim_{x\to 3} f(x)$ exista.

Solução:

$\lim_{x\to 3} f(x)$ existe $\leftrightarrow \lim_{x\to 3^-} f(x) = \lim_{x\to 3^+} f(x)$

$\lim_{x\to 3^+} f(x) = \lim_{x\to 3^+}(x^2-k) = 9-k$

$\lim_{x\to 3^-} f(x) = \lim_{x\to 3^-}(-kx+4) = -3k+4$

Logo, $9-k = -3k+4 \leftrightarrow k = -\dfrac{5}{2}$

▶ **Exercício 4.35**

Se $f(x)=\begin{cases}e^{-kx+4} & \text{se } x<3\\ e^{kx+2} & \text{se } x\geq 3\end{cases}$, determine o valor de 'k' para o qual $\lim_{x\to 3} f(x)$ exista.

Solução:

$\lim_{x\to 3} f(x)$ existe $\leftrightarrow \lim_{x\to 3^-} f(x) = \lim_{x\to 3^+} f(x)$

$$\lim_{x \to 3^+} f(x) = \lim_{x \to 3^+} e^{kx+2} = e^{3k+2}$$

$$\lim_{x \to 3^-} f(x) = \lim_{x \to 3^-} e^{-kx+4} = e^{-3k+4}$$

Logo, $e^{3k+2} = e^{-3k+4} \leftrightarrow 3k + 2 = -3k + 4 \to 6k = 2 \to k = \dfrac{1}{3}$

Exercícios propostos

Calcule os limites:

▶ 4.1: $\lim\limits_{x \to 1} (x - 2)$

▶ 4.2: $\lim\limits_{x \to 2} \dfrac{5x^2}{x - 3}$

▶ 4.3: $\lim\limits_{x \to 1} 7(3 + x)^{1/2}$

▶ 4.4: $\lim\limits_{y \to 0} \left(\dfrac{y^2 + 5}{y - 5} \right)$

▶ 4.5: $\lim\limits_{x \to 1} \left(4 - \dfrac{2x}{x + 1} \right)$

▶ 4.6: $\lim\limits_{t \to -1} \dfrac{-t - 3}{t + 7}$

▶ 4.7: $\lim\limits_{x \to 0} 5^{-2+x}$

▶ 4.8: $\lim\limits_{x \to -3} x^2$

▶ 4.9: $\lim\limits_{x \to -2} x^3$

▶ 4.10: $\lim\limits_{x \to -1} e^{-x+4}$

▶ 4.11: $\lim\limits_{t \to 1} \dfrac{t^2 - t + 1}{t - 2}$

▶ 4.12: $\lim\limits_{x \to 2} 3^{-x}$

▶ 4.13: $\lim\limits_{x \to 0} \left(\dfrac{x + 2a}{x - a} \right)$, a constante

▶ 4.14: $\lim\limits_{y \to 0} \left(\dfrac{3y + y^4 + e^{y^5+y}}{e^{2y} + 5} \right)$

▶ 4.15: $\lim\limits_{x \to -2} x^{-4}$

▶ 4.16: $\lim\limits_{t \to 0} \left(\dfrac{\text{sen}(2t) + 1}{\cos(2t)} \right)$

▶ 4.17: $\lim\limits_{x \to e} \left(\dfrac{x + 4}{2x - 2} \right)$

▶ 4.18: $\lim\limits_{t \to 2} \left(4 + \dfrac{13}{t + 2} \right)$

▶ 4.19: $\lim\limits_{x \to -2} \left(\dfrac{\log(2x + 10)}{x - 3} \right)$

▶ 4.20: $\lim\limits_{x \to -2} \left(\dfrac{e^{-x} + 3}{e^{-2x} + 2} \right)$

▶ 4.21: $\lim\limits_{x \to -1} \left(\dfrac{5x - 5}{x - 1} \right)$

▶ 4.22: $\lim\limits_{x \to 3} \left(\dfrac{x - 3}{x^2 - 9} \right)$

▶ 4.23: $\lim\limits_{x \to -2} \left(\dfrac{x^2 + 4x + 4}{x + 2} \right)$

▶ 4.24: $\lim\limits_{x \to 0} \left(\dfrac{\sqrt{4 + x} - 2}{x} \right)$

▶ 4.25: $\lim\limits_{t \to 2} \left(\dfrac{t - 2}{t^3 - 5t^2 + 6t} \right)$

▶ 4.26: $\lim\limits_{x \to 0} \left(\dfrac{3x^4 - x^3}{x} \right)$

- 4.27: $\lim_{y \to 9} \left(\dfrac{\sqrt{y} - 3}{y - 9} \right)$

- 4.28: $\lim_{t \to 1} \left(\dfrac{t^5 - 1}{t - 1} \right)$

- 4.29: $\lim_{x \to -1} \left(\dfrac{x^3 + 1}{x + 1} \right)$

- 4.30: $\lim_{x \to -2} \left(\dfrac{x^2 + 3x + 2}{2x^2 + 5x + 2} \right)$

- 4.31: $\lim_{x \to \infty} \left(\dfrac{8}{x^3 - 1} \right)$

- 4.32: $\lim_{x \to \infty} 5^{-x}$

- 4.33: $\lim_{x \to \infty} \left(1 + \dfrac{4}{e^{3/x}} \right)$

- 4.34: $\lim_{x \to \infty} (e^x + 60)$

- 4.35: $\lim_{x \to -\infty} (e^{-x} + 75)$

- 4.36: $\lim_{x \to -\infty} (e^{3x} + 5)$

- 4.37: $\lim_{y \to \infty} (e^{-4y} + 9)$

- 4.38: $\lim_{x \to \infty} (4^{4/x} + 15)$

- 4.39: $\lim_{x \to \infty} \left(\dfrac{-3 + e^{5/x}}{e^x} \right)$

- 4.40: $\lim_{x \to \infty} (-2t^6)$

- 4.41: $\lim_{t \to -\infty} \left(6 + \dfrac{2}{t^4 + 1} \right)$

- 4.42: $\lim_{x \to -\infty} (x^5 + 8)$

- 4.43: $\lim_{x \to -\infty} (x^{-6} + 9)$

- 4.44: $\lim_{x \to -\infty} (e^{-5x+3} + 16)$

- 4.45: $\lim_{x \to \infty} \log(x + 4)$

- 4.46: $\lim_{x \to -\infty} \log_{1/2}(-7x + 2)$

- 4.47: $\lim_{x \to \infty} \left(\dfrac{x + 6}{-4e^{1/x}} \right)$

- 4.48: $\lim_{x \to -\infty} \left(\dfrac{x^4}{7 + 2^{1/6x}} \right)$

- 4.49: $\lim_{x \to \infty} \left(\dfrac{e^{-3x+6}}{3} \right)$

- 4.50: $\lim_{x \to -\infty} 9^{x^6 + x^2 + 1}$

- 4.51: $\lim_{x \to \infty} \left(\dfrac{x^4 + 6x + 4}{x^4} \right)$

- 4.52: $\lim_{x \to \infty} \left(\dfrac{x^5 + 4x^3 + x + 5}{x^6 + 4x^2} \right)$

- 4.53: $\lim_{x \to -\infty} \left(\dfrac{x^5 + x + 7}{x^7 - 6} \right)$

- 4.54: $\lim_{x \to \infty} \dfrac{\sqrt{x + 8}}{\sqrt{x - 5}}$

- 4.55: $\lim_{x \to \infty} \dfrac{\sqrt{x^3 + 6}}{\sqrt{3x + 5}}$

- 4.56: $\lim_{x \to \infty} \dfrac{3\sqrt{x^2 + 1}}{2\sqrt{x^3 + 3}}$

- 4.57: $\lim_{x \to -\infty} \dfrac{2x - 1}{\sqrt{x^2 - 5}}$

- 4.58: $\lim_{x \to \infty} \dfrac{2x - 1}{\sqrt{x^2 - 5}}$

- 4.59: $\lim_{x \to -\infty} \dfrac{\sqrt{x^2 - 7}}{x^2}$

- 4.60: $\lim_{x \to \infty} \dfrac{2x^2 + a}{\sqrt{x^2 + a^2}}$, a constante

- 4.61: $\lim_{x \to 8^+} \left(\dfrac{4}{x - 8} \right)$

- 4.62: $\lim_{x \to 6^-} \left(\dfrac{2}{x - 6} \right)$

▶ 4.63: $\lim\limits_{x \to 8^-} \left(\dfrac{7}{x-8} \right)$

▶ 4.67: $\lim\limits_{x \to -7} \left(\dfrac{8}{x+7} \right)$

▶ 4.64: $\lim\limits_{x \to -5^+} -\left(\dfrac{2}{x+5} \right)$

▶ 4.68: $\lim\limits_{x \to 0^+} \left(\dfrac{6}{1+9^{1/x}} \right)$

▶ 4.65: $\lim\limits_{x \to 0^+} \left(\dfrac{5}{x^4+x} \right)$

▶ 4.69: $\lim\limits_{x \to 0^-} \left(\dfrac{2}{1+6^{1/x}} \right)$

▶ 4.66: $\lim\limits_{x \to 0} \left(\dfrac{7}{x^4+x^2} \right)$

▶ 4.70: $\lim\limits_{x \to 0^-} \left(\dfrac{3+e^{4x}}{e^{6/x}} \right)$

▶ 4.71: Seja f definida por $f(x) = \begin{cases} x^2+3 & \text{se } x < 0 \\ 9 & \text{se } x = 0 \\ 8 & \text{se } x > 0 \end{cases}$, calcule os limites:

(A) $\lim\limits_{x \to 0} f(x)$ (B) $\lim\limits_{x \to 2} f(x)$ (C) $\lim\limits_{x \to \infty} f(x)$ (D) $\lim\limits_{x \to -\infty} f(x)$

▶ 4.72: Seja f definida por $f(x) = \begin{cases} 4 + \dfrac{1}{x-2} & \text{se } x < 2 \\ 2 & \text{se } x = 2 \\ x^2 & \text{se } 2 < x \leq 3 \\ 2x+3 & \text{se } x > 3 \end{cases}$, calcule os limites:

(A) $\lim\limits_{x \to 3} f(x)$ (B) $\lim\limits_{x \to -3} f(x)$ (C) $\lim\limits_{x \to 0} f(x)$ (D) $\lim\limits_{x \to \infty} f(x)$
(E) $\lim\limits_{x \to -\infty} f(x)$ (F) $\lim\limits_{x \to 5} f(x)$ (G) $\lim\limits_{x \to 2} f(x)$

▶ 4.73: Seja f definida por $f(x) = \begin{cases} x+6 & \text{se } x < 0 \\ 20 & \text{se } x = 0 \\ 1-x^3 & \text{se } x > 0 \end{cases}$, calcule os limites:

(A) $\lim\limits_{x \to 0^+} f(x)$ (B) $\lim\limits_{x \to 0^-} f(x)$ (C) $\lim\limits_{x \to 0} f(x)$ (D) $\lim\limits_{x \to 1} f(x)$
(E) $\lim\limits_{x \to 4} f(x)$ (F) $\lim\limits_{x \to -\infty} f(x)$ (G) $\lim\limits_{x \to \infty} f(x)$ (H) $\lim\limits_{x \to -3} f(x)$

▶ 4.74: Seja f definida por $f(x) = \begin{cases} x+3 & \text{se } x < -3 \\ \dfrac{1}{x} & \text{se } -3 \leq x < 0 \\ -5 & \text{se } x = 0 \\ e^x & \text{se } x > 0 \end{cases}$, calcule os limites:

(A) $\lim\limits_{x \to 2} f(x)$ (B) $\lim\limits_{x \to 0} f(x)$ (C) $\lim\limits_{x \to \infty} f(x)$ (D) $\lim\limits_{x \to -\infty} f(x)$

(E) $\lim\limits_{x \to -5} f(x)$ (F) $\lim\limits_{x \to 5} f(x)$ (G) $\lim\limits_{x \to -3} f(x)$

▶ **4.75:** Seja f definida por $f(x) = \begin{cases} -x^2 & \text{se } x < -1 \\ 2x + \dfrac{7}{3} & \text{se } x = -1 \\ \dfrac{x^2 - 3}{x + 1} & \text{se } x > -1 \end{cases}$, calcule os limites:

(A) $\lim\limits_{x \to \infty} f(x)$ (B) $\lim\limits_{x \to -\infty} f(x)$ (C) $\lim\limits_{x \to -1} f(x)$ (D) $\lim\limits_{x \to 0} f(x)$

(E) $\lim\limits_{x \to -5} f(x)$ (F) $\lim\limits_{x \to 5} f(x)$ (G) $\lim\limits_{x \to 1} f(x)$

▶ **4.76:** Seja f definida por $f(x) = \begin{cases} x - 1 & \text{se } x \leq -1 \\ \sqrt{1 - x^2} & \text{se } -1 < x \leq 1 \\ x^2 & \text{se } x > 1 \end{cases}$, calcule os limites:

(A) $\lim\limits_{x \to \infty} f(x)$ (B) $\lim\limits_{x \to -\infty} f(x)$ (C) $\lim\limits_{x \to 0} f(x)$ (D) $\lim\limits_{x \to -3} f(x)$

(E) $\lim\limits_{x \to -1} f(x)$ (F) $\lim\limits_{x \to 1} f(x)$ (G) $\lim\limits_{x \to 3} f(x)$

▶ **4.77:** Se $f(x) = \begin{cases} -3kx + 5 & \text{se } x \leq 3 \\ x + k & \text{se } x > 3 \end{cases}$, determine o valor de k para o qual $\lim\limits_{x \to 3} f(x)$ exista.

▶ **4.78:** Se $f(x) = \begin{cases} e^{-kx + 5} & \text{se } x < 5 \\ e^{2kx + 3} & \text{se } x \geq 5 \end{cases}$, determine o valor de k para o qual $\lim\limits_{x \to 5} f(x)$ exista.

▶ **4.79:** Se $f(x) = \begin{cases} \dfrac{4}{k - x} & \text{se } x < 0 \\ k + 3x & \text{se } x \geq 0 \end{cases}$, determine o valor de k para o qual $\lim\limits_{x \to 0} f(x)$ exista.

▶ **4.80:** Se $f(x) = \begin{cases} \sqrt{k^2 x + x} & \text{se } x < 2 \\ k + 2x - 1 & \text{se } x \geq 2 \end{cases}$, determine o valor de k para o qual $\lim\limits_{x \to 2} f(x)$ exista.

5
Continuidade das funções

Após o estudo deste capítulo, você estará apto a conceituar:

▶ Funções contínuas e descontínuas
▶ Continuidade e decontinuidade num ponto
▶ Continuidade e descontinuidade num intervalo

Definição

Uma função é contínua se o seu gráfico representa uma curva não quebrada. O Gráfico 5.1 representa o exemplo da função $y = \dfrac{1}{x}$ que é descontínua em $x = 0$.

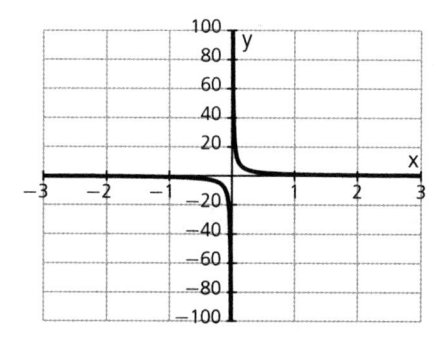

Gráfico 5.1: Descontinuidade da função $y = \dfrac{1}{x}$ em $x = 0$

Condições de continuidade

Uma função y = f(x) é contínua em x = a se:

(I) a função está definida em x = a, ou seja, f(a) existe;

(II) $\lim_{x \to a} f(x)$ existe;

(III) $\lim_{x \to a} f(x) = f(a)$.

Se uma das condições não é satisfeita, a função y = f(x) é descontínua em x = a.

◗ **Exemplo 5.1**

A função $f(x) = x^2 + 1$ é contínua em x = 1, pois:

(I) existe f(1) = 2;

(II) $\lim_{x \to 1} f(x) = \lim_{x \to 1} (x^2 + 1) = 2$;

(III) $\lim_{x \to 1} (x^2 + 1) = f(1) = 2$.

Como as condições I, II e III são satisfeitas, a função $f(x) = x^2 + 1$ é contínua em x = 1, conforme demonstra o Gráfico 5.2.

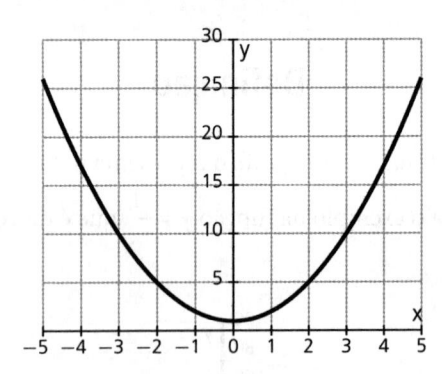

Gráfico 5.2: Continuidade da função $y = x^2 + 1$

Continuidade de funções polinomiais

Uma função polinomial é contínua para qualquer x.

Sejam $y_1 = f(x)$ e $y_2 = g(x)$ duas funções contínuas no ponto x = a, então

• $(f \pm g)(x)$ é contínua em x = a
• $(f \cdot g)(x)$ é contínua em x = a

- $\left(\dfrac{f}{g}\right)(x)$ é contínua em x = a, sendo g(a) ≠ 0

▶ **Exemplo 5.2**

Sejam f(x) = x + 1 e g(x) = x – 3 contínuas em x = 2, então
(f + g)(x) = (x + 1) + (x – 3) = 2x – 2. Para verificar se (f + g)(x) é contínua em x = 2:

(I)   (f + g)(2) = 2;

(II) $\lim\limits_{x \to 2}$ (f + g)(x) = $\lim\limits_{x \to 2}$ (2x – 2) = 2;

(III) $\lim\limits_{x \to 2}$ (f + g)(x) = (f + g)(2) = 2.

Como as condições I, II e III são satisfeitas, a função (f + g)(x) = 2x – 2 é contínua em x = 2.

▶ **Exemplo 5.3**

Sejam f(x) = – x + 3 e g(x) = 3x + 4 contínuas em x = 4, então
(f – g)(x) = (– x + 3) – (3x + 4) = – 4x – 1. Para verificar se (f – g)(x) é contínua em x = 4:

(I)   (f – g)(4) = –17;

(II) $\lim\limits_{x \to 4}$ (f – g)(x) = $\lim\limits_{x \to 4}$ (– 4x – 1) = –17;

(III) $\lim\limits_{x \to 4}$ (f – g)(x) = (f – g)(4) = –17.

Como as condições I, II e III são satisfeitas, a função (f – g)(x) = – 4x – 1 é contínua em x = 4.

▶ **Exemplo 5.4**

Sejam f(x) = x + 3 e g(x) = x – 3 funções contínuas em x = 2, então
(f·g)(x) = (x + 3)·(x – 3) = x^2 – 9. Para verificar se (f·g)(x) é contínua em x = 2:

(I)   (f·g)(2) = –5;

(II) $\lim\limits_{x \to 2}$ (f·g)(x) = $\lim\limits_{x \to 2}$ (x^2 – 9) = –5;

(III) $\lim\limits_{x \to 2}$ (f·g)(x) = (f·g)(2) = –5.

Como as condições I, II e III são satisfeitas, a função (f·g)(x) = x^2 – 9 é contínua em x = 2.

▶ **Exemplo 5.5**

Sejam f(x) = x + 2 e g(x) = x – 1 contínuas em x = –1, então

$$\left(\frac{f}{g}\right)(x) = \frac{x+2}{x-1}, \quad x \neq 1.$$

Para verificar se $\left(\frac{f}{g}\right)(x)$ é contínua em $x = -1$:

(I) $\left(\frac{f}{g}\right)(-1) = -\frac{1}{2}$;

(II) $\lim_{x \to -1}\left(\frac{f}{g}\right)(x) = \lim_{x \to -1}\frac{x+2}{x-1} = -\frac{1}{2}$;

(III) $\left(\frac{f}{g}\right)(-1) = \lim_{x \to -1}\left(\frac{f}{g}\right)(x) = -\frac{1}{2}$.

Como as condições I, II e III são satisfeitas, a função $\left(\frac{f}{g}\right)(x) = \frac{x+2}{x-1}$ é contínua em $x = -1$.

Continuidade em um intervalo aberto

A função $y = f(x)$ é contínua no intervalo aberto (a,b) se, e somente se, a função é contínua para todo $x \in (a,b)$. Caso contrário, a função é descontínua no intervalo (a,b).

▶ **Exemplo 5.6**

A função $f(x) = \frac{x}{x-1}$ é contínua no intervalo (0,1), pois, para todo $x \in (0,1)$, a função é contínua, conforme demonstra o Gráfico 5.3.

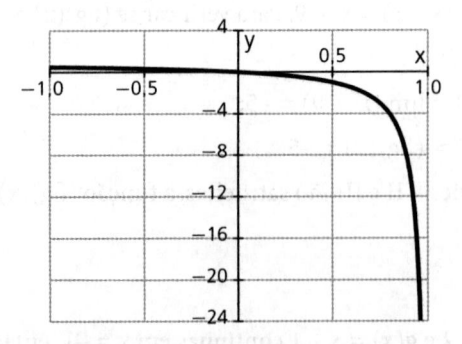

Gráfico 5.3: Continuidade da função $y = \frac{x}{x-1}$ no intervalo (0,1)

Continuidade à direita

Uma função y = f(x) é contínua à direita do ponto x = a se, e somente se:

(I) existe f(a);
(II) existe $\lim_{x \to a^+} f(x)$;
(III) $\lim_{x \to a^+} f(x) = f(a)$.

Se uma dessas condições não é satisfeita, a função y = f(x) é descontínua à direita do ponto x = a.

▶ **Exemplo 5.7**

A função $f(x) = x^2 - 1$ é contínua à direita de x = 5, pois:

(I) f(5) = 24;
(II) $\lim_{x \to 5^+} f(x) = \lim_{x \to 5^+} (x^2 - 1) = 24$;
(III) $\lim_{x \to 5^+} f(x) = f(5) = 24$.

Como as condições I, II e III são satisfeitas, a função $f(x) = x^2 - 1$ é contínua à direita de x = 5.

Continuidade à esquerda

A função y = f(x) é contínua à esquerda do ponto x = a se, e somente se:

(I) existe f(a);
(II) existe $\lim_{x \to a^-} f(x)$;
(III) $\lim_{x \to a^-} f(x) = f(a)$.

Se uma dessas condições não é satisfeita, a função y = f(x) é descontínua à esquerda do ponto x = a.

▶ **Exemplo 5.8**

A função $f(x) = x^2 - 3$ é contínua à esquerda de x = −3, pois:

(I) f(−3) = 6;
(II) $\lim_{x \to -3^-} f(x) = \lim_{x \to -3^-} (x^2 - 3) = 6$;
(III) $\lim_{x \to -3^-} f(x) = f(-3) = 6$.

Como as condições I, II e III são satisfeitas, a função $f(x) = x^2 - 3$ é contínua à esquerda de $x = -3$.

Continuidade em um intervalo fechado

A função $y = f(x)$ é contínua no intervalo fechado [a,b] se, e somente se:

(I) A função $y = f(x)$ é contínua no intervalo (a,b).

(II) A função $y = f(x)$ é contínua à direita do ponto $x = a$.

(III) A função $y = f(x)$ é contínua à esquerda do ponto $x = b$.

Se uma dessas condições não é satisfeita, a função $y = f(x)$ é descontínua no intervalo fechado [a,b].

▶ **Exemplo 5.9**

A função $f(x) = x^3 + 4$ é contínua no intervalo [2,3], pois:

(I)   A função $f(x) = x^3 + 4$ é contínua em todo intervalo (2,3).

(II) A função é contínua à direita de $x = 2$, pois

$f(2) = 12.$

$\lim_{x \to 2^+} f(x) = \lim_{x \to 2^+} (x^3 + 4) = 12$

$\lim_{x \to 2^+} f(x) = f(2)$

(III) A função é contínua à esquerda de $x = 3$ pois

$f(3) = 31$

$\lim_{x \to 3^-} f(x) = \lim_{x \to 3^-} (x^3 + 4) = 31$

$\lim_{x \to 3^-} f(x) = f(3).$

Logo, a função $f(x) = x^3 + 4$ é contínua no intervalo [2,3].

▶ **Exemplo 5.10**

A função $f(x) = \sqrt{-x^2 + 16}$ é contínua no intervalo [−4,4], pois:

(I)   A função é contínua em todo intervalo (−4,4).

(II) A função é contínua à direita de −4, pois

$f(-4) = 0$

$\lim_{x \to -4^+} f(x) = \lim_{x \to -4^+} \sqrt{-x^2 + 16} = 0$

$\lim_{x \to -4^+} f(x) = f(-4)$

(III) A função é contínua à esquerda de 4, pois

$f(4) = 0$,

$\lim_{x \to 4^-} f(x) = \lim_{x \to 4^-} \sqrt{-x^2 + 16} = 0$

$\lim_{x \to 4^-} f(x) = f(4)$

Logo, a função $f(x) = \sqrt{-x^2 + 16}$ é contínua no intervalo $[-4, 4]$.

Tipos de descontinuidades e assíntotas

A função $y = f(x)$ tem descontinuidade infinita em $x = a$ se $f(a)$ não existe e $\lim_{x \to a^+} f(x) = \infty$ ou $\lim_{x \to a^+} f(x) = -\infty$ ou $\lim_{x \to a^-} f(x) = \infty$ ou $\lim_{x \to a^-} f(x) = -\infty$

▶ **Exemplo 5.11**

A função $f(x) = \dfrac{2}{x - 4}$ é descontínua em $x = 4$, pois

(I) $f(4) = \dfrac{2}{0}$ não existe.

Calculando-se os limites laterais,

$\lim_{x \to 4^+} f(x) = \lim_{x \to 4^+} \dfrac{2}{x - 4} = \dfrac{2}{4^+ - 4} = +\infty$ e

$\lim_{x \to 4^-} f(x) = \lim_{x \to 4^-} \dfrac{2}{x - 4} = \dfrac{2}{4^- - 4} = -\infty$.

Como $\lim_{x \to 4^+} f(x) \neq \lim_{x \to 4^-} f(x)$, $\lim_{x \to 4} f(x)$ não existe.

A função tem descontinuidade infinita em $x = 4$, pois

$\lim_{x \to 4^+} \dfrac{2}{x - 4} = +\infty$ e $\lim_{x \to 4^-} \dfrac{2}{x - 4} = -\infty$, como demonstra o Gráfico 5.4.

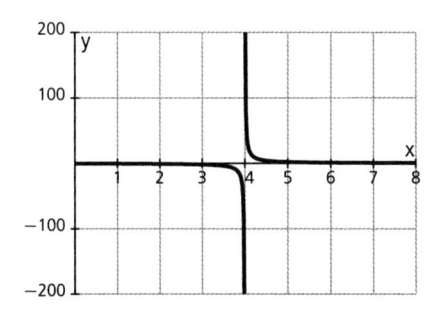

Gráfico 5.4: Descontinuidade da função $f(x) = \dfrac{2}{x - 4}$ em $x = 4$

A função y = f(x) tem descontinuidade de salto em x = a se f(x) existe e $\lim_{x\to a^-} f(x) = c_1$ e $\lim_{x\to a^+} f(x) = c_2$, onde $c_1 \neq c_2$ (constantes), ou seja, o limite não existe.

▶ **Exemplo 5.12**

A função $y = \begin{cases} 2x+1 & \text{se } x \leq -1 \\ 3x & \text{se } x > -1 \end{cases}$ tem uma descontinuidade de salto em $x = -1$, pois

(I) $f(-1) = -1$;

(II) $\lim_{x\to -1^-}(2x+1) = -1$ e

(III) $\lim_{x\to -1^+}(3x) = -3$

Como $\lim_{x\to -1^-} f(x) \neq \lim_{x\to -1^+} f(x)$, então o limite não existe e a função tem descontinuidade de salto em em $x = -1$, como demonstra o Gráfico 5.5.

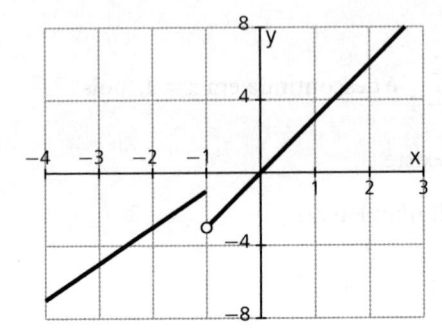

Gráfico 5.5: Descontinuidade da função do exemplo 5.12 em $x = -1$

A função y = f(x) tem descontinuidade removível em x = a se f(a) não existe, mas existe $\lim_{x\to a} f(x)$. Pode-se redefinir a função para torná-la contínua em x = a.

▶ **Exemplo 5.13**

A função $f(x) = \dfrac{x^4 - 16}{x - 2}$ tem descontinuidade removível em x = 2, pois

$f(2) = \dfrac{2^4 - 16}{2 - 2} = \dfrac{0}{0}$ não é definida

$\lim_{x\to 2} \dfrac{x^4 - 16}{x - 2} = \dfrac{0}{0}$ é indeterminado.

$\lim_{x\to 2} \dfrac{x^4 - 16}{x - 2} = \lim_{x\to 2} \dfrac{(x^2 - 4)(x^2 + 4)}{x - 2} = \lim_{x\to 2}(x+2)(x^2 + 4) = 32$

Redefinindo a função, temos:

$$f(x) = \begin{cases} \dfrac{x^4 - 16}{x - 2} & \text{para } x \neq 2 \\ 32 & \text{para } x = 2 \end{cases}$$

O Gráfico 5.6 representa a função $f(x) = \dfrac{x^4 - 16}{x - 2}$.

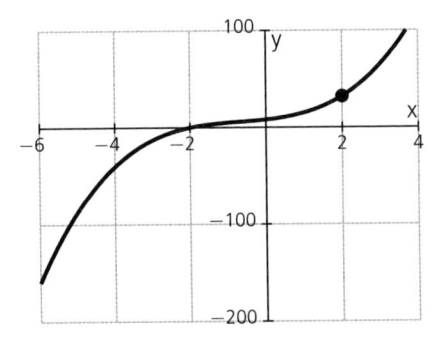

Gráfico 5.6: Função do exemplo 5.13

Assíntota vertical

A reta $x = a$ é uma assíntota vertical do gráfico da função $y = f(x)$ se pelo menos uma das condições é satisfeita:

$\lim_{x \to a^+} f(x) = +\infty$ ou

$\lim_{x \to a^+} f(x) = -\infty$ ou

$\lim_{x \to a^-} f(x) = +\infty$ ou

$\lim_{x \to a^-} f(x) = -\infty$.

◗ **Exemplo 5.14**

A função $f(x) = \dfrac{1}{(x-2)^2}$ tem assíntota vertical em $x = 2$, pois

$\lim_{x \to 2} \dfrac{1}{(x-2)^2} = \dfrac{1}{0}$ não existe. Calculando os limites laterais, temos:

$\lim_{x \to 2^-} \dfrac{1}{(x-2)^2} = \dfrac{1}{0^+} = \infty$ e $\lim_{x \to 2^+} \dfrac{1}{(x-2)^2} = \dfrac{1}{0^+} = \infty$

Então, a reta $x = 2$ é a assíntota vertical, como demonstra o Gráfico 5.7.

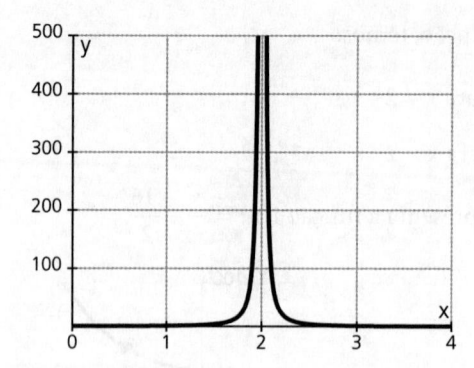

Gráfico 5.7: Assíntota vertical da função $f(x) = \dfrac{1}{(x-2)^2}$

Assíntota horizontal

A reta y = k é uma assíntota horizontal do gráfico de função y = f(x) se pelo menos uma das condições é satisfeita:
$\lim_{x \to +\infty} f(x) = k$ ou
$\lim_{x \to -\infty} f(x) = k$.

▶ **Exemplo 5.15**
A função $f(x) = 5e^{-x}$ tem assíntota horizontal y = 0, pois
$\lim_{x \to \infty} f(x) = \lim_{x \to \infty} 5e^{-x} = 0$
Então, a reta y = 0 é uma assíntota horizontal, como demonstra o Gráfico 5.8.

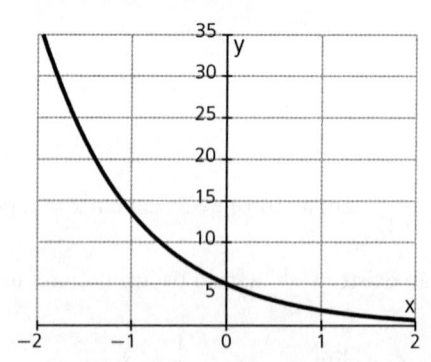

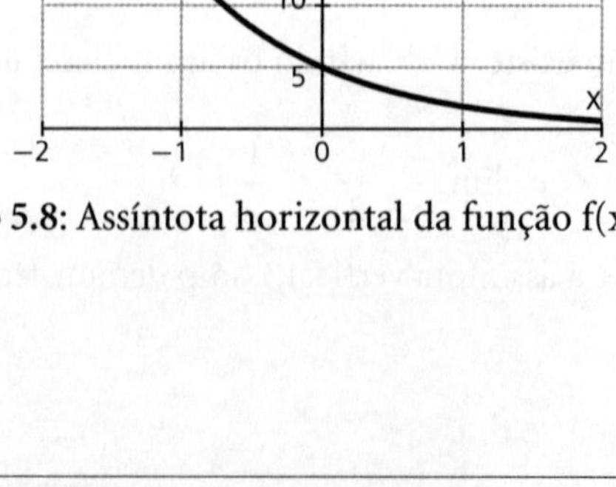

Gráfico 5.8: Assíntota horizontal da função $f(x) = 5e^{-x}$

Exercícios resolvidos

Determine os valores de x para os quais f(x) é descontínua e o tipo de descontinuidade em cada ponto (se for removível, redefina a função). Determine ainda as possíveis assíntotas e esboce o gráfico.

▶ **Exercício 5.1**

$y = \dfrac{1}{x-1}$

Solução:
(A) Determinação dos pontos de descontinuidade:
$x - 1 = 0 \rightarrow x = 1$

$f(1) = \dfrac{1}{0} \rightarrow$ não existe, a função tem descontinuidade em $x = 1$.

(B) Determinação da assíntota vertical e do tipo de descontinuidade:

$\lim\limits_{x \to 1^+} \dfrac{1}{x-1} = +\infty$ e $\lim\limits_{x \to 1^-} \dfrac{1}{x-1} = -\infty$

Logo, a reta $x = 1$ é uma assíntota vertical e a função tem descontinuidade infinita em $x = 1$.

(C) Determinação da assíntota horizontal:

$\lim\limits_{x \to \infty} \dfrac{1}{x-1} = 0$ e $\lim\limits_{x \to -\infty} \dfrac{1}{x-1} = 0$

A reta $y = 0$ (eixo x) é uma assíntota horizontal.

Tabela 5.1: Valores possíveis para esboço do gráfico de $y = \dfrac{1}{x-1}$

Valor de x	Valor da função $y = \dfrac{1}{x-1}$
$-\infty$	$\lim\limits_{x \to -\infty} \dfrac{1}{x-1} = 0$
1^-	$\lim\limits_{x \to 1^-} \dfrac{1}{x-1} = -\infty$
1^+	$\lim\limits_{x \to 1^+} \dfrac{1}{x-1} = +\infty$
∞	$\lim\limits_{x \to \infty} \dfrac{1}{x-1} = 0$

(D) Gráfico:

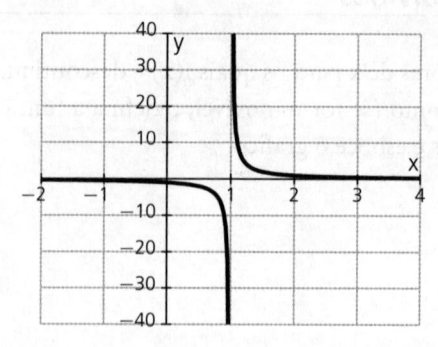

Gráfico 5.9: Função $y = \dfrac{1}{x-1}$

▶ **Exercício 5.2**

$y = -6 + 2^{-2x}$

Solução:

(A) Determinação dos pontos de descontinuidade:

Se $y = -6 + 2^{-2x} \rightarrow y = -6 + \dfrac{1}{2^{2x}} = 0,$ não existe x que anule o denominador, logo a função é contínua no intervalo $(-\infty; \infty)$.

(B) Determinação da assíntota vertical e do tipo de descontinuidade:

A função não tem assíntota vertical, pois é contínua.

(C) Determinação da assíntota horizontal:

$\lim\limits_{x \to -\infty}(-6 + 2^{-2x}) = -6 + 2^{-\infty} = -6$

$y = -6$ é uma assíntota horizontal.

$\lim\limits_{x \to -\infty}(-6 + 2^{-2x}) = -6 + 2^{\infty} = \infty \rightarrow$ a função não tem assíntota horizontal.

Tabela 5.2: Valores possíveis para o esboço do gráfico $y = -6 + 2^{-2x}$

Valor de x	Valor de $y = -6 + 2^{-2x}$
$-\infty$	$\lim\limits_{x \to -\infty}(-6 + 2^{-2x}) = \infty$
0	-5
∞	$\lim\limits_{x \to \infty}(-6 + 2^{-2x}) = -6$

(D) Gráfico:

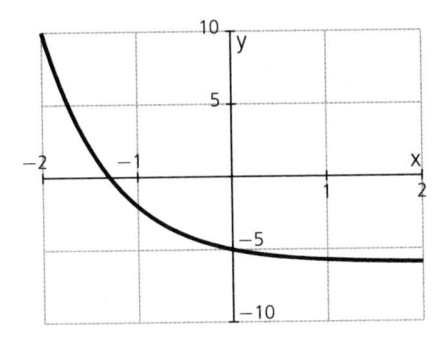

Gráfico 5.10: Função $y = -6 + 2^{-2x}$

▶ **Exercício 5.3**
$y = 3 + \log(3x - 1)$
Solução:
(A) Determinação dos pontos de descontinuidade:

A função é contínua no intervalo $\left(\dfrac{1}{3}; \infty\right)$, pois, por definição de logaritmo, $3x - 1 > 0 \rightarrow x > \dfrac{1}{3}$.

(B) Determinação da assíntota vertical e do tipo de descontinuidade:
$$\lim_{x \to 1/3^+} (3 + \log(3x - 1)) = 3 + \log 0^+ = -\infty$$
Logo, a reta $x = \dfrac{1}{3}$ é uma assíntota vertical. A função tem descontinuidade infinita em $x = \dfrac{1}{3}$.

(C) Determinação da assíntota horizontal:
Se $\lim\limits_{x \to \infty} (3 + \log(3x - 1)) = 3 + \log \infty = \infty$, a função não tem assíntota horizontal.

Tabela 5.3: Valores possíveis para o esboço do gráfico $y = 3 + \log(3x - 1)$

Valor de x	Valor da função $y = 3 + \log(3x - 1)$
1/3	$\lim\limits_{x \to (1/3)^+} (3 + \log(3x - 1)) = -\infty$
∞	$\lim\limits_{x \to \infty} (3 + \log(3x - 1)) = -\infty$

(D) Gráfico:

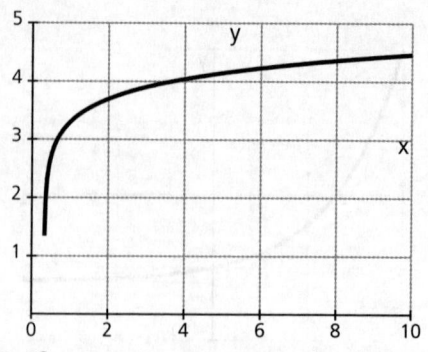

Gráfico 5.11: Função y = 3 + log (3x − 1)

▶ **Exercício 5.4**
y = 5 + 4 ln|7x − 1|
Solução:
(A) Determinação dos pontos de descontinuidade:

A função é contínua no intervalo $R - \left\{\dfrac{1}{7}\right\}$, pois, por definição de logaritmo,

$|7x - 1| > 0 \rightarrow x > \dfrac{1}{7}$ ou $x < \dfrac{1}{7}$.

(B) Determinação da assíntota vertical e do tipo de descontinuidade:

$\lim\limits_{x \to \left(\frac{1}{7}\right)^+} (5 + 4\ln|7x-1|) = 5 + 4 \ln 0^+ = -\infty$ e $\lim\limits_{x \to \left(\frac{1}{7}\right)^-} (5 + 4\ln|7x-1|) = 5 + 4 \ln 0^+ = -\infty$

Logo, a reta $x = \dfrac{1}{7}$ é uma assíntota vertical e a função tem descontinuidade infinita em $x = \dfrac{1}{7}$.

(C) Determinação da assíntota horizontal:
$\lim\limits_{x \to \infty} (5 + 4\ln|7x-1|) = 5 + 4 \ln \infty = \infty$ e $\lim\limits_{x \to \infty} (5 + 4\ln|7x-1|) = 5 + 4 \ln \infty = \infty$
A função não tem assíntota horizontal.

Tabela 5.4: Valores possíveis para o esboço do gráfico y = 5 + 4 ln|7x − 1|

Valor de x	Valor da função y = 5 + 4 ln|7x − 1|
1/7	$\lim\limits_{x \to (1/7)^+} (5 + 4 \ln|7x-1|) = -\infty$
∞	$\lim\limits_{x \to \infty} (5 + 4 \ln|7x-1|) = \infty$
−∞	$\lim\limits_{x \to -\infty} (5 + 4 \ln|7x-1|) = \infty$

(D) Gráfico:

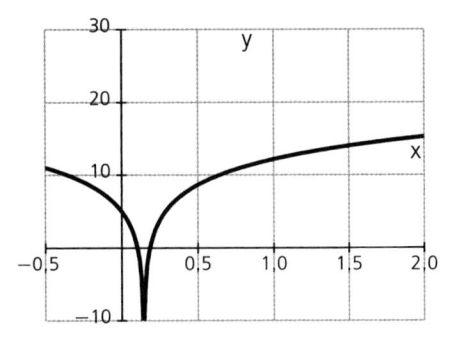

Gráfico 5.12: Função y = 5 + 4 ln|7x − 1|

▶ **Exercício 5.5**

$$y = \frac{x^2 + 1}{x^3 - 4x}$$

Solução:

(A) Determinação dos pontos de descontinuidade:

$x^3 - 4x = 0 \rightarrow x(x^2 - 4) = 0 \rightarrow x = 0$ ou $x^2 = 4 \rightarrow x = \pm 2$ e $x = 0$

Se $f(0) = \dfrac{x^2 + 1}{x^3 - 4x} = \dfrac{1}{0}$ não existe, a função é descontínua em $x = 0$.

Se $f(-2) = \dfrac{x^2 + 1}{x^3 - 4x} = \dfrac{5}{0}$ não existe, a função é descontínua em $x = -2$.

Se $f(2) = \dfrac{x^2 + 1}{x^3 - 4x} = \dfrac{5}{0}$ não existe, a função é descontínua em $x = 2$.

(B) Determinação da assíntota vertical e do tipo de descontinuidade:

$\lim\limits_{x \to 0^+} \dfrac{x^2 + 1}{x^3 - 4x} = -\infty$ e $\lim\limits_{x \to 0^-} \dfrac{x^2 + 1}{x^3 - 4x} = +\infty$

Logo, a reta $x = 0$ é uma assíntota vertical e a função tem descontinuidade infinita em $x = 0$.

$\lim\limits_{x \to 2^+} \dfrac{x^2 + 1}{x^3 - 4x} = \dfrac{5}{0^+} = +\infty$ e $\lim\limits_{x \to 2^-} \dfrac{x^2 + 1}{x^3 - 4x} = \dfrac{5}{0^-} = -\infty$

Logo, a reta $x = 2$ é uma assíntota vertical e a função tem descontinuidade infinita em $x = 2$.

$$\lim_{x\to -2^+}\frac{x^2+1}{x^3-4x} = \frac{5}{0^+} = +\infty \quad \text{e} \quad \lim_{x\to -2^-}\frac{x^2+1}{x^3-4x} = \frac{5}{0^-} = -\infty$$

Logo, a reta x= − 2 é uma assíntota vertical e a função tem descontinuidade infinita em x= − 2.

(C) Determinação da assíntota horizontal:

$$\lim_{x\to \infty}\frac{x^2+1}{x^3-4x} = 0 \quad \text{e}$$

$$\lim_{x\to -\infty}\frac{x^2+1}{x^3-4x} = 0$$

y = 0 (eixo x) é uma assíntota horizontal.

Tabela 5.5: Valores possíveis para esboço do gráfico de $y = \dfrac{x^2+1}{x^3-4x}$

Valor de x	Valor da função $y = \dfrac{x^2+1}{x^3-4x}$
$-\infty$	$\lim_{x\to -\infty}\dfrac{x^2+1}{x^3-4x} = 0$
-2^-	$\lim_{x\to -2^-}\dfrac{x^2+1}{x^3-4x} = -\infty$
-2^+	$\lim_{x\to -2^+}\dfrac{x^2+1}{x^3-4x} = +\infty$
0^-	$\lim_{x\to 0^-}\dfrac{x^2+1}{x^3-4x} = \infty$
0^+	$\lim_{x\to 0^+}\dfrac{x^2+1}{x^3-4x} = -\infty$
2^-	$\lim_{x\to 2^-}\dfrac{x^2+1}{x^3-4x} = -\infty$
2^+	$\lim_{x\to 2^+}\dfrac{x^2+1}{x^3-4x} = +\infty$
∞	$\lim_{x\to \infty}\dfrac{x^2+1}{x^3-4x} = 0$

(D) Gráfico:

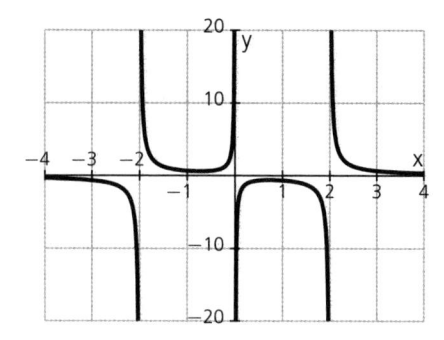

Gráfico 5.13: Função $y = \dfrac{x^2 + 1}{x^3 - 4x}$

◗ **Exercício 5.6**

$y = \dfrac{2}{e^x - 1}$

Solução:

(A) Determinação dos pontos de descontinuidade:

$e^x - 1 = 0 \rightarrow e^x = 1 \rightarrow x = 0$

$f(0) = \dfrac{2}{e^0 - 1} = \dfrac{2}{0} \rightarrow$ não existe

A função tem descontinuidade em $x = 0$.

(B) Determinação da assíntota vertical e do tipo de descontinuidade:

$\lim\limits_{x \to 0^+} \dfrac{2}{e^x - 1} = \dfrac{2}{e^{0^+} - 1} = \infty$ e

$\lim\limits_{x \to 0^-} \dfrac{2}{e^x - 1} = \dfrac{2}{e^{0^-} - 1} = -\infty$

Logo, a reta $x = 0$ é uma assíntota vertical e a função tem descontinuidade infinita em $x = 0$.

(C) Determinação da assíntota horizontal:

$\lim\limits_{x \to \infty} \dfrac{2}{e^x - 1} = \dfrac{2}{e^\infty - 1} = 0 \rightarrow y = 0$ é uma assíntota horizontal.

$\lim\limits_{x \to -\infty} \dfrac{2}{e^x - 1} = \dfrac{2}{e^{-\infty} - 1} = -2 \rightarrow y = -2$ é uma assíntota horizontal.

Tabela 5.6: Valores possíveis para esboço do gráfico de $y = \dfrac{2}{e^x - 1}$

Valor de x	Valor da função $y = \dfrac{2}{e^x - 1}$
$-\infty$	$\lim\limits_{x \to -\infty} \dfrac{2}{e^x - 1} = -2$
0^-	$\lim\limits_{x \to 0^-} \dfrac{2}{e^x - 1} = -\infty$
0^+	$\lim\limits_{x \to 0^+} \dfrac{2}{e^x - 1} = +\infty$
∞	$\lim\limits_{x \to \infty} \dfrac{2}{e^x - 1} = 0$

(D) Gráfico:

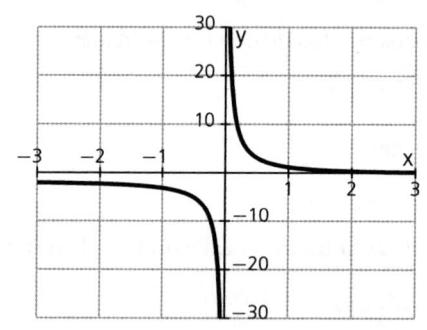

Gráfico 5.14: Função $y = \dfrac{2}{e^x - 1}$

◗ **Exercício 5.7**

$f(x) = \dfrac{x^2 + 5x + 6}{x + 2}$

Solução:
(A) Determinação dos pontos de descontinuidade:
$x + 2 = 0 \to x = -2$

$f(-2) = \dfrac{0}{0} \to$ não existe, a função tem descontinuidade em $x = -2$.

(B) Determinação da assíntota vertical e do tipo de descontinuidade:

$$\lim_{x \to -2} \frac{x^2 + 5x + 6}{x + 2} = \lim_{x \to -2} \frac{(x+3)(x+2)}{x+2} = \lim_{x \to -2} (x+3) = 1.$$

Neste caso, a função tem descontinuidade removível em x = −2, pois $\lim_{x \to -2} f(x)$ existe e não possui assíntota vertical nesse ponto. Redefinindo a função, temos:

$$f(x) = \begin{cases} \dfrac{x^2 + 5x + 6}{x + 2} & \text{se } x \neq -2 \\ 1 & \text{se } x = -2 \end{cases}$$

(C) Determinação da assíntota horizontal:

$$\lim_{x \to \infty} \frac{x^2 + 5x + 6}{x + 2} = \infty \quad \text{e}$$

$$\lim_{x \to -\infty} \frac{x^2 + 5x + 6}{x + 2} = -\infty$$

A função não tem assíntota horizontal.

Tabela 5.7: Valores possíveis para esboço do gráfico de $y = \dfrac{x^2 + 5x + 6}{x + 2}$

Valor de x	Valor da função $y = \dfrac{x^2 + 5x + 6}{x + 2}$
−∞	$\lim_{x \to -\infty} \dfrac{x^2 + 5x + 6}{x + 2} = -\infty$
−2	não existe
∞	$\lim_{x \to \infty} \dfrac{x^2 + 5x + 6}{x + 2} = \infty$

(D) Gráfico:

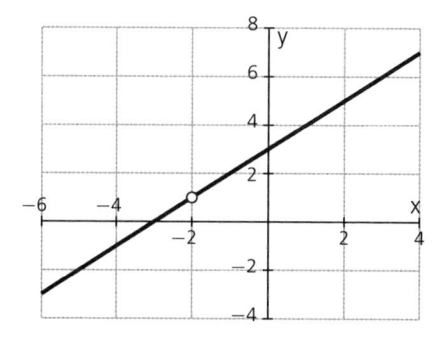

Gráfico 5.15: Função $y = \dfrac{x^2 + 5x + 6}{x + 2}$

▶ **Exercício 5.8**
f(x,y) = xy − 12x − 4y − 50 = 0
Solução:
(A) Determinação dos pontos de descontinuidade:

$xy - 12x - 4y - 50 = 0 \rightarrow xy - 4y = 12x + 50 \rightarrow (x-4) = 12x + 50 \rightarrow y = \dfrac{12x + 50}{x - 4}$

$x - 4 = 0 \rightarrow x = 4$

$f(4) = \dfrac{98}{0} \rightarrow$ não existe, a função tem descontinuidade em x = 4.

(B) Determinação da assíntota vertical e do tipo de descontinuidade:

$\lim\limits_{x \to 4^+} \left(\dfrac{12x + 50}{x - 4} \right) = \dfrac{98}{0^+} = \infty$ e $\lim\limits_{x \to 4^-} \left(\dfrac{12x + 50}{x - 4} \right) = \dfrac{98}{0^-} = -\infty$

Logo, a reta x = 4 é uma assíntota vertical e a função tem descontinuidade infinita em x = 4.

(C) Determinação da assíntota horizontal:

$\lim\limits_{x \to \infty} \dfrac{12x + 50}{x - 4} = 12$ e

$\lim\limits_{x \to -\infty} \dfrac{12x + 50}{x - 4} = 12$

A reta y = 12 é uma assíntota horizontal.

Tabela 5.8: Valores possíveis para esboço do gráfico de $y = \dfrac{12x + 50}{x - 4}$

Valor de x	Valor da função $y = \dfrac{12x + 50}{x - 4}$
−∞	$\lim\limits_{x \to -\infty} \dfrac{12x + 50}{x - 4} = 12$
4^-	$\lim\limits_{x \to 4^-} \dfrac{12x + 50}{x - 4} = -\infty$
4^+	$\lim\limits_{x \to 4^+} \dfrac{12x + 50}{x - 4} = \infty$
∞	$\lim\limits_{x \to \infty} \dfrac{12x + 50}{x - 4} = 12$

(D) Gráfico:

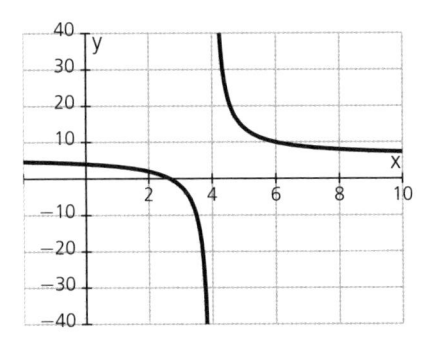

Gráfico 5.16: Função $y = \dfrac{12x + 50}{x - 4}$

▶ **Exercício 5.9**

$f(x) = \begin{cases} x^2 - 4 & \text{se } x \leq 2 \\ x & \text{se } x > 2 \end{cases}$

Solução:

Condição de continuidade em $x = 2$:

(I) $f(2) = 0$

(II) $\lim\limits_{x \to 2} f(x)$

$\lim\limits_{x \to 2^+} f(x) = \lim\limits_{x \to 2^+} x = 2$ e $\lim\limits_{x \to 2^-} f(x) = \lim\limits_{x \to 2^-} (x^2 - 4) = 0$

Como $\lim\limits_{x \to 2^+} f(x) \neq \lim\limits_{x \to 2^-} f(x)$, o limite não existe.

Logo, a função tem descontinuidade de salto em $x = 2$.

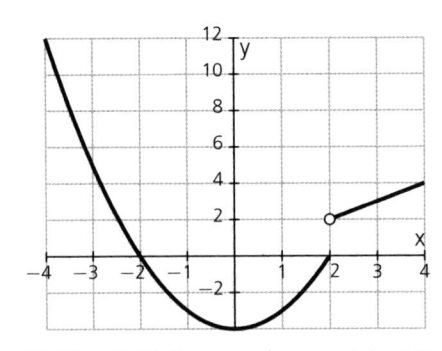

Gráfico 5.17: Função do exercício 5.9

◗ **Exercício 5.10**

$$f(x) = \begin{cases} 5x - 4 & \text{se } x < -1 \\ \sqrt{x+1} & \text{se } x \geq -1 \end{cases}$$

Solução:
Condição de continuidade em $x = -1$:

(I) $f(-1) = 0$

(II) $\lim_{x \to -1} f(x)$

$\lim_{x \to -1^+} f(x) = \lim_{x \to -1^+} (\sqrt{x+1}) = 0$ e $\lim_{x \to -1^-} f(x) = \lim_{x \to -1^-} (5x - 4) = -9$

Como $\lim_{x \to -1^+} f(x) \neq \lim_{x \to -1^-} f(x)$, o limite não existe.

Logo, a função tem descontinuidade de salto em $x = -1$.

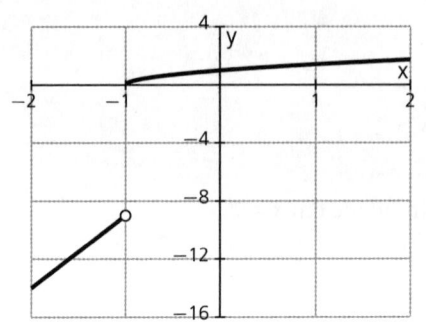

Gráfico 5.18: Função do exercício 5.10

◗ **Exercício 5.11**

Uma indústria de produtos químicos teve a função de produtividade dada por $f(t) = e^t + 1$ nos primeiros 5 meses do ano de 1999. De maio a setembro, exclusivamente nesses meses, por motivos de manutenção, a função de produtividade foi dada por $f(t) = -t + 3$ (onde t é medido em meses e f(t) em percentual). A partir de outubro a indústria retoma a produção com a produtividade dada por $f(t) = e^{t/3} + 4$. Esboce o gráfico da produtividade da empresa e determine as descontinuidades de produtividade causadas pela manutenção.

Solução:
O modelo matemático da produtividade industrial é dado por:

$$f(t) = \begin{cases} e^t + 1 & \text{se } t \leq 5 \\ -t + 3 & \text{se } 5 < t < 10 \\ e^{t/3} + 4 & \text{se } t \geq 10 \end{cases}$$

O gráfico da produtividade da empresa é apresentado a seguir.

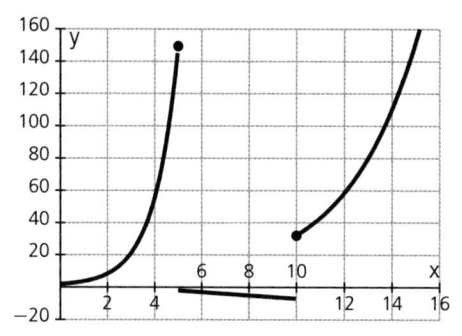

Gráfico 5.19: Função do exercício 5.11

Houve uma descontinuidade na produtividade da empresa por causa da manutenção no mês de maio, pois:

Continuidade em t = 5:

(I) $f(5) = e^5 + 1$

(II) $\lim_{t \to 5} f(t)$

$\lim_{t \to 5^-} f(t) = \lim_{t \to 5^-}(e^t + 1) = e^5 + 1$

$\lim_{t \to 5^+} f(t) = \lim_{t \to 5^+} (-t + 3) = -5 + 3 = -2$

Como $\lim_{t \to 5^-} f(x) \neq \lim_{t \to 5^+} f(x)$, o limite não existe. Logo, a função é descontínua em t = 5.

No mês de outubro, a manutenção terminou e tem-se um outro ponto de descontinuidade, pois:

Continuidade em t = 10:

(I) $f(10) = e^{10/3} + 4$

(II) $\lim_{t \to 10} f(t)$

$\lim_{t \to 10^-} f(t) = \lim_{t \to 10^-} (-t + 3) = -10 + 3 = -7$

$\lim_{t \to 10^+} f(t) = \lim_{t \to 10^+} (e^{10/3} + 4) = e^{10/3} + 4$

Como $\lim_{t \to 10^-} f(x) \neq \lim_{t \to 10^+} f(x)$, o limite não existe. Logo, a função é descontínua em t = 10.

▶ **Exercício 5.12**

As funções receita total e custo total dos produtos na indústria são dadas pelos modelos matemáticos apresentados na Tabela 5.9.

Tabela 5.9: Dados do exercício 5.12

Produto	Modelo matemático receita total	Modelo matemático custo total
A	$R_t(A) = \begin{cases} 2A - 3 & \text{se } A < 2 \\ 5 & \text{se } A = 2 \\ 7A + 2 & \text{se } A > 2 \end{cases}$	$C_t(A) = \begin{cases} A + 2 & \text{se } A < 2 \\ 3 & \text{se } A = 2 \\ 5A + 10 & \text{se } A > 2 \end{cases}$
B	$R_t(B) = \begin{cases} 3B + 4 & \text{se } B < 4 \\ 7 & \text{se } B = 4 \\ 5B - 3 & \text{se } B > 4 \end{cases}$	$C_t(B) = \begin{cases} B + 6 & \text{se } B < 4 \\ 6 & \text{se } B = 4 \\ 4B + 3 & \text{se } B > 4 \end{cases}$

R_t e C_t são indicadas em 1.000 unidades monetárias, e A e B em 1.000 unidades de quantidade. Esboce os gráficos de R_t e C_t no mesmo sistema de eixos por produto e determine a função lucro total de cada produto e o ponto de equilíbrio de cada produto.

Solução:

O esboço dos gráficos de R_t, C_t no mesmo sistema de eixos por produto.

Para o produto, A tem-se:

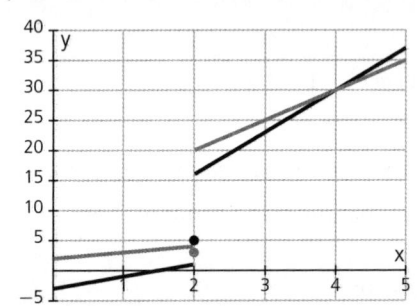

Gráfico 5.20: Funções R_t e C_t do produto A

Para o produto B, tem-se:

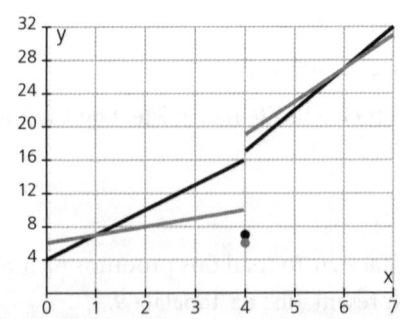

Gráfico 5.21: Funções R_t e C_t do produto B

• A função lucro total de cada produto:
Para o Produto A:
Lucro = Receita − Custo → $L_t(A) = R_t(A) - C_t(A)$

$$L_t(A) = \begin{cases} (2A-3)-(A+2) = A-5 & \text{se } A < 2 \\ (5)-(3) = 2 & \text{se } A = 2 \\ (7A+2)-(5A+10) = 2A-8 & \text{se } A > 2 \end{cases}$$

Para o produto B:
$L_t(B) = R_t(B) - C_t(B)$

$$L_t(B) = \begin{cases} (3B+4)-(B+6) = 2B-2 & \text{se } B < 4 \\ 7-6 = 1 & \text{se } B = 4 \\ (5B-3)-(4B+3) = B-6 & \text{se } B > 4 \end{cases}$$

• O ponto de equilíbrio de cada produto:
Produto A:
$R_t(A) = C_t(A)$
Para A < 2
$(2A - 3) = A + 2$ → $A = 5$, logo não existe ponto de equilíbrio, pois A < 2.
Para A = 2, o ponto de equilíbrio não existe, pois as funções são constantes diferentes.
Para A > 2
$7A + 2 = 5A + 10$ → $2A = 8$ → $A = 4$
$R_t(4) = C_t(4) = 7 \cdot 4 + 2 = 30$, o ponto de equilíbrio é (4; 30).

Produto B:
Para B < 4
$3B + 4 = B + 6$ → $2B = 2$ → $B = 1$
$R_t(1) = C_t(1) = 3 \cdot 1 + 4 = 7$, o ponto de equilíbrio é (1; 7).
Para B = 4, o ponto de equilíbrio não existe, pois as funções são constantes diferentes.
Para B > 4
$5B - 3 = 4B + 3$ → $B = 6$
$R_t(6) = C_t(6) = 5 \cdot 6 - 3 = 27$, o ponto de equilíbrio é (6; 27).

▶ **Exercício 5.13**

Uma indústria produz um tipo de produto com as seguintes funções de oferta e demanda:

$$y_1(x) = \begin{cases} 2x + 1 & \text{se } x < 3 \\ 3 & \text{se } x = 3 \\ 4x + 7 & \text{se } x > 3 \end{cases} \quad \text{e} \quad y_2(x) = \begin{cases} -5x + 15 & \text{se } x < 3 \\ 3 & \text{se } x = 3 \\ -7x + 29 & \text{se } x > 3 \end{cases}$$

respectivamente, onde y é medido em 1.000 unidades monetárias e x é quantidade em 1000. Esboce o gráfico das funções de oferta e demanda e determine o ponto de equilíbrio.

Solução:

Gráfico:

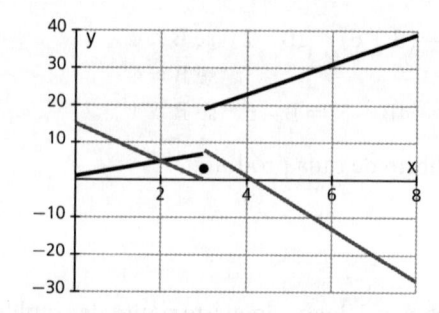

Gráfico 5.22: Funções de oferta e demanda do exercício 5.13

No ponto de equilíbrio $y_1(x) = y_2(x)$
Para $x < 3$
$2x + 1 = -5x + 15$ ➙ $7x = 14$ ➙ $x = 2$ ➙ $y = 5$
O ponto de equilíbrio é (2,5).
Para $x = 3$, o ponto de equilíbrio é (3,3).
Para $x > 3$
$4x + 7 = -7x + 29$ ➙ $11x = 22$ ➙ $x = 2$, o ponto de equilíbrio não existe.

Exercícios propostos

Determine as descontinuidades das funções e esboce o gráfico.

▶ 5.1: $y = \dfrac{x^2 - x + 7}{x^2 - 3x - 10}$

▶ 5.2: $y = \dfrac{x^3 - 4}{x^2 + x + 1}$

▶ 5.3: $y = \cos 3x$

▶ 5.4: $y = \text{tg } x$

▶ 5.5: $y = a^x$, $a > 0$

- **5.6:** $y = \dfrac{1}{x-a}$

- **5.7:** $y = \begin{cases} \dfrac{x}{|x|} & \text{se } x \neq 0 \\ 0 & \text{se } x = 0 \end{cases}$

- **5.8:** $y = \dfrac{5x+1}{x^2-25}$

- **5.9:** $y = \text{tg } 6x$

- **5.10:** $y = 5^x$

- **5.11:** $y = \begin{cases} \dfrac{\text{sen } x}{|x|} & \text{se } x \neq 0 \\ 0 & \text{se } x = 0 \end{cases}$

- **5.12:** $y = \dfrac{1}{x-4}$

- **5.13:** $y = 5^{3x}$

- **5.14:** $y = 5^{1/x^2}$

- **5.15:** $y = 3 + 4 \log |5x+1|$

- **5.16:** $y = \text{cossec } 2x$

- **5.17:** $y = \text{cotg } 3x$

- **5.18:** $y = \dfrac{x^2 - 2x + 1}{x-1}$

- **5.19:** $y = \dfrac{x+5}{x^2-25}$

- **5.20:** $y = \left(\dfrac{1}{3}\right)^x$

- **5.21:** $y = \dfrac{x^2-49}{x+7}$

- **5.22:** $y = 7 + 3^{-4x}$

- **5.23:** $y = \log_5(4x+1)$

- **5.24:** $y = \dfrac{x-4}{x+2}$

- **5.25:** $y = \log_{1/2}(-7x-4)$

- **5.26:** $y = \dfrac{x^4-81}{x-3}$

- **5.27:** $y = \dfrac{-4}{x+4}$

- **5.28:** $y = \dfrac{x^3+5}{x^3-4x}$

- **5.29:** $y = \dfrac{-5}{e^{2x}-1}$

- **5.30:** $y = \dfrac{4x+1}{x+3}$

- **5.31:** $y = \dfrac{1}{\sqrt{x^2+1}}$

- **5.32:** $y = \begin{cases} x^3+1 & \text{se } x < 0 \\ x^2 & \text{se } x \geq 0 \end{cases}$

- **5.33:** $y = \dfrac{x^2-9}{x+3}$

- **5.34:** $y = 7 + \dfrac{30}{x-3}$

- **5.35:** $y = 7 + 3 \ln|8x-4|$

- **5.36:** $y = \begin{cases} x+4 & \text{se } x \leq 5 \\ \dfrac{x}{x+5} & \text{se } x > 5 \end{cases}$

- **5.37:** $y = \begin{cases} |x| & \text{se } x \leq 5 \\ -2x & \text{se } x > 5 \end{cases}$

- **5.38:** $y = \begin{cases} 4x+7 & \text{se } x \leq 7/2 \\ 7-2x^2 & \text{se } x > 7/2 \end{cases}$

6
Derivadas das funções de uma variável

Após o estudo deste capítulo, você estará apto a:

- Conceituar derivada
- Ensinar as regras de derivações
- Apresentar aplicações à economia e administração

Definição de primeira derivada

Seja uma função y = f(x), definida em um intervalo onde ela é contínua. Atribuindo a x um acréscimo arbitrário Δx (positivo ou negativo), a função variará, sofrendo um acréscimo Δy (positivo ou negativo). Tem-se:

y + Δy = f(x + Δx) → Δy = f(x + Δx) − y
como y = f(x), tem-se:
Δy = f(x + Δx) − f(x)

Seja a relação entre o acréscimo da função e o acréscimo da variável dada por

$$\frac{\Delta y}{\Delta x} = \frac{f(x + \Delta x) - f(x)}{\Delta x}$$

Quando $\Delta x \to 0$, essa relação pode tender para um limite determinado, constituindo o que se denomina a função derivada de y = f(x), que pode ser representada por f'(x). Então, por definição, a derivada da função y = f(x) é:

$$\lim_{\Delta x \to 0} \left(\frac{\Delta y}{\Delta x}\right) = \lim_{\Delta x \to 0} \left[\frac{f(x + \Delta x) - f(x)}{\Delta x}\right] = f'(x), \text{ desde que o limite exista.}$$

As notações utilizadas são:

y' ou f'(x) ou $\dfrac{dy}{dx}$ ou $\dfrac{df(x)}{dx}$

A derivada da função no ponto x = a é dada por:

$$f'(a) = \lim_{x \to a} \left[\dfrac{f(x) - f(a)}{x - a} \right]$$

A função y = f(x) é derivável ou diferenciável no ponto x = a quando admite derivada nesse ponto. A função y = f(x) é derivável em um intervalo quando for derivável em todos os pontos do intervalo.

A função y = f(x) é derivável à direita do ponto x = a, quando

$$f'_+(a) = \lim_{x \to a^+} \left[\dfrac{f(x) - f(a)}{x - a} \right] \text{ existe.}$$

A função y = f(x) é derivável à esquerda do ponto x = a, quando

$$f'_-(a) = \lim_{x \to a^-} \left[\dfrac{f(x) - f(a)}{x - a} \right] \text{ existe.}$$

Quando as derivadas à direita e à esquerda do ponto x = a existem e são iguais, a função é derivável nesse ponto.

Se uma função é diferenciável em x = a, então ela é contínua nesse ponto.

Interpretação geométrica da derivada

Seja y = f(x) uma função definida no intervalo (b,c), seja a um ponto pertencente a esse intervalo e suponha que a função seja contínua em a. Seja x um ponto pertencente à vizinhança de a. Tomemos dois pontos, P e Q, de coordenadas (a,f(a)) e (x,f(x)), respectivamente, conforme apresentado no gráfico a seguir.

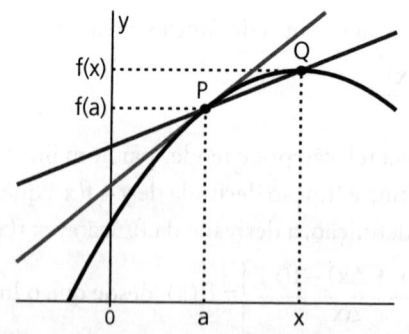

Gráfico 6.1: Interpretação geométrica da derivada

A reta que passa pelos pontos P e Q é chamada de reta secante à curva de y = f(x) e tem coeficiente angular dado por

$$m = \frac{\Delta y}{\Delta x} = \frac{f(x) - f(a)}{x - a}$$

Se x → a, o ponto Q se aproxima do ponto P e a reta secante se transforma na reta tangente à curva y = f(x) no ponto P. O coeficiente angular dessa reta é dado por

$$m = \lim_{x \to a} \left(\frac{\Delta y}{\Delta x}\right) = \lim_{x \to a} \left(\frac{f(x) - f(a)}{x - a}\right) = f'(a)$$

O valor da derivada da função no ponto x = a representa o coeficiente angular da reta tangente à curva da função y = f(x) no ponto x = a.

▶ Exemplo 6.1

Determine a primeira derivada da função y = 7x + 5.

$$y' = \lim_{\Delta x \to 0} \frac{f(x + \Delta x) - f(x)}{\Delta x} \rightarrow y' = \lim_{\Delta x \to 0} \frac{(7(x + \Delta x) + 5) - (7x + 5)}{\Delta x}$$

$$y' = \lim_{\Delta x \to 0} \frac{7x + 7\Delta x + 5 - 7x - 5}{\Delta x} \rightarrow y' = \lim_{\Delta x \to 0} 7 = 7$$

▶ Exemplo 6.2

Determine a primeira derivada da função $y = 3x^2 + 10x - 1$.

$$y' = \lim_{\Delta x \to 0} \frac{(3(x + \Delta x)^2 + 10(x + \Delta x) - 1) - (3x^2 + 10x - 1)}{\Delta x}$$

$$y' = \lim_{\Delta x \to 0} \frac{3(x^2 + 2x\,\Delta x + \Delta x^2) + 10x + 10\,\Delta x - 1 - 3x^2 - 10x + 1}{\Delta x}$$

$$y' = \lim_{\Delta x \to 0} \frac{6x\,\Delta x + 3\Delta x^2 + 10\Delta x}{\Delta x}$$

$$y' = \lim_{\Delta x \to 0} \frac{\Delta x(6x + 3\Delta x + 10)}{\Delta x} \rightarrow y' = \lim_{\Delta x \to 0} (6x + 3\Delta x + 10) = 6x + 10$$

Fórmulas para derivação

Na prática, as derivadas são obtidas a partir da definição de derivada.

Função constante

$y = c$, onde c é constante $\rightarrow \dfrac{dy}{dx} = 0$

▶ **Exemplo 6.3**

$y = 6 \rightarrow \dfrac{dy}{dx} = 0$

Função potência

$y = x^n$, onde $n \in \mathbb{R}^* \rightarrow \dfrac{dy}{dx} = n\, x^{n-1}$

▶ **Exemplo 6.4**

$y = x \rightarrow \dfrac{dy}{dx} = x^{1-1} = x^0 = 1$

▶ **Exemplo 6.5**

$y = x^{-4/7} \rightarrow \dfrac{dy}{dx} = -\dfrac{4}{7} x^{-4/7 - 1} = -\dfrac{4}{7} x^{-11/7}$

Produto de uma constante por uma função diferenciável

$y = c\, f(x)$, onde c é constante $\rightarrow \dfrac{dy}{dx} = c\, f'(x)$

▶ **Exemplo 6.6**

$y = 3x \rightarrow \dfrac{dy}{dx} = 3$

▶ **Exemplo 6.7**

$y = \dfrac{3}{5} x^{-3/4} \rightarrow \dfrac{dy}{dx} = \dfrac{3}{5}\left(-\dfrac{3}{4}\right) x^{-3/4 - 1} \rightarrow \dfrac{dy}{dx} = -\dfrac{9}{20} x^{-7/4}$

Adição e subtração de funções diferenciáveis

$y = u + v + w$, onde $u = f(x); v = g(x); w = h(x)$

$$\frac{dy}{dx} = \frac{du}{dx} + \frac{dv}{dx} + \frac{dw}{dx}$$

◗ **Exemplo 6.8**

$y = 5x^2 + 3x + 1 \rightarrow \frac{dy}{dx} = 5 \cdot 2x^{2-1} + 3 = 10x + 3$

◗ **Exemplo 6.9**

$y = 7x^{1/2} + x^{1/8} \rightarrow \frac{dy}{dx} = 7 \cdot \frac{1}{2}x^{1/2-1} + \frac{1}{8}x^{1/8-1} \rightarrow \frac{dy}{dx} = \frac{7}{2}x^{-1/2} + \frac{1}{8}x^{-7/8}$

Produto de duas funções diferenciáveis

$y = uv$, onde $u = f(x)$ e $v = g(x)$ $\rightarrow \frac{dy}{dx} = u\frac{dv}{dx} + v\frac{du}{dx}$

◗ **Exemplo 6.10**

$y = (x^3 + 3)(x^2 + 1)$

$u = x^3 + 3 \rightarrow \frac{du}{dx} = 3x^2$

$v = x^2 + 1 \rightarrow \frac{dv}{dx} = 2x$

$\frac{dy}{dx} = (x^3 + 3)2x + (x^2 + 1)3x^2$

$\frac{dy}{dx} = 2x^4 + 6x + 3x^4 + 3x^2 \rightarrow \frac{dy}{dx} = 5x^4 + 3x^2 + 6x$

◗ **Exemplo 6.11**

$y = (3x + 4)(4x + 1)(x^3 + 4)$

$u = 3x + 4 \rightarrow \frac{du}{dx} = 3$

$v = 4x + 1 \rightarrow \dfrac{dv}{dx} = 4$

$w = x^3 + 4 \rightarrow \dfrac{dw}{dx} = 3x^2$

$\dfrac{dy}{dx} = uv\dfrac{dw}{dx} + uw\dfrac{dv}{dx} + vw\dfrac{du}{dx}$

$\dfrac{dy}{dx} = (3x + 4)(4x + 1)3x^2 + (3x + 4)(x^3 + 4)4 + (4x + 1)(x^3 + 4)3$

$\dfrac{dy}{dx} = (12x^2 + 3x + 16x + 4)3x^2 + (3x^4 + 12x + 4x^3 + 16)4 + (4x^4 + 16x + x^3 + 4)3$

$\dfrac{dy}{dx} = 60x^4 + 76x^3 + 12x^2 + 96x + 76$

Quociente de duas funções diferenciáveis

$y = \dfrac{u}{v}$, onde $u = f(x)$ e $v = g(x) \rightarrow \dfrac{dy}{dx} = \dfrac{v\dfrac{du}{dx} - u\dfrac{dv}{dx}}{v^2}$

▶ **Exemplo 6.12**

$y = \dfrac{x^4 + 7}{x^2}$

$u = x^4 + 7 \rightarrow \dfrac{du}{dx} = 4x^3$

$v = x^2 \rightarrow \dfrac{dv}{dx} = 2x$

$\dfrac{dy}{dx} = \dfrac{x^2(4x^3) - (x^4 + 7)2x}{(x^2)^2} \rightarrow \dfrac{dy}{dx} = \dfrac{4x^5 - 2x^5 - 14x}{x^4} \rightarrow \dfrac{dy}{dx} = \dfrac{2x^5 - 14x}{x^4}$

$\dfrac{dy}{dx} = \dfrac{x(2x^4 - 14)}{x^4} = \dfrac{2x^4 - 14}{x^3}$

▶ **Exemplo 6.13**

$y = \dfrac{x^2 + 3x}{x - 1}$

$u = x^2 + 3x \rightarrow \dfrac{du}{dx} = 2x + 3$

$v = x - 1 \rightarrow \dfrac{dv}{dx} = 1$

$\dfrac{dy}{dx} = \dfrac{(x-1)(2x+3) - (x^2+3x)1}{(x-1)^2} \rightarrow \dfrac{dy}{dx} = \dfrac{2x^2 + 3x - 2x - 3 - x^2 - 3x}{(x-1)^2}$

$\dfrac{dy}{dx} = \dfrac{x^2 - 2x - 3}{(x-1)^2}$

Derivada da potência de uma função

$y = u^n$, onde $u = f(x)$, $n \in R^* \rightarrow \dfrac{dy}{dx} = nu^{n-1}\dfrac{du}{dx}$

Observação: se $u = x$, tem-se a derivada da função potência.

▶ **Exemplo 6.14**

$y = (x^3 + 3)^4$

$u = x^3 + 3;\ n = 4 \rightarrow \dfrac{du}{dx} = 3x^2$

$\dfrac{dy}{dx} = 4(x^3+3)^{4-1}(3x^2) \rightarrow \dfrac{dy}{dx} = 12x^2(x^3+3)^3$

▶ **Exemplo 6.15**

$y = \left(\dfrac{x-3}{x+4}\right)^5$

$u = \dfrac{x-3}{x+4};\ n = 5$

$\dfrac{du}{dx} = \dfrac{(x+4)1 - (x-3)1}{(x+4)^2} = \dfrac{x+4-x+3}{(x+4)^2} = \dfrac{7}{(x+4)^2}$

$\dfrac{dy}{dx} = 5\left(\dfrac{x-3}{x+4}\right)^{5-1}\left(\dfrac{7}{(x+4)^2}\right) = \dfrac{35}{(x+4)^2}\left(\dfrac{x-3}{x+4}\right)^4$

$\dfrac{dy}{dx} = \dfrac{35(x-3)^4}{(x+4)^6}$

◗ **Exemplo 6.16**

$y = x^3(2x + 3)^{-2}$

A função é o produto das funções $u = x^3$ e $v = (2x + 3)^{-2}$.

Para calcular a derivada de y, $\dfrac{dy}{dx}$, usa-se a fórmula do produto de duas funções:

$\dfrac{du}{dx} = 3x^2$ e $\dfrac{dv}{dx} = -2(2x + 3)^{-3}2 = -4(2x + 3)^{-3}$

$\dfrac{dy}{dx} = x^3(-4(2x + 3)^{-3}) + (2x + 3)^{-2}(3x^2)$

$\dfrac{dy}{dx} = -4x^3(2x + 3)^{-3} + 3x^2(2x + 3)^{-2}$

$\dfrac{dy}{dx} = \dfrac{-4x^3}{(2x + 3)^3} + \dfrac{3x^2}{(2x + 3)^2}$

$\dfrac{dy}{dx} = \dfrac{-4x^3 + 3x^2(2x + 3)}{(2x + 3)^3} = \dfrac{-4x^3 + 6x^3 + 9x^2}{(2x + 3)^3} = \dfrac{2x^3 + 9x^2}{(2x + 3)^3}$

Exercícios resolvidos

Calcule a primeira derivada em relação a x para as seguintes funções $y = f(x)$:

◗ **Exercício 6.1**

$y = 3x^4 + 4x^2 + 3x + 1$

Solução:

$\dfrac{dy}{dx} = 12x^3 + 8x + 3$

◗ **Exercício 6.2**

$y = (4x^3 + 7x - 1)^4$

Solução:

$\dfrac{dy}{dx} = 4(4x^3 + 7x - 1)^{4-1}(12x^2 + 7)$

$\dfrac{dy}{dx} = (48x^2 + 28)(4x^3 + 7x - 1)^3$

◗ **Exercício 6.3**

$y = (2x + 7)^2(4 - 2x)^3$

Solução:

$\dfrac{dy}{dx} = (2x + 7)^2 3(4 - 2x)^2(-2) + (4 - 2x)^3 2(2x + 7)2$

$\dfrac{dy}{dx} = -6(2x + 7)^2(4 - 2x)^2 + 4(4 - 2x)^3(2x + 7)$

$\dfrac{dy}{dx} = -6(2x + 7)^2(4 - 2x)^2 + (8x - 28)(4 - 2x)^3$

$\dfrac{dy}{dx} = (2x + 7)(4 - 2x)^2(-20x - 26)$

◗ **Exercício 6.4**

$y = \left(\dfrac{x + 4}{x - 7}\right)^2$

Solução:

$\dfrac{dy}{dx} = 2\left(\dfrac{x + 4}{x - 7}\right)\left(\dfrac{(x - 7)1 - (x + 4)1}{(x - 7)^2}\right)$

$\dfrac{dy}{dx} = 2\left(\dfrac{x + 4}{x - 7}\right)\left(\dfrac{x - 7 - x - 4}{(x - 7)^2}\right)$

$\dfrac{dy}{dx} = \dfrac{2x + 8}{x - 7}\left(-\dfrac{11}{(x - 7)^2}\right) \rightarrow \dfrac{dy}{dx} = \dfrac{-22x - 88}{(x - 7)^3}$

◗ **Exercício 6.5**

$y = \dfrac{(3x + 2)^{1/2}}{(-4x + 1)^{2/3}}$

Solução:

$\dfrac{dy}{dx} = \dfrac{(-4x + 1)^{2/3} \dfrac{1}{2}(3x + 2)^{-1/2} 3 - \dfrac{2}{3}(-4x + 1)^{-1/3}(-4)(3x + 2)^{1/2}}{[(-4x + 1)^{2/3}]^2}$

$\dfrac{dy}{dx} = \dfrac{\dfrac{3}{2}(-4x + 1)^{2/3}(3x + 2)^{-1/2} + \dfrac{8}{3}(3x + 2)^{1/2}(-4x + 1)^{-1/3}}{(-4x + 1)^{4/3}}$

$$\frac{dy}{dx} = \frac{12x+41}{6(-4x+1)^{5/3}(3x+2)^{1/2}}$$

▶ **Exercício 6.6**

$$y = \frac{2x}{(7x+2)^{2/3}}$$

Solução:

$$\frac{dy}{dx} = \frac{(7x+2)^{2/3}2 - 2x\dfrac{2}{3}(7x+2)^{-1/3}7}{((7x+2)^{2/3})^2}$$

$$\frac{dy}{dx} = \frac{2(7x+2)^{2/3} - \dfrac{28x}{3}(7x+2)^{-1/3}}{(7x+2)^{4/3}} \rightarrow \frac{dy}{dx} = \frac{14x+12}{3(7x+2)^{5/3}}$$

▶ **Exercício 6.7**

$y = (x+1)(2x^2+4x-5)^5$

Solução:

$$\frac{dy}{dx} = (x+1)5(2x^2+4x-5)^4(4x+4) + (2x^2+4x-5)^5 1$$

$$\frac{dy}{dx} = (5x+5)(4x+4)(2x^2+4x-5)^4 + (2x^2+4x-5)^5$$

$$\frac{dy}{dx} = (2x^2+4x-5)^4(22x^2+44x+15)$$

Funções logarítmicas

$y = \log_a u$, onde $u = f(x)$ é uma função diferenciável em x, e a é a base do logaritmo, $a > 0$ e $a \neq 1$.

$$\frac{dy}{dx} = \frac{\log_a e}{u} \cdot \frac{du}{dx}$$

A notação aqui utilizada é:
log x = logaritmo na base 10,
ln x = logaritmo na base e

Se $y = \ln u \rightarrow \dfrac{dy}{du} = \dfrac{1}{u} \cdot \dfrac{du}{dx}$.

▸ **Exemplo 6.17**

$y = \log(3x + 4)$

$u = 3x + 4 \rightarrow \dfrac{du}{dx} = 3$

$\dfrac{dy}{dx} = \dfrac{\log e}{3x + 1} \cdot 3 \rightarrow \dfrac{dy}{dx} = \dfrac{3 \log e}{3x + 1}$

▸ **Exemplo 6.18**

$y = \dfrac{\ln(-7x + 4)}{5}$

$u = -7x + 4 \rightarrow \dfrac{du}{dx} = -7$

$\dfrac{dy}{dx} = \dfrac{1}{5} \cdot \dfrac{1}{-7x + 4} \cdot (-7) \rightarrow \dfrac{dy}{dx} = \dfrac{-7}{-35x + 20}$

▸ **Exemplo 6.19**

$y = \log\left(\dfrac{4x + 3}{x}\right)$

$u = \dfrac{4x + 3}{x} \rightarrow \dfrac{dy}{dx} = \dfrac{x \cdot 4 - (4x + 3)1}{x^2} = -\dfrac{3}{x^2}$

$\dfrac{dy}{dx} = \dfrac{\log e}{\dfrac{4x + 3}{x}} \left(-\dfrac{3}{x^2}\right) = -\dfrac{3 \log e}{x(4x + 3)} = -\dfrac{3 \log e}{4x^2 + 3x}$

▸ **Exemplo 6.20**

$y = \log^3(3x^2 - 5)$

$\dfrac{dy}{dx} = 3 \log^2(3x^2 - 5) \dfrac{\log e}{3x^2 - 5} 6x$

$\dfrac{dy}{dx} = \dfrac{18x \log e}{3x^2 - 5} \log^2(3x^2 - 5)$

▶ **Exemplo 6.21**

$y = \ln\sqrt{\dfrac{x^3}{3} + \dfrac{x^2}{2} + 1}$

$u = \dfrac{x^3}{3} + \dfrac{x^2}{2} + 1 \twoheadrightarrow du = x^2 + x$

$\dfrac{dy}{dx} = \dfrac{1}{2} \cdot \dfrac{1}{\dfrac{x^3}{3} + \dfrac{x^2}{2} + 1}(x^2 + x) \twoheadrightarrow \dfrac{dy}{dx} = \dfrac{1}{2} \cdot \dfrac{1}{\dfrac{2x^3 + 3x^2 + 6}{6}}(x^2 + x)$

$\dfrac{dy}{dx} = \dfrac{3(x^2 + x)}{2x^3 + 3x^2 + 6} \twoheadrightarrow \dfrac{dy}{dx} = \dfrac{3x^2 + 3x}{2x^3 + 3x^2 + 6}$

Funções exponenciais

(A) $y = a^u$, $a > 0$ e $a \neq 1$ $\twoheadrightarrow \dfrac{dy}{dx} = a^u \ln a \dfrac{du}{dx}$

(B) $y = e^u$

$\dfrac{dy}{dx} = e^u \dfrac{du}{dx}$

▶ **Exemplo 6.22**

$y = 5^{2x+1}$

$u = 2x + 1 \twoheadrightarrow \dfrac{du}{dx} = 2$ e $a = 5$

$\dfrac{dy}{dx} = 5^{2x+1} \ln 5 \cdot 2 \twoheadrightarrow \dfrac{dy}{dx} = 2 \cdot 5^{2x+1} \ln 5$

▶ **Exemplo 6.23**

$y = e^{5x-7}$

$u = 5x - 7 \twoheadrightarrow \dfrac{du}{dx} = 5$

$\dfrac{dy}{dx} = e^{5x-7} \cdot 5 \twoheadrightarrow \dfrac{dy}{dx} = 5e^{5x-7}$

◗ **Exemplo 6.24**

$y = \dfrac{e^{x^2+4x+5}}{x}$

$\dfrac{dy}{dx} = \dfrac{xe^{x^2+4x+5}(2x+4) - e^{x^2+4x+5} \cdot 1}{x^2}$

$\dfrac{dy}{dx} = \dfrac{e^{x^2+4x+5}(2x^2 + 4x - 1)}{x^2}$

Função elevada a função

$y = u^v$ onde $u = f(x)$ e $v = g(x)$ são funções diferenciáveis em x:

$\dfrac{dy}{dx} = vu^{v-1}\dfrac{du}{dx} + u^v \ln u \dfrac{dv}{dx}$

◗ **Exemplo 6.25**

$y = (x^3 + 3)^{x^2}$

$u = x^3 + 3 \rightarrow \dfrac{du}{dx} = 3x^2$

$v = x^2 \rightarrow \dfrac{dv}{dx} = 2x$

$\dfrac{dy}{dx} = x^2(x^3+3)^{x^2-1} \cdot 3x^2 + (x^3+3)^{x^2} \ln(x^3+3)(2x)$

$\dfrac{dy}{dx} = 3x^4(x^3+3)^{x^2-1} + 2x(x^3+3)^{x^2} \ln(x^3+3)$

$\dfrac{dy}{dx} = x(x^3+3)^{x^2-1}[3x^3 + 2(x^3+3)\ln(x^3+3)]$

Ou, aplicando logaritmo neperiano à função e derivando os dois lados:

$y = (x^3+3)^{x^2} \rightarrow \ln y = \ln(x^3+3)^{x^2} \rightarrow \ln y = x^2 \ln(x^3+3)$

$\dfrac{1}{y} \cdot \dfrac{dy}{dx} = \ln(x^3+3) \cdot 2x + x^2 \cdot \dfrac{1}{x^3+3} \cdot 3x^2$

$\dfrac{1}{y} \cdot \dfrac{dy}{dx} = x\left[\dfrac{2(x^3+3)\cdot \ln(x^3+3) + 3x^3}{x^3+3}\right]$

$$\frac{dy}{dx} = y\frac{x}{x^3+3}[3x^3 + 2(x^3+3)\ln(x^3+3)]$$

como $y = (x^3+3)^{x^2}$, tem-se:

$$\frac{dy}{dx} = \frac{x(x^3+3)^{x^2}}{x^3+3}[3x^3 + 2(x^3+3)\ln(x^3+3)]$$

$$\frac{dy}{dx} = x(x^3+3)^{x^2-1}[3x^3 + 2(x^3+3)\ln(x^3+3)]$$

◗ **Exemplo 6.26**

$y = (3x^2)^{e^{2x+1}}$

$u = 3x^2 \rightarrow \dfrac{du}{dx} = 6x$

$v = e^{2x+1} \rightarrow \dfrac{dv}{dx} = e^{2x+1} \cdot 2 = 2e^{2x+1}$

$$\frac{dy}{dx} = e^{2x+1}(3x^2)^{e^{2x+1}-1}6x + (3x^2)^{e^{2x+1}}\ln(3x^2)\,2e^{2x+1}$$

$$\frac{dy}{dx} = 6x\,e^{2x+1}(3x^2)^{e^{2x+1}-1} + 2e^{2x+1}(3x^2)^{e^{2x+1}}\ln(3x^2)$$

$$\frac{dy}{dx} = 2e^{2x+1}(3x^2)^{e^{2x+1}-1}[3x + \ln(3x^2)(3x^2)]$$

Exercícios resolvidos

Determine a primeira derivada em relação a x para cada uma das funções $y = f(x)$:

Considere a, b, c, d e e como constantes.

◗ **Exercício 6.8**

$y = \log(4 - 5x)$

Solução:

$$\frac{dy}{dx} = -\frac{5\log e}{4-5x}$$

▶ **Exercício 6.9**

$$y = \ln \frac{3 - 7x}{3 + 7x}$$

Solução:

$$\frac{dy}{dx} = \frac{1}{\frac{3 - 7x}{3 + 7x}} \cdot \frac{(3 + 7x)(-7) - (3 - 7x) \, 7}{(3 + 7x)^2}$$

$$\frac{dy}{dx} = \frac{(-21 - 49x - 21 + 49x)}{(3 - 7x)(3 + 7x)} \rightarrow \frac{dy}{dx} = -\frac{42}{(3 - 7x)(3 + 7x)} \rightarrow \frac{dy}{dx} = \frac{42}{49x^2 - 9}$$

▶ **Exercício 6.10**

$$y = 4 \ln^{2/3}(x^4 + 3x + 1)$$

Solução:

$$\frac{dy}{dx} = 4 \cdot \frac{2}{3} \ln^{-1/3}(x^4 + 3x + 1) \frac{1}{x^4 + 3x + 1} (4x^3 + 3)$$

$$\frac{dy}{dx} = \frac{32x^3 + 24}{3x^4 + 9x + 3} \ln^{-1/3}(x^4 + 3x + 1)$$

▶ **Exercício 6.11**

$$y = \ln \sqrt{\frac{1 + x^2}{1 - x^2}}$$

Solução:

$$\frac{dy}{dx} = \frac{1}{\left(\frac{1 + x^2}{1 - x^2}\right)^{1/2}} \cdot \frac{1}{2}\left(\frac{1 + x^2}{1 - x^2}\right)^{-1/2} \cdot \frac{(1 - x^2)2x - (1 + x^2)(-2x)}{(1 - x^2)^2}$$

$$\frac{dy}{dx} = \frac{1}{2 \cdot \frac{1 + x^2}{1 - x^2}} \cdot \frac{(2x - 2x^3 + 2x + 2x^3)}{(1 - x^2)^2} \rightarrow \frac{dy}{dx} = \frac{2x}{(1 + x^2)(1 - x^2)} \rightarrow \frac{dy}{dx} = \frac{2x}{1 - x^4}$$

Ou, usando a propriedade de logaritmo $y = \log_a u^b \rightarrow y = b \log_a u$, temos:

$$y = \ln \sqrt{\frac{1 + x^2}{1 - x^2}} \rightarrow y = \ln \left(\frac{1 + x^2}{1 - x^2}\right)^{1/2} \rightarrow y = \frac{1}{2} \ln \left(\frac{1 + x^2}{1 - x^2}\right)$$

$$\frac{dy}{dx} = \frac{1}{2} \cdot \frac{1}{\frac{1 + x^2}{1 - x^2}} \cdot \frac{(1 - x^2)2x - (1 - x^2)(-2x)}{(1 - x^2)^2}$$

$$\frac{dy}{dx} = \frac{1}{2} \cdot \frac{1}{\frac{1+x^2}{1-x^2}} \cdot \frac{(2x - 2x^3 + 2x + 2x^3)}{(1-x^2)^2} \rightarrow \frac{dy}{dx} = \frac{2x}{(1+x^2)(1-x^2)} \rightarrow \frac{dy}{dx} = \frac{2x}{1-x^4}$$

▶ **Exercício 6.12**

$$y = \sqrt{\ln\left(\frac{1+x^2}{1-x^2}\right)}$$

Solução:

$$y = \sqrt{\ln\left(\frac{1+x^2}{1-x^2}\right)} \rightarrow y = \ln^{1/2}\left(\frac{1+x^2}{1-x^2}\right)$$

$$\frac{dy}{dx} = \frac{1}{2}\ln^{-1/2}\left(\frac{1+x^2}{1-x^2}\right) \frac{1}{\frac{1+x^2}{1-x^2}} \frac{(1-x^2)2x - (1+x^2)(-2x)}{(1-x^2)^2}$$

$$\frac{dy}{dx} = \frac{1}{2}\ln^{-1/2}\left(\frac{1+x^2}{1-x^2}\right) \frac{1}{1+x^2} \frac{(1-x^2)2x - (1+x^2)(-2x)}{(1-x^2)}$$

$$\frac{dy}{dx} = \ln^{-1/2}\left(\frac{1+x^2}{1-x^2}\right) \frac{2x}{1-x^4}$$

▶ **Exercício 6.13**

$$y = e^{4x+1/3} \cdot \log_{1/2}(3x^4 - 1)$$

Solução:

$$\frac{dy}{dx} = e^{4x+1/3} \cdot \frac{\log_{1/2} e}{3x^4 - 1} \cdot 12x^3 + \log_{1/2}(3x^4 - 1)\, e^{4x+1/3} \cdot 4$$

$$\frac{dy}{dx} = 4e^{4x+1/3} \cdot \left[\frac{3x^3 \log_{1/2} e}{3x^4 - 1} + \log_{1/2}(3x^4 - 1)\right]$$

▶ **Exercício 6.14**

$$y = \frac{e^{x^3 + 3x - 4}}{\ln(4x + 5)}$$

Solução:

$$\frac{dy}{dx} = \frac{\ln(4x+5)\, e^{x^3+3x-4}(3x^2+3) - e^{x^3+3x-4} \cdot \frac{4}{4x+5}}{[\ln(4x+5)]^2}$$

$$\frac{dy}{dx} = \frac{e^{x^3+3x-4}\left[(3x^2+3)\ln(4x+5) - \dfrac{4}{4x+5}\right]}{\ln^2(4x+5)}$$

$$\frac{dy}{dx} = \frac{e^{x^3+3x-4}[(3x^2+3)(4x+5)\ln(4x+5) - 4]}{(4x+5)\ln^2(4x+5)}$$

▶ **Exercício 6.15**

$y = \ln(\ln(2x))^{2/3}$

Solução:

$$\frac{dy}{dx} = \frac{1}{(\ln(2x))^{2/3}} \cdot \frac{2}{3}(\ln(2x))^{-1/3} \cdot \frac{1}{2x} \cdot 2 \rightarrow \frac{dy}{dx} = \frac{2}{3x\ln(2x)}$$

▶ **Exercício 6.16**

$y = \log_3(e^{-3x} + e^{7x})^2$

Solução:

$$\frac{dy}{dx} = \frac{\log_3 e}{(e^{-3x}+e^{7x})^2} \, 2(e^{-3x}+e^{7x})(-3e^{-3x}+7e^{7x})$$

$$\frac{dy}{dx} = \frac{2\log_3 e}{e^{-3x}+e^{7x}}(-3e^{-3x}+7e^{7x})$$

Funções trigonométricas

Seja u uma função diferenciável de x.

⟶ **Função seno**

$y = \operatorname{sen} u \;\rightarrow\; \dfrac{dy}{dx} = \cos u \, \dfrac{du}{dx}$

▶ **Exemplo 6.27**

$y = \operatorname{sen}(3x+5)$

$\dfrac{dy}{dx} = \cos(3x+5)\,3 \;\rightarrow\; \dfrac{dy}{dx} = 3\cos(3x+5)$

▶ **Exemplo 6.28**

$y = \operatorname{sen}^5(4x+1)$

$$\frac{dy}{dx} = 5 \operatorname{sen}^4 (4x + 1) \cos (4x + 1) 4$$

$$\frac{dy}{dx} = 20 \operatorname{sen}^4 (4x + 1) \cos (4x + 1)$$

➡ Função cosseno

$$y = \cos u \;\rightarrow\; \frac{dy}{dx} = -\operatorname{sen} u \, \frac{du}{dx}$$

▶ **Exemplo 6.29**

$y = \cos (4x + 1)$

$$\frac{dy}{dx} = -4\operatorname{sen} (4x + 1)$$

▶ **Exemplo 6.30**

$y = \cos (\sqrt{x + 5})$

$$\frac{dy}{dx} = -\frac{1}{2} \operatorname{sen} (\sqrt{x + 5})(x + 5)^{-1/2}$$

➡ Função tangente

$$y = \operatorname{tg} u \;\rightarrow\; \frac{dy}{dx} = \sec^2 u \, \frac{du}{dx}$$

▶ **Exemplo 6.31**

$y = \operatorname{tg} (x^2 + 1)$

$$\frac{dy}{dx} = 2x \sec^2 (x^2 + 1)$$

➡ Função cotangente

$$y = \operatorname{cotg} u \;\rightarrow\; \frac{dy}{dx} = -\operatorname{cossec}^2 u \, \frac{du}{dx}$$

▶ **Exemplo 6.32**

$y = \operatorname{cotg} (x^2 + x + 4)$

$$\frac{dy}{dx} = -\operatorname{cossec}^2(x^2 + x + 4)(2x + 1)$$

➡ Função secante

$$y = \sec u \rightarrow \frac{dy}{dx} = \sec u \operatorname{tg} u \frac{du}{dx}$$

▶ **Exemplo 6.33**

$y = \sec(x^3 + x^2)$

$$\frac{dy}{dx} = \sec(x^3 + x^2)\operatorname{tg}(x^3 + x^2)(3x^2 + 2x)$$

➡ Função cossecante

$$y = \operatorname{cossec} u \rightarrow \frac{dy}{dx} = -\operatorname{cossec} u \cdot \operatorname{cotg} u \frac{du}{dx}$$

▶ **Exemplo 6.34**

$y = \operatorname{cossec}(x^{1/2} + 1)$

$$\frac{dy}{dx} = -\frac{1}{2}x^{-1/2}\operatorname{cossec}(x^{1/2} + 1)\operatorname{cotg}(x^{1/2} + 1)$$

Exercícios resolvidos

Determine a primeira derivada em relação a x para cada uma das funções y = f(x).

▶ **Exercício 6.17**

$y = \operatorname{sen}(4x^2 + 5) + \cos(7x + 1)$

Solução:

$$\frac{dy}{dx} = 8x\cos(4x^2 + 5) - 7\operatorname{sen}(7x + 1)$$

▶ **Exercício 6.18**

$$y = \sec\left(\frac{x^2}{3} + \frac{x}{2}\right) + \operatorname{tg}(x^3 + 5)$$

Solução:

$$\frac{dy}{dx} = \left(\frac{2x}{3} + \frac{1}{2}\right) \sec\left(\frac{x^2}{3} + \frac{x}{2}\right) \text{tg}\left(\frac{x^2}{3} + \frac{x}{2}\right) + 3x^2 \sec^2(x^3 + 5)$$

▶ **Exercício 6.19**

$y = x \text{ sen } (x^3 + 3)$

Solução:

$$\frac{dy}{dx} = x \cos(x^3 + 3)(3x^2) + \text{sen}(x^3 + 3)1$$

$$\frac{dy}{dx} = 3x^3 \cos(x^3 + 3) + \text{sen}(x^3 + 3)$$

▶ **Exercício 6.20**

$$y = \frac{\text{sen }(3x)}{\cos (4x)} + 7x^2 \text{ sen }(3x)$$

Solução:

$$\frac{dy}{dx} = \frac{3 \cos(4x) \cos(3x) + 4 \text{ sen}(3x) \text{ sen}(4x)}{(\cos(4x))^2} + 21x^2 \cos(3x) + 14x \text{ sen}(3x)$$

▶ **Exercício 6.21**

$y = \text{tg}^3 (\text{sen } x^2)$

Solução:

$$\frac{dy}{dx} = 3 \text{ tg}^2(\text{sen } x^2) \sec^2(\text{sen } x^2) 2x \cos x^2$$

$$\frac{dy}{dx} = 6x \text{ tg}^2(\text{sen } x^2) \sec^2(\text{sen } x^2) \cos x^2$$

Função inversa

Seja $y = f(x)$ uma função diferenciável no intervalo (a,b) e $f'(x) \neq 0$ para todo $x \in (a,b)$. Se a função inversa de $y = f(x)$ é $x = f^{-1}(y)$, então,

$$\frac{dx}{dy} = \frac{1}{\dfrac{dy}{dx}}$$

▶ **Exemplo 6.35**

Determine a primeira derivada da função inversa, ou seja, $\frac{dy}{dx}$.

$x = y^2 + y + \frac{7}{5}$

$\frac{dx}{dy} = 2y + 1 \rightarrow \frac{dy}{dx} = \frac{1}{2y + 1}$

▶ **Exemplo 6.36**

$x = y^5 + y^4 + 2y^2$

$\frac{dx}{dy} = 5y^4 + 4y^3 + 4y \rightarrow \frac{dy}{dx} = \frac{1}{5y^4 + 4y^3 + 4y}$

Funções compostas (Regra da Cadeia)

Se $y = f(u)$ e $u = g(x)$ são funções difenciáveis, então a derivada da função composta é dada por

$\frac{dy}{dx} = \frac{dy}{du} \cdot \frac{du}{dx}$

Essa fórmula é conhecida como Regra da Cadeia.

▶ **Exemplo 6.37**

Se $y = u^2$ e $u = x^2 + 3$, determine $\frac{dy}{dx}$.

$\frac{dy}{du} = 2u$ e $\frac{du}{dx} = 2x$

Substituindo na fórmula da derivada da função composta, temos:

$\frac{dy}{dx} = \frac{dy}{du} \cdot \frac{du}{dx} \rightarrow \frac{dy}{dx} = 2u \cdot 2x$

Substituindo $u = x^2 + 3$ na derivada, temos:

$\frac{dy}{dx} = 2(x^2 + 3) 2x \rightarrow \frac{dy}{dx} = 4x^3 + 12x$

▶ **Exemplo 6.38**

Se $y = \log u + 4$ e $u = x^2 + 1$, determine $\dfrac{dy}{dx}$.

$\dfrac{dy}{du} = \dfrac{\log e}{u}$ e $\dfrac{du}{dx} = 2x$

Substituindo na fórmula da derivada da função composta, temos:

$\dfrac{dy}{dx} = \dfrac{dy}{du} \cdot \dfrac{du}{dx} \rightarrow \dfrac{dy}{dx} = \dfrac{\log e}{u} 2x$

Substituindo $u = x^2 + 1$ na derivada, temos:

$\dfrac{dy}{dx} = \dfrac{2x \log e}{x^2 + 1}$

Exercícios resolvidos

Determine $\dfrac{dy}{dx}$ da função:

▶ **Exercício 6.22**

$x = \ln(y^3 + y)$

Solução:

$\dfrac{dy}{dx} = \dfrac{1}{\dfrac{dx}{dy}}$

$\dfrac{dx}{dy} = \dfrac{3y^2 + 1}{y^3 + y} \rightarrow \dfrac{dy}{dx} = \dfrac{y^3 + y}{3y^2 + 1}$

▶ **Exercício 6.23**

$x = \cos(y^5 + 1)$

Solução:

$\dfrac{dy}{dx} = \dfrac{1}{\dfrac{dx}{dy}}$

$\dfrac{dx}{dy} = -\operatorname{sen}(y^5 + 1)(5y^4) \rightarrow \dfrac{dy}{dx} = -\dfrac{1}{5y^4 \operatorname{sen}(y^5 + 1)}$

▶ **Exercício 6.24**

$x = 7y^4 + e^{4y}$

Solução:

$$\frac{dy}{dx} = \frac{1}{\frac{dx}{dy}}$$

$$\frac{dx}{dy} = 28y^3 + 4e^{4y} \rightarrow \frac{dy}{dx} = \frac{1}{28y^3 + 4e^{4y}}$$

▶ **Exercício 6.25**

$y = u^5$ e $u = \sqrt{x^2 + 4}$

Solução:

$$\frac{dy}{dx} = 5u^4 \frac{1}{2}(x^2 + 4)^{-1/2} \, 2x$$

Substituindo u na derivada, temos:

$$\frac{dy}{dx} = 5x(x^2 + 4)^2 (x^2 + 4)^{-1/2} \rightarrow \frac{dy}{dx} = 5x(x^2 + 4)^{3/2}$$

▶ **Exercício 6.26**

$y = u^3 \operatorname{sen} u$ e $u = 5x^3$

Solução:

$$\frac{dy}{dx} = \frac{dy}{du} \cdot \frac{du}{dx}$$

$$\frac{dy}{dx} = (3u^2 \operatorname{sen} u + u^3 \cos u)(15x^2) \rightarrow \frac{dy}{dx} = 15x^2 u^2 (3 \operatorname{sen} u + u \cos u)$$

Substituindo u na derivada, temos:

$$\frac{dy}{dx} = 15x^2(5x^3)^2 (3 \operatorname{sen}(5x^3) + 5x^3 \cos(5x^3)) \rightarrow \frac{dy}{dx} = 375x^8 (3\operatorname{sen}(5x^3) + 5x^3\cos(5x^3))$$

Funções implícitas

Uma função é dita implícita quando as variáveis dependente e independente estão juntas em uma equação, por exemplo, $xy^3 - x^4 + 2y = 0$.

Quando y é definido como uma função implícita de x pela equação f(x,y) = 0, a derivada de y em relação a x é obtida por meio da derivação da equação f(x,y) = 0 termo a termo, considerando y como função de x e, por fim, isolando a derivada $\dfrac{dy}{dx}$.

▶ **Exemplo 6.39**

Determine $\dfrac{dy}{dx}$ para a equação $xy^3 - x^4 + 2y = 0$.

Derivando em relação a x, termo a termo, tem-se:

$$\dfrac{d(xy^3)}{dx} = x\,3y^2\dfrac{dy}{dx} + y^3\dfrac{dx}{dx}$$

$$\dfrac{d(x^4)}{dx} = 4x^3\dfrac{dx}{dx} \;;\; \dfrac{d(2y)}{dx} = 2\dfrac{dy}{dx}$$

Como $\dfrac{dx}{dx} = 1$, tem-se:

$$3xy^2\dfrac{dy}{dx} + y^3 - 4x^3 + 2\dfrac{dy}{dx} = 0$$

$$3xy^2\dfrac{dy}{dx} + 2\dfrac{dy}{dx} = 4x^3 - y^3$$

Colocando $\dfrac{dy}{dx}$ em evidência e isolando-o, tem-se:

$$\dfrac{dy}{dx}(3xy^2 + 2) = 4x^3 - y^3 \rightarrow \dfrac{dy}{dx} = \dfrac{4x^3 - y^3}{3xy^2 + 2}$$

Exercícios resolvidos

Determine $\dfrac{dy}{dx}$:

▶ **Exercício 6.27**

$x^3 + y^3 = 0$

Solução:

$$3x^2\dfrac{dx}{dx} + 3y^2\dfrac{dy}{dx} = 0 \;\rightarrow\; 3x^2 + 3y^2\dfrac{dy}{dx} = 0$$

Isolando $\dfrac{dy}{dx}$, tem-se:

$$\dfrac{dy}{dx} = -\dfrac{3x^2}{3y^2} \rightarrow \dfrac{dy}{dx} = -\dfrac{x^2}{y^2}$$

Como $\dfrac{dx}{dx} = 1$, passará a ser omitida a expressão $\dfrac{dx}{dx}$ nos exercícios seguintes.

▶ **Exercício 6.28**

$x^4 + 3\sqrt{y^2 + 1} + 5 = 0$

Solução:

$$4x^3 + \dfrac{3}{2}(y^2 + 1)^{-1/2} \, 2y \dfrac{dy}{dx} = 0$$

Isolando $\dfrac{dy}{dx}$, tem-se:

$$\dfrac{dy}{dx} = -\dfrac{4x^3}{3y(y^2 + 1)^{-1/2}}$$

▶ **Exercício 6.29**

$xe^{3+y} + \dfrac{x^2 y}{2} + \text{sen}\,(y + 5) = 7$

Solução:

$$xe^{3+y} + \dfrac{x^2 y}{2} + \text{sen}\,(y + 5) - 7 = 0$$

$$xe^{3+y} \dfrac{dy}{dx} + e^{3+y} + \dfrac{x^2}{2} \dfrac{dy}{dx} + \dfrac{2xy}{2} + \cos(y + 5) \dfrac{dy}{dx} = 0$$

$$xe^{3+y} \dfrac{dy}{dx} + \dfrac{x^2}{2} \dfrac{dy}{dx} + \cos(y + 5) \dfrac{dy}{dx} = -e^{3+y} - xy$$

Colocando $\dfrac{dy}{dx}$ em evidência e isolando-o, tem-se:

$$\dfrac{dy}{dx} \left[xe^{3+y} + \dfrac{x^2}{2} + \cos(y + 5) \right] = -e^{3+y} - xy$$

$$\dfrac{dy}{dx} = \dfrac{-e^{3+y} - xy}{xe^{3+y} + \dfrac{x^2}{2} + \cos(y + 5)} \rightarrow \dfrac{dy}{dx} = \dfrac{-2e^{3+y} - 2xy}{2xe^{3+y} + x^2 + 2\cos(y + 5)}$$

▶ Exercício 6.30

$x\sqrt{5+y^2} = 7^{3x+y}$

Solução:

$x\sqrt{5+y^2} - 7^{3x+y} = 0$

$x \dfrac{1}{2}(5+y^2)^{-1/2} \, 2y \dfrac{dy}{dx} + (5+y^2)^{1/2} \, 1 - 7^{3x+y} \ln 7 \left(3 + \dfrac{dy}{dx}\right) = 0$

$xy(5+y^2)^{-1/2} \dfrac{dy}{dx} + (5+y^2)^{1/2} - 3 \cdot 7^{3x+y} \ln 7 - 7^{3x+y} \ln 7 \dfrac{dy}{dx} = 0$

$xy(5+y^2)^{-1/2} \dfrac{dy}{dx} - 7^{3x+y} \ln 7 \dfrac{dy}{dx} = 3 \cdot 7^{3x+y} \ln 7 - (5+y^2)^{1/2}$

Colocando $\dfrac{dy}{dx}$ em evidência e isolando-o, tem-se:

$\dfrac{dy}{dx}[xy(5+y^2)^{-1/2} - 7^{3x+y} \ln 7] = 3 \cdot 7^{3x+y} \ln 7 - (5+y^2)^{1/2}$

$\dfrac{dy}{dx} = \dfrac{3 \cdot 7^{3x+y} \ln 7 - (5+y^2)^{1/2}}{xy(5+y^2)^{-1/2} - 7^{3x+y} \ln 7}$

▶ Exercício 6.31

$xy + 3xy^4 = \ln(x+5y)$

Solução:

$xy + 3xy^4 - \ln(x+5y) = 0$

$x\dfrac{dy}{dx} + y + 12xy^3 \dfrac{dy}{dx} + 3y^4 - \dfrac{1}{x+5y}\left(1 + 5\dfrac{dy}{dx}\right) = 0$

$x\dfrac{dy}{dx} + 12xy^3 \dfrac{dy}{dx} - \dfrac{5}{x+5y}\dfrac{dy}{dx} = -y - 3y^4 + \dfrac{1}{x+5y}$

Colocando $\dfrac{dy}{dx}$ em evidência e isolando-o, tem-se:

$\dfrac{dy}{dx}\left(x + 12xy^3 - \dfrac{5}{x+5y}\right) = -y - 3y^4 + \dfrac{1}{x+5y}$

$\dfrac{dy}{dx} = \dfrac{-y - 3y^4 + \dfrac{1}{x+5y}}{x + 12xy^3 - \dfrac{5}{x+5y}} \;\rightarrow\; \dfrac{dy}{dx} = \dfrac{(-y-3y^4)(x+5y)+1}{(x+12xy^3)(x+5y)-5}$

Diferencial

Se a função y = f(x) é derivável, então a diferencial da função y = f(x), representada por dy, é o produto de sua derivada pelo acréscimo ou decréscimo arbitrário da variável independente x, representado por dx, ou seja:

dy = f'(x)dx

▶ **Exemplo 6.40**

Suponhamos que o custo total, em reais, da produção de x unidades de determinado produto seja C(x) = $3x^2$ + 5x + 10. Se o nível atual de produção for de 20 unidades, utilize o conceito de diferencial para fazer uma estimativa de como o custo total irá variar caso se produzam 22 unidades. Confira o resultado com o valor correto, obtido pela diferença entre C(22) – C(20).

Solução: Utilizando a função diferencial
Derivando C(x) em relação a x, temos:
C'(x) = 6x + 5
Como x = 20 e dx = 2, temos C'(20) = 125
Substituindo em dC = C'(x)dx, temos:
dC = 125·2 = 250
Quando a produção passar de 20 para 22 unidades, o custo total aumentará R$250,00.

Solução: Utilizando a diferença entre C(22) – C(20)
C(20) = 3·20^2 + 5·20 + 10 = 1310
C(22) = 3·22^2 + 5·22 + 10 = 1572
Calculando a diferença, temos:
C(22) – C(20) = 1572 – 1310 = 262
Quando a produção passar de 20 para 22 unidades, o custo total aumentará R$262,00.

Conclusão: A aproximação obtida pela função diferencial é bastante satisfatória.

▶ **Exemplo 6.41**

Suponhamos que a produção mensal de uma fábrica seja de Q(x) = $450x^{1/3}$ unidades, onde x representa o número de operários. Atualmente a fábrica emprega 27 operários. Se três operários forem demitidos, qual será a variação na produção mensal?

Solução: Utilizando a função diferencial

Derivando Q(x) em relação a x, temos:
$Q'(x) = 150x^{-2/3}$
Como x = 27 e dx = –3, temos $Q'(27) = 150(27)^{-2/3} \cong 16{,}67$
Substituindo em dQ = Q'(x)dx, temos:
dQ = 16,67·(–3) $\cong$ – 50,01

Quando o número de operários for reduzido para 24 a produção mensal será reduzida em aproximadamente 50 unidades.

Derivadas de ordem superior

Seja a função y = f(x) derivável e f'(x) a sua primeira derivada. Quando f'(x) for derivável, sua derivada é denominada derivada de segunda ordem e a notação utilizada é f"(x) ou, em outras palavras, a derivada de segunda ordem de y = f(x) é a derivada da derivada de primeira ordem.

Notações para a representação da derivada de segunda ordem:

$$y'' = f''(x) = \frac{d^2y}{dx^2} = \frac{d^2f(x)}{dx^2}$$

Generalizando o procedimento, temos a derivada de ordem n.
Notações para a representação da derivada de ordem n:

$$f^n(x) = y^n = \frac{d^ny}{dx^n} = \frac{d^nf(x)}{dx^n}$$

▶ **Exemplo 6.42**

Determine as derivadas de primeira, segunda e terceira ordens da seguinte função:

$y = x^3 + 4x^2 + 1$

Calculando a derivada de primeira ordem.

$$\frac{dy}{dx} = 3x^2 + 8x$$

Calculando a derivada de segunda ordem.

$$\frac{d^2y}{dx^2} = 6x + 8$$

Calculando a derivada de terceira ordem.

$$\frac{d^3y}{dx^3} = 6$$

◗ **Exemplo 6.43**

y = sen x

Calculando a derivada de primeira ordem.

$\dfrac{dy}{dx} = \cos x$

Calculando a derivada de segunda ordem.

$\dfrac{d^2y}{dx^2} = -\operatorname{sen} x$

Calculando a derivada de terceira ordem.

$\dfrac{d^3y}{dx^3} = -\cos x$

Exercícios resolvidos

Determine as derivadas de primeira, segunda e terceira ordens da função:

◗ **Exercício 6.32**

$y = \dfrac{1}{x}$

Solução:

$\dfrac{dy}{dx} = \dfrac{x \cdot 0 - 1 \cdot 1}{x^2} = -\dfrac{1}{x^2}$ (derivada de primeira ordem)

$\dfrac{d^2y}{dx^2} = -\dfrac{x^2 \cdot 0 - 2x}{x^4} = \dfrac{2}{x^3}$ (derivada de segunda ordem)

$\dfrac{d^3y}{dx^3} = \dfrac{x^3 \cdot 0 - 2 \cdot 3x^2}{x^6} = -\dfrac{6}{x^4}$ (derivada de terceira ordem)

◗ **Exercício 6.33**

$y = \dfrac{3 + x}{3 - x}$

Solução:

$\dfrac{dy}{dx} = \dfrac{(3-x)1 - (3+x)(-1)}{(3-x)^2} = \dfrac{6}{(3-x)^2}$ (derivada de primeira ordem)

$$\frac{d^2y}{dx^2} = \frac{(3-x)^2 \cdot 0 - 6 \cdot 2(3-x)(-1)}{(3-x)^4} = \frac{12(3-x)}{(3-x)^4} = \frac{12}{(3-x)^3} \text{ (derivada de segunda ordem)}$$

$$\frac{d^3y}{dx^3} = \frac{(3-x)^3 \cdot 0 - 12 \cdot 3(3-x)^2(-1)}{(3-x)^6} = \frac{36(3-x)^2}{(3-x)^6} = \frac{36}{(3-x)^4} \quad \text{derivada de terceira ordem}$$

▶ **Exercício 6.34**

$y = e^{ax}$, a é constante

Solução:

$\dfrac{dy}{dx} = ae^{ax}$ (derivada de primeira ordem)

$\dfrac{d^2y}{dx^2} = a^2 e^{ax}$ (derivada de segunda ordem)

$\dfrac{d^3y}{dx^3} = a^3 e^{ax}$ (derivada de terceira ordem)

Análise marginal

Função custo

Seja a função de custo total $C_t(x)$, onde x é a quantidade de produto produzida.

O custo marginal, que é o acréscimo do custo para o aumento de 1 unidade produzida é dado por $C_{mg}(x) = C_t'(x)$, que é a primeira derivada da função custo total em relação a x.

O custo médio por unidade é dado por $\overline{C}_t(x) = \dfrac{C_t(x)}{x}$.

▶ **Exemplo 6.44**

Seja a função de custo total dada por $C_t(x) = x^2 + x$, onde x é a quantidade produzida. Determine as funções de custo médio, custo marginal e custo médio marginal.

A função de custo médio é $\overline{C}_t(x) = \dfrac{x^2 + x}{x} = 1 + x$.

A função de custo marginal é $C_t'(x) = 2x + 1$.

A função de custo médio marginal é $\overline{C}_t'(x) = 1$.

Função receita

Para uma função de demanda y = f(x), onde y é preço por unidade e x é quantidade vendida, a receita total é $R_t(x) = x\, f(x)$.

A receita marginal, que é o acréscimo da receita para o aumento de 1 unidade vendida, é dada por $R_{mg}(x) = R_t'(x)$, que é a primeira derivada da função receita em relação a x.

A receita média por unidade é dada por $\overline{R}_t(x) = \dfrac{R_t(x)}{x}$.

▶ **Exemplo 6.45**
Seja a função de demanda dada por $y = x^4 + 3x$, onde y é o preço por unidade e x é quantidade demandada. Determine as funções de receita e receita marginal.

A função receita total é $R_t(x) = (x^4 + 3x)x \rightarrow R_t(x) = x^5 + 3x^2$.
A receita marginal é $R_t(x) = 5x^4 + 6x$.

Função lucro

Sejam $R_t(x)$ e $C_t(x)$ funções de receita e custo total, respectivamente, para produzir e vender x unidades do produto. A função de lucro é dada por $L_t(x) = R_t(x) - C_t(x)$.

O lucro marginal, que é o acréscimo do lucro para o aumento de 1 unidade vendida, é dada por $L_{mg}(x) = L_t'(x)$, que é a primeira derivada da função lucro em relação a x.

▶ **Exemplo 6.46**
Seja a função de receita dada por $R_t(x) = x^5 + 3x^2$ e a função de custo total dada por $C_t(x) = x^2 + x$, onde x é quantidade produzida e vendida. Determine as funções de lucro e lucro marginal.

A função de lucro é $L_t(x) = R_t(x) - C_t(x)$
$L_t(x) = x^5 + 3x^2 - (x^2 + x) \rightarrow L_t(x) = x^5 + 2x^2 - x$
A função de lucro marginal é $L_t'(x) = 5x^4 + 4x - 1$.

Elasticidade-preço da demanda

Seja y = f(x) a função de demanda de certo produto, onde x é a quantidade demandada e y é preço. A função inversa da função de demanda, $x = f^{-1}(y)$, representa a quantidade demandada em função do preço y. Então, a elasticidade-preço da demanda é:

$$E = \frac{y}{x} \cdot \frac{dx}{dy}$$

Essa medida representa, aproximadamente, a variação percentual da demanda quando o preço aumenta 1% e independe das unidades associadas a x ou a y.

Como a função de demanda é, em geral, decrescente, a derivada f'(x) tem sinal negativo e, portanto, a elasticidade-preço da demanda é negativa. Por isso, para classificar a demanda, será utilizado o módulo de E, e esse valor será comparado a 1, que representa 1%.

A demanda é elástica em relação ao preço se |E| > 1.
A demanda tem elasticidade unitária em relação ao preço se |E| = 1.
A demanda é inelástica em relação ao preço se |E| < 1.

▶ **Exemplo 6.47**

Seja a função de demanda de um certo produto dada por y = –2x + 100, onde x é a quantidade demandada e y é o preço unitário do produto, 0 ≤ y < 100.

a) Determine a elasticidade-preço da demanda.

Solução:
Determinando a função inversa da função de demanda

$$y = -2x + 100 \twoheadrightarrow -2x = y - 100 \twoheadrightarrow x = 50 - \frac{y}{2} \twoheadrightarrow \frac{dx}{dy} = -\frac{1}{2}$$

A derivada $\frac{dx}{dy}$ também pode ser calculada por meio da derivada da função inversa, como visto anteriormente.

$$\frac{dx}{dy} = \frac{1}{\frac{dy}{dx}}, \text{ como } \frac{dy}{dx} = -2 \twoheadrightarrow \frac{dx}{dy} = -\frac{1}{2}$$

$$E = \frac{y}{x}\left(-\frac{1}{2}\right) = -\frac{1}{2} \cdot \frac{y}{50 - \frac{y}{2}} = -\frac{1}{2} \cdot \frac{y}{\frac{100-y}{2}} = -\frac{y}{100-y}$$

b) Determine a elasticidade para os preços y = 10, y = 50 e y = 75 e interprete os resultados.

Solução:
A elasticidade para o preço y = 10 é:

$$E(10) = -\frac{10}{100-10} = -\frac{1}{9} \cong -0{,}11$$

Ou seja, quando o preço unitário é de 10, então um aumento de 1% no preço unitário causa um decréscimo aproximado de 0,11% na quantidade demandada. Como |E| < 1, a demanda é inelástica em relação ao preço.

A elasticidade para o preço y = 50 é:

$$E(50) = -\frac{50}{100-50} = -1$$

Ou seja, quando o preço unitário é de 50, então um aumento de 1% no preço unitário causa um decréscimo aproximado de 1% na quantidade demandada. Como |E| = 1, a demanda tem elasticidade unitária em relação ao preço.

A elasticidade para o preço y = 75 é:

$$E(75) = -\frac{75}{100-75} = -3$$

Ou seja, quando o preço unitário é de 75, então um aumento de 1% no preço unitário causa um decréscimo aproximado de 3% na quantidade demandada. Como |E| > 1, a demanda é elástica em relação ao preço.

Exercícios resolvidos

▶ **Exercício 6.35**
Uma indústria de aparelhos de TV tem a função custo total, em reais, modelada por $C_t(x) = 2x^2 + 120x + 500$, onde x representa o número de aparelhos de TV produzidos. Pede-se:

(A) O custo médio para a produção de 1.000 aparelhos.

Solução:

$$\overline{C}_t(x) = \frac{C_t(x)}{x} = \frac{2x^2 + 120x + 500}{x}$$

$$\overline{C}_t(1000) = \frac{2(1000)^2 + 120(1000) + 500}{1000} = 18{.}795 \text{ reais}$$

(B) A taxa de acréscimo no custo total para a produção de 1 unidade adicional de aparelho de TV.

Solução:

O custo marginal é:

$$C_{mg}(x) = \frac{dC_t(x)}{dx} = 4x + 120$$

(C) A taxa de acréscimo no custo total para a produção da 11ª unidade de aparelho de TV.

$$\frac{dC_t(10)}{dx} = 4 \cdot 10 + 120 = 160 \text{ reais}$$

▶ **Exercício 6.36**

Suponha que a função receita total de um certo produto é dada por $R_t(x) = -0,2x^2 + 700x$ e que a função custo total é dada por $C_t(x) = 100x + 200$, onde x é a quantidade produzida e vendida do produto e a receita e o custo são estabelecidos em reais. Pede-se:

(A) A função lucro total.

Solução:

$L_t(x) = R_t(x) - C_t(x)$
$L_t(x) = (-0,2x^2 + 700x) - (100x + 200)$
$L_t(x) = -0,2x^2 + 700x - 100x - 200$
$L_t(x) = -0,2x^2 + 600x - 200$

(B) A função lucro marginal.

Solução:

$L'_t(x) = -0,4x + 600$

(C) O lucro marginal na renda de 30 unidades do produto e a interpretação do resultado.

Solução:

$L'_t(30) = -0,4 \cdot 30 + 600 = -1,2 + 600 = 588$

O lucro obtido na venda da trigésima primeira unidade do produto é de 588 reais, aproximadamente.

▶ **Exercício 6.37**

Considere um produto com o seguinte modelo de demanda: y = 0,04x + 700, onde x representa a quantidade e y o preço em reais. Pede-se:

(A) A elasticidade-preço da demanda.

Solução:

$$y = -0{,}04x + 700 \rightarrow x = \frac{700 - y}{0{,}04}$$

Calculando $\dfrac{dx}{dy}$

$$\frac{dx}{dy} = -\frac{1}{0{,}04}$$

$$E = \frac{y}{x} \cdot \frac{dx}{dy} = -\frac{1}{0{,}04} \cdot \frac{y}{\frac{700 - y}{0{,}04}} \rightarrow E = -\frac{y}{700 - y}$$

(B) O cálculo da elasticidade quando o preço é de 100 reais e a interpretação do resultado.

Solução:

$$E(100) = -\frac{100}{700 - 100} = -\frac{1}{6} \cong -0{,}17$$

Quando o preço unitário do produto é de 100 reais, um aumento de 1% no preço unitário do produto provoca um decréscimo de 0,17% na quantidade demandada.

(C) O cálculo da elasticidade quando o preço é de 500 reais e a interpretação do resultado.

Solução:

$$E(500) = -\frac{500}{700 - 500} = -2{,}5$$

Quando o preço unitário do produto é de 500 reais, então um aumento de 1% no preço unitário do produto provoca um decréscimo de 2,5% na quantidade demandada.

▶ **Exercício 6.38**

A demanda de um produto é dada pelo modelo y = − 0,001x + 800, onde y representa o preço em reais e x, a quantidade demandada (ou vendida). A função custo total é modelada por $C_t(x) = 0{,}0003x^4 - 0{,}0001x^2 + 400x + 8000$ em reais.

Pede-se:

(A) A função receita total.

Solução:

$R_t(x)$ = preço·quantidade vendida
$R_t(x) = yx = (-0,001x + 800)x$
$R_t(x) = -0,001x^2 + 800x$

(B) A função lucro total.

Solução:

$L_t(x) = R_t(x) - C_t(x)$
$L_t(x) = (-0,001x^2 + 800x) - (0,0003x^4 - 0,0001x^2 + 400x + 8000)$
$L_t(x) = -0,0003x^4 - 0,0009x^2 + 400x - 8000$

(C) A função custo marginal.

Solução:

$C_t'(x) = 0,0012x^3 - 0,0002x + 400$

(D) A função receita marginal

Solução:

$R_t'(x) = -0,002x + 800$

(E) A função lucro marginal.

Solução:

$L_t'(x) = -0,0012x^3 - 0,0018x + 400$

(F) A função de custo médio marginal.

Solução:

A função de custo médio é:

$$\overline{C}_t(x) = \frac{0,0003x^4 - 0,0001x^2 + 400x + 8000}{x}$$

$$\overline{C}_t(x) = 0,0003x^3 - 0,0001x + 400 + \frac{8000}{x}$$

A função de custo médio marginal é:

$$\overline{C}_t'(x) = 0,0009x^2 - 0,0001 - \frac{8000}{x^2}$$

(G) O custo marginal, a receita marginal e o lucro marginal na produção de 40 unidades do produto, e a interpretação dos resultados.

Solução:

$C_t'(40) = 0{,}0012(40)^3 - 0{,}0002(40) + 400 = 76{,}8 - 0{,}008 + 400 = 476{,}79$

Quando o nível de produção é de 40 unidades do produto, o custo para produzir 1 unidade adicional, ou seja, a 41ª unidade, é de aproximadamente 476,79 reais.

$R_t'(40) = -0{,}002(40) + 800 = 799{,}99$

A receita obtida na venda da 41ª unidade do produto é de aproximadamente 799,99 reais.

$L_t'(40) = -0{,}0012(40)^3 - 0{,}0018(40) + 400 = 323{,}13$

O lucro obtido na venda da 41ª unidade do produto é de aproximadamente 323,13 reais.

▶ Exercício 6.39

Suponha que a quantidade x de um produto colocado à venda por semana está relacionada com o preço unitário y em unidades monetárias pelo seguinte modelo matemático: $y - \frac{1}{4}x^2 = -38{,}25$. Determine a taxa de oferta do produto em relação ao tempo quando o preço unitário é 4 e o preço por unidade do produto diminui à razão de 2 por semana.

Solução:

A taxa de variação no tempo da quantidade ofertada é dada por $\frac{dx}{dt}$.

Para y = 4, tem-se:

$y - \frac{1}{4}x^2 = -38{,}25 \rightarrow 4 - \frac{1}{4}x^2 = -38{,}25 \rightarrow 16 - x^2 = 4(-38{,}25)$

$x^2 = 169 \rightarrow x = \pm 13$

O valor negativo não serve, pois é economicamente inviável.

Tomando a primeira derivada da função em relação ao tempo, tem-se:

$\frac{dy}{dt} - \frac{x}{2} \cdot \frac{dx}{dt} = \frac{d(-38{,}25)}{dt} \rightarrow \frac{dy}{dt} - \frac{x}{2} \cdot \frac{dx}{dt} = 0$

Substituindo $\frac{dy}{dt} = -2$ e x = 13, tem-se:

$-2 - \frac{13}{2} \cdot \frac{dx}{dt} = 0 \rightarrow \frac{dx}{dt} = -\frac{4}{13} \rightarrow \frac{dx}{dt} = -0{,}308$

A taxa de variação no tempo da quantidade ofertada decresce aproximadamente 0,308 unidades ao mês.

◗ **Exercício 6.40**

O modelo matemático da demanda de um certo produto é $y = \dfrac{100}{x+4}$, onde y representa o preço em reais e x, a quantidade demandada por mês. A indústria tem a previsão de demanda de 700 unidades do produto para o próximo mês. Se a produção real do produto for 720 unidades, qual será a queda esperada no seu preço?

Solução:

$$y = \frac{100}{x+4} \rightarrow \frac{dy}{dx} = \frac{(x+4)0 - 100 \cdot 1}{(x+4)^2} = -\frac{100}{(x+4)^2}$$

A diferencial da função demanda é:

$$dy = f'(x)dx \rightarrow dy = -\frac{100}{(x+4)^2}dx$$

que representa a alteração de preço em função de alteração na produção. Como x = 700 e dx = 720 – 700 = 20, tem-se:

$$dy = -\frac{100}{(700+4)^2} \cdot 20 = -0,004.$$

O preço tem uma queda esperada de 0,004 reais.

Exercícios propostos

Determine a primeira derivada em relação a x para cada uma das funções y = f(x). Considere a, b, c e d constantes:

◗ 6.1 $y = 3x^2 + 4x + 1$

◗ 6.2 $y = ax^3 + bx^2 + cx + d$

◗ 6.3 $y = ax^{-8}$

◗ 6.4 $y = 2x^{-3} + 4x^{-2} + 3x^{-1} - 2$

◗ 6.5 $y = \dfrac{4}{5}x^7 - \dfrac{3}{8}x^4 + \dfrac{5}{3}x^3 + 2x - 4$

◗ 6.6 $y = (x+1)(x-2)$

◗ 6.7 $y = (x^2 + 1)(x^3 - 4)$

◗ 6.8 $y = (x^2 + 2x + 1)^3$

◗ 6.9 $y = (x^2 - x + 13)^{1/5}$

◗ 6.10 $y = 4x^2 + 7x + 1$

◗ 6.11 $y = ax^{5/3} + bx^{7/5} - cx^{2/3}$

◗ 6.12 $y = (x^2 - 1)(3x + 5)(2x - 1)$

◗ 6.13 $y = \dfrac{1}{x^n}$

- 6.14 $y = \dfrac{ax + b}{cx + d}$

- 6.15 $y = \dfrac{2x^2 - 5x - 4}{5x^2 - 8x - 10}$

- 6.16 $y = \sqrt{16 - x^2}$

- 6.17 $y = (3x + 4)(x + 1)^{3/4}$

- 6.18 $y = (5x^2 - 6x + 9)(x + 1)^{2/3}$

- 6.19 $y = \left(a + \dfrac{b}{x^2}\right)^3$

- 6.20 $y = \sqrt{\dfrac{1}{x}}$

- 6.21 $y = e^{\ln x}$

- 6.22 $y = \dfrac{e^x}{x + 1}$

- 6.23 $y = x^3 \ln x$

- 6.24 $y = \dfrac{1}{2a} \ln\left(\dfrac{x - a}{x + a}\right)$

- 6.25 $y = \ln(x + \sqrt{1 + x^2})$

- 6.26 $y = x^{\log x}$

- 6.27 $y = e^{ax^2 + bx + c} + e^{-a^2 - bx - c}$

- 6.28 $y = e^{3x^2 + 4} + \log(x^2 + 1) + \ln(x^4 - 1)$

- 6.29 $y = e^{ax+b} \log(cx + d)$

- 6.30 $y = \dfrac{e^{ax+b}}{\ln(cx + d)}$

- 6.31 $y = 2 - \sqrt[3]{e^{-x} + \ln^2\left(\dfrac{4x}{3} - 1\right)}$

- 6.32 $y = (\log(4x^2 + 5x - 1))^{-1/5}$

- 6.33 $y = x^3 + \ln(x^6 + 4)$

- 6.34 $y = \ln(2x + \sqrt{x^2 + 3})$

- 6.35 $y = \left(\dfrac{x + 1}{x - 1}\right)^{1/3}$

- 6.36 $y = \dfrac{e^{3x} - e^{4x}}{e^{5x/2}}$

- 6.37 $y = \dfrac{3^{5x} - 3^{7x}}{3^{2x}}$

- 6.38 $y = \log_{1/2}(3x + 7) - \ln(4x^2 + 1) + e^{5x^4 + 4}$

- 6.39 $y = \operatorname{sen}(x^2 + 5)$

- 6.40 $y = 3 + 4\cos(x^4 + x^2 + 1)$

- 6.41 $y = \operatorname{tg}^3(x^2 + 7)$

- 6.42 $y = \dfrac{3x}{2} + \dfrac{7}{3}\operatorname{cotg}\left(x^2 + \dfrac{1}{5}\right)$

- 6.43 $y = \cos^3(\sqrt{x^2 + 7})$

- 6.44 $y = e^{\operatorname{sen} 2x}$

- 6.45 $y = e^{\cos(x^4 + 5)} - e^{\operatorname{tg}(x^2 + 7)}$

- 6.46 $y = x^2 \cos(x^{-2} + x^{-1} - 5)$

- 6.47 $y = \ln^3(\operatorname{cossec}^2(1 - 5x)) - x^4 \operatorname{sen}(3x)$

- 6.48 $y = (\cos x)^{\operatorname{sen} x}$

Determine $\dfrac{dy}{dx}$ para cada uma das seguintes funções:

- 6.49 $y = u^{7/3}$ e $u = 4x^3 + 1$

- 6.50 $y = u^{1/2}$ e $u = 2x - 3$

- 6.51 $y = \dfrac{1}{3u}$ e $u = x^4 + 4x^3 + 2x$

- 6.52 $y = \dfrac{e^{2x} + e^{-2x}}{x}$

- 6.53 $y = \sqrt{u^3 + u^2 + 3u + 4}$ e $u = x^5 + x^3 + x$

- 6.54 $y = u^2 \cos u$ e $u = 3x^2$

- 6.55 $x = \ln(4y^2 + 3)$

- 6.56 $x = y\sqrt{9 + y^2}$

- 6.57 $x = \ln(8y^2 + 5)$

- 6.58 $xy^2 - x^2 + y = 0$

- 6.59 $x^3 + y^3 - 9xy = 0$
- 6.60 $\sqrt{x} + \sqrt{y} = \sqrt{3}$
- 6.61 $x^2y^2 = 7$
- 6.62 $x^3y^3 + x^2y^2 - 7 = 0$
- 6.63 $xy^2 + y^2 - 5 = 0$
- 6.64 $(x+y)^2 + (x+y)^3 - 9 = 0$
- 6.65 $\cos(xy) + \sen(xy) = 5$
- 6.66 $\sqrt{xy+3} = \sqrt{x}$
- 6.67 $2^{7x+y} - xy = 0$
- 6.68 $x^{-2}y^{-4} + 3y = 3x$
- 6.69 $x^{-1/3} + \sqrt{x^2 + 2y^2} = 7x$
- 6.70 $x^3y^4 + \sqrt{3x+y} - 4x^2 = 0$
- 6.71 $x^4 e^{3x+y} = -4xy$
- 6.72 $x^6y^6 + \sqrt{x^6+y^6} = 7$
- 6.73 $\dfrac{x}{y} + \dfrac{y}{x} = 7y$

- 6.74 $\sen(3x)\cos(4y) = 0$
- 6.75 $\dfrac{3y}{x} + \dfrac{3x}{y} = 2$

Para as seguintes funções, determine as derivadas de primeira, segunda e terceira ordens. Considere a, b e m constantes.

- 6.76 $y = x^m$
- 6.77 $y = \dfrac{a+x}{a-x}, a \ne x$
- 6.78 $y = \dfrac{1}{a+bx}, a \ne -bx$
- 6.79 $y = a^x, a > 0$ e $a \ne 1$
- 6.80 $y = xe^x$

- 6.81 Uma indústria de enlatados de soja tem a função custo total modelada por $C_t(x) = 3x^2 + 400$ em reais, onde x representa o número de enlatados de soja produzidos. Pede-se:
  (A) O custo médio para a produção de 200 enlatados.
  (B) A função custo marginal.
  (C) O custo marginal para a produção de 15 unidades de enlatados e a interpretação do resultado.

- 6.82 O custo total para produzir x unidades de um certo produto é dado por $C_t(x) = 3x^{1/2} + 2x^{1/4} + 100$ em 1.000 unidades monetárias. Pede-se:
  (A) A função de custo médio.
  (B) A função de custo médio marginal.
  (C) O custo médio na produção de 16 unidades do produto.

- 6.83 Suponha que a relação entre o preço unitário y e a quantidade demandada x de um certo bem é dada pelo modelo $y = -0,01x^2 + 700$. Pede-se:
  (A) A função receita total.
  (B) A função receita marginal.

(C) A receita marginal para a venda de 30 unidades do produto e a interpretação do resultado.

▶ 6.84 Suponha que as funções de receita total e de custo total para um certo bem sejam, respectivamente, $R_t(x) = -0{,}02x^3 + 900x$ e $C_t(x) = 300x + 100$, onde x representa a quantidade do bem. Pede-se:
(A) A função lucro total.
(B) A função lucro marginal.
(C) O lucro marginal na venda de 40 unidades do produto e a interpretação do resultado.

▶ 6.85 A demanda de um produto é dada pelo modelo $y = -0{,}0005x + 1500$, onde y representa o preço e x representa a quantidade demandada. A função custo total é modelada por $C_t(x) = -0{,}03x^2 + 700x + 10000$ unidades monetárias. Pede-se:
(A) A função receita total.
(B) A função lucro total.
(C) A função custo marginal.
(D) A função receita marginal.
(E) A função lucro marginal.
(F) A função custo médio.
(G) A função custo médio marginal.
(H) O custo marginal, a receita marginal, o lucro marginal na produção de 70 unidades do produto e a interpretação dos resultados.

▶ 6.86 O crescimento de uma determinada espécie de peixe cresce segundo o modelo matemático $C_r(t) = 0{,}4t^3 + 3t^{-2} - 5$ no período de 1980 a 1990, onde t representa ano e t = 0 representa o ano de 1980. Pede-se:
(A) A função de crescimento da população de peixes.
(B) A taxa de crescimento da população de peixes em 1988.
(C) A função da variação da taxa de crescimento da população de peixes.
(D) A variação da taxa de crescimento da população de peixes em 1989.

▶ 6.87 A demanda de um certo bem é dada pelo modelo
$y = -0{,}00007x^2 + 0{,}05x + 7000$, onde y representa o preço em reais e x, a quantidade demandada. A função custo total é dada por
$C_t(x) = 0{,}00007x^3 - 0{,}0003x^2 + 700x + 3000$ reais. Pede-se:
(A) A função receita total.
(B) A função lucro total.
(C) A função custo marginal.

(D) A função receita marginal.
(E) A função lucro marginal.
(F) O custo marginal na produção de 200 unidades de produto, a receita marginal e o lucro marginal na venda de 200 unidades do produto, e a interpretação dos resultados.

▶ **6.88** O número de falhas de um sistema cresce segundo o modelo matemático $n(t) = 2t^2 + t + 4$ no período de 5 anos, onde t representa ano. Pede-se:
(A) A função da taxa de falhas do sistema.
(B) A taxa de falhas de sistema no ano 3.
(C) A função de variação da taxa de falha do sistema e a interpretação do resultado.

▶ **6.89** O número de novas habitações sendo construídas em uma região nos próximos 20 anos n(t) está relacionado com a taxa de financiamento $t_f(t)$ (% ao ano), por meio do modelo matemático: $81n^2 + t_f = 164$. Determine a taxa de variação no tempo do número de habitações, considerando que a taxa de financiamento é de 20% ao ano e aumenta à razão de 3% ao ano.

▶ **6.90** Suponha que o modelo matemático de um certo produto é dado por $256x^2 + 9y^2 = 3600$, onde x representa a quantidade do produto e y, o preço unitário em unidade monetária. Determine a taxa de variação no tempo da quantidade demandada quando o preço unitário do produto é de 5 unidades monetárias e o preço de venda do produto diminui a uma razão de 3 unidades monetárias por mês. Interprete o resultado.

▶ **6.91** A produção mensal de certa fábrica de tijolos é de $Q(x) = 400x^{1/2}$ unidades, onde x representa o capital investido, medido em mil reais. Se o capital atualmente investido é de R$ 400.000,00, qual será a variação na produção se um investimento adicional de R$ 900,00 for realizado?

▶ **6.92** Calcula-se que a produção semanal de certa fábrica seja de $Q(x) = x^3 + 55x^2 + 1000x + 500$ unidades, onde x representa o número de operários da fábrica. Atualmente, há 25 operários trabalhando. Avalie a variação que ocorrerá na produção semanal da fábrica caso sejam retirados dois operários.

▶ **6.93** A demanda de um certo produto é dada por $y = 50 - \dfrac{x}{2}$, onde x representa a quantidade demandada e y, o preço do produto em reais, $0 \leq y \leq 50$.
Pede-se:
(A) A elasticidade-preço da demanda.

(B) A elasticidade para os preços y = 20, y = 25 e y = 30 em reais e interpretação dos resultados.

▸ **6.94** A demanda de um certo produto é dada por $y = 30 - \dfrac{x}{10}$, onde x representa a quantidade demandada e y, o preço do produto em reais, $0 \leq y \leq 30$.
Pede-se:
(A) A elasticidade-preço da demanda.
(B) A elasticidade para os preços y = 10, y = 15 e y = 20 em reais e interpretação dos resultados.

7
Máximos e mínimos de funções de uma variável

Após o estudo deste capítulo, você estará apto a conceituar:

- Funções crescentes e decrescentes
- Máximos e mínimos relativos
- Pontos de inflexão
- Máximos e mínimos absolutos
- Aplicações de máximos e mínimos

Funções crescentes e decrescentes

Seja a função $y = f(x)$ contínua em $[a,b]$ e diferenciável em (a,b).

(I) Se $f'(x) > 0$ para todo x em (a,b), então $f(x)$ é crescente em (a,b).

(II) Se $f'(x) < 0$ para todo x em (a,b), então $f(x)$ é decrescente em (a,b).

Assim, se escolhermos qualquer número k no intervalo e se $f'(k) > 0$ ($f'(k) < 0$), então $f'(x) > 0$ ($f'(x) < 0$) para todo x no intervalo, como demonstra o Gráfico 7.1

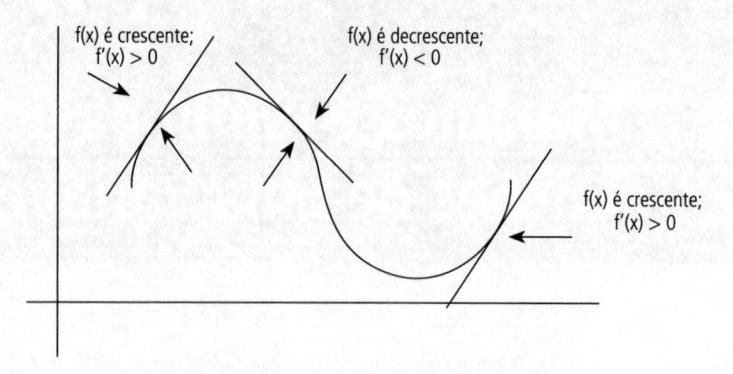

Gráfico 7.1: Funções crescentes e decrescentes

▶ **Exemplo 7.1**

Seja a função y = 4x² + 5. Calculando a primeira derivada, $f'(x) = \dfrac{dy}{dx} = 8x$. Estudando o comportamento da primeira derivada, f'(x) > 0 se x > 0, logo a função é crescente para x > 0; f'(x) < 0 se x < 0, logo a função é decrescente para x < 0, como demonstra o Gráfico 7.2.

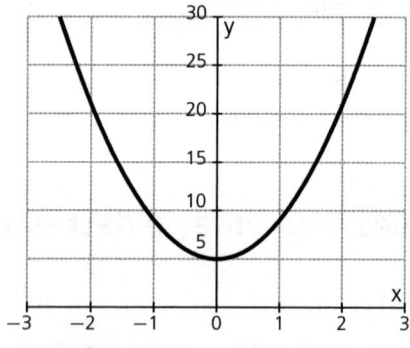

Gráfico 7.2: Função y = 4x² + 5

Pontos críticos

Para qualquer função f(x), um ponto x = a no domínio da f(x), onde f'(a) = 0 ou f'(a) não existe, é chamado de ponto crítico da função.

Máximos e mínimos relativos ou locais

Suponha que x = a seja um ponto crítico da função f(x). Então:
- f(x) tem um mínimo relativo em x = a se, próximo a x = a, os valores de f(x) forem maiores do que f(a).
- f(x) tem um máximo relativo em x = a se, próximo a x = a, os valores de f(x) forem menores do que f(a).

Cada máximo ou mínimo relativo é chamado de extremo relativo.
O Gráfico 7.3 ilustra uma função com seus máximos e mínimos relativos.

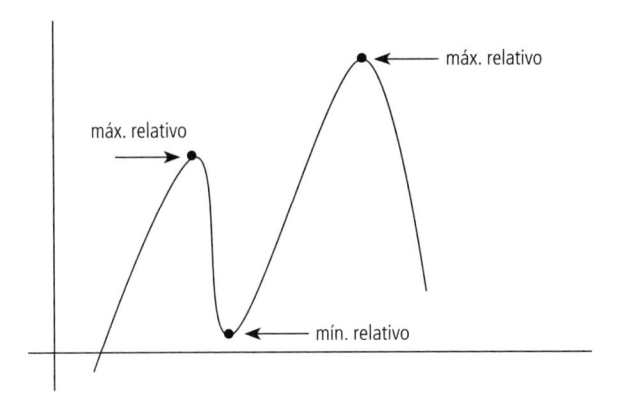

Gráfico 7.3: Exemplo de máximos e mínimos relativos de uma função

Máximos e mínimos absolutos

Seja f(x) uma função contínua em [a,b]. Os pontos de máximo e de mínimo absoluto da f(x) ocorrem em um ponto de máximo relativo ou mínimo relativo, ou em uma das extremidades do intervalo, x = a ou x = b, como demonstra o Gráfico 7.4.

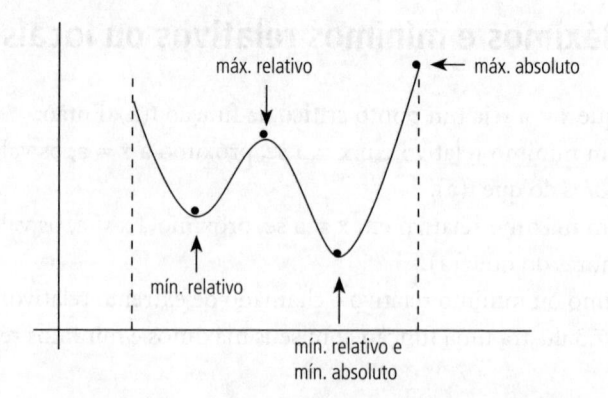

Gráfico 7.4: Máximo e mínimo absolutos em [a,b]

Seja f(x) uma função contínua em (a,b). Pode não existir um máximo ou mínimo absoluto em um intervalo aberto, como demonstra o Gráfico 7.5.

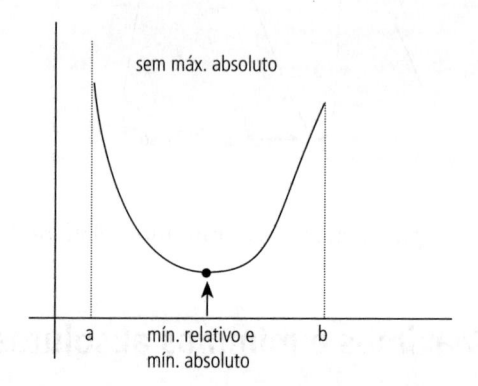

Gráfico 7.5: Máximo e mínimo absolutos em (a,b)

Procedimentos para determinar os extremos absolutos de uma função f(x) contínua em [a,b]:
1) Determinar todos os pontos críticos de f(x) em (a,b).
2) Calcular f(c) para todo ponto crítico obtido em (1).
3) Calcular os valores extremos f(a) e f(b).

Os valores máximos e mínimos de f(x) em [a,b] são os maiores e os menores valores da função calculados em (2) e (3).

Teste da segunda derivada

Pode-se usar o sinal da segunda derivada, f"(x), para determinar onde f'(x) é crescente e onde é decrescente.
- Se f"(x) > 0 em (a, b), então f'(x) é crescente em (a, b) e o gráfico é côncavo para cima nesse intervalo.
- Se f"(x) < 0 em (a, b), então f'(x) é decrescente em (a,b) e o gráfico é côncavo para baixo nesse intervalo.

Geometricamente, se uma curva é côncava para cima em algum ponto, então ela permanece acima de sua reta tangente nesse ponto, e, se é côncava para baixo, permanece abaixo de sua reta tangente nesse ponto, conforme apresentado no Gráfico 7.6.

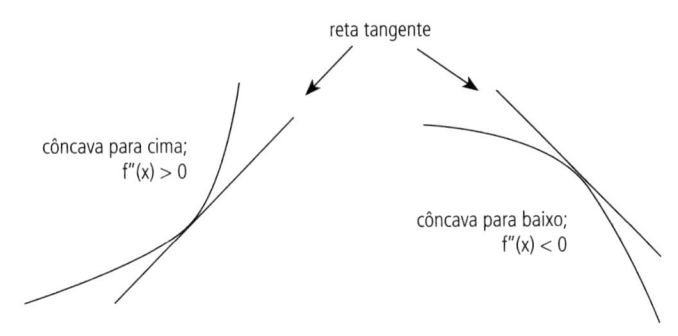

Gráfico 7.6: Exemplo de tipos de concavidade

Resumindo:
Se a segunda derivada f"(x) de f(x) existe em (a, b), então o gráfico de f(x) é:
(I) Côncavo para cima em (a, b) se f"(x) > 0 para todo x ∈ (a, b).
(II) Côncavo para baixo em (a, b) se f"(x) < 0 para todo x ∈ (a, b).

Suponha que x = a seja um ponto crítico de f, de modo que f'(a) = 0. Se o gráfico for côncavo para cima em x = a, então f terá um mínimo relativo em x = a. De modo análogo, se o gráfico for côncavo para baixo, f terá um máximo relativo em x = a, conforme apresentado no Gráfico 7.7.

côncava para cima · mín. relativo

máx. relativo · côncava para baixo

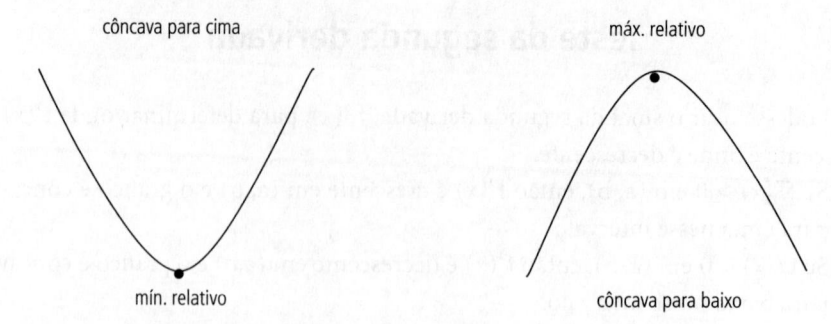

Gráfico 7.7: Exemplo de máximos e mínimos relativos

Assim, tem-se o teste da segunda derivada para máximos e mínimos relativos.
• Se f'(a) = 0 e f"(a) > 0, então f tem um mínimo relativo em x = a.
• Se f'(a) = 0 e f"(a) < 0, então f tem um máximo relativo em x = a.
• Se f'(a) = 0 e f"(a) = 0, então f tem um ponto de inflexão em x = a.
O ponto de inflexão é o ponto onde há mudança de concavidade.

▶ **Exemplo 7.2**

Determine os máximos e mínimos relativos da função $f(x) = \dfrac{x^4}{4} - 2x^2$, caso existam e esboce o gráfico.

Calculando a primeira derivada,
f'(x) = x³ – 4x

Igualando a primeira derivada a zero para determinar os pontos críticos (possíveis pontos de máximos ou mínimos),
f'(x) = x³ – 4x = 0 ➙ x (x² – 4) = 0 ➙ x = 0 e x² – 4 = 0 ➙ x = –2 e x = 2

Como f'(x) é contínua, os pontos críticos (possíveis máximos ou mínimos) são x = 0, x = – 2 e x = 2

Estudando o comportamento de f'(x) no entorno dos pontos críticos, conclui-se onde a função é crescente, decrescente e seus pontos de máximos e mínimos relativos. Tem-se então:

Tabela 7.1 – Estudo do comportamento da função $f(x) = \dfrac{x^4}{4} - 2x^2$

Valor de x	Valor de $f'(x) = x^3 - 4x$	Sinal de $f'(x)$	Conclusão
−3	−15	$f'(-3) < 0$	f(x) é decrescente
−2	0	$f'(-2) = 0$	x = −2 é ponto de mínimo relativo, pois f(x) muda de decrescente para crescente
−1	3	$f'(-1) > 0$	f(x) é crescente
0	0	$f'(0) = 0$	x = 0 é o ponto de máximo relativo, pois f(x) muda de crescente para decrescente
1	−3	$f'(1) < 0$	f(x) é decrescente
2	0	$f'(2) = 0$	x = 2 é ponto de mínimo relativo, pois f(x) muda de decrescente para crescente
3	15	$f'(3) > 0$	f(x) é crescente

O ponto crítico x = 0 é máximo relativo da função; os pontos críticos x = −2 e x = 2 são mínimos relativos da função.

Para traçar o gráfico da função, utilizam-se os dados da Tabela 7.2.

Tabela 7.2 – Possíveis pontos para esboço do Gráfico 7.8

Valor de x	Valor de $f(x) = \dfrac{x^4}{4} - 2x^2$
−3	2,25
−2	−4
−1	−1,75
0	0
1	−1,75
2	−4
3	2,25

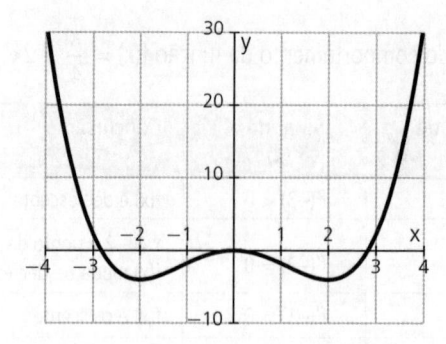

Gráfico 7.8: Função $f(x) = \dfrac{x^4}{4} - 2x^2$

▶ **Exemplo 7.3**

Determine os máximos e mínimos relativos da função $f(x) = (x-4)^{2/5} + 4$ caso existam e esboce o gráfico.

Calculando a primeira derivada, $f'(x) = \dfrac{2}{5}(x-4)^{-3/5} = \dfrac{2}{5(x-4)^{3/5}}$

Igualando a primeira derivada a zero para determinar os pontos críticos (possíveis pontos de máximo ou mínimo),

$f'(x) = \dfrac{2}{5(x-4)^{3/5}} = 0$

A função $f'(x)$ é descontínua em $x = 4$ e $f'(x) \neq 0 \;\forall x$.

Como $f(x)$ é contínua e $f'(x)$ é descontínua em $x = 4$, logo $x = 4$ é ponto crítico.

Estudando o comportamento de $f'(x)$, conclui-se onde a função é crescente, decrescente e seus pontos de máximo e mínimo relativos. Tem-se então:

Tabela 7.3 – Estudo do comportamento da função $f(x) = (x-4)^{2/5} + 4$

Valor de x	Valor de $f'(x) = \dfrac{2}{5(x-4)^{3/5}}$	Sinal de $f'(x)$	Conclusão
3	$-\dfrac{2}{5}$	$f'(3) < 0$	$f(x)$ é decrescente
4	Não existe	Não existe	$x = 4$ é o ponto de mínimo relativo pois $f(x)$ muda de decrescente para crescente
5	$\dfrac{2}{5}$	$f'(5) > 0$	$f(x)$ é crescente

Cabe observar que, embora f'(x) ≠ 0, a função tem mínimo relativo.
Para traçar o gráfico da função, utilizam-se os dados da Tabela 7.4.

Tabela 7.4 – Possíveis pontos para esboço do Gráfico 7.9

Valor de x	Valor de x
$-\infty$	$\lim_{x \to \infty}[(x-4)^{2/5} + 4] = \infty$
4	4
∞	$\lim_{x \to \infty}[(x-4)^{2/5} + 4] = \infty$

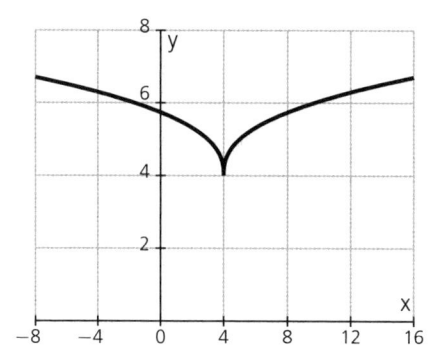

Gráfico 7.9: Função $f(x) = (x-4)^{2/5} + 4$

▶ Exemplo 7.4

Determine os máximos e mínimos relativos da função $f(x) = \dfrac{x}{\sqrt{x^2+5}}$ caso existam e esboce o gráfico.

Calculando a primeira derivada,

$$f'(x) = \dfrac{(x^2+5)^{1/2} \cdot 1 - x \dfrac{1}{2}(x^2+5)^{-1/2} 2x}{x^2+5} \rightarrow f'(x) = \dfrac{5}{(x^2+5)^{3/2}}$$

Igualando a primeira derivada a zero para determinar os pontos críticos (possíveis pontos de máximo ou mínimo) e verificando se f'(x) é descontínua, conclui-se que $f'(x) = \dfrac{5}{(x^2+5)^{3/2}} > 0$ e contínua para qualquer valor de x, logo a função não tem máximo nem mínimo relativo.

Para traçar o gráfico da função, utilizam-se os dados da Tabela 7.5.

Tabela 7.5 – Possíveis pontos para esboço do Gráfico 7.10

Valor de x	Valor de f(x) = $\frac{x}{\sqrt{x^2+5}}$
$-\infty$	$\lim\limits_{x \to -\infty} \frac{x}{\sqrt{x^2+5}} = -1$
0	0
∞	$\lim\limits_{x \to \infty} \frac{x}{\sqrt{x^2+5}} = 1$

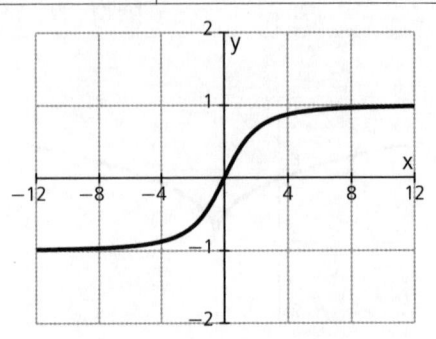

Gráfico 7.10: Função $f(x) = \frac{x}{\sqrt{x^2+5}}$

Ponto de inflexão

Uma função y = f(x) tem ponto de inflexão no ponto x = a se há mudança de concavidade nesse ponto.

Se f''(a) = 0, x = a pode ser ponto de inflexão. Se a função y = f(x) tem ponto de inflexão em x = a, então f''(a) = 0, como demonstra o Gráfico 7.11.

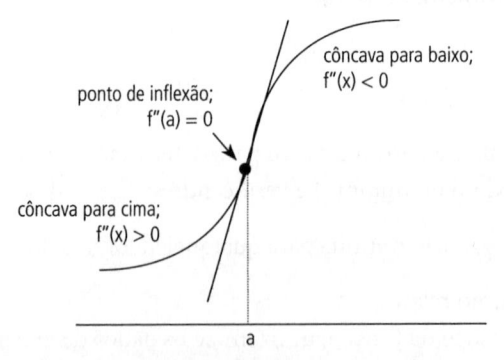

Gráfico 7.11: Exemplo de ponto de inflexão

Para determinar os pontos de inflexão de uma função y = f(x), determinam-se os valores de x para os quais f"(x) = 0 ou f"(x) não existe e verifica-se se f"(x) muda de sinal em x = a.

Seja x = a candidato a ponto de inflexão de f(x) em x = a, então f"(a) = 0.
- Se f"(x) muda de sinal em x = a, então a curva y = f(x) tem ponto de inflexão em x = a.
- Se f"(x) não muda de sinal em x = a, então a curva y = f(x) não tem ponto de inflexão em x = a.

▶ **Exemplo 7.5**

Dada a função $f(x) = \dfrac{x^3}{3} - x^2 - 15x + 7$, determine os máximos e mínimos relativos (se houver), concavidade, pontos de inflexão (se houver) e máximo e mínimo absolutos no intervalo [−2,6] (se houver). Esboce o gráfico da função.

• Determinação dos pontos críticos (possíveis pontos de máximos ou mínimos)
Cálculo da primeira derivada:

f'(x) = x² − 2x − 15

Como f'(x) é contínua, igualando a primeira derivada a zero, determinam-se os pontos críticos (possíveis pontos de máximos e mínimos). Logo,

f'(x) = x² − 2x − 15 = 0 ➙ $x_1 = 5$ e $x_2 = -3$

Os pontos críticos são $x_1 = 5$ e $x_2 = -3$

• Informações da primeira derivada

A determinação dos pontos de máximo e mínimo relativos é feita pelo estudo do comportamento de f'(x). Logo,

Tabela 7.6 – Estudo do comportamento da função f'(x) = x² − 2x − 15

Valor de x	Valor de f'(x) = x² − 2x − 15	Sinal de f'(x)	Conclusão
− 4	9	f'(− 4) > 0	Função crescente
− 3	0	f'(− 3) = 0	x = −3 é máximo relativo
− 2	− 7	f'(− 2) < 0	Função decrescente
5	0	f'(5) = 0	x = 5 é mínimo relativo
6	9	f'(6) > 0	Função crescente

• Informações da segunda derivada

A segunda derivada é:

f"(x) = 2x − 2

Possíveis pontos de inflexão (estudo do comportamento de f"(x) no entorno do ponto, onde f"(x) = 0 ou f"(x) é descontínua).

f"(x) = 2x − 2 = 0 → 2x = 2 → x = 1, f"(x) é contínua.

Tabela 7.7 – Estudo da função f"(x) = 2x − 2

Valor de x	Valor de f"(x) = 2x − 2	Sinal de f'(x)	Conclusão
0	−2	f"(0) < 0	f"(x) é negativa
1	0	f"(1) = 0	x = 1 é o ponto de inflexão, pois f"(x) muda de negativa para positiva
2	2	f'(2) > 0	f"(x) é positiva

• Concavidade

A função tem concavidade para cima em $(1,\infty)$.

A função tem concavidade para baixo em $(-\infty,1)$.

Gráfico da função

Tabela 7.8 – Possíveis pontos para esboço do Gráfico 7.12

Valor de x	Valor de $f(x) = \dfrac{x^3}{3} - x^2 - 15x + 7$
− 4	29,67
− 3	34 máximo
− 2	30,33
1	− 8,66 inflexão
5	− 51,34 mínimo
6	− 47

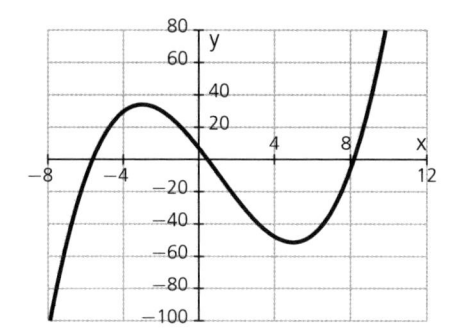

Gráfico 7.12: Função $f(x) = \dfrac{x^3}{3} - x^2 - 15x + 7$

- Possíveis máximos e mínimos absolutos em $[-2,6]$:
1) Máximo absoluto → $x = -2$
2) Mínimo absoluto → $x = 5$, pois, no intervalo dado, esses foram o maior e menor valores da função.

Exercícios resolvidos

Para a função abaixo, determine:
(A) Os pontos de máximos e mínimos relativos (se existirem);
(B) Os intervalos para os quais f(x) é crescente e decrescente;
(C) Os pontos de inflexão (se existirem);
(D) Os intervalos para os quais f(x) tem concavidade para baixo e concavidade para cima;
(E) Gráfico da função;
(F) Máximos e mínimos absolutos (se existirem) no intervalo dado.

◗ **Exercício 7.1**

$f(x) = x^2 - 4x + 3$, em $[0,3]$
Solução:
(A) Informações da primeira derivada:
$f'(x) = 2x - 4 = 0$ → $2x = 4$ → $x = 2$, $f'(x)$ é contínua.
Ponto crítico: $x = 2$

Tabela 7.9 – Estudo do comportamento de f′(x) = 2x − 4

Valor de x	Valor de f′(x) = 2x − 4	Sinal de f′(x)	Conclusão
0	− 4	f′(0) < 0	Função decrescente
2	0	f′(2) = 0	x = 2 é mínimo relativo
3	2	f′(3) > 0	Função crescente

(B) Determinação dos intervalos para os quais função é crescente e decrescente (estudo do comportamento de f'(x)).

f(x) é crescente em $(2,\infty)$

f(x) é decrescente em $(-\infty,2)$

(C) Informações da segunda derivada:

f''(x) = 2

Possíveis pontos de inflexão (estudo do comportamento de f''(x) = 0 ou f''(x) é descontínua).

A função não tem ponto de inflexão, pois f''(x) ≠ 0 e contínua para todo x.

(D) Intervalo para os quais a função tem concavidade para cima e concavidade para baixo.

f(x) tem concavidade para cima para todo x, pois f''(x) > 0.

(E) Gráfico da função.

Tabela 7.10 – Possíveis pontos para esboço do Gráfico 7.13

Valor de x	Valor de f(x) = $x^2 - 4x + 3$
0	3
1	0
2	−1 mínimo
3	0

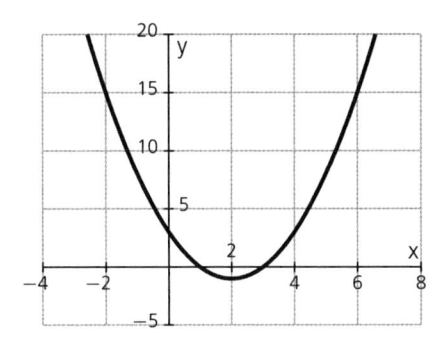

Gráfico 7.13: Função $f(x) = x^2 - 4x + 3$

(F) Possíveis máximos e mínimos absolutos em [0,3]:
1) Máximo absoluto ➙ não tem (seria x = 0 se o intervalo fosse fechado nesse ponto).
2) Mínimo absoluto ➙ x = 2

▶ **Exercício 7.2**
$y = (x + 1)^3$, em [−2,1].
Solução:
(A) Informações da primeira derivada: $f(x) = 3(x + 1)^2$
$f'(x) = 3(x + 1)^2 = 0$ ➙ $x = -1$
$f'(x)$ é contínua.
Ponto crítico: $x = -1$

Tabela 7.11 – Estudo do comportamento de $f'(x) = 3(x + 1)^2$

Valor de x	Valor de $f'(x) = 3(x + 1)^2$	Sinal de $f'(x)$	Conclusão
−2	3	$f'(-2) > 0$	Função crescente
−1	0	$f'(-1) = 0$	x = −1 não é máximo nem mínimo, é ponto de inflexão
0	3	$f'(0) > 0$	Função crescente

(B) Determinação dos intervalos para os quais a função é crescente e decrescente.
$f(x)$ é crescente em $(-\infty,-1) \cup (-1,\infty)$.
(C) Informações da segunda derivada: $f''(x) = 6x + 6$.

Possíveis pontos de inflexão (estudo do comportamento de f"(x) = 0 ou f"(x) é descontínua).

f"(x) = 6x + 6 = 0 ➙ 6x = – 6 ➙ x = –1, f"(x) é contínua.

Tabela 7.12 – Estudo do comportamento de f"(x) = 6x + 6

Valor de x	Valor de f"(x) = 6x + 6	Sinal de f"(x)	Conclusão
– 2	– 6	f"(–2) < 0	f" é negativa
– 1	0	f"(–1) = 0	x = –1 é ponto de inflexão
0	6	f"(0) > 0	f" é positiva

(D) Concavidade: f(x) tem concavidade para baixo em (– ∞, –1) e concavidade para cima em (–1, ∞).

(E) Gráfico da função.

Tabela 7.13 – Possíveis pontos para esboço do Gráfico 7.14

Valor de x	Valor de f(x) = (x + 1)^3
–2	–1
–1	0 inflexão
0	1
1	8
2	27

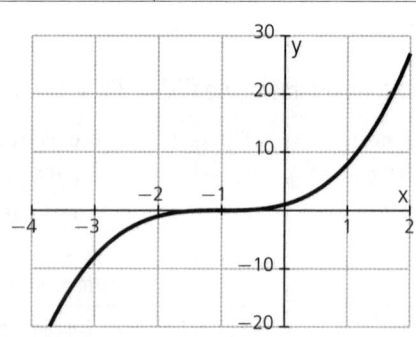

Gráfico 7.14: Função f(x) = (x + 1)^3

(F) Possíveis máximos e mínimos absolutos em [– 2,1]:
1) Máximo absoluto ➙ x = 1
2) Mínimo absoluto ➙ x = –2

▶ Exercício 7.3

$f(x) = 3x^5 - 65x^3 + 540x$, em $[-3,1]$

Solução:

(A) Informações da primeira derivada:

$f'(x) = 15x^4 - 195x^2 + 540 = 0 \rightarrow x^4 - 13x^2 + 36 = 0$, fazendo
$y = x^2$, tem-se $y^2 - 13y + 36 = 0 \rightarrow y_1 = 9$ e $y_2 = 4$
quando $y = 9$, $x = \pm 3$ e quando $y = 4$, $x = \pm 2$, $f'(x)$ é contínua.
Pontos críticos: $x = -3$, $x = -2$, $x = 2$ e $x = 3$

Tabela 7.14 – Estudo do comportamento de $f'(x) = 15x^4 - 195x^2 + 540$

Valor de x	Valor de $f'(x) = 15x^4 - 195x^2 + 540$	Sinal de $f'(x)$	Conclusão
−4	1260	$f'(-4) > 0$	Função crescente
−3	0	$f'(-3) = 0$	$x = -3$ é máximo relativo
−2,5	−92,81	$f'(-2,5) < 0$	Função decrescente
−2	0	$f'(-2) = 0$	$x = -2$ é mínimo relativo
0	540	$f'(0) > 0$	Função crescente
2	0	$f'(2) = 0$	$x = 2$ é máximo relativo
2,5	−92,81	$f'(2,5) < 0$	Função decrescente
3	0	$f'(3) = 0$	$x = 3$ é mínimo relativo
4	1260	$f'(4) > 0$	Função crescente

(B) Determinação dos intervalos para os quais a função é crescente e decrescente.

$f(x)$ é crescente em $(-\infty, -3) \cup (-2, 2) \cup (3, \infty)$
$f(x)$ é decrescente em $(-3, -2) \cup (2, 3)$

(C) Informações da segunda derivada: $f''(x) = 60x^3 - 390x$
Possíveis pontos de inflexão:

$f''(x) = 60x^3 - 390x = 0 \rightarrow 30x(2x^2 - 13) = 0 \rightarrow x = 0$ e $x = \pm\sqrt{\dfrac{13}{2}} \approx \pm 2{,}55$,

$f''(x)$ é contínua.

Tabela 7.15 – Estudo do comportamento de $f''(x) = 60x^3 - 390x$

Valor de x	Valor de $f''(x) = 60x^3 - 390x$	Sinal de $f''(x)$	Conclusão
– 3	– 450	$f''(-3) < 0$	f'' é negativa
– 2,55	0	$f''(-2,55) = 0$	$x = -2,55$ é ponto de inflexão
–1	330	$f''(-1) > 0$	f'' é positiva
0	0	$f''(0) = 0$	$x = 0$ é ponto de inflexão
1	– 330	$f''(1) < 0$	f'' é negativa
2,55	0	$f''(2,55) = 0$	$x = 2,55$ é ponto de inflexão
3	450	$f''(3) > 0$	f'' é positiva

(D) Concavidade: f(x) tem concavidade para baixo em $(-\infty; -2,55) \cup (0; 2,55)$ e concavidade para cima em $(-2,55; 0) \cup (2,55; \infty)$.

(E) Gráfico da função.

Tabela 7.16 – Possíveis pontos para esboço do Gráfico 7.15

Valor de x	Valor de $f(x) = 3x^5 - 65x^3 + 540x$
– 3	– 594 máximo
– 2,55	– 622,67
– 2	– 656 mínimo
0	0 inflexão
1	478
2	656 máximo
2,55	622,67 inflexão
3	594 mínimo

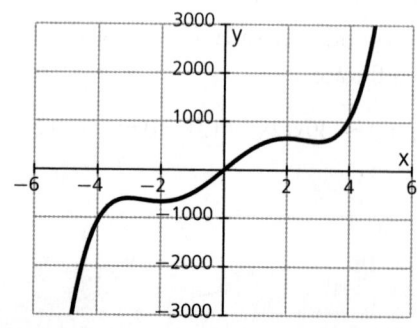

Gráfico 7.15: Função $f(x) = 3x^5 - 65x^3 + 540x$

(F) Possíveis máximos e mínimos absolutos em [–3,1]:
1) Máximo absoluto ↝ x = 1
2) Mínimo absoluto ↝ x = –2

▶ Exercício 7.4

$f(x) = \dfrac{2x-1}{x+3}$, em [–2,0]

Solução:

(A) Informações da primeira derivada:

$f'(x) = \dfrac{(x+3)2 - (2x-1)1}{(x+3)^2} = \dfrac{2x+6-2x+1}{(x+3)^2} = \dfrac{7}{(x+3)^2}$

f'(x) > 0 para qualquer valor de x, não se anula e f'(x) é contínua para todo x ≠ –3. Tem-se, então, que a função não tem máximos nem mínimos relativos.

(B) f(x) é crescente em (–∞,–3) ∪ (–3,∞)

(C) Informações da segunda derivada:

$f''(x) = \dfrac{-14}{(x+3)^3}$

Possíveis pontos de inflexão.

Como f''(x) ≠ 0 para qualquer valor de x e f''(x) é contínua para todo x ≠ –3, a função não tem pontos de inflexão.

Pode-se estudar a concavidade à esquerda e à direita de x = –3.

Tabela 7.17 – Estudo do comportamento de f''(x)

Valor de x	Valor de $f''(x) = -\dfrac{14}{(x+3)^3}$	Sinal de f''(x)	Conclusão
– 4	14	f''(– 4) > 0	f'' é positiva
– 2	– 14	f''(– 2) < 0	f'' é negativa

Apesar de f(x) ser descontínua em x = –3, há mudança de concavidade ao redor desse ponto.

(D) Concavidade: f(x) tem concavidade para baixo em (–3,∞) e concavidade para cima em (–∞,–3).

(E) Gráfico da função.

Tabela 7.18 – Possíveis pontos para esboço do Gráfico 7.16

Valor de x	Valor de $f(x) = \dfrac{2x-1}{x+3}$
$-\infty$	$\lim\limits_{x \to -\infty} \dfrac{2x-1}{x+3} = 2$ (assíntota horizontal)
$x = -3$ (assíntota vertical)	$\lim\limits_{x \to -3^-} \dfrac{2x-1}{x+3} = \infty$ $\lim\limits_{x \to -3^+} \dfrac{2x-1}{x+3} = -\infty$ descontinuidade infinita em $x = -3$
-2	-5
0	$-\dfrac{1}{3}$
∞	$\lim\limits_{x \to \infty} \dfrac{2x-1}{x+3} = 2$ (assíntota horizontal)

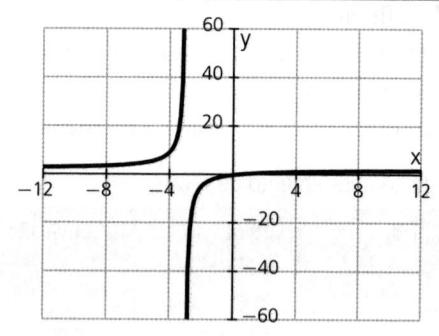

Gráfico 7.16: Função $f(x) = \dfrac{2x-1}{x+3}$

(F) Possíveis máximos e mínimos absolutos em $[-2,0]$:
1) Máximo absoluto → não tem
2) Mínimo absoluto → $x = -2$

◗ **Exercício 7.5**

$f(x) = e^{-x^2}$, em $[-1, \sqrt{2}/2)$

Solução:

(A) Informações da primeira derivada:

$f'(x) = -2xe^{-x^2} = 0 \to x = 0$, $f'(x)$ é contínua.

Ponto crítico: $x = 0$

Tabela 7.19 – Estudo do comportamento de $f'(x) = -2xe^{-x^2}$

Valor de x	Valor de $f'(x) = -2xe^{-x^2}$	Sinal de $f'(x)$	Conclusão
−1	0,74	$f'(-1) > 0$	Função crescente
0	0	$f'(0) = 0$	$x = 0$ é máximo relativo
1	−0,74	$f'(1) < 0$	Função decrescente

(B) Determinação dos intervalos para os quais a função é crescente e decrescente.

$f(x)$ é crescente em $(-\infty, 0)$ e $f(x)$ é descrescente em $(0, \infty)$

(C) Informações da segunda derivada:

Possíveis pontos de inflexão.

$f''(x) = 2e^{-x^2}(2x^2 - 1) = 0 \to 2x^2 - 1 = 0 \to x = \pm\dfrac{1}{\sqrt{2}} = \pm\dfrac{\sqrt{2}}{2}$, $f''(x)$ é contínua.

Tabela 7.20 – Estudo do comportamento de $f''(x) = 2e^{-x^2}(2x^2 - 1)$

Valor de x	Valor de $f''(x) = 2e^{-x^2}(2x^2 - 1)$	Sinal de $f''(x)$	Conclusão
−1	0,74	$f''(-1) > 0$	f'' é positiva
$-\dfrac{\sqrt{2}}{2}$	0	$f''\left(-\dfrac{\sqrt{2}}{2}\right) = 0$	$x = -\dfrac{\sqrt{2}}{2}$ inflexão
0	−2	$f''(0) < 0$	f'' é negativa
$\dfrac{\sqrt{2}}{2}$	0	$f''\left(\dfrac{\sqrt{2}}{2}\right) = 0$	$x = \dfrac{\sqrt{2}}{2}$ inflexão
1	0,74	$f''(1) > 0$	f'' é positiva

(D) Concavidade: $f(x)$ tem concavidade para baixo em $\left(-\dfrac{\sqrt{2}}{2}, \dfrac{\sqrt{2}}{2}\right)$ e concavidade para cima em $\left(-\infty, -\dfrac{\sqrt{2}}{2}\right) \cup \left(\dfrac{\sqrt{2}}{2}, \infty\right)$

(E) Gráfico da função.

Tabela 7.21 – Possíveis pontos para esboços do Gráfico 7.17

Valor de x	Valor de $f(x) = e^{-x^2}$
$-\infty$	$\lim\limits_{x \to -\infty} e^{-x^2} = 0$
-1	0,37
$-\sqrt{2}/2$	0,61 inflexão
0	1 máximo
$\sqrt{2}/2$	0,61 inflexão
1	0,37
∞	$\lim\limits_{x \to \infty} e^{-x^2} = 0$

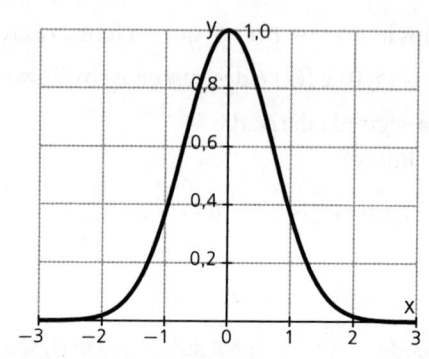

Gráfico 7.17: Função $f(x) = e^{-x^2}$

(F) Possíveis máximos e mínimos absolutos em $[-1, \sqrt{2}/2)$:
1) Máximo absoluto → $x = 0$
2) Mínimo absoluto → $x = -1$

▶ **Exercício 7.6**

O custo total para a fabricação de um produto é dado por $C_t(x) = \dfrac{11x^2}{2}$. A função da receita total é dada por $R_t(x) = \dfrac{x^3}{3} + 24x$, onde x é a quantidade em milhares e R_t e C_t representam unidades monetárias. Pede-se:

(A) A quantidade para que o lucro seja máximo.

(B) Esboço do gráfico da função lucro.
(C) Interpretação dos resultados.

Solução:

(A) A quantidade para que o lucro seja máximo:

$L_t(x) = R_t(x) - C_t(x)$

$L_t(x) = \dfrac{x^3}{3} + 24x - \dfrac{11x^2}{2} \rightarrow L_t'(x) = x^2 - 11x + 24$

Pontos críticos:

$L'(x) = x^2 - 11x + 24 = 0 \rightarrow x_1 = 8 \text{ e } x_2 = 3$

Tabela 7.22 – Estudo do comportamento de $L_t'(t)$

Valor de x	Valor de $L'_t(x) = x^2 - 11x + 24$	Sinal de $L'_t(x)$	Conclusão
0	24	$L'_t(0) > 0$	Função crescente
3	0	$L'_t(3) = 0$	x = 3 é máximo relativo
4	– 4	$L'_t(4) < 0$	Função decrescente
8	0	$L'_t(8) = 0$	x = 8 é mínimo relativo
9	6	$L'_t(9) > 0$	Função crescente

O lucro será máximo quando forem produzidas e vendidas 3000 unidades.

Possíveis pontos de inflexão:

$L''_t(x) = 2x - 11 = 0 \rightarrow x = 11/2$

Tabela 7.23 – Estudo do comportamento de $L''_t(t)$

Valor de x	Valor de $L''_t(x) = 2x - 11$	Sinal de $L''_t(x)$	Conclusão
0	– 11	$L''_t(0) < 0$	L'' é negativa
$\dfrac{11}{2}$	0	$L''_t\left(\dfrac{11}{2}\right) = 0$	$x = \dfrac{11}{2}$ é ponto de inflexão
6	1	$L''_t(6) > 0$	L'' é positiva

(B) Esboço do gráfico da função lucro.

Tabela 7.24 – Possíveis pontos para esboços do Gráfico 7.18

Valor de x	Valor de $L_t(x) = \dfrac{x^3}{3} - \dfrac{11x^2}{2} + 24x$
0	0
3	31,5 máximo
11/2	21,08 inflexão
8	10,67 mínimo
10	23,33

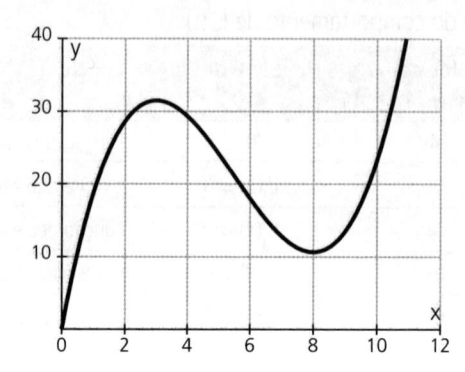

Gráfico 7.18: Função $L_t(x) = \dfrac{x^3}{3} - \dfrac{11x^2}{2} + 24x$

(C) Interpretação:

O lucro máximo da empresa de 31,5 unidades monetárias é obtido quando se produzem e vendem 3.000 unidades do produto.

O lucro mínimo da empresa de 10,67 unidades monetárias é obtido quando se produzem e vendem 8.000 unidades do produto.

▶ **Exercício 7.7**

A função do custo total de um produto é modelada por $C_t(x) = -x^{2/3}(5 - 2x) + 5$, onde x representa quantidades em milhares e $C_t(x)$ em 1.000 unidades monetárias.

Pede-se:

(A) A quantidade para que o custo seja mínimo.
(B) O esboço do gráfico da função do custo total.
(C) A interpretação dos resultados.

Solução:
(A) A quantidade para que o custo seja mínimo:

$$C'_t(x) = -x^{2/3}(-2) + (5 - 2x)\left(-\frac{2}{3}\right)x^{-1/3}$$

$$C'_t(x) = 2x^{2/3} + \frac{(-10 + 4x)}{3x^{1/3}}$$

$$C'_t(x) = \frac{-10 + 10x}{3x^{1/3}} = 0 \rightarrow -10 + 10x = 0 \rightarrow x = 1$$

Tabela 7.25 – Estudo do comportamento de $C'_t(x)$

Valor de x	Valor de $C'_t(x) = \dfrac{-10 + 10x}{3x^{1/3}}$	Sinal de $C'_t(x)$	Conclusão
0,5	-2,1	$C'_t(0,5) < 0$	C'_t é negativa
1	0	$C'_t(1) = 0$	x = 1 é mínimo relativo
2	2,65	$C'_t(2) > 0$	C'_t é positiva

O custo total será mínimo quando forem produzidas 1000 unidades.
Estudo do comportamento de $C''_t(x)$:

$$C''_t(x) = \frac{3x^{1/3}(10) - (-10 + 10x)x^{-2/3}}{(3x^{1/3})^2} \rightarrow C''_t(x) = \frac{20x + 10}{9x^{4/3}}$$

$$C''_t(x) = \frac{20x + 10}{9x^{4/3}} = 0 \rightarrow 20x + 10 = 0 \rightarrow x = -\frac{1}{2}$$

não é economicamente viável, pois não existem quantidades negativas.

(B) O esboço do gráfico da função custo total.

Tabela 7.26 – Possíveis pontos para esboços do Gráfico 7.19

Valor de x	Valor de $C_t(x) = -x^{2/3}(5 - 2x) + 5$
0	5
1	2 mínimo
2	3,42

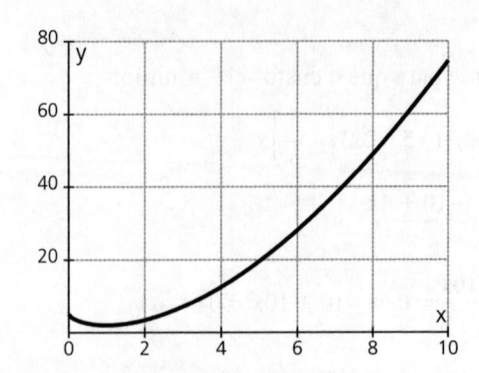

Gráfico 7.19: Função $C_t(x) = -x^{2/3}(5 - 2x) + 5$

(C) A interpretação dos resultados:

O custo mínimo da empresa é de 2000 unidades monetárias, obtido quando são produzidas 1000 unidades do produto. Não existe custo máximo.

▶ **Exercício 7.8**

A função de custo médio diário (em 1.000 unidades monetárias) de produção de uma indústria é modelada por $C_t(x) = 0{,}0001x^2 - 0{,}08x + 40 + \dfrac{5000}{x}$ (onde x representa quantidade).

Pede-se:

(A) A quantidade produzida para obter custo médio mínimo.
(B) O gráfico de $\overline{C}_t'(x)$.
(C) A interpretação dos resultados.

Solução:

(A) A quantidade produzida para obter custo médio mínimo

$$\overline{C}_t'(x) = 0{,}0002x - 0{,}08 - \frac{5000}{x^2}$$

$$\overline{C}_t'(x) = \frac{0{,}0002x^3 - 0{,}08x^2 - 5000}{x^2} = 0 \rightarrow x = 500$$

Tabela 7.27 – Estudo do comportamento de $C_t'(x)$

Valor de x	Valor de $\overline{C}_t'(x) = 0{,}0002x - 0{,}08 - \dfrac{5000}{x^2}$	Sinal de $\overline{C}_t'(x)$	Conclusão
100	– 0,56	$\overline{C}_t'(100) < 0$	Função decrescente
500	0	$\overline{C}_t'(500) = 0$	x = 500 é mínimo relativo
600	0,026	$\overline{C}_t'(600) > 0$	Função crescente

O custo médio mínimo será quando forem produzidas 500 unidades.

$$\overline{C}_t''(x) = 0{,}0002 + \frac{10000}{x^3}$$

$$\overline{C}_t''(x) = 0{,}0002 + \frac{10000}{x^3} = 0 \rightarrow \overline{C}_t''(x) = 0{,}0002x^3 + 10000 = 0$$

→ x = –368,4 não existe valor economicamente viável que anule $\overline{C}_t''(x)$.

(B) Gráfico de $\overline{C}_t(x)$.

Tabela 7.28 – Estudo do comportamento de $\overline{C}_t(x)$

Valor de x	Valor de $\overline{C}_t(x) = 0{,}0001x^2 - 0{,}08x + 40 + \dfrac{5000}{x}$
100	83
500	35 mínimo
600	36,33

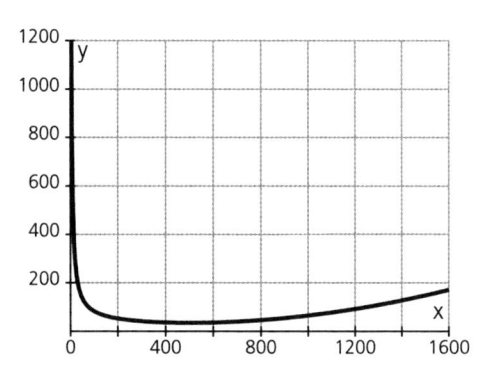

Gráfico 7.20: Função $\overline{C}_t(x) = 0{,}0001x^2 - 0{,}08x + 40 + \dfrac{5000}{x}$

(C) A interpretação dos resultados:
A produção de 500 unidades do produto determina o custo médio mínimo diário de 35.000 unidades monetárias.
A função de custo médio não tem máximo nem ponto de inflexão.

Exercícios propostos

Determine os pontos de máximo e mínimo relativos e de inflexão (se existirem) e esboce o gráfico de f(x).

▶ 7.1: $f(x) = \dfrac{x^3}{3} - 2x^2 + 13x - 17$

▶ 7.2: $f(x) = \dfrac{x^5}{5} - \dfrac{10}{3}x^3 + 9x + 17$

▶ 7.3: $f(x) = 2x^3 + 3x^2 + 6x - 1$

▶ 7.4: $f(x) = \dfrac{x^3}{3} + 2x^2 - 21x$

▶ 7.5: $f(x) = \dfrac{x^3}{3} - 2x^2 - 5x + 1$

▶ 7.6: $f(x) = \dfrac{x^3}{3} - 4x^2 + 16$

▶ 7.7: $f(x) = -x^3 + 7x + 6$

▶ 7.8: $f(x) = \dfrac{3}{2x - 3}$

▶ 7.9: $f(x) = x^4 - \dfrac{5}{4}x^2 + \dfrac{1}{4}$

▶ 7.10: $f(x) = -7 + \dfrac{5}{x + 10}$

Determine os pontos de máximo e mínimo relativos, de inflexão, de máximo e mínimo absolutos no intervalo dado (se existirem) e esboce o gráfico de f(x).

▶ 7.11: $f(x) = \dfrac{7x^4}{4} - \dfrac{7x^2}{2}$ em $(-2, 2]$

▶ 7.12: $f(x) = 3x^2 - 2x + 4$ em $[-1, 1]$

▶ 7.13: $f(x) = -\dfrac{7x^2}{2} + 5x$ em $[0, 2]$

▶ 7.14: $f(x) = 3x^3 - x + 15$

▶ 7.15: $f(x) = \dfrac{2x}{\sqrt{x^2 + 1}}$ em $(-1, 2]$

▶ 7.16: $f(x) = \dfrac{x^2 - 9}{2x - 4}$ em $[3, 4]$

▶ 7.17: $f(x) = \dfrac{2x^2}{9 - x^2}$ em $[-1, 2)$

▶ 7.18: $f(x) = x^5 - 5x^3$ em $(0, 2]$

▶ **7.19:** A função custo total para a fabricação de um produto é $C_t(x) = \dfrac{19x^2}{2}$. A função receita total é $R_t(x) = \dfrac{x^3}{3} + 90x$, onde x representa quantidade em milhares e R_t, C_t representa 1.000 unidades monetárias. Pede-se:
(A) A quantidade para que o lucro seja máximo.
(B) O esboço do gráfico da função lucro.
(C) A interpretação dos resultados.

▶ **7.20:** A função custo total para a produção de um bem é dada por $C_t(x) = \dfrac{3x^4}{4} - \dfrac{48x^3}{3} + \dfrac{189x^2}{2}$, onde x representa quantidade em milhares e $C_t(x)$ 1.000 unidades monetárias. Pede-se
(A) A quantidade para que o lucro seja máximo.
(B) O esboço do gráfico da função custo total.
(C) A interpretação dos resultados.

▶ **7.21:** A função lucro total para a produção de um bem é dada $L_t(x) = -x^{2/3}(x - 5)$, onde x representa quantidade em milhares e $L_t(x)$ representa unidades monetárias. Pede-se:
(A) A quantidade produzida para que o lucro total seja máximo.
(B) Esboço do gráfico da função lucro total.

▶ **7.22:** O comportamento do rendimento de um certo tipo de investimento é modelado por $i(t) = 2t + \dfrac{3}{t}$ no período de 1995 a 1999, onde t representa meses, $t = 0$ é janeiro de 1995 e i percentual. Pede-se:
(A) Os rendimentos máximo e mínimo.
(B) Representação gráfica do modelo matemático.
(C) Interpretação dos resultados.

▶ **7.23:** A função demanda de certo produto é modelada por $y = 15xe^{-x/3}$, onde x é quantidade em milhares. Pede-se:
(A) Demanda máxima e mínima.
(B) Gráfico da função demanda.
(C) Interpretação dos resultados.

▶ **7.24:** A função demanda de um certo produto é $y(x) = 2x^2 - 7x + 10$. O custo total para a produção desse produto é $C_t(x) = x^3 - x^2 + x$, onde x representa quantidade em milhares e y unidade monetária em milhares. Pede-se:
(A) O lucro máximo.
(B) O gráfico da função lucro.
(C) Interpretação dos resultados.

▶ **7.25:** A função lucro total de um determinado produto de uma indústria é modelada por $L_t(x) = -0,02x^3 + 3x^2 + 100$, onde x representa quantidade em milhares e L_t, unidades monetárias em milhares. Pede-se:
(A) A quantidade para que a indústria tenha lucro máximo.
(B) Gráfico da função lucro.
(C) Interpretação dos resultados.

▶ **7.26:** O PIB de um determinado país é modelado por
$$y(t) = \frac{t^3}{3} - 11\frac{t^2}{2} + 28t \ (0 \leq t \leq 8),$$ onde t representa anos e t = 0 é 1970.
Pede-se:
(A) Quando o PIB é máximo e mínimo.
(B) O gráfico do PIB.

▶ **7.27:** O modelo adequado para representa o rendimento de um certo tipo de investimento é dado por $i(t) = \frac{t^3}{3} - 9\frac{t^2}{2} + 18t$, onde t representa meses, t = 0 é janeiro de 1999 e i representa percentual. Pede-se:
(A) Quando o investimento assume valores máximos e mínimos.
(B) O gráfico da função i(t).
(C) A interpretação dos resultados.

▶ **7.28:** A função de custo médio diário em (1.000 unidades monetárias) de produto de uma indústria é modelada por $C_t(x) = 0,01x + 100 + \frac{400}{x}$, onde x representa quantidade. Pede-se:
(A) A quantidade produzida para se obter custo médio mínimo.
(B) O gráfico da função custo médio.
(C) A interpretação dos resultados.

▶ **7.29:** Um fabricante de móveis estima que o custo semanal da fabricação de x armários é dado por $C(x) = x^3 - 3x^2 - 80x + 500$. Cada armário é vendido por R$ 2.800,00. Que produção semanal maximizará o lucro? Qual é o lucro máximo semanal possível? Esboce o gráfico.

▶ **7.30:** Uma fábrica de equipamento eletrônico estima que o custo da produção de x calculadoras por dia é $C(x) = 500 + 6x + 0{,}02x^2$. Se cada calculadora é vendida por R$ 18,00, determine:
(A) A função receita.
(B) A função lucro.
(C) A produção diária que maximiza o lucro.
(D) O lucro máximo.

8
Teorema de L'Hospital

Após o estudo deste capítulo, você estará apto a solucionar limites na forma indeterminada usando as regras de derivação.

Teorema de L'Hospital

Neste capítulo, será utilizado o teorema de L'Hospital para cálculo de limites de formas indeterminadas.

Formas indeterminadas do tipo $\dfrac{0}{0}$ e $\dfrac{\infty}{\infty}$

Sejam f(x) e g(x) funções diferenciáveis. Se $f(x) = 0$ e $g(x) = 0$ ou $\lim\limits_{x \to a} f(x) = \infty$ e $\lim\limits_{x \to a} g(x) = \infty$

$\lim\limits_{x \to a} \dfrac{f(x)}{g(x)} = \dfrac{0}{0}$ ou $\dfrac{\infty}{\infty}$, então $\lim\limits_{x \to a} \dfrac{f(x)}{g(x)} = \lim\limits_{x \to a} \dfrac{f'(x)}{g'(x)}$

▶ **Exemplo 8.1**

Calcule $\lim\limits_{x \to 1} \dfrac{\ln x}{x^2 - 1}$.

$\lim\limits_{x \to 1} \dfrac{\ln x}{x^2 - 1} = \dfrac{\ln 1}{1 - 1} = \dfrac{0}{0}$ indeterminado.

Para sair da indeterminação, deriva-se separadamente o numerador do denominador, ou seja:

$f(x) = \ln x \rightarrow f'(x) = 1/x$

$g(x) = x^2 - 1 \rightarrow g'(x) = 2x$

$\lim_{x \to 1} \dfrac{\ln x}{x^2 - 1} \overset{L'H}{=} \lim_{x \to 1} \dfrac{1/x}{2x} = \dfrac{1}{2}$

A notação L'H na igualdade indica o uso do teorema de L'Hospital, ou seja, a derivada do numerador e denominador, separadamente.

▶ **Exemplo 8.2**

Calcule $\lim_{x \to 2} \dfrac{x^4 - 4x^3 + 16}{x^3 - 8}$.

$\lim_{x \to 2} \dfrac{x^4 - 4x^3 + 16}{x^3 - 8} = \dfrac{16 - 32 + 16}{8 - 8} = \dfrac{0}{0} \rightarrow$ indeterminado

$f(x) = x^4 - 4x^3 + 16 \rightarrow f'(x) = 4x^3 + 12x^2$

$g(x) = x^3 - 8 \rightarrow g'(x) = 3x^2$

$\lim_{x \to 2} \dfrac{x^4 - 4x^3 + 16}{x^3 - 8} \overset{L'H}{=} \lim_{x \to 2} \dfrac{4x^3 - 12x^2}{3x^2} = \dfrac{32 - 48}{12} = -\dfrac{4}{3}$

▶ **Exemplo 8.3**

Calcule $\lim_{x \to \infty} \dfrac{x - 1}{x^2 + 4}$

$\lim_{x \to \infty} \dfrac{x - 1}{x^2 + 4} = \dfrac{\infty}{\infty} \rightarrow$ indeterminado

$f(x) = x - 1 \rightarrow f'(x) = 1$

$g(x) = x^2 + 4 \rightarrow g'(x) = 2x$

$\lim_{x \to \infty} \dfrac{x - 1}{x^2 + 4} \overset{L'H}{=} \lim_{x \to \infty} \dfrac{1}{2x} = \dfrac{1}{\infty} = 0$

▶ **Exemplo 8.4**

Calcule $\lim_{x \to \infty} \dfrac{x^2 + 4x + 1}{3x^3 + 5}$

$\lim_{x \to \infty} \dfrac{x^2 + 4x + 1}{3x^3 + 5} = \dfrac{\infty}{\infty} \rightarrow$ indeterminado

$f(x) = x^2 + 4x + 1 \rightarrow f'(x) = 2x + 4$
$g(x) = 3x^3 + 5 \rightarrow g'(x) = 9x^2$
$\lim_{x \to \infty} \frac{x^2 + 4x + 1}{3x^3 + 5} \stackrel{L'H}{=} \lim_{x \to \infty} \frac{2x + 4}{9x^2} = \frac{\infty}{\infty} \rightarrow$ indeterminado
$f(x) = 2x + 4 \rightarrow f'(x) = 2$
$g(x) = 9x^2 \rightarrow g'(x) = 18x$
$\lim_{x \to \infty} \frac{2x + 4}{9x^2} \stackrel{L'H}{=} \lim_{x \to \infty} \frac{2}{18x} = \frac{2}{\infty} = 0$

Exercícios resolvidos

Calcule os limites:

▶ **Exercício 8.1**

$\lim_{x \to \infty} \left(\frac{2x^2}{1 + 4x^2} \right)$

Solução:

$\lim_{x \to \infty} \frac{2x^2}{1 + 4x^2} = \frac{\infty}{\infty} \rightarrow$ indeterminado $\rightarrow \lim_{x \to \infty} \frac{2x^2}{1 + 4x^2} \stackrel{L'H}{=} \lim_{x \to \infty} \frac{4x}{8x} = \frac{1}{2}$

▶ **Exercício 8.2**

$\lim_{x \to -\infty} \left(\frac{5x^4}{x^8 - 4} \right)$

Solução:

$\lim_{x \to -\infty} \left(\frac{5x^4}{x^8 - 4} \right) = \frac{\infty}{\infty} \rightarrow$ indeterminado $\rightarrow \lim_{x \to -\infty} \frac{5x^4}{x^8 - 4} \stackrel{L'H}{=} \lim_{x \to -\infty} \frac{20x^3}{8x^7} = \lim_{x \to -\infty} \frac{5}{2x^4} = 0$

▶ **Exercício 8.3**

$\lim_{x \to 1} \frac{x^2 + x - 2}{x - 1}$

Solução:

$\lim_{x \to 1} \left(\frac{x^2 + x - 2}{x - 1} \right) = \frac{0}{0} \rightarrow$ indeterminado $\rightarrow \lim_{x \to 1} \frac{x^2 + x - 2}{x - 1} \stackrel{L'H}{=} \lim_{x \to 1} \frac{2x + 1}{1} = 3$

◗ **Exercício 8.4**

$$\lim_{x \to 0} \frac{\sqrt{9+x}-3}{x}$$

Solução:

$$\lim_{x \to 0} \frac{\sqrt{9+x}-3}{x} = \frac{0}{0} \to \text{indeterminado} \to \lim_{x \to 0} \frac{\sqrt{9+x}-3}{x} \stackrel{L'H}{=} \lim_{x \to 0} \frac{\frac{1}{2}(9+x)^{-1/2}}{1}$$

$$= \frac{1}{2(9)^{1/2}} = \frac{1}{6}$$

◗ **Exercício 8.5**

$$\lim_{x \to 0} \frac{e^x - 1}{x}$$

Solução:

$$\lim_{x \to 0} \frac{e^x - 1}{x} = \frac{0}{0} \to \text{indeterminado} \to \lim_{x \to 0} \frac{e^x - 1}{x} \stackrel{L'H}{=} \lim_{x \to 0} \frac{e^x}{1} = e^0 = 1$$

◗ **Exercício 8.6**

$$\lim_{x \to 2} \frac{\ln(x-1)}{x-2}$$

Solução:

$$\lim_{x \to 2} \frac{\ln(x-1)}{x-2} = \frac{0}{0} \to \text{indeterminado} \to \lim_{x \to 2} \frac{\ln(x-1)}{x-2} \stackrel{L'H}{=} \lim_{x \to 2} \frac{\frac{1}{x-1}}{1} = 1$$

◗ **Exercício 8.7**

$$\lim_{x \to \infty} \frac{x^3}{e^{2x}}$$

Solução:

$$\lim_{x \to \infty} \frac{x^3}{e^{2x}} = \frac{\infty}{\infty} \to \text{indeterminado} \to \lim_{x \to \infty} \frac{x^3}{e^{2x}} \stackrel{L'H}{=} \lim_{x \to \infty} \frac{3x^2}{2e^{2x}} = \frac{\infty}{\infty} \to \text{indeterminado}$$

$$\lim_{x \to \infty} \frac{3x^2}{2e^{2x}} \stackrel{L'H}{=} \lim_{x \to \infty} \frac{6x}{4e^{2x}} = \frac{\infty}{\infty} \to \text{indeterminado} \to \lim_{x \to \infty} \frac{6x}{4e^{2x}} \stackrel{L'H}{=} \lim_{x \to \infty} \frac{6}{8e^{2x}} = \frac{6}{\infty} = 0$$

Formas indeterminadas do tipo ∞·0

O teorema de L'Hospital também se aplica a outros tipos de formas indeterminadas se antes elas são colocadas na forma $\dfrac{\infty}{\infty}$ ou $\dfrac{0}{0}$.

Sejam as funções f(x) e g(x) diferenciáveis. Se $\lim\limits_{x \to a} f(x) = \infty$ e $\lim\limits_{x \to a} g(x) = 0$, então $\lim\limits_{x \to a} f(x) \cdot g(x) = \infty \cdot 0$

A transformação da indeterminação ∞·0 para $\dfrac{\infty}{\infty}$ pode ser feita da seguinte forma:

$$\lim_{x \to a} f(x)\, g(x) = \lim_{x \to a} \dfrac{f(x)}{1/g(x)}$$

A transformação da indeterminação ∞·0 para $\dfrac{0}{0}$ pode ser feita da seguinte forma:

$$\lim_{x \to a} f(x)\, g(x) = \lim_{x \to a} \dfrac{g(x)}{1/f(x)}$$

▶ **Exemplo 8.5:**

Calcule $\lim\limits_{x \to 0^+} (\ln x) x^2$

$\lim\limits_{x \to 0^+} (\ln x) x^2 = -\infty \cdot 0 \longrightarrow$ indeterminado

$f(x) = \ln x$ e $g(x) = x^2$

Transformação para a indeterminação do tipo $\dfrac{\infty}{\infty}$:

$$\lim_{x \to 0^+} \dfrac{f(x)}{1/g(x)} = \lim_{x \to 0^+} \dfrac{\ln x}{1/x^2} = \dfrac{\infty}{\infty}$$

Aplicando-se o teorema de L'Hospital, tem-se:

$$\lim_{x \to 0^+} \dfrac{\ln x}{1/x^2} \overset{L'H}{=} \lim_{x \to 0^+} \dfrac{\dfrac{1}{x}}{-2/x^3} = \lim_{x \to 0^+} \dfrac{1}{x}\left(-\dfrac{x^3}{2}\right) = 0$$

▶ **Exemplo 8.6:**

Calcule $\lim\limits_{x \to 0^+} x\, e^{2/x}$

$\lim\limits_{x \to 0^+} x\, e^{2/x} = 0 \cdot \infty \longrightarrow$ indeterminado

$f(x) = x$ e $g(x) = e^{2/x}$

Transformando para a indeterminação do tipo $\dfrac{\infty}{\infty}$, tem-se:

$$\lim_{x \to 0^+} \frac{e^{2/x}}{1/x} = \frac{\infty}{\infty}$$

Aplicando-se o teorema de L'Hospital, tem-se:

$$\lim_{x \to 0^+} \frac{e^{2/x} \cdot (-2/x^2)}{-1/x^2} = \lim_{x \to 0^+} 2e^{2/x} = 2 \cdot e^{\infty} = \infty$$

Exercícios resolvidos

Calcule os limites:

▶ **Exercício 8.8**

$$\lim_{x \to 0^+} \operatorname{sen} x \ln x$$

Solução:

$\lim_{x \to 0^+} \operatorname{sen} x \ln x = 0 \cdot (-\infty) \to$ indeterminado

$$\lim_{x \to 0^+} \frac{\ln x}{1/\operatorname{sen} x} \stackrel{L'H}{=} \lim_{x \to 0^+} \frac{1/x}{\frac{-\cos x}{(\operatorname{sen} x)^2}} = \lim_{x \to 0^+} \frac{-(\operatorname{sen} x)^2}{x \cos x} = \frac{0}{0} \stackrel{L'H}{=} \lim_{x \to 0^+} \frac{-2 \operatorname{sen} x \cos x}{\cos x - x \operatorname{sen} x} = \frac{0}{1} = 0$$

▶ **Exercício 8.9**

$$\lim_{x \to -\infty} x^4 e^x$$

Solução:

$\lim_{x \to -\infty} x^4 e^x = \infty \cdot 0 \to$ indeterminado

$$\lim_{x \to -\infty} \frac{x^4}{1/e^x} = \frac{\infty}{\infty} \stackrel{L'H}{=} \lim_{x \to -\infty} \frac{4x^3}{-1/e^x} = \frac{\infty}{\infty} \stackrel{L'H}{=} \lim_{x \to -\infty} \frac{12x^2}{1/e^x} = \frac{\infty}{\infty}$$

$$\stackrel{L'H}{=} \lim_{x \to -\infty} \frac{24x}{-\frac{1}{e^x}} = \frac{\infty}{\infty} \stackrel{L'H}{=} \lim_{x \to -\infty} \frac{24}{\frac{1}{e^x}} = \lim_{x \to -\infty} 24 e^x = 24 \, e^{-\infty} = 24 \cdot \frac{1}{e^{\infty}} = 0$$

▶ **Exercício 8.10**

$$\lim_{x \to -3} (-3 - x) \cdot \operatorname{tg}\left(\frac{\pi x}{2}\right)$$

Solução:

$$\lim_{x \to -3} (-3 - x) \cdot \operatorname{tg}\left(\frac{\pi x}{2}\right) = 0 \cdot \infty \to \text{indeterminado}$$

$$\lim_{x \to -3} \frac{-3-x}{1 \Big/ \text{tg}\left(\frac{\pi x}{2}\right)} = \lim_{x \to -3} \frac{-3-x}{\cot g\left(\frac{\pi x}{2}\right)} = \frac{0}{0} \overset{\text{L'H}}{=} \lim_{x \to -3} \frac{-1}{-\left(\text{cossec}\left(\frac{\pi x}{2}\right)\right)^2 \left(\frac{\pi}{2}\right)} = \frac{1}{1^2 \left(\frac{\pi}{2}\right)} = \frac{2}{\pi}$$

Formas indeterminadas do tipo 0^0

Sejam as funções f(x) e g(x) diferenciáveis. Se $\lim_{x \to a} f(x) = 0$ e $\lim_{x \to a} g(x) = 0$, então $\lim_{x \to a} [f(x)]^{g(x)} = 0^0$.

A transformação da indeterminação 0^0 para a indeterminação $\frac{0}{0}$ é:

$$\exp\left[\lim_{x \to a} \frac{g(x)}{\frac{1}{\ln f(x)}}\right] = \exp \frac{0}{0} \quad \text{ou}$$

A transformação da indeterminação 0^0 para a indeterminação $\frac{\infty}{\infty}$, é:

$$\exp\left[\lim_{x \to a} \frac{\ln f(x)}{\frac{1}{g(x)}}\right] = \exp\left[\frac{\infty}{\infty}\right]$$

▶ **Exemplo 8.7:**

Calcule $\lim_{x \to 0^+} (2x)^{3x}$.

$\lim_{x \to 0^+} (2x)^{3x} = 0^0$ ↪ indeterminado

Transformando para a indeterminação $\frac{\infty}{\infty}$, tem-se:

f(x) = 2x e g(x) = 3x

$$\lim_{x \to 0^+} (2x)^{3x} = \exp\left[\lim_{x \to 0^+} \frac{\ln 2x}{1/3x}\right] = \exp\left[\frac{-\infty}{\infty}\right] \overset{\text{L'H}}{=}$$

$$= \exp\left[\lim_{x \to 0^+} \frac{1/x}{-1/3x^2}\right] = \exp\left[\lim_{x \to 0^+} -\frac{1}{x} \cdot 3x^2\right] = \exp\left[\lim_{x \to 0^+} (-3x)\right]$$

$$= e^{-3 \cdot 0} = e^0 = 1$$

▶ **Exemplo 8.8:**

Calcule $\lim_{x \to 1^+} (x-1)^{x-1}$.

$\lim_{x \to 1^+} (x-1)^{x-1} = 0^0 \to$ indeterminado.

Transformando para a indeterminação $\dfrac{\infty}{\infty}$, tem-se:

$f(x) = x - 1$ e $g(x) = x - 1$

$\lim_{x \to 1^+} (x-1)^{x-1} = \exp\left[\lim_{x \to 1^+} \dfrac{\ln(x-1)}{1/(x-1)}\right] = \exp\left[\dfrac{-\infty}{\infty}\right] \stackrel{L'H}{=} \exp\left[\lim_{x \to 1^+} \dfrac{1/(x-1)}{-1/(x-1)^2}\right]$

$= \exp\left[\lim_{x \to 1^+} -(x-1)\right] = e^0 = 1$

Formas indeterminadas do tipo ∞^0

Sejam as funções $f(x)$ e $g(x)$ diferenciáveis. Se $\lim_{x \to a} f(x) = \infty$ e $\lim_{x \to a} g(x) = 0$, então $\lim_{x \to a} [f(x)]^{g(x)} = \infty^0$.

A transformação da indeterminação ∞^0 para a indeterminação $\dfrac{0}{0}$ é:

$\exp\left[\lim_{x \to a} \dfrac{g(x)}{1/\ln f(x)}\right] = \exp\left[\dfrac{0}{0}\right]$ ou

A transformação da indeterminação ∞^0 para a indeterminação $\dfrac{\infty}{\infty}$ é:

$\exp\left[\lim_{x \to a} \dfrac{\ln f(x)}{1/g(x)}\right] = \exp\left[\dfrac{\infty}{\infty}\right]$

▶ **Exemplo 8.9:**
Calcule $\lim (2x)^{2/x}$.

$\lim_{x \to \infty} (2x)^{2/x} = \infty^0 \to$ indeterminado

Transformando para a indeterminação $\dfrac{\infty}{\infty}$ tem-se:

$f(x) = 2x$ e $g(x) = \dfrac{2}{x}$

$= \exp\left[\lim_{x \to \infty} \dfrac{\ln(2x)}{\dfrac{1}{2/x}}\right] = \exp\left[\lim_{x \to \infty} \dfrac{\ln(2x)}{\dfrac{x}{2}}\right] = \exp\left[\dfrac{\infty}{\infty}\right] \stackrel{L'H}{=} \exp\left[\lim_{x \to \infty} \dfrac{1/x}{1/2}\right]$

$= \exp\left[\lim_{x \to \infty} \dfrac{2}{x}\right] = e^0 = 1$

Formas indeterminadas do tipo 1^∞

Sejam as funções f(x) e g(x) diferenciáveis. Se $\lim_{x \to a} f(x) = 1$ e $\lim_{x \to a} g(x) = \infty$ então $\lim_{x \to a} [f(x)]^{g(x)} = 1^\infty$

A transformação da indeterminação 1^∞ para a indeterminação $\dfrac{0}{0}$ é:

$$\exp\left[\lim_{x \to a} \frac{\ln f(x)}{1/g(x)}\right] = \exp\left[\frac{0}{0}\right] \text{ ou}$$

A transformação da indeterminação do tipo 1^∞ para a indeterminação $\dfrac{\infty}{\infty}$ é:

$$\exp\left[\lim_{x \to a} \frac{g(x)}{1/\ln f(x)}\right] = \exp\left[\frac{\infty}{\infty}\right]$$

▶ **Exemplo 8.10:**
Calcule $\lim_{x \to 0} (1 - 3x)^{1/x}$.
$\lim_{x \to 0} (1 - 3x)^{1/x} = 1^\infty \to$ indeterminado
Transformando para a indeterminação do tipo $\dfrac{0}{0}$, tem-se:

$$\lim_{x \to 0} (1-3x)^{1/x} = \exp\left[\lim_{x \to 0} \frac{\ln(1-3x)}{\frac{1}{1/x}}\right] = \exp\left[\lim_{x \to 0} \frac{\ln(1-3x)}{x}\right] = \exp\left[\frac{0}{0}\right]$$

$$\stackrel{\text{L'H}}{=} \exp\left[\lim_{x \to 0} \frac{\frac{-3}{1-3x}}{1}\right] = e^{-3}$$

▶ **Exemplo 8.11:**
Calcule $\lim_{x \to 1^-} x^{\frac{1}{1-x^2}}$.
$\lim_{x \to 1^-} x^{\frac{1}{1-x^2}} = 1^\infty \to$ indeterminado
Transformando para a indeterminação do tipo $\dfrac{0}{0}$, tem-se:

$$\lim_{x \to 1^-} x^{\frac{1}{1-x^2}} = \exp\left[\lim_{x \to 1^-} \frac{\ln x}{\frac{1}{1/(1-x^2)}}\right] = \exp\left[\lim_{x \to 1^-} \frac{\ln x}{1-x^2}\right] = \exp\left[\frac{0}{0}\right]$$

$$\stackrel{L'H}{=} \exp\left[\lim_{x\to 1^-} \frac{1/x}{-2x}\right] = \exp\left[\lim_{x\to 1^-} \frac{1}{-2x^2}\right] = e^{-1/2}$$

Exercícios resolvidos

Calcule os limites.
▶ **Exercício 8.11:**
$\lim_{x\to\infty} (x^2 - 1)^{1/x^2}$
Solução:
$\lim_{x\to\infty} (x^2 - 1)^{1/x^2} = \infty^0$ indeterminado

$$= \exp\left[\lim_{x\to\infty} \frac{\ln(x^2-1)}{\frac{1}{1/x^2}}\right] = \exp\left[\lim_{x\to\infty} \frac{\ln(x^2-1)}{x^2}\right]$$

$$= \exp\left[\frac{\infty}{\infty}\right] \stackrel{L'H}{=} \exp\left[\lim_{x\to\infty} \frac{2x/(x^2-1)}{2x}\right] = \exp\left[\lim_{x\to\infty} \frac{1}{x^2-1}\right] = \exp\left[\frac{1}{\infty}\right] = e^0 = 1$$

▶ **Exercício 8.12:**
$\lim_{x\to 0} (1 - 2x)^{4/x}$
Solução:
$\lim_{x\to 0} (1 - 2x)^{4/x} = 1^\infty$ indeterminado → $\lim_{x\to 0} (1 - 2x)^{4/x} = \exp\left[\lim_{x\to 0} \frac{\ln(1-2x)}{\frac{1}{4/x}}\right]$

$$= \exp\left[\lim_{x\to 0} \frac{\ln(1-2x)}{x/4}\right] = \exp\left[\frac{0}{0}\right] \stackrel{L'H}{=} \exp\left[\lim_{x\to 0} \frac{-2/(1-2x)}{1/4}\right]$$

$$= \exp\left[\lim_{x\to 0} \frac{-8}{(1-2x)}\right] = e^{-8}$$

▶ **Exercício 8.13:**
$\lim_{x\to\infty} (e^x - 1)^{1/x}$
Solução:
$\lim_{x\to\infty} (e^x - 1)^{1/x} = \infty^0$ indeterminado → $\exp\left[\lim_{x\to\infty} \frac{\ln(e^x-1)}{\frac{1}{1/x}}\right] = \exp\left[\lim_{x\to\infty} \frac{\ln(e^x-1)}{x}\right]$

$$= \exp\left[\frac{\infty}{\infty}\right] \stackrel{L'H}{=} \exp\left[\lim_{x\to\infty} \frac{e^x/(e^x-1)}{1}\right] = \exp\left[\frac{\infty}{\infty}\right] \stackrel{L'H}{=} \exp\left[\lim_{x\to\infty} \frac{e^x}{e^x}\right] = e^1 = e$$

▶ Exercício 8.14:
$$\lim_{x\to\infty} (\ln(5+x))^{4/x}$$
Solução:

$$\lim_{x\to\infty} (\ln(5+x))^{4/x} = \infty^0 \quad \text{indeterminado} \to \exp\left[\lim_{x\to\infty} \frac{\ln(\ln(5+x))}{\frac{1}{4/x}}\right]$$

$$= \exp\left[\lim_{x\to\infty} \frac{4\ln(\ln(5+x))}{x}\right] = \exp\left[\frac{\infty}{\infty}\right]$$

$$\stackrel{L'H}{=} \exp\left[\lim_{x\to\infty} \frac{4\cdot \frac{1}{\ln(5+x)} \cdot \frac{1}{5+x}}{1}\right] =$$

$$= \exp\left[\lim_{x\to\infty} \frac{4}{(5+x)\ln(5+x)}\right] = \exp\left[\frac{4}{\infty}\right] = e^0 = 1$$

▶ Exercício 8.15:
$$\lim_{x\to 0} (\text{sen } 2x + \cos x)^{1/3x}$$
Solução:

$$\lim_{x\to 0} (\text{sen } 2x + \cos x)^{1/3x} = 1^\infty \quad \text{indeterminado} \to \exp\left[\lim_{x\to 0} \frac{\ln(\text{sen } 2x + \cos x)}{\frac{1}{1/3x}}\right]$$

$$= \exp\left[\lim_{x\to 0} \frac{\ln(\text{sen } 2x + \cos x)}{3x}\right] \stackrel{L'H}{=} \exp\left[\lim_{x\to 0} \frac{\frac{2\cos 2x - \text{sen } x}{\text{sen } 2x + \cos x}}{3}\right]$$

$$= \exp\left[\lim_{x\to 0} \frac{2\cos 2x - \text{sen } x}{3(\text{sen } 2x + \cos x)}\right] = e^{2/3}$$

Formas indeterminada do tipo $\infty - \infty$

Sejam as funções $f(x)$ e $g(x)$ diferenciáveis. Se $\lim_{x\to a} f(x) = \infty$ e $\lim_{x\to a} g(x) = \infty$, então $\lim_{x\to a} [f(x) - g(x)] = \infty - \infty$.

A transformação da indeterminação $\infty - \infty$ para a indeterminação $\dfrac{0}{0}$ é:

$$\lim_{x \to a} \left(\dfrac{\dfrac{1}{g(x)} - \dfrac{1}{f(x)}}{\dfrac{1}{g(x)} \cdot \dfrac{1}{f(x)}} \right)$$

▶ **Exemplo 8.12:**

Calcule $\lim\limits_{x \to 0} \left(\dfrac{1}{2x} - \dfrac{1}{e^{2x} - 1} \right)$

$\lim\limits_{x \to 0} \left(\dfrac{1}{2x} - \dfrac{1}{e^{2x} - 1} \right) = \infty - \infty \to$ indeterminado

Transformando para a indeterminação do tipo $\dfrac{0}{0}$, tem-se:

$f(x) = \dfrac{1}{2x}$ e $g(x) = \dfrac{1}{e^{2x} - 1}$

$\lim\limits_{x \to 0} \dfrac{\dfrac{1}{\left(e^{2x}-1\right)} - \dfrac{1}{\left(2x\right)}}{\dfrac{1}{\left(2x\right)} \cdot \dfrac{1}{\left(e^{2x}-1\right)}} = \lim\limits_{x \to 0} \dfrac{e^{2x} - 1 - 2x}{(e^{2x} - 1) \cdot 2x} = \dfrac{0}{0} \stackrel{L'H}{=} \lim\limits_{x \to 0} \dfrac{2e^{2x} - 2}{(e^{2x} - 1) \cdot 2 + 2x(e^{2x}) \cdot 2}$

$= \lim\limits_{x \to 0} \dfrac{2e^{2x} - 2}{2e^{2x} - 2 + 4xe^{2x}} = \dfrac{0}{0} \stackrel{L'H}{=} \lim\limits_{x \to 0} \dfrac{4e^{2x}}{4e^{2x} + 4e^{2x} + 8xe^{2x}} = \dfrac{1}{2}$

▶ **Exemplo 8.13:**

Calcule $\lim\limits_{x \to 1} \dfrac{1}{\ln x} - \dfrac{x}{x - 1}$.

$\lim\limits_{x \to 1} \left(\dfrac{1}{\ln x} - \dfrac{x}{x - 1} \right) = \infty - \infty \to$ indeterminado

Transformando para a indeterminação do tipo $\dfrac{0}{0}$, tem-se:

$f(x) = \dfrac{1}{\ln x}$ e $g(x) = \dfrac{x}{x - 1}$

$$\lim_{x \to 1}\left(\frac{1}{\ln x} - \frac{x}{x-1}\right) = \lim_{x \to 1} \frac{\left(\frac{1}{\frac{x}{x-1}}\right) - \left(\frac{1}{\frac{1}{\ln x}}\right)}{\left(\frac{x}{x-1}\right) \cdot \left(\frac{1}{\ln x}\right)} = \lim_{x \to 1} \frac{\frac{x-1}{x} - \ln x}{\left(\frac{x-1}{x}\right) \cdot (\ln x)}$$

$$= \lim_{x \to 1} \frac{\frac{x-1-x\ln x}{x}}{\frac{(x-1)\ln x}{x}} = \lim_{x \to 1} \frac{x-1-x\ln x}{(x-1)\ln x} = \frac{0}{0} \stackrel{L'H}{=} \lim_{x \to 1} \frac{1 - x \cdot \frac{1}{x} - \ln x}{(x-1) \cdot \frac{1}{x} + \ln x}$$

$$= \lim_{x \to 1} \frac{-\ln x}{1 - \frac{1}{x} + \ln x} = \frac{0}{0} \stackrel{L'H}{=} \lim_{x \to 1} \frac{\frac{-1}{x}}{-\left(-\frac{1}{x^2}\right) + \frac{1}{x}} = \lim_{x \to 1} \frac{\frac{-1}{x}}{\frac{1+x}{x^2}} =$$

$$= \lim_{x \to 1} \frac{-x}{1+x} = -\frac{1}{2}$$

Exercícios resolvidos

Calcule os limites.

◗ **Exercício 8.16:**

$$\lim_{x \to 3^+}\left(\frac{2x}{\ln(x-2)} - \frac{1}{x-3}\right)$$

Solução:

$$\lim_{x \to 3^+}\left(\frac{2x}{\ln(x-2)} - \frac{1}{x-3}\right) = \infty - \infty \to \text{indeterminado}$$

$$\lim_{x \to 3^+} \frac{x - 3 - \frac{\ln(x-2)}{2x}}{\left(\frac{\ln(x-2)}{2x}\right) \cdot (x-3)} = \lim_{x \to 3^+} \frac{\frac{2x^2 - 6x - \ln(x-2)}{2x}}{\frac{(x-3)\ln(x-2)}{2x}}$$

$$= \lim_{x \to 3^+} \frac{2x^2 - 6x - \ln(x-2)}{(x-3)\ln(x-2)} = \frac{0}{0} \stackrel{L'H}{=} \lim_{x \to 3^+} \frac{4x - 6 - \frac{1}{x-2}}{(x-3) \cdot \frac{1}{x-2} + \ln(x-2) \cdot 1}$$

$$= \lim_{x \to 3^+} \frac{-6x + 4x^2 - 8x + 12 - 1}{x - 2} \cdot \frac{x - 2}{(x-3)+(x-2)\ln(x-2)}$$

$$= \lim_{x \to 3^+} \frac{4x^2 - 14x + 11}{(x-3)+(x-2)\ln(x-2)} = \frac{5}{0^+} = \infty$$

▶ **Exercício 8.17:**

$\lim_{x \to 0^+} (x^{-3} - 3x^{-2})$

Solução:

$\lim_{x \to 0^+} (x^{-3} - 3x^{-2}) = \infty - \infty \rightarrow$ indeterminado

$$= \lim_{x \to 0^+} \frac{\dfrac{x^2}{3} - x^3}{x^3 \cdot \dfrac{x^2}{3}} = \lim_{x \to 0^+} \frac{\dfrac{x^2(1-3x)}{3}}{\dfrac{x^2 \cdot x^3}{3}} = \lim_{x \to 0^+} \frac{1-3x}{x^3} = \frac{1}{0^+} = \infty$$

▶ **Exercício 8.18:**

$\lim_{x \to -4} \left(\dfrac{1}{\ln(x+5)} - \dfrac{1}{x+4} \right)$

Solução:

$\lim_{x \to -4} \left(\dfrac{1}{\ln(x+5)} - \dfrac{1}{x+4} \right) = \infty - \infty \rightarrow$ indeterminado

$$\lim_{x \to -4} \left(\frac{1}{\ln(x+5)} - \frac{1}{x+4} \right) = \lim_{x \to -4} \frac{x+4-\ln(x+5)}{\ln(x+5)\cdot(x+4)} = \frac{0}{0}$$

$$\stackrel{L'H}{=} \lim_{x \to -4} \frac{1 - \dfrac{1}{x+5}}{\ln(x+5)\cdot 1 + (x+4)\cdot \dfrac{1}{x+5}} = \lim_{x \to -4} \frac{\dfrac{x+5-1}{x+5}}{\dfrac{(x+5)\ln(x+5)+(x+4)}{x+5}}$$

$$= \lim_{x \to -4} \frac{x+4}{(x+5)\ln(x+5)+(x+4)} = \frac{0}{0} \stackrel{L'H}{=} \lim_{x \to -4} \frac{1}{(x+5)\cdot \dfrac{1}{x+5} + \ln(x+5) + 1}$$

$$= \lim_{x \to -4} \frac{1}{\ln(x+5)+2} = \frac{1}{2}$$

Exercícios propostos

Calcule os limites:

- 8.1: $\lim\limits_{x\to 1}\dfrac{\ln(2x-1)}{x-1}$
- 8.2: $\lim\limits_{x\to\infty}\dfrac{x^2}{e^{4x}}$
- 8.3: $\lim\limits_{x\to-\infty}\dfrac{x^2-2x}{x^4}$
- 8.4: $\lim\limits_{x\to 0}\dfrac{e^x-e^{4x}}{4x}$
- 8.5: $\lim\limits_{x\to 0}\dfrac{4x^3-x}{3x^2+4}$
- 8.6: $\lim\limits_{x\to-5}\dfrac{x^2-25}{x+5}$
- 8.7: $\lim\limits_{x\to 0}\dfrac{\sqrt{25+x}-5}{x}$
- 8.8: $\lim\limits_{x\to-2}\dfrac{x^2-4}{x+2}$
- 8.9: $\lim\limits_{x\to 0}\dfrac{\operatorname{sen} x}{x}$
- 8.10: $\lim\limits_{x\to 0}\dfrac{2-3e^{-x}+e^{-2x}}{2x^2}$
- 8.11: $\lim\limits_{x\to 0}\dfrac{\sqrt{3-x}-\sqrt{3+x}}{x}$
- 8.12: $\lim\limits_{x\to 2}(x-2)e^{5/x-2}$
- 8.13: $\lim\limits_{x\to 6}\dfrac{x-6}{x^2-3x-18}$
- 8.14: $\lim\limits_{x\to-1}\dfrac{x^2+2x+1}{x+1}$
- 8.15: $\lim\limits_{x\to-\infty} x^3 e^{2x}$
- 8.16: $\lim\limits_{x\to\infty} x\operatorname{sen}\left(\dfrac{3}{x}\right)$

- 8.17: $\lim\limits_{x\to-\infty} x^2 e^x$
- 8.18: $\lim\limits_{x\to\infty} x^2 e^{-3x}$
- 8.19: $\lim\limits_{x\to-5}(-5-x)\operatorname{tg}\left(\dfrac{3\pi x}{2}\right)$
- 8.20: $\lim\limits_{x\to 2}(2-x)\operatorname{tg}\left(\dfrac{\pi x}{4}\right)$
- 8.21: $\lim\limits_{x\to\infty}(x-2)^{1/x}$
- 8.22: $\lim\limits_{x\to 0}(1-4x)^{3/2x}$
- 8.23: $\lim\limits_{x\to\infty}\dfrac{x^4}{x^2-1}$
- 8.24: $\lim\limits_{x\to 0} 4x\ln 5x$
- 8.25: $\lim\limits_{x\to\infty}(e^{2x}-1)^{1/2x}$
- 8.26: $\lim\limits_{x\to\infty}(\ln(7+2x))^{3/x}$
- 8.27: $\lim\limits_{x\to\infty}\dfrac{4x}{\ln 5x}$
- 8.28: $\lim\limits_{x\to 0}\dfrac{\operatorname{sen} x - x}{x\operatorname{sen} x}$
- 8.29: $\lim\limits_{x\to-1}\dfrac{3x^2-5x-8}{(x+1)\cdot(x^2-1)}$
- 8.30: $\lim\limits_{x\to 1}\dfrac{1}{x^2-2x}$
- 8.31: $\lim\limits_{x\to 0}\dfrac{\operatorname{cotg} x}{\ln x}$
- 8.32: $\lim\limits_{x\to 0}\dfrac{e^x-\ln(x+1)-1}{x^2}$
- 8.33: $\lim\limits_{x\to\infty} x(e^{1/x}-1)$
- 8.34: $\lim\limits_{x\to 0}(\operatorname{sen} x+\cos x)^{1/x}$
- 8.35: $\lim\limits_{x\to 0}(e^x+x)^{1/x}$
- 8.36: $\lim\limits_{x\to\infty}\left(1+\dfrac{1}{2x}\right)^x$

▶ 8.37: $\lim_{x \to \infty} \left(1 + \dfrac{2}{3x}\right)^{x^2}$

▶ 8.38: $\lim_{x \to 1} \left(\dfrac{3}{x^3} - \dfrac{1}{5x}\right)$

▶ 8.39: $\lim_{x \to 1} \left(\dfrac{4}{\ln x} - \dfrac{5}{1-x}\right)$

▶ 8.40: $\lim_{x \to 0} \left(\dfrac{2}{7x} - \dfrac{5}{\operatorname{sen} 4x}\right)$

▶ 8.41: $\lim_{x \to -4} \left(\dfrac{5}{x+4} - \dfrac{9}{x^2-16}\right)$

▶ 8.42: $\lim_{x \to 0} \left(\dfrac{\sqrt{5-x} - \sqrt{5+x}}{x}\right)$

▶ 8.43: $\lim_{x \to 0} \left(\dfrac{1}{e^{7x}-1} - \dfrac{1}{e^{8x}-1}\right)$

▶ 8.44: $\lim_{x \to 0} \left(\dfrac{1}{x^7} - \dfrac{1}{x^5}\right)$

▶ 8.45: $\lim_{x \to -7} \left(\dfrac{1}{\ln(x+8)} - \dfrac{1}{x+7}\right)$

▶ 8.46: $\lim_{x \to 1} x^{1/(x-1)}$

▶ 8.47: $\lim_{x \to 3} \dfrac{x-3}{\sqrt[3]{x^2+18}-3}$

▶ 8.48: $\lim_{x \to \infty} (x - \sqrt{x^2 - x})$

▶ 8.49: $\lim_{x \to 0} \left(\operatorname{cotg} x - \dfrac{1}{x}\right)$

▶ 8.50: $\lim_{x \to 2} \left(\dfrac{5}{x^2-x-6} - \dfrac{1}{x-2}\right)$

9 Integração

Após o estudo deste capítulo, você estará apto a conceituar:

- Integral
- Regras de integração
- Ilustração de algumas aplicações

Integração

A integração ou antidiferenciação é a operação inversa da derivação, ou seja, se uma função é diferenciada e a resultante integrada, o resultado é a função original adicionada de uma constante.

A integração é o método usado para determinar a área sob uma curva, supondo a área dividida em um número finito de partes infinitesimalmente pequenas, cuja soma é a área desejada.

Integração indefinida

O processo de determinar todas as antiderivadas de uma função é denominado antidiferenciação ou integração.

Uma função $F(x)$ é uma antiderivada ou integral de $f(x)$ em um intervalo I se $F'(x) = f(x)$ para todo x em I.

A notação utilizada é $\int f(x)dx = F(x) + C$, onde $F'(x) = f(x)$ e C é constante de integração.

▶ **Exemplo 9.1**

$F(x) = x^2$ é a integral da função $f(x) = 2x$, pois $F'(x) = 2x$.

▶ **Exemplo 9.2**

$F(x) = \dfrac{x^4}{4} + \dfrac{x^3}{3} + x$ é a integral da função $f(x) = x^3 + x^2 + 1$, pois

$F'(x) = \dfrac{4x^3}{4} + \dfrac{3x^2}{3} + 1 = x^3 + x^2 + 1$

▶ **Exemplo 9.3**

Sejam $F(x) = x + 2$ e $G(x) = x + 4$; $F(x)$ e $G(x)$ são integrais de $f(x) = 1$, pois $\dfrac{d(x+2)}{dx} = 1$ e $\dfrac{d(x+4)}{dx} = 1$. A constante de integração da função $F(x)$ é 2 e a constante de integração da função $G(x)$ é 4.

As formas de integração usadas nos exemplos anteriores são obtidas por inversão das fórmulas de derivação.

Formas de integração

(A) $\int dx = x + C$

▶ **Exemplo 9.4**

$\int dy = y + C$

(B) $\int k\,dx = k\int dx = kx + C$, onde k é constante.

▶ **Exemplo 9.5**

$\int 5\,dx = 5\int dx = 5x + C$

(C) $\int x^n dx = \dfrac{x^{n+1}}{n+1} + C, n \neq -1$

▶ **Exemplo 9.6**

$\int x^2 dx = \dfrac{x^{2+1}}{2+1} + C = \dfrac{x^3}{3} + C$

(D) $\int (f(x) + g(x))dx = \int f(x)dx + \int g(x)dx$, onde $f(x)$ e $g(x)$ são funções diferenciáveis de x.

▶ **Exemplo 9.7**

$\int(3x^2+4)dx = \int 3x^2 dx + \int 4dx = 3\int x^2 dx + 4\int dx = 3\cdot\dfrac{x^{2+1}}{2+1}+4x+C = x^3+4x+C$

(E) $\int u^n du = \dfrac{u^{n+1}}{n+1}+C$, $n \neq -1$, onde u = f(x) é uma função diferenciável de x.

Teorema: se F é uma antiderivada de f, então
$\int f(g(x))g'(x)dx = F(g(x)) + C$
Se u = g(x) e du = g'(x)dx, então $\int f(u)du = F(u) + C$.

▶ **Exemplo 9.8**

$\int(2x+1)^2 dx$

Fazendo u = 2x + 1 ➜ du = 2dx ➜ $dx = \dfrac{du}{2}$

Substituindo na integral $\int u^2 \cdot \dfrac{du}{2} = \dfrac{1}{2}\int u^2 du = \dfrac{1}{2}\cdot\dfrac{u^3}{3}+C$

Como u = 2x + 1, substituindo na expressão

$= \dfrac{1}{6}\cdot(2x+1)^3 + C$

▶ **Exemplo 9.9**

$\int\dfrac{4x\,dx}{\sqrt{1-x^2}}$

Fazendo u = 1 − x² ➜ du = −2x dx ➜ $x\,dx = -\dfrac{du}{2}$

Substituindo na integral

$4\int\dfrac{1}{u^{1/2}}\cdot\left(\dfrac{-du}{2}\right) = -2\int u^{-1/2}du = -4u^{1/2}+C$

Como u = 1 − x², substituindo na expressão
$= -4\sqrt{1-x^2} + C$

Exercícios resolvidos

Calcule as integrais:
▶ **Exercício 9.1**
$\int\sqrt{5x+7}\,dx$

Solução:

Fazendo $u = 5x + 7 \rightarrow du = 5dx \rightarrow dx = \dfrac{du}{5}$

Substituindo na integral

$$\int u^{1/2} \cdot \dfrac{du}{5} = \dfrac{1}{5}\int u^{1/2} du = \dfrac{1}{5} \cdot \dfrac{2}{3} u^{3/2} + C$$

Como $u = 5x + 7$, substituindo na expressão

$$= \dfrac{2}{15} \cdot (5x + 7)^{3/2} + C$$

▶ **Exercício 9.2**

$\int x\sqrt[3]{7 - 6x^2}\, dx$

Solução:

Fazendo $u = 7 - 6x^2 \rightarrow du = -12x\, dx \rightarrow x\, dx = -\dfrac{du}{12}$

Substituindo na integral

$$\int u^{1/3} \cdot \left(-\dfrac{du}{12}\right) = -\dfrac{1}{12}\int u^{1/3}\, du = -\dfrac{1}{12} \cdot \dfrac{3}{4} u^{4/3} + C$$

Como $u = 7 - 6x^2$, substituindo na expressão

$$= -\dfrac{1}{16}(7 - 6x^2)^{4/3} + C$$

▶ **Exercício 9.3**

$\int \dfrac{x^2 - 1}{(x^3 - 3x + 1)^6}\, dx$

Solução:

Fazendo

$u = x^3 - 3x + 1 \rightarrow du = (3x^2 - 3)dx \rightarrow 3(x^2 - 1)dx = du \rightarrow \dfrac{du}{3} = (x^2 - 1)dx$

Substituindo na integral

$$\int \dfrac{du}{3u^6} = \dfrac{1}{3}\int u^{-6}\, du = \dfrac{1}{3} \cdot \dfrac{u^{-5}}{-5} + C$$

Como $u = x^3 - 3x + 1$, substituindo na expressão

$$= -\dfrac{1}{15}(x^3 - 3x + 1)^{-5} + C = -\dfrac{1}{15(x^3 - 3x + 1)^5} + C$$

▶ **Exercício 9.4**

$$\int \frac{4x^3}{\sqrt[7]{2x^2-4}}dx$$

Solução:

Fazendo $u = 2x^2 - 4 \rightarrow du = 4x\,dx \rightarrow x\,dx = \dfrac{du}{4}$

Substituindo na integral

$$4\int x^2 u^{-1/7} \frac{du}{4}$$

Como $u = 2x^2 - 4 \rightarrow x^2 = \dfrac{u+4}{2}$, substituindo na integral

$$\int \frac{u+4}{2}u^{-1/7}du = \frac{1}{2}\int(u^{6/7}+4u^{-1/7})du$$

$$= \frac{1}{2}\left(\frac{7}{13}u^{13/7}+4\cdot\frac{7}{6}u^{6/7}\right)+C$$

Como $u = 2x^2 - 4$, substituindo na expressão

$$= \frac{7}{26}(2x^2-4)^{13/7}+\frac{7}{3}(2x^2-4)^{6/7}+C$$

▶ **Exercício 9.5**

$$\int\left(1+\frac{5}{x}\right)^{-3}\frac{dx}{x^2}$$

Solução:

Fazendo $u = 1 + \dfrac{5}{x} \rightarrow du = -\dfrac{5}{x^2}dx \rightarrow \dfrac{dx}{x^2} = -\dfrac{du}{5}$

Substituindo na integral

$$\int u^{-3}\left(-\frac{du}{5}\right) = \left(-\frac{1}{5}\right)\frac{u^{-2}}{-2}+C$$

Como $u = 1 + \dfrac{5}{x}$, substituindo na expressão

$$= \frac{1}{10}\left(1+\frac{5}{x}\right)^{-2}+C$$

▶ **Exercício 9.6**

$y = \int(x^4 + 5x^3 + 7x + 1)dx$ se $y = 0$ e $x = 0$

Solução:

$y = \dfrac{x^5}{5} + \dfrac{5x^4}{4} + \dfrac{7x^2}{2} + x + C$; substituindo $x = 0$ e $y = 0$,

$0 = 0 + C \rightarrow C = 0$

$y = \dfrac{x^5}{5} + \dfrac{5x^4}{4} + \dfrac{7x^2}{2} + x$

▶ **Exercício 9.7**

$y = \int \sqrt{2 + x^2}\, x\, dx$ se $y = 1$ e $x = 0$

Solução:

Fazendo $u = 2 + x^2 \rightarrow du = 2x\, dx \rightarrow x\, dx = \dfrac{du}{2}$

Substituindo na integral

$y = \int u^{1/2} \dfrac{du}{2} \rightarrow y = \dfrac{1}{3} u^{3/2} + C \rightarrow y = \dfrac{(2 + x^2)^{3/2}}{3} + C$

Substituindo $x = 0$ e $y = 1$,

$1 = \dfrac{(2)^{(3/2)}}{3} + C \rightarrow C = 1 - \dfrac{2^{3/2}}{3} = \dfrac{3 - 2\sqrt{2}}{3}$

$y = \dfrac{(2 + x^2)^{3/2}}{3} + \dfrac{3 - 2\sqrt{2}}{3}$

Integral definida

Sejam $F(x)$ e $F'(x) = f(x)$ funções contínuas no intervalo $a \leq x \leq b$. Dividindo-se o intervalo $a \leq x \leq b$ em 'n' subintervalos iguais de comprimento $\Delta x = \dfrac{b - a}{n}$ e tomando-se a soma $S_n = \sum_{k=1}^{n} f(x_k) \cdot \Delta x$, onde $x_1, x_2, ...$ representam os pontos médios de cada intervalo quando 'n' aumenta indefinidamente, de modo que $\Delta x_k \rightarrow 0$, ou seja:

$\int_a^b f(x)dx = \lim_{n \to \infty} \sum_{k=1}^{n} f(x_k)\Delta x = \lim_{n \to \infty} (f(x_1)\Delta x + f(x_2)\Delta x + ... + f(x_n)\Delta x)$

Pelo Teorema Fundamental do Cálculo, tem-se:

Se a função $f(x)$ é contínua no intervalo $a \leq x \leq b$, então $\int_a^b f(x)dx = F(b) - F(a)$, onde $f'(x) = f(x)$.

O símbolo $\int_a^b f(x)dx$ representa a integral definida de f(x) desde x = a até x = b, onde 'a' e 'b' são chamados, respectivamente, limite inferior e limite superior de integração.

A área limitada pela função contínua f(x) sendo f(x) ≥ 0 no intervalo a ≤ x ≤ b é $A = \int_a^b f(x)dx$, como demonstra o Gráfico 9.1.

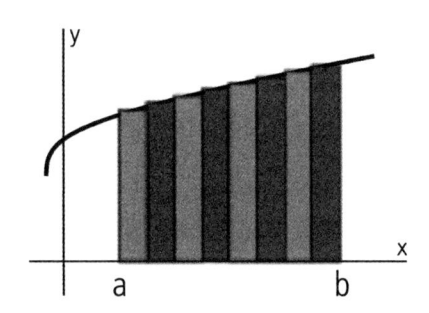

Gráfico 9.1: Integral definida.

Propriedades da integral definida

(A) $\int_a^a f(x)dx = 0$

▶ **Exemplo 9.10**

$$\int_1^1 (x^2+1)^2 x\, dx = \left[\frac{(x^2+1)^3}{6}\right]_1^1 = \frac{(1+1)^3}{6} - \frac{(1+1)^3}{6} = \frac{8}{6} - \frac{8}{6} = 0$$

(B) $\int_a^b f(x)dx = -\int_b^a f(x)dx$

▶ **Exemplo 9.11**

$$\int_{-1}^{1}(x^2+x)dx = \left[\frac{x^3}{3}+\frac{x^2}{2}\right]_{-1}^{1} = \left(\frac{1}{3}+\frac{1}{2}\right) - \left(-\frac{1}{3}+\frac{1}{2}\right) = \frac{5}{6} - \frac{1}{6} = \frac{2}{3}$$

$$\int_{1}^{-1}(x^2+x)dx = \left[\frac{x^3}{3}+\frac{x^2}{2}\right]_{1}^{-1} = \left(\frac{(-1)^3}{3}+\frac{(-1)^2}{2}\right) - \left(\frac{1}{3}+\frac{1}{2}\right) = \frac{1}{6} - \frac{5}{6} = -\frac{2}{3}$$

(C) $\int_a^b f(x)dx = \int_a^c f(x)dx + \int_c^b f(x)dx$, onde a, b e c são números arbitrários no intervalo.

▶ **Exemplo 9.12**

$$\int_0^2 (x^2 + 3x)dx = \left[\frac{x^3}{3} + \frac{3x^2}{2}\right]_0^2 = \left(\frac{8}{3} + 6\right) - (0) = \frac{26}{3}$$

ou

$$\int_0^2 (x^2 + 3x)dx = \int_0^1 (x^2 + 3x)dx + \int_1^2 (x^2 + 3x)dx = \left[\frac{x^3}{3} + \frac{3x^2}{2}\right]_0^1 + \left[\frac{x^3}{3} + \frac{3x^2}{2}\right]_1^2$$

$$= \left[\left(\frac{1}{3} + \frac{3}{2}\right) - 0\right] + \left[\left(\frac{8}{3} + 6\right) - \left(\frac{1}{3} + \frac{3}{2}\right)\right] = \frac{11}{6} + \left(\frac{26}{3} - \frac{11}{6}\right) = \frac{26}{3}$$

(D) Se f(x) é integrável em [a, b] e f(x) ≥ 0 para todo x em [a, b], então ∫f(x)dx ≥ 0.

▶ **Exemplo 9.13**

A função $f(x) = 3x^2 + 1 \geq 0$ para todo x. Seja o intervalo [−1, 2], então

$$\int_{-1}^2 (3x^2 + 1)dx = \left[\frac{3x^3}{3} + x\right]_{-1}^2 = [x^3 + x]_{-1}^2 = 8 + 2 - (-1 - 1) = 12 \geq 0$$

(E) Se f(x) e g(x) são integráveis em [a, b] e f(x) ≥ g(x) para todo x em [a, b], então $\int_a^b f(x)dx \geq \int_a^b g(x)dx$.

▶ **Exemplo 9.14**

Seja $f(x) = x^2 + 2$, $g(x) = x - 1$ e o intervalo [0, 3], $x^2 + 2 \geq x - 1$ para todo x em [0, 3].

$$\int_0^3 (x^2 + 2)dx = \left[\frac{x^3}{3} + 2x\right]_0^3 = 9 + 6 = 15$$

$$\int_0^3 (x - 1)dx = \left[\frac{x^2}{2} - x\right]_0^3 = \frac{9}{2} - 3 = \frac{3}{2}$$

Então, $\int_0^3 (x^2 + 2)dx \geq \int_0^3 (x - 1)dx$.

Integrais impróprias

São integrais da forma:

$\int_{-\infty}^b f(x)dx = \lim\limits_{a \to -\infty} \int_a^b (x)dx$

$\int_a^\infty f(x)dx = \lim\limits_{b \to \infty} \int_a^b (x)dx$

$\int_{-\infty}^\infty f(x)dx = \lim\limits_{\substack{a \to -\infty \\ b \to \infty}} \int_a^b (x)dx$

Se os limites existirem, as integrais impróprias convergirão. Caso contrário, a integral imprópria divergirá.

◗ **Exemplo 9.15**

Em $\int_{-\infty}^{3} x\,dx = \lim_{a \to -\infty} \int_{a}^{3} x\,dx = \lim_{a \to -\infty} \left[\frac{x^2}{2}\right]_{a}^{3} = \lim_{a \to -\infty}\left[\frac{9}{2} - \frac{a^2}{2}\right] = \frac{9}{2} - \infty = -\infty$, a integral converge.

◗ **Exemplo 9.16**

Em $\int_{1}^{\infty} x^2\,dx = \lim_{b \to \infty} \int_{1}^{b} x^2\,dx = \lim_{b \to \infty}\left[\frac{x^3}{3}\right]_{1}^{b} = \lim_{b \to \infty}\left[\frac{b^3}{3} - \frac{1}{3}\right] = \infty - \frac{1}{3} = \infty$, a integral converge.

◗ **Exemplo 9.17**

Em $\int_{-\infty}^{\infty} x^3\,dx = \lim_{\substack{a \to -\infty \\ b \to \infty}} \int_{a}^{b} x^3\,dx = \lim_{\substack{a \to -\infty \\ b \to \infty}}\left[\frac{x^4}{4}\right] = \lim_{\substack{a \to -\infty \\ b \to \infty}}\left[\frac{b^4}{4} - \frac{a^4}{4}\right] = \infty - \infty$, a integral diverge.

Exercícios resolvidos

Calcule as integrais:
◗ **Exercício 9.8**

$\int_{0}^{1} (x+3)\,dx$

Solução:

$\int_{0}^{1}(x+3)\,dx = \left[\frac{x^2}{2} + 3x\right]_{0}^{1}$

Substituindo x por 1 e 0,

$= \left(\frac{(1)^2}{2} + 3\cdot 1\right) - \left(\frac{0}{2} + 3\cdot 0\right) = \frac{1}{2} + 3 = \frac{7}{2}$

◗ **Exercício 9.9**

$\int_{0}^{1} x^2(x^3 - 3)^2\,dx$

Solução:

Fazendo $u = x^3 - 3 \rightarrow du = 3x^2\,dx \rightarrow x^2\,dx = \frac{du}{3}$

Substituindo na integral

$$\int_0^1 x^2(x^3-3)^2 dx = \int_0^1 u^2 \frac{du}{3} = \frac{1}{3}\int u^2 du = \frac{1}{3}\left[\frac{u^3}{3}\right]_0^1 = \left[\frac{1}{3}\cdot\frac{(x^3-3)^3}{3}\right]_0^1$$

$$=\frac{1}{9}[(1-3)^3 - (-3)^3] = \frac{19}{9}$$

▶ **Exercício 9.10**

$$\int_0^1 \frac{2+\sqrt{3x}}{\sqrt[5]{3x}}\,dx$$

Solução:

Fazendo $u = 3x \rightarrow du = 3dx \rightarrow dx = \dfrac{du}{3}$

Substituindo na integral

$$\int_0^1 \frac{2+\sqrt{3x}}{\sqrt[5]{3x}}dx = \int_0^1 \frac{2+u^{1/2}}{u^{1/5}}\cdot\frac{du}{3} = \frac{1}{3}\int_0^1 (2+u^{1/2})u^{-1/5}du = \frac{1}{3}\int_0^1 (2u^{-1/5}+u^{3/10})du$$

$$=\frac{1}{3}\left[2\cdot\frac{5}{4}u^{4/5}+\frac{10}{13}u^{13/10}\right]_0^1 = \frac{1}{3}\left[\frac{5}{2}(3x)^{4/5}+\frac{10}{13}(3x)^{13/10}\right]_0^1$$

$$=\frac{1}{3}\left(\frac{5}{2}(3\cdot1)^{4/5}+\frac{10}{13}(3\cdot1)^{13/10}\right)-\frac{1}{3}\left(\frac{5}{2}(3\cdot0)^{4/5}+\frac{10}{13}(3\cdot0)^{13/10}\right)=\frac{5}{6}(3)^{4/5}+\frac{10}{39}(3)^{13/10}$$

Áreas planas por integração

A integral $\int_a^b f(x)dx$ onde $a \leq x \leq b$ e $f(x) \geq 0$, $f(x)$ contínua em [a; b] foi definida como o limite da soma, ou seja, $\lim_{n\to\infty}\sum_{k=1}^n f(x_k)\Delta x = \int_a^b f(x)dx = F(b) - F(a)$. Esse limite pode ser interpretado como a área sob a curva f(x) limitada pelas retas x = a e x = b e pelo eixo x.

▶ **Exemplo 9.18**
Calcule a área limitada pela curva $y = x^2$, pelo eixo x e pelas retas x = 0 e x = 2. A área é apresentada no Gráfico 9.2.

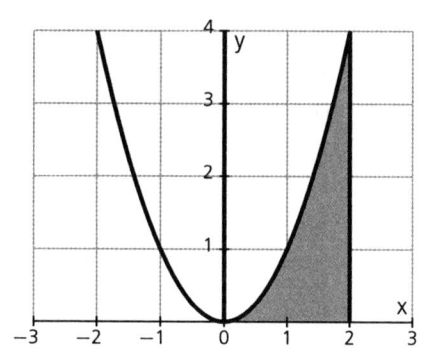

Gráfico 9.2: Área limitada pela curva $y = x^2$, pelo eixo x e pelas retas $x = 0$ e $x = 2$.

A área é obtida pela integral da curva nos limites de $x = 0$ a $x = 2$:

Área = $\int_0^2 x^2 dx = \left[\dfrac{x^3}{3}\right]_0^2 = \dfrac{8}{3}$ unidades de área.

◗ **Exemplo 9.19**
Calcule a área situada no primeiro quadrante e sob a curva $y = 4x - x^2$.
A área é apresentada no Gráfico 9.3.

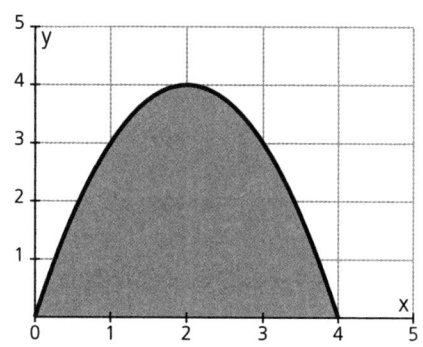

Gráfico 9.3: Área situada no primeiro quadrante e sob a curva $y = 4x - x^2$.

O valor da área é obtido pela integração da curva $y = 4x - x^2$ de $x = 0$ a $x = 4$:

Área = $\int_0^4 (4x - x^2) dx = \left[2x^2 - \dfrac{x^3}{3}\right]_0^4 = \left(2 \cdot 4^2 - \dfrac{4^3}{3}\right) = \dfrac{32}{3}$ unidades de área.

⇒ Áreas negativas

Na definição dada de área (área = $\int_a^b f(x)dx$), admitiu-se como hipótese que $f(x) \geq 0$, ou seja, $f(x)$ fica situada acima do eixo x, no intervalo $a \leq x \leq b$. Se $f(x)$

é negativa no intervalo a ≤ x ≤ b, f(x) fica situada abaixo do eixo x, e, portanto, o valor da integral é negativo. Essas áreas abaixo do eixo x são denominadas áreas negativas. A área total entre uma curva, o eixo x e as retas x = a e x = b é:

Área total = $\sum$ áreas positivas $-\sum$ áreas negativas.

▶ **Exemplo 9.20**

Calcule a área limitada pela a curva $y = x^2 - 7x + 6$, eixo x e pelas retas x = 2 e x = 6.

A área é apresentada no Gráfico 9.4.

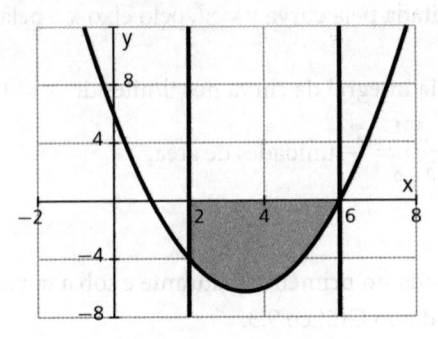

Gráfico 9.4: Área limitada pela curva $y = x^2 - 7x + 6$, pelo eixo x e pelas retas x = 2 e x = 6.

O valor da área é obtido pela integral da curva $y = x^2 - 7x + 6$ de x = 2 a x = 6:

$$\text{Área} = -\int_2^6 (x^2 - 7x + 6)dx = -\left[\frac{x^3}{3} - \frac{7x^2}{2} + 6x\right]_2^6$$

$$= -\left(\frac{6^3}{3} - \frac{7 \cdot 6^2}{2} + 6 \cdot 6\right) - \left(\frac{2^3}{3} - \frac{7 \cdot 2^2}{2} + 6 \cdot 2\right) = \frac{56}{3} \text{ unidades de área.}$$

➡ **Áreas entre duas curvas**

Se a área a ser calculada está entre duas curvas $y_1 = f(x)$ e $y_2 = g(x)$ e as retas x = a e x = b, então:

Área = $\int_a^b (g(x) - f(x))dx$ se $f(x) \leq g(x)$ no intervalo $a \leq x \leq b$.

▶ **Exemplo 9.21**

Calcule a área limitada pelas curvas $y = 2x$ e $y = x^2$.

A área a ser calculada é apresentada no Gráfico 9.5.

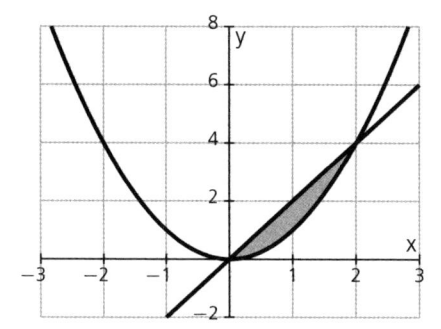

Gráfico 9.5: Área limitada pelas curvas $y = 2x$ e $y = x^2$.

Os limites de integração são obtidos a partir da interseção das curvas:
$2x = x^2 \to x^2 - 2x = 0 \to x(x - 2) = 0 \to x = 0$ e $x - 2 = 0 \to x = 2$.
O valor da área é:
Área $= \int_0^2 (2x - x^2)dx = \left[x^2 - \dfrac{x^3}{3} \right]_0^2 = 4 - \dfrac{8}{3} = \dfrac{4}{3}$ unidade de área.

Exercícios resolvidos

Calcule a área limitada pelas curvas e o eixo x:
▶ **Exercício 9.11**
$y = 6x + x^2 - x^3$; $x \geq 0$
Solução:
A área a ser calculada é apresentada no Gráfico 9.6.

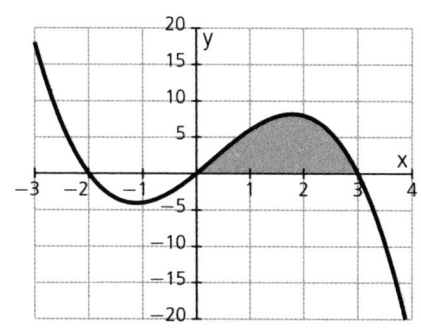

Gráfico 9.6: Área limitada pela curva $y = 6x + x^2 - x^3$ e $x \geq 0$.

O valor da área é obtido pela integral da curva $y = 6x + x^2 - x^3$ de $x = 0$ a $x = 3$:

$$\text{Área} = \int_0^3 (6x + x^2 - x^3)dx = \left[3x^2 + \frac{x^3}{3} - \frac{x^4}{4}\right]_0^3$$

$$= \left(3 \cdot 3^2 + \frac{3^3}{3} - \frac{3^4}{4}\right) - (0) = \frac{63}{4} \text{ unidades de área.}$$

Calcule a área da região limitada pelas curvas:
▶ **Exercício 9.12**
$y = 2x - 3x^2$; $y = -x$
Solução:
A área a ser calculada é apresentada no Gráfico 9.7.

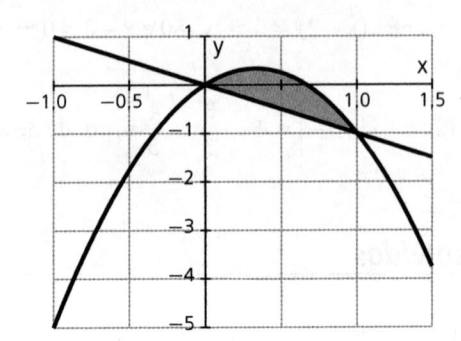

Gráfico 9.7: Área limitada pelas curvas $y = 2x - 3x^2$ e $y = -x$.

Os limites de integração são obtidos a partir da interseção das curvas:
$2x - 3x^2 = -x \rightarrow 3x^2 - 3x = 0 \rightarrow 3x(x - 1) = 0 \rightarrow x = 0$ e $x - 1 = 0 \rightarrow x = 1$
O valor da área é:

$$\text{Área} = \int_0^1 ((2x - 3x^2) - (-x))dx = \int_0^1 (3x - 3x^2)dx = \left[\frac{3x^2}{2} - x^3\right]_0^1 = \left(\frac{3}{2} - 1\right) - (0)$$

$$= \frac{1}{2} \text{ unidade de área.}$$

▶ **Exercício 9.13**
$y = x^2$; $y^2 - 27x = 0$
Solução:
A área a ser calculada é apresentada no Gráfico 9.8.

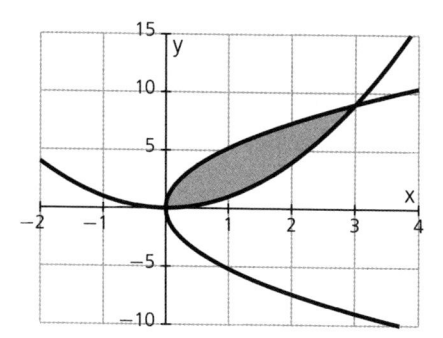

Gráfico 9.8: Área limitada pelas curvas $y = x^2$ e $y^2 - 27x = 0$.

Explicitando o valor de y^2 na equação da primeira curva:
$y = x^2 \rightarrow y^2 = x^4$
Explicitando o valor de y^2 na equação da segunda curva:
$y^2 - 27x = 0 \rightarrow y^2 = 27x$
Podem-se, então, calcular os limites de integração, que são obtidos a partir da interseção das curvas:
$27x = x^4 \rightarrow x^4 - 27x = 0 \rightarrow x(x^3 - 27) = 0 \rightarrow x = 0$ e $x = 3$.
O valor da área é:

$$\text{Área} = \int_0^3 (\sqrt{27x} - x^2)dx = \left[\sqrt{27} \cdot \frac{2}{3} x^{3/2} - \frac{x^3}{3}\right]_0^3 = \left[3\sqrt{3} \cdot \frac{2}{3}(x)^{3/2} - \frac{x^3}{3}\right]_0^3$$

$$= \sqrt{3} \cdot 2(3)^{3/2} - \frac{3^3}{3} = 9 \text{ unidades de área.}$$

▶ **Exercício 9.14**
$y = 2, x = 0, x = 1$ e $y = x^2$
Solução:
A área a ser calculada é apresentada no Gráfico 9.9.

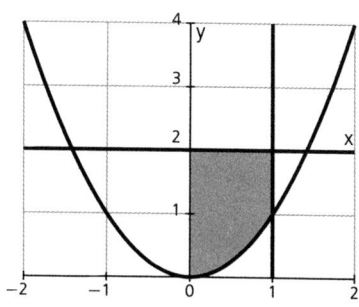

Gráfico 9.9: Área limitada pelas curvas $y = 2, x = 0, x = 1$ e $y = x^2$.

O valor da área total é:

Área = $\int_0^1 (2 - x^2)dx = \left[2x - \dfrac{x^3}{3}\right]_0^1 = 2 - \dfrac{1}{3} = \dfrac{5}{3}$ unidade de área.

▶ **Exercício 9.15**

$y = x, y = x^2$ e $0 \leq x \leq 2$

Solução:
A área a ser calculada é apresentada no Gráfico 9.10.

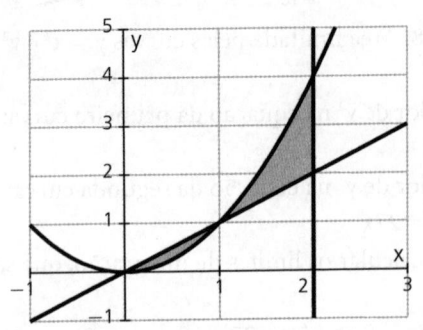

Gráfico 9.10: Área limitada pelas curvas $y = x, y = x^2$ e $0 \leq x \leq 2$.

Os limites de integração são obtidos a partir da interseção das curvas:
$x = x^2 \rightarrow x^2 - x = 0 \rightarrow x(x - 1) = 0 \rightarrow x = 0$ e $x - 1 = 0 \rightarrow x = 1$
O valor da área é:

Área = $\int_0^1 (x - x^2)dx + \int_1^2 (x^2 - x)dx = \left[\dfrac{x^2}{2} - \dfrac{x^3}{3}\right]_0^1 + \left[\dfrac{x^3}{3} - \dfrac{x^2}{2}\right]_1^2 =$

$= \dfrac{1}{2} - \dfrac{1}{3} + \dfrac{8}{3} - 2 - \left(\dfrac{1}{3} - \dfrac{1}{2}\right) = 1$ unidade de área.

▶ **Exercício 9.16**

$x + 2y = 2, y - x = 1$ e $2x + y = 7$

Solução:
A área a ser calculada é apresentada no Gráfico 9.11.

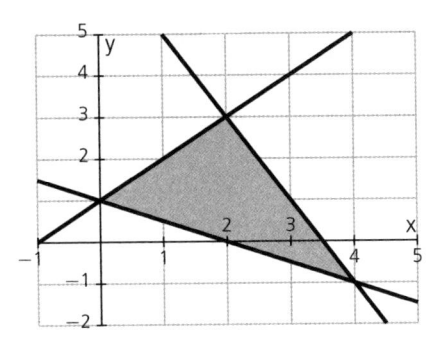

Gráfico 9.11: Área limitada pelas curvas $x + 2y = 2$, $y - x = 1$ e $2x + y = 7$.

Os limites de integração são obtidos a partir da interseção das curvas:

$x + 2y = 2 \rightarrow 2y = 2 - x \rightarrow y = \dfrac{2-x}{2}$ (curva 1);

$y - x = 1 \rightarrow y = 1 + x$ (curva 2);

$2x + y = 7 \rightarrow y = 7 - 2x$ (curva 3).

Curvas 1 e 2:

$\dfrac{2-x}{2} = 1 + x \rightarrow 2 - x = 2 + 2x \rightarrow -3x = 0 \rightarrow x = 0$

Curvas 1 e 3:

$\dfrac{2-x}{2} = 7 - 2x \rightarrow 2 - x = 14 - 4x \rightarrow 3x = 12 \rightarrow x = 4$

Curvas 2 e 3:

$1 + x = 7 - 2x \rightarrow 3x = 6 \rightarrow x = 2$

O valor da área é:

$\text{Área} = \int_0^2 \left((1+x) - \left(\dfrac{2-x}{2}\right)\right)dx + \int_2^4 \left((7-2x) - \left(\dfrac{2-x}{2}\right)\right)dx$

$= \int_0^2 \left(\dfrac{2+2x-2+x}{2}\right)dx + \int_2^4 \left(\dfrac{14-4x-2+x}{2}\right)dx = \int_0^2 \dfrac{3x}{2}dx + \int_2^4 \dfrac{12-3x}{2}dx$

$= \int_0^2 \dfrac{3x}{2}dx + \int_2^4 6\,dx - \int_2^4 \dfrac{3x}{2}dx = \left[\dfrac{3x^2}{4}\right]_0^2 + \left[6x - \dfrac{3x^2}{4}\right]_2^4$

$= 3 - 0 + (24 - 12) - (12 - 3) = 6$ unidades de área.

Formas padrão de integração

Nesta seção, estão listadas as formas padrão de outras funções u = f(x) diferenciáveis.

Função logarítmica

(A) $\int \dfrac{1}{u} du = \ln|u| + C$

▶ **Exemplo 9.22**

$\int \dfrac{dx}{x} du = \ln|u| + C$

▶ **Exemplo 9.23**

$\int \dfrac{x^2}{x^3 + 1} dx$

$u = x^3 + 1 \rightarrow du = 3x^2 dx \rightarrow x^2 dx = \dfrac{du}{3}$

Substituindo na integral

$\int \dfrac{1}{u} \cdot \dfrac{du}{3} = \dfrac{1}{3} \int \dfrac{du}{u} = \dfrac{1}{3} \ln|u| + C$

como $u = x^3 + 1$

$= \dfrac{1}{3} \ln|u| + C = \dfrac{1}{3} \ln|x^3 + 1| + C$

(B) $\int \dfrac{du}{a^2 - u^2} = \dfrac{1}{2a} \ln \left| \dfrac{u+a}{u-a} \right| + C$

▶ **Exemplo 9.24**

$\int \dfrac{dx}{9 - x^2}$

$u^2 = x^2 \rightarrow u = x \rightarrow du = dx$
$a^2 = 9 \rightarrow a = 3$

Substituindo na integral

$\int \dfrac{du}{9 - u^2} = \dfrac{1}{2 \cdot 3} \ln \left| \dfrac{u+3}{u-3} \right| + C$

como $u = x$

$= \dfrac{1}{6} \ln \left| \dfrac{u+3}{u-3} \right| + C = \dfrac{1}{6} \ln \left| \dfrac{x+3}{x-3} \right| + C$

(C) $\int \dfrac{du}{u^2 - a^2} = \dfrac{1}{2a} \ln \left| \dfrac{u-a}{u+a} \right| + C$

▶ **Exemplo 9.25**

$\int \dfrac{dx}{x^2 - 4}$

$u^2 = x^2 \rightarrow u = x \rightarrow du = dx$

$a^2 = 4 \rightarrow a = 2$

Substituindo na integral

$\int \dfrac{du}{u^2 - 4} = \dfrac{1}{2 \cdot 2} \ln \left| \dfrac{u-2}{u+2} \right| + C$

como $u = x$

$= \dfrac{1}{4} \ln \left| \dfrac{u-2}{u+2} \right| + C = \dfrac{1}{4} \ln \left| \dfrac{x-2}{x+2} \right| + C$

(D) $\int \ln u \, du = u \ln u - u + C$

▶ **Exemplo 9.26**

$\int \ln 2x \, dx$

$u = 2x \rightarrow du = 2dx \rightarrow dx = \dfrac{du}{2}$

Substituindo na integral

$\int \ln u \, \dfrac{du}{2} = \dfrac{1}{2}(u \ln u - u) + C$

como $u = 2x$

$= \dfrac{1}{2}(u \ln u - u) + C = \dfrac{1}{2}(2x \ln 2x - 2x) + C.$

(E) $\int u^n \ln u \, du = u^{n+1} \left(\dfrac{\ln u}{n+1} - \dfrac{1}{(n+1)^2} \right) + C$

▶ **Exemplo 9.27**

$\int 4x^2 \ln(2x) dx$

$u = 2x \rightarrow du = 2dx \rightarrow dx = \dfrac{du}{2}, n = 2$

Substituindo na integral

$\int u^2 \ln u \, \dfrac{du}{2} = \dfrac{1}{2} \int u^2 \ln u \, du = \dfrac{1}{2} \left[u^3 \left(\dfrac{\ln u}{3} - \dfrac{1}{9} \right) \right] + C$

como $u = 2x$

$$= \frac{1}{2}\left[u^3\left(\frac{\ln u}{3} - \frac{1}{9}\right)\right] + C = \frac{1}{2}\left[(2x)^3\left(\frac{\ln(2x)}{3} - \frac{1}{9}\right)\right] + C = 4x^3\left(\frac{\ln(2x)}{3} - \frac{1}{9}\right) + C.$$

(F) $\int \dfrac{du}{u \ln u} = \ln|\ln u| + C$

▶ **Exemplo 9.28**

$\int \dfrac{dx}{3x \ln(3x)}$

$u = 3x \rightarrow du = 3dx \rightarrow dx = \dfrac{du}{3}$

Substituindo na integral

$\int \dfrac{du}{3u \ln u} = \dfrac{1}{3}\ln|\ln u| + C$

como $u = 3x$

$= \dfrac{1}{3}\ln|\ln u| + C = \dfrac{1}{3}(\ln|\ln(3x)|) + C.$

Função exponencial

(A) base e, $\int e^u du = e^u + C$

▶ **Exemplo 9.29**

$\int e^{2x} dx$

$u = 2x \rightarrow du = 2dx \rightarrow dx = \dfrac{du}{2}$

Substituindo na integral

$\int e^u \dfrac{du}{2} = \dfrac{1}{2}\int e^u du = \dfrac{1}{2}e^u + C$

como $u = 2x$

$= \dfrac{1}{2}e^u + C = \dfrac{1}{2}e^{2x} + C.$

(B) base a, $a \neq 1$ e $a > 0$

$\int a^u du = \dfrac{a^u}{\ln a} + C$

▶ **Exemplo 9.30**

$\int 7^{x^2} x \, dx$

$u = x^2 \rightarrow du = 2x\,dx \rightarrow x\,dx = \dfrac{du}{2}, a = 7$

Substituindo na integral

$\int 7^u \dfrac{du}{2} = \dfrac{1}{2}\int 7^u\,du = \dfrac{7^u}{2\ln 7} + C$

como $u = x^2$

$= \dfrac{7^u}{2\ln 7} + C = \dfrac{7^{x^2}}{2\ln 7} + C$

Funções trigonométricas

(A) $\int \text{sen}(u)\,du = -\cos(u) + C$

▶ Exemplo 9.31

$\int x\,\text{sen}(x^2)\,dx$

$u = x^2 \rightarrow du = 2x\,dx \rightarrow x\,dx = \dfrac{du}{2}$

Substituindo na integral

$\dfrac{1}{2}\int \text{sen}(u)\,du = -\dfrac{1}{2}\cos(u) + C$

como $u = x^2$

$= -\dfrac{1}{2}\cos u + C = -\dfrac{1}{2}\cos(x^2) + C.$

(B) $\int \cos(u)\,du = \text{sen}(u) + C$

▶ Exemplo 9.32

$\int x^2 \cos(x^3)\,dx$

$u = x^3 \rightarrow du = 3x^2\,dx \rightarrow x^2\,dx = \dfrac{du}{3}$

Substituindo na integral

$\dfrac{1}{3}\int \cos(u)\,du = \dfrac{1}{3}\text{sen}(u) + C$

como $u = x^3$

$= \dfrac{1}{3}\text{sen}(u) + C = \dfrac{1}{3}\text{sen}(x^3) + C.$

(C) $\int \sec^2(u)du = tg(u) + C$

● **Exemplo 9.33**
$\int \sec(x^2 + 1)x\, dx$

$u = x^2 + 1 \rightarrow du = 2x\, dx \rightarrow x\, dx = \dfrac{du}{2}$

Substituindo na integral

$\dfrac{1}{2}\int \sec^2(u)du = \dfrac{1}{2} tg(u) + C$

como $u = x^2 + 1$

$= \dfrac{1}{2} tg(u) + C = \dfrac{1}{2} tg(x^2 + 1) + C.$

(D) $\int \text{cossec}^2(u)du = -\cotg(u) + C$

● **Exemplo 9.34**
$\int x\, \text{cossec}(3x^2 - 1)dx$

$u = 3x^2 - 1 \rightarrow du = 6x\, dx \rightarrow x\, dx = \dfrac{du}{6}$

Substituindo na integral

$\dfrac{1}{6}\int \text{cossec}^2(u)du = -\dfrac{1}{6} \cotg(u) + C$

como $u = 3x^2 - 1$

$= -\dfrac{1}{6} \cotg(u) + C = -\dfrac{1}{6} \cotg(3x^2 - 1) + C.$

(E) $\int \sec(u)tg(u)du = \sec(u) + C$

● **Exemplo 9.35**
$\int \sec(3x - 1)tg(3x - 1)dx$

$u = 3x - 1 \rightarrow du = 3dx \rightarrow dx = \dfrac{du}{3}$

Substituindo na integral

$\dfrac{1}{3}\int \sec(u)tg(u)du = \dfrac{1}{3} \sec(u) + C$

como $u = 3x - 1$

$= \dfrac{1}{3} \sec(u) + C = \dfrac{1}{3} \sec(3x - 1) + C.$

(F) $\int \text{cossec}(u)\text{cotg}(u)du = -\text{cossec}(u) + C$

▶ **Exemplo 9.36**
$\int \text{cossec}(x^2 + x + 4)\text{cotg}(x^2 + x + 4)(2x + 1)dx$
$u = x^2 + x + 4 \rightarrow du = (2x + 1)dx$
Substituindo na integral
$\int \text{cossec}(u)\text{cotg}(u)du = -\text{cossec}(u) + C$
como $u = x^2 + x + 4$
$= -\text{cossec}(u) + C = -\text{cossec}(x^2 + x + 4) + C.$

(G) $\int \text{tg}(u)du = -\ln|\cos(u)| + C = \ln|\sec(u)| + C$

▶ **Exemplo 9.37**
$\int \text{tg}(7x^2 + 5)x\, dx$
$u = 7x^2 + 5 \rightarrow du = 14x\, dx \rightarrow x\, dx = \dfrac{du}{14}$

Substituindo na integral
$\dfrac{1}{14}\int \text{tg}(u)du = -\dfrac{1}{14}\ln(\cos(u)) + C$
como $u = 7x^2 + 5$
$= -\dfrac{1}{14}\ln|(\cos(u)| + C = -\dfrac{1}{14}\ln|\cos(7x^2 + 5)| + C.$

(H) $\int \text{cotg}(u)du = \ln|\text{sen}(u)| + C$

▶ **Exemplo 9.38**
$\int \text{cotg}(e^{3x} + 5)e^{3x}dx$
$u = e^{3x} + 5 \rightarrow du = 3e^{3x}dx \rightarrow e^{3x}dx = \dfrac{du}{3}$

Substituindo na integral
$\dfrac{1}{3}\int \text{cotg}(u)du = \dfrac{1}{3}\ln(\text{sen}(u)) + C$
como $u = e^{3x} + 5$
$= \dfrac{1}{3}\ln|\text{sen}(u)| + C = \dfrac{1}{3}\ln|\text{sen}(e^{3x} + 5)| + C.$

(I) $\int \sec(u)du = \ln|\sec(u) + \text{tg}(u)| + C$

▶ **Exemplo 9.39**

$\int \sec(x^3 + x)(3x^2 + 1)dx$

$u = x^3 + x \rightarrow du = (3x^2 + 1)dx$

Substituindo na integral

$\int \sec(u)du = \ln|\sec(u) + tg(u)| + C$

como $u = x^3 + x$

$= \ln|\sec(u) + tg(u)| + C = \ln|\sec(x^3 + x) + tg(x^3 + x)| + C.$

(J) $\int \text{cossec}(u)du = \ln|\text{cossec}(u) - \text{cotg}(u)| + C$

▶ **Exemplo 9.40**

$\int \dfrac{\text{cossec}(\sqrt{x})}{\sqrt{x}} dx$

$u = \sqrt{x} \rightarrow du = \dfrac{1}{2\sqrt{x}}dx \rightarrow 2dx = \dfrac{dx}{\sqrt{x}}$

Substituindo na integral

$2\int \text{cossec}(u)du = 2\ln|\text{cossec}(u) - \text{cotg}(u)| + C$

como $u = \sqrt{x}$

$= 2\ln|\text{cossec}(u) - \text{cotg}(u)| + C = 2\ln|\text{cossec}(\sqrt{x}) - \text{cotg}(\sqrt{x})| + C.$

Exercícios resolvidos

Calcule as integrais:

▶ **Exercício 9.17**

$\int (3x^2 + 1)e^{x^3+x+1}dx$

Solução:

$u = x^3 + x + 1 \rightarrow du = (3x^2 + 1)dx$

Substituindo na integral

$\int e^u du = e^u + C$

como $u = x^3 + x + 1$

$= e^u + C = e^{x^3+x+1} + C.$

▶ **Exercício 9.18**

$\int \text{sen}(2x) \, e^{\cos(2x)}dx$

Solução:

$u = \cos(2x) \rightarrow du = -2\text{sen}(2x)dx \rightarrow \text{sen}(2x)dx = -\dfrac{du}{2}$

Substituindo na integral

$$-\frac{1}{2}\int e^u du = -\frac{1}{2}e^u + C$$

como $u = \cos(2x)$

$$= -\frac{1}{2}e^u + C = -\frac{1}{2}e^{\cos(2x)} + C.$$

▶ **Exercício 9.19**

$$\int \frac{3x^2 + 1}{x^3 + x} dx$$

Solução:

$u = x^3 + x \rightarrow du = (3x^2 + 1)dx$

Substituindo na integral

$$\int \frac{du}{u} = \ln|u| + C$$

como $u = x^3 + x$

$$= \ln|u| + C = \ln|x^3 + x| + C.$$

▶ **Exercício 9.20**

$$\int \frac{dx}{25 - 16x^2}$$

Solução:

$u^2 = 16x^2 \rightarrow u = 4x \rightarrow du = 4dx \rightarrow dx = \frac{du}{4}, a^2 = 25$

Substituindo na integral

$$\frac{1}{4}\int \frac{1}{25 - u^2} du = \frac{1}{4}\left(\frac{1}{10}\ln\left|\frac{u+5}{u-5}\right|\right) + C$$

como $u = 4x$

$$= \frac{1}{40}\left(\ln\left|\frac{u+5}{u-5}\right|\right) + C = \frac{1}{40}\ln\left|\frac{4x+5}{4x-5}\right| + C.$$

▶ **Exercício 9.21**

$$\int \frac{\text{sen}(3x)}{\cos^2(3x)} dx$$

Solução:

$u = \cos(3x) \rightarrow du = -3\text{sen}(3x)dx \rightarrow \text{sen}(3x)dx = -\frac{du}{3}$

Substituindo na integral

$$-\frac{1}{3}\int \frac{1}{u^2}du = -\frac{1}{3}\int u^{-2}du = -\frac{1}{3} \cdot \frac{u^{-1}}{-1} + C$$

como $u = \cos(3x)$

$$= \frac{1}{3}u^{-1} + C = \frac{1}{3u} + C = \frac{1}{3\cos(3x)} + C.$$

▶ **Exercício 9.22**

$$\int \frac{\ln^2(3x)}{x} dx$$

Solução:

$$u = \ln^2(3x) \rightarrow du = 2\ln(3x)\frac{3dx}{3x} \rightarrow du = 2\ln(3x)\frac{dx}{x} \rightarrow \frac{dx}{x} = \frac{du}{2\ln(3x)}$$

como $u = \ln^2(3x) \rightarrow \sqrt{u} = \ln(3x) \rightarrow \frac{dx}{x} = \frac{du}{2\sqrt{u}}$

Substituindo na integral

$$\frac{1}{2}\int \frac{u}{\sqrt{u}}du = \frac{1}{2}\int u \cdot u^{-1/2}du = \frac{1}{2}\int u^{1/2}du = \frac{1}{2} \cdot \frac{2}{3}u^{3/2} + C$$

como $u = \ln^2(3x)$

$$= \frac{1}{3}u^{3/2} + C = \frac{1}{3}(\ln(3x))^3 + C.$$

▶ **Exercício 9.23**

$$\int \frac{1}{x^2}\sqrt{1 + \frac{1}{2x}}dx$$

Solução:

$$u = 1 + \frac{1}{2x} \rightarrow du = -\frac{dx}{2x^2} \rightarrow \frac{dx}{x^2} = -2du$$

Substituindo na integral

$$-2\int \sqrt{u}\,du = -2\int u^{1/2}\,du = -2 \cdot \frac{2}{3}u^{3/2} + C$$

como $u = 1 + \frac{1}{2x}$, tem-se:

$$= -\frac{4}{3}u^{3/2} + C = -\frac{4}{3}\left(1 + \frac{1}{2x}\right)^{3/2} + C.$$

Integração por partes

A regra de integração é $\int u\,dv = uv - \int v\,du$. Para aplicar a regra, deve-se separar a integral em duas partes. Essa regra é aplicada a uma expressão envolvendo produtos ou logaritmos que não pode ser calculada diretamente usando as formas padrão. A parte escolhida como dv deve ser facilmente integrável.

▶ Exemplo 9.41
I = $\int$2x sen(x)dx
Fazendo u = sen(x) → du = cos(x)dx
e dv = 2x dx → v = $\int$2x dx = x^2, tem-se:
I = uv − $\int$vdu. Então,
I = (sen x)(x^2) − $\int(x^2)$(cos x) dx é uma integral muito mais complicada que a integral dada, logo essa substituição deve ser abandonada.
Fazendo u = x sen(x) → du = (x cos(x) + sen(x))dx
e dv = 2dx → v = $\int$2dx = 2x, tem-se:
I = uv − $\int$vdu. Então
I = (sen x)(2x) − $\int$2x(x cos x + sen x)dx é uma integral muito mais complicada que a integral dada, logo essa substituição deve ser abandonada.
Fazendo u = x → du = dx
e dv = 2sen x dx → v = $\int$2sen x dx → v = −2cos x, tem-se:
I = uv − $\int$vdu. Então,
I = (x)(−2cos x) − $\int$−2cos x dx + C
I = −2x cos x + 2sen x + C.

Exercícios resolvidos

▶ Exercício 9.24
$\int x^2 \ln(2x)dx$
Solução:
Fazendo u = ln(2x) → du = $\dfrac{2dx}{2x} = \dfrac{dx}{x}$
e dv = x^2dx → v = $\int x^2 dx$ → v = $\dfrac{x^3}{3}$, tem-se:
I = uv − $\int$vdu. Então,

$$I = \int x^2 \ln(2x)dx = \ln(2x)\left(\frac{x^3}{3}\right) - \int \frac{x^3}{3} \cdot \frac{dx}{x} + C$$

$$I = \ln(2x)\left(\frac{x^3}{3}\right) - \frac{1}{3}\int x^2 dx + C$$

$$I = \left(\frac{x^3 \ln(2x)}{3}\right) - \frac{1}{3} \cdot \frac{x^3}{3} + C \rightarrow I = \frac{x^3 \ln(2x)}{3} - \frac{x^3}{9} + C.$$

▶ Exercício 9.25

$\int x\sqrt{2+x}\, dx$

Solução:

Fazendo $u = x \rightarrow du = dx$
e $dv = (2+x)^{1/2}dx \rightarrow v = \int (2+x)^{1/2}dx$

Fazendo $w = 2+x \rightarrow dw = dx$ e substituindo na integral, tem-se:

$v = \int(2+x)^{1/2}dx \rightarrow v = \int w^{1/2}dw \rightarrow v = \frac{2}{3}w^{3/2}.$

Como $w = 2+x$, tem-se: $v = \frac{2}{3}(2+x)^{3/2}$

Logo, $I = uv - \int v\, du$ é:

$$I = \int x\sqrt{2+x}\, dx = \frac{2x(2+x)^{3/2}}{3} - \int \frac{2}{3}(2+x)^{3/2} + C$$

$$I = \frac{2x(2+x)^{3/2}}{3} - \frac{2}{3} \cdot \frac{2}{5}(2+x)^{5/2} + C \rightarrow I = \frac{2x(2+x)^{3/2}}{3} - \frac{4}{15}(2+x)^{5/2} + C$$

Outro método de resolução:

$u = 2 + x \rightarrow x = u - 2$
$du = dx$

$$\int (u-2)u^{1/2}du = \int(u^{3/2} - 2u^{1/2})du = \frac{2u^{5/2}}{5} - \frac{4u^{3/2}}{3} + C$$

Como $u = 2+x$,
substituindo na integral, tem-se:

$$\int x\sqrt{2+x}\, dx = \frac{2(2+x)^{5/2}}{5} - \frac{4(2+x)^{3/2}}{3} + C,\ \text{que é equivalente ao resultado}$$

encontrado anteriormente.

▶ Exercício 9.26

$\int x^2 e^x dx$

Solução:
Fazendo $u = x^2 \rightarrow du = 2x\,dx$
e $dv = e^x dx \rightarrow v = \int e^x dx = e^x$
$I = \int x^2 e^x dx = x^2 e^x - \int 2x e^x dx + C$
que é novamente uma integral por partes,
$I = x^2 e^x - 2\int x e^x dx + C$.
Fazendo $u = x \rightarrow du = dx$
e $dv = e^x dx \rightarrow v = \int e^x dx = e^x$, tem-se:
$I = x^2 e^x - 2(x e^x - \int e^x dx) + C$
$I = x^2 e^x - 2(x e^x - e^x) + C$
$I = x^2 e^x - 2x e^x + 2e^x + C$.

◗ **Exercício 9.27**

$\int x\,\text{sen}\left(\dfrac{x}{4}\right) dx$

Solução:
Fazendo $u = x \rightarrow du = dx$

e $dv = \text{sen}\left(\dfrac{x}{4}\right) dx \rightarrow v = \int \text{sen}\left(\dfrac{x}{4}\right) dx = -4\cos\left(\dfrac{x}{4}\right)$

$I = \int x\,\text{sen}\left(\dfrac{x}{4}\right) dx = -4x \cos\left(\dfrac{x}{4}\right) + 4\int \cos\left(\dfrac{x}{4}\right) dx + C$

$I = -4x \cos\left(\dfrac{x}{4}\right) + 16\,\text{sen}\left(\dfrac{x}{4}\right) + C$.

◗ **Exercício 9.28**

$\int \ln x\,dx = \int 1 \cdot \ln x\,dx$
Solução:
Fazendo $u = \ln x \rightarrow du = \dfrac{1}{x} dx \rightarrow dx = x\,du$

$dv = 1 dx \rightarrow v = \int dx = x$

$I = \int \ln x\,dx = x \cdot \ln x - \int x \cdot \dfrac{1}{x} dx$

$I = x \ln x - x + C$
Outro método de resolução:
$u = \ln x \rightarrow x = e^u$

$du = \dfrac{1}{x} dx \rightarrow dx = x\, du$

substituindo na integral,

$I = \int \ln x\, dx = \int u.x\, du = \int u e^u du$.

Fazendo $w = u \rightarrow dw = du$

e $dv = e^u du \rightarrow v = \int e^u du = e^u$

$I = \int u e^u du = u e^u - \int e^u du + C$

$I = u e^u - e^u + C$.

Como $u = \ln x$, tem-se:

$I = x \ln x - x + C$.

Integração por frações parciais

Uma função $F(x) = \dfrac{f(x)}{g(x)}$ onde $f(x)$ e $g(x)$ são polinômios e $g(x) \neq 0$ é denominada função racional. Se o grau de $f(x)$ é menor que $g(x)$, $F(x)$ é denominada fração racional própria; caso contrário, $F(x)$ é denominada fração racional imprópria.

Uma fração racional imprópria pode ser expressa como soma de um polinômio de uma fração racional própria.

Toda fração racional própria pode ser expressa como uma soma de frações mais simples (frações parciais), cujos denominadores são da forma $(ax + b)^n$ e $(ax^2 + bx + c)^n$ $(n \in Z^+)$. Podem-se ter quatro casos, dependendo da natureza dos fatores do denominador, conforme apresentados na Tabela 9.1.

Tabela 9.1: Resumo de integral por frações racionais

Denominador	Fração parcial correspondente
Linear distinto **Forma:** $ax + b$	$\dfrac{A}{ax + b}$ onde A é constante a ser determinada.
Linear repetido **Forma:** $(ax + b)^n$	$\dfrac{A_1}{ax + b} + \dfrac{A_2}{(ax + b)^2} + \ldots + \dfrac{A_n}{(ax + b)^n}$ onde $A_1, A_2, \ldots, A_n$ são constantes a serem determinadas.

Denominador	Fração parcial correspondente
Quadrático distinto **Forma:** $ax^2 + bx + c$	$\dfrac{Ax + B}{ax^2 + bx + c}$ onde A e B são constantes a serem determinadas.
Quadrático repetido **Forma:** $(ax^2 + bx + c)^n$	$\dfrac{A_1x + B_1}{ax^2 + bx + c} + \dfrac{A_2x + B_2}{(ax^2 + bx + c)^2} + \ldots + \dfrac{A_nx + B_n}{(ax^2 + bx + c)^n}$ onde $A_1, A_2, \ldots, A_n, B_1, B_2, \ldots, B_n$ são constantes a serem determinadas.

◗ **Exemplo 9.42**

$\int \dfrac{dx}{x^2 - 25}$

Fatoração do denominador: $(x + 5)(x - 5)$. Portanto, o denominador é o produto de fatores lineares distintos. Logo:

$\dfrac{1}{x^2 - 25} = \dfrac{A}{x + 5} + \dfrac{B}{x - 5}$ eliminando os denominadores,

$1 = A(x - 5) + B(x + 5)$

$1 = Ax - 5A + Bx + 5B$

$1 = (A + B)x + (-5A + 5B)$

Para determinar as constantes A e B, identificam-se os coeficientes das potências semelhantes na última igualdade, ou seja:

• Equação 1

$A + B = 0$ (pois não tem termo em x do lado esquerdo da igualdade).

Tem-se então:

$A = -B$.

• Equação 2

$-5A + 5B = 1$ (pois o termo independente do lado esquerdo da igualdade é 1).

Substituindo A, tem-se:

$-5(-B) + 5B = 1 \rightarrow 10B = 1 \rightarrow B = \dfrac{1}{10}$ e $A = -B = -\dfrac{1}{10}$.

Logo,

$\int \dfrac{dx}{x^2 - 25} = \int \dfrac{A}{x + 5} dx + \int \dfrac{B}{x - 5} dx = \int \dfrac{-1/10}{x + 5} dx + \int \dfrac{1/10}{x - 5} dx =$

$$-\frac{1}{10}\int\frac{dx}{x+5}+\frac{1}{10}\int\frac{dx}{x-5}=-\frac{\ln|x+5|}{10}+\frac{\ln|x-5|}{10}+C=\frac{1}{10}\ln\left|\frac{x-5}{x+5}\right|+C.$$

▶ **Exemplo 9.43**

$$\int\frac{2x+3}{x^3+x^2-x-1}dx$$

Fatoração do denominador: $(x-1)(x+1)^2$. Portanto, o denominador é o produto de fator linear repetido e distinto. Logo:

$$\frac{2x+3}{x^3+x^2-x-1}=\frac{A}{x-1}+\frac{B}{x+1}+\frac{C}{(x+1)^2}\,;\text{ eliminando os denominadores,}$$

$2x + 3 = A(x + 1)^2 + B(x - 1)(x + 1) + C(x - 1)$
$2x + 3 = Ax^2 + 2Ax + A + Bx^2 - B + Cx - C$
$2x + 3 = (A + B)x^2 + (2A + C)x + (A - B - C)$

Para determinar as constantes A, B e C, identificam-se os coeficientes das potências semelhantes na última igualdade, ou seja:

• Equação 1
$A + B = 0$ (pois não tem termo em x^2 do lado esquerdo da igualdade).
Tem-se então:
$A = -B$

• Equação 2
$2A + C = 2$ (pois o termo linear do lado esquerdo da igualdade tem coeficiente 2).
Tem-se:
$C = 2 - 2A$

• Equação 3
$A - B - C = 3$ (pois o termo independente do lado esquerdo da igualdade é 3).
Substituindo $B = -A$ e $C = 2 - 2A$, tem-se:

$$A + A - (2 - 2A) = 3 \rightarrow A = \frac{5}{4},\, B = -\frac{5}{4}\text{ e }C = 2 - 2\cdot\frac{5}{4} \rightarrow C = -\frac{1}{2}.$$

Logo,

$$\int\frac{2x+3}{x^3+x^2-x-1}dx = \int\frac{A}{x-1}dx + \int\frac{B}{x+1}dx + \int\frac{C}{(x+1)^2}dx$$

$$= \int\frac{5/4}{x-1}dx + \int\frac{-5/4}{x+1}dx + \int\frac{-1/2}{(x+1)^2}dx$$

$$= \frac{5}{4}\int\frac{dx}{x-1} - \frac{5}{4}\int\frac{dx}{x+1} - \frac{1}{2}\int\frac{dx}{(x+1)^2}$$

$$= \frac{5}{4}\ln|x-1| - \frac{5}{4}\ln|x+1| - \frac{1}{2}\cdot\frac{(x+1)^{-1}}{-1} + C = \frac{5}{4}\ln\left|\frac{x-1}{x+1}\right| + \frac{1}{2(x+1)} + C$$

▶ **Exemplo 9.44**

$$\int\frac{4x^2 - 6x + 4}{(x^2+4)(x-2)}dx$$

Fatoração do denominador: $(x-2)(x^2+4)$. Portanto, o denominador é o produto de um fator linear distinto e um fator quadrático distinto. Logo:

$$\frac{4x^2 - 6x + 4}{(x^2+4)(x-2)} = \frac{A}{x-2} + \frac{Bx+C}{x^2+4}$$

eliminando os denominadores,

$4x^2 - 6x + 4 = A(x^2 + 4) + (Bx + C)(x - 2)$

$4x^2 - 6x + 4 = Ax^2 + 4A + Bx^2 - 2Bx + Cx - 2C$

$4x^2 - 6x + 4 = (A + B)x^2 + (-2B + C)x + (4A - 2C)$.

Para determinar as constantes A, B e C, identificam-se os coeficientes das potências semelhantes na última igualdade, ou seja:

• Equação 1

$A + B = 4 \rightarrow A = 4 - B$

• Equação 2

$-2B + C = -6 \rightarrow B = \dfrac{C+6}{2}$

substituindo B na equação 1,

$A = 4 - \dfrac{C+6}{2} \rightarrow A = \dfrac{2-C}{2}$

• Equação 3

$4A - 2C = 4$

substituindo A,

$4\left(\dfrac{2-C}{2}\right) - 2C = 4 \rightarrow -4C = 0 \rightarrow C = 0$

Logo $A = 1$, $B = 3$ e $C = 0$, tem-se:

$$\int\frac{4x^2 - 6x + 4}{(x^2+4)(x-2)}dx = \int\frac{A}{x-2}dx + \int\frac{Bx+C}{x^2+4}dx = \int\frac{1}{x-2}dx + \int\frac{3x}{x^2+4}dx$$

$$= \ln|x - 2| + \frac{3}{2}\ln|x^2 + 4| + C$$

Exercícios resolvidos

Calcule as integrais:
▶ **Exercício 9.29**

$$\int \frac{x}{x^4 + 6x^2 + 5}\,dx$$

Solução:
Fatoração do denominador: $(x^2 + 5)(x^2 + 1)$. Portanto, o denominador é o produto de dois fatores quadráticos distintos.

Logo:

$$I = \int \frac{x}{x^4 + 6x^2 + 5}\,dx = \int \frac{x\,dx}{(x^2 + 5)(x^2 + 1)}$$

$$\frac{x}{(x^2 + 5)(x^2 + 1)} = \frac{Ax + B}{x^2 + 5} + \frac{Cx + D}{x^2 + 1}$$

eliminando os denominadores,
$x = (Ax + B)(x^2 + 1) + (Cx + D)(x^2 + 5)$
$x = Ax^3 + Ax + Bx^2 + B + Cx^3 + 5Cx + Dx^2 + 5D$
$x = (A + C)x^3 + (B + D)x^2 + (A + 5C)x + (B + 5D)$

Para determinar as constantes A, B, C e D, identificam-se os coeficientes das potências semelhantes na última igualdade, ou seja:

• Equação 1
$A + C = 0 \rightarrow A = -C$

• Equação 2
$B + D = 0 \rightarrow B = -D$

• Equação 3
$A + 5C = 1$
Substituindo C, tem-se

$A + 5C = 1 \rightarrow -C + 5C = 1 \rightarrow C = \frac{1}{4}$

Substituindo na equação 1, $A = -\frac{1}{4}$.

• Equação 4
B + 5D = 0
Substituindo B, tem-se
–D + 5D = 0 → D = 0.
Substituindo na equação 2, tem-se B = 0.
Logo,

$$I = \int \frac{x}{x^4 + 6x^2 + 5} dx = \int \frac{x}{(x^2 + 5)(x^2 + 1)} dx = \int \frac{Ax + B}{x^2 + 5} dx + \int \frac{Cx + D}{x^2 + 1} dx$$

$$I = \int \frac{-1/4\,x}{x^2 + 5} dx + \int \frac{1/4\,x}{x^2 + 1} dx = -\frac{1}{8}\ln|x^2 + 5| + \frac{1}{8}(x^2 + 1) + C = \frac{1}{8}\ln\left|\frac{x^2 + 1}{x^2 + 5}\right| + C$$

▶ **Exercício 9.30**

$$\int \frac{dx}{1 + e^x}$$

Solução:
Fazendo $u = 1 + e^x$ → $du = e^x dx$.

Como $u = 1 + e^x$ → $e^x = u - 1$, logo $dx = \frac{du}{u - 1}$.

Substituindo na integral, tem-se

$$\int \frac{dx}{1 + e^x} = \int \frac{1}{u} \cdot \frac{du}{u - 1}$$

cujo denominador é o produto de dois fatores lineares distintos. Logo:

$$\int \frac{du}{u(u-1)} = \int \frac{A}{u} du + \int \frac{B}{u-1} du$$

$$\frac{1}{u(u-1)} = \frac{A}{u} + \frac{B}{u-1}$$

Eliminando os denominadores, tem-se:
$1 = A(u - 1) + Bu$
$1 = Au - A + Bu$
$1 = (A + B)u - A$

Para determinar as constantes A e B, identificam-se os coeficientes das potências semelhantes na última igualdade, ou seja:

• Equação 1
$A + B = 0$ → $A = -B$

• Equação 2
$-A = 1 \rightarrow A = -1$
Substituindo na equação 1, tem-se $B = 1$.
Logo,

$$\int \frac{du}{u(u-1)} = \int \frac{A}{u} du + \int \frac{B}{u-1} du = -\int \frac{du}{u} + \int \frac{du}{u-1} = -\ln|u| + \ln|u-1| + C$$

Substituindo u, tem-se:

$$= -\ln|1 + e^x| + \ln|e^x| + C = \ln\left|\frac{e^x}{1+e^x}\right| + C$$

▶ **Exercício 9.31**

$$\int \frac{2x^3 + 1}{x(x+1)^2} dx$$

Solução:

$$\int \frac{2x^3+1}{x(x+1)^2} dx = \int \frac{2x^3+1}{x(x^2+2x+1)} dx = \int \frac{2x^3+1}{x^3+2x^2+x} dx$$

O grau do polinômio do numerador é igual ao grau do polinômio do denominador. Divide-se o numerador pelo denominador.

```
 2x³ + 1         | x³ + 2x² + x
-2x³ - 4x² - 2x  | 2
─────────────────
 -4x² - 2x + 1
```

Logo,

$$I = \int \frac{2x^3+1}{x^3+2x^2+1} dx = \int \left(2 + \frac{-4x^2-2x+1}{x^3+2x^2+1}\right) dx$$

$$I = \int 2 dx + \int \frac{-4x^2-2x+1}{x^3+2x^2+1} dx = 2\int dx + \int \frac{-4x^2-2x+1}{x(x+1)^2} dx$$

O denominador da segunda integral é o produto de fatores lineares repetidos e distintos, logo

$$I = 2\int dx + \int \frac{-4x^2-2x+1}{x(x+1)^2} dx = 2\int x \, dx + \int \frac{A}{x} dx + \int \frac{B}{x+1} dx + \int \frac{C}{(x+1)^2} dx$$

$$\frac{-4x^2-2x+1}{x(x+1)^2} = \frac{A}{x} + \frac{B}{x+1} + \frac{C}{(x+1)^2}$$

Eliminando os denominadores, tem-se
$-4x^2 - 2x + 1 = A(x+1)^2 + Bx(x+1) + Cx$

$-4x^2 - 2x + 1 = Ax^2 + 2Ax + A + Bx^2 + Bx + Cx$

$-4x^2 - 2x + 1 = (A + B)x^2 + (2A + B + C)x + A$

Para determinar as constantes A, B e C, identificam-se os coeficientes das potências semelhantes na última igualdade, ou seja:

• Equação 1
$A + B = -4 \rightarrow A = -4 - B$

• Equação 2
$2A + B + C = -2$

• Equação 3
$A = 1$

Substituindo A na equação 1, tem-se
$1 = -4 - B \rightarrow B = -5$

Substituindo A e B na equação 2, tem-se
$2 - 5 + C = -2 \rightarrow C = 1$

Tem-se:

$I = 2\int dx + \int \dfrac{A}{x} dx + \int \dfrac{B}{x+1} dx + \int \dfrac{C}{(x+1)^2} dx$

$I = 2\int dx + \int \dfrac{dx}{x} + \int \dfrac{-5}{x+1} dx + \int \dfrac{1}{(x+1)^2} dx$

$I = 2x + \ln|x| - 5\ln|x+1| - (x+1)^{-1} + C$.

Integração por substituição racionalizante

Expressões que envolvem potências fracionárias podem ser transformadas em polinômios e, portanto, são integráveis.

(A) Expressões envolvendo potências fracionárias de x.

Substituição: $x = z^n$

onde n é o menor múltiplo comum dos expoentes fracionários de x.

(B) Expressões envolvendo potências fracionárias de a + bx.

Substituição: $a + bx = z^n$

onde n é o menor múltiplo comum dos expoentes fracionários de x.

▶ **Exemplo 9.45**

$\int \dfrac{x^{1/2}}{2 + x^{3/4}} dx$

Envolve potência fracionária de x. O MMC das potências fracionárias de x é: MMC (2,4) = 4. Logo, a substituição é: $x = z^4 \rightarrow dx = 4z^3 dz$.

Logo,

$$\int \frac{x^{1/2}}{2 + x^{3/4}} dx = \int \frac{(z^4)^{1/2}}{2 + (z^4)^{3/4}} \cdot 4z^3 dz = 4\int \frac{z^2}{2 + z^3} z^3 dz = 4\int \frac{z^5}{2 + z^3} dz$$

O grau do polinômio do numerador é maior que o grau do polinômio do denominador. Logo, divide-se o numerador pelo denominador.

$$\begin{array}{r|l} z^5 & \underline{2 + z^3} \\ \underline{-z^5 - 2z^2} & z^2 \\ -2z^2 & \end{array}$$

Logo,

$$4\int \frac{z^5}{2 + z^3} dz = 4\int \left(z^2 - \frac{2z^2}{2 + z^3}\right) dz = 4\int z^2 dz - 8\int \frac{z^2 dz}{2 + z^3} = 4 \cdot \frac{z^3}{3} - \frac{8\ln|2 + z^3|}{3} + C$$

Como $x = z^4 \rightarrow z = x^{1/4}$, tem-se:

$$= \frac{4z^3}{3} - \frac{8\ln|2 + z^3|}{3} + C = \frac{4(x^{1/4})^3}{3} - \frac{8\ln|2 + (x^{1/4})^3|}{3} + C = \frac{4x^{3/4}}{3} - \frac{8\ln|2 + x^{3/4}|}{3} + C$$

▶ **Exemplo 9.46**

$$\int \frac{x}{(2 + 3x)^{3/2}} dx$$

Envolve potência fracionária de a + bx. O denominador da potência fracionária de a + bx é 2, logo a substituição é: $2 + 3x = z^2 \rightarrow 3dx = 2z\,dz \rightarrow dx = \frac{2z\,dz}{3}$

e $2 + 3x = z^2 \rightarrow 3x = z^2 - 2 \rightarrow x = \frac{z^2 - 2}{3}$

Logo,

$$\int \frac{x}{(2 + 3x)^{3/2}} dx = \int \frac{(z^2 - 2)/3}{(z^2)^{3/2}} \cdot \frac{2z\,dz}{3} = \frac{2}{9}\int \frac{z^2 - 2}{z^3} \cdot z\,dz = \frac{2}{9}\int \frac{z^2 - 2}{z^2} dz$$

$$= \frac{2}{9}\int \left(1 - \frac{2}{z^2}\right) dz = \frac{2}{9}\left(\int dz - 2\int \frac{dz}{z^2}\right) = \frac{2z}{9} - \frac{4z^{-1}}{9(-1)} + C$$

Como $2 + 3x = z^2 \rightarrow z = (2 + 3x)^{1/2}$, tem-se:

$$= \frac{2z}{9} + \frac{4}{9z} + C = \frac{2(2 + 3x)^{1/2}}{9} + \frac{4}{9(2 + 3x)^{1/2}} + C$$

Integração por substituição mista

Para as expressões que não podem ser racionalizadas normalmente, usa-se a substituição: $x = \dfrac{1}{z} \rightarrow dx = -\dfrac{dz}{z^2}$

▶ Exemplo 9.47

$$\int \frac{(2x - x^3)^{1/3}}{x^4} \, dx$$

A substituição é: $x = \dfrac{1}{z} \rightarrow dx = -\dfrac{dz}{z^2}$

Logo,

$$\int \frac{(2x - x^3)^{1/3}}{x^4} \, dx = \int \frac{\left(\dfrac{2}{z} - \left(\dfrac{1}{z}\right)^3\right)^{1/3}}{\left(\dfrac{1}{z}\right)^4} \cdot \left(-\dfrac{dz}{z^2}\right)$$

$$= -\int \left(\frac{2}{z} - \frac{1}{z^3}\right)^{1/3} \cdot \frac{z^4 dz}{z^2} = -\int \left(\frac{2z^2 - 1}{z^3}\right)^{1/3} z^2 dz = -\int \frac{(2z^2 - 1)^{1/3}}{z} z^2 dz$$

$$= -\int (2z^2 - 1)^{1/3} z \, dz = -\frac{1}{4} \cdot \frac{3}{4} (2z^2 - 1)^{4/3} + C$$

Como $z = \dfrac{1}{x}$, tem-se

$$= -\frac{1}{4} \cdot \frac{3}{4} (2z^2 - 1)^{4/3} + C = -\frac{3}{16}\left(\frac{2}{x^2} - 1\right)^{4/3} + C$$

Exercícios resolvidos

▶ Exercício 9.32

$$\int \frac{2x + 1}{(x - 1)x^{3/2}} \, dx$$

Solução:
Envolve potência fracionária de x. O denominador da potência fracionária de x é 2, logo, a substituição é: $x = z^2 \rightarrow dx = 2z \, dz$.

$$\int \frac{2x+1}{(x-1)x^{3/2}} dx = \int \frac{2z^2+1}{(z^2-1)(z^2)^{3/2}} 2z\, dz = 2\int \frac{2z^2+1}{(z^2-1)z^3} z\, dz = 2\int \frac{2z^2+1}{z^2(z^2-1)} dz$$

$$= 2\int \left(\frac{A}{z} + \frac{B}{z^2} + \frac{C}{z-1} + \frac{D}{z+1}\right) dz$$

$2z^2 + 1 = Az(z^2 - 1) + B(z^2 - 1) + Cz^2(z+1) + Dz^2(z-1)$
$2z^2 + 1 = Az^3 - Az + Bz^2 - B + Cz^3 + Cz^2 + Dz^3 - Dz^2$
$2z^2 + 1 = (A + C + D)z^3 + (B + C - D)z^2 - Az + (-B)$

• Equação 1
$A + C + D = 0$

• Equação 2
$B + C - D = 2$

• Equação 3
$-A = 0 \rightarrow A = 0$

• Equação 4
$-B = 1 \rightarrow B = -1$

Substituindo A na equação 1, tem-se
$C + D = 0 \rightarrow C = -D$
Substituindo B na equação 2, tem-se

$C - D = 3$, como $C = -D$, $-2D = 3 \rightarrow D = -\frac{3}{2}$

Logo, $C = \frac{3}{2}$. Substituindo

$$2\int \left(\frac{A}{z} + \frac{B}{z^2} + \frac{C}{z-1} + \frac{D}{z+1}\right) dz = 2\int \left(\frac{-1}{z^2} + \frac{3/2}{z-1} + \frac{-3/2}{z+1}\right) dz$$

$= 2z^{-1} + 3\ln|z-1| - 3\ln|z+1| + C$.
Como $z = x^{1/2}$, tem-se

$$= \frac{2}{x^{1/2}} + 3\ln|x^{1/2} - 1| - 3\ln|x^{1/2} + 1| + C$$

▶ **Exercício 9.33**

$$\int \frac{2x^2}{(6x+5)^{5/2}} dx$$

Solução:
Envolve potência fracionária de $ax + b$. O denominador da potência fracionária de $a + bx$ é 2, logo, a substituição é:

$6x + 5 = z^2 \rightarrow 6dx = 2z\,dz \rightarrow dx = \dfrac{z\,dz}{3}$

$6x + 5 = z^2 \rightarrow 6x = z^2 - 5 \rightarrow x = \dfrac{z^2 - 5}{6}$

Logo,

$\displaystyle\int \dfrac{2x^2}{(6x+5)^{5/2}}\,dx = 2\int \dfrac{(z^2-5)^2/6}{(z^2)^{5/2}} \cdot z\,\dfrac{dz}{3}$

$= \dfrac{1}{54}\displaystyle\int \dfrac{z^4 - 10z^2 + 25}{z^5}\,z\,dz = \dfrac{1}{54}\int \dfrac{z^4 - 10z^2 + 25}{z^4}\,dz = \dfrac{1}{54}\int\left(1 - \dfrac{10}{z^2} + \dfrac{25}{z^4}\right)dz$

$= \dfrac{1}{54}\left(z + 10z^{-1} - \dfrac{25z^{-3}}{3}\right) + C$

Como $z^2 = 6x + 5 \rightarrow z = (6x+5)^{1/2}$, tem-se

$= \dfrac{(6x+5)^{1/2}}{54} + \dfrac{5}{27(6x+5)^{1/2}} - \dfrac{25}{162(6x+5)^{3/2}} + C$

Aplicações

Nesta seção, serão utilizadas as seguintes definições:

(A) Excedente de consumo (ou ganho total do consumidor) é a diferença entre o que os consumidores estão dispostos a pagar por x^* unidades do bem e o que eles realmente pagam. O excedente de consumo é dado por:

$E_c = \int_0^x D(x)dx - p^*x^*$, onde:

D = função demanda;
p^* = preço unitário do bem;
x^* = quantidade vendida.

(B) Excedente de produção (ou ganho total do produtor) é a diferença entre o que os fornecedores realmente recebem por x^* unidades do bem e o que eles estariam dispostos a receber. O excedente de produção é dado por:

$E_p = p^*x^* - \int O(x)dx$, onde:

O = função oferta;
p^* = preço unitário do bem no mercado;
x^* = quantidade em oferta.

▶ **Exemplo 9.48**

As funções de oferta y_1 e demanda y_2 de um certo bem são modeladas por $y_1 = 3x^2 - 100x + 4000$ e $y_2 = -3x^2 + 170x + 1000$, onde x representa quantidade e y_1, y_2 representam preços em unidades monetárias/1000. Determine o excedente de consumo no ponto de equilíbrio.

Para determinar o ponto de equilíbrio $y_1 = y_2$, logo

$3x^2 - 100x + 4000 = -3x^2 + 170x + 1000 \rightarrow 6x^2 - 270x + 3000 = 0$

$x^2 - 45x + 500 = 0 \rightarrow x_1 = 25, x_2 = 20$.

Para $x_1 = 25$, o preço no ponto de equilíbrio é $y_1 = 3(25)^2 - 100(25) + 4000 = 3375$. Como o preço está em unidades monetárias/1 000, tem-se que o ponto de equilíbrio é (25; 3,375).

Para $x_2 = 20$, o preço no ponto de equilíbrio é $y_1 = 3(20)^2 - 100(20) + 4000 = 3200$. Como o preço está em unidades monetárias/1 000, tem-se que o ponto de equilíbrio é (20; 3,2).

O excedente de consumo para o primeiro ponto de equilíbrio é:

$E_c = \int_0^{25}(-3x^2 + 170x + 1000)dx - (3,375)(25)$

$E_c = [-x^3 + 85x^2 + 1000x]_0^{25} - 84,375$

$E_c = -(25)^3 + 85(25)^2 + 1000(25) - 84,375 = 62.415,63$.

Logo, o ganho do consumidor no primeiro ponto de equilíbrio é de 62.415,63 unidades monetárias.

O excedente de consumo para o segundo ponto de equilíbrio é:

$E_c = \int_0^{20}(-3x^2 + 170x + 1000)dx - (3,2)(20)$

$E_c = [-x^3 + 85x^2 + 1000x]_0^{20} - 64$

$E_c = -(20)^3 + 85(20)^2 + 1000(20) - 64 = 45936$.

Logo, o ganho do consumidor no segundo ponto de equilíbrio é de 45.936 unidades monetárias.

Exercícios resolvidos

▶ **Exercício 9.34**

Determine a função lucro total de uma empresa cujas funções receita marginal e custo marginal são $R_t'(x) = 44 - 9x$ e $C_t'(x) = 20 - 7x + 2x^2$, respectivamente, onde x representa quantidade em milhares.

Solução:

$L_t(x) = R_t(x) - C_t(x)$

$R_t(x) = \int R_t'(x)dx = \int(44 - 9x)dx = 44x - \dfrac{9x^2}{2} + C_1$

$C_t(x) = \int C_t'(x)dx = \int(20 - 7x + 2x^2)dx = 20x - \dfrac{7x^2}{2} + \dfrac{2x^3}{3} + C_2$

$L_t(x) = R_t(x) - C_t(x) = \left(44x - \dfrac{9x^2}{2} + C_1\right) - \left(20x - \dfrac{7x^2}{2} + \dfrac{2x^3}{3} + C_2\right)$

$L_t(x) = -\dfrac{2x^3}{3} - x^2 + 24x + C$

▶ **Exercício 9.35**

A quantidade demandada de um produto x (em milhares) está relacionada ao preço unitário por $y_1 = -0{,}2x^2 + 80$. A quantidade de produto que a indústria coloca no mercado está relacionada ao preço unitário por $y_2 = 0{,}1x^2 + x + 40$.

Determine o excedente de consumo e o excedente de produção no ponto de equilíbrio.

Solução:

Para determinar o ponto de equilíbrio $y_1 = y_2$, logo:

$-0{,}2x^2 + 80 = 0{,}1x^2 + x + 40 \twoheadrightarrow -0{,}3x^2 - x + 40 = 0$

$x_1 = -13{,}3, x_2 = 10$.

O valor $x_1 = -13{,}3$ não serve, pois não existe quantidade demandada negativa.

O preço no ponto de equilíbrio é $y_1 = -0{,}2(10)^2 + 80 = 60$. O excedente de consumo é:

$E_c = \int_0^{10}(-0{,}2x^2 + 80)dx - (60)(10)$

$E_c = \left[-\dfrac{0{,}2x^3}{3} + 80x\right]_0^{10} - 600 \twoheadrightarrow E_c = -\dfrac{0{,}2(10)^3}{3} + 80(10) - 600 = 133{,}33$.

Logo, o ganho do consumidor no ponto de equilíbrio é de 133,33 unidades monetárias.

O excedente de produção é:

$E_p = (60)(10) - \int_0^{10}(0{,}1x^2 + x + 40)dx$

$E_p = 600 - \left[\dfrac{0{,}1x^3}{3} + \dfrac{x^2}{2} + 40x\right]_0^{10}$

$E_p = 600 - \left(\dfrac{0{,}1(10)^3}{3} + \dfrac{(10)^2}{2} + (40)(10)\right) = 116{,}67$

Logo, o ganho do produtor no ponto de equilíbrio é de 116,67 unidades monetárias.

▶ **Exercício 9.36**
A função de oferta de um produto é modelada por $y = \sqrt{30 + 5,4x}$, onde x representa quantidade (em milhares) e y o preço (em milhares) de unidades monetárias. Determine o excedente de produção quando o preço unitário é de 10,90 unidades monetárias.

Solução:
A quantidade em oferta para o preço unitário de 10,90 é:
$y = \sqrt{30 + 5,4x} \rightarrow 30 + 5,4x = 118,81 \rightarrow x = 16,44$.
Logo, o excedente de produção é:
$E_p = (10,90)(16,44) - \int_0^{16,44} \sqrt{30 + 5,4x}\, dx$
$E_p = 179,2 - \left[\left(\dfrac{(30 + 5,4x)^{3/2}}{5,4}\right)\left(\dfrac{2}{3}\right)\right]_0^{16,44}$
$E_p = 179,2 - (0,123)((30 + 5,4(16,44))^{3/2} - 30^{3/2}) = 40,19$
Logo, o ganho do produtor é de 40,19 unidades monetárias.

Exercícios propostos

Calcule as integrais:

▶ **9.1:** $\int (2x + 3)dx$

▶ **9.2:** $\int (x^2 - \sqrt{x})dx$

▶ **9.3:** $\int \sqrt[3]{z}\, dz$

▶ **9.4:** $\int (2x^2 - 5x + 3)dx$

▶ **9.5:** $\int ((1 - x)\sqrt{x})dx$

▶ **9.6:** $\int (3s + 4)^2 ds$

▶ **9.7:** $\int 3x^2(x^3 + 2)^2 dx$

▶ **9.8:** $\int 3x\sqrt{1 - 2x^2}\, dx$

▶ **9.9:** $\int x^2(\sqrt{x^3 - 1})dx$

▶ **9.10:** $\int \left(\dfrac{1}{x^2}\sqrt{1 + \dfrac{1}{2x}}\right)dx$

▶ **9.11:** $\int \left(x + \dfrac{1}{x}\right)^{3/2}\left(\dfrac{x^2 - 1}{x^2}\right)dx$

▶ **9.12:** $\int \dfrac{x^3}{\sqrt{1 - 2x^2}}\, dx$

▶ **9.13:** $\int \dfrac{x^3}{(1 - 2x^4)}\, dx$

▶ **9.14:** $\int x^2\sqrt{3 - 2x}\, dx$

▶ **9.15:** $\int 5x\sqrt[3]{(9 - 4x^2)^2}\, dx$

▶ **9.16:** $y = \int (3x^2 + x + 1)dx$
se $x = -1$ e $y = 1$

▶ **9.17:** $y = \int (x + 7)^2 dx$
se $x = 2$ e $y = 4$

▶ **9.18:** $y = \int x^4\sqrt{x}\, dx$
se $x = 0$ e $y = -2$

▶ **9.19:** $y = \int \sqrt{x^2 - 3}\, x\, dx$
se $x = \sqrt{3}$ e $y = -5$

▶ **9.20:** $y = \int (x^2 + x - 1)dx$
se $x = 1$ e $y = 13$

▶ **9.21:** $\int_2^3 (x + 2)dx$

▶ **9.22:** $\int_5^7 7\, dx$

▶ **9.23:** $\int_0^1 \left(\dfrac{x^3}{2} + 7x\right) dx$

▶ **9.24:** $\int_3^4 \dfrac{dx}{\sqrt{2x}}$

▶ **9.25:** $\int_5^7 x^3 dx$

▶ **9.26:** $\int_{-1}^2 (3 + 2x)^2 dx$

▶ **9.27:** $\int_0^1 x^3(x^4 - 7)^3 dx$

▶ **9.28:** $\int_0^1 x(x^2 + 1)^3 dx$

▶ **9.29:** $\int_{-3}^{-1} \left(\dfrac{1}{x^2} - \dfrac{1}{x^3}\right) dx$

▶ **9.30:** $\int_0^1 \dfrac{x}{(x^2 + 1)^3} dx$

Calcule a área limitada pelas curvas e o eixo x:

▶ **9.31:** $y = x^2$; $y = 9$

▶ **9.32:** $y = 2x - \dfrac{x^2}{2}$

Calcule a área limitada pelas curvas:

▶ **9.33:** $y = x^2$; $y = 8 - x^2$;
$y - 4x = 12$

▶ **9.34:** $y^2 + x - 5 = 0$; $y^2 - 4x = 0$

▶ **9.35:** $y - x^2 + 2 = 0$; $y + x^2 - 6 = 0$

▶ **9.36:** $y - 2x + 1 = 0$; $y - x^2 + 4 = 0$

▶ **9.37:** $y - x - 3 = 0$; $y = x^3 - 3x + 3$

▶ **9.38:** $y - 4x = 0$; $y - 2x^2 + 4 = 0$

▶ **9.39:** $y = 6x - x^2$; $y = x^2 - 2x$

Calcule as integrais:

▶ **9.40:** $\int e^{-3x+4} dx$

▶ **9.41:** $\int (2x + 5)e^{x^2+5x+4} dx$

▶ **9.42:** $\int \cos(3x) e^{\text{sen}(3x)} dx$

▶ **9.43:** $\int (e^{-7x} + e^{7x}) dx$

▶ **9.44:** $\int (4x^3 + 6x) e^{x^4+3x^2} dx$

▶ **9.45:** $\int \dfrac{6x - 4}{-3x^2 + 4x + 5} dx$

▶ **9.46:** $\int \dfrac{4x^3 + 5}{(x^4 + 5x + 16)^7} dx$

▶ **9.47:** $\int \dfrac{x}{5 - x^2} dx$

▶ **9.48:** $\int \dfrac{\sec(x) tg(x)}{3 + 5\sec(x)} dx$

▶ **9.49:** $\int \dfrac{\text{sen}(7x)}{\cos^2(7x)} dx$

▶ **9.50:** $\int x \ln(x) dx$

▶ **9.51:** $\int x\, \text{sen}(x) dx$

▶ **9.52:** $\int x e^{-2x} dx$

▶ **9.53:** $\int x^3 e^{-x} dx$

▶ **9.54:** $\int \ln(x) dx$

▶ **9.55:** $\int x^5 \ln(x) dx$

▶ **9.56:** $\int \dfrac{x}{\sqrt{5 + x}} dx$

▶ **9.57:** $\int \sqrt{7 - x}\, x^2 dx$

▶ **9.58:** $\int x\sqrt{3 + x}\, dx$

▶ **9.59:** $\int x^3 e^{2x} dx$

▶ **9.60:** $\int \dfrac{4x^2 + 13x - 9}{x^3 + 2x^2 - 3x} dx$

▶ **9.61:** $\int \dfrac{\sqrt{x + 1} + 1}{\sqrt{x + 1} - 1} dx$

▶ 9.62: $\int \dfrac{x^4 + 2x + 1}{x^3 - x^2 - 2x} dx$

▶ 9.63: $\int \dfrac{3x^3 - 18x^2 + 29x - 4}{(x + 1)(x - 2)^3} dx$

▶ 9.64: $\int \dfrac{9x^4 + 17x^3 + 3x^2 - 8x + 3}{x^5 + 3x^4} dx$

▶ 9.65: $\int \dfrac{x^3 - 6x^2 + 5x - 3}{x^2 - 1} dx$

▶ 9.66: $\int \dfrac{4x^3 - 3x^2 + 6x - 27}{x^4 + 9x^2} dx$

▶ 9.67: $\int \dfrac{x^3 + 6x^2 + 4x - 16}{x^3 + 4x} dx$

▶ 9.68: $\int \dfrac{x^5 - x^3 + 1}{x^3 + 2x^2} dx$

▶ 9.69: $\int \dfrac{x}{(x^2 + 1)^2} dx$

▶ 9.70: $\int \dfrac{x^2 - 3x - 8}{x^2 - 2x + 1} dx$

▶ 9.71: $\int \dfrac{dx}{\sqrt{x} - \sqrt[4]{x^3}}$

▶ 9.72: $\int \dfrac{x^5 + 9x^3 + 1}{x^3 + 9x} dx$

▶ 9.73: $\int \dfrac{x\, dx}{(7 + 4x)^{3/2}}$

▶ 9.74: $\int \dfrac{x\, dx}{\sqrt{2 + 4x}}$

▶ 9.75: $\int \dfrac{dx}{x^2\sqrt{x^2 + 4}}$

▶ 9.76: $\int \dfrac{dx}{1 + \sqrt[3]{x + 10}}$

▶ 9.77: $\int \dfrac{x\, dx}{(-3 + x)^{3/2}}$

▶ 9.78: Determine a função lucro total de uma empresa cujas funções receita marginal e custo marginal são $R_t'(x) = 70 - 7x$ e $C_t'(x) = 30 - 2x + 3x^2$, respectivamente, onde x representa quantidade em milhares.

▶ 9.79: A quantidade demandada de um produto x (em milhares) está relacionada ao preço unitário por $y_1 = -0,3x^2 + 70$. A quantidade do produto que a indústria coloca no mercado está relacionada ao preço unitário por $y_2 = 0,2x^2 + 2x + 15$. Determine os excedentes de consumo e de produção no ponto de equilíbrio.

▶ 9.80: A função de oferta de um produto é modelada por $y = \sqrt{20 + 4{,}7x}$, onde x representa quantidade (em milhares) e y o preço (em milhares) de unidades monetárias. Determine o excedente de produção quando o preço unitário é de 6 unidades monetárias.

▶ 9.81: A função de demanda de um produto é modelada por $y = \sqrt{10 - 2{,}3x}$, onde x representa quantidade (em milhares) e y o preço (em milhares) de unidades monetárias. Determine o excedente de consumo quando o preço unitário é de 1,3 unidades monetárias.

▶ **9.82:** Determine a função lucro total de uma fazenda cujas funções receita marginal e custo marginal de seus produtos são apresentadas na tabela a seguir, onde x representa quantidade em milhares:

Produto	Receita marginal $R_t'(x)$	Custo marginal $C_t'(x)$
A	$R_t'(x_a) = 30 - 2x_a$	$C_t'(x_a) = 20 - 4x_a + 3x_a^2$
B	$R_t'(x_b) = 40 - 3x_b - x_b^2$	$C_t'(x_b) = 10 - x_b - x_b^2$

▶ **9.83:** As taxas estimadas de produção de dois setores de uma indústria estão apresentadas na tabela a seguir.

Setor	Taxa estimada de produção (após t anos de produção em milhares de unidades por ano)
A	$P_A'(t) = 200te^{-0,2t}$
B	$P_B'(t) = 300te^{-0,1t}$

Determine a função de produção total da indústria após 't' anos.

▶ **9.84:** O número de pessoas que contraíram uma doença após o início do surto foi modelada por $n(t) = \dfrac{700}{1 + 4e^{-0,3t}}$. Determine o número de pessoas que contraíram a doença nos primeiros 10 dias de epidemia.

▶ **9.85:** A função de oferta de um produto é modelada por $y = \sqrt{40 + 5,3x}$, onde x representa quantidade (em milhares) e y o preço (em milhares) de unidades monetárias. Determine o excedente de produção quando o preço unitário é de 9,5 unidades monetárias.

▶ **9.86:** A função de demanda de um produto é modelada por $y = \sqrt{3,8 - 0,2x}$, onde x representa quantidade (em milhares) e y o preço (em milhares) de unidades monetárias. Determine o excedente de consumo quando o preço unitário é de 0,8 unidade monetária.

10
Álgebra matricial

Após o estudo deste capítulo, você estará apto a conceituar:

- Matriz
- Igualdade de matrizes
- Adição e subtração de matrizes
- Multiplicação de uma matriz por um escalar
- Multiplicação de matrizes
- Matriz transposta
- Inversa de uma matriz

Introdução

Em muitas aplicações, supõe-se que as variáveis estejam relacionadas entre si. Quando a quantidade de variáveis do modelo é muito grande para a formulação e solução de modelos mais complexos, a álgebra matricial fornece uma notação clara para a formulação e solução desse tipo de modelagem.

Noção de matriz

Uma matriz de tipo mxn (lê-se m por n), em que m, n $\geq$ 1, é uma tabela formada por mn elementos dispostos em m linhas e n colunas; se n = 1, a matriz é denominada matriz coluna; se m = 1, a matriz é denominada matriz linha; se m = n, tem-se uma matriz quadrada de ordem n.

Neste capítulo, os elementos das matrizes são números reais.

▶ **Exemplo 10.1**

(A) $\begin{bmatrix} 1 & 0 & 2 \\ \sqrt{2} & -1 & 3 \end{bmatrix}$ Matriz tipo 2x3
(duas linhas e 3 colunas).

(B) $\begin{bmatrix} 2 \\ 5 \end{bmatrix}$ Matriz tipo 2x1
(2 linhas e 1 coluna) é uma matriz coluna.

(C) $\begin{bmatrix} 1 & -1 \\ 3 & 0 \end{bmatrix}$ Matriz tipo 2x2
(2 linhas e 2 colunas) é uma matriz quadrada de ordem 2.

(D) $[-5 \quad 3 \quad 0]$ Matriz tipo 1x3
(1 linha e 3 colunas) é uma matriz linha.

(E) $\begin{bmatrix} 5 & 3 \\ 4 & -1 \\ 0 & -7 \end{bmatrix}$ Matriz tipo 3x2
(3 linhas e 2 colunas).

Seja A uma matriz do tipo mxn, e sejam i e j dois números inteiros, com $1 \leq i \leq m$ e $1 \leq j \leq n$. Seja a_{ij} o elemento da matriz que ocupa a linha i e a coluna j. Assim, por exemplo, a_{23} indica o elemento que pertence à 2ª linha e à 3ª coluna. Pode-se escrever então,

$$A = \begin{bmatrix} a_{11} & a_{12} & \cdots & a_{1n} \\ a_{21} & a_{22} & \cdots & a_{2n} \\ \vdots & & & \\ a_{m1} & a_{m2} & \cdots & a_{mn} \end{bmatrix}$$

A matriz A pode também ser indicada por $[a_{ij}]$ ($1 \leq i \leq m, 1 \leq j \leq n$).

▶ **Exemplo 10.2**

(A) $A = \begin{bmatrix} 2 & 3 & 1 \\ 4 & 0 & 2 \end{bmatrix}$ é uma matriz 2x3 onde:

$a_{11} = 2$: elemento da linha 1 e coluna 1;
$a_{12} = 3$: elemento da linha 1 e coluna 2;
$a_{13} = 1$: elemento da linha 1 e coluna 3;

$a_{21} = 4$: elemento da linha 2 e coluna 1;
$a_{22} = 0$: elemento da linha 2 e coluna 2;
$a_{23} = 2$: elemento da linha 2 e coluna 3.

Operações com matrizes

Igualdade de matrizes

Duas matrizes $A = [a_{ij}]$ e $B = [b_{ij}]$ do tipo mxn são iguais se $a_{ij} = b_{ij}$ para todo i e j com $1 \le i \le m$ e $1 \le j \le n$.

▶ **Exemplo 10.3**

Dadas as matrizes $\begin{bmatrix} 2 & 3 \\ 4 & 5 \end{bmatrix}$ e $\begin{bmatrix} b_{11} & b_{12} \\ b_{21} & b_{22} \end{bmatrix}$, determine os valores $[b_{ij}]$, $1 \le i \le 2$ e $1 \le j \le 2$ da matriz B.

Por definição de igualdade de matrizes,
$A = B \leftrightarrow [a_{ij}] = [b_{ij}]$ para $1 \le i \le 2$ e $1 \le j \le 2$, logo
$b_{11} = 2$, $b_{12} = 3$, $b_{21} = 4$ e $b_{22} = 5$.

Matriz diagonal

Em uma matriz quadrada $A = [a_{ij}]$, os elementos a_{ij}, onde $i = j$, pertencem à diagonal principal.

▶ **Exemplo 10.4**

$A = \begin{bmatrix} 3 & -2 & 1 \\ 0 & 4 & 7 \\ 2 & 2 & 1 \end{bmatrix}$

Os elementos $a_{11} = 3$, $a_{22} = 4$ e $a_{33} = 1$ pertencem à diagonal principal.

Uma matriz quadrada $A = [a_{ij}]$ é denominada matriz diagonal se $a_{ij} = 0$ para $i \ne j$, isto é, todos os elementos que não pertencem à diagonal principal são nulos.

▶ Exemplo 10.5

(A) A matriz $A = \begin{bmatrix} 1 & 0 & 0 \\ 0 & -1 & 0 \\ 0 & 0 & 4 \end{bmatrix}$ é uma matriz diagonal cujos elementos da

diagonal principal são $a_{11} = 1$, $a_{22} = -1$ e $a_{33} = 4$.

(B) A matriz nula $0 = \begin{bmatrix} 0 & 0 & 0 \\ 0 & 0 & 0 \\ 0 & 0 & 0 \end{bmatrix}$ é uma matriz diagonal cujos elementos

da diagonal principal também são nulos.

(C) A matriz identidade $I = \begin{bmatrix} 1 & 0 \\ 0 & 1 \end{bmatrix}$ é uma matriz diagonal cujos elementos
da diagonal principal são iguais a 1.

Adição e subtração de matrizes

Dadas duas matrizes $A = [a_{ij}]$ (mxn) e $B = [b_{ij}]$ (mxn), denomina-se soma da matriz A com a matriz B, indicada por $A + B$, a matriz $C = [c_{ij}]$ (mxn) onde $c_{ij} = a_{ij} + b_{ij}$.

▶ Exemplo 10.6

(A) $A = \begin{bmatrix} 0 & 1 & 2 \\ -1 & 3 & 1 \end{bmatrix} \quad B = \begin{bmatrix} 3 & 1 & 4 \\ 5 & -1 & 2 \end{bmatrix}$

$C = A + B = \begin{bmatrix} 0+3 & 1+1 & 2+4 \\ -1+5 & 3+(-1) & 1+2 \end{bmatrix} = \begin{bmatrix} 3 & 2 & 6 \\ 4 & 2 & 3 \end{bmatrix}$

(B) $A = \begin{bmatrix} 1 \\ 5 \\ 3 \\ \frac{1}{2} \end{bmatrix} \quad B = \begin{bmatrix} -2 \\ 0 \\ \frac{1}{2} \end{bmatrix}$

$A + B = \begin{bmatrix} 1+(-2) \\ 5+0 \\ \frac{3}{2}+\frac{1}{2} \end{bmatrix} = \begin{bmatrix} -1 \\ 5 \\ 2 \end{bmatrix}$

A matriz do tipo mxn que tem todos os elementos nulos é denominada matriz nula do tipo mxn e sua notação é 0.

Dada uma matriz $A = [a_{ij}]$, a matriz $B = [b_{ij}]$, em que $b_{ij} = -a_{ij}$ ($1 \leq i \leq m$ e $1 \leq j \leq n$), é denominada oposta de A e indicada por $-A$.

A diferença entre a matriz A e a matriz B, indica-se por $A - B$, é a soma de A e $-B$.

Propriedades da adição

(A) Comutativa $\quad A + B = B + A$
(B) Associativa $\quad (A + B) + C = A + (B + C)$
(C) $A + 0 = 0 + A$
(D) $A + (-A) = 0$

Exercícios resolvidos

▶ **Exercício 10.1**
Escreva a matriz $A = [a_{ij}]$ do tipo 4x3 com $a_{ij} = 0$ para $i \neq j$ e $a_{ij} = 2$ para $i = j$.
Solução:
A matriz do tipo 4x3 tem 4 linhas e 3 colunas dada por:

$$A = \begin{bmatrix} a_{11} & a_{12} & a_{13} \\ a_{21} & a_{22} & a_{23} \\ a_{31} & a_{32} & a_{33} \\ a_{41} & a_{42} & a_{43} \end{bmatrix}$$

Como $a_{ij} = 0$ para $i \neq j$, os elementos $a_{12} = a_{13} = a_{21} = a_{23} = a_{31} = a_{32} = a_{41} = a_{42} = a_{43} = 0$, pois $i \neq j$. Como $a_{ij} = 2$ para $i = j$, os elementos são $a_{11} = a_{22} = a_{33} = 2$. A matriz A é então

$$A = \begin{bmatrix} 2 & 0 & 0 \\ 0 & 2 & 0 \\ 0 & 0 & 2 \\ 0 & 0 & 0 \end{bmatrix}$$

▶ **Exercício 10.2**
Determinar x e y tal que $A = B$ sendo:

$$A = \begin{bmatrix} x+2y \\ x-2y \end{bmatrix} \text{ e } B = \begin{bmatrix} 3 \\ -1 \end{bmatrix}$$

Solução:
Por definição de igualdade de matrizes, $A = B \leftrightarrow [a_{ij}] = [b_{ij}]$ para $1 \le i \le 2$ e $j = 1$, logo

$$\begin{cases} x + 2y = 3 \rightarrow x = -2y + 3 \text{ (I)} \\ x - 2y = -1 \qquad\qquad\qquad \text{(II)} \end{cases}$$

Substituindo x em (II), tem-se:
$3 - 2y - 2y = -1 \rightarrow -4y = -1 -3 \rightarrow y = 1$.
Substituindo em (I), tem-se $x = 3 - 2·1 = 3 - 2 = 1$.
Verificação:

$$A = \begin{bmatrix} 1+2·1 \\ 1-2·1 \end{bmatrix} = \begin{bmatrix} 3 \\ -1 \end{bmatrix} = B.$$

▶ **Exercício 10.3**

Calcular x e y tal que:

$$\begin{bmatrix} x & 1 & 3 \\ 2 & 1 & 5 \end{bmatrix} + \begin{bmatrix} 1 & 0 & -2 \\ -2 & y & -5 \end{bmatrix} = \begin{bmatrix} 1 & 1 & 1 \\ 0 & 0 & 0 \end{bmatrix}$$

Solução:
Tem-se:
$x + 1 = 1 \rightarrow x = 0$.
$1 + y = 0 \rightarrow y = -1$.

▶ **Exercício 10.4**

Se

$$A = \begin{bmatrix} 1 & 2 \\ 3 & 1 \\ 4 & 5 \end{bmatrix}, B = \begin{bmatrix} 0 & 0 \\ 1 & 1 \\ 2 & 3 \end{bmatrix}, C = \begin{bmatrix} 1 & -1 \\ 0 & 2 \\ 1 & 3 \end{bmatrix}$$

calcular: (A) $A + B$.

Solução:

$$A + B = \begin{bmatrix} 1+0 & 2+0 \\ 3+1 & 1+1 \\ 4+2 & 5+3 \end{bmatrix} = \begin{bmatrix} 1 & 2 \\ 4 & 2 \\ 6 & 8 \end{bmatrix}$$

(B) A − B + C.
Solução:

A matriz −B é $\begin{bmatrix} 0 & 0 \\ -1 & -1 \\ -2 & -3 \end{bmatrix}$

$A - B + C = \begin{bmatrix} 1+0+1 & 2+0+(-1) \\ 3-1+0 & 1-1+2 \\ 4-2+1 & 5-3+3 \end{bmatrix} = \begin{bmatrix} 2 & 1 \\ 2 & 2 \\ 3 & 5 \end{bmatrix}$

(C) B − A.
Solução:

$B - A = \begin{bmatrix} 0 & 0 \\ 1 & 1 \\ 2 & 3 \end{bmatrix} - \begin{bmatrix} 1 & 2 \\ 3 & 1 \\ 4 & 5 \end{bmatrix} = \begin{bmatrix} 0-1 & 0-2 \\ 1-3 & 1-1 \\ 2-4 & 3-5 \end{bmatrix} = \begin{bmatrix} -1 & -2 \\ -2 & 0 \\ -2 & -2 \end{bmatrix}$

(D) Determinar X (3x2), tal que X + (A − B) = C.
Solução:
Utilizando as propriedades da soma de matrizes, tem-se:
X + (A−B) = C → X = − A + B + C. Logo,

$X = \begin{bmatrix} -1+0+1 & -2+0-1 \\ -3+1+0 & -1+1+2 \\ -4+2+1 & -5+3+3 \end{bmatrix} = \begin{bmatrix} 0 & -3 \\ -2 & 2 \\ -1 & 1 \end{bmatrix}$

Multiplicação de uma matriz por um escalar

O produto de um escalar k pela matriz $A = [a_{ij}]$, cuja notação é k·A, é a matriz obtida multiplicando cada elemento de A por k.

$k \cdot A = k \cdot \begin{bmatrix} a_{11} & a_{12} & \cdots & a_{1n} \\ a_{21} & a_{22} & \cdots & a_{2n} \\ \vdots & & & \\ a_{m1} & a_{m2} & \cdots & a_{mn} \end{bmatrix}$

▶ **Exemplo 10.7**

$$3 \cdot \begin{bmatrix} 2 & 0 & 1 \\ -1 & 2 & 3 \\ 0 & 5 & -2 \end{bmatrix} = \begin{bmatrix} 6 & 0 & 3 \\ -3 & 6 & 9 \\ 0 & 15 & -6 \end{bmatrix}$$

Multiplicação de matrizes

O produto de matrizes A (1xn) e B (nx1) denotado por AxB é dado por:

$$AxB = \begin{bmatrix} a_{11} & a_{12} & \ldots & a_{1n} \end{bmatrix}_{1xn} \cdot \begin{bmatrix} b_{11} \\ b_{21} \\ \vdots \\ b_{n1} \end{bmatrix}_{nx1} = a_{11} \cdot b_{11} + a_{12} \cdot b_{21} + \ldots + a_{1n} \cdot b_{n1}$$

▶ **Exemplo 10.8**

Seja $A = \begin{bmatrix} 1 & 2 & 3 \end{bmatrix}_{(1x3)}$ e $B = \begin{bmatrix} 0 \\ 3 \\ 4 \end{bmatrix}_{(3x1)}$

$AxB = 1 \cdot 0 + 2 \cdot 3 + 3 \cdot 4 = 18$

Dada uma matriz $A = [a_{ij}]$ do tipo (mxn) e uma matriz $B = [b_{ij}]$ do tipo (nxp), denomina-se produto de A por B a matriz $C = [c_{ik}]$ do tipo (mxp), onde:

$$C = [C_{ik}] = \begin{bmatrix} \sum_{j=1}^{n} a_{1j} \cdot b_{j1} & \ldots & \sum_{j=1}^{n} a_{1j} \cdot b_{jp} \\ \vdots & & \vdots \\ \sum_{j=1}^{n} a_{mj} \cdot b_{j1} & \ldots & \sum_{j=1}^{n} a_{mj} \cdot b_{jp} \end{bmatrix}, \text{ isto é,}$$

$$C_{ik} = \sum_{j=1}^{n} a_{ij} b_{jk} = a_{i1} b_{1k} + a_{i2} b_{2k} + \ldots + a_{in} b_{nk}$$

Cabe observar que só é possível multiplicar duas matrizes se o número de colunas da primeira for igual ao número de linhas da segunda. A matriz resultante tem o mesmo número de linhas da primeira e o mesmo número de colunas da segunda.

No geral AB ≠ BA.

▶ **Exemplo 10.9**

$$\begin{bmatrix} 2 & 1 \\ 3 & 1 \\ 4 & 5 \end{bmatrix}_{(3\times 2)} \cdot \begin{bmatrix} 2 & 1 \\ 3 & 4 \end{bmatrix}_{(2\times 2)} = \begin{bmatrix} 2\cdot 2 + 1\cdot 3 & 2\cdot 1 + 1\cdot 4 \\ 3\cdot 2 + 1\cdot 3 & 3\cdot 1 + 1\cdot 4 \\ 4\cdot 2 + 5\cdot 3 & 4\cdot 1 + 5\cdot 4 \end{bmatrix}_{(3\times 2)}$$

$$= \begin{bmatrix} 7 & 6 \\ 9 & 7 \\ 23 & 24 \end{bmatrix}_{(3\times 2)}$$

Propriedades da multiplicação de matrizes:
Associativa   (AB) C = A (BC)
k (AB) = (kA) B = A (kB), onde k é um escalar.

Matriz transposta

Dada a matriz A = $[a_{ij}]$ do tipo mxn, denomina-se transposta de A a matriz B = $[b_{ji}]$ do tipo nxm, onde $b_{ji} = a_{ij}$ ($1 \le i \le m$, $1 \le j \le n$).

Para determinar a matriz transposta da matriz A, basta trocar linhas por colunas. A notação utilizada é A^t, que indica a matriz transposta de A.

▶ **Exemplo 10.10**

(A) $A = \begin{bmatrix} 1 & 2 \\ 3 & 5 \\ 0 & 4 \end{bmatrix}_{(3\times 2)}$ → $A^t = \begin{bmatrix} 1 & 3 & 0 \\ 2 & 5 & 4 \end{bmatrix}_{(2\times 3)}$

(B) $A = \begin{bmatrix} 1 & 2 & -1 \\ 5 & 0 & 3 \\ 4 & 2 & 1 \end{bmatrix}_{(3\times 3)}$ → $A^t = \begin{bmatrix} 1 & 5 & 4 \\ 2 & 0 & 2 \\ -1 & 3 & 1 \end{bmatrix}_{(3\times 3)}$

Propriedades da transposta:
$(A + B)^t = A^t + B^t$.
$(kA)^t = kA^t$, onde k é um escalar.
$(AB)^t = B^t A^t$.
$(A^t)^t = A$.

Inversa de uma matriz

Uma matriz quadrada A de ordem n se diz inversível se existe uma matriz B, tal que AxB = BxA = I. A matriz B é denominada inversa de A. Uma matriz inversível é denominada não singular, e uma matriz não inversível é denominada singular.

▶ **Exemplo 10.11**

Determine a inversa da matriz $A = \begin{bmatrix} 3 & 1 \\ 5 & 2 \end{bmatrix}$

Seja A^{-1} a matriz inversa dada por $A^{-1} = \begin{bmatrix} a & b \\ c & d \end{bmatrix}$, logo

$AxA^{-1} = I$. Por definição de matriz inversa, tem-se:

$$\begin{bmatrix} 3 & 1 \\ 5 & 2 \end{bmatrix} \cdot \begin{bmatrix} a & b \\ c & d \end{bmatrix} = \begin{bmatrix} 1 & 0 \\ 0 & 1 \end{bmatrix}$$

$$\begin{bmatrix} 3a + c & 3b + d \\ 5a + 2c & 5b + 2d \end{bmatrix} = \begin{bmatrix} 1 & 0 \\ 0 & 1 \end{bmatrix}$$

3a + c = 1 ➞ c = –3a + 1   (I)
3b + d = 0 ➞ d = –3b   (II)
5a + 2c = 0   (III)
5b + 2d = 1   (IV)

Substituindo (I) em (III), tem-se:
5a + 2 (1 – 3a) = 0 ➞ 5a + 2 – 6a = 0 ➞ a = 2.
Substituindo (II) em (IV), tem-se:
5b + 2 (– 3b) = 1 ➞ –b = 1 ➞ b = –1.
Logo, c = 1 – 3·2 = –5 e
d = –3 (–1) = 3.

A matriz inversa de A é $A^{-1} = \begin{bmatrix} 2 & -1 \\ -5 & 3 \end{bmatrix}$

Exercícios resolvidos

▶ Exercício 10.5

Sendo $A = \begin{bmatrix} 1 & 1 & 1 \\ 2 & 1 & 3 \end{bmatrix}$, $B = \begin{bmatrix} 5 & 1 & 0 \\ 0 & 2 & 4 \end{bmatrix}$ e $C = \begin{bmatrix} 0 & 0 & 0 \\ 1 & 3 & 4 \end{bmatrix}$,

determinar o resultado das seguintes operações:

(A) $2A - B + C$

Solução:

$$2A - B + C = 2 \cdot \begin{bmatrix} 1 & 1 & 1 \\ 2 & 1 & 3 \end{bmatrix} - \begin{bmatrix} 5 & 1 & 0 \\ 0 & 2 & 4 \end{bmatrix} + \begin{bmatrix} 0 & 0 & 0 \\ 1 & 3 & 4 \end{bmatrix}$$

$$= \begin{bmatrix} 2 & 2 & 2 \\ 4 & 2 & 6 \end{bmatrix} - \begin{bmatrix} 5 & 1 & 0 \\ 0 & 2 & 4 \end{bmatrix} + \begin{bmatrix} 0 & 0 & 0 \\ 1 & 3 & 4 \end{bmatrix}$$

$$= \begin{bmatrix} 2-5+0 & 2-1+0 & 2-0+0 \\ 4-0+1 & 2-2+3 & 6-4+4 \end{bmatrix} = \begin{bmatrix} -3 & 1 & 2 \\ 5 & 3 & 6 \end{bmatrix}$$

(B) $\dfrac{A + B}{2}$

Solução:

$$A + B = \begin{bmatrix} 1 & 1 & 1 \\ 2 & 1 & 3 \end{bmatrix} + \begin{bmatrix} 5 & 1 & 0 \\ 0 & 2 & 4 \end{bmatrix} = \begin{bmatrix} 6 & 2 & 1 \\ 2 & 3 & 7 \end{bmatrix}$$

$$\frac{A+B}{2} = \frac{1}{2} \cdot \begin{bmatrix} 6 & 2 & 1 \\ 2 & 3 & 7 \end{bmatrix} = \begin{bmatrix} 3 & 1 & \frac{1}{2} \\ 1 & \frac{3}{2} & \frac{7}{2} \end{bmatrix}$$

▶ Exercício 10.6

Dadas as matrizes $A = \begin{bmatrix} 1 & 0 \\ 3 & 2 \\ 5 & 4 \end{bmatrix}$ e $B = \begin{bmatrix} 2 & -1 & 0 \\ 1 & 3 & 4 \end{bmatrix}$, calcular:

(A) AB

Solução:

$$AB = \begin{bmatrix} 1 & 0 \\ 3 & 2 \\ 5 & 4 \end{bmatrix}_{(3 \times 2)} \cdot \begin{bmatrix} 2 & -1 & 0 \\ 1 & 3 & 4 \end{bmatrix}_{(2 \times 3)}$$

$$= \begin{bmatrix} 1\cdot 2 + 0\cdot 1 & 1\cdot(-1) + 0\cdot 3 & 1\cdot 0 + 0\cdot 4 \\ 3\cdot 2 + 2\cdot 1 & 3\cdot(-1) + 2\cdot 3 & 3\cdot 0 + 2\cdot 4 \\ 5\cdot 2 + 4\cdot 1 & 5\cdot(-1) + 4\cdot 3 & 5\cdot 0 + 4\cdot 4 \end{bmatrix}_{(3\times 3)} = \begin{bmatrix} 2 & -1 & 0 \\ 8 & 3 & 8 \\ 14 & 7 & 16 \end{bmatrix}_{(3\times 3)}$$

(B) BA

Solução:

$$BA = \begin{bmatrix} 2 & -1 & 0 \\ 1 & 3 & 4 \end{bmatrix}_{(2\times 3)} \cdot \begin{bmatrix} 1 & 0 \\ 3 & 2 \\ 5 & 4 \end{bmatrix}_{(2\times 2)}$$

$$= \begin{bmatrix} 2\cdot 1 +(-1)\cdot 3 + 0\cdot 5 & 2\cdot 0 +(-1)\cdot 2 + 0\cdot 4 \\ 1\cdot 1 + 3\cdot 3 + 4\cdot 5 & 1\cdot 0 + 3\cdot 2 + 4\cdot 4 \end{bmatrix}_{(2\times 2)} = \begin{bmatrix} -1 & -2 \\ 30 & 22 \end{bmatrix}_{(2\times 2)}$$

(C) $2A - 3B^t$

Solução:

$$2A = 2\cdot \begin{bmatrix} 1 & 0 \\ 3 & 2 \\ 5 & 4 \end{bmatrix} = \begin{bmatrix} 2 & 0 \\ 6 & 4 \\ 10 & 8 \end{bmatrix}$$

$$B^t = \begin{bmatrix} 2 & 1 \\ -1 & 3 \\ 0 & 4 \end{bmatrix}; \; -3B^t = \begin{bmatrix} -6 & -3 \\ 3 & -9 \\ 0 & -12 \end{bmatrix}$$

$$2A - 3B^t = \begin{bmatrix} 2 & 0 \\ 6 & 4 \\ 10 & 8 \end{bmatrix} + \begin{bmatrix} -6 & -3 \\ 3 & -9 \\ 0 & -12 \end{bmatrix} = \begin{bmatrix} -4 & -3 \\ 9 & -5 \\ 10 & -4 \end{bmatrix}$$

(D) $A^t + B^t$

Solução:

$$A^t = \begin{bmatrix} 1 & 3 & 5 \\ 0 & 2 & 4 \end{bmatrix}, B^t = \begin{bmatrix} 2 & 1 \\ -1 & 3 \\ 0 & 4 \end{bmatrix}$$

$A^t + B^t$ não podem ser somadas, pois têm dimensões diferentes.

▶ **Exercício 10.7**

Determinar a inversa da matriz

$$A = \begin{bmatrix} 1 & -3 \\ 1 & 4 \end{bmatrix}$$

Solução:
Pela definição de matriz inversa, $A \times A^{-1} = I$.

Seja $A^{-1} = \begin{bmatrix} a & b \\ c & d \end{bmatrix}$, logo

$\begin{bmatrix} 1 & -3 \\ 1 & 4 \end{bmatrix} \cdot \begin{bmatrix} a & b \\ c & d \end{bmatrix} = \begin{bmatrix} 1 & 0 \\ 0 & 1 \end{bmatrix} \rightarrow \begin{bmatrix} 1 \cdot a - 3c & 1 \cdot b - 3d \\ 1 \cdot a + 4c & 1 \cdot b + 4d \end{bmatrix} = \begin{bmatrix} 1 & 0 \\ 0 & 1 \end{bmatrix}$

$\begin{cases} a - 3c = 1 \rightarrow a = 1 + 3c & \text{(I)} \\ b - 3d = 0 \rightarrow b = 3d & \text{(II)} \\ a + 4c = 0 & \text{(III)} \\ b + 4d = 1 & \text{(IV)} \end{cases}$

Substituindo (I) em (III), tem-se:

$1 + 3c + 4c = 0 \rightarrow 7c = -1 \rightarrow c = -\dfrac{1}{7}$.

Logo, $a = 1 + 3 \cdot \left(-\dfrac{1}{7}\right) = \dfrac{4}{7}$

Substituindo (II) em (IV), tem-se:

$3d + 4d = 1 \rightarrow 7d = 1 \rightarrow d = \dfrac{1}{7}$

Logo, $b = 3 \cdot \dfrac{1}{7} = \dfrac{3}{7}$

Então:

$A^{-1} = \begin{bmatrix} \dfrac{4}{7} & \dfrac{3}{7} \\ -\dfrac{1}{7} & \dfrac{1}{7} \end{bmatrix}$

▶ **Exercício 10.8**

Determinar a inversa da matriz $A = \begin{bmatrix} 1 & 3 & 4 \\ 2 & 7 & 0 \\ 0 & 0 & 1 \end{bmatrix}$

Solução:

$A \times A^{-1} = I \rightarrow \begin{bmatrix} 1 & 3 & 4 \\ 2 & 7 & 0 \\ 0 & 0 & 1 \end{bmatrix} \cdot \begin{bmatrix} a & b & c \\ d & e & f \\ g & h & i \end{bmatrix} = \begin{bmatrix} 1 & 0 & 0 \\ 0 & 1 & 0 \\ 0 & 0 & 1 \end{bmatrix} \rightarrow$

$$\begin{bmatrix} 1 \cdot a + 3 \cdot d + 4 \cdot g \\ 2 \cdot a + 7 \cdot d + 0 \cdot g \\ 0 \cdot a + 0 \cdot d + 1 \cdot g \end{bmatrix} \begin{bmatrix} 1 \cdot b + 3 \cdot e + 4 \cdot h \\ 2 \cdot b + 7 \cdot e + 0 \cdot h \\ 0 \cdot b + 0 \cdot e + 1 \cdot h \end{bmatrix} \begin{bmatrix} 1 \cdot c + 3 \cdot f + 4 \cdot i \\ 2 \cdot c + 7 \cdot f + 0 \cdot i \\ 0 \cdot c + 0 \cdot f + 1 \cdot i \end{bmatrix} = \begin{bmatrix} 1 & 0 & 0 \\ 0 & 1 & 0 \\ 0 & 0 & 1 \end{bmatrix}$$

$$\begin{cases} a + 3d + 4g = 1 & \text{(I)} \\ b + 3e + 4h = 0 & \text{(II)} \\ c + 3f + 4i = 0 & \text{(III)} \\ 2a + 7d = 0 & \text{(IV)} \\ 2b + 7e = 1 & \text{(V)} \\ 2c + 7f = 0 & \text{(VI)} \\ g = 0 \\ h = 0 \\ i = 1 \end{cases}$$

Substituindo g = 0 em (I), tem-se: a + 3d = 1 ➨ a = 1 – 3d.
Substituindo h = 0 em (II), tem-se: b + 3e = 0 ➨ b = –3e.
Substituindo i = 1 em (III), tem-se: c + 3f + 4 = 0 ➨ c = – 4 – 3f.
Substituindo a em (IV), tem-se:
2 (1 – 3d) + 7d = 0 ➨ 2 – 6d + 7d = 0 ➨ d = –2
Logo, a = 1 – 3·(–2) = 7
Substituindo b em (V), tem-se:
2 (–3e) + 7e = 1 ➨ – 6e + 7e = 1 ➨ e = 1
Logo, b = –3·1 = –3
Substituindo c em (VI), tem-se:
2 (– 4 – 3f) + 7f = 0 ➨ –8 – 6f + 7f = 0 ➨ f = 8
Logo, c = – 4 – 3·8 = – 28
Então:
$$A^{-1} = \begin{bmatrix} 7 & -3 & -28 \\ -2 & 1 & 8 \\ 0 & 0 & 1 \end{bmatrix}$$

▶ **Exercício 10.9**

Seja $A = \begin{bmatrix} 1 & 2 \\ 4 & -3 \end{bmatrix}$, determine:

(A) A^2
Solução:

$$A^2 = A \times A = \begin{bmatrix} 1 & 2 \\ 4 & -3 \end{bmatrix}_{(2 \times 2)} \cdot \begin{bmatrix} 1 & 2 \\ 4 & -3 \end{bmatrix}_{(2 \times 2)}$$

$$= \begin{bmatrix} 1 \cdot 1 + 2 \cdot 4 \\ 4 \cdot 1 + (-3) \cdot 4 \end{bmatrix} \begin{bmatrix} 1 \cdot 2 + 2 \cdot (-3) \\ 4 \cdot 2 + (-3) \cdot (-3) \end{bmatrix}_{(2 \times 2)} = \begin{bmatrix} 9 & -4 \\ -8 & 17 \end{bmatrix}_{(2 \times 2)}$$

(B) A^3

Solução:

$$A^3 = A \times A^2 = \begin{bmatrix} 1 & 2 \\ 4 & -3 \end{bmatrix}_{(2 \times 2)} \cdot \begin{bmatrix} 9 & -4 \\ -8 & 17 \end{bmatrix}_{(2 \times 2)}$$

$$= \begin{bmatrix} 1 \cdot 9 + 2 \cdot (-8) \\ 4 \cdot 9 + (-3) \cdot (-8) \end{bmatrix} \begin{bmatrix} 1 \cdot (-4) + 2 \cdot 17 \\ 4 \cdot (-4) + (-3) \cdot 17 \end{bmatrix}_{(2 \times 2)} = \begin{bmatrix} -7 & 30 \\ 60 & -67 \end{bmatrix}_{(2 \times 2)}$$

Determinante de uma matriz

O determinante de uma matriz é um escalar obtido dos elementos da matriz mediante operações específicas. Os determinantes são definidos somente para matrizes quadradas.

O determinante de uma matriz 2x2, $A = \begin{bmatrix} a_{11} & a_{12} \\ a_{21} & a_{22} \end{bmatrix}$ é dado por:

det $A = |A| = a_{11} \cdot a_{22} - a_{21} \cdot a_{12}$.

▶ **Exemplo 10.12**

$A = \begin{bmatrix} 2 & 3 \\ 1 & -1 \end{bmatrix}$

det $A = |A| = 2 \cdot (-1) - 1 \cdot 3 = -2 - 3 = -5$.

O determinante de uma matriz 3x3, $A = \begin{bmatrix} a_{11} & a_{12} & a_{13} \\ a_{21} & a_{22} & a_{23} \\ a_{31} & a_{32} & a_{33} \end{bmatrix}$ é dado por:

det $A = |A| = a_{11}a_{22}a_{33} + a_{12}a_{23}a_{32} + a_{13}a_{32}a_{21} - a_{13}a_{22}a_{32} - a_{23}a_{32}a_{11} - a_{33}a_{21}a_{12}$.

▶ **Exemplo 10.13**

$A = \begin{bmatrix} 1 & 3 & -1 \\ 2 & 0 & 1 \\ -1 & 4 & -2 \end{bmatrix}$

$$\det A = \begin{vmatrix} 1 & 3 & -1 \\ 2 & 0 & 1 \\ -1 & 4 & -2 \end{vmatrix}$$

$= (1\cdot 0\cdot(-2) + 2\cdot 4\cdot(-1) + (-1)\cdot 1\cdot 3) - ((-1)\cdot 0\cdot(-1) + 1\cdot 4\cdot 1 + (-2)\cdot 2\cdot 3) = -3$

Determinantes maiores que 3x3 serão aqui resolvidos por um procedimento conhecido como expansão de cofatores.

Seja $A = (a_{ij})$ nxn, eliminando-se a i-ésima linha e a j-ésima coluna da matriz, obtém-se uma outra matriz de ordem (n–1)x(n–1). O determinante dessa matriz é denominado menor da matriz A. O escalar $c_{ij} = (-1)^{i+j}\cdot(a_{ij})$ é denominado cofator da matriz A.

▶ **Exemplo 10.14**

Determine o determinante da matriz $A = \begin{bmatrix} 3 & 0 & -2 \\ 6 & 8 & 1 \\ 0 & 3 & 4 \end{bmatrix}$.

Expandindo os termos da primeira linha, tem-se:

(A) Eliminando-se a 1ª linha e 1ª coluna:

$3\cdot(-1)^{(1+1)}\cdot \begin{vmatrix} 8 & 1 \\ 3 & 4 \end{vmatrix}$

(B) Eliminando-se a 1ª linha e 2ª coluna:

$0\cdot(-1)^{(1+2)}\cdot \begin{vmatrix} 6 & 1 \\ 0 & 4 \end{vmatrix}$

(C) Eliminando-se a 1ª linha e 3ª coluna:

$(-2)\cdot(-1)^{(1+3)}\cdot \begin{vmatrix} 6 & 8 \\ 0 & 3 \end{vmatrix}$

$\det A = 3\cdot 1\cdot \begin{vmatrix} 8 & 1 \\ 3 & 4 \end{vmatrix} + 0 - 2\cdot \begin{vmatrix} 6 & 8 \\ 0 & 3 \end{vmatrix}$

$= 3\cdot(32-3) - 2(18+0) = 87 - 36 = 51$

Sistemas lineares

Seja S um sistema de n equações lineares (n ≥ 1) com n variáveis $x_1, \ldots, x_n$, escrito da forma:

$$S = \begin{cases} a_{11} x_1 + a_{12} x_2 + \ldots + a_{1n} x_n = c_1 \\ a_{21} x_1 + a_{22} x_2 + \ldots + a_{2n} x_n = c_2 \\ \vdots \\ a_{n1} x_1 + a_{n2} x_2 + \ldots + a_{nn} x_n = c_n \end{cases}$$

A matriz nx(n–1) é denominada matriz associada ao sistema.

Denomina-se uma solução S à n-upla ordenada de números reais $(\alpha_1, \alpha_2, \ldots, \alpha_n)$, tal que:

$a_{11}\alpha_1 + a_{12}\alpha_2 + \ldots + a_{1n}\alpha_n = c_1$
$\vdots$
$a_{21}\alpha_1 + a_{22}\alpha_2 + \ldots + a_{2n}\alpha_n = c_2$
$\vdots$
$a_{n1}\alpha_1 + a_{n2}\alpha_2 + \ldots + a_{nn}\alpha_n = c_n$

A solução desse sistema de equações será aqui resolvida pela regra de Cramer dada por:

$$x_1 = \frac{\begin{vmatrix} c_1 & a_{12} & \ldots & a_{1n} \\ c_2 & a_{22} & \ldots & a_{2n} \\ \vdots & \vdots & & \\ c_n & a_{n2} & \ldots & a_{nn} \end{vmatrix}}{\det A}$$

, onde A é a matriz formada pelos coeficientes das variáveis. Se det A = 0, o sistema não tem solução única ou não tem solução e a regra de Cramer não poderá ser utilizada.

$$x_2 = \frac{\begin{vmatrix} a_{11} & c_1 & \ldots & a_{1n} \\ a_{21} & c_2 & \ldots & a_2 \\ \vdots & \vdots & & \\ a_{n1} & c_n & \ldots & a_{nn} \end{vmatrix}}{\det A}, \ldots,$$

$$x_n = \frac{\begin{vmatrix} a_{11} & a_{12} & \ldots & c_1 \\ a_{21} & a_{22} & \ldots & c_2 \\ \vdots & \vdots & & \\ a_{n1} & a_{n2} & \ldots & c_n \end{vmatrix}}{\det A}$$

▶ **Exemplo 10.15**

Resolva o sistema linear:
$$\begin{cases} 3x_1 + x_2 - x_3 = 2 \\ x_1 - 2x_2 + x_3 = -9 \\ 4x_1 + 3x_2 + 2x_3 = 1 \end{cases}$$

$$A = \begin{bmatrix} 3 & 1 & -1 \\ 1 & -2 & 1 \\ 4 & 3 & 2 \end{bmatrix}$$

det A = 3·(−4 − 3) −1·(2 − 4) −1·(3 + 8) = −21 + 2 − 11= −30,
que é equivalente a:
det A = 3·(−2)·2 + 1·3·(−1) + 4·1·1 − ((−1)·(−2)·4 + 1·3·3 + 2·1·1) =
(−12 − 3 +4) − (8 + 9 +2) = −11 − 19 = −30.

Usando a regra de Cramer para calcular a solução do sistema, tem-se:

$$x_1 = \frac{\begin{vmatrix} 2 & 1 & -1 \\ -9 & -2 & 1 \\ 1 & 3 & 2 \end{vmatrix}}{-30}$$

Calculando o determinante do numerador, tem-se:

$$\begin{vmatrix} 2 & 1 & -1 \\ -9 & -2 & 1 \\ 1 & 3 & 2 \end{vmatrix} = (2·(-2)·2 + (-9)·3·(-1) + 1·1·1) - ((-1)·(-2)·1 + 1·3·2 + 2·(-9)·1)$$

$$= (-8 + 27 + 1) - (2 + 6 - 18) = 20 + 10 = 30$$

Então, $x_1 = \dfrac{30}{-30} = -1$

$$x_2 = \frac{\begin{vmatrix} 3 & 2 & -1 \\ 1 & -9 & 1 \\ 4 & 1 & 2 \end{vmatrix}}{-30}$$

Calculando o determinante do numerador, tem-se:

$$\begin{vmatrix} 3 & 2 & -1 \\ 1 & -9 & 1 \\ 4 & 1 & 2 \end{vmatrix} = (3·(-9)·2 + 1·1·(-1) + 4·1·h·1·2) - ((-1)·(-9)·4 + 1·1·3 + 2·1·2)$$

$$= (-54 - 1 + 8) - (36 + 3 + 4) = -90$$

$$x_2 = \frac{-90}{-30} = 3$$

$$x_3 = \frac{\begin{vmatrix} 3 & 1 & 2 \\ 1 & -2 & -9 \\ 4 & 3 & 1 \end{vmatrix}}{-30}$$

Calculando o determinante do numerador, tem-se:

$$\begin{vmatrix} 3 & 1 & 2 \\ 1 & -2 & -9 \\ 4 & 3 & 1 \end{vmatrix} = (3\cdot(-2)\cdot 1 + 1\cdot 3\cdot 2 + 4\cdot(-9)\cdot 1) - (2\cdot(-2)\cdot 4 + (-9)\cdot 3\cdot 3 + 1\cdot 1\cdot 1)$$

$$= (-6 + 6 - 36) - (-16 - 81 + 1) = 60$$

$$x_3 = \frac{60}{-30} = -2$$

Exercícios resolvidos

▶ **Exercício 10.10**

Dê a solução do sistema usando a regra de Cramer e o método de substituição.

$$\begin{cases} x + 2y = 1 \\ 3x + 4y = 2 \end{cases}$$

Solução:

Resolvendo pela regra de Cramer:

$$A = \begin{bmatrix} 1 & 2 \\ 3 & 4 \end{bmatrix} \rightarrow \det A = 4 - 6 = -2$$

$$x = \frac{\begin{vmatrix} 1 & 2 \\ 2 & 4 \end{vmatrix}}{-2} = \frac{4-4}{-2} = 0$$

$$y = \frac{\begin{vmatrix} 1 & 2 \\ 3 & 2 \end{vmatrix}}{-2} = \frac{2-3}{-2} = \frac{1}{2}$$

Resolvendo por substituição, tem-se:
$$\begin{cases} x + 2y = 1 \rightarrow x = 1 - 2y \quad (I) \\ 3x + 4y = 2 \quad\quad\quad\quad (II) \end{cases}$$

Substituindo (I) em (II), tem-se:

$3(1-2y) + 4y = 2 \rightarrow 3 - 6y + 4y = 2 \rightarrow -2y = -1$

$y = \dfrac{1}{2}$, logo $x = 1 - 2 \cdot \dfrac{1}{2} = 0$.

▶ Exercício 10.11

Resolver o sistema pela regra de Cramer:

$$\begin{cases} x - 2y - 3z = 2 \\ x - 4y - 13z = 14 \\ -3x + 5y + 4z = 0 \end{cases}$$

$$A = \begin{bmatrix} 1 & -2 & -3 \\ 1 & -4 & -13 \\ -3 & 5 & 4 \end{bmatrix}$$

det A = $(1 \cdot (-4) \cdot 4 + 1 \cdot 5 \cdot (-3) + (-3) \cdot (-13) \cdot (-2)) -$
$\quad\quad\quad (-3) \cdot (-4) \cdot (-3) + (-13) \cdot 5 \cdot 1 + 4 \cdot 1 \cdot (-2)) =$
$\quad\quad\quad (-16 - 15 - 78) - (-36 - 65 - 8) = -109 + 109 = 0$

Solução:

Como det A = 0, não se pode utilizar a regra de Cramer e o sistema é indeterminado, admitindo uma infinidade de soluções, ou não possui solução.

▶ Exercício 10.12

Resolver o sistema pela regra de Cramer:

$$\begin{cases} x - 2y - 3z = 8 \\ 3x - 2y + z = 0 \\ 2x + 4y - 5z = 14 \end{cases}$$

Solução:

$$A = \begin{bmatrix} 1 & 2 & -3 \\ 3 & -2 & 1 \\ 2 & 4 & -5 \end{bmatrix}$$

det A = $(1 \cdot (-2) \cdot (-5) + 3 \cdot 4 \cdot (-3) + 2 \cdot 1 \cdot 2) - ((-3) \cdot (-2) \cdot 2 + 1 \cdot 4 \cdot 1 + (-5) \cdot 3 \cdot 2) =$
$(10 - 36 + 4) - (12 + 4 - 30) = -22 + 14 = -8$

$$x = \frac{\begin{vmatrix} 8 & 2 & -3 \\ 0 & -2 & 1 \\ 14 & 4 & -5 \end{vmatrix}}{-8}$$

$$\begin{vmatrix} 8 & 2 & -3 \\ 0 & -2 & 1 \\ 14 & 4 & -5 \end{vmatrix} = (8\cdot(-2)\cdot(-5) + 0\cdot 4\cdot(-3) + 14\cdot 1\cdot 2) - ((-3)\cdot(-2)\cdot 14 + 1\cdot 4\cdot 8 + (-5)\cdot 0\cdot 2) = -8$$

$$x = \frac{-8}{-8} = 1$$

$$y = \frac{\begin{vmatrix} 1 & 8 & -3 \\ 3 & 0 & 1 \\ 2 & 14 & -5 \end{vmatrix}}{-8}$$

$$\begin{vmatrix} 1 & 8 & -3 \\ 3 & 0 & 1 \\ 2 & 14 & -5 \end{vmatrix} = (1\cdot 0\cdot(-5) + 3\cdot 14\cdot(-3) + 2\cdot 1\cdot 8) - ((-3)\cdot 0\cdot 2 + 1\cdot 14\cdot 1 + (-5)\cdot 3\cdot 8)$$

$$= (0 - 126 + 16) - (0 + 14 - 120) = -110 + 106 = -4$$

$$y = \frac{-4}{-8} = \frac{1}{2}$$

$$z = \frac{\begin{vmatrix} 1 & 1 & 8 \\ 3 & -2 & 0 \\ 2 & 4 & 14 \end{vmatrix}}{-8}$$

$$\begin{vmatrix} 1 & 1 & 8 \\ 3 & -2 & 0 \\ 2 & 4 & 14 \end{vmatrix} = (1\cdot(-2)\cdot 14 + 3\cdot 4\cdot 8 + 2\cdot 0\cdot 1) - (8\cdot(-2)\cdot 2 + 0\cdot 4\cdot 1 + 14\cdot 3\cdot 1)$$

$$= (-28 + 96 + 0) - (-32 + 0 + 42) = 68 - 10 = 58$$

$$z = \frac{-29}{4}$$

Exercícios propostos

▶ **10.1:** Dadas as matrizes $A = \begin{bmatrix} 1 & 2 & 3 \\ 4 & 5 & 6 \end{bmatrix}$ e $B = \begin{bmatrix} 0 & 2 \\ 3 & 4 \end{bmatrix}$
Calcule: A + B.

▶ **10.2:** Escreva a matriz $A = [a_{ij}]$ do tipo 2x2, tal que $a_{ij} = 3$ para $i = j$ e $a_{ij} = -1$ para $i \neq j$.

▶ **10.3:** Determinar x e y tal que A = B sendo:
$A = \begin{bmatrix} 3+x & 0 \\ 0 & 5-2y \end{bmatrix}$ e $B = \begin{bmatrix} 1 & 0 \\ 0 & 4 \end{bmatrix}$

▶ **10.4:** Determinar x, y, z e w, tal que:
$\begin{bmatrix} 3x & 3y \\ 3z & 3w \end{bmatrix} = \begin{bmatrix} x & 6 \\ -1 & 2w \end{bmatrix} + \begin{bmatrix} 4 & x+y \\ z+w & 3 \end{bmatrix}$

▶ **10.5:** Calcule

(A) $\begin{bmatrix} 0 & 2 & -3 & 4 \\ 0 & -5 & 1 & -1 \end{bmatrix} + \begin{bmatrix} 3 & -5 & 6 & -1 \\ 2 & 0 & -2 & -3 \end{bmatrix}$

(B) $\begin{bmatrix} 1 & 2 & -3 \\ 0 & -4 & 1 \end{bmatrix} + \begin{bmatrix} 3 & 5 \\ 1 & 2 \end{bmatrix}$

▶ **10.6:** Determine x, y e z para obter
$\begin{bmatrix} x & y & z \\ 2 & -1 & 3 \\ 4 & 1 & -8 \end{bmatrix} + \begin{bmatrix} 3 & 2 & 1 \\ -2 & 2 & -3 \\ -4 & -1 & 9 \end{bmatrix} = I.$

▶ **10.7:** Determine a matriz A de ordem 2 onde 0 é a matriz nula de ordem 2.
$A + \begin{bmatrix} 3 & 2 \\ -1 & -4 \end{bmatrix} = 0$

▶ **10.8:** Resolver a equação

$$X + \begin{bmatrix} 1 & 2 \\ 1 & 3 \end{bmatrix} = \begin{bmatrix} 1 & 0 \\ 0 & 1 \end{bmatrix}$$

▶ **10.9:** Resolver a equação

$$\begin{bmatrix} 1 \\ 3 \\ 4 \end{bmatrix} + \begin{bmatrix} x_1 \\ x_2 \\ x_3 \end{bmatrix} = \begin{bmatrix} 5 \\ 1 \\ -4 \end{bmatrix}$$

▶ **10.10:** Dê os elementos diagonais das matrizes:

(A) $A = \begin{bmatrix} 3 & 2 & 1 \\ 4 & 5 & 6 \\ 7 & 8 & 9 \end{bmatrix}$ (B) $A = \begin{bmatrix} 1 & 2 \\ 3 & 4 \end{bmatrix}$ (C) $A = \begin{bmatrix} 5 & 2 & 2 \\ 1 & 1 & 1 \end{bmatrix}$

▶ **10.11:** Sejam $A = \begin{bmatrix} 1 & -2 & 3 \\ 4 & 5 & -6 \end{bmatrix}$ e $B = \begin{bmatrix} 3 & 0 & 2 \\ -7 & 1 & 8 \end{bmatrix}$, calcule:

(A) 3A.
(B) 2A – 3B.

▶ **10.12:** Sejam $A = \begin{bmatrix} 1 & 2 \\ 3 & 4 \end{bmatrix}$ e $B = \begin{bmatrix} 1 & 1 \\ 0 & 2 \end{bmatrix}$, calcule:

(A) AB
(B) BA

▶ **10.13:** Determine x, y, z e w se

$$3 \cdot \begin{bmatrix} x & y \\ z & w \end{bmatrix} = \begin{bmatrix} x & 6 \\ -1 & 2w \end{bmatrix} + \begin{bmatrix} 4 & x+y \\ 3+w & 3 \end{bmatrix}$$

▶ **10.14:** Dados $A = \begin{bmatrix} 2 & -1 \\ 1 & 0 \\ -3 & 4 \end{bmatrix}$ e $B = \begin{bmatrix} 1 & -2 & 5 \\ 3 & 4 & 0 \end{bmatrix}$, calcule:

(A) AB
(B) BA

▶ **10.15:** Determine a transposta da matriz $A = \begin{bmatrix} 1 & 0 & 1 & 0 \\ 2 & 3 & 4 & 5 \\ 0 & -1 & 1 & 4 \end{bmatrix}$

▶ 10.16: Seja $A = \begin{bmatrix} 1 & 2 & 0 \\ 3 & -1 & 4 \end{bmatrix}$, determine:

(A) $A \cdot A^t$
(B) $A^t \cdot A$

▶ 10.17: Determine a inversa de $A = \begin{bmatrix} 3 & 5 \\ 2 & 3 \end{bmatrix}$.

▶ 10.18: Determine a inversa de $A = \begin{bmatrix} -1 & 2 & -3 \\ 2 & 1 & 0 \\ 4 & -2 & 5 \end{bmatrix}$.

▶ 10.19: Sejam $A = \begin{bmatrix} 1 & 2 \\ 2 & 1 \end{bmatrix}$, $B = \begin{bmatrix} -2 & 3 \\ 4 & 0 \end{bmatrix}$ e $C = \begin{bmatrix} 0 & -1 \\ 2 & 3 \end{bmatrix}$, determine:

(A) $(A + B)^t$ (B) $(B + C)^t$ (C) $(AB)^t$

▶ 10.20: Dadas $A = \begin{bmatrix} -1 & -2 & -2 \\ 1 & 2 & 1 \\ -1 & -1 & 0 \end{bmatrix}$ e $B = \begin{bmatrix} -3 & -6 & 2 \\ 2 & 4 & -1 \\ 2 & 3 & 0 \end{bmatrix}$, determine:

(A) A^2 (B) B^2 (C) AB (D) BA

Resolva os sistemas lineares utilizando a regra de Cramer:

▶ 10.21: $\begin{cases} 3x + 5y - 8 = 0 \\ 4x - 2y - 1 = 0 \end{cases}$

▶ 10.22: $\begin{cases} 2x - 5y + 2z = 7 \\ x + 2y - 4z = 3 \\ 3x - 4y - 6z = 5 \end{cases}$

▶ 10.23: $\begin{cases} 2x + 3y + z = 0 \\ x - y + 4z = 0 \\ 4x + 11y - 5z = 0 \end{cases}$

▶ 10.24: $\begin{cases} x + 2y - z = -3 \\ 3x + y + z = 4 \\ x - y + 2z = 6 \end{cases}$

▶ 10.25: $\begin{cases} 3x + y - 2z = 1 \\ 2x + 3y - z = 2 \\ x - 2y + 2z = -10 \end{cases}$

▶ 10.26: Encontre o determinante das seguintes matrizes:

(A) $\begin{bmatrix} 7 & -3 \\ 5 & 6 \end{bmatrix}$ (B) $\begin{bmatrix} 0 & 10 \\ 8 & 2 \end{bmatrix}$

(C) $\begin{bmatrix} -1 & 5 & -7 \\ 3 & -2 & 6 \\ 4 & 1 & 2 \end{bmatrix}$ (D) $\begin{bmatrix} 8 & -3 & -5 \\ 1 & -4 & 2 \\ 2 & 0 & 7 \end{bmatrix}$

(E) $\begin{bmatrix} 1 & 2 & -3 & 4 \\ -2 & 7 & 0 & 6 \\ 3 & -1 & 5 & -5 \\ 8 & -4 & 2 & 0 \end{bmatrix}$

(F) $\begin{bmatrix} -4 & -1 & 5 & 8 \\ 3 & 1 & -6 & -3 \\ 2 & -2 & 4 & 6 \\ 7 & -5 & 1 & 2 \end{bmatrix}$

11
Funções de mais de uma variável

Após o estudo deste capítulo, você estará apto a conceituar derivadas e a aplicá-las para funções de mais de uma variável.

Definição

Um ponto no espaço bidimensional é representado por um par ordenado de números reais. Um ponto no espaço tridimensional é representado por uma terna ordenada de números reais. Um ponto no espaço n-dimensional é representado por uma n-upla ordenada de números reais.

▶ **Exemplo 11.1**

(2, 3) é um par ordenado no espaço bidimensional.

(−1, 4, 3) é uma terna ordenada no espaço tridimensional.

$(x_1, x_2, ..., x_n)$ é uma n-upla ordenada no espaço n-dimensional.

Uma função de uma variável é descrita por uma equação $y = f(x)$, onde x é a variável independente e y, a variável dependente. O gráfico de uma função f de uma única variável consiste no conjunto de pontos (x, y) em R^2, onde $y = f(x)$.

Uma função de duas variáveis é descrita por uma equação $z = f(x,y)$, onde x e y são as variáveis independentes e z, a variável dependente. O gráfico de uma função f de duas variáveis consiste no conjunto de pontos (x, y, z) em R^3, onde (x, y) é um ponto do domínio e $z = f(x,y)$ é a imagem. O gráfico de uma função de duas variáveis é uma superfície que representa o conjunto de todos os pontos no espaço tridimensional.

▶ **Exemplos**

$f(x, y) = |xy|$

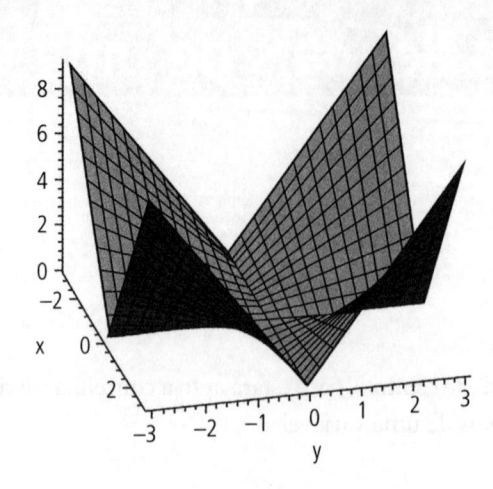

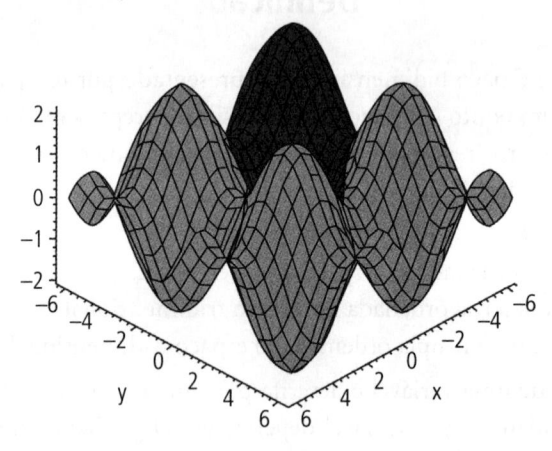

$f(x, y) = \operatorname{sen}(x) + \operatorname{sen}(y)$

Uma função de n variáveis é descrita por $y = f(x_1, x_2, ..., x_n)$, onde $x_1, x_2, ..., x_n$ são as variáveis independentes e y, a variável dependente.

Uma função de uma variável $y = f(x)$ é contínua em $x = k$ se as seguintes condições são verificadas:

(i) $f(k)$ existe;

(ii) $\lim_{x \to k} f(x)$ existe;

(iii) $\lim_{x \to k} f(x) = f(k)$.

Definição análoga é adequada para funções de n-variáveis.

Derivada parcial

Considere a função uma função de duas variáveis independentes x e y.

Se y é considerada constante, z é função somente de x, e então a derivada de z em relação à x pode ser calculada.

A derivada obtida desse modo é denominada derivada parcial de z em relação à x e sua notação é:

$\dfrac{\partial z}{\partial x}$ ou $\dfrac{\partial f}{\partial x}$ ou $\dfrac{\partial f(x,y)}{\partial x}$ ou z_x ou f_x.

A derivada parcial de z em relação à x é definida por:

$$\dfrac{\partial z}{\partial x} = \lim_{\Delta x \to 0} \dfrac{\Delta z}{\Delta x} = \lim_{\Delta x \to 0} \dfrac{f(x+\Delta x, y) - f(x,y)}{\Delta x}.$$

De modo análogo, se x é considerada constante, z é função somente de y, e então a derivada de z em relação à y pode ser calculada. Nesse caso, a notação é:

$\dfrac{\partial z}{\partial y}$ ou $\dfrac{\partial f}{\partial y}$ ou $\dfrac{\partial f(x,y)}{\partial y}$ ou z_y ou f_y.

A derivada parcial de z em relação à y é definida por:

$$\dfrac{\partial z}{\partial y} = \lim_{\Delta y \to 0} \dfrac{\Delta z}{\Delta y} = \lim_{\Delta y \to 0} \dfrac{f(x, y+\Delta y) - f(x,y)}{\Delta y}.$$

Seja $f(x_1, x_2, ..., x_n)$ uma função em R^n. Então a derivada parcial de f em relação à variável x_k é dada por:

$$\dfrac{\partial f}{\partial x_k} = \lim_{\Delta x_k \to 0} \dfrac{\Delta f}{\Delta x_k} = \lim_{\Delta x_k \to 0} \dfrac{f(x_1, x_2, ..., x_k + \Delta x_k, ..., x_n) - f(x_1, x_2, ..., x_k, ..., x_n)}{\Delta x_k}.$$

As interpretações geométricas das derivadas parciais de uma função de duas variáveis são similares àquelas dadas para funções de uma variável. O gráfico de uma função f de duas variáveis é uma superfície cuja equação é z = f(x,y). Para cada número fixo y_0, os pontos (x, y_0, z) formam um plano vertical cuja equação é $y = y_0$. Fixando-se z = f(x,y) e y em $y = y_0$, então os pontos correspondentes $(x, y_0, f(x,y_0))$ formam uma curva no espaço tridimensional, que é a interseção da superfície z = f(x,y) com o plano $y = y_0$. Em cada ponto dessa curva, a derivada parcial $\dfrac{\partial z}{\partial x}$ é o coeficiente angular da reta no plano $y = y_0$, tangente à curva no ponto em questão.

Analogamente, fixando-se z = f(x, y) e x em $x = x_0$, então os pontos correspondentes $(x_0, y, f(x_0, y))$ formam uma curva no espaço tridimensional, que é a interseção da superfície z = f(x, y) com o plano x = x_0. Em cada ponto dessa curva, a derivada parcial $\frac{\partial z}{\partial y}$ é o coeficiente angular da reta no plano x = x_0, tangente à curva no ponto em questão.

▶ **Exemplo 11.2**

Encontre as derivadas parciais das seguintes funções:

(A) $z = 3x^2 + 4y^3 + 5$

$\frac{\partial z}{\partial x} = 6x; \quad \frac{\partial z}{\partial y} = 12y^2$

(B) $z = 7xy - 3y^{1/2} - 7$

$\frac{\partial z}{\partial x} = 7y; \quad \frac{\partial z}{\partial y} = 7x - \frac{3}{2} \cdot y^{-1/2}$

(C) $z = \ln(x + 3y)$

$\frac{\partial z}{\partial x} = \frac{1}{x + 3y}; \quad \frac{\partial z}{\partial y} = \frac{3}{x + 3y}$

Exercícios resolvidos

Encontre as derivadas parciais em relação a cada uma das variáveis.

▶ **Exercício 11.1**

w = sen(x − y − 3z)

Solução:

Para calcular $\frac{\partial w}{\partial x}$, consideram-se y e z constantes, logo

$\frac{\partial w}{\partial x} = \cos(x - y - 3z)$

Para calcular $\frac{\partial w}{\partial y}$, consideram-se x e z constantes, logo

$\frac{\partial w}{\partial y} = -\cos(x - y - 3z)$

Para calcular $\frac{\partial w}{\partial z}$, consideram-se x e y constantes, logo

$\frac{\partial w}{\partial z} = -3\cos(x - y - 3z).$

◗ **Exercício 11.2**

$z = x^{1/2} + 3xy + \cos(3x^2 + 4y^3)$

Solução:

$\dfrac{\partial z}{\partial x} = \dfrac{1}{2}x^{-1/2} + 3y - \text{sen}(3x^2 + 4y^3)\cdot(6x) = \dfrac{1}{2}x^{-1/2} + 3y - 6x\,\text{sen}(3x^2 + 4y^3)$

$\dfrac{\partial z}{\partial y} = 3x - \text{sen}(3x^2 + 4y^3)\cdot(12y^2) = 3x - 12y^2\text{sen}(3x^2 + 4y^3)$

◗ **Exercício 11.3**

$z = \dfrac{x}{y} - \log(3xy)$

Solução:

$\dfrac{\partial z}{\partial x} = \dfrac{1}{y} - \dfrac{\log e}{3xy}\cdot(3y) = \dfrac{1}{y} - \dfrac{\log e}{x}$; $\dfrac{\partial z}{\partial y} = -\dfrac{x}{y^2} - \dfrac{\log e}{3xy}\cdot(3x) = -\dfrac{x}{y^2} - \dfrac{\log e}{y}$

◗ **Exercício 11.4**

$z = (3x^2 + 5y^3)^2$

Solução:

$\dfrac{\partial z}{\partial x} = 2(3x^2 + 5y^3)\cdot(6x) = 12x(3x^2 + 5y^3) = 36x^3 + 60xy^3$

$\dfrac{\partial z}{\partial y} = 2(3x^2 + 5y^3)\cdot(15y^2) = 30y^2(3x^2 + 5y^3) = 90x^2y^2 + 150y^5$

◗ **Exercício 11.5**

$w = x^4y^3 + \ln(y^2 + z) + 8$

Solução:

$\dfrac{\partial w}{\partial x} = 4x^3y^3$; $\dfrac{\partial w}{\partial y} = 3x^4y^2 + \dfrac{1}{y^2 + z}\cdot 2y = 3x^4y^2 + \dfrac{2y}{y^2 + z}$

$\dfrac{\partial w}{\partial z} = \dfrac{1}{y^2 + z}$

◗ **Exercício 11.6**

$z = \cos(x^{3/2} + y^{3/5})\cdot 7^{x^2+y^3}$

Solução:

$$\frac{\partial z}{\partial x} = \cos(x^{3/2} + y^{3/5}) \cdot 7^{x^2+y^3} \ln 7 \cdot (2x) + 7^{x^2+y^3} \cdot \left(-\operatorname{sen}(x^{3/2} + y^{3/5}) \cdot \frac{3}{2} x^{1/2}\right)$$

$$\frac{\partial z}{\partial x} = 7^{x^2+y^3}\left[2x \ln 7 \cos(x^{3/2} + y^{3/5}) - \frac{3x^{1/2}}{2} \operatorname{sen}(x^{3/2} + y^{3/5})\right]$$

$$\frac{\partial z}{\partial y} = \cos(x^{3/2} + y^{3/5}) \cdot 7^{x^2+y^3} \ln 7 \cdot (3y^2) + 7^{x^2+y^3} \cdot \left(-\operatorname{sen}(x^{3/2} + y^{3/5}) \cdot \frac{3}{5} y^{-2/5}\right)$$

$$\frac{\partial z}{\partial y} = 7^{x^2+y^3}\left[3y^2 \ln 7 \cos(x^{3/2} + y^{3/5}) - \frac{3y^{-2/5}}{5} \operatorname{sen}(x^{3/2} + y^{3/5})\right]$$

Derivadas de ordem superior

As derivadas parciais seguidas de uma função $z = f(x, y)$ têm as seguintes notações:

$\dfrac{\partial^2 f}{\partial x^2}$ ou $\dfrac{\partial^2 z}{\partial x^2}$ ou f_{xx} ou z_{xx} derivada parcial de segunda ordem em relação à x.

$\dfrac{\partial^2 f}{\partial x \partial y}$ ou $\dfrac{\partial^2 z}{\partial x \partial y}$ ou f_{xy} ou z_{xy} derivada parcial de segunda ordem, primeiro em relação à y e depois em relação à x.

$\dfrac{\partial^2 f}{\partial y \partial x}$ ou $\dfrac{\partial^2 z}{\partial y \partial x}$ ou f_{yx} ou z_{yx} derivada parcial de segunda ordem, primeiro em relação à x e depois em relação à y.

$\dfrac{\partial^2 f}{\partial y^2}$ ou $\dfrac{\partial^2 z}{\partial y^2}$ ou f_{yy} ou z_{yy} derivada parcial de segunda ordem em relação à y.

▶ **Exemplo 11.3**
(A) $z = x^2 + 3y^2$

A derivada parcial de primeira ordem em relação à x é: $\dfrac{\partial f}{\partial x} = 2x$.

A derivada parcial de segunda ordem em relação à x é: $\dfrac{\partial^2 f}{\partial x^2} = 2$.

A derivada parcial de segunda ordem derivando a primeira vez em relação à x e a segunda vez em relação à y é: $\dfrac{\partial^2 f}{\partial y \partial x} = 0$.

A derivada parcial de primeira ordem em relação à y é: $\dfrac{\partial f}{\partial y} = 6y$.

A derivada parcial de segunda ordem em relação à y é: $\frac{\partial^2 f}{\partial y^2} = 6$.

A derivada parcial de segunda ordem derivando a primeira vez em relação à y e a segunda vez em relação à x é: $\frac{\partial^2 f}{\partial x \, \partial y} = 0$.

Exercícios resolvidos

Calcule as derivadas parciais de primeira e segunda ordens em relação à cada uma das variáveis:

▶ **Exercício 11.7**

$z = (x^{1/2} + y^{3/2})^3$

Solução:

A derivada de primeira ordem em relação à x é:

$\frac{\partial z}{\partial x} = 3(x^{1/2} + y^{3/2})^2 \cdot \frac{1}{2} x^{-1/2} = \frac{3}{2x^{1/2}} (x^{1/2} + y^{3/2})^2$

A derivada de segunda ordem derivando primeiro em relação à x e depois em relação à y é obtida derivando-se em relação à y o resultado obtido de $\frac{\partial z}{\partial x}$.

$\frac{\partial^2 z}{\partial y \, \partial x} = \frac{3}{2x^{1/2}} \cdot 2(x^{1/2} + y^{3/2}) \cdot \frac{3}{2} y^{1/2} = \frac{9y^{1/2}}{2x^{1/2}} (x^{1/2} + y^{3/2}) = \frac{9y^{1/2}}{2} + \frac{9y^2}{2x^{1/2}}$

A derivada de segunda ordem derivando primeiro em relação à x e depois em relação à x é obtida derivando-se em relação à x o resultado obtido de $\frac{\partial z}{\partial x}$.

$\frac{\partial^2 z}{\partial x^2} = \frac{3}{2x^{1/2}} \cdot 2(x^{1/2} + y^{3/2}) \cdot \frac{1}{2} x^{-1/2} + \frac{3}{2} \left(-\frac{1}{2} x^{-3/2} \right) (x^{1/2} + y^{3/2})^2$

$\frac{\partial^2 z}{\partial x^2} = \frac{3(x^{1/2} + y^{3/2})}{2x} - \frac{3}{4x^{3/2}} (x^{1/2} + y^{3/2})^2$

A derivada de primeira ordem em relação à y é:

$\frac{\partial z}{\partial y} = 3(x^{1/2} + y^{3/2})^2 \cdot \frac{3}{2} y^{1/2} = \frac{9y^{1/2}}{2} (x^{1/2} + y^{3/2})^2$

A derivada parcial de segunda ordem derivando primeiro em relação à y e depois em relação à x, $\dfrac{\partial^2 z}{\partial x\,\partial y}$, é igual à derivada parcial de segunda ordem derivando primeiro em relação à x e depois em relação à y, ou seja:

$$\dfrac{\partial^2 z}{\partial x\,\partial y} = \dfrac{9y^{1/2}}{2}\cdot 2(x^{1/2}+y^{3/2})\cdot \dfrac{1}{2}x^{-1/2} = \dfrac{9y^{1/2}}{2x^{1/2}}(x^{1/2}+y^{3/2})$$

$$\dfrac{\partial^2 z}{\partial x\,\partial y} = \dfrac{9y^{1/2}}{2} + \dfrac{9y^2}{2x^{1/2}} = \dfrac{\partial^2 z}{\partial y\,\partial x}$$

A derivada de segunda ordem derivando primeiro em relação à y e depois em em relação à y é obtida derivando-se em relação à y o resultado obtido de $\dfrac{\partial z}{\partial y}$.

$$\dfrac{\partial^2 z}{\partial y^2} = \dfrac{9y^{1/2}}{2}\cdot 2(x^{1/2}+y^{3/2})\cdot\dfrac{3}{2}y^{1/2} + (x^{1/2}+y^{3/2})^2\cdot \dfrac{9y^{-1/2}}{4}$$

$$\dfrac{\partial^2 z}{\partial y^2} = \dfrac{27y}{2}(x^{1/2}+y^{3/2}) + \dfrac{9}{4y^{1/2}}(x^{1/2}+y^{3/2})^2$$

▶ **Exercício 11.8**
Se $z = \ln(2xy^2)$, determine as derivadas de segunda ordem.
Solução:

$$\dfrac{\partial z}{\partial x} = \dfrac{1}{2xy^2}\cdot 2y^2 = \dfrac{1}{x}\ ;\ \ \dfrac{\partial z}{\partial y} = \dfrac{4xy}{2xy^2} = \dfrac{2}{y}\ ;\ \ \dfrac{\partial^2 z}{\partial y\,\partial x} = 0$$

$$\dfrac{\partial^2 z}{\partial x\,\partial y} = 0;\ \ \dfrac{\partial^2 z}{\partial x^2} = -\dfrac{1}{x^2}\ ;\ \ \dfrac{\partial^2 z}{\partial y^2} = -\dfrac{2}{y^2}$$

▶ **Exercício 11.9**
Se $w = e^{-5x^3+4y^5-z^{-1/5}}$, determine as derivadas $\dfrac{\partial^3 w}{\partial x^3}$, $\dfrac{\partial^3 w}{\partial y^3}$, $\dfrac{\partial^3 w}{\partial z^3}$, $\dfrac{\partial^3 w}{\partial y^2 \partial x}$, $\dfrac{\partial^3 w}{\partial y^2 \partial z}$ e $\dfrac{\partial^3 w}{\partial z\,\partial y\,\partial x}$

Solução:

$$\dfrac{\partial w}{\partial x} = -15x^2 e^{-5x^3+4y^5-z^{-1/5}}\ ;\ \ \dfrac{\partial w}{\partial y} = 20y^4 e^{-5x^3+4y^5-z^{-1/5}}\ ;\ \ \dfrac{\partial w}{\partial z} = \dfrac{z^{-6/5}}{5} e^{-5x^3+4y^5-z^{-1/5}}$$

$$\dfrac{\partial^2 w}{\partial y\,\partial x} = -300x^2 y^4 e^{-5x^3+4y^5-z^{-1/5}}\ ;\ \ \dfrac{\partial^2 w}{\partial x\,\partial y} = -300x^2 y^4 e^{-5x^3+4y^5-z^{-1/5}}$$

$$\dfrac{\partial^2 w}{\partial y\,\partial z} = 4y^4 z^{-6/5} e^{-5x^3+4y^5-z^{-1/5}}\ ;\ \ \dfrac{\partial^2 w}{\partial x^2} = 225x^4 e^{-5x^3+4y^5-z^{-1/5}} - 30x\, e^{-5x^3+4y^5-z^{-1/5}}$$

$$\frac{\partial^2 w}{\partial y^2} = 400y^8 e^{-5x^3+4y^5-z^{-1/5}} + 80y^3 e^{-5x^3+4y^5-z^{-1/5}}$$

$$\frac{\partial^2 w}{\partial z^2} = \frac{z^{-12/5}}{25} e^{-5x^3+4y^5-z^{-1/5}} - \frac{6z^{-11/5}}{25} e^{-5x^3+4y^5-z^{-1/5}}$$

$$\frac{\partial^3 w}{\partial x^3} = -3375x^6 e^{-5x^3+4y^5-z^{-1/5}} + 1350x^3 e^{-5x^3+4y^5-z^{-1/5}} - 30 e^{-5x^3+4y^5-z^{-1/5}}$$

$$\frac{\partial^3 w}{\partial y^3} = 8000y^{12} e^{-5x^3+4y^5-z^{-1/5}} + 4800y^7 e^{-5x^3+4y^5-z^{-1/5}} + 240y^2 e^{-5x^3+4y^5-z^{-1/5}}$$

$$\frac{\partial^3 w}{\partial z^3} = \frac{-z^{-18/5}}{125} e^{-5x^3+4y^5-z^{-1/5}} - \frac{6z^{-17/5}}{125} e^{-5x^3+4y^5-z^{-1/5}} + \frac{66z^{-16/5}}{125} e^{-5x^3+4y^5-z^{-1/5}}$$

$$\frac{\partial^3 w}{\partial y^2 \partial x} = -6000x^2 y^8 e^{-5x^3+4y^5-z^{-1/5}} - 1200x^2 y^3 e^{-5x^3+4y^5-z^{-1/5}}$$

$$\frac{\partial^3 w}{\partial y^2 \partial z} = 80y^8 z^{-6/5} e^{-5x^3+4y^5-z^{-1/5}} + 16y^3 z^{-6/5} e^{-5x^3+4y^5-z^{-1/5}}$$

$$\frac{\partial^3 w}{\partial z \, \partial y \, \partial x} = -60x^2 y^4 z^{-6/5} e^{-5x^3+4y^5-z^{-1/5}}$$

Diferencial total

A diferencial total de uma função $y = f(x_1, x_2, x_3, \ldots, x_n)$ é definida por:

$dy = \frac{\partial y}{\partial x_1} dx_1 + \frac{\partial y}{\partial x_2} dx_2 + \ldots + \frac{\partial y}{\partial x_n} dx_n = \sum_{i=1}^{n} \frac{\partial y}{\partial x_i} dx_i$, onde dx_i representa a diferencial de x_i, ou seja, o incremento da variável x_i.

▶ **Exemplo 11.4**

(A) Se $z = \sqrt[3]{2x^2 - y}$, determine dz.

$dz = \frac{\partial z}{\partial x} dx + \frac{\partial z}{\partial y} dy$

$\frac{\partial z}{\partial x} = \frac{1}{3}(2x^2 - y)^{-2/3} \cdot 4x; \quad \frac{\partial z}{\partial y} = \frac{1}{3}(2x^2 - y)^{-2/3} \cdot (-1)$

Logo,

$dz = \frac{4x}{3}(2x^2 - y)^{-2/3} dx - \frac{1}{3}(2x^2 - y)^{-2/3} dy.$

(B)
A produção diária de determinada indústria é de $Q(K,L) = 120K^{1/2}L^{1/3}$ unidades, onde K representa o capital investido (em mil) e L o número de operários-hora. O capital investido atualmente é de R$ 900.000,00, e empregam-se por dia 1.000 operários-hora. Determine a variação na produção decorrente de um acréscimo de R$ 1.000,00 no capital investido e um decréscimo de 2 operários-hora.

Solução:
Aplicando a fórmula da diferencial total, tem-se:

$$dQ = \frac{\partial Q}{\partial K} dK + \frac{\partial Q}{\partial L} dL$$

$\frac{\partial Q}{\partial K} = 60K^{-1/2}L^{1/3}$; $\frac{\partial Q}{\partial L} = 40K^{1/2}L^{-2/3}$

Então, $dQ = 60K^{-1/2}L^{1/3} dK + 40K^{1/2}L^{-2/3} dL$.

Como $\begin{array}{ll} K = 900 & dk = 1 \\ L = 1000 & dL = -2 \end{array}$

Substituindo, tem-se:

$$dQ = \frac{60 \cdot 10}{30} \cdot 1 + \frac{40 \cdot 30}{100} \cdot (-2) \rightarrow dQ = -4$$

Logo, a produção terá uma redução de 4 unidades.

Exercícios resolvidos

Determine o diferencial total das seguintes funções:
▶ **Exercício 11.10**
$w = x^2 + xy^2 - z^3$
Solução:

Como $dw = \frac{\partial w}{\partial x} dx + \frac{\partial w}{\partial y} dy + \frac{\partial w}{\partial z} dz$

$\frac{\partial w}{\partial x} = 2x + y^2$; $\frac{\partial w}{\partial y} = 2xy$; $\frac{\partial w}{\partial z} = -3z^2$

Substituindo na fórmula, tem-se
$dw = (2x + y^2)dx + 2xy\, dy - 3z^2 dz$

▶ **Exercício 11.11**

$w = x \ln(y + 3z) - 5e^{x+y^2-z}$

Solução:

$\dfrac{\partial w}{\partial x} = \ln(y + 3z) - 5e^{x+y^2-z}$; $\dfrac{\partial w}{\partial y} = \dfrac{x}{y + 3z} - 10ye^{x+y^2-z}$

$\dfrac{\partial w}{\partial z} = \dfrac{3x}{y + 3z} + 5e^{x+y^2-z}$

$dw = [\ln(y + 3z) - 5e^{x+y^2-z}]dx + \left[\dfrac{x}{y + 3z} - 10ye^{x+y^2-z}\right]dy + \left[\dfrac{3x}{y + 3z} + 5e^{x+y^2-z}\right]dz$

Derivada total

Se $y = f(x_1, x_2, ..., x_n)$ tem derivadas parciais contínuas $\dfrac{\partial y}{\partial x_1}, \dfrac{\partial y}{\partial x_2}, ..., \dfrac{\partial y}{\partial x_n}$, e se $x_1, x_2, ..., x_n$ são funções de outra variável r, então:

$$\dfrac{dy}{dr} = \dfrac{\partial y}{\partial x_1} \cdot \dfrac{dx_1}{dr} + \dfrac{\partial y}{\partial x_2} \cdot \dfrac{dx_2}{dr} + ... + \dfrac{\partial y}{\partial x_n} \cdot \dfrac{dx_n}{dr}$$

onde $\dfrac{dy}{dr}$ representa a taxa de variação de y à medida que r varia.

▶ **Exemplo 11.5**

Se $w = x^3 + y^4 + z^{1/2}$, onde $x = 2 \operatorname{sen} r$, $y = e^{2r}$ e $z = \cos 3r$, determine $\dfrac{dw}{dr}$.

$\dfrac{\partial w}{\partial x} = 3x^2$; $\dfrac{\partial w}{\partial y} = 4y^3$; $\dfrac{\partial w}{\partial z} = \dfrac{z^{-1/2}}{2}$

$\dfrac{dx}{dr} = 2 \cos r$; $\dfrac{dy}{dr} = 2e^{2r}$; $\dfrac{dz}{dr} = -3 \operatorname{sen} 3r$

$\dfrac{dw}{dr} = 3x^2 \cdot 2 \cos r + 4y^3 \cdot 2e^{2r} + \dfrac{z^{-1/2}}{2}(-3 \operatorname{sen} 3r)$

Substituindo x, y e z, tem-se:

$\dfrac{dw}{dr} = 3(2 \operatorname{sen} r)^2 \cdot (2 \cos r) + 4(e^{2r})^3 \cdot (2e^{2r}) + \dfrac{(\cos 3r)^{-1/2}}{2}(-3 \operatorname{sen} 3r)$

$\dfrac{dw}{dr} = 24 \operatorname{sen}^2 r \cos r + 8e^{8r} - \dfrac{3 \operatorname{sen} 3r}{2(\cos 3r)^{1/2}}$

▶ **Exemplo 11.6**

Um supermercado vende duas marcas de certo sabão em pó, tipo 1 e tipo 2. As vendas indicam que, se o sabão do tipo 1 for vendido por x reais a unidade e o do tipo 2 por y reais a unidade, a demanda do sabão tipo 1 será de $Q(x, y) = 300 - 20x^2 + 30y$ por mês. Calcula-se que, daqui a t meses, o preço da unidade do sabão tipo 1 será de $x = 2 + 0,05t$ e o do tipo 2, $y = 2 + 0,1\sqrt{t}$. Qual será a taxa de variação da demanda do sabão tipo 1 daqui a 4 meses?

Solução:

O objetivo é calcular $\dfrac{dQ}{dt}$ quando $t = 4$. Usando a derivada total, tem-se:

$$\frac{dQ}{dt} = \frac{\partial Q}{\partial x} \cdot \frac{dx}{dt} + \frac{\partial Q}{\partial y} \cdot \frac{dy}{dt}$$

$$\frac{\partial Q}{\partial x} = -40x; \quad \frac{\partial Q}{\partial y} = 30; \quad \frac{dx}{dt} = 0,05; \quad \frac{dy}{dt} = \frac{0,05}{t^{1/2}}$$

Daí,

$$\frac{dQ}{dt} = -40x \cdot 0,05 + 30 \cdot \frac{0,05}{t^{1/2}} \qquad (I)$$

quando $t = 4$,
$x = 2 + 0,05 \cdot 4 = 2,2$

Substituindo em (I)

$$\frac{dQ}{dt} = -40 \cdot 2,2 \cdot 0,05 + 30 \cdot \frac{0,05}{4^{1/2}} \rightarrow \frac{dQ}{dt} = -3,65$$

Logo, daqui a 4 meses, a demanda do sabão tipo 1 decrescerá a uma taxa de 3,65 unidades por mês.

Se $y = f(x_1, x_2, ..., x_n)$ tem derivadas parciais contínuas $\dfrac{\partial y}{\partial x_1}, \dfrac{\partial y}{\partial x_2}, ..., \dfrac{\partial y}{\partial x_n}$ e se $x_1, x_2, ..., x_n$ são funções de duas variáveis r e s, então:

$$\frac{\partial y}{\partial r} = \frac{\partial y}{\partial x_1} \cdot \frac{\partial x_1}{\partial r} + \frac{\partial y}{\partial x_2} \cdot \frac{\partial x_2}{\partial r} + ... + \frac{\partial y}{\partial x_n} \cdot \frac{\partial x_n}{\partial r}$$

$$\frac{\partial y}{\partial s} = \frac{\partial y}{\partial x_1} \cdot \frac{\partial x_1}{\partial s} + \frac{\partial y}{\partial x_2} \cdot \frac{\partial x_2}{\partial s} + ... + \frac{\partial y}{\partial x_n} \cdot \frac{\partial x_n}{\partial s}$$

▶ **Exemplo 11.7**

Se $w = xy + yz^2$ onde $x = 3r + 5s$, $y = \log r + e^s$ e $z = e^{r+2s}$, determine $\dfrac{\partial w}{\partial r}$ e $\dfrac{\partial w}{\partial s}$.

$\dfrac{\partial w}{\partial x} = y; \quad \dfrac{\partial w}{\partial y} = x + z^2; \quad \dfrac{\partial w}{\partial z} = 2yz$

$\dfrac{\partial x}{\partial r} = 3; \quad \dfrac{\partial x}{\partial s} = 5$

$\dfrac{\partial y}{\partial r} = \dfrac{\log e}{r}; \quad \dfrac{\partial y}{\partial s} = e^s$

$\dfrac{\partial z}{\partial r} = e^{r+2s}; \quad \dfrac{\partial z}{\partial s} = 2e^{r+2s}$

Logo,

$\dfrac{\partial w}{\partial r} = 3y + (x + z^2) \cdot \dfrac{\log e}{r} + 2yz\, e^{r+2s}$

$\dfrac{\partial w}{\partial s} = 5y + (x + z^2) \cdot e^s + 4yz\, e^{r+2s}$

Substituindo x, y e z, tem-se:

$\dfrac{\partial w}{\partial r} = 3(\log r + e^s) + (3r + 5s + (e^{r+2s})^2) \cdot \dfrac{\log e}{r} + 2(\log r + e^s)e^{r+2s} \cdot e^{r+2s}$

$\dfrac{\partial w}{\partial r} = 3(\log r + e^s) + (3r + 5s + e^{2r+4s}) \cdot \dfrac{\log e}{r} + 2(\log r + e^s)e^{2r+4s}$

$\dfrac{\partial w}{\partial s} = 5(\log r + e^s) + (3r + 5s + (e^{r+2s})^2) \cdot e^s + 4(\log r + e^s)e^{r+2s} \cdot e^{r+2s}$

$\dfrac{\partial w}{\partial s} = 5(\log r + e^s) + (3r + 5s + e^{2r+4s}) \cdot e^s + 4(\log r + e^s)e^{2r+4s}$

Exercícios resolvidos

Encontre a derivada total da função w em relação às variáveis r e s:
▶ **Exercício 11.12**
$w = x^3 + xy^2 + \log 2z$, onde $x = 3r + 2s^2$, $y = e^{2r+5s}$ e $z = \ln(2r + 3s^3)$
Solução:
Para obter a derivada total da função w em relação à variável r:

$\dfrac{\partial w}{\partial x} = 3x^2 + y^2; \quad \dfrac{\partial w}{\partial y} = 2xy; \quad \dfrac{\partial w}{\partial z} = \dfrac{\log e}{z}$

$\dfrac{\partial x}{\partial r} = 3; \quad \dfrac{\partial y}{\partial r} = 2e^{2r+5s}; \quad \dfrac{\partial z}{\partial r} = \dfrac{2}{2r + 3s^3}$

Então a derivada da função w em relação à variável r é:

$$\frac{\partial w}{\partial r} = (3x^2 + y^2) \cdot 3 + 2xy \cdot 2e^{2r+5s} + \frac{\log e}{z} \cdot \frac{2}{2r + 3s^3}$$

Substituindo x, y e z, tem-se:

$$\frac{\partial w}{\partial r} = 9(3r + 2s^2)^2 + 3(e^{2r+5s})^2 + 4(3r + 2s^2) \cdot (e^{2r+5s})^2 + \frac{\log e}{\ln(2r + 3s^3)} \cdot \frac{2}{2r + 3s^3}$$

$$\frac{\partial w}{\partial r} = 9(3r + 2s^2)^2 + 3e^{4r+10s} + (12r + 8s^2)e^{4r+10s} + \frac{2 \log e}{(2r + 3s^3)\ln(2r + 3s^3)}$$

Para calcular a derivada da função w em relação à s, falta calcular:

$$\frac{\partial x}{\partial s} = 4s; \quad \frac{\partial y}{\partial s} = 5e^{2r+5s}; \quad \frac{\partial z}{\partial s} = \frac{9s^2}{2r + 3s^3}$$

Logo,

$$\frac{\partial w}{\partial s} = (3x^2 + y^2)4s + 2xy5e^{2r+5s} + \frac{\log e}{z} \cdot \frac{9s^2}{2r + 3s^3}$$

Substituindo x, y e z, tem-se:

$$\frac{\partial w}{\partial s} = (3(3r + 2s^2)^2 + (e^{2r+5s})^2) \cdot 4s + 10(3r + 2s^2) \cdot (e^{2r+5s}) \cdot (e^{2r+5s}) + \frac{\log e}{\ln(2r + 3s^3)} \cdot \frac{9s^2}{2r + 3s^3}$$

$$\frac{\partial w}{\partial s} = 12s(3r + 2s^2)^2 + 4s \, e^{4r+10s} + (30r + 20s^2) \cdot e^{4r+10s} + \frac{9s^2 \log e}{(2r + 3s^3)\ln(2r + 3s^3)}$$

▶ **Exercício 11.13**

$w = \log(3x - 4y - z)$, onde $x = r^2$, $y = s^2$ e $z = r^2 + s^2$

Solução:

$$\frac{\partial w}{\partial x} = \frac{3 \log e}{3x - 4y - z}; \quad \frac{\partial w}{\partial y} = \frac{-4 \log e}{3x - 4y - z}; \quad \frac{\partial w}{\partial z} = \frac{-\log e}{3x - 4y - z}$$

$$\frac{\partial x}{\partial r} = 2r; \quad \frac{\partial x}{\partial s} = 0$$

$$\frac{\partial y}{\partial r} = 0; \quad \frac{\partial y}{\partial s} = 2s$$

$$\frac{\partial z}{\partial r} = 2r; \quad \frac{\partial z}{\partial s} = 2s$$

Calculando a derivada da função w em relação à r, tem-se:

$$\frac{\partial w}{\partial r} = \frac{3 \log e}{3x - 4y - z} \cdot 2r - \frac{4 \log e}{3x - 4y - z} \cdot 0 - \frac{\log e}{3x - 4y - z} \cdot 2r = \frac{4r \log e}{3x - 4y - z}$$

Substituindo x, y e z, tem-se:

$$\frac{\partial w}{\partial r} = \frac{4r \log e}{3r^2 - 4s^2 - r^2 - s^2} = \frac{4r \log e}{2r^2 - 5s^2}$$

Calculando a derivada da função w em relação à s, tem-se:

$$\frac{\partial w}{\partial s} = \frac{3 \log e}{3x - 4y - z} \cdot 0 - \frac{4 \log e}{3x - 4y - z} \cdot 2s - \frac{\log e}{3x - 4y - z} \cdot 2s = -\frac{10s \log e}{3x - 4y - z}$$

Substituindo x, y e z, tem-se:

$$\frac{\partial w}{\partial s} = -\frac{10s \log e}{3r^2 - 4s^2 - r^2 - s^2} = -\frac{10s \log e}{2r^2 - 5s^2}.$$

Derivada de funções implícitas

Seja y definido como uma função implícita de x pela equação f(x, y) = 0 e z = f(x, y), então $\frac{\partial z}{\partial x} = \frac{\partial f}{\partial x} + \frac{\partial f}{\partial y} \cdot \frac{dy}{dx}$.

$\frac{\partial z}{\partial x} = 0$, pois z = 0, daí

$$\frac{\partial f}{\partial x} + \frac{\partial f}{\partial y} \cdot \frac{dy}{dx} = 0 \rightarrow \frac{dy}{dx} = -\frac{\partial f / \partial x}{\partial f / \partial y}, \text{ onde } \frac{\partial f}{\partial y} \neq 0$$

e $\frac{dx}{dy} = \frac{1}{dy/dx} = -\frac{\partial f / \partial y}{\partial f / \partial x}$, onde $\frac{\partial f}{\partial x} \neq 0$

Se z é definido como uma função implícita de x e y pela equação f(x, y, z) = 0, então

$$\frac{\partial z}{\partial x} = -\frac{\partial f / \partial x}{\partial f / \partial z} \text{ e } \frac{\partial z}{\partial y} = -\frac{\partial f / \partial y}{\partial f / \partial z}, \text{ onde } \frac{\partial f}{\partial z} \neq 0.$$

▶ **Exemplo 11.8**

Se $f(x, y) = x^4 + y^3 - 3xy = 0$, determine $\frac{dx}{dy}$ e $\frac{dy}{dx}$.

$\frac{\partial f}{\partial x} = 4x^3 - 3y$; $\frac{\partial f}{\partial y} = 3y^2 - 3x$

$\frac{dx}{dy} = -\frac{3y^2 - 3x}{4x^3 - 3y}$ e $\frac{dy}{dx} = -\frac{4x^3 - 3y}{3y^2 - 3x}$

Exercícios resolvidos

▶ **Exercício 11.14**

Se $xy + \ln(2x + 3y) + 5 = 0$, determine $\dfrac{dx}{dy}$ e $\dfrac{dy}{dx}$.

Solução:

Para calcular $\dfrac{dx}{dy}$, deriva-se a função $f(x, y) = xy + \ln(2x + 3y) + 5 = 0$ em relação à cada uma das variáveis, ou seja,

$$\frac{\partial f}{\partial x} = y + \frac{2}{2x + 3y}\ ;\ \frac{\partial f}{\partial y} = x + \frac{3}{2x + 3y}$$

$$\frac{dx}{dy} = -\frac{x + \dfrac{3}{2x + 3y}}{y + \dfrac{2}{2x + 3y}} = -\frac{2x^2 + 3xy + 3}{2xy + 3y^2 + 2}$$

$$\frac{dy}{dx} = -\frac{y + \dfrac{2}{2x + 3y}}{x + \dfrac{3}{2x + 3y}} = -\frac{2xy + 3y^2 + 2}{2x^2 + 3xy + 3}$$

▶ **Exercício 11.15**

Se $x = g(y, z)$ e $e^{x+4y-z} - e^{x^2} + 2e^y - 3e^{2z} - 4 = 0$, determine $\dfrac{\partial x}{\partial y}$ e $\dfrac{\partial x}{\partial z}$.

Solução:

$f(x, y, z) = e^{x+4y-z} - e^{x^2} + 2e^y - 3e^{2z} - 4 = 0$

$$\frac{\partial f}{\partial x} = e^{x+4y-z} - 2x\, e^{x^2};\ \frac{\partial f}{\partial y} = 4e^{x+4y-z} + 2e^y;\ \frac{\partial f}{\partial z} = -e^{x+4y-z} - 6e^{2z}$$

$$\frac{\partial x}{\partial y} = -\frac{4e^{x+4y-z} + 2e^y}{e^{x+4y-z} - 2xe^{x^2}}\ \text{e}\ \frac{\partial x}{\partial z} = -\frac{-e^{x+4y-z} - 6e^{2z}}{e^{x+4y-z} - 2xe^{x^2}}$$

▶ **Exercício 11.16**

Se $(1 + xy)^{1/2} - \ln(e^{xy} + e^{-xy}) + \operatorname{sen}^2(2xy) = 0$, determine $\dfrac{dx}{dy}$ e $\dfrac{dy}{dx}$.

Solução:
$f(x,y) = (1 + xy)^{1/2} - \ln(e^{xy} + e^{-xy}) + \text{sen}^2(2xy) = 0$

$\dfrac{\partial f}{\partial x} = \dfrac{1}{2}(1 + xy)^{-1/2}y - \dfrac{1}{e^{xy} + e^{-xy}}(e^{xy}y + e^{-xy}(-y)) + 2\,\text{sen}(2xy)\cos(2xy)2y$

$\dfrac{\partial f}{\partial y} = \dfrac{1}{2}(1 + xy)^{-1/2}x - \dfrac{1}{e^{xy} + e^{-xy}}(e^{xy}x + e^{-xy}(-x)) + 2\,\text{sen}(2xy)\cos(2xy)2x$

$\dfrac{dx}{dy} = -\dfrac{\dfrac{x}{2}(1 + xy)^{-1/2} - x\dfrac{(e^{xy} - e^{-xy})}{e^{xy} + e^{-xy}} + 4x\,\text{sen}(2xy)\cos(2xy)}{\dfrac{y}{2}(1 + xy)^{-1/2} - y\dfrac{(e^{xy} - e^{-xy})}{e^{xy} + e^{-xy}} + 4y\,\text{sen}(2xy)\cos(2xy)}$

$\dfrac{dy}{dx} = -\dfrac{\dfrac{y}{2}(1 + xy)^{-1/2} - y\dfrac{(e^{xy} - e^{-xy})}{e^{xy} + e^{-xy}} + 4y\,\text{sen}(2xy)\cos(2xy)}{\dfrac{x}{2}(1 + xy)^{-1/2} - x\dfrac{(e^{xy} - e^{-xy})}{e^{xy} + e^{-xy}} + 4x\,\text{sen}(2xy)\cos(2xy)}$

Aplicações

Custo marginal

Seja $C_t(x_1, x_2, ..., x_n)$ a função custo total para produzir as quantidades x_1, x_2, ..., x_n dos produtos 1, 2, ..., n, respectivamente. As derivadas parciais dessa função corresponderão às funções de custo marginal em relação a cada um dos produtos. O custo marginal representa a variação do custo total de produção em função da variação de uma unidade na quantidade produzida de um produto, mantendo as quantidades dos demais produtos constantes.

$\dfrac{\partial C_t}{\partial x_1}$ é o custo marginal em relação ao produto 1;

$\dfrac{\partial C_t}{\partial x_2}$ é o custo marginal em relação ao produto 2;

$\vdots$

$\dfrac{\partial C_t}{\partial x_n}$ é o custo marginal em relação ao produto n.

Demanda marginal

Sejam as funções de demanda de dois bens relacionados, y_1 e y_2, cujos preços são r e s, respectivamente, dadas por:

$y_1 = f(r, s)$ e $y_2 = g(r, s)$, onde $r > 0$ e $s > 0$.

As derivadas parciais de y_1 e y_2 são as funções de demanda marginal de cada bem em relação a cada um dos preços r e s:

$\dfrac{\partial y_1}{\partial r}$ é a demanda marginal de y_1 em relação à r;

$\dfrac{\partial y_1}{\partial s}$ é a demanda marginal de y_1 em relação à s;

$\dfrac{\partial y_2}{\partial r}$ é a demanda marginal de y_2 em relação à r; e

$\dfrac{\partial y_2}{\partial s}$ é a demanda marginal de y_2 em relação à s.

Como y_1 e y_2 são equações de demanda, então $\dfrac{\partial y_1}{\partial r} < 0$ e $\dfrac{\partial y_2}{\partial s} < 0$, isto é, quando se aumenta o preço do bem, sua demanda cairá.

Se $\dfrac{\partial y_1}{\partial s} < 0$ e $\dfrac{\partial y_2}{\partial r} < 0,$ os bens são complementares, isto é, um decréscimo na demanda do bem y_1 resulta em um decréscimo na demanda do bem y_2 ou vice-versa.

Se $\dfrac{\partial y_1}{\partial s} > 0$ e $\dfrac{\partial y_2}{\partial r} > 0$, os bens são concorrentes, isto é, um decréscimo na demanda do bem y_1 resulta em um acréscimo na demanda do bem y_2 ou vice-versa.

Se $\dfrac{\partial y_1}{\partial s}$ e $\dfrac{\partial y_2}{\partial r}$ têm sinais opostos, os bens não são concorrentes nem complementares.

▶ **Exemplo 11.9**

Sejam as funções de demanda de dois bens relacionados, y_1 e y_2, com preços r e s, respectivamente, dadas por $y_1 = -3rs$ e $y_2 = -r^2 s$.

As funções de demanda marginal são:

$\dfrac{\partial y_1}{\partial r} = -3s; \quad \dfrac{\partial y_2}{\partial r} = -2rs; \quad \dfrac{\partial y_1}{\partial s} = -3r; \quad \dfrac{\partial y_2}{\partial s} = -r^2$

Como $\dfrac{\partial y_1}{\partial s} < 0$ e $\dfrac{\partial y_2}{\partial r} < 0$, os bens são complementares.

Elasticidades parciais de demanda

Sejam as funções de demanda de dois bens relacionados, y_1 e y_2, com preços r e s, respectivamente, dadas por $y_1 = f(r, s)$ e $y_2 = g(r, s)$.

A elasticidade parcial de demanda y_1 em relação ao preço r para um preço constante $s = k_2$ é dada por:

$$\left[\frac{Ey_1}{Er}\right]_{s=k_2} = \frac{r}{y_1} \cdot \frac{\partial y_1}{\partial r}$$

A elasticidade parcial $\frac{Ey_1}{Er}$ é aproximadamente igual à variação percentual de y_1 devido ao aumento de 1% na variável r a partir do ponto (k_1, k_2), mantendo a variável s constante.

A elasticidade parcial de demanda y_1 em relação ao preço s para um preço constante $r = k_1$ é dada por:

$$\left[\frac{Ey_1}{Es}\right]_{r=k_1} = \frac{s}{y_1} \cdot \frac{\partial y_1}{\partial s}$$

A elasticidade parcial $\frac{Ey_1}{Es}$ é aproximadamente igual à variação percentual de y_1 devido ao aumento de 1% na variável s a partir do ponto (k_1, k_2), mantendo a variável r constante.

A elasticidade parcial de demanda y_2 em relação ao preço r para um preço constante $s = k_2$ é dada por:

$$\left[\frac{Ey_2}{Er}\right]_{s=k_2} = \frac{r}{y_2} \cdot \frac{\partial y_2}{\partial r}$$

A elasticidade parcial $\frac{Ey_2}{Er}$ é aproximadamente igual à variação percentual de y_2 devido ao aumento de 1% na variável s a partir do ponto (k_1, k_2), mantendo a variável s constante.

A elasticidade parcial de demanda y_2 em relação ao preço s para um preço constante $r = k_1$ é dada por:

$$\left[\frac{Ey_2}{Es}\right]_{r=k_1} = \frac{s}{y_2} \cdot \frac{\partial y_2}{\partial s}$$

A elasticidade parcial $\frac{Ey_2}{Es}$ é aproximadamente igual à variação percentual de y_2 devido ao aumento de 1% na variável s a partir do ponto (k_1, k_2), mantendo a variável r constante.

Como $\dfrac{Ey_1}{Es}$ e $\dfrac{Ey_2}{Er}$ são elasticidades parciais cruzadas de demanda, seus sinais podem ser usados para determinar se os bens são concorrentes ou complementares, pois trata-se dos mesmos sinais das demandas marginais correspondentes. Se os sinais forem positivos, os bens são concorrentes, se forem negativos, os bens são complementares, e se forem diferentes, os bens não serão concorrentes nem complementares.

▶ Exemplo 11.10

Sejam as funções de demanda para dois bens relacionados, y_1 e y_2, com preços r e s, respectivamente, dadas por $y_1 = 3e^{-r+s}$ e $y_2 = e^{r-s}$.

Determine as quatro elasticidades parciais de demanda:

• Elasticidade parcial de demanda y_1 em relação ao preço r para um preço s constante:

$$\dfrac{\partial y_1}{\partial r} = -3e^{-r+s} \qquad \dfrac{Ey_1}{Er} = \dfrac{r}{3e^{-r+s}} \cdot -3e^{-r+s} = -r$$

• Elasticidade parcial de demanda y_1 em relação ao preço s para um preço r constante:

$$\dfrac{\partial y_1}{\partial s} = 3e^{-r+s} \qquad \dfrac{Ey_1}{Es} = \dfrac{s}{3e^{-r+s}} \cdot 3e^{-r+s} = s$$

• Elasticidade parcial de demanda y_2 em relação ao preço r para um preço s constante:

$$\dfrac{\partial y_2}{\partial r} = e^{r-s} \qquad \dfrac{Ey_2}{Er} = \dfrac{r}{e^{r-s}} \cdot e^{r-s} = r$$

• Elasticidade parcial de demanda y_2 em relação ao preço s para um preço r constante:

$$\dfrac{\partial y_2}{\partial s} = -e^{r-s} \qquad \dfrac{Ey_2}{Es} = \dfrac{s}{e^{r-s}} \cdot (-e^{r-s}) = -s$$

Como $\dfrac{Ey_1}{Es} > 0$ e $\dfrac{Ey_2}{Er} > 0$, os bens são concorrentes.

Produtividade marginal

Seja a função de produção $y = f(x_1, x_2, ..., x_k, ..., x_n)$. A derivada parcial de y em relação a x_k, com $x_1, x_2, ..., x_{k-1}, x_{k+1}, ..., x_n$, mantidas constantes, é chamada produtividade marginal de x_k e representa a taxa de aumento do produto total quando o insumo x_k aumenta de x_k para x_{k+1}, e a quantidade dos outros insumos, $x_1, x_2, ..., x_{k-1}, x_{k+1}, ..., x_n$ permanece constante.

▶ **Exemplo 11.11**

Seja a função de produção dada por $y = x_1^2 + x_2^3 + x_3^4$. Determine a produção marginal de x_1, x_2 e x_3.

$\dfrac{\partial y}{\partial x_1} = 2x_1$ é a produtividade marginal de x_1.

$\dfrac{\partial y}{\partial x_2} = 3x_2^2$ é a produtividade marginal de x_2.

$\dfrac{\partial y}{\partial x_3} = 4x_3^3$ é a produtividade marginal de x_3.

▶ **Exemplo 11.12**

Estima-se que a produção mensal de uma indústria seja dada por $P(x, y) = 1200x + 500y + x^2y - x^3 - y^3$ unidades, onde x é o número de operários qualificados e y, o número de operários não qualificados. Atualmente, há 40 operários qualificados e 20 não qualificados. Use a análise marginal para estimar a variação resultante no acréscimo de um operário não qualificado, sendo mantido o número de operários qualificados.

Solução:

A derivada parcial $\dfrac{\partial P}{\partial y} = 500 + x^2 - 3y^2$ é a taxa de variação da produção em relação ao número de operários não qualificados. Se o número de operários aumentar de 40 qualificados e 20 não qualificados para 40 qualificados e 21 não qualificados, a variação resultante na produção será de

$\dfrac{\partial P}{\partial y}(40, 20) = 500 + 40^2 - 3 \cdot 20^2 = 900$ unidades.

Exercícios resolvidos

▶ **Exercício 11.17**

Suponha que a demanda diária de um refrigerante tipo A é dada por $y_1 = -3r + 5s^2$ e a demanda diária de um refrigerante tipo B é dada por $y_2 = 5r - 8s$, onde r e s representam os preços unitários em unidades monetárias dos refrigerantes A e B, respectivamente, e y_1 e y_2 representam unidades monetárias em milhares. Determine se os bens são complementares, concorrentes ou nem complementares nem concorrentes.

Solução:

Para determinar se os refrigerantes A e B são complementares (se a diminuição da demanda de um dos refrigerantes resulta também em uma diminuição da demanda do outro) ou concorrentes (se a diminuição da demanda de um dos refrigerantes resulta em um aumento na demanda do outro), calcula-se:

$$\frac{\partial y_1}{\partial s} = 10s > 0 \qquad \frac{\partial y_2}{\partial r} = 5 > 0$$

Como $\frac{\partial y_1}{\partial s} > 0$ e $\frac{\partial y_2}{\partial r} > 0$, os refrigerantes A e B são bens concorrentes, ou seja, a diminuição de demanda do refrigerante A resulta em um aumento na demanda do refrigerante B (ou vice-versa).

▶ **Exercício 11.18**

A função custo total para construir apartamentos dos tipos x_1 e x_2 é dada por $C_t = 15 + 2x_1^2 + x_1 x_2 + 5x_2^2$, onde C_t representa unidades monetárias em milhares. Determine o custo marginal em relação à x_1 e x_2. Interprete o resultado para a construção de 20 unidades de x_1 e 30 unidades de x_2.

Solução:

$\frac{\partial C_t}{\partial x_1} = 4x_1 + x_2$ é o custo marginal em relação à x_1.

$\frac{\partial C_t}{\partial x_2} = x_1 + 10x_2$ é o custo marginal em relação à x_2.

Supondo que são construídas 20 unidades de x_1 e 30 unidades de x_2:

$\frac{\partial C_t}{\partial x_1}(20, 30) = 4 \cdot 20 + 30 = 110$

$\frac{\partial C_t}{\partial x_2}(20, 30) = 20 + 10 \cdot 30 = 320$

Portanto, se x_2 é mantido constante em 30 unidades, a construção de 1 unidade adicional de apartamento do tipo x_1 acrescenta 110 unidades monetárias em milhares no custo total. Se x_1 é mantido constante em 20 unidades, a construção de 1 unidade adicional de apartamento do tipo x_2 acrescenta 320 unidades monetárias em milhares no custo total.

▶ **Exercício 11.19**

As funções de demanda de arroz e feijão são dadas por $y_1 = 3s^2 - 2rs$ e $y_2 = 2r^2 - 5rs$, respectivamente, onde r é o preço do arroz e s, o preço do feijão. Determine as quatro elasticidades parciais da demanda.

Solução:

$$\frac{\partial y_1}{\partial r} = -2s$$

$\frac{Ey_1}{Er} = \frac{r}{y_1} \cdot \frac{\partial y_1}{\partial r} = \frac{r}{3s^2 - 2rs}(-2s) = -\frac{2rs}{3s^2 - 2rs}$ é a elasticidade parcial da demanda y_1 em relação ao preço r para um preço s constante.

$$\frac{\partial y_1}{\partial s} = 6s - 2r$$

$\frac{Ey_1}{Es} = \frac{s}{y_1} \cdot \frac{\partial y_1}{\partial s} = \frac{s}{3s^2 - 2rs}(6s - 2r) = \frac{6s^2 - 2rs}{3s^2 - 2rs}$ é a elasticidade parcial da demanda y_1 em relação ao preço s para um preço r constante.

$$\frac{\partial y_2}{\partial r} = 4r - 5s$$

$\frac{Ey_2}{Er} = \frac{r}{y_2} \cdot \frac{\partial y_2}{\partial r} = \frac{r}{2r^2 - 5rs}(4r - 5s) = \frac{4r^2 - 5rs}{2r^2 - 5rs}$ é a elasticidade parcial da demanda y_2 em relação ao preço r para um preço s constante.

$$\frac{\partial y_2}{\partial s} = -5s$$

$\frac{Ey_2}{Es} = \frac{s}{y_2} \cdot \frac{\partial y_2}{\partial s} = \frac{s}{2r^2 - 5rs}(-5r) = \frac{-5rs}{2r^2 - 5rs}$ é a elasticidade parcial da demanda y_2 em relação ao preço s para um preço r constante.

Como $\frac{Ey_1}{Es} > 0$ e $\frac{Ey_2}{Er} > 0$, os bens são concorrentes.

Exercícios propostos

Encontre as derivadas parciais das funções:

▶ **11.1:** $w = \cos(x + 3y^2 + 5z^3)$

▶ **11.2:** $w = x^3 + xy^2 2^{5y-z}$

▶ 11.3: $w = \dfrac{e^{5x^2+6y^3-7z^2}}{4}$

▶ 11.4: $w = \ln\left(\dfrac{xy}{5}\right) + 7z^4$

▶ 11.5: $w = \ln\left(\dfrac{x^2}{2} + \dfrac{y^3}{3} + \dfrac{z^4}{4}\right) + 5x + 7y + z + 10$

▶ 11.6: $w = xe^{x+2y+z} + 3y^{1/2} + 4z^{3/2}$

▶ 11.7: $w = \log_5\left(3x^2 - 5y^2 + \dfrac{7}{2}z^2\right) + 7x^3 + 5y^4 + z$

▶ 11.8: $w = \operatorname{tg}\left(\dfrac{x^2}{3} + \dfrac{y^2}{5} + z^{7/2}\right) + \dfrac{7x}{2} + 3y^{1/2} - \dfrac{5z}{4}$

▶ 11.9: $w = xy^2 + yz^3 - \log^3\left(\dfrac{xy}{z}\right)$

▶ 11.10: $w = \dfrac{e^{x+2y+3z}}{\operatorname{sen}(2x + 4z^3)}$

▶ 11.11: $w = \operatorname{cotg}\left(\dfrac{x}{y} + \dfrac{y}{z}\right) + xe^{x+y}$

▶ 11.12: $w = \operatorname{sen}^4\left(\dfrac{2x^3}{3} - \dfrac{3y^4}{5}\right) + x^2z^4 + 5y$

▶ 11.13: $w = \log(x^{1/2} + y^{1/4} + z^{1/5}) + e^{x^3+2y^4+3z} + 5x + 6y - 3z$

▶ 11.14: $w = \cos^3(3xy^4) + 7^{x+y+z} + 5xz + 3yz - 7xy$

▶ 11.15: $w = y^3 \operatorname{tg}(xz) + \dfrac{x - 2z}{4y + z^2}$

Encontre as derivadas de segunda ordem em relação a cada uma das variáveis:

▶ 11.16: $z = ax^4 + bx^3y + cx^2y^2 + dxy^3 + ey^4$, a, b, c, d e e são constantes

▶ 11.17: $z = x^2 + 3xy + y^2$

▶ 11.18: $w = \cos(3x^2) + \operatorname{sen}(3y^3) + \operatorname{tg}(5z^4)$

Encontre as derivadas $\dfrac{\partial^3 w}{\partial x^3}, \dfrac{\partial^3 w}{\partial y^3}, \dfrac{\partial^3 w}{\partial z^3}, \dfrac{\partial^3 w}{\partial x^2 \partial y}, \dfrac{\partial^3 w}{\partial x^2 \partial z}, \dfrac{\partial^3 w}{\partial y^2 \partial x}, \dfrac{\partial^3 w}{\partial z^2 \partial x}$ e $\dfrac{\partial^3 w}{\partial z \partial y \partial x}$

▶ 11.19: $w = e^{-3x+4y-5z} + \operatorname{sen}\left(\dfrac{x}{2} + y - z\right)$

▶ 11.20: $w = \operatorname{sen}(4x + 5y - 2z) + 7^{-x+y-2z}$

Calcule a diferencial total, dw, das funções:

- 11.21: $w = x^3 + 3y^2 - 6z^4$
- 11.22: $w = \text{sen}^4(2x) + \cos(5y) + \text{tg}^2(4z)$
- 11.23: $w = e^{ax+by+cz}$, a, b e c são constantes
- 11.24: $w = 5 \log 3x + 7 \log 7y - 3 \ln 5z$
- 11.25: $w = 7^{x^2} + 8^{2y^3} + 2^{-3z^3}$
- 11.26: $w = x^3 + x^2y - z^3$
- 11.27: $w = e^{xyz}$
- 11.28: $w = \sqrt[3]{\ln(x^2 + y^2 + 2z)}$
- 11.29: $w = \ln(x^2 + y^2) + \sqrt{x^2 + y^2}$

Encontre a derivada $\dfrac{\partial w}{\partial r}$ e $\dfrac{\partial w}{\partial s}$ das funções:

- 11.30: $w = \text{sen}(3x - 4y - 5z)$, onde $x = 3r^2 + 2s$, $y = -4r + 5s^2$ e $z = 2r - s$
- 11.31: $w = 3xy + z^3$, onde $x = e^{3r} + s$, $y = \dfrac{1}{r} - s$ e $z = r^3 + 2s$
- 11.32: $w = e^{x+3y-z}$, onde $x = \cos r + \text{sen } 2s$, $y = -\cos r - \text{sen } 2s$ e $z = r + s$
- 11.33: $w = \text{tg}(-x + 4y - 3z)$, onde $x = 5r - 3s$, $y = 4r - 5s^2$ e $z = r^2 - 3s^3$
- 11.34: $w = 3x^2z + 5xy - z^3$, onde $x = rs$, $y = r + 2s$ e $z = -3r^2$

Se $z = g(x, y)$, determine $\dfrac{\partial z}{\partial x}$ e $\dfrac{\partial z}{\partial y}$.

- 11.35: $x^3 + y^{7/2} - z^{1/2} + 5 = 0$
- 11.36: $\text{sen}(x - 3y) + e^{x+y^2} - x^2 + z^3 = 0$
- 11.37: $7^{x+y^2-z^3} + \ln(-x - 2y + z) + 4 = 0$
- 11.38: $\text{tg}(2x - 3y + 4z) + \log^3_{1/4}(4x - y + 2z) = 0$

Se $y = g(x, z)$, determine $\dfrac{\partial y}{\partial x}$ e $\dfrac{\partial y}{\partial z}$.

- 11.39: $3x^2 - 4y^3 + \ln\left(\dfrac{yz}{x}\right) + e^{x+2y+z} = 0$
- 11.40: $x^2z^{3/2} - \ln(\cos(2x - 3y))z - e^{xyz} = 0$

- 11.41: A produção diária de uma indústria é dada por $P(k,L) = 50k^{1/2}L^{1/3}$ unidades, onde k representa o capital investido, em mil, e L é o número de operários. Atualmente, o capital investido é de R$ 400.000,00 e empregam-se 1.000 operários.

Utilize a análise marginal para avaliar a variação na produção diária se houver um acréscimo de R$ 1.000,00 no capital e mantiver constante o número de operários.

▶ **11.42:** Suponha que a demanda diária de dois sorvetes, tipos A e B, é dada por $y_1 = -2r + 5s$ e $y_2 = r^2 - 3s$, respectivamente, onde r e s representam os preços unitários em unidades monetárias dos sorvetes A e B, respectivamente, e y_1 e y_2 representam unidades monetárias em milhares. Determine se os bens são complementares, concorrentes ou nem complementares nem concorrentes.

▶ **11.43:** A função de demanda de alface é dada por $y_1 = -r^2 - 3s^3$ e a função de demanda de chicória é dada por $y_2 = r^3 - 5s^2$, onde r e s representam os preços unitários em unidades monetárias dos produtos, respectivamente, e y_1 e y_2 representam unidades monetárias em milhares. Determine se os bens são complementares, concorrentes ou nem complementares nem concorrentes.

▶ **11.44:** As funções de demanda de pneus e borracha são dadas por $y_1 = \dfrac{s^2}{r}$ e $y_2 = 2r - 3s$, respectivamente, onde r e s representam os preços unitários em unidades monetárias do pneu e da borracha, respectivamente, e y_1, y_2 representam unidades monetárias em milhares. Determine se os bens são concorrentes, complementares ou nem complementares nem concorrentes.

▶ **11.45:** As funções de demanda de papel e celulose são dadas por $y_1 = 500 - r - e^s$ e $y_2 = 60 - 40s - r$, onde r e s representam os preços unitários em unidades monetárias, respectivamente, e y_1 e y_2 representam unidades monetárias em milhares. Determine se os bens são complementares, concorrentes ou nem complementares nem concorrentes.

▶ **11.46:** A função custo total para produzir ventiladores dos tipos x e y em toneladas é dada por $C_t(x, y) = 3 + 5x + 2xy + 3y^2$, onde C_t representa unidades monetárias em milhares. Determine o custo marginal em relação a x e y. Interprete o resultado para a produção de 1 tonelada de x e 2 toneladas de y.

▶ **11.47:** A função custo total para produzir laranjas (x) e tangerinas (y) em toneladas é dada por $C_t(x, y) = 3 + 5x^2 + x^2y + 6y$, onde C_t representa unidades monetárias em milhares. Determine o custo marginal em relação a x e y. Interprete o resultado para a produção de 3 toneladas de laranjas e 4 toneladas de tangerinas.

▶ **11.48:** A função produção de dois tipos de ração, x_1 e x_2, em toneladas é dada por $y = e^{x_1 + x_2^2}$. Determine a produtividade marginal das rações dos tipos x_1 e x_2, e faça um comentário.

▶ **11.49:** A função de produção de milho (x_1) e cevada (x_2) em toneladas é dada por $y = 5x_1^{1/2} x_2^{3/2}$. Determine a produtividade marginal de milho e cevada, e faça um comentário.

▶ **11.50:** A função de produção de sabão em pó e sabão em pedra é dada por $y = x_1^3 x_2^2$. Determine a produtividade marginal de sabão em pó e sabão em pedra, e faça um comentário.

▶ **11.51:** A função custo total para produzir sapatos (x) e cintos (y) em mil unidades é dada por $C_t(x, y) = 30 + 2x + x^2y + y$, onde C_t representa unidades monetárias em milhares. Determine o custo marginal em relação a x e y. Interprete o resultado para a produção de 2.000 unidades de x e 3.000 unidades de y.

▶ **11.52:** Um fabricante calcula que, gastando x mil reais em produção e y mil reais em promoção, vender-se-ão, aproximadamente, $Q(x, y) = 20x^{3/2}y$ unidades de um novo tipo de xampu. Atualmente, gastam-se R$ 36.000 em produção e R$ 25.000 em promoção. Determine a variação nas vendas, resultante do acréscimo de R$ 500 ao gasto em produção e do decréscimo de R$ 500 em promoção.

▶ **11.53:** Se um fabricante cobrar x reais pela unidade de certo produto e se o custo de transporte de cada unidade for de y reais, vender-se-ão, aproximadamente, $Q(x, y) = 300 - 24\sqrt{x} + 4(0,1y + 5)^{3/2}$ unidades por mês. Avalia-se que, daqui a t meses, a unidade do produto será vendida por \$$x = 129 + 5t$ e que o preço do transporte por unidade será de \$$y = 80 + 10\sqrt{3t}$. Qual será a taxa de variação mensal da demanda do produto daqui a 3 meses?

▶ **11.54:** A demanda de suco de laranja é dada por $Q(x, y) = 400 - 10x^2 + 20xy$ litros/mês, onde x representa o preço do suco local e y, o preço do concorrente. Avalia-se que, daqui a t meses, o preço do litro do suco local será \$$x = 1 + 0,5t$ e do concorrente será \$$y = 1,2 + 0,2t^2$. Qual será a taxa de variação mensal da demanda do suco daqui a 4 meses?

▶ **11.55:** A produção diária de certa indústria é dada por
$P(x, y) = 0,1x^2 + 0,12xy + 0,5y^2$ unidades, onde x é o número de horas utilizadas por operários qualificados e y, o número de horas utilizadas por operários não qualificados. Atualmente, a cada dia, utilizam-se 70 horas por operários qualificados e 150 horas por operários não qualificados. Determine a variação na produção, resultante do decréscimo de meia hora de trabalho qualificado e do acréscimo de 3 horas de trabalho não qualificado.

12
Máximos e mínimos de funções de duas variáveis

Após o estudo deste capítulo, você estará apto a conceituar o método de otimização de funções, condicionadas ou não, com duas variáveis.

Definição

Assim como a primeira e a segunda derivadas de uma função de uma variável são usadas para a determinação de seus máximos e mínimos, as derivadas parciais de primeira e de segunda ordens de uma função de várias variáveis são usadas para a determinação dos máximos e mínimos da função.

Máximos e mínimos de funções de duas variáveis

Diz-se que a função $z = f(x,y)$, onde x e y são variáveis independentes e z é a variável dependente, tem um valor máximo (ou mínimo) local no ponto (a, b) se $f(a, b)$ é maior (ou menor) que $f(x, y)$ para todos os valores de x, e y na vizinhança de $x = a$ e $y = b$. A função $f(x, b)$ tem um máximo (ou mínimo) em $x = a$ e a função $f(a, y)$, um máximo (ou mínimo) em $y = b$.

Portanto, para que a função $f(x, y)$ tenha um máximo (ou mínimo) em (a, b) é necessário que:

$$\frac{\partial f(x, y)}{\partial x} = 0 \text{ para } x = a \text{ e } y = b \text{ e } \frac{\partial f(x, y)}{\partial y} = 0 \text{ para } x = a \text{ e } y = b$$

Essas duas condições são usadas para determinar o ponto crítico. Para determinar se esse ponto é máximo ou mínimo local, calcula-se

$$\Delta = \frac{\partial^2 f(x,y)}{\partial x^2} \cdot \frac{\partial^2 f(x,y)}{\partial y^2} - \left(\frac{\partial^2 f(x,y)}{\partial x\, \partial y}\right)^2 \text{ no ponto } (a, b)$$

Se $\Delta > 0$, $\dfrac{\partial^2 f(x,y)}{\partial x^2} < 0$ e $\dfrac{\partial^2 f(x,y)}{\partial y^2} < 0$, a função tem máximo em (a, b).

Se $\Delta > 0$, $\dfrac{\partial^2 f(x,y)}{\partial x^2} > 0$ e $\dfrac{\partial^2 f(x,y)}{\partial y^2} > 0$, a função tem mínimo em (a, b).

Se $\Delta < 0$, não há máximo nem mínimo em (a, b), mas existe um ponto de sela em (a, b).

Se $\Delta = 0$, a função deve ser estudada nas vizinhanças do ponto crítico.

Exemplos:

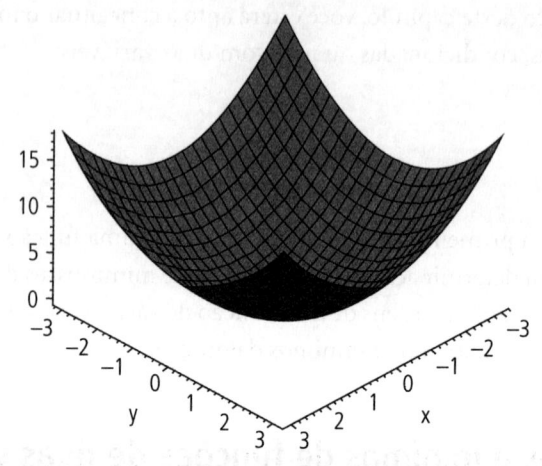

$f(x, y) = x^2 + y^2$ possui um ponto de mínimo em $(0, 0, 0)$.

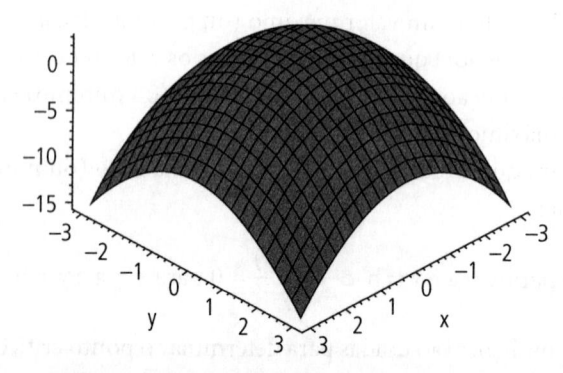

$f(x, y) = -x^2 - y^2$ possui um ponto de máximo em $(0, 0, 0)$.

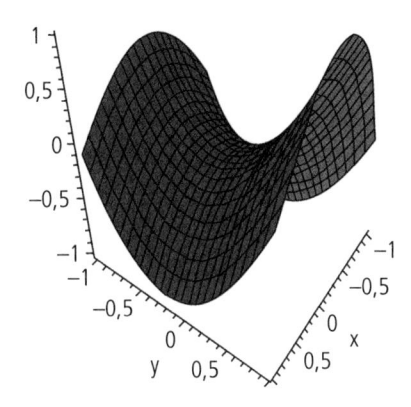

$f(x, y) = y^2 - x^2$ possui um ponto de sela em $(0, 0, 0)$.

▶ **Exemplo 12.1**

(A) $f(x, y) = 2x^2 - 2xy + y^2 + 5x - 3y$

Para determinar o ponto crítico, calcula-se:

$\dfrac{\partial f}{\partial x} = 4x - 2y + 5 = 0 \rightarrow x = \dfrac{-5 + 2y}{4}$

$\dfrac{\partial f}{\partial y} = -2x + 2y - 3 = 0 \rightarrow x = \dfrac{-3 + 2y}{2}$

Logo,

$\dfrac{-5 + 2y}{4} = \dfrac{-3 + 2y}{2} \rightarrow -5 + 2y = -6 + 4y \rightarrow -2y = -1 \rightarrow y = \dfrac{1}{2}$

Se $y = \dfrac{1}{2}$, então $x = -1$

Logo $\left(-1, \dfrac{1}{2}\right)$ é o ponto crítico.

Calcula-se então Δ:

$\dfrac{\partial^2 f}{\partial x^2} = 4; \qquad \dfrac{\partial^2 f}{\partial y^2} = 2; \qquad \dfrac{\partial^2 f}{\partial x \, \partial y} = -2$

$\Delta = 4 \cdot 2 - (-2)^2 = 8 - 4 = 4 > 0$

Como $\Delta > 0$ e $\dfrac{\partial^2 f}{\partial x^2} > 0$ e $\dfrac{\partial^2 f}{\partial y^2} > 0$, a função tem mínimo local em $\left(-1, \dfrac{1}{2}\right)$.

O valor da função no ponto mínimo local é $f\left(-1, \dfrac{1}{2}\right) = -\dfrac{13}{4}$.

(B) $f(x, y) = xy + x - y$

$\dfrac{\partial f}{\partial x} = y + 1 = 0 \rightarrow y = -1$

$\dfrac{\partial f}{\partial y} = x - 1 = 0 \rightarrow x = 1$

Então $(1, -1)$ é o ponto crítico.
Calcula-se Δ :

$\dfrac{\partial^2 f}{\partial x^2} = 0;$ $\qquad\qquad \dfrac{\partial^2 f}{\partial y^2} = 0;$ $\qquad\qquad \dfrac{\partial^2 f}{\partial x\, \partial y} = 1$

$\Delta = 0 \cdot 0 - 1^2 = -1 < 0$

Como $\Delta < 0$, a função não tem máximo nem mínimo local, o ponto $(1, -1)$ é um ponto de sela.
O valor da função no ponto de sela é $f(1, -1) = 1$.

Exercícios resolvidos

Determine os pontos de máximo local, mínimo local ou sela (se existirem).
▶ **Exercício 12.1:**

$f(x, y) = x^3 + y^2 - 6x^2 + y - 1$

Solução:
Para determinar o ponto crítico, calcula-se:

$\dfrac{\partial f}{\partial x} = 3x^2 - 12x = 0 \rightarrow 3x(x - 4) = 0 \rightarrow x = 0 \text{ e } x = 4$

$\dfrac{\partial f}{\partial y} = 2y + 1 = 0 \rightarrow y = -\dfrac{1}{2}$

Os pontos $\left(0, -\dfrac{1}{2}\right)$ e $\left(4, -\dfrac{1}{2}\right)$ são pontos críticos.

Calcula-se $\Delta = \dfrac{\partial^2 f}{\partial x^2} \cdot \dfrac{\partial^2 f}{\partial y^2} - \left(\dfrac{\partial^2 f}{\partial x\, \partial y}\right)^2$ no ponto crítico.

$\dfrac{\partial^2 f}{\partial x^2} = 6x - 12$

no ponto x = 0, $\frac{\partial^2 f}{\partial x^2} = -12$;

no ponto x = 4, $\frac{\partial^2 f}{\partial x^2} = 12$;

$\frac{\partial^2 f}{\partial y^2} = 2$; $\frac{\partial^2 f}{\partial x\, \partial y} = 0$

Para $\left(0, -\frac{1}{2}\right)$:

$\Delta = -12 \cdot 2 - 0^2 = -24$

Como $\Delta < 0$, o ponto $\left(0, -\frac{1}{2}\right)$ é o ponto de sela da função.

O valor da função no ponto mínimo é $f\left(0, -\frac{1}{2}\right) = -\frac{5}{4}$.

Para $\left(4, -\frac{1}{2}\right)$:

$\Delta = 12 \cdot 2 - 0^2 = 24 > 0$.

Como $\Delta > 0$, $\frac{\partial^2 f}{\partial x^2} > 0$ e $\frac{\partial^2 f}{\partial y^2} > 0$, o ponto $\left(4, -\frac{1}{2}\right)$ é um ponto de mínimo local da função.

O valor da função no ponto mínimo é $f\left(4, -\frac{1}{2}\right) = -\frac{129}{4}$.

▶ **Exercício 12.2:**

$f(x, y) = x^2 - 4xy + y^3$

Solução:

$\frac{\partial f}{\partial x} = 2x - 4y = 0 \rightarrow x = 2y$

$\frac{\partial f}{\partial y} = -4x + 3y^2 = 0$

Substituindo x, tem-se:

$-4(2y) + 3y^2 = 0 \rightarrow 3y^2 - 8y = 0 \rightarrow y(3y - 8) = 0$

$y = 0$ e $y = \frac{8}{3}$

Substituindo na equação de x, tem-se:

$y = 0 \to x = 0$ e $y = \dfrac{8}{3} \to x = \dfrac{16}{3}$

Os pontos críticos são $(0, 0)$ e $\left(\dfrac{16}{3}, \dfrac{8}{3}\right)$.

Cálculo de Δ:

$\dfrac{\partial^2 f}{\partial x^2} = 2$; $\dfrac{\partial^2 f}{\partial y^2} = 6y$; $\dfrac{\partial^2 f}{\partial x \, \partial y} = -4$

Para $(0, 0)$:

$\dfrac{\partial^2 f}{\partial y^2} = 6 \cdot 0 = 0$

$\Delta = 2 \cdot 0 - (-4)^2 = -16 < 0$.

Como $\Delta < 0$, o ponto $(0,0)$ é ponto de sela da função.

O valor da função no ponto de sela é $f(0, 0) = 0$.

Para $\left(\dfrac{16}{3}, \dfrac{8}{3}\right)$:

$\dfrac{\partial^2 f}{\partial y^2} = 16$

$\Delta = 2 \cdot 16 - (-4)^2 = 16 > 0$

Como $\Delta > 0$, $\dfrac{\partial^2 f}{\partial x^2} > 0$ e $\dfrac{\partial^2 f}{\partial y^2} > 0$, o ponto $\left(\dfrac{16}{3}, \dfrac{8}{3}\right)$ é ponto de mínimo local da função.

O valor da função no ponto de mínimo é $f\left(\dfrac{16}{3}, \dfrac{8}{3}\right) = -\dfrac{256}{27}$.

▶ **Exercício 12.3:**

$f(x, y) = x^2 + y^2 + \dfrac{2}{xy}$

Solução:

$\dfrac{\partial f}{\partial x} = 2x - \dfrac{2}{x^2 y} = 0 \to 2x^3 y - 2 = 0 \to x^3 = \dfrac{1}{y}$ \hfill (1)

$\dfrac{\partial f}{\partial y} = 2y - \dfrac{2}{xy^2} = 0 \to 2xy^3 - 2 = 0 \to y^3 = \dfrac{1}{x} \to x = \dfrac{1}{y^3}$

Substituindo em (1), tem-se:

$\left(\dfrac{1}{y^3}\right)^3 = \dfrac{1}{y} \to \dfrac{1}{y^9} = \dfrac{1}{y} \to y^9 = y \to y(y^8 - 1) = 0$

y = 0 não serve pois y ≠ 0 e x ≠ 0
y = ±1
Logo, se y = 1 → x = 1; se y = –1 → x = –1.
Os pontos críticos são (1,1) e (–1,–1).
Cálculo de Δ:

$$\frac{\partial^2 f}{\partial x^2} = 2 + \frac{4}{x^3 y} \ ; \quad \frac{\partial^2 f}{\partial y^2} = 2 + \frac{4}{xy^3} ; \quad \frac{\partial^2 f}{\partial x \partial y} = \frac{2}{x^2 y^2}$$

Para (1, 1):

$$\frac{\partial^2 f}{\partial x^2} = 6 \qquad \frac{\partial^2 f}{\partial y^2} = 6 \qquad \frac{\partial^2 f}{\partial x \partial y} = 2$$

Δ = 6·6 – (2)² = 36 – 4 = 32 > 0

Como $\Delta > 0, \frac{\partial^2 f}{\partial x^2} > 0$ e $\frac{\partial^2 f}{\partial y^2} > 0$, o ponto (1,1) é mínimo local da função.

O valor da função no ponto de mínimo é f(1,1) = 4.

Para (–1,–1):

$$\frac{\partial^2 f}{\partial x^2} = 6 \qquad \frac{\partial^2 f}{\partial y^2} = 6 \qquad \frac{\partial^2 f}{\partial x \partial y} = 2$$

Δ = 6·6 – (2)² = 36 – 4 = 32 > 0

Como $\Delta > 0, \frac{\partial^2 f}{\partial x^2} > 0$ e $\frac{\partial^2 f}{\partial y^2} > 0$, o ponto (–1,–1) é mínimo local da função.

O valor da função no ponto de mínimo é f(–1,–1) = 4.

Aplicações

De modo semelhante à otimização de funções envolvendo funções de uma variável, a solução de um modelo de otimização envolvendo funções de várias variáveis serve para a determinação de máximos e mínimos absolutos.

Serão assumidos aqui os modelos em que os extremos absolutos coincidem com os extremos relativos.

▶ **Exemplo 12.2:**

Uma indústria fabrica mesas (x) e cadeiras de escritório (y) com as respectivas funções de demanda $p_1 = 26 - x$ e $p_2 = 40 - 4y$, onde as quantidades são denotadas por x e y (em 1.000 unidades) e os preços correspondentes, por p_1 e p_2, respectivamente.

A função custo total é dada por $C_t(x,y) = x^2 + 2xy + y^2$. Determine as quantidades e os preços que maximizam o lucro da indústria.

A função receita total de mesas é:

$R_t(x) = (26 - x)x$ que é o preço p_1 multiplicado pela quantidade x.

A função receita total de cadeiras é:

$R_t(y) = (40 - 4y)y$ que é o preço p_2 multiplicado pela quantidade y.

A função lucro total da indústria é dada por:

$L_t(x,y) = R_t(x,y) - C_t(x,y)$, onde:

$R_t(x,y) = R_t(x) + R_t(y)$
$L_t(x,y) = R_t(x) + R_t(y) - C_t(x,y)$
$L_t(x,y) = (26x - x^2 + 40y - 4y^2) - (x^2 + 2xy + y^2)$
$L_t(x,y) = -2x^2 - 5y^2 - 2xy + 26x + 40y$

Para determinar os pontos críticos, calcula-se:

$\dfrac{\partial L_t(x,y)}{\partial x} = -4x - 2y + 26 = 0 \twoheadrightarrow -4x = -26 + 2y \twoheadrightarrow x = \dfrac{13 - y}{2}$

$\dfrac{\partial L_t(x,y)}{\partial y} = -10y - 2x + 40 = 0 \twoheadrightarrow -2x = -40 + 10y \twoheadrightarrow x = 20 - 5y$

Logo, $\dfrac{13 - y}{2} = 20 - 5y \twoheadrightarrow 13 - y = 40 - 10y \twoheadrightarrow 9y = 27 \twoheadrightarrow y = 3$

Se y = 3, então x = 5

Ponto crítico (5,3) em 1.000 unidades.

Cálculo de Δ:

$\dfrac{\partial^2 L_t(x,y)}{\partial x^2} = -4$ $\qquad \dfrac{\partial^2 L_t(x,y)}{\partial y^2} = -10$ $\qquad \dfrac{\partial^2 L_t(x,y)}{\partial x \partial y} = -2$

$\Delta = (-4).(-10) - (-2)^2 = 40 - 4 = 36$

Como $\Delta > 0$, $\dfrac{\partial^2 L_t(x,y)}{\partial x^2} < 0$ e $\dfrac{\partial^2 L_t(x,y)}{\partial y^2} < 0$, o ponto (5,3) em 1.000 unidades é o máximo da função lucro total da indústria.

O preço ótimo unitário para a venda de mesas é:

$p_1 = 21$ unidades monetárias.

O preço ótimo unitário para a venda de cadeiras é:

$p_2 = 28$ unidades monetárias.

O lucro total ótimo da empresa é:

$L_t(x,y) = 125$ em 1.000 unidades monetárias.

Exercícios resolvidos

▶ **Exercício 12.4:**

O custo de inspeção de uma linha de operação depende do número de inspeções x e y de cada lado da linha, e é dado pela função $C(x,y) = x^2 + y^2 + xy - 20x - 25y + 1000$. Quantas inspeções devem ser feitas de cada lado a fim de minimizar o custo?

Solução:

Para a determinação dos pontos críticos:

$$\frac{\partial C(x,y)}{\partial x} = 2x + y - 20 = 0 \rightarrow y = 20 - 2x$$

$$\frac{\partial C(x,y)}{\partial y} = 2y + x - 25 = 0 \rightarrow y = \frac{25 - x}{2}$$

Igualando $20 - 2x = \frac{25 - x}{2} \rightarrow x = 5$ e $y = 10$

Cálculo de Δ:

$$\frac{\partial^2 C(x,y)}{\partial x^2} = 2 \qquad \frac{\partial^2 C(x,y)}{\partial y^2} = 2 \qquad \frac{\partial^2 C(x,y)}{\partial x \partial y} = 1$$

$\Delta = 2 \cdot 2 - 1^2 = 3$

Como $\Delta > 0$, $\frac{\partial^2 C(x,y)}{\partial x^2} > 0$ e $\frac{\partial^2 C(x,y)}{\partial y^2} > 0$, o ponto (5,10) é mínimo da função custo.

Então, as quantidades ótimas de inspeções são 5 e 10 unidades.

▶ **Exercício 12.5:**

Suponha que uma indústria farmacêutica fabrique dois tipos de analgésicos, A e B, em quantidades x_1 e x_2 (em milhares), respectivamente, com as seguintes funções de demanda:

$p_1 = 16 - x_1^2$ e $p_2 = 9 - x_2^2$

onde p_1 e p_2 são os preços relativos dos analgésicos A e B, respectivamente. A função custo total (em 1.000 unidades monetárias) é dada por $C_t(x_1, x_2) = x_1^2 + 3x_2^2$. Determine as quantidades e os preços que maximizam o lucro da indústria.

Solução:

A função receita total do analgésico tipo 1 (x_1) é:
$R_t(x_1) = (16 - x_1^2)x_1 = 16x_1 - x_1^3$

A função receita total do analgésico tipo 2 (x_2) é:
$R_t(x_2) = (9 - x_2^2)x_2 = 9x_2 - x_2^3$

A função lucro total da indústria é:
$L_t(x_1,x_2) = R_t(x_1,x_2) - C_t(x_1,x_2)$
$L_t(x_1,x_2) = R_t(x_1) + R_t(x_2) - C_t(x_1,x_2)$
$L_t(x_1,x_2) = 16x_1 - x_1^3 + 9x_2 - x_2^3 - (x_1^2 + 3x_2^2)$
$L_t(x_1,x_2) = -x_1^3 - x_2^3 - x_1^2 - 3x_2^2 + 16x_1 + 9x_2$

Para a determinação do ponto crítico:

$$\frac{\partial L_t(x_1,x_2)}{\partial x_1} = -3x_1^2 - 2x_1 + 16 = 0 \rightarrow \begin{cases} x_1 = \dfrac{2+14}{-6} = -\dfrac{8}{3} \\ x_1 = \dfrac{2-14}{-6} = 2 \end{cases}$$

$$\frac{\partial L_t(x_1,x_2)}{\partial x_2} = -3x_2^2 - 6x_2 + 9 = 0 \rightarrow \begin{cases} x_2 = \dfrac{6+12}{-6} = -3 \\ x_2 = \dfrac{6-12}{-6} = 1 \end{cases}$$

Como não existem quantidades negativas, o ponto crítico é (2,1).

Cálculo de Δ:

$\dfrac{\partial^2 L_t(x_1,x_2)}{\partial x_1^2} = -6x_1 - 2$ $\qquad$ $\dfrac{\partial^2 L_t(x_1,x_2)}{\partial x_2^2} = -6x_2 - 6$

$\dfrac{\partial^2 L_t(x_1,x_2)}{\partial x_1 \partial x_2} = 0$

Para o ponto (2,1):

$\dfrac{\partial^2 L_t(x_1,x_2)}{\partial x_1^2} = -6 \cdot 2 - 2 = -14$ $\qquad$ $\dfrac{\partial^2 L_t(x_1,x_2)}{\partial x_2^2} = -6 \cdot 1 - 6 = -12$

$\Delta = (-14) \cdot (-12) - 0^2 = 168$

Como $\Delta > 0$, $\dfrac{\partial^2 L_t(x_1,x_2)}{\partial x_1^2} < 0$ e $\dfrac{\partial^2 L_t(x_1,x_2)}{\partial x_2^2} < 0$, o ponto (2,1) é o máximo da função lucro da indústria.

Logo, as quantidades ótimas de produção são 2.000 unidades do analgésico tipo 1 e 1.000 unidades do tipo 2.

O preço unitário ótimo é:
• Para o analgésico tipo 1: $p_1 = 16 - 2^2 = 14$ unidades monetárias.
• Para o analgésico tipo 2: $p_2 = 9 - 1^2 = 8$ unidades monetárias.

O lucro ótimo da indústria é:
$L_t(2,1) = 25$ em 1.000 unidades monetárias.

Máximos e mínimos restritos ou condicionados: método dos multiplicadores de Lagrange

Em muitos problemas práticos, a função de duas ou mais variáveis a ser otimizada estará sujeita a condições ou restrições nas variáveis. Por exemplo, um editor com um orçamento de $ 50.000,00 precisa decidir como repartir essa quantia entre divulgação e produção para maximizar as vendas de um novo livro. Se x representar a quantia correspondente à divulgação e y à produção e f(x,y) for o número correspondente de livros vendidos, o editor procurará maximizar a função de venda, f(x,y), sujeita à restrição orçamentária de x + y = 50.000.

Sejam as funções f(x,y) e g(x,y) que possuem as derivadas de primeira ordem. Para determinar os extremos relativos de f(x,y), sujeito à restrição g(x,y) = 0, introduz-se uma nova variável λ denominada multiplicador de Lagrange e utiliza-se o método dos multiplicadores de Lagrange, ou seja:

(A) Determinação de uma função auxiliar $F(x, y, \lambda) = f(x, y) + \lambda g(x, y)$, que é denominada função lagrangeana.

(B) Solução do sistema de equações para a determinação dos pontos críticos:

$$\frac{\partial F}{\partial x} = 0; \quad \frac{\partial F}{\partial y} = 0; \quad \frac{\partial F}{\partial \lambda} = 0.$$

Para um ponto crítico (a, b).
Calcula-se Δ dado por:

$$\Delta = \left(\frac{\partial^2 F}{\partial x^2}\right) \cdot \left(\frac{\partial^2 F}{\partial y^2}\right) - \left(\frac{\partial^2 F}{\partial x \partial y}\right)^2 \text{ no ponto crítico.}$$

Se $\Delta > 0$, $\frac{\partial^2 F}{\partial x^2} < 0$ e $\frac{\partial^2 F}{\partial y^2} < 0$, a função condicional tem máximo relativo no ponto (a, b).

Se $\Delta > 0$, $\frac{\partial^2 F}{\partial x^2} > 0$ e $\frac{\partial^2 F}{\partial y^2} > 0$, a função condicional tem mínimo relativo no ponto (a, b).

Se $\Delta \leq 0$, a função condicionada deve ser examinada na vizinhança do ponto (a, b).

▶ **Exemplo 12.3:**
Determine o extremo relativo da função:
f(x,y) = x + y sujeito à $x^2 + y^2 = 1$.

Determinação da função lagrangeana:
$g(x,y) = x^2 + y^2 - 1 = 0$
$F(x,y,\lambda) = x + y - \lambda(x^2 + y^2 - 1)$
Determinação dos pontos críticos:

$\dfrac{\partial F}{\partial x} = 1 - 2x\lambda = 0 \rightarrow \lambda = \dfrac{1}{2x}$ (I);

$\dfrac{\partial F}{\partial y} = 1 - 2y\lambda = 0 \rightarrow \lambda = \dfrac{1}{2y}$ (II);

$\dfrac{\partial F}{\partial \lambda} = -(x^2 + y^2 - 1) = 0$ (III).

Igualando as equações (I) e (II), tem-se:

$\dfrac{1}{2x} = \dfrac{1}{2y} \rightarrow x = y$

Substituindo na equação III, tem-se:

$-(y^2 + y^2 - 1) = 0 \rightarrow 2y^2 = 1 \rightarrow y = \pm\dfrac{1}{\sqrt{2}}$

Se $y = \dfrac{1}{\sqrt{2}} \rightarrow x = \dfrac{1}{\sqrt{2}}$.

Se $y = -\dfrac{1}{\sqrt{2}} \rightarrow x = -\dfrac{1}{\sqrt{2}}$

Os pontos críticos são:

$\left(\dfrac{1}{\sqrt{2}}, \dfrac{1}{\sqrt{2}}\right)$ com $\lambda = \dfrac{\sqrt{2}}{2}$ e $\left(-\dfrac{1}{\sqrt{2}}, -\dfrac{1}{\sqrt{2}}\right)$ com $\lambda = -\dfrac{\sqrt{2}}{2}$

Cálculo de Δ:

$\dfrac{\partial^2 F}{\partial x^2} = -2\lambda \qquad \dfrac{\partial^2 F}{\partial y^2} = -2\lambda \qquad \dfrac{\partial^2 F}{\partial x \partial y} = 0$

No ponto $\left(\dfrac{1}{\sqrt{2}}, \dfrac{1}{\sqrt{2}}\right)$ e $\lambda = \dfrac{\sqrt{2}}{2}$, tem-se:

$\dfrac{\partial^2 F}{\partial x^2} = -\sqrt{2} \qquad \dfrac{\partial^2 F}{\partial y^2} = -\sqrt{2}$

$\Delta = (-\sqrt{2}) \cdot (-\sqrt{2}) - 0^2 = 2 > 0$

Como $\Delta > 0$, $\dfrac{\partial^2 F}{\partial x^2} < 0$ e $\dfrac{\partial^2 F}{\partial y^2} < 0$, o ponto $\left(\dfrac{1}{\sqrt{2}}, \dfrac{1}{\sqrt{2}}\right)$ é máximo relativo da função condicionada.

O valor da função no ponto de máximo relativo é $f\left(\dfrac{1}{\sqrt{2}}, \dfrac{1}{\sqrt{2}}\right) = \dfrac{2}{\sqrt{2}}$.

No ponto $\left(-\dfrac{1}{\sqrt{2}}, -\dfrac{1}{\sqrt{2}}\right)$ e $\lambda = -\dfrac{\sqrt{2}}{2}$, tem-se:

$\dfrac{\partial^2 F}{\partial x^2} = \sqrt{2}$ $\qquad\qquad$ $\dfrac{\partial^2 F}{\partial y^2} = \sqrt{2}$

$\Delta = \sqrt{2} \cdot \sqrt{2} - 0^2 = 2 > 0$

Como $\Delta > 0$, $\dfrac{\partial^2 F}{\partial x^2} > 0$ e $\dfrac{\partial^2 F}{\partial y^2} > 0$, o ponto $\left(-\dfrac{1}{\sqrt{2}}, -\dfrac{1}{\sqrt{2}}\right)$ é mínimo relativo da função condicionada.

O valor da função no ponto de mínimo relativo é $f\left(-\dfrac{1}{\sqrt{2}}, -\dfrac{1}{\sqrt{2}}\right) = -\dfrac{2}{\sqrt{2}}$.

Exercícios resolvidos

Determine o extremo relativo das funções:
▶ **Exercício 12.6**
$f(x,y) = y^2 - 3xy + 4x^2$ sujeito à $2x + 3y = 232$.
Solução:
Determinação da função lagrangeana:
$g(x,y) = 2x + 3y - 232 = 0$
$F(x,y,\lambda) = 4x^2 - 3xy + y^2 - \lambda(2x + 3y - 232)$
Determinação dos pontos críticos:

$\dfrac{\partial F}{\partial x} = 8x - 3y - 2\lambda = 0 \qquad$ (I)

$\dfrac{\partial F}{\partial y} = -3x + 2y - 3\lambda = 0 \qquad$ (II)

$\dfrac{\partial F}{\partial \lambda} = -(2x + 3y - 232) = 0 \qquad$ (III)

Multiplicando a equação (I) por 3 e (II) por 2, tem-se:
$24x - 9y - 6\lambda = 0$;
$-6x + 4y - 6\lambda = 0$.
Subtraindo essas duas equações, tem-se $y = \dfrac{30x}{13}$.

Substituindo na equação (III), tem-se:
$$-\left(2x + \frac{90x}{13} - 232\right) = 0 \rightarrow x = 26$$
Logo, y = 60 e λ = 14.
O ponto crítico é (26,60) com λ = 14.
Cálculo de Δ:

$$\frac{\partial^2 F}{\partial x^2} = 8 \qquad \frac{\partial^2 F}{\partial y^2} = 2 \qquad \frac{\partial^2 F}{\partial x \partial y} = -3$$

$\Delta = 8 \cdot 2 - (-3)^2 = 7$

Como $\Delta > 0$, $\frac{\partial^2 F}{\partial x^2} > 0$ e $\frac{\partial^2 F}{\partial y^2} > 0$, o ponto (26,60) é mínimo relativo da função.

O valor da função no ponto de mínimo relativo é f(26,60) = 1624.

▶ **Exercício 12.7**
f(x,y) = $x^2 - 10y^2$ sujeito à x – y = 18.
Solução:
g(x,y) = x – y – 18 = 0
F(x,y,λ) = $x^2 - 10y - \lambda(x - y - 18)$

$$\frac{\partial F}{\partial x} = 2x - \lambda = 0 \rightarrow \lambda = 2x \qquad (I)$$

$$\frac{\partial F}{\partial y} = -20y + \lambda = 0 \rightarrow \lambda = 20y \qquad (II)$$

$$\frac{\partial F}{\partial \lambda} = -(x - y - 18) = 0 \qquad (III)$$

Igualando (I) e (II), tem-se: 2x = 20y → x = 10y.
Substituindo em (III), tem-se: –(10y – y – 18) = 0 → –9y + 18 = 0 → y = 2.
Logo, x = 20 e λ = 40.
O ponto crítico é (20,2) e λ = 40.
Cálculo de Δ:

$$\frac{\partial^2 F}{\partial x^2} = 2 \qquad \frac{\partial^2 F}{\partial y^2} = -20 \qquad \frac{\partial^2 F}{\partial x \partial y} = 0$$

$\Delta = 2 \cdot (-20) - 0^2 = -40$

Como $\Delta < 0$, a função condicionada deve ser estudada na vizinhança do ponto (20,2).

Sejam h e k números arbitrariamente pequenos. Como a função possui a restrição x − y = 18, h e k devem satisfazer essa restrição, então:
(x + h) − (y + k) = 18
(20 + h) − (2 + k) = 18 ➨ h = k
f(20 + h;2 + k) − f(20;2) =
$(20 + h)^2 − 10(2 + h)^2 − 360 = 400 + 40h + h^2 − 40 − 40h − 10h^2 − 360 = −9h^2 < 0$
Daí conclui-se que f(20 + h;2 + k) < f(20,2) para todo h e k, logo (20,2) é máximo relativo da função condicionada.
O valor da função no ponto de máximo relativo é f(20,2) = 360.

Aplicações de máximos e mínimos condicionados

É usual desejar maximizar lucro ou minimizar custos sujeito às restrições de tempo, de recursos humanos ou financeiros.

Nesta seção, serão vistas aplicações de otimização sujeitas a uma restrição de igualdade.

Exercícios resolvidos

◗ Exercício 12.8

Uma empresa possui duas fábricas que produzem cimento. Se as fábricas A e B produzem x_1 e x_2 sacos, respectivamente, seus custos de fabricação são $C_1(x_1) = 3x_1^2 + 200$, $C_2(x_2) = x_2^2 + 400$, respectivamente. Se um pedido de 1.100 sacos deve ser entregue, determine como a produção deve ser distribuída entre as duas fábricas, a fim de minimizar o custo total de produção.

Solução:

A função custo total é
$f(x_1,x_2) = (3x_1^2 + 200) + (x_2^2 + 400) = 3x_1^2 + x_2^2 + 600$
A restrição do modelo é que $x_1 + x_2 = 1100$
$F(x_1,x_2,\lambda) = 3x_1^2 + x_2^2 + 600 - \lambda(x_1 + x_2 - 1100)$

$\dfrac{\partial F}{\partial x_1} = 6x_1 - \lambda = 0 \rightarrow \lambda = 6x_1$ (I)

$\dfrac{\partial F}{\partial x_2} = 2x_2 - \lambda = 0 \rightarrow \lambda = 2x_2$ (II)

$$\frac{\partial F}{\partial \lambda} = -(x_1 + x_2 - 1100) = 0 \qquad (III)$$

Igualando (I) e (II), tem-se:

$$6x_1 = 2x_2 \rightarrow x_1 = \frac{x_2}{3}$$

Substituindo em (III), tem-se:

$$-\left(\frac{x_2}{3} + x_2 - 1100\right) = 0 \rightarrow -x_2 - 3x_2 = -3300 \rightarrow 4x_2 = 3300 \rightarrow x_2 = 825$$

Logo, $x_1 = 275$ e $\lambda = 1650$

O ponto crítico é (275,825) e $\lambda = 1650$.

$$\frac{\partial^2 F}{\partial x_1^2} = 6 \qquad \frac{\partial^2 F}{\partial x_2^2} = 2 \qquad \frac{\partial^2 F}{\partial x_1 \partial x_2} = 0$$

$\Delta = 6 \cdot 2 - 0^2 = 12$

Como $\Delta > 0$, $\frac{\partial^2 F}{\partial x_1^2} > 0$ e $\frac{\partial^2 F}{\partial x_2^2} > 0$ o ponto (275,825) é o mínimo relativo da função condicionada.

Logo, a fábrica A deve produzir 275 sacos de cimento e a fábrica B, 825 sacos, para ter um custo de 908.100 unidades monetárias.

▶ **Exercício 12.9**

O custo de reparo de radares de sistemas de superfície em função do número de inspeções x_1 e x_2 nos pontos P_1 e P_2, respectivamente, é dado por $C(x_1,x_2) = 4x_1^2 + 2x_2^2 + 5x_1x_2 - 20x_1 + 30$. Minimize o custo considerando que o número total de inspeções é 10.

Solução:

$C(x_1,x_2) = 4x_1^2 + 2x_2^2 + 5x_1x_2 - 20x_1 + 30$ sujeito à $x_1 + x_2 = 10$

$F(x_1,x_2,\lambda) = 4x_1^2 + 2x_2^2 + 5x_1x_2 - 20x_1 + 30 - \lambda(x_1 + x_2 - 10)$

$$\frac{\partial F}{\partial x_1} = 8x_1 + 5x_2 - 20 - \lambda = 0 \rightarrow \lambda = 8x_1 + 5x_2 - 20 \qquad (I)$$

$$\frac{\partial F}{\partial x_2} = 4x_2 + 5x_1 - \lambda = 0 \rightarrow \lambda = 4x_2 + 5x_1 \qquad (II)$$

$$\frac{\partial F}{\partial \lambda} = -(x_1 + x_2 - 10) = 0 \qquad (III)$$

Igualando (I) e (II), tem-se:

$8x_1 + 5x_2 - 20 = 4x_2 + 5x_1 \rightarrow x_2 = -3x_1 + 20$

Substituindo em (III), tem-se:
$-(x_1 - 3x_1 + 20 - 10) = 0 \rightarrow 2x_1 = 10 \rightarrow x_1 = 5$
Logo, $x_2 = 5$ e $\lambda = 45$.
O ponto crítico é $(5, 5)$ e $\lambda = 45$.

$$\frac{\partial^2 F}{\partial x_1^2} = 8 \qquad \frac{\partial^2 F}{\partial x_2^2} = 4 \qquad \frac{\partial^2 F}{\partial x_1 \partial x_2} = 5$$

$\Delta = 8 \cdot 4 - 5^2 = 32 - 25 = 7$

Como $\Delta > 0$, $\frac{\partial^2 F}{\partial x_1^2} > 0$ e $\frac{\partial^2 F}{\partial x_2^2} > 0$, o ponto $(5,5)$ é mínimo relativo da função.

Logo, o número de inspeções ótimo no ponto P_1 é 5 e no ponto P_2 é 5, e o custo de reparo é de 205 unidades monetárias.

Exercícios propostos

Determine os pontos de máximo, mínimo e de sela (se houver) das funções:

- **12.1:** $z = \dfrac{1}{x} - \dfrac{64}{y} + xy$
- **12.2:** $f(x,y) = 2x^3 + y^3 + 3x^2 - 3y - 12x - 4$
- **12.3:** $z = x^2 + y^2$
- **12.4:** $z = 1 - 2x^2 - 3y^2$
- **12.5:** $z = x^3 + y^2 - 2xy + 7x - 8y + 4$
- **12.6:** $f(x,y) = 20 + (x - y)^4 + (y - 1)^4$
- **12.7:** $f(x,y) = x^2 + 2y^2 - 2xy - 3x + 5y + 1$
- **12.8:** $g(x,y) = -x^2 - y^2 + xy + 2x + 4y - 3$
- **12.9:** $g(x,y) = -x^2 + y^2 + 2x - 2y + 4$
- **12.10:** $g(x,y) = x^3 + y^2 - 6xy + 9x + 5y - 8$

- **12.11:** As funções de demanda de dois tipos de bombons A e B de uma loja são dadas por $p_1 = 40 - 2x$ e $p_2 = 12 - 3y$, onde as quantidades (em milhares) são denotadas por x e y e os preços correspondentes são denotados por p_1 e p_2 dos bombons A e B, respectivamente. A função custo total da empresa é $C_t(x,y) = 8 + 4x + 3y$ em milhares de unidades monetárias. Determine o lucro máximo da loja, as quantidades e os preços ótimos de seus produtos.

▶ **12.12:** A função receita total semanal de uma importadora de dois produtos A e B é dada por $R_t(x,y) = -0,2x^2 - 0,25y^2 - 0,2xy + 200x + 160y$, onde x e y são as quantidades dos produtos A e B, respectivamente. A função custo total da importadora é $C_t(x,y) = 100x + 70y + 4000$. Determine a quantidade ótima de importação dos dois tipos de produtos para a maximização do lucro da empresa e seu valor ótimo.

▶ **12.13:** Uma loja vende duas marcas de guaraná, um local e outro nacional, em quantidades x e y (em milhares), respectivamente, cuja função lucro total é dada por $L_t(x,y) = -5x^2 + 10xy - 20x - 7y^2 + 240y - 5300$, em 1.000 unidades monetárias. Determine a quantidade ótima de cada produto e o valor lucro ótimo.

▶ **12.14:** Determine os preços ótimos, as quantidades ótimas e o valor do lucro ótimo de uma indústria que fabrica dois tipos de sabonetes, A e B, cujas funções de demanda são $p_1 = 40 - 5x$ e $p_2 = 30 - 3y$, onde as quantidades (em milhares) são denotadas por x e y e os preços correspondentes são denotados por p_1 e p_2 dos sabonetes A e B, respectivamente. A função custo total da indústria é dada por $C_t(x,y) = x^2 + 2xy + 3y^2$.

▶ **12.15:** A função custo total para a produção de dois tipos de aparelhos de TV, A e B, é dada por $C_t(x,y) = x^3 - 9xy + y^3 + 1000$, onde x e y (em milhares) representam as quantidades produzidas de TV A e TV B, respectivamente. Determine a quantidade ótima de produção de cada tipo de TV para minimizar o custo total de produção.

Determine os extremos relativos das seguintes funções:

▶ **12.16:** $f(x,y) = x^2 + y$ sujeito à: $x^2 + y^2 = 9$.

▶ **12.17:** $f(x,y) = 3x^2 + 4y^2 - xy$ sujeito à: $2x + y = 22$.

▶ **12.18:** $f(x,y) = x^2 + 2y^2 - xy$ sujeito à: $x + y = 8$.

▶ **12.19:** $f(x,y) = 4x^2 + 5y^2 - 6y$ sujeito à: $x + 2y = 18$.

▶ **12.20:** $f(x,y) = 10xy - 5x^2 - 7y^2 + 40x$ sujeito à: $x + y = 13$.

▶ **12.21:** $f(x,y) = 3x^2 + 4y^2 - xy$ sujeito à: $2x + y = 21$.

▶ **12.22:** $f(x,y) = 10xy - 3x^2 - 2y^2 + 50$ sujeito à: $x + y = 30$.

▶ **12.23:** O lucro total semanal de uma indústria (em 1.000 unidades monetárias) na produção de rádios e CD para automóveis é dado por

$$L_t(x,y) = -\frac{x^2}{4} - \frac{3y^2}{8} - \frac{xy}{4} + 120x + 100y - 5000,$$ onde x e y representam as quantidades produzidas de rádios e CD, respectivamente. A produção desses produtos

é restrita a 230 unidades semanais. Quantas unidades de rádio e CD devem ser produzidas para maximizar o lucro da indústria?

▸ **12.24:** Determine a produção ótima de produtos dos tipos 1 e 2 (em 1.000 unidades) para minimizar a função custo de uma indústria modelada por $C_t(x,y) = x^2 + 4y^2$ (em 1.000 unidades monetárias), onde x e y são as quantidades produzidas dos produtos 1 e 2, respectivamente, sabendo-se que a restrição de produção é $xy = 2$.

▸ **12.25:** O departamento de marketing de uma empresa estima que, se forem gastos em publicidade x reais em revistas e y reais em *outdoors*, o valor das vendas mensais será modelado por $z = 90x^{1/4}y^{3/4}$ reais. O orçamento da empresa para emprego em publicidade é de R$ 60.000. Determine o quanto deve ser gasto em publicidade, em revistas e *outdoors* para a maximização das vendas.

▸ **12.26:** O custo de produção de sapatos e bolsas é dado por $C(x,y) = 6x^2 + 3y^2$, onde x e y são as quantidades produzidas de sapatos e bolsas, respectivamente. Para minimizar o custo, que quantidades devem ser produzidas se um total de 18 unidades já estão vendidas?

▸ **12.27:** O número de falhas de um sistema de navegação em função do número x e y de troca de peças de dois subsistemas é dado por $N(x,y) = 3x^2 + y^2 + 2xy - 22x + 6$. Para minimizar as falhas, que número de trocas deve ser feito para cada parte se $2x = y$ (ou seja, um subsistema necessita do dobro de peças do outro)?

▸ **12.28:** O custo de produção semanal de dois tipos de pães, de centeio e aveia, é dado por $C(x,y) = 2x^2 + xy + y^2 + 60$, onde x é o número de pães de centeio e y, de aveia, ambos em 100 unidades. Para minimizar o custo, quantos pães devem ser produzidos semanalmente se a produção é de 2.400 unidades?

13
Máximos e mínimos de funções com n variáveis

Após o estudo deste capítulo, você estará apto a:

- Calcular máximos e mínimos não condicionados de funções com mais de duas variáveis.
- Calcular máximos e mínimos condicionados de funções com mais de duas variáveis.

Máximos e mínimos não condicionados

Uma função $f(x_1, x_2, ..., x_n)$ possui um extremo relativo no ponto $(k_1, k_2, ..., k_n)$ se:

$$\begin{cases} \dfrac{\partial f}{\partial x_1}(k_1, k_2, ..., k_n) = 0 \\ \dfrac{\partial f}{\partial x_2}(k_1, k_2, ..., k_n) = 0 \\ \vdots \\ \dfrac{\partial f}{\partial x_n}(k_1, k_2, ..., k_n) = 0 \end{cases}$$

Para determinar o ponto crítico da função $f(x_1, x_2, ..., x_n)$, é necessário resolver o sistema formado pelas primeiras n derivadas parciais, isto é:

$$\dfrac{\partial f}{\partial x_1} = 0, \ \dfrac{\partial f}{\partial x_2} = 0, \ ..., \ \dfrac{\partial f}{\partial x_n} = 0.$$

Lembre-se de que o ponto crítico pode ser um ponto de máximo, mínimo ou nem máximo e nem mínimo.

Procedimentos para determinar o extremo relativo da função $f(x_1, x_2, ..., x_n)$:

Seja $(k_1, k_2, ..., k_n)$ um ponto crítico da função $f(x_1, x_2, ..., x_n)$, calcule o determinante das derivadas parciais de segunda ordem no ponto $(k_1, k_2, ..., k_n)$, denominado determinante hessiano e dado por:

$$\Delta_n = \begin{vmatrix} \dfrac{\partial^2 f}{\partial x_1^2} & \dfrac{\partial^2 f}{\partial x_1 \partial x_2} & \cdots & \dfrac{\partial^2 f}{\partial x_1 \partial x_n} \\ \dfrac{\partial^2 f}{\partial x_2 \partial x_1} & \dfrac{\partial^2 f}{\partial x_2^2} & \cdots & \dfrac{\partial^2 f}{\partial x_2 \partial x_n} \\ \vdots & & & \\ \dfrac{\partial^2 f}{\partial x_n \partial x_1} & \dfrac{\partial^2 f}{\partial x_n \partial x_2} & \cdots & \dfrac{\partial^2 f}{\partial x_n^2} \end{vmatrix}$$

Calcule o determinante dos menores principais de Δ_n:

$$\Delta_1 = \dfrac{\partial^2 f}{\partial x_1^2} \quad ; \quad \Delta_2 = \begin{vmatrix} \dfrac{\partial^2 f}{\partial x_1^2} & \dfrac{\partial^2 f}{\partial x_1 \partial x_2} \\ \dfrac{\partial^2 f}{\partial x_2 \partial x_1} & \dfrac{\partial^2 f}{\partial x_2^2} \end{vmatrix}$$

$$\Delta_3 = \begin{vmatrix} \dfrac{\partial^2 f}{\partial x_1^2} & \dfrac{\partial^2 f}{\partial x_1 \partial x_2} & \dfrac{\partial^2 f}{\partial x_1 \partial x_3} \\ \dfrac{\partial^2 f}{\partial x_2 \partial x_1} & \dfrac{\partial^2 f}{\partial x_2^2} & \dfrac{\partial^2 f}{\partial x_2 \partial x_3} \\ \dfrac{\partial^2 f}{\partial x_3 \partial x_1} & \dfrac{\partial^2 f}{\partial x_3 \partial x_2} & \dfrac{\partial^2 f}{\partial x_3^2} \end{vmatrix}$$

$\vdots$

Δ_n

▶ O ponto crítico $(k_1, k_2, ..., k_n)$ é:

(A) Um máximo local da função f se $\Delta_1 < 0, \Delta_2 > 0, \Delta_3 < 0, ...$

(B) Um mínimo local da função f se $\Delta_1 > 0, \Delta_2 > 0, \Delta_3 > 0, ...$

▶ Se nenhuma dessas condições se verifica, a função deve ser averiguada na vizinhança do ponto crítico.

Esse processo é uma generalização do caso da função com duas variáveis. Na função com duas variáveis, determina-se o valor do Δ no ponto crítico (k_1, k_2),

$$\Delta = \frac{\partial^2 f}{\partial x^2} \cdot \frac{\partial^2 f}{\partial y^2} - \left(\frac{\partial^2 f}{\partial x \, \partial y}\right)^2 = \begin{vmatrix} \dfrac{\partial^2 f}{\partial x^2} & \dfrac{\partial^2 f}{\partial x \, \partial y} \\ \dfrac{\partial^2 f}{\partial y \, \partial x} & \dfrac{\partial^2 f}{\partial y^2} \end{vmatrix} = \Delta_2$$

$$\Delta_1 = \frac{\partial^2 f}{\partial x^2}$$

Calcule o ponto (k_1, k_2):
(A) Um máximo local da função f se $\Delta_1 < 0, \Delta_2 > 0$.
(B) Um mínimo local da função f se $\Delta_1 > 0, \Delta_2 > 0$.

▶ Exemplo 13.1

Determine os valores de x, y e z (se houver) que maximizam ou minimizam a função.

$f(x, y, z) = x + yz - x^2 - 2y^2 + y - z^2$

Cálculo dos pontos críticos:

$$\frac{\partial f}{\partial x} = 1 - 2x = 0 \rightarrow -2x = -1 \rightarrow x = \frac{1}{2}$$

$$\frac{\partial f}{\partial y} = z - 4y + 1 = 0 \rightarrow z = -1 + 4y \qquad (I)$$

$$\frac{\partial f}{\partial z} = y - 2z = 0 \rightarrow -2z = -y \rightarrow z = \frac{y}{2} \qquad (II)$$

Fazendo (I) = (II), tem-se:

$$-1 + 4y = \frac{y}{2} \rightarrow -2 + 8y = y \rightarrow 7y = 2 \rightarrow y = \frac{2}{7}$$

Logo, $z = \dfrac{1}{7}$.

O ponto crítico é $\left(\dfrac{1}{2}, \dfrac{2}{7}, \dfrac{1}{7}\right)$.

Para determinar os menores principais do determinante hessiano das derivadas de segunda ordem, calcula-se:

$$\frac{\partial^2 f}{\partial x^2} = -2; \quad \frac{\partial^2 f}{\partial x \, \partial y} = 0 = \frac{\partial^2 f}{\partial y \, \partial x}$$

$$\frac{\partial^2 f}{\partial x\, \partial z} = 0 = \frac{\partial^2 f}{\partial z\, \partial x}\ ;\ \frac{\partial^2 f}{\partial y^2} = -4$$

$$\frac{\partial^2 f}{\partial y\, \partial z} = 1 = \frac{\partial^2 f}{\partial z\, \partial y}\ ;\ \frac{\partial^2 f}{\partial z^2} = -2$$

Logo, os menores principais do determinante hessiano são:

$$\Delta_1 = \frac{\partial^2 f}{\partial x^2} = -2$$

$$\Delta_2 = \begin{vmatrix} \dfrac{\partial^2 f}{\partial x^2} & \dfrac{\partial^2 f}{\partial x\, \partial y} \\ \dfrac{\partial^2 f}{\partial y\, \partial x} & \dfrac{\partial^2 f}{\partial y^2} \end{vmatrix} = \begin{vmatrix} -2 & 0 \\ 0 & -4 \end{vmatrix} = (-2)\cdot(-4) - 0 = 8$$

$$\Delta_3 = \begin{vmatrix} \dfrac{\partial^2 f}{\partial x^2} & \dfrac{\partial^2 f}{\partial x\, \partial y} & \dfrac{\partial^2 f}{\partial x\, \partial z} \\ \dfrac{\partial^2 f}{\partial y\, \partial x} & \dfrac{\partial^2 f}{\partial y^2} & \dfrac{\partial^2 f}{\partial y\, \partial z} \\ \dfrac{\partial^2 f}{\partial z\, \partial x} & \dfrac{\partial^2 f}{\partial z\, \partial y} & \dfrac{\partial^2 f}{\partial z^2} \end{vmatrix} = \begin{vmatrix} -2 & 0 & 0 \\ 0 & -4 & 1 \\ 0 & 1 & -2 \end{vmatrix} = -14$$

Como $\Delta_1 < 0$, $\Delta_2 > 0$ e $\Delta_3 < 0$, o ponto $\left(\dfrac{1}{2}, \dfrac{2}{7}, \dfrac{1}{7}\right)$ é máximo local da função.

Exercícios resolvidos

Determine os pontos de máximos e mínimos locais (se existirem).

▶ **Exercício 13.1:**

$$f(x, y, z) = \frac{x^2}{2} + y^2 + \frac{z^2}{2} + \frac{xy}{2} - z - \frac{7x}{2} + 60$$

Solução:

$$\frac{\partial f}{\partial x} = x + \frac{y}{2} - \frac{7}{2} = 0 \rightarrow x = \frac{7}{2} - \frac{y}{2} \quad \text{(I)}$$

$$\frac{\partial f}{\partial y} = 2y + \frac{x}{2} = 0 \rightarrow x = -4y \quad \text{(II)}$$

$\dfrac{\partial f}{\partial z} = z - 1 = 0 \rightarrow z = 1$

Igualando (I) e (II), tem-se:

$\dfrac{7}{2} - \dfrac{y}{2} = -4y \rightarrow 7 - y = -8y \rightarrow 7y = -7 \rightarrow y = -1$

Logo, x = 4
O ponto crítico é (4, −1, 1).

$\dfrac{\partial^2 f}{\partial x^2} = 1; \quad \dfrac{\partial^2 f}{\partial x\, \partial y} = \dfrac{1}{2} = \dfrac{\partial^2 f}{\partial y\, \partial x}$

$\dfrac{\partial^2 f}{\partial x\, \partial z} = 0 = \dfrac{\partial^2 f}{\partial z\, \partial x}; \quad \dfrac{\partial^2 f}{\partial y^2} = 2$

$\dfrac{\partial^2 f}{\partial y\, \partial z} = 0 = \dfrac{\partial^2 f}{\partial z\, \partial y}; \quad \dfrac{\partial^2 f}{\partial z^2} = 1$

$\Delta_1 = 1$

$\Delta_2 = \begin{vmatrix} 1 & 1/2 \\ 1/2 & 2 \end{vmatrix} = \dfrac{7}{4}$

$\Delta_3 = \begin{vmatrix} 1 & 1/2 & 0 \\ 1/2 & 2 & 0 \\ 0 & 0 & 1 \end{vmatrix} = \dfrac{7}{4}$

Como $\Delta_1 > 0$, $\Delta_2 > 0$ e $\Delta_3 > 0$, o ponto (4, −1, 1) é mínimo local da função.

▶ **Exercício 13.2:**

Determine o lucro máximo mensal na fabricação de três tipos de pão, x, y e z, dado que a função lucro foi modelada por

$L_t(x, y, z) = -2x^2 - y^2 - z^2 + 2xy + 2000y$.

Solução:

$\dfrac{\partial L_t}{\partial x} = -4x + 2y = 0 \rightarrow y = 2x \quad \text{(I)}$

$\dfrac{\partial L_t}{\partial y} = -2y + 2x + 2000 = 0 \rightarrow -2y + y + 2000 = 0 \rightarrow y = 2000 \quad \text{(II)}$

$\dfrac{\partial L_i}{\partial z} = -2z = 0 \rightarrow z = 0$ (III)

Logo, x = 1000.

O ponto crítico é (1000, 2000, 0).

$\dfrac{\partial^2 f}{\partial x^2} = -4; \quad \dfrac{\partial^2 f}{\partial x\, \partial y} = 2 = \dfrac{\partial^2 f}{\partial y\, \partial x}$

$\dfrac{\partial^2 f}{\partial x\, \partial z} = 0 = \dfrac{\partial^2 f}{\partial z\, \partial x} \quad ; \quad \dfrac{\partial^2 f}{\partial y^2} = -2$

$\dfrac{\partial^2 f}{\partial y\, \partial z} = 0 = \dfrac{\partial^2 f}{\partial z\, \partial y} \quad ; \quad \dfrac{\partial^2 f}{\partial z^2} = -2$

$\Delta_1 = -4 < 0$

$\Delta_2 = \begin{vmatrix} -4 & 2 \\ 2 & -2 \end{vmatrix} = 4 > 0$

$\Delta_3 = \begin{vmatrix} -4 & 2 & 0 \\ 2 & -2 & 0 \\ 0 & 0 & -2 \end{vmatrix} = -8 < 0$

Como $\Delta_1 < 0$, $\Delta_2 > 0$ e $\Delta_3 < 0$, o ponto (1000, 2000, 0) é o máximo local da função. Logo, para a empresa maximizar o lucro, deve fabricar 1000 pães do tipo 1 e 2000 pães do tipo 2.

Máximos e mínimos condicionados

Seja a função de n variáveis $f(x, x_2, \ldots, x_n)$ sujeita à restrição $g(x_1, x_2, \ldots, x_n) = 0$. A função objetivo é definida como $F(x_1, x_2, \ldots, x_n, \lambda) = f(x_1, x_2, \ldots, x_n) - \lambda g(x_1, x_2, \ldots, x_n)$, onde λ é o multiplicador de Lagrange.

Determina-se o ponto crítico dessa função resolvendo o sistema:

$\begin{cases} \dfrac{\partial F}{\partial x_1} = \dfrac{\partial f}{\partial x_1} - \lambda \dfrac{\partial g}{\partial x_1} = 0 \\ \dfrac{\partial F}{\partial x_2} = \dfrac{\partial f}{\partial x_2} - \lambda \dfrac{\partial g}{\partial x_2} = 0 \\ \vdots \end{cases}$

$$\begin{cases} \dfrac{\partial F}{\partial x_n} = \dfrac{\partial f}{\partial x_n} - \lambda \dfrac{\partial g}{\partial x_n} = 0 \\ \dfrac{\partial F}{\partial \lambda} = -g(x_1, x_2, ..., x_n) = 0 \end{cases}$$

Para cada ponto crítico determinado, deve-se encontrar o determinante hessiano orlado dado por:

$$\Delta_{n+1} = \begin{vmatrix} 0 & \dfrac{\partial g}{\partial x_1} & \dfrac{\partial g}{\partial x_2} & \cdots & \dfrac{\partial g}{\partial x_n} \\ \dfrac{\partial g}{\partial x_1} & \dfrac{\partial^2 F}{\partial x_1^2} & \dfrac{\partial^2 F}{\partial x_1 \partial x_2} & \cdots & \dfrac{\partial^2 F}{\partial x_1 \partial x_n} \\ \dfrac{\partial g}{\partial x_2} & \dfrac{\partial^2 F}{\partial x_2 \partial x_1} & \dfrac{\partial^2 F}{\partial x_2^2} & \cdots & \dfrac{\partial^2 F}{\partial x_2 \partial x_n} \\ \vdots & & & & \\ \dfrac{\partial g}{\partial x_n} & \dfrac{\partial^2 F}{\partial x_n \partial x_1} & \dfrac{\partial^2 F}{\partial x_n \partial x_2} & \cdots & \dfrac{\partial^2 F}{\partial x_n^2} \end{vmatrix}$$

E os menores principais:

$$\Delta_3 = \begin{vmatrix} 0 & \dfrac{\partial g}{\partial x_1} & \dfrac{\partial g}{\partial x_2} \\ \dfrac{\partial g}{\partial x_1} & \dfrac{\partial^2 F}{\partial x_1^2} & \dfrac{\partial^2 F}{\partial x_1 \partial x_2} \\ \dfrac{\partial g}{\partial x_2} & \dfrac{\partial^2 F}{\partial x_2 \partial x_1} & \dfrac{\partial^2 F}{\partial x_2^2} \end{vmatrix}$$

$$\Delta_4 = \begin{vmatrix} 0 & \dfrac{\partial g}{\partial x_1} & \dfrac{\partial g}{\partial x_2} & \dfrac{\partial g}{\partial x_3} \\ \dfrac{\partial g}{\partial x_1} & \dfrac{\partial^2 F}{\partial x_1^2} & \dfrac{\partial^2 F}{\partial x_1 \partial x_2} & \dfrac{\partial^2 F}{\partial x_1 \partial x_3} \\ \dfrac{\partial g}{\partial x_2} & \dfrac{\partial^2 F}{\partial x_2 \partial x_1} & \dfrac{\partial^2 F}{\partial x_2^2} & \dfrac{\partial^2 F}{\partial x_2 \partial x_3} \\ \dfrac{\partial g}{\partial x_3} & \dfrac{\partial^2 F}{\partial x_3 \partial x_1} & \dfrac{\partial^2 F}{\partial x_3 \partial x_2} & \dfrac{\partial^2 F}{\partial x_3^2} \end{vmatrix}$$

$\vdots$

Δ_{n+1}

◗ O ponto crítico é:
(A) Um máximo local da função f se $\Delta_3 > 0, \Delta_4 < 0, \Delta_5 > 0, \ldots$
(B) Um mínimo local da função f se $\Delta_3 < 0, \Delta_4 < 0, \Delta_5 < 0, \ldots$
◗ Se nenhuma dessas condições se verifica, a função deve ser examinada na vizinhança do ponto crítico.

◗ **Exemplo 13.2**

Determine os valores de x, y e z que minimizam a função:
$f(x, y, z) = x^2 + 4y^2 + z^2 - 4xy - 6z$
Função sujeita à restrição $x + y + z = 15$.
Determinação da função objetivo:
$F(x, y, z, \lambda) = x^2 + 4y^2 + z^2 - 4xy - 6z - \lambda(x + y + z - 15)$
Determinação dos pontos críticos:

$\dfrac{\partial F}{\partial x} = 2x - 4y - \lambda = 0 \rightarrow \lambda = 2x - 4y$ (I)

$\dfrac{\partial F}{\partial y} = 8y - 4x - \lambda = 0 \rightarrow \lambda = 8y - 4x$ (II)

$\dfrac{\partial F}{\partial z} = 2z - 6 - \lambda = 0 \rightarrow \lambda = 2z - 6$ (III)

$\dfrac{\partial F}{\partial \lambda} = -(x + y + z - 15) = 0$ (IV)

Igualando (I) e (II), tem-se:
$2x - 4y = 8y - 4x \rightarrow 6x = 12y \rightarrow x = 2y$
Igualando (I) e (III), tem-se:
$2x - 4y = 2z - 6$
Substituindo x, tem-se:
$2(2y) - 4y = 2z - 6 \rightarrow 2z = 6 \rightarrow z = 3$
Logo, $\lambda = 0$.
Substituindo x e z em (IV), tem-se:
$-2y - y - 3 + 15 = 0 \rightarrow -3y = -12 \rightarrow y = 4$
Logo, $x = 8$.
O ponto crítico é $(8, 4, 3)$ e $\lambda = 0$.

Para calcular os menores do determinante orlado,

$$\frac{\partial^2 F}{\partial x^2} = 2 \quad ; \quad \frac{\partial^2 F}{\partial x\, \partial y} = -4 = \frac{\partial^2 F}{\partial y\, \partial x}$$

$$\frac{\partial^2 F}{\partial x\, \partial z} = 0 = \frac{\partial^2 F}{\partial z\, \partial x} \quad ; \quad \frac{\partial^2 F}{\partial y^2} = 8$$

$$\frac{\partial^2 F}{\partial y\, \partial z} = 0 = \frac{\partial^2 F}{\partial z\, \partial y} \quad ; \quad \frac{\partial^2 F}{\partial z^2} = 2$$

Como $g(x, y, z) = x + y + z - 15 = 0$

$$\frac{\partial g}{\partial x} = 1; \quad \frac{\partial g}{\partial y} = 1; \quad \frac{\partial g}{\partial z} = 1$$

Como são 3 variáveis, calculam-se Δ_3 e Δ_4:

$$\Delta_3 = \begin{vmatrix} 0 & 1 & 1 \\ 1 & 2 & -4 \\ 1 & -4 & 8 \end{vmatrix} = -18 < 0$$

$$\Delta_4 = \begin{vmatrix} 0 & 1 & 1 & 1 \\ 1 & 2 & -4 & 0 \\ 1 & -4 & 8 & 0 \\ 1 & 0 & 0 & 2 \end{vmatrix}$$

expandindo pelos elementos da 1ª linha,

$$0(-1)^{1+1} \begin{vmatrix} 2 & -4 & 0 \\ -4 & 8 & 0 \\ 0 & 0 & 2 \end{vmatrix} + 1(-1)^{1+2} \begin{vmatrix} 1 & -4 & 0 \\ 1 & 8 & 0 \\ 1 & 0 & 2 \end{vmatrix} +$$

$$1(-1)^{1+3} \begin{vmatrix} 1 & 2 & 0 \\ 1 & -4 & 0 \\ 1 & 0 & 2 \end{vmatrix} + 1(-1)^{1+4} \begin{vmatrix} 1 & 2 & -4 \\ 1 & -4 & 8 \\ 1 & 0 & 0 \end{vmatrix}$$

$$= -\begin{vmatrix} 1 & -4 & 0 \\ 1 & 8 & 0 \\ 1 & 0 & 2 \end{vmatrix} + \begin{vmatrix} 1 & 2 & 0 \\ 1 & -4 & 0 \\ 1 & 0 & 2 \end{vmatrix} - \begin{vmatrix} 1 & 2 & -4 \\ 1 & -4 & 8 \\ 1 & 0 & 0 \end{vmatrix} = -36 < 0$$

Como $\Delta_3 < 0$ e $\Delta_4 < 0$, o ponto $(8, 4, 3)$ é mínimo relativo da função.

Exercícios resolvidos

Determine os máximos/mínimos das funções sujeitas às condições:

▶ **Exercício 13.3:**
$f(x, y, z) = xy + xz + yz$
Sujeito à $xyz = 125$
Solução:
Determinação da função objetivo:
$F(x, y, z, \lambda) = xy + xz + yz - \lambda(xyz - 125)$
Determinação dos pontos críticos:

$$\frac{\partial F}{\partial x} = y + z - \lambda yz = 0 \rightarrow \lambda = \frac{y+z}{yz} \quad \text{(I)}$$

$$\frac{\partial F}{\partial y} = x + z - \lambda xz = 0 \rightarrow \lambda = \frac{x+z}{xz} \quad \text{(II)}$$

$$\frac{\partial F}{\partial z} = x + y - \lambda xy = 0 \rightarrow \lambda = \frac{x+y}{xy} \quad \text{(III)}$$

$$\frac{\partial F}{\partial \lambda} = -(xyz - 125) = 0 \rightarrow xyz = 125 \quad \text{(IV)}$$

Igualando (I) e (II) e como $x \neq 0$, $y \neq 0$ e $z \neq 0$, tem-se:

$$\frac{y+z}{yz} = \frac{x+z}{xz} \rightarrow xy + xz = xy + yz \rightarrow x = y$$

Igualando (I) e (III), tem-se:

$$\frac{y+z}{yz} = \frac{x+3y}{xy} \rightarrow xy + xz = xz + yz \rightarrow x = z$$

Logo, $x = y = z$.
Como $xyz = 125$, tem-se que $x = y = z = 5$

O ponto crítico é $(5, 5, 5)$ e $\lambda = \frac{2}{5}$.

Para calcular os menores do determinante hessiano orlado:

$$\frac{\partial^2 F}{\partial x^2} = 0 \ ; \quad \frac{\partial^2 F}{\partial x \, \partial y} = 1 - \lambda z = \frac{\partial^2 F}{\partial y \, \partial x}$$

$$\frac{\partial^2 F}{\partial x \, \partial z} = 1 - \lambda y = \frac{\partial^2 F}{\partial z \, \partial x} \ ; \quad \frac{\partial^2 F}{\partial y^2} = 0$$

$$\frac{\partial^2 F}{\partial y\, \partial z} = 1 - \lambda = \frac{\partial^2 F}{\partial z\, \partial y}\,;\quad \frac{\partial^2 F}{\partial z^2} = 0$$

Como $g(x, y, z) = xyz - 125 = 0$

$$\frac{\partial g}{\partial x} = yz;\quad \frac{\partial g}{\partial y} = xz;\quad \frac{\partial g}{\partial z} = xy$$

No ponto crítico $(5, 5, 5)$ e $\lambda = \dfrac{2}{5}$:

$$\frac{\partial^2 F}{\partial x\, \partial y} = 1 - \frac{2}{5}\cdot 5 = -1 = \frac{\partial^2 F}{\partial y\, \partial x}\,;\quad \frac{\partial^2 F}{\partial x\, \partial z} = 1 - \frac{2}{5}\cdot 5 = -1 = \frac{\partial^2 F}{\partial z\, \partial x}$$

$$\frac{\partial^2 F}{\partial y\, \partial z} = 1 - \frac{2}{5}\cdot 5 = -1 = \frac{\partial^2 F}{\partial z\, \partial y}\,;\quad \frac{\partial g}{\partial x} = 5\cdot 5 = 25$$

$$\frac{\partial g}{\partial y} = 5\cdot 5 = 25;\quad \frac{\partial g}{\partial z} = 5\cdot 5 = 25$$

Como a função condicionada tem 3 variáveis, os menores do determinante hessiano orlado no ponto crítico são:

$$\Delta_3 = \begin{vmatrix} 0 & 25 & 25 \\ 25 & 0 & -1 \\ 25 & -1 & 0 \end{vmatrix} = -1250 < 0$$

$$\Delta_4 = \begin{vmatrix} 0 & 25 & 25 & 25 \\ 25 & 0 & -1 & -1 \\ 25 & -1 & 0 & -1 \\ 25 & -1 & -1 & 0 \end{vmatrix}$$

Expandindo pelos elementos da 1ª linha, tem-se:

$$0(-1)^{1+1}\begin{vmatrix} 0 & -1 & -1 \\ -1 & 0 & -1 \\ -1 & -1 & 0 \end{vmatrix} + 25(-1)^{1+2}\begin{vmatrix} 25 & -1 & -1 \\ 25 & 0 & -1 \\ 25 & -1 & 0 \end{vmatrix} +$$

$$25(-1)^{1+3}\begin{vmatrix} 25 & 0 & -1 \\ 25 & -1 & -1 \\ 25 & -1 & 0 \end{vmatrix} + 25(-1)^{1+4}\begin{vmatrix} 25 & 0 & -1 \\ 25 & -1 & 0 \\ 25 & -1 & -1 \end{vmatrix} = -1875 < 0.$$

Como $\Delta_3 < 0$ e $\Delta_4 < 0$, o ponto $(5, 5, 5)$ é mínimo relativo da função.

▶ **Exercício 13.4:**
$f(x, y, z) = 5x^2 + 10y^2 + z^2 - 4xy - 2xz - 36y$
Sujeito à $x + y + z = 3$.
Solução:
Determinação da função objetivo:
$F(x, y, z, \lambda) = 5x^2 + 10y^2 + z^2 - 4xy - 2xz - 36y - \lambda(x + y + z - 3)$

$\dfrac{\partial F}{\partial x} = 10x - 4y - 2z - \lambda = 0 \rightarrow \lambda = 10x - 4y - 2z$ \quad (I)

$\dfrac{\partial F}{\partial y} = 20y - 4x - 36 - \lambda = 0 \rightarrow \lambda = 20y - 4x - 36$ \quad (II)

$\dfrac{\partial F}{\partial z} = 2z - 2x - \lambda = 0 \rightarrow \lambda = 2z - 2x$ \quad (III)

$\dfrac{\partial F}{\partial \lambda} = -(x + y + z - 3) = 0 \rightarrow -x - y - z + 3 = 0 \rightarrow x + y + z = 3$ \quad (IV)

Igualando (I) e (II), tem-se:
$10x - 4y - 2z = 20y - 4x - 36$
$14x - 24y - 2z = -36 \rightarrow z = 7x - 12y + 18$ \quad (V)

Igualando (II) e (III), tem-se:
$20y - 4x - 36 = 2z - 2x$
$20y - 2x - 2z = 36 \rightarrow z = 10y - x - 18$ \quad (VI)

Igualando (V) e (VI), tem-se:
$7x - 12y + 18 = 10y - x - 18 \rightarrow x = \dfrac{11}{4}y - \dfrac{18}{4}$

Substituindo x em (VI), tem-se:

$z = 10y - \dfrac{11}{4}y + \dfrac{18}{4} - 18 \rightarrow z = \dfrac{29}{4}y - \dfrac{54}{4}$

Substituindo x e z em (IV), tem-se:

$\dfrac{11}{4}y - \dfrac{18}{4} + y + \dfrac{29}{4}y - \dfrac{54}{4} = 3 \rightarrow y = \dfrac{21}{11}$

Logo, $x = \dfrac{3}{4}$, $z = \dfrac{15}{44}$ e $\lambda = -\dfrac{9}{11}$.

O ponto crítico é $\left(\dfrac{3}{4}, \dfrac{21}{11}, \dfrac{15}{44}\right)$ e $\lambda = -\dfrac{9}{11}$

$$\frac{\partial^2 F}{\partial x^2} = 10 \quad ; \quad \frac{\partial^2 F}{\partial x \, \partial y} = -4 = \frac{\partial^2 F}{\partial y \, \partial x}$$

$$\frac{\partial^2 F}{\partial x \, \partial z} = -2 = \frac{\partial^2 F}{\partial z \, \partial x} \quad ; \quad \frac{\partial^2 F}{\partial y^2} = 20$$

$$\frac{\partial^2 F}{\partial y \, \partial z} = 0 = \frac{\partial^2 F}{\partial z \, \partial y} \quad ; \quad \frac{\partial^2 F}{\partial z^2} = 2$$

Como $g(x, y, z) = x + y + z - 3 = 0$;

$$\frac{\partial g}{\partial x} = 1 \quad ; \quad \frac{\partial g}{\partial y} = 1 \quad ; \quad \frac{\partial g}{\partial z} = 1$$

$$\Delta_3 = \begin{vmatrix} 0 & 1 & 1 \\ 1 & 10 & -4 \\ 1 & -4 & 20 \end{vmatrix} = -38 < 0$$

$$\Delta_4 = \begin{vmatrix} 0 & 1 & 1 & 1 \\ 1 & 10 & -4 & -2 \\ 1 & -4 & 20 & 0 \\ 1 & -2 & 0 & 2 \end{vmatrix}$$

Expandindo em termos de 1ª linha, tem-se:

$$0(-1)^{1+1} \begin{vmatrix} 10 & -4 & -2 \\ -4 & 20 & 0 \\ -2 & 0 & 2 \end{vmatrix} + 1(-1)^{1+2} \begin{vmatrix} 1 & -4 & -2 \\ 1 & 20 & 0 \\ 1 & 0 & 2 \end{vmatrix} +$$

$$1(-1)^{1+3} \begin{vmatrix} 1 & 10 & -2 \\ 1 & -4 & 0 \\ 1 & -2 & 2 \end{vmatrix} + 1(-1)^{1+4} \begin{vmatrix} 1 & 10 & -4 \\ 1 & -4 & 20 \\ 1 & -2 & 0 \end{vmatrix} = -352 < 0$$

Como $\Delta_3 < 0$ e $\Delta_4 < 0$, o ponto $\left(\dfrac{3}{4}, \dfrac{21}{11}, \dfrac{15}{44}\right)$ é mínimo relativo da função.

Aplicações

Em casos reais, o número de variáveis é bastante grande. As aplicações aqui ilustradas terão no máximo 3 variáveis. Também nos casos reais, as funções condicionadas podem conter mais de uma restrição, linear ou não. Nesse caso, o modelo pode ser resolvido utilizando-se métodos de otimização descritos em tipos de programação: linear, não linear, quadrática e inteira.

Exercícios resolvidos

▶ **Exercício 13.5:**

Uma indústria produz três tipos de refrigerantes em quantidades x, y, z, em milhares, com custo total dado por $C_t(x, y, z) = 2xy + 6yz + 8xz$. Determine a quantidade ótima de cada um dos produtos sabendo que a capacidade total do setor de estoque está limitado a xyz = 12000.

Solução:

$C_t(x, y, z) = 2xy + 6yz + 8xz$

Com a restrição xyz =12000.

A função objetivo é:

$F(x, y, z, \lambda) = 2xy + 6yz + 8xz - \lambda(xyz - 12000)$

Determinação dos pontos críticos:

$\dfrac{\partial F}{\partial x} = 2y + 8z - \lambda yz = 0 \rightarrow \lambda = \dfrac{2y + 8z}{yz}$ (I)

$\dfrac{\partial F}{\partial y} = 2x + 6z - \lambda xz = 0 \rightarrow \lambda = \dfrac{2x + 6z}{xz}$ (II)

$\dfrac{\partial F}{\partial z} = 6y + 8x - \lambda xy = 0 \rightarrow \lambda = \dfrac{6y + 8x}{xy}$ (III)

$\dfrac{\partial F}{\partial \lambda} = -(xyz - 12000) = 0 \rightarrow -xyz + 12000 = 0 \rightarrow xyz = 12000$

Igualando (I) e (II), tem-se:

$\dfrac{2y + 8z}{yz} = \dfrac{2x + 6z}{xz} \rightarrow 2xy + 8xz = 2xy + 6yz$

$8xz = 6yz \rightarrow 8x = 6y \rightarrow x = \dfrac{3y}{4}$ pois $z \neq 0$

Igualando (II) e (III), tem-se:

$\dfrac{2x + 6z}{xz} = \dfrac{6y + 8x}{xy} \rightarrow 2xy + 6yz = 6yz + 8xz$

$2xy = 8xz \rightarrow 2y = 8z$, pois $x \neq 0 \rightarrow y = 4z \rightarrow z = \dfrac{y}{4}$

Substituindo x e z em (IV), tem-se:

$\dfrac{3y}{4} \cdot y \cdot \dfrac{y}{4} = 12000 \rightarrow y^3 = 64000 \rightarrow y = 40$

Logo, $x = 30$, $z = 10$ e $\lambda = \dfrac{2}{5}$.

O ponto crítico é $(30, 40, 10)$ e $\lambda = \dfrac{2}{5}$.

Cálculo dos menores do determinante hessiano orlado:

$$\dfrac{\partial^2 F}{\partial x^2} = 0; \quad \dfrac{\partial^2 F}{\partial x \, \partial y} = 2 - \lambda z = \dfrac{\partial^2 F}{\partial y \, \partial x}$$

$$\dfrac{\partial^2 F}{\partial x \, \partial z} = 8 - \lambda y = \dfrac{\partial^2 F}{\partial z \, \partial x}; \quad \dfrac{\partial^2 F}{\partial y^2} = 0$$

$$\dfrac{\partial^2 F}{\partial y \, \partial z} = 6 - \lambda x = \dfrac{\partial^2 F}{\partial z \, \partial y}; \quad \dfrac{\partial^2 F}{\partial z^2} = 0$$

Como $g(x, y, z) = xyz - 12000 = 0$,

$$\dfrac{\partial g}{\partial x} = yz \qquad \dfrac{\partial g}{\partial y} = xz \qquad \dfrac{\partial g}{\partial z} = xy$$

No ponto $(30, 40, 10)$ e $\lambda = \dfrac{2}{5}$,

$$\dfrac{\partial^2 F}{\partial x \, \partial y} = -2 = \dfrac{\partial^2 F}{\partial y \, \partial x}; \quad \dfrac{\partial^2 F}{\partial x \, \partial z} = -8 = \dfrac{\partial^2 F}{\partial z \, \partial x}$$

$$\dfrac{\partial^2 F}{\partial y \, \partial z} = -6 = \dfrac{\partial^2 F}{\partial z \, \partial y}; \quad \dfrac{\partial g}{\partial x} = 40 \cdot 10 = 400$$

$$\dfrac{\partial g}{\partial y} = 30 \cdot 10 = 300; \quad \dfrac{\partial g}{\partial z} = 30 \cdot 40 = 1200$$

Como a função condicionada tem 3 variáveis, deve-se verificar o sinal de Δ_3 e Δ_4.

$$\Delta_3 = \begin{vmatrix} 0 & 400 & 300 \\ 400 & 0 & -2 \\ 300 & -2 & 0 \end{vmatrix} = -480000 < 0$$

$$\Delta_4 = \begin{vmatrix} 0 & 400 & 300 & 1200 \\ 400 & 0 & -2 & -8 \\ 300 & -2 & 0 & -6 \\ 1200 & -8 & -6 & 0 \end{vmatrix} =$$

Expandindo em termos da 1ª linha, tem-se:

$$0(-1)^{1+1}\begin{vmatrix} 0 & -2 & -8 \\ -2 & 0 & -6 \\ -8 & -6 & 0 \end{vmatrix} + 400(-1)^{1+2}\begin{vmatrix} 400 & -2 & -8 \\ 300 & 0 & -6 \\ 1200 & -6 & 0 \end{vmatrix} +$$

$$300(-1)^{1+3}\begin{vmatrix} 400 & 0 & -8 \\ 300 & -2 & -6 \\ 1200 & -8 & 0 \end{vmatrix} + 1200(-1)^{1+4}\begin{vmatrix} 400 & 0 & -2 \\ 300 & -2 & 0 \\ 1200 & -8 & -6 \end{vmatrix} = -17280000 < 0$$

Como $\Delta_3 < 0$ e $\Delta_4 < 0$, o ponto $(30, 40, 10)$ é o mínimo relativo da função.

Logo, a produção ótima para minimizar os custos da indústria é de 30 refrigerantes do tipo 1, 40 do tipo 2 e 10 do tipo 3.

▶ **Exercício 13.6:**

O lucro total de uma indústria da produção de 3 tipos de sabão em pó, x, y e z (em mil toneladas), é $L_t(x, y, z) = x^2 + y^2 + z^2$. Sabendo-se que existe uma restrição imposta pelo setor de qualidade dos produtos modelada por $3x + 2y + z = 6$, determine a produção ótima para que a indústria maximize seu lucro.

Solução:

$L_t(x, y, z) = x^2 + y^2 + z^2$

Sujeito à $3x + 2y + z = 6$.

A função objetivo é:

$F(x, y, z, \lambda) = x^2 + y^2 + z^2 - \lambda(3x + 2y + z - 6)$

Determinação dos pontos críticos:

$\dfrac{\partial F}{\partial x} = 2x - 3\lambda = 0 \rightarrow 3\lambda = 2x \rightarrow \lambda = \dfrac{2x}{3}$ \quad (I)

$\dfrac{\partial F}{\partial y} = 2y - 2\lambda = 0 \rightarrow 2\lambda = 2y \rightarrow \lambda = y$ \quad (II)

$\dfrac{\partial F}{\partial z} = 2z - \lambda = 0 \rightarrow \lambda = 2z$ \quad (III)

$\dfrac{\partial F}{\partial \lambda} = -(3x + 2y + z - 6) = 0 \rightarrow -3x - 2y - z + 6 = 0 \rightarrow 3x + 2y + z = 6$ \quad (IV)

Igualando (I) e (II), tem-se: $\dfrac{2x}{3} = y$

Igualando (II) e (III), tem-se: $y = 2z$

Logo, $\dfrac{2x}{3} = 2z \rightarrow x = 3z$.

Substituindo x e y em (IV), tem-se:

$3(3z) + 2(2z) + z = 6 \rightarrow 9z + 4z + z = 6 \rightarrow 14z = 6 \rightarrow z = \dfrac{3}{7}$

Logo, $x = \dfrac{9}{7}$, $y = \dfrac{6}{7}$ e $\lambda = \dfrac{6}{7}$.

O ponto crítico é $\left(\dfrac{9}{7}, \dfrac{6}{7}, \dfrac{3}{7}\right)$ e $\lambda = \dfrac{6}{7}$.

Cálculo dos menores do determinante hessiano orlado:

$\dfrac{\partial^2 F}{\partial x^2} = 2$; $\quad \dfrac{\partial^2 F}{\partial x\, \partial y} = 0 = \dfrac{\partial^2 F}{\partial y\, \partial x}$

$\dfrac{\partial^2 F}{\partial x\, \partial z} = 0 = \dfrac{\partial^2 F}{\partial z\, \partial x}$; $\quad \dfrac{\partial^2 F}{\partial y^2} = 2$

$\dfrac{\partial^2 F}{\partial y\, \partial z} = 0 = \dfrac{\partial^2 F}{\partial z\, \partial y}$; $\quad \dfrac{\partial^2 F}{\partial z^2} = 2$

Como $g(x, y, z) = 3x + 2y + z - 6 = 0$,

$\dfrac{\partial g}{\partial x} = 3$; $\quad \dfrac{\partial g}{\partial y} = 2$; $\quad \dfrac{\partial g}{\partial z} = 1$

$\Delta_3 = \begin{vmatrix} 0 & 3 & 2 \\ 3 & 2 & 0 \\ 2 & 0 & 2 \end{vmatrix} = -26 < 0$

$\Delta_4 = \begin{vmatrix} 0 & 3 & 2 & 1 \\ 3 & 2 & 0 & 0 \\ 2 & 0 & 2 & 0 \\ 1 & 0 & 0 & 2 \end{vmatrix}$

Expandindo em termos da 2ª linha, tem-se:

$3(-1)^{2+1} \begin{vmatrix} 3 & 2 & 1 \\ 0 & 2 & 0 \\ 0 & 0 & 2 \end{vmatrix} + 2(-1)^{2+2} \begin{vmatrix} 0 & 2 & 1 \\ 2 & 2 & 0 \\ 1 & 0 & 2 \end{vmatrix} +$

$0(-1)^{2+3} \begin{vmatrix} 0 & 3 & 1 \\ 2 & 0 & 0 \\ 1 & 0 & 2 \end{vmatrix} + 0(-1)^{2+4} \begin{vmatrix} 0 & 3 & 2 \\ 2 & 0 & 2 \\ 1 & 0 & 0 \end{vmatrix} = -56 < 0$

Como $\Delta_3 < 0$ e $\Delta_4 < 0$, o ponto $\left(\dfrac{9}{7}, \dfrac{6}{7}, \dfrac{3}{7}\right)$ é o mínimo relativo da função.

Então, o número ótimo de x é $\dfrac{9}{7}$, y é $\dfrac{6}{7}$ e z é $\dfrac{3}{7}$ em 1000 toneladas para maximizar o lucro da indústria.

Exercícios propostos

Determine os pontos de máximo e de mínimo (se houver) das funções:

▶ 13.1: $f(x, y, z) = 5x^2 + 4y^2 + z^2 + 3xy - 5x + 4y - 15$

▶ 13.2: $f(x, y, z) = 2x^2 + y^2 + z^2 + xy - 2z - 7y - 5$

▶ 13.3: $f(x, y, z) = -x^2 - 2y^2 - z^2 + xy + z + 3$

▶ 13.4: $f(x, y, z) = 2x^2 + 4y^2 + z^2 - 4xy - 6z$

▶ 13.5: $f(x, y, z) = xy + 10x - x^2 - y^2 - z^2 + 2z$

▶ 13.6: $f(x, y, z) = 2x^2 + 3y^2 + z^2 - 2x - y - z + 5$

▶ 13.7: $f(x, y, z) = e^{-x^2-y^2-z^2+xy+2z}$

▶ 13.8: $f(x, y, z) = e^{4x^2+2y^2+z^2-5xy-4z}$

Determine os pontos de máximos ou mínimos relativos (se existirem):

▶ 13.9: $f(x, y, z) = xy + xz + yz$ sujeito a $xyz = 343$

▶ 13.10: $f(x, y, z) = 4x^2 + y^2 + z^2$ sujeito a $2x - y + z = 4$

▶ 13.11: $f(x, y, z) = -2x^2 - 5y^2 - 3z^2 + 2xy + 5z$ sujeito a $x + y + z = 40$

▶ 13.12: $f(x, y, z) = 3x^2 + 2y^2 + 4z^2 + 1$ sujeito a $2x + 4y - 6z = -5$

▶ 13.13: $f(x, y, z) = -x^2 - 2y^2 - z^2 + xy + z + 50$ sujeito a $x + y + z = 35$

▶ 13.14: $f(x, y, z) = x^2 + y^2 + 4z^2 - 4xy - 6y - 7$ sujeito a $x + y + z = 15$

▶ 13.15: Uma indústria de enlatados produz 3 tipos de massa de tomate, tipos 1, 2 e 3 (em 1000 unidades). A função lucro total da indústria é modelada por $L_t(x, y, z) = xyz$. Sabe-se que existe uma restrição na produção, por causa de uma greve, que foi modelada por $2x + 2y + z = 84$. Determine o número ótimo de produção de cada tipo de massa de tomate para maximizar o lucro da indústria.

▶ **13.16:** Uma companhia manufatura três modelos básicos de termostatos. A receita mensal é dada por
$$R(x, y, z) = -\frac{1}{4}x^2 - \frac{3}{8}y^2 - \frac{5}{8}z^2 - \frac{1}{4}xy + 300x + 240y + 200z,$$
onde x, y e z denotam o número de termostatos produzidos mensalmente dos tipos 1, 2 e 3, respectivamente. O custo total mensal envolvido na produção desses termostatos é de $C(x, y, z) = 180x + 140y + 100z + 5000$. Determine quantos termostatos de cada modelo a companhia deve produzir a fim de maximizar seus lucros. Justifique. Qual é o lucro máximo?

▶ **13.17:** Determine três números reais positivos cuja soma seja 15 e cujo produto seja o maior possível.

▶ **13.18:** Uma cervejaria produz três tipos diferentes de cerveja: *premium*, *extra* e *light*. O custo de produção diário por caixa da cerveja *premium* é dado por $C(x) = 3x^2 + 200$; o da cerveja *extra*, por $C(y) = y^2 + 400$; e o da *light*, por $C(z) = 2z^2 + 300$. Se um pedido de 2200 caixas deve ser entregue no final do dia, como deve estar distribuída a produção, de forma a otimizar o custo total de produção?

▶ **13.19:** Uma empresa tem três fábricas (A, B e C) que produzem o mesmo produto em quantidades x, y e z (em toneladas), respectivamente. Determine o número ótimo de produção de cada fábrica para minimizar o custo total da empresa modelado por $C_t(x, y, z) = x^2 + y^2 + z^2 + xyz$, sabendo que o departamento de vendas restringiu a produção por $xyz = 1000$.

▶ **13.20:** Uma empresa distribui três tipos de revistas (A, B e C) em quantidades x, y e z (em mil unidades), respectivamente. A função de receita é dada por
$$R(x, y, z) = -2x^2 - y^2 - \frac{z^2}{2} + xy + 57x + 3000$$ e a função de custo total é dada por
$$C(x, y, z) = x^2 + y^2 + \frac{z^2}{2} + 11x - 2z + 500.$$ Determine as quantidades x, y e z para que o lucro seja ótimo.

▶ **13.21:** Determine o custo mínimo de importação em toneladas de uma empresa com três fornecedores, x, y e z, modelado por $C_t(x, y, z) = x^2 + y^2 + z^2$, considerando a restrição de espaço para armazenagem dada por $xyz = 216$.

14
Integrais múltiplas

Após o estudo deste capítulo, você estará apto a solucionar integrais múltiplas e a ilustrar suas aplicações.

Definição

Uma integral simples refere-se à integral de uma função de uma única variável em um intervalo fechado, em que essa é definida, e também à área entre o eixo x e a curva f(x).

Uma integral múltipla refere-se à integral de uma função de mais de uma variável em uma região fechada, em que essa é definida, e também ao volume entre o plano xy e a superfície da curva (função de duas variáveis).

Seja R a região do plano xy limitada pelas retas $x = a$ e $y = b$ e pelas curvas $y = h(x)$ e $y = g(x)$, onde f e g são duas funções contínuas em [a,b] e $g(x) \leq h(x)$ para todo x em [a,b], como demonstra a Figura 14.1.

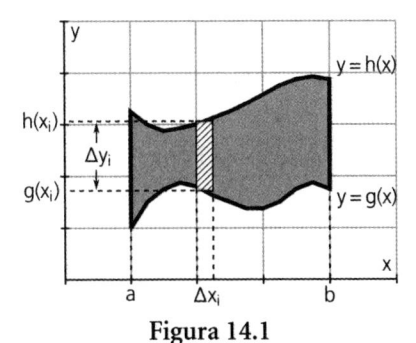

Figura 14.1

Dividindo-se a região R acima em sub-regiões retangulares com base Δx_i e altura Δy, a área de cada retângulo será dada por $\Delta x_i \cdot \Delta y$.

Supondo $f(x,y)$ uma função não negativa em R, o gráfico da equação $z = f(x,y)$ é uma superfície que está acima do plano xy, como demonstra a Figura 14.2.

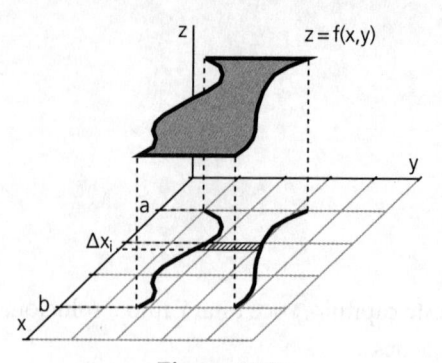

Figura 14.2

A Figura 14.3 mostra um sólido retangular cuja base é a sub-região selecionada acima e altura $f(x_i, y_i)$, onde (x_i, y_i) é um ponto na i-ésima sub-região. O volume deste sólido retangular é dado por $V_i = f(x_i, y_i) \cdot \Delta x_i \Delta y$.

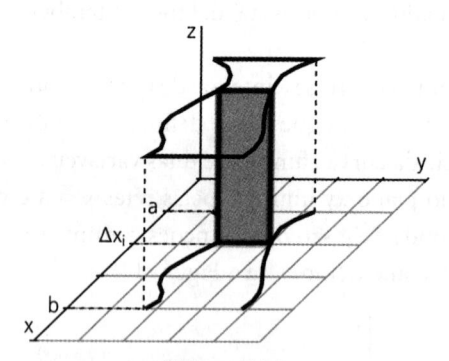

Figura 14.3

Para cada sub-região será determinado um volume, e a soma das medidas de todos esses volumes aproxima-se do volume do sólido tridimensional apresentado a seguir.

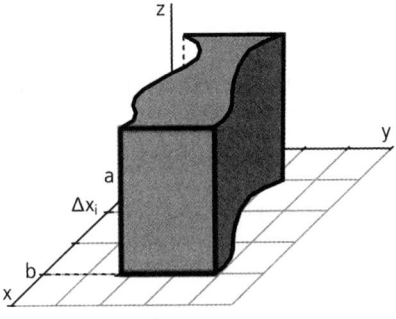

Figura 14.4

Logo, $V = \int_a^b \int_{g(x)}^{h(x)} f(x,y) dy\, dx$.

Pode-se também calcular a área entre as curvas por meio da integral dupla, basta fazermos $f(x,y) = 1$ e teremos

$$A = \iint_R dA = \iint_R dx\, dy = \iint_R dy\, dx.$$

As integrais múltiplas são calculadas por integração parcial sucessiva. A integral definida $\int_a^b f(x)dx$ de uma função de uma variável, em um intervalo $a \leq x \leq b$, foi definida anteriormente.

Integrais duplas

Pode-se fazer uma extensão dessa noção, chegando-se à integral dupla $\iint_R f(x,y)dA$ de uma função de duas variáveis independentes, em uma região fechada, cujos pontos são (x, y) e cuja área é dA.

O cálculo da integral dupla $\iint_R f(x,y)dA$ é feito por meio de integrais sucessivas, onde R são os limites de integração. Por definição,

$$\int_a^b \int_{y=g(x)}^{y=h(x)} f(x,y) dy\, dx = \int_a^b \left[\int_{y=g(x)}^{y=h(x)} f(x,y) dy \right] dx \text{ e}$$

$$\int_c^d \int_{x=g(y)}^{x=h(y)} f(x,y) dx\, dy = \int_c^d \left[\int_{x=g(y)}^{x=h(y)} f(x,y) dx \right] dy.$$

Então, para calcular uma integral iterada, primeiro resolve-se a integral mais interna e, depois, integra-se esse resultado em relação a outra variável.

▶ **Teorema:**
i) $\iint_R cf(x,y)dA = c\iint_R f(x,y)dA$

ii) $\iint_R [f(x,y) + g(x,y)]dA = \iint_R f(x,y)dA + \iint_R g(x,y)dA$

iii) Se $R = R_1 \cup R_2$ onde R_1 e R_2 têm no máximo apenas os pontos fronteira em comum, então

$$\int_R\int f(x,y)dA = \int_{R_1}\int f(x,y)dA + \int_{R_2}\int f(x,y)dA$$

iv) Se $f(x,y) \geq 0$ em R, então $\int_R\int f(x,y)dA \geq 0$.

▶ **Exemplo 14.1**

$$\int_0^1\int_1^2 (3x + 2y)dx\,dy$$

A diferencial dx indica que a integração é feita para a variável x. Nesse caso, y é considerada constante, ou seja, integra-se em relação a x:

$$\int_0^1\int_1^2 (3x + 2y)dx\,dy = \int_0^1\left[\int_1^2 (3x + 2y)dx\right]dy =$$

$$\int_0^1\left[\left(\frac{3x^2}{2} + 2yx\right)\right]_1^2 dx = \int_0^1\left[\left(\frac{3\cdot 2^2}{2} + 2y\cdot 2\right) - \left(\frac{3\cdot 1^2}{2} + 2y\cdot 1\right)\right]dy =$$

$$\int_0^1\left[(6 + 4y) - \left(\frac{3}{2} + 2y\right)\right]dy = \int_0^1 \left(\frac{9}{2} + 2y\right)dy$$

Integra-se então em relação a y:

$$\int_0^1 \left(\frac{9}{2} + 2y\right)dy = \left[\frac{9y}{2} + 2y^2\right]_0^1 = \left(\frac{9\cdot 1^2}{2} + 1^2\right) - \left(\frac{9\cdot 0}{2} + 0^2\right) = \frac{9}{2} + 1 = \frac{11}{2}$$

Logo, $\int_0^1\int_1^2 (3x + 2y)dx\,dy = \frac{11}{2}$.

Exercícios resolvidos

Calcule as integrais:
▶ **Exercício 14.1:**

$$\int_0^1\int_{-1}^1 (3x^2 + y^2)dx\,dy$$

Solução:
Integrando primeiro em relação a x, tem-se:

$$\int_0^1\left[\int_{-1}^1 (3x^2 + y^2)dx\right]dy = \int_0^1\left[x^3 + y^2 x\right]_{-1}^1 dy = \int_0^1\left[1^3 + y^2\cdot 1) - ((-1)^3 + y^2\cdot(-1))\right]dy =$$

$$\int_0^1\left[(1 + y^2) - (-1 - y^2)\right]dy = \int_0^1 (2 + 2y^2)dy$$

Integrando em relação a y, tem-se:

$$\int_0^1 (2 + 2y^2)dy = \left[2y + \frac{2y^3}{3}\right]_0^1 = \left(2 \cdot 1 + \frac{2 \cdot 1}{3}\right) - \left(2 \cdot 0 + \frac{2 \cdot 0}{3}\right) = 2 + \frac{2}{3} = \frac{8}{3}$$

Logo, $\int_0^1\int_{-1}^1 (3x^2 + y^2)dx\,dy = \frac{8}{3}$.

▶ **Exercício 14.2:**

$\int_0^1\int_0^1 e^{x+y}dx\,dy$

Solução:
Integrando em relação a x, tem-se:

$$\int_0^1\left[\int_0^1 e^{x+y}dx\right]dy = \int_0^1\left[e^{x+y}\right]_0^1 dy = \int_0^1\left[e^{1+y} - e^y\right]dy$$

Integrando em relação a y, tem-se:

$\int_0^1 (e^{1+y} - e^y)dy = [e^{1+y} - e^y]_0^1 = e^2 - 2e + 1$

Logo, $\int_0^1\int_0^1 e^{x+y}dx\,dy = e^2 - 2e + 1$.

▶ **Exercício 14.3:**

$\int_3^5 \int_2^3 -\frac{y^{2/3}}{x} dx\,dy$

Solução:
Integrando primeiro em relação a x, tem-se:

$$\int_3^5\left[-y^{2/3}\int_2^3\frac{dx}{x}\right]dy = \int_3^5\left[-y^{2/3}[\ln|x|]_2^3\right]dy = -\int_3^5\left(y^{2/3}(\ln 3 - \ln 2)\right)dy$$

Integrando em relação a y, tem-se:

$$-(\ln 3 - \ln 2)\int_3^5 (y^{2/3})\,dy = -(\ln 3 - \ln 2)\left[\frac{3}{5} \cdot y^{5/3}\right]_3^5$$

$$= -(\ln 3 - \ln 2)\left(\frac{3(5)^{5/3}}{5} - \frac{3(3)^{5/3}}{5}\right) = -2{,}04$$

Logo, $\int_3^5 \int_2^3 -\frac{y^{2/3}}{x} dx\,dy = -2{,}04$.

▶ **Exercício 14.4:**

$\int_0^\pi \int_{-1}^2 e^{-3x} \operatorname{sen}\left(\frac{5y}{2}\right)dx\,dy$

Solução:
Integrando primeiro em relação a x, tem-se:

$$\int_0^\pi \left[\operatorname{sen}\left(\frac{5y}{2}\right)\int_{-1}^2 e^{-3x}\,dx\right]dy = \int_0^\pi \left[\operatorname{sen}\left(\frac{5y}{2}\right)\left[-\frac{e^{-3x}}{3}\right]_{-1}^2\right]dy =$$

$$\int_0^\pi \left(\operatorname{sen}\left(\frac{5y}{2}\right)\left(-\frac{e^{-6}}{3}+\frac{e^3}{3}\right)\right)dy = \frac{e^3-e^{-6}}{3}\int_0^\pi \operatorname{sen}\left(\frac{5y}{2}\right)dy$$

Integrando em relação a y, tem-se:

$$\frac{e^3-e^{-6}}{3}\int_0^\pi \operatorname{sen}\left(\frac{5y}{2}\right)dy = \frac{e^3-e^{-6}}{3}\left[-\frac{2}{5}\cos\left(\frac{5y}{2}\right)\right]_0^\pi = \frac{e^3-e^{-6}}{3}\left(\frac{2}{5}\right) = \frac{2(e^3-e^{-6})}{15}$$

Logo, $\int_0^\pi \int_{-1}^2 e^{-3x}\operatorname{sen}\left(\frac{5y}{2}\right)dx\,dy = \frac{2(e^3-e^{-6})}{15}$.

▶ **Exercício 14.5:**

$$\int_0^5 \int_{-1}^0 \frac{y^{3/7}\,5^{4x}}{\ln 5}\,dx\,dy$$

Solução:
Integrando primeiro em relação a x, tem-se:

$$\int_0^5 \left[y^{3/7}\int_{-1}^0 \frac{5^{4x}}{\ln 5}\,dx\right]dy = \int_0^5 \left[y^{3/7}\left[\frac{5^{4x}}{4\ln^2 5}\right]_{-1}^0\right]dy = \int_0^5 \left(y^{3/7}(1-5^{-4})/4\ln^2 5\right)dy$$

Integrando em relação a y, tem-se:

$$0{,}096\int_0^5 y^{3/7}\,dy = 0{,}096\left[\frac{7}{10}y^{10/7}\right]_0^5 = 0{,}096\left(\frac{7\cdot 5^{10/7}}{10}\right) = 0{,}67$$

Logo, $\int_0^5 \int_{-1}^0 \frac{y^{3/7}\,5^{4x}}{\ln 5}\,dx\,dy = 0{,}67$.

▶ **Exercício 14.6:**

$$\int_0^1 \int_0^y \sqrt{1+3x}\,dx\,dy$$

Solução:
Integrando primeiro em relação a x, tem-se:

$$1+3x = u \rightarrow du = 3dx \rightarrow dx = \frac{du}{3}$$

Substituindo na integral, tem-se:

$$\int_0^1 \left(\int_0^y \frac{u^{1/2}}{3} du\right) dy = \int_0^1 \left[\frac{2u^{3/2}}{9}\right]_0^y dy =$$

Substituindo u, tem-se:

$$\int_0^1 \left[\frac{2(1+3x)^{3/2}}{9}\right]_0^y dy = \int_0^1 \left(\frac{2(1+3y)^{3/2}}{9} - \frac{2}{9}\right) dy = \frac{2}{9}\int_0^1 (1+3y)^{3/2} dy - \frac{2}{9}\int_0^1 dy$$

Integrando em relação a y, tem-se:

$$\frac{2}{9}\int_0^1 (1+3y)^{3/2} dy - \frac{2}{9}\int_0^1 dy$$

Fazendo na primeira integral $u = 1 + 3y \rightarrow du = 3dy \rightarrow dy = \frac{du}{3}$ e, substituindo, tem-se:

$$\frac{2}{27}\int_0^1 u^{3/2} du - \frac{2}{9}\int_0^1 dy = \frac{4}{135}\left[u^{5/2}\right]_0^1 - \frac{2}{9}[y]_0^1 = \frac{4}{135}\left[(1+3y)^{5/2}\right]_0^1 - \frac{2}{9}[y]_0^1 =$$

$$\frac{4}{135}((4)^{5/2} - 1) - \frac{2}{9} = \frac{94}{135}$$

Logo, $\int_0^1 \int_0^y \sqrt{1+3x}\, dx\, dy = \frac{94}{135}$.

▶ **Exercício 14.7:**

$$\int_0^1 \int_y^{y^2} e^{x+y}(2y+1) dx\, dy$$

Solução:

Integrando primeiro em relação a x, tem-se:

$$\int_0^1 (2y+1)[e^{x+y}]_y^{y^2} dy = \int_0^1 (2y+1)(e^{y^2+y} - e^{2y})\, dy = \int_0^1 e^{y^2+y}(2y+1) dy - \int_0^1 e^{2y}(2y+1) dy$$

Fazendo na primeira integral $u = y^2 + y \rightarrow du = (2y+1)dy$ e substituindo, tem-se:

$$\int_0^1 e^{y^2+y}(2y+1) dy = \int_0^1 e^u du = [e^{y^2+y}]_0^1 = e^2 - 1$$

Para resolver a segunda integral por partes, faz-se:

$$\int_0^1 e^{2y}(2y+1) dy$$

Fazendo $2y + 1 = u \rightarrow 2dy = du$ e $e^{2y} dy = dv \rightarrow v = \frac{e^{2y}}{2}$

tem-se:

$$\left[\frac{(2y+1)e^{2y}}{2}\right]_0^1 - \int_0^1 \frac{e^{2y}}{2} \cdot 2dy = \left[\frac{(2y+1)e^{2y}}{2}\right]_0^1 - \left[\frac{e^{2y}}{2}\right]_0^1 = \frac{3}{2}e^2 - \frac{1}{2} - \frac{e^2}{2} + \frac{1}{2} = e^2$$

$\int_0^1 e^{y^2+y}(2y+1)dy - \int_0^1 e^{2y}(2y+1)dy = e^2 - 1 - e^2 = -1$

Logo, $\int_0^1 \int_y^{y^2} e^{x+y}(2y+1)dx\,dy = -1$

▶ **Exercício 14.8:**

$\int_0^1 \int_0^y x^2 \sqrt[3]{1-y^2}\,dx\,dy$

Solução:

Integrando em relação a x, tem-se:

$\int_0^1 \sqrt[3]{1-y^2} \left[\int_0^y x^2\,dx\right]dy = \int_0^1 \sqrt[3]{1-y^2} \left[\frac{x^3}{3}\right]_0^y dy = \int_0^1 \sqrt[3]{1-y^2} \left[\frac{y^3}{3}\right]_0^y dy =$

$\int_0^1 \sqrt[3]{1-y^2}\,\frac{y^3}{3}\,dy = \frac{1}{3}\int_0^1 y^3 \sqrt[3]{1-y^2}\,dy$

Integrando em relação a y, tem-se:

$\frac{1}{3}\int_0^1 y^3 \sqrt[3]{1-y^2}\,dy$

Fazendo $u = 1 - y^2 \rightarrow du = -2y\,dy \rightarrow dy = -\dfrac{du}{2y}$

Substituindo na integral,

$\frac{1}{3}\int_0^1 y^3 \sqrt[3]{u}\left(-\frac{du}{2y}\right) = -\frac{1}{6}\int_0^1 \sqrt[3]{u}\,du\,y^2 =$

mas $y^2 = 1 - u$, logo

$-\frac{1}{6}\int_0^1 \sqrt[3]{u}\,(1-u)\,du = -\frac{1}{6}\int_0^1 (u^{1/3} - u \cdot u^{1/3})du =$

$-\frac{1}{6}\int_0^1 (u^{1/3} - u^{4/3})du = -\frac{1}{6}\left[\frac{3}{4}u^{4/3} - \frac{3}{7}u^{7/3}\right]_0^1 =$

Substituindo u,

$\left[-\frac{1}{8}(1-y^2)^{4/3} + \frac{1}{14}(1-y^2)^{7/3}\right]_0^1 = \frac{1}{8} - \frac{1}{14} = \frac{3}{56}$

Logo, $\int_0^1 \int_0^y x^2 \sqrt[3]{1-y^2}\,dx\,dy = \dfrac{3}{56}$

▶ **Exercício 14.9:**

$\int_1^2 \int_1^{x^2} x^3 y e^{y^2}\,dy\,dx$

Solução:
Integrando em relação a y, tem-se:
$$\int_1^2 (\int_1^{x^2} x^3 y e^{y^2} dy) dx = \int_1^2 x^3 [\int_1^{x^2} y e^{y^2} dy] dx$$
Fazendo $u = y^2 \rightarrow du = 2y\, dy \rightarrow y\, dy = \dfrac{du}{2}$

Substituindo na integral,
$$\int_1^2 x^3 \left[\int_1^{x^2} e^u \dfrac{du}{2}\right] dx = \dfrac{1}{2} \int_1^2 x^3 [e^u]_1^{x^2} dx = \dfrac{1}{2} \int_1^2 x^3 [e^{y^2}]_1^{x^2} dx =$$
$$\dfrac{1}{2}\int_1^2 x^3 (e^{x^4} - e) dx = \dfrac{1}{2} \int_1^2 x^3 e^{x^4} dx - \dfrac{e}{2} \int_1^2 x^3\, dx =$$

Integrando em relação a x, tem-se:
$$\dfrac{1}{2} \int_1^2 x^3 e^{x^4} dx - \dfrac{e}{2} \int_1^2 x^3\, dx =$$

Fazendo $u = x^4 \rightarrow du = 4x^3 dx \rightarrow x^3 dx = \dfrac{du}{4}$

Substituindo na primeira integral,
$$\dfrac{1}{8} \int_1^2 e^u du - \dfrac{e}{2} \int_1^2 x^3 dx = \dfrac{1}{8} [e^u]_1^2 - \dfrac{e}{2}\left[\dfrac{x^4}{4}\right]_1^2 =$$

Substituindo u,
$$\dfrac{1}{8} [e^{x^4}]_1^2 - \dfrac{e}{2}\left[\dfrac{x^4}{4}\right]_1^2 = \dfrac{1}{8}(e^{16} - e^1) - \dfrac{e}{2}\left[4 - \dfrac{1}{4}\right] = \dfrac{e^{16}}{8} - 2e$$

Logo, $\int_1^2 \int_1^{x^2} x^3 y e^{y^2}\, dy\, dx = \dfrac{e^{16}}{8} - 2e$

▶ Exercício 14.10:

$$\int_1^2 \int_{-1}^y \dfrac{x \ln y}{y}\, dx\, dy$$

Solução:
Integrando em relação a x, tem-se:
$$\int_1^2 \left(\int_{-1}^y \dfrac{x \ln y}{y} dx\right) dy = \int_1^2 \dfrac{\ln y}{y} [\int_{-1}^y x\, dx] dy = \int_1^2 \dfrac{\ln y}{y}\left[\dfrac{x^2}{2}\right]_{-1}^y dy =$$
$$\int_1^2 \dfrac{\ln y}{y}\left[\dfrac{y^2}{2} - \dfrac{1}{2}\right] dy = \dfrac{1}{2}\int_1^2 y \ln y\, dy - \dfrac{1}{2}\int_1^2 \dfrac{\ln y}{y}\, dy$$

Integrando em relação a y, tem-se:

$$\frac{1}{2}\int_1^2 y \ln y \, dy - \frac{1}{2}\int_1^2 \frac{\ln y}{y} dy$$

Resolvendo a primeira integral por partes e a segunda integral por substituição. Para a primeira integral tem-se:

$$f(y) = \ln y \to f'(y) = \frac{1}{y} \quad e \quad g'(y) = y \to g(y) = \frac{y^2}{2}$$

Para a segunda integral, tem-se:

$$u = \ln y \to du = \frac{1}{y} dy \to \frac{dy}{y} = du$$

$$\frac{1}{2}\left[\frac{y^2}{2} \ln y - \int_1^2 \frac{1}{y} \cdot \frac{y^2}{2} dy\right] - \frac{1}{2}\int_1^2 u \, du =$$

$$\frac{1}{2}\left[\frac{y^2}{2} \ln y - \frac{1}{2}\int_1^2 y \, dy\right] - \frac{1}{2}\int_1^2 u \, du = \left[\frac{y^2 \ln y}{4} - \frac{1}{4} \cdot \frac{y^2}{2}\right]_1^2 - \frac{1}{2}\left[\frac{u^2}{2}\right]_1^2$$

Substituindo u,

$$\left[\frac{y^2 \ln y}{4} - \frac{y^2}{8}\right]_1^2 - \frac{1}{4}[\ln^2 y]_1^2 =$$

$$\left(\frac{2^2 \ln 2}{4} - \frac{2^2}{8}\right) - \left(\frac{1^2 \ln 1}{4} - \frac{1}{8}\right) - \frac{1}{4}(\ln^2 2 - \ln^2 1) = \ln 2 - \frac{3}{8} - \frac{\ln^2 2}{4}$$

Logo, $\int_1^2 \int_{-1}^y \frac{x \ln y}{y} dx \, dy = \ln 2 - \frac{3}{8} - \frac{\ln^2 2}{4}$

Aplicações

Neste item serão apresentados diversas aplicações das integrais múltiplas.

▶ **Exemplo 14.2:**
Calcule a área limitada no primeiro quadrante pelas curvas $y = x^{2/3}$ e $y = x$. A área está apresentada na figura a seguir.

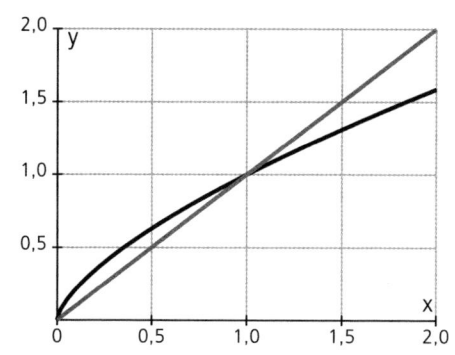

Gráfico 14.1: Área limitada no primeiro quadrante pelas curvas $y = x^{2/3}$ e $y = x$

A interseção das curvas define os limites de integração de x,
$x^2 = x^3 \rightarrow x^2 - x^3 = 0 \rightarrow x^2(1-x) = 0 \rightarrow x = 0$ e $1 - x = 0 \rightarrow x = 1$

Os limites de integração de y são definidos por $y = x$ e $y = x^{2/3}$, tem-se,

$$A = \int_0^1 \int_x^{x^{2/3}} dy\, dx = \int_0^1 [y]_x^{x^{2/3}} dx = \int_0^1 (x^{2/3} - x)dx = \left[\frac{3}{5}x^{5/3} - \frac{x^2}{2}\right]_0^1$$

$A = \dfrac{3}{5} - \dfrac{1}{2} = \dfrac{1}{10}$ unidade de área.

Exercícios resolvidos

▶ **Exercício 14.11:**
Calcular a área limitada pelas curvas $y = 6x - x^2$ e $y = x$.
O gráfico é apresentado na figura a seguir:

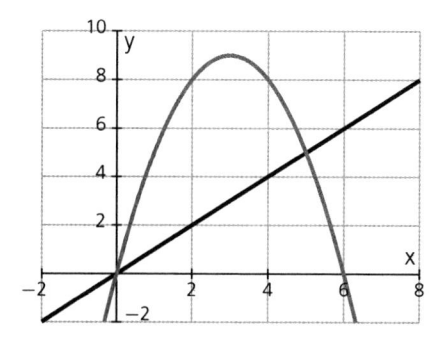

Gráfico 14.2: Área limitada pelas curvas $y = 6x - x^2$ e $y = x$

Solução:
A interseção das curvas define os limites de inspeção em x
$6x - x^2 = x \rightarrow x^2 - 5x = 0 \rightarrow x(x-5) = 0 \rightarrow x = 0$ e $x - 5 = 0 \rightarrow x = 5$
Os limites de integração em y são $y = x$ e $y = 6x - x^2$, logo,

$$A = \int_0^5 \int_x^{6x-x^2} dy\, dx = \int_0^5 [y]_x^{6x-x^2} dx = \int_0^5 (6x - x^2 - x)dx$$

$$A = \int_0^5 (5x - x^2)dx = \left[\frac{5x^2}{2} - \frac{x^3}{3}\right]_0^5 =$$

$$A = \frac{125}{2} - \frac{125}{3} = \frac{125}{6} \text{ unidades de área.}$$

▶ **Exercício 14.12:**
Calcular o volume da região limitada por $0 \leq x \leq 1$, $y = 0$ e $y = 1 - x$, $z = 0$ e $z = 1 - y^2$.
Solução:

$$V = \int_0^1 \int_0^{1-x} \int_0^{1-y^2} dz\, dy\, dx$$

Integrando primeiro em relação a z, tem-se:

$$V = \int_0^1 \int_0^{1-x} [z]_0^{1-y^2} dy\, dx = \int_0^1 \int_0^{1-x} (1 - y^2)dy\, dx$$

Integrando em relação a y, tem-se:

$$V = \int_0^1 \int_0^{1-x} (1 - y^2)dy\, dx = \int_0^1 \left[y - \frac{y^3}{3}\right]_0^{1-x} dx$$

$$V = \int_0^1 \left(1 - x - \frac{(1-x)^3}{3}\right)dx = \left[x - \frac{x^2}{2} + \frac{(1-x)^4}{12}\right]_0^1$$

$$V = \frac{1}{2} - \frac{1}{12} = \frac{5}{12} \text{ unidade de volume.}$$

▶ **Exercício 14.13:**
Uma indústria produz dois tipos de pneus e o lucro é dado por
$L_t(x,y) = -0,2x^2 - 0,25y^2 - 0,2xy + 100x + 90y + 4000$, onde x é o número de pneus vendidos do tipo 1 e y, o número de pneus do tipo 2 (em mil unidades). Determine o lucro médio da indústria, sabendo-se que são vendidos entre 2 e 5 pneus do tipo 1 e são vendidos entre 1 e 3 pneus do tipo 2.

Por definição, o valor médio de uma função contínua f(x,y) em uma região R é dado por:

$$\frac{\iint_R f(x,y)dA}{\text{área de R}}$$

Solução:
Para utilizar a fórmula acima, calcula-se primeiro a área de R,
Área de R = $\int_2^5 \int_1^3 dy\, dx$
Integrando em relação a y, tem-se:
Área de R = $\int_2^5 \int_1^3 dy\, dx = \int_2^5 [y]_1^3\, dx = \int_1^3 (3-1)dx = 2\int_2^5 dx$
Integrando-se em relação a x, tem-se:
Área de R = $2\int_2^5 dx = 2[x]_2^5 = 2(5-2) = 6$
Agora calculando $\iint_R f(x,y)dA$, tem-se:
$\iint_R f(x,y)dA = \int_2^5 \int_1^3 (-0{,}2x^2 - 0{,}25y^2 - 0{,}2xy + 100x + 90y + 4000)dy\,dx$
Integrando em relação a y, tem-se:
$\iint_R f(x,y)dA =$
$\int_2^5 \left(-0{,}2x^2[y]_1^3 - 0{,}25\left[\frac{y^2}{2}\right]_1^3 - 0{,}2x\left[\frac{y^2}{2}\right]_1^3 + 100x[y]_1^3 + 90\left[\frac{y^2}{2}\right]_1^3 + 4000[y]_1^3\right)dx$
$\iint_R f(x,y)dA = \int_2^5 (-0{,}4x^2 - 6{,}5 - 0{,}8x + 200x + 360 + 8000)dx$
$\iint_R f(x,y)dA = \int_2^5 (-0{,}4x^2 + 199{,}2x + 8353{,}5)dx$
Integrando em relação a x, tem-se:
$\iint_R f(x,y)dA = -0{,}4\left[\frac{x^3}{3}\right]_2^5 + 199{,}2\left[\frac{x^2}{3}\right]_2^5 + 8353{,}5[x]_2^5$
$\iint_R f(x,y)dA = -46{,}8 + 2091{,}6 + 25060{,}5 = 27105{,}3$

O lucro médio é de $\dfrac{\iint_R f(x,y)dA}{\text{área de R}} = \dfrac{27105{,}3}{6} = \$4517{,}55$

▶ **Exercício 14.14:**
Determine o número médio de fazendas de ostras (x) e fazendas de mexilhões (y) modelado por f(x,y) = 2x + y na área de uma lagoa limitada por y = e^x e x = 5.
Solução:
Calculando a área de R,
Área de R = $\int_0^5 \int_0^{e^x} dy\, dx$
Integrando em relação a y, tem-se:

Área de R = $\int_0^5 \int_0^{e^x} dy\, dx = \int_0^5 [y]_0^{e^x} dx = \int_0^5 e^x dx$

Integrando em relação a x, tem-se:

Área de R = $\int_0^5 e^x dx = [e^x]_0^5 = e^5 - 1$

Agora calculando $\iint_R f(x,y)dA$, tem-se:

$\iint_R f(x,y)dA = \int_0^5 \int_0^{e^x} (2x + y)dy\, dx$

Integrando em relação a y, tem-se:

$\iint_R f(x,y)dA = \int_0^5 \left[2\int_0^{e^x} x\, dy + \int_0^{e^x} y\, dy \right] dx = \int_0^5 \left(2[xy]_0^{e^x} + \left[\frac{y^2}{2}\right]_0^{e^x} \right) dx$

$\iint_R f(x,y)dA = \int_0^5 \left(2xe^x + \frac{e^{2x}}{2} \right) dx$

$\iint_R f(x,y)dA = 2\int_0^5 xe^x dx + \frac{1}{2}\int_0^5 e^{2x} dx$

Integrando em relação a x, a primeira integral é solúvel por partes.

$2\int_0^5 xe^x dx =$

Fazendo $x = u \rightarrow dx = du$ e $dv = e^x dx \rightarrow v = e^x$

$2[xe^x]_0^5 - 2\int_0^5 e^u du = 2[xe^x]_0^5 - 2[e^u]_0^5 = 2(5e^5) - 2(e^5 - e^0) = 8e^5 + 2$

Resolvendo a segunda integral, tem-se:

$\frac{1}{2}\int_0^5 e^{2x} dx = \frac{1}{2}\left[\frac{e^{2x}}{2}\right]_0^5 = \frac{1}{4}(e^{10} - 1)$

Somando-se as duas integrais, tem-se:

$\iint_R f(x,y)dA = 8e^5 + 2 + \frac{e^{10}}{4} - \frac{1}{4} = \frac{e^{10}}{4} + 8e^5 + \frac{7}{4}$

Logo, o número médio de fazendas de ostras e mexilhões é $\dfrac{e^{10} + 32e^5 + 7}{4(e^5 - 1)}$.

▶ **Exercício 14.15:**
Determine o valor médio do crescimento de bactérias (x) e de parasitas (y) modelado por $f(x,y) = e^{x+y}$, quando o número de bactérias varia entre 2 e 3 milhões e o de parasitas varia entre 1 e 2 milhões.

Solução:
Calculando a área de R,

Área de R = $\int_2^3 \int_1^2 dy\, dx$

Integrando-se em relação a y, tem-se:
Área de R = $\int_2^3 \int_1^2 dy\, dx = \int_2^3 [y]_1^2\, dx = \int_2^3 (2-1)dx = \int_2^3 dx$
Integrando-se em relação a x, tem-se:
Área de R = $\int_2^3 dx = [x]_2^3 = 3 - 2 = 1$
Agora calculando $\iint_R f(x,y)dA$,
$\iint_R f(x,y)dA = \int_2^3 \int_1^2 (e^{x+y})dy\, dx$
Integrando-se em relação a y, tem-se:
$\iint_R f(x,y)dA = \int_2^3 \int_1^2 (e^{x+y})dy\, dx = \int_2^3 [e^{x+y}]_1^2\, dx = \int_2^3 (e^{2+x} - e^{1+x})dx$
Integrando-se em relação a x, tem-se:
$\iint_R f(x,y)dA = \int_2^3 (e^{2+x} - e^{1+x})dx = [e^{2+x} - e^{1+x}]_2^3$
$\iint_R f(x,y)dA = e^5 - e^4 - e^4 + e^3 = e^5 - 2e^4 + e^3$
Logo, o valor médio do crescimento de bactérias é $\dfrac{e^5 - 2e^4 + e^3}{1} = e^5 - 2e^4 + e^3$

Exercícios propostos

Calcule as integrais:
- **14.1:** $\int_0^1 \int_x^{x^2} e^{y/x}\, dy\, dx$
- **14.2:** $\int_1^2 \int_y^2 ye^{x+y}\, dx\, dy$
- **14.3:** $\int_0^2 \int_{1-y/4}^{4-y^2} 2\, dx\, dy$
- **14.4:** $\int_0^1 \int_0^\pi x\,\text{sen}(xy)\, dx\, dy$
- **14.5:** $\int_1^2 \int_0^{2x} xy^3\, dy\, dx$
- **14.6:** $\int_0^2 \int_0^5 40 e^{-0,2x} e^{0,1y}\, dy\, dx$
- **14.7:** $\int_0^1 \int_{-2}^3 \dfrac{xy}{1+y^2}\, dy\, dx$
- **14.8:** $\int_{-1}^1 \int_{x-1}^{x+1} (x-y-1)dy\, dx$
- **14.9:** $\int_0^1 \int_0^1 x^2 e^{xy}\, dy\, dx$
- **14.10:** $\int_1^4 \int_{y^2}^y \sqrt{\dfrac{y}{x}}\, dy\, dx$
- **14.11:** Calcule a área da região limitada por $y = \sqrt{x}$ e $y = x^2$.

▶ **14.12:** Calcule a área da região limitada por $y = 4 - x^2$ e $y = 3x$.
▶ **14.13:** Calcule a área da região limitada por $y = x^3$ e $y = x^2$.
▶ **14.14:** Calcule a área da região limitada por $y^2 = -x$ e $y = x$.
▶ **14.15:** A função de custo total de uma indústria que fabrica dois tipos de aparelhos de TV (tipos 1 e 2) é dada por $C_t(x,y) = x^2 + y^2 - 3xy + 2x + 2y + 500$, onde x representa o número de aparelhos de TV tipo 1 e y, o número de aparelhos de TV tipo 2, em mil unidades. Sabendo-se que são fabricados entre 3 e 7 aparelhos do tipo 1 e 2 e 4 aparelhos do tipo 2, determine o custo médio da indústria.

Calcule as integrais:

▶ **14.16:** $\int_0^3 \int_0^2 (x^2 + y^6) dx\, dy$

▶ **14.17:** $\int_{-1}^1 \int_1^2 (ax^{2/3} + by^{3/5}) dx\, dy$, onde a e b são constantes

▶ **14.18:** $\int_0^{\pi/2} \int_{\pi/2}^{\pi} (\text{sen } 7x + \cos^3 y) \text{sen } y\, dx\, dy$

▶ **14.19:** $\int_{-1}^0 \int_1^3 -\frac{y^{5/3}}{2x} dx\, dy$

▶ **14.20:** $\int_0^1 \int_0^{\pi} y\, \text{sen}(xy) dx\, dy$

▶ **14.21:** $\int_0^1 \int_{-3}^0 y^{-4/5} 8^{4x} dx\, dy$

▶ **14.22:** $\int_0^{\pi} \int_{-1}^2 e^{3y/4} \text{sen}\left(\frac{7x}{2}\right) dy\, dx$

▶ **14.23:** $\int_0^3 \int_0^x x^2 e^{xy} dy\, dx$

▶ **14.24:** $\int_{-2}^2 \int_2^5 \left(\frac{1}{49 - y^2} + e^{6x}\right) dy\, dx$

▶ **14.25:** $\int_{\pi/2}^{2\pi} \int_{\pi/2}^{2\pi} (\text{sen}^6 (5x) + \cos^9 (7y))\text{sen}(7y) \cos(5x)\, dy\, dx$

▶ **14.26:** $\int_1^2 \int_{-y}^y (e^{-3x} + xy) dx\, dy$

▶ **14.27:** $\int_{-\pi}^{\pi} \int_{-x}^x \text{sen } (2x + y) \cos (2x + y) dy\, dx$

▶ **14.28:** $\int_0^1 \int_0^y \sqrt{1 + 7x}\, dx\, dy$

▶ **14.29:** $\int_0^{\pi/4} \int_0^{\sqrt{x}} \sqrt{x} \cos (y\sqrt{x}) dy\, dx$

▶ **14.30:** $\int_0^1 \int_1^3 e^y (x + y) dx\, dy$

▶ **14.31:** $\int_{-\pi/4}^0 \int_0^{\pi} x\, \text{sen}\left(x + \frac{\pi}{2}\right) \cos (2y + \pi) dx\, dy$

▶14.32: $\int_0^4 \int_0^x \sqrt{9 + x^2} \, dy \, dx$

▶14.33: $\int_{-3}^3 \int_{-y}^y \sqrt{3x^2 - 2a^2} \, xdx \, dy$, sendo a constante

▶14.34: $\int_{-2}^3 \int_y^{y^2} (2x + y)^2 \, dx \, dy$

▶14.35: $\int_{-1}^1 \int_{-2y}^y x e^{x-y} \, dx \, dy$

▶14.36: $\int_2^4 \int_{x^2}^{e^x} y^{-3} \, xdy \, dx$

▶14.37: $\int_{\pi/2}^{\pi} \int_0^{x^2} \text{sen}\left(\frac{y}{x}\right) dy \, dx$

15
Sequências e séries

Após o estudo deste capítulo, você estará apto a conceituar convergência e divergência de séries positivas e alternadas, e a aplicar testes para verificar a convergência ou não dessas séries.

Definição

Sequência é uma sucessão de termos $u_1, u_2, ..., u_n$, formada por uma determinada regra.

Série é a soma dos termos de uma sequência, isto é, $u_1+u_2+...+u_n$, que pode ser representada por $\sum_{i=1}^{n} u_i$, onde u_i é o termo geral da série.

▶ **Exemplo 15.1**

$1, \dfrac{1}{4}, \dfrac{1}{9}, \dfrac{1}{25}$ é uma sequência positiva finita.

$1 + \dfrac{1}{4} + \dfrac{1}{9} + \dfrac{1}{25}$ é uma série positiva finita cujo termo geral é $\dfrac{1}{n^2}$.

$\dfrac{1}{2}, \dfrac{1}{3}, \dfrac{1}{4}, \dfrac{1}{5}, ...$ é uma sequência positiva infinita.

$1 + \dfrac{1}{2} + \dfrac{1}{3} + \dfrac{1}{4} + \dfrac{1}{5} + ... = \sum_{i=1}^{n} \dfrac{1}{n}$ é uma série positiva infinita.

$\frac{1}{2}, -\frac{1}{3}, \frac{1}{4}, -\frac{1}{5}, \ldots$ é uma sequência alternada infinita.

$\frac{1}{2} + (-1) \cdot \frac{1}{3} + \frac{1}{4} + (-1) \cdot \frac{1}{5} + \ldots = \sum_{n=1}^{n} (-1)^{n+1} \cdot \frac{1}{n+1}$ é uma série alternada infinita.

A sequência finita gera uma série com finitos termos, e a sequência infinita, uma série com infinitos termos.

Toda série finita tem soma finita, ou seja, é convergente, mas as séries infinitas podem ter soma finita, isto é, serem convergentes ou soma infinita, sendo divergentes nesse caso. A seguir serão mostrados os procedimentos para determinar se uma série infinita converge ou diverge.

Séries positivas

Uma série positiva infinita é dita convergente se

$L = \lim_{n \to \infty} \sum_{i=1}^{n} u_i$ existe e é finito.

Diz-se que a série positiva converge para o valor L.

Se não existir um limite finito, a série positiva é divergente.

O seguinte procedimento é usado para determinar a convergência ou divergência da série positiva:

(A) Calcular $\lim_{n \to \infty} u_n$

Se $\lim_{n \to \infty} u_n \neq 0$, a série é divergente.

Se $\lim_{n \to \infty} u_n = 0$, nada se pode afirmar.

(B) Supondo que $\lim_{n \to \infty} u_n = 0$, pode-se calcular o teste da razão de Cauchy

$p = \lim_{n \to \infty} \frac{u_{n+1}}{u_n}$

Se $p < 1$, a série positiva é convergente.

Se $p > 1$, a série positiva é divergente.

Se $p = 1$, nada se pode afirmar.

Ou pode-se aplicar o teste da raiz:

$L = \lim_{n \to \infty} \sqrt[n]{u_n}$

Se $L < 1$, a série positiva é convergente.

Se $L > 1$ ou $L = \infty$, a série positiva é divergente.

Se $L = 1$, nada se conclui.

Esse último teste será utilizado em séries que possuam potências de n.

▶ Exemplo 15.2
Determine a convergência ou divergência das séries positivas infinitas:

(A) $2 + \dfrac{2^2}{2!} + \dfrac{2^3}{3!} + \dfrac{2^4}{4!} + \ldots$: a série é positiva, pois todos os termos são positivos.

O termo geral é: $u_n = \dfrac{2^n}{n!}$

(A.1) Calcular: $\lim\limits_{n \to \infty} u_n$.

$\lim\limits_{n \to \infty} \left(\dfrac{2^n}{n!} \right) = 0$, pois o denominador cresce mais rápido.

Como $\lim\limits_{n \to \infty} u_n = 0$, nada se pode afirmar.

(A.2) Calcular o teste da razão de Cauchy, $\lim\limits_{n \to \infty} \dfrac{u_{n+1}}{u_n}$

$\lim\limits_{n \to \infty} \left(\dfrac{\dfrac{2^{n+1}}{(n+1)!}}{\dfrac{2^n}{n!}} \right) = \lim\limits_{n \to \infty} \left(\dfrac{2^{n+1}}{(n+1)!} \cdot \dfrac{n!}{2^n} \right) = \lim\limits_{n \to \infty} \left(\dfrac{2^n \cdot 2 \cdot n!}{(n+1) \cdot n! \cdot 2^n} \right) = \lim\limits_{n \to \infty} \left(\dfrac{2}{n+1} \right) = 0$

Como $0 < 1$, a série é convergente.

(B) $1 + \dfrac{1}{2^3} + \dfrac{1}{3^4} + \dfrac{1}{4^5} + \ldots$: a série é positiva, pois todos os termos são positivos.

O termo geral é: $u_n = \dfrac{1}{n^{n+1}}$

(B.1) Calcular $\lim\limits_{n \to \infty} u_n$.

$\lim\limits_{n \to \infty} \left(\dfrac{1}{n^{n+1}} \right) = 0$

Como $\lim\limits_{n \to \infty} u_n = 0$, nada se pode afirmar.

(B.2) Calcular o teste da raiz: $\lim\limits_{n \to \infty} \sqrt[n]{u_n}$.

$\lim\limits_{n \to \infty} \sqrt[n]{\dfrac{1}{n^{n+1}}} = \lim\limits_{n \to \infty} \dfrac{1}{n^{1+1/n}} = 0$

como $0 < 1$, a série é convergente.

Séries alternadas

Uma série alternada infinita é dita convergente se:

$L = \lim_{n \to \infty} \sum_{i=1}^{n} u_i$ existe e é finito.

Diz-se que a série alternada converge para o valor L.

Se não existir um limite finito, a série alternada é dita divergente.

A série alternada representada por $\sum_{n=1}^{\infty} (-1)^n a_n$ ou $\sum_{n=1}^{\infty} (-1)^{n+1} a_n$ pode ser divergente, absolutamente convergente ou condicionalmente convergente.

Dizemos que a série alternada infinita $\sum_{n=1}^{\infty} u_n$ será absolutamente convergente se a série $\sum_{n=1}^{\infty} |u_n|$ for convergente, e, se $\sum_{n=1}^{\infty} |u_n|$ for divergente, a série será condicionalmente convergente.

O seguinte procedimento é usado para determinar a convergência ou a divergência de uma série alternada:

(A) Calcular $\lim_{n \to \infty} u_n$.

Se $\lim_{n \to \infty} u_n \neq 0$, a série é divergente.

Se $\lim_{n \to \infty} u_n = 0$, nada se pode afirmar.

Supondo que $\lim_{n \to \infty} u_n = 0$,

(B) verificar se $|u_{n+1}| < |u_n|$, $\forall n$.

Se for verdadeira, a série alternada será convergente.

(C) Para verificar se a série alternada é absolutamente convergente, deve-se aplicar o teste da razão de Cauchy dado por:

$\lim_{n \to \infty} \left| \dfrac{u_{n+1}}{u_n} \right| = M$

Então:

Se $M < 1$, a série alternada é absolutamente convergente.

Se $M > 1$, a série alternada é condicionalmente convergente.

Se $M = 1$, nada se pode afirmar.

Pode-se ainda aplicar o teste da raiz:

$L = \lim_{n \to \infty} \sqrt[n]{|u_n|}$

Se $L < 1$, a série é convergente.

Se $L > 1$ ou se $L = \infty$, a série é condicionalmente convergente.

Se $L = 1$, nada se pode concluir.

▶ **Exemplo 15.3**

Determine a convergência ou divergência das séries alternadas infinitas:

(A) $\dfrac{1}{4} - \dfrac{3}{4^2} + \dfrac{5}{4^3} - \dfrac{7}{4^4} + \ldots$, a série é alternada, pois os termos são alternadamente positivos e negativos; o termo geral é: $(-1)^{n+1} \dfrac{2n-1}{4^n}$.

(A.1) Calcular $\lim\limits_{n \to \infty} u_n$

$\lim\limits_{n \to \infty} (-1)^{n+1} \cdot \dfrac{2n-1}{4^n} = \dfrac{\infty}{\infty} \overset{L'H}{=} \lim\limits_{n \to \infty} \left((-1)^{n+1} \cdot \dfrac{2}{4^n \ln 4} \right) = 0$ nada se pode afirmar.

(A.2) Verificar se $|u_{n+1}| < |u_n|, \forall n$

$u_{n+1} = (-1)^{n+2} \cdot \dfrac{2(n+1)-1}{4^{n+1}} = (-1)^{n+2} \cdot \dfrac{2n+1}{4^{n+1}}$

Tabela 15.1: Verificação de $|u_{n+1}| < |u_n|, \forall n$

n	$|u_n| = \left\|(-1)^{n+1} \cdot \dfrac{2n-1}{4^n}\right\|$	$|u_{n+1}| = \left\|(-1)^{n+2} \cdot \dfrac{2n+1}{4^{n+1}}\right\|$	Conclusão
1	$\dfrac{1}{4} = 0{,}25$	$\dfrac{3}{16} = 0{,}1875$	$|u_{n+1}| < |u_n|$
4	$\dfrac{7}{4^4} = 0{,}027$	$\dfrac{9}{4^5} = 0{,}0088$	$|u_{n+1}| < |u_n|$
7	$\dfrac{13}{4^7} = 0{,}00079$	$\dfrac{15}{4^8} = 0{,}00023$	$|u_{n+1}| < |u_n|$

Logo, $|u_{n+1}| < |u_n|$ para todo n, então a série alternada é convergente.

(A.3) Para verificar se a série é absolutamente convergente, deve-se aplicar o teste da razão de Cauchy.

Calcular $\lim\limits_{n \to \infty} \left| \dfrac{u_{n+1}}{u_n} \right|$

$\lim\limits_{n \to \infty} \dfrac{\left| (-1)^{n+2} \cdot \dfrac{2n+1}{4^{n+1}} \right|}{\left| (-1)^{n+1} \cdot \dfrac{2n-1}{4^n} \right|} = \lim\limits_{n \to \infty} \left| (-1)^{n+2} \cdot \dfrac{2n+1}{4^{n+1}} \cdot \dfrac{4^n}{(-1)^{n+1} \cdot (2n-1)} \right|$

$= \lim\limits_{n \to \infty} \left| -\dfrac{2n+1}{4(2n-1)} \right| = \lim\limits_{n \to \infty} \left| -\dfrac{2n+1}{8n-4} \right| = \dfrac{\infty}{\infty} \overset{L'H}{=} \lim\limits_{n \to \infty} \left| -\dfrac{2}{8} \right| = \dfrac{2}{8} = \dfrac{1}{4}$

Como $\frac{1}{4} < 1$, a série alternada é absolutamente convergente.

(B) $\frac{1}{(\ln 2)^2} - \frac{1}{(\ln 3)^3} + \frac{1}{(\ln 4)^4} - \frac{1}{(\ln 5)^5} + \ldots$, a série é alternada, pois os termos são alternadamente positivos e negativos; o termo geral é: $(-1)^n \frac{1}{(\ln n)^n}$.

(B.1) Calcular $\lim_{n \to \infty} u_n$

$\lim_{n \to \infty} (-1)^n \cdot \frac{1}{(\ln n)^n} = 0$ nada se pode afirmar.

(B.2) Verificar se $|u_{n+1}| < |u_n|, \forall n$

$u_{n+1} = (-1)^{n+1} \cdot \frac{1}{(\ln(n+1))^{n+1}}$

Tabela 15.2: Verificação de $|u_{n+1}| < |u_n|, \forall n$

n	$\|u_n\| = \left\|(-1)^n \cdot \frac{1}{(\ln n)^n}\right\|$	$\|u_{n+1}\| = \left\|(-1)^{n+1} \cdot \frac{1}{(\ln(n+1))^{n+1}}\right\|$	Conclusão
2	$\frac{1}{(\ln 2)^2} = 2{,}08$	$\frac{1}{(\ln 3)^3} = 0{,}75$	$\|u_{n+1}\| < \|u_n\|$
4	$\frac{1}{(\ln 4)^4} = 0{,}27$	$\frac{1}{(\ln 5)^5} = 0{,}092$	$\|u_{n+1}\| < \|u_n\|$
7	$\frac{1}{(\ln 7)^7} = 0{,}0095$	$\frac{1}{(\ln 8)^8} = 0{,}0029$	$\|u_{n+1}\| < \|u_n\|$

Logo, $|u_{n+1}| < |u_n|$ para todo n, então a série alternada é convergente.

Para verificar se a série é absolutamente convergente, deve-se aplicar o teste da raiz $\lim_{n \to \infty} \sqrt[n]{|u_n|}$.

$\lim_{n \to \infty} \sqrt[n]{\frac{1}{(\ln n)^n}} = \lim_{n \to \infty} \frac{1}{\ln n} = 0$

Como $0 < 1$, a série é convergente.

• Teorema: se a série $\sum_{n=1}^{\infty} a_n$ convergente (divergente) for multiplicada por uma constante c, diferente de zero, o comportamento da série permanecerá inalterado, ou seja, continuará sendo convergente (divergente).

Teste da comparação

Pode-se verificar a convergência ou divergência de uma série positiva por meio da comparação dessa série com uma série que já se sabe, *a priori*, ser convergente ou divergente.

Esse teste é utilizado no caso em que o teste de Cauchy ou da raiz não se aplica. Temos duas séries que são utilizadas nessa comparação, são elas:

1) Série-p ou harmônica $\sum_{n=1}^{\infty} \frac{1}{n^p}$:

Se $p > 1$, então a série é convergente.
Se $p \leq 1$, então a série é divergente.

2) Série geométrica $\sum_{n=1}^{\infty} ar^{n-1}$:

Se $|r| < 1$, então a série é convergente.
Se $|r| \geq 1$, então a série é divergente.

Teste da comparação direta

• Teorema: sejam $\sum_{n=1}^{\infty} a_n$ e $\sum_{n=1}^{\infty} b_n$ séries positivas.

1) Se $\sum_{n=1}^{\infty} b_n$ é uma série convergente e se $a_n \leq b_n$ para todo n, então $\sum_{n=1}^{\infty} a_n$ é uma série convergente.

2) Se $\sum_{n=1}^{\infty} b_n$ é uma série divergente e se $a_n \geq b_n$ para todo n, então $\sum_{n=1}^{\infty} a_n$ é uma série divergente.

▶ **Exemplo 15.4**

Determine a convergência ou divergência das séries:

(A) $\sum_{n=2}^{\infty} \frac{1}{\sqrt{n-1}}$: vamos comparar essa série com a série-p que mais se aproxima, $\sum_{n=2}^{\infty} \frac{1}{\sqrt{n}}$, que é uma série-p divergente, pois $p = \frac{1}{2}$.

Como $\frac{1}{\sqrt{n-1}} \geq \frac{1}{\sqrt{n}}$, $\forall n$, então $\sum_{n=2}^{\infty} \frac{1}{\sqrt{n-1}}$ é uma série divergente.

(B) $\sum_{n=1}^{\infty} \dfrac{3}{5^n + 2}$ vamos comparar essa série com a geométrica que mais se aproxima, $\sum_{n=1}^{\infty} \dfrac{3}{5^n}$, que é uma série convergente, pois $r = \dfrac{1}{5}$.

Como $\dfrac{3}{5^n + 2} \leq \dfrac{3}{5^n}$, $\forall n$, então $\sum_{n=1}^{\infty} \dfrac{3}{5^n + 2}$ é uma série convergente.

Teste da comparação no limite

Sejam $\sum_{n=1}^{\infty} a_n$ e $\sum_{n=1}^{\infty} b_n$ duas séries de termos positivos.

1) Se $\lim_{n \to \infty} \dfrac{a_n}{b_n} = c > 0$, e se $\sum_{n=1}^{\infty} b_n$ converge (diverge), então a série $\sum_{n=1}^{\infty} a_n$ converge (diverge).

2) Se $\lim_{n \to \infty} \dfrac{a_n}{b_n} = 0$ e se $\sum_{n=1}^{\infty} b_n$ converge, então a série $\sum_{n=1}^{\infty} a_n$ converge.

3) Se $\lim_{n \to \infty} \dfrac{a_n}{b^n} = \infty$ e se $\sum_{n=1}^{\infty} b_n$ diverge, então $\sum_{n=1}^{\infty} a_n$ diverge.

▶ **Exemplo 15.5**

Determine a convergência ou divergência das séries:

(A) $1 - \dfrac{1}{3} + \dfrac{1}{5} - \dfrac{1}{7} + \dots$: a série é alternada, pois os termos são alternadamente positivos e negativos; o termo geral é: $(-1)^n \cdot \dfrac{1}{2n + 1}$.

(A.1) Calcular $\lim_{n \to \infty} u_n$.

$\lim_{n \to \infty} \left((-1)^n \cdot \dfrac{1}{2n + 1} \right) = 0$, nada se pode afirmar.

(A.2) Verificar se $|u_{n+1}| < |u_n|$, $\forall n$.

$u_{n+1} = (-1)^{n+1} \cdot \dfrac{1}{2n + 3}$

Tabela 15.3: Verificação de $|u_{n+1}| < |u_n|$, $\forall n$

n	$|u_n| = \left|(-1)^n \cdot \dfrac{1}{2n+1}\right|$	$|u_{n+1}| = \left|(-1)^{n+1} \cdot \dfrac{1}{2n+3}\right|$	Conclusão
0	1	$\dfrac{1}{3}$	$|u_{n+1}| < |u_n|$
2	$\dfrac{1}{5}$	$\dfrac{1}{7}$	$|u_{n+1}| < |u_n|$
5	$\dfrac{1}{11}$	$\dfrac{1}{13}$	$|u_{n+1}| < |u_n|$

Logo, $|u_{n+1}| < |u_n|$ para todo n, então a série alternada é convergente.

(A.3) Para verificar se a série é absolutamente convergente, deve-se aplicar o teste da razão de Cauchy: $\lim \dfrac{u_{n+1}}{u_n}$.

Como o teste é igual a 1, nada se pode afirmar.

(A.4) Aplicar o teste da comparação no limite utilizando-se a série-p com p = 1, que é a série $\sum_{n=1}^{\infty} \dfrac{1}{n}$, que é divergente. Para tal teste, utiliza-se a série positiva, pois em uma série alternada, para determinar o tipo de convergência, trabalha-se apenas com essa série.

$$\lim_{n\to\infty} \dfrac{\dfrac{1}{2n+1}}{\dfrac{1}{n}} = \lim_{n\to\infty} \dfrac{n}{2n+1} = \dfrac{1}{2} > 0$$

Logo, a série $\sum_{n=1}^{\infty} (-1)^n \cdot \dfrac{1}{2n+1}$ é condicionalmente convergente.

Exercícios resolvidos

Determine a convergência ou divergência das séries:
▶ **Exercício 15.1:**

$$\sum_{n=1}^{\infty} \dfrac{1}{n2^n}$$

Solução:

É uma série positiva, pois todos os termos são positivos.

Para testar a convergência, calcula-se:

$\lim_{n\to\infty} \dfrac{1}{n2^n} = 0$, logo nada se pode afirmar.

Para testar a possível convergência, aplica-se o teste da razão de Cauchy:

$u_{n+1} = \dfrac{1}{(n+1)2^{n+1}}$

$\lim_{n\to\infty} \left(\dfrac{\frac{1}{(n+1)2^{n+1}}}{\frac{1}{n2^n}} \right) = \lim_{n\to\infty} \left(\dfrac{1}{(n+1)\cdot 2^{n+1}} \cdot n2^n \right) = \lim_{n\to\infty} \dfrac{n}{2(n+1)} = \dfrac{\infty}{\infty} \overset{L'H}{=} \lim_{n\to\infty} \left(\dfrac{1}{2}\right) = \dfrac{1}{2}$

Como $\dfrac{1}{2} < 1$, a série é convergente.

◗ **Exercício 15.2:**

$\sum_{n=1}^{\infty} \dfrac{1}{\sqrt{2n+1}}$

Solução:

É uma série positiva, pois todos os seus termos são positivos. Para verificar a possível convergência, calcula-se:

$\lim_{n\to\infty} \dfrac{1}{\sqrt{2n+1}} = 0$

Logo, nada se pode afirmar.

Aplicando-se então o teste razão de Cauchy:

$u_{n+1} = \dfrac{1}{\sqrt{2(n+1)+1}} = \dfrac{1}{\sqrt{2n+3}}$

$\lim_{n\to\infty} \left(\dfrac{\frac{1}{\sqrt{2n+3}}}{\frac{1}{\sqrt{2n+1}}} \right) = \lim_{n\to\infty} \left(\dfrac{1}{\sqrt{2n+3}} \cdot \sqrt{2n+1} \right) = \sqrt{\lim_{n\to\infty} \dfrac{2n+1}{2n+3}} = \dfrac{\infty}{\infty} \overset{L'H}{=} \sqrt{\lim_{n\to\infty} 1} = 1$

Como o teste é igual a 1, nada se pode afirmar.

Teste de comparação: usar a série –p, com $p = \dfrac{1}{2}$, que é divergente. O n-ésimo termo dessa série é $b_n = \dfrac{1}{n^{1/2}}$

Calcular o limite da razão do n-ésimo termo da série dada com o n-ésimo termo da série-p, ou seja:

$$\lim_{n\to\infty}\left(\frac{\frac{1}{\sqrt{2n+1}}}{\frac{1}{\sqrt{n}}}\right) = \lim_{n\to\infty}\left(\frac{1}{\sqrt{2n+1}}\cdot\sqrt{n}\right) = \sqrt{\lim_{n\to\infty}\frac{n}{2n+1}} = \frac{\infty}{\infty} \stackrel{L'H}{=} \sqrt{\lim_{n\to\infty}\frac{1}{2}} = \frac{1}{\sqrt{2}} > 0$$

Logo, a série é convergente.

▶ **Exercício 15.3:**

$$\sum_{n=1}^{\infty}\left(-\frac{2}{3}\right)^n = \sum_{n=1}^{\infty}(-1)^n\left(\frac{2}{3}\right)^n$$

Solução:
Trata-se de uma série alternada, pois os termos são alternadamente positivos e negativos.

Para verificar a possível convergência, calcula-se:

$$\lim_{n\to\infty}\left((-1)^n\cdot\left(\frac{2}{3}\right)^n\right) = \lim_{n\to\infty}((-1)^n\cdot(0{,}66)^n) = 0$$

Logo, nada se conclui.

$|u_{n+1}| < |u_n|, \forall n$, pois $\left|(-1)^{n+1}\cdot\left(\frac{2}{3}\right)^{n+1}\right| < \left|(-1)^n\cdot\left(\frac{2}{3}\right)^n\right|$.

Logo, $|u_{n+1}| < |u_n|$ para todo n, então a série é convergente.

Para verificar a convergência absoluta, usa-se o teste da razão de Cauchy:

$$\lim_{n\to\infty}\left|\frac{u_{n+1}}{u_n}\right| = \lim_{n\to\infty}\left|\frac{(-1)^{n+1}\cdot\left(\frac{2}{3}\right)^{n+1}}{(-1)^n\cdot\left(\frac{2}{3}\right)^n}\right| = \left|-\frac{2}{3}\right| = \frac{2}{3}$$

Como $\frac{2}{3} < 1$, a série é absolutamente convergente.

▶ **Exercício 15.4:**

$$\sum_{n=1}^{\infty}(-1)^n\frac{2^n}{n^3}$$

Solução:
É uma série alternada, pois apresenta termos alternadamente positivos e negativos.

Para verificar a possível convergência, calcula-se:

$$\lim_{n\to\infty}\left((-1)^n \cdot \frac{2^n}{n^3}\right) = \frac{\infty}{\infty} \overset{L'H}{=} \lim_{n\to\infty}\left((-1)^n \cdot \frac{2^n \cdot \ln 2}{3n^2}\right) = \frac{\infty}{\infty} \overset{L'H}{=} \lim_{n\to\infty}\left((-1)^n \cdot \frac{2^n \cdot \ln^2 2}{6n}\right) = \frac{\infty}{\infty}$$

$$\overset{L'H}{=} \lim_{n\to\infty}\left(\frac{(-1)^n \cdot 2^n \cdot \ln^3 2}{6}\right) = \infty \quad \text{Logo, a série é divergente.}$$

▶ **Exercício 15.5:**

$$\sum_{n=1}^{\infty} \frac{1}{n^n}$$

Solução:

É uma série positiva, pois todos os termos são positivos.

Para verificar a possível convergência, calcula-se:

$$\lim_{n\to\infty} \frac{1}{n^n} = \frac{1}{\infty} = 0$$

Nada se conclui.

Como a série é elevada à potência n, usa-se o teste da raiz para verificar a possível convergência, ou seja:

$$\lim_{n\to\infty} \sqrt[n]{\frac{1}{n^n}} = \lim_{n\to\infty} \frac{1}{n} = 0$$

Como $0 < 1$, a série é convergente.

▶ **Exercício 15.6:**

$$\sum_{n=1}^{\infty} (-1)^n \frac{1}{(n+1)^3}$$

Solução:

A série é alternada, pois os termos são alternadamente positivos e negativos.

Para verificar a possível convergência, calcula-se:

$$\lim_{n\to\infty}\left((-1)^n \cdot \frac{1}{(n+1^3)}\right) = \frac{1}{\infty} = 0$$

Nada se pode afirmar.

$|u_{n+1}| < |u_n|, \forall n$, pois

$$\left|(-1)^{n+1} \cdot \frac{1}{(n+2)^3}\right| < \left|(-1)^n \cdot \frac{1}{(n+1)^3}\right|$$

Logo, a série é convergente.

Para verificar a convergência absoluta, usa-se o teste da razão de Cauchy, ou seja:

$$\lim_{n\to\infty} \left|\frac{(-1)^{n+1} \cdot \frac{1}{(n+2)^3}}{(-1)^n \cdot \frac{1}{(n+1)^3}}\right| = \lim_{n\to\infty}\left|(-1)^{n+1}\frac{1}{(n+2)^3}\cdot\frac{(n+1)^3}{(-1)^n}\right| = \frac{\infty}{\infty} \stackrel{L'H}{=}$$

$$\lim_{n\to\infty}\left|-\frac{3(n+1)^2}{3(n+2)^2}\right| = \frac{\infty}{\infty}\stackrel{L'H}{=}\lim_{n\to\infty}\left|-\frac{2(n+1)}{2(n+2)}\right| = \frac{\infty}{\infty}\stackrel{L'H}{=}\lim_{n\to\infty}|-1| = 1$$

Como o teste é igual a 1, nada se pode afirmar.

Teste da comparação: usar a série-p com p = 2, que é uma série convergente.
O n-ésimo termo dessa série é $b_n = \frac{1}{n^2}$.

Como $\frac{1}{(n+1)^3} < \frac{1}{n^2}$, a série é absolutamente convergente.

Outro modo de comparar:

$$\lim_{n\to\infty}\left(\frac{\frac{1}{(n+1)^3}}{\frac{1}{n^2}}\right) = \lim_{n\to\infty}\left(\frac{1}{(n+1)^3}\cdot n^2\right) = \frac{\infty}{\infty}\stackrel{L'H}{=}\lim_{n\to\infty}\left(\frac{2n}{3(n+1)^2}\right) = \frac{\infty}{\infty}\stackrel{L'H}{=}\lim_{n\to\infty}\left(\frac{2}{6(n+1)}\right) = 0$$

Nesse caso, a série é absolutamente convergente.

▶ **Exercício 15.7:**

$$\sum_{n=1}^{\infty}(-1)^{n+1}\cdot\frac{n!}{(2n)!}$$

Solução:
É uma série alternada.

$\lim_{n\to\infty}\left((-1)^{n+1}\cdot\frac{n!}{(2n)!}\right) = 0$, pois o denominador cresce mais rápido que o numerador.

$u_{n+1} = (-1)^{n+2}\cdot\frac{(n+1)!}{(2n+2)!}$

$|u_{n+1}| < |u_n|\ \forall n$, pois $\left|(-1)^{n+2}\cdot\frac{(n+1)!}{(2n+2)!}\right| < \left|(-1)^{n+1}\cdot\frac{n!}{(2n)!}\right|$

Logo, a série é convergente.

Teste de Cauchy:

$$\lim_{n\to\infty}\left|\frac{(-1)^{n+2}\cdot\dfrac{(n+1)!}{(2n+2)!}}{(-1)^{n+1}\cdot\dfrac{n!}{(2n)!}}\right|=\lim_{n\to\infty}\left|-\frac{(n+1)!}{(2n+2)!}\cdot\frac{(2n)!}{(n)!}\right|$$

$$=\lim_{n\to\infty}\left|-\frac{(n+1).n!}{(2n+2).(2n+1)(2n)!}\cdot\frac{(2n)!}{n!}\right|$$

$$=\lim_{n\to\infty}\left|-\frac{n+1}{(2n+2)\cdot(2n+1)}\right|=\frac{\infty}{\infty}\stackrel{L'H}{=}\lim_{n\to\infty}\left|-\frac{1}{8n+6}\right|=0$$

Como $0 < 1$, a série é absolutamente convergente.

▶ **Exercício 15.8:**

$$\sum_{n=1}^{\infty}\frac{\ln n}{n^{1/2}}$$

Solução:

É uma série positiva.

$$\lim_{n\to\infty}\left(\frac{\ln n}{n^{1/2}}\right)=\frac{\infty}{\infty}\stackrel{L'H}{=}\lim_{n\to\infty}\left(\frac{\dfrac{1}{n}}{\dfrac{1}{2}n^{-1/2}}\right)=\lim_{n\to\infty}\frac{2n^{1/2}}{n}=\lim_{n\to\infty}\frac{2}{n^{1/2}}=0$$

Nada se conclui.

Teste de Cauchy:

$$\lim_{n\to\infty}\left(\frac{\dfrac{\ln(n+1)}{(n+1)^{1/2}}}{\dfrac{\ln n}{n^{1/2}}}\right)=\lim_{n\to\infty}\left(\frac{\ln(n+1)}{(n+1)^{1/2}}\cdot\frac{n^{1/2}}{\ln n}\right)$$

Resolvendo os limites separadamente, tem-se:

$$\lim_{n\to\infty}\left(\frac{\ln(n+1)}{\ln n}\right)=\frac{\infty}{\infty}\stackrel{L'H}{=}\lim_{n\to\infty}\frac{\dfrac{1}{n+1}}{\dfrac{1}{n}}=\lim_{n\to\infty}\frac{n}{n+1}=\frac{\infty}{\infty}\stackrel{L'H}{=}\lim_{n\to\infty}\frac{1}{1}=1$$

$$\lim_{n\to\infty}\left(\frac{n^{1/2}}{(n+1)^{1/2}}\right)=\sqrt{\lim_{n\to\infty}\frac{n}{n+1}}=\frac{\infty}{\infty}\stackrel{L'H}{=}\sqrt{\lim_{n\to\infty}\frac{1}{1}}=1$$

$$\lim_{n\to\infty}\left(\frac{\ln(n+1)}{\ln n}\right)\cdot \lim_{n\to\infty}\left(\frac{n^{1/2}}{(n+1)^{1/2}}\right)=1$$

Então, nada se conclui.

Teste da comparação: usar a série-p com $p=\frac{1}{2}$, que é divergente.

O termo geral dessa série é $b_n = \frac{1}{n^{1/2}}$.

Como $\frac{\ln n}{n^{1/2}} > \frac{1}{n^{1/2}}$, a série é divergente.

Outro modo de comparar:

$$\lim_{n\to\infty}\left(\frac{\frac{\ln n}{n^{1/2}}}{\frac{1}{n^{1/2}}}\right)=\lim_{n\to\infty}\frac{\ln n}{n^{1/2}}\cdot n^{1/2}=\lim_{n\to\infty}\ln n = \infty,\text{ logo a série é divergente.}$$

▶ **Exercício 15.9**

$$\sum_{n=1}^{\infty}(-1)^n\cdot\frac{n^2+1}{n^3}$$

Solução:

É uma série alternada.

$$\lim_{n\to\infty}\left((-1)^n\cdot\frac{n^2+1}{n^3}\right)=\frac{\infty}{\infty}\stackrel{L'H}{=}\lim_{n\to\infty}\left((-1)^n\cdot\frac{2n}{3n^2}\right)=\frac{\infty}{\infty}\stackrel{L'H}{=}\lim_{n\to\infty}\left((-1)^n\cdot\frac{2}{6n}\right)=0$$

Nada se pode afirmar.

$|u_{n+1}| < |u_n|, \forall n$, pois $\left|(-1)^{n+1}\cdot\frac{(n+1)^2+1}{(n+1)^3}\right| < \left|(-1)^n\cdot\frac{n^2+1}{n^3}\right|$

Logo, a série é convergente.

Teste de Cauchy:

$$\lim_{n\to\infty}\left|\frac{(-1)^{n+1}\cdot\frac{(n+1)^2+1}{(n+1)^3}}{(-1)^n\cdot\frac{n^2+1}{n^3}}\right|=\lim_{n\to\infty}\left|-\frac{(n+1)^2+1}{(n+1)^3}\cdot\frac{n^3}{n^2+1}\right|=\lim_{n\to\infty}\frac{(n+1)^2+1}{n^2+1}\cdot\lim_{n\to\infty}\frac{n^3}{(n+1)^3}$$

Resolvendo separadamente os limites, tem-se:

$$\lim_{n\to\infty}\frac{(n+1)^2+1}{n^2+1}=\frac{\infty}{\infty}\stackrel{L'H}{=}\lim_{n\to\infty}\frac{2(n+1)}{2n}=\frac{\infty}{\infty}\stackrel{L'H}{=}\lim_{n\to\infty}\frac{2}{2}=1$$

$$\lim_{n\to\infty}\frac{n^3+1}{(n+1)^3}=\frac{\infty}{\infty}\stackrel{L'H}{=}\lim_{n\to\infty}\frac{3n^2}{3(n+1)^2}=\frac{\infty}{\infty}\stackrel{L'H}{=}\lim_{n\to\infty}\frac{2n}{2(n+1)}=\lim_{n\to\infty}\frac{1}{1}=1$$

Então, $\lim \dfrac{(n^2+1)^2+1}{n^2+1}\cdot \lim \dfrac{n^3}{(n+1)^3}=1$

Como o teste é igual a 1, nada se pode afirmar.

Teste da comparação: usar a série-p com p = 1, que é a série divergente.

O n-ésimo termo dessa série é $b_n = \dfrac{1}{n}$.

Como $\dfrac{n^2+1}{n^3} > \dfrac{1}{n}$, a série é divergente.

Logo, a série é condicionalmente convergente.

O outro modo de comparar é calcular:

$$\lim_{n\to\infty}\left(\frac{\frac{n^2+1}{n^3}}{\frac{1}{n}}\right)=\lim_{n\to\infty}\left(\frac{n^2+1}{n^3}\cdot n\right)=\lim_{n\to\infty}\left(\frac{n^2+1}{n^2}\right)=\frac{\infty}{\infty}\stackrel{L'H}{=}\lim_{n\to\infty}\left(\frac{2n}{2n}\right)=1.$$

Como 1 > 0, a série é condicionalmente convergente.

Séries de potências

A série infinita na forma

$b_0 + b_1(x-a) + b_2(x-a)^2 + ... + b_n(x-a)^n + ... = \sum\limits_{n=1}^{\infty} b_n(x-a)^n$, em que os coeficientes b_i, i = 0, 1, ..., n, ... são independentes de x, é denominada série de potência de (x – a).

A série de potências em (x – a) pode convergir ou divergir para alguns valores de x. O procedimento a seguir é utilizado para determinar os valores para os quais a série converge:

Se $\lim \dfrac{b_{n+1}}{b_n} = L$, então:

- L = 0 → A série converge para todo x.
- L ≠ 0 → A série converge para o intervalo $a - \dfrac{1}{|L|} < x < a + \dfrac{1}{|L|}$ e diverge fora desse intervalo. Os pontos extremos devem ser estudados separadamente.
- L = ∞ → A série converge para x = a.

▶ **Exemplo 15.6**

Determine o intervalo de convergência da série

$$(x-2) - \frac{1}{2}(x-2)^2 + \frac{1}{3}(x-2)^3 - \frac{1}{4}(x-2)^4 + \dots$$

Termo geral: $(-1)^{n+1} \cdot \dfrac{(x-2)^n}{n}$

A série tem a forma geral $b_0 + b_1(x-a) + b_2(x-a)^2 + \dots + b_n(x-a)^n + \dots$, logo

$b_n = \dfrac{(-1)^{n+1}}{n}$ e $a = 2$ $\qquad b_{n+1} = \dfrac{(-1)^{n+2}}{n+1}$

então:

$$\lim_{n \to \infty} \frac{b_{n+1}}{b_n} = \lim_{n \to \infty} \left(\frac{\frac{(-1)^{n+2}}{n+1}}{\frac{(-1)^{n+1}}{n}} \right) = \lim_{n \to \infty} \left(\frac{(-1)^{n+2}}{n+1} \cdot \frac{n}{(-1)^{n+1}} \right) = \lim_{n \to \infty} -\left(\frac{n}{n+1} \right) = -\frac{\infty}{\infty}$$

$\stackrel{L'H}{=} \lim_{n \to \infty} (-1) = -1.$

Como $-1 \neq 0$, a série converge para o intervalo $a - \dfrac{1}{|L|} < x < a + \dfrac{1}{|L|}$.

Logo, essa série converge para o intervalo $2 - \dfrac{1}{|-1|} < x < 2 + \dfrac{1}{|-1|}$, ou seja, a série converge para o intervalo $1 < x < 3$.

Os pontos extremos devem ser estudados separadamente.

Assim, para $x = 1$ (limite inferior do intervalo de convergência), tem-se a série:

$$\sum_{n=1}^{\infty} (-1)^{n+1} \cdot \frac{(1-2)^n}{n} = \sum_{n=1}^{\infty} (-1)^{n+1} \cdot \frac{(-1)^n}{n} = \sum_{n=1}^{\infty} \frac{(-1)^{2n+1}}{n} = \sum_{n=1}^{\infty} -\frac{1}{n}, \text{ que é uma série}$$

negativa.

Essa série é a série $\sum_{n=1}^{\infty} \dfrac{1}{n}$, série-p com $p = 1$, que é divergente, multiplicada por (-1). Logo, a série é divergente em $x = 1$.

Para $x = 3$ (limite superior do intervalo de convergência), tem-se a série:

$$\sum_{n=1}^{\infty} (-1)^{n+1} \cdot \frac{(3-2)^n}{n} = \sum_{n=1}^{\infty} (-1)^{n+1} \cdot \frac{1}{n}, \text{ que é uma série alternada.}$$

Portanto, deve-se estudar a possível convergência.

$\lim_{n \to \infty} \left((-1)^{n+1} \cdot \dfrac{1}{n} \right) = 0$

Nada se pode afirmar.

$u_n = (-1)^{n+2} \cdot \dfrac{1}{n+1}$

$\left|\dfrac{(-1)^{n+2}}{n+1}\right| < \left|\dfrac{(-1)^{n+1}}{n}\right|, \forall n$

Então, a série alternada é convergente em $x = 3$.

Logo, a série de potências converge para o intervalo $1 < x \leq 3$, pois existe divergência para $x = 1$ e convergência para $x = 3$.

Exercícios resolvidos

Determine o intervalo de convergência das séries:

◗ Exercício 15.10

$$\sum_{n=1}^{\infty} \dfrac{(x-1)^n}{(n+2)!}$$

Solução:

É uma série de potência com $a = 1$ e $b_n = \dfrac{1}{(n+2)!}$.

Logo, $b_{n+1} = \dfrac{1}{(n+3)!}$.

$\lim\limits_{n\to\infty} \dfrac{b_{n+1}}{b_n} = \lim\limits_{n\to\infty} \left(\dfrac{\dfrac{1}{(n+3)!}}{\dfrac{1}{(n+2)!}}\right) = \lim\limits_{n\to\infty}\left(\dfrac{1}{(n+3)!} \cdot (n+2)!\right)$

$= \lim\limits_{n\to\infty} \dfrac{1}{n+3} = 0$, logo a série de potência converge para todo valor de x.

◗ Exercício 15.11

$1 + x + 2!x^2 + 3!x^3 + ...$

Solução:

É uma série de potência cujo termo geral é $n!x^n$ com $a = 0$ e $b_n = (n)!$, logo $b_{n+1} = (n+1)!$.

$\lim\limits_{n\to\infty} \dfrac{(n+1)!}{(n)!} = \lim\limits_{n\to\infty} (n+1) = \infty$, logo a série de potência converge para $x = 0$ e diverge para todo $x \neq 0$.

◗ **Exercício 15.12**

$$\sum_{n=1}^{\infty} \frac{\ln n}{e^n}(x-e)^n$$

Solução:

É uma série de potência com $a = e$ e $b_n = \dfrac{\ln n}{e^n}$.

Logo,

$$\lim_{n\to\infty}\left(\frac{\frac{\ln(n+1)}{e^{n+1}}}{\frac{\ln(n)}{e^n}}\right) = \lim_{n\to\infty}\left(\frac{\ln(n+1)}{e^{n+1}} \cdot \frac{e^n}{\ln(n)}\right) = \lim_{n\to\infty}\left(\frac{\ln(n+1)}{e \cdot \ln n}\right) = \frac{\infty}{\infty} \stackrel{L'H}{=} \lim_{n\to\infty}\left(\frac{\frac{1}{n+1}}{\frac{e}{n}}\right)$$

$$= \lim_{n\to\infty}\left(\frac{n}{e(n+1)}\right) = \frac{\infty}{\infty} \stackrel{L'H}{=} \lim_{n\to\infty}\frac{1}{e} = \frac{1}{e}$$

Como $\dfrac{1}{e} \neq 0$, a série converge para o intervalo

$e - \dfrac{1}{|1/e|} < x < e + \dfrac{1}{|1/e|} \to 0 < x < 2e.$

Estudo dos pontos extremos do intervalo de convergência:

• Para $x = 0$, tem-se a série:

$$\sum_{n=1}^{\infty} \frac{\ln n}{e^n}(-e)^n = \sum_{n=1}^{\infty} \frac{(-1)^n e^n}{e^n} \cdot \ln n = \sum_{n=1}^{\infty}(-1)^n \ln n, \text{ que é uma série alternada.}$$

$\lim_{n\to\infty}(-1)^n \ln n = \infty$

Logo, a série alternada é divergente em $x = 0$.

Para $x = 2e$, tem-se a série:

$$\sum_{n=1}^{\infty} \frac{\ln n}{e^n} e^n = \sum_{n=1}^{\infty} \ln n, \text{ que é uma série positiva.}$$

$\lim_{n\to\infty}(-1)^n \ln n = \infty$, logo a série positiva é divergente em $x = 2e$.

Então, a série de potência converge no intervalo $0 < x < 2e$ e diverge fora do intervalo.

◗ **Exercício 15.13**

$$\sum_{n=1}^{\infty} \frac{(x-5)^n}{n \cdot 5^n}$$

Solução:

É uma série de potência com $a = 5$, $b_n = \dfrac{1}{n \cdot 5^n}$.

$$\lim_{n\to\infty}\left(\dfrac{\dfrac{1}{(n+1)5^{n+1}}}{\dfrac{1}{n\cdot 5^n}}\right) = \lim_{n\to\infty}\left(\dfrac{1}{(n+1)\cdot 5^{n+1}}\cdot n\cdot 5^n\right) = \lim_{n\to\infty}\left(\dfrac{n}{5(n+1)}\right) = \dfrac{\infty}{\infty}\overset{L'H}{=}\lim_{n\to\infty}\dfrac{1}{5} = \dfrac{1}{5}$$

Como $\dfrac{1}{5} \neq 0$, a série converge para o intervalo:

$$5 - \dfrac{1}{|1/5|} < x < 5 + \dfrac{1}{|1/5|} \;\rightarrow\; 0 < x < 10.$$

Estudo dos pontos extremos do intervalo de convergência:

• Para $x = 0$, tem-se a série:

$$\sum_{n=1}^{\infty}\dfrac{(-5)^n}{n\cdot 5^n} = \sum_{n=1}^{\infty}(-1)^n\dfrac{5^n}{n\cdot 5^n} = \sum_{n=1}^{\infty}\dfrac{(-1)^n}{n},$$ que é uma série alternada.

$$\lim_{n\to\infty}\left(\dfrac{(-1)^n}{n}\right) = 0.$$

Nada se pode afirmar.

$$\left|\dfrac{(-1)^{n+1}}{n+1}\right| < \left|\dfrac{(-1)^n}{n}\right|, \forall n$$

Logo, a série alternada é convergente em $x = 0$.

• Para $x = 10$, tem-se a série:

$$\sum_{n=1}^{\infty}\dfrac{5^n}{n\cdot 5^n} = \sum_{n=1}^{\infty}\dfrac{1}{n},$$ que é uma série-p com $p = 1$, que é divergente.

Logo, a série de potência converge no intervalo $0 \leq x < 10$ e diverge fora desse intervalo.

▶ **Exercício 15.14**

$$\sum_{n=0}^{\infty}\dfrac{(x+2)^n}{\sqrt{n+1}}$$

Solução:

É uma série de potência com $a = -2$ e $b_n = \dfrac{1}{\sqrt{n+1}}$

$$\lim_{n\to\infty}\left(\dfrac{\dfrac{1}{\sqrt{n+2}}}{\dfrac{1}{\sqrt{n+1}}}\right) = \lim_{n\to\infty}\left(\dfrac{1}{\sqrt{n+2}}\cdot\sqrt{n+1}\right) = \sqrt{\lim_{n\to\infty}\dfrac{n+1}{n+2}} = \dfrac{\infty}{\infty}\overset{L'H}{=}\sqrt{\lim_{n\to\infty}\dfrac{1}{1}} = 1$$

Logo, a série converge para o intervalo $-2 - \frac{1}{|1|} < x < -2 + \frac{1}{|1|} \rightarrow -3 < x < -1$.

Estudo dos pontos extremos do intervalo de convergência:
• Para x = −3, tem-se a série:

$\sum_{n=1}^{\infty} \frac{(-1)^n}{\sqrt{n+1}}$, que é uma série alternada.

$\lim_{n \to \infty} \left(\frac{(-1)^n}{\sqrt{n+1}} \right) = 0$

Nada se pode afirmar.

$\left| \frac{(-1)^{n+1}}{\sqrt{n+2}} \right| < \left| \frac{(-1)^n}{\sqrt{n+1}} \right|, \forall n$

Logo, a série alternada é convergente em x = −3.

• Para x = −1, tem-se a série positiva $\sum_{n=1}^{\infty} \frac{1}{\sqrt{n+1}}$.

$\lim_{n \to \infty} \left(\frac{1}{\sqrt{n+1}} \right) = 0$

Nada se pode afirmar.

Teste de Cauchy:

$\lim_{n \to \infty} \left(\frac{\frac{1}{\sqrt{n+2}}}{\frac{1}{\sqrt{n+1}}} \right) = \lim_{n \to \infty} \left(\frac{1}{\sqrt{n+2}} \cdot \frac{\sqrt{n+1}}{1} \right) = \left(\lim_{n \to \infty} \frac{\sqrt{n+1}}{\sqrt{n+2}} \right) = \sqrt{\lim_{n \to \infty} \frac{n+1}{n+2}} = \frac{\infty}{\infty}$

$\stackrel{L'H}{=} \sqrt{\lim_{n \to \infty} \frac{1}{1}} = 1.$

Nada se pode afirmar.

Teste da comparação:

Usar a série-p com $p = \frac{1}{2}$, que é uma série divergente. O n-ésimo termo dessa série é $b_n = \frac{1}{n^{1/2}}$

$\lim_{n \to \infty} \left(\frac{\frac{1}{\sqrt{n+1}}}{\frac{1}{\sqrt{n}}} \right) = \lim_{n \to \infty} \left(\frac{1}{\sqrt{n+1}} \cdot \sqrt{n} \right) = \lim_{n \to \infty} \frac{\sqrt{n}}{\sqrt{n+1}} = \sqrt{\lim_{n \to \infty} \frac{n}{n+1}} = \frac{\infty}{\infty} \stackrel{L'H}{=} \sqrt{\lim_{n \to \infty} \frac{1}{1}} = 1 > 0$

Logo, a série é divergente em x = –1.

Então, a série de potência é convergente no intervalo $-3 \leq x < -1$ e divergente fora desse intervalo.

Exercícios propostos

Para cada uma das séries abaixo, determine se a série é convergente (absolutamente ou condicionalmente, para as séries alternadas) ou divergente.

▶ 15.1: $\sum_{n=1}^{\infty} \dfrac{1}{n4^n}$

▶ 15.2: $\sum_{n=1}^{\infty} \dfrac{1}{\sqrt{3n+5}}$

▶ 15.3: $\sum_{n=1}^{\infty} \left(\dfrac{-3}{7}\right)^n$

▶ 15.4: $\sum_{n=1}^{\infty} (-1)^n \cdot \dfrac{3^n}{n^4}$

▶ 15.5: $\sum_{n=1}^{\infty} (-1)^n \cdot \dfrac{n^2+1}{n^3}$

▶ 15.6: $\sum_{n=1}^{\infty} (-1)^n \cdot \dfrac{1}{(n+2)^4}$

▶ 15.7: $\sum_{n=1}^{\infty} (-1)^{n+1} \cdot \dfrac{n!}{2^{n+1}}$

▶ 15.8: $\sum_{n=1}^{\infty} \dfrac{1}{n\sqrt{n^2-1}}$

▶ 15.9: $\sum_{n=1}^{\infty} \dfrac{4n+3}{5n^2+1}$

▶ 15.10: $\sum_{n=1}^{\infty} \dfrac{5}{\sqrt{n^3+n}}$

▶ 15.11: $\sum_{n=1}^{\infty} (-1)^{n+1} \cdot \dfrac{n^2}{2^n}$

▶ 15.12: $\sum_{n=1}^{\infty} (-1)^{n+1} \cdot \dfrac{n}{3n^2+5}$

▶ 15.13: $\sum_{n=1}^{\infty} \dfrac{1}{\sqrt{n^2+7n}}$

▶ 15.14: $\sum_{n=1}^{\infty} (-1)^{n+1} \cdot \dfrac{3}{(3n-2)^{1/3}}$

▶ 15.15: $\sum_{n=1}^{\infty} \dfrac{(n+3)!}{3!n!3^n}$

▶ 15.16: $\sum_{n=1}^{\infty} \dfrac{3^n}{2^n n}$

▶ 15.17: $\sum_{n=1}^{\infty} (-1)^{n+1} \cdot \dfrac{10}{(5n-2)^{1/4}}$

▶ 15.18: $\sum_{n=1}^{\infty} (-1)^n \cdot \dfrac{1}{(n+3)^4}$

▶ 15.19: $\sum_{n=1}^{\infty} (-1)^n \cdot \dfrac{n^2+5}{n^4}$

Determine o intervalo de convergência das seguintes séries:

▶ 15.20: $\sum_{n=1}^{\infty} \dfrac{(n+1)(x-2)^n}{n!}$

▶ 15.21: $\sum_{n=1}^{\infty} \dfrac{x^n}{n^2}$

▶ 15.22: $\sum_{n=1}^{\infty} \dfrac{(x-1)^n}{n \cdot 3^n}$

▶ 15.23: $\sum_{n=1}^{\infty} \frac{3^{2n} \cdot (x-2)^n}{n+1}$

▶ 15.24: $\sum_{n=1}^{\infty} \frac{(x-3)^n}{(n+5)!}$

▶ 15.25: $\frac{1}{2}x - \frac{2^2}{5}x^2 + \frac{3^2}{10}x^3 - \frac{4^2}{17}x^4 + \frac{5^2}{26}x^5 + \ldots$

▶ 15.26: $\sum_{n=1}^{\infty} (-1)^n \cdot \frac{x^n}{(3n-1) \cdot 4^{2n+1}}$

▶ 15.27: $\sum_{n=1}^{\infty} \frac{x^n}{\ln(n+1)}$

▶ 15.28: $\sum_{n=1}^{\infty} (-1)^{n+1} \cdot \frac{(x+4)^n}{\sqrt[3]{2n+1}}$

▶ 15.29: $\sum_{n=1}^{\infty} \frac{(-1)^n \cdot n! \cdot (x+2)^n}{n^3}$

16
Equações diferenciais

Após o estudo deste capítulo, você estará apto a resolver:

◗ Equações diferenciais separáveis
◗ Equações diferenciais homogêneas
◗ Equações diferenciais exatas
◗ Equações diferenciais lineares
◗ Equações diferenciais lineares em uma função de y ou x

Introdução

Em muitos problemas, as relações entre as variáveis são mais apropriadamente descritas em termos das taxas de variação. As taxas de variação podem ser expressas em duas diferentes formas matemáticas: contínuas ou descontínuas. Quando se trata de variações contínuas, as taxas de variação são representadas por derivadas e as equações que as envolvem são chamadas equações diferenciais. Quando se trata de variações descontínuas, as taxas de variação são representadas por diferenças e as equações que as envolvem são chamadas equações diferenças.

Neste livro, apresentaremos apenas uma introdução desse vasto ramo da matemática que é a equação diferencial.

Definição e classificação

Equação diferencial é uma equação que contém derivadas ou diferenciais, as quais podem ser classificadas de acordo com seu tipo, ordem e grau.

As equações diferenciais podem ser classificadas em ordinárias e parciais. Uma equação diferencial ordinária contém derivadas de uma função de uma variável independente, e uma equação diferencial parcial contém derivadas parciais de uma função de duas ou mais variáveis independentes.

▶ **Exemplo 16.1**

$\dfrac{d^2y}{dx^2} + 3\dfrac{dy}{dx} - 4y = 0$ Equação diferencial ordinária.

▶ **Exemplo 16.2**

$\left(\dfrac{\partial^3 z}{\partial x^3}\right)^2 + z^2\left(\dfrac{\partial z}{\partial x}\right)^3 - x^2 z - 10 = 0$ Equação diferencial parcial.

A ordem de uma equação diferencial é a da derivada de mais alta ordem que aparece na equação. O grau de uma equação diferencial é a potência da derivada de maior ordem.

Vejamos: a equação diferencial do exemplo 16.1 é uma equação diferencial ordinária de segunda ordem e de primeiro grau; a equação do exemplo 16.2 é uma equação diferencial parcial de terceira ordem e de segundo grau.

As equações diferenciais do tipo $\dfrac{d^n y}{dx^n} = f(x)$ podem ser resolvidas por meio de integrações sucessivas.

A solução de uma equação diferencial é uma função que não contém derivadas nem diferenciais e que satisfaz a equação diferencial.

- ▶ Uma solução geral de uma equação diferencial de ordem n contém n constantes de integração independentes.
- ▶ Uma solução particular de uma equação diferencial é uma solução que é obtida a partir da solução geral, atribuindo-se certos valores específicos às constantes arbitrárias da solução geral. Nesse tipo de solução, condições serão dadas no enunciado da questão.

Neste livro, serão abordadas apenas as equações diferenciais ordinárias de primeira ordem e de primeiro grau que podem ser escritas como $\dfrac{dy}{dx} = F(x,y)$ e que são classificadas em: separáveis, homogêneas, exatas, lineares ou lineares numa função.

Equações diferenciais separáveis

Seja a equação M(x)dx + N(y)dy = 0, onde M é somente função de x e N é somente função de y.

Uma equação diferencial que pode ser escrita dessa forma é denominada equação diferencial de variáveis separáveis. A solução geral desse tipo de equação diferencial é dada por $\int M(x)dx + \int N(y)dy = C$, onde C é a constante de integração.

▶ **Exemplo 16.3**

Resolva a equação $(3 - 2x^2)\dfrac{dy}{dx} + 4xy = 0$.

$(3 - 2x^2)\,dy + 4xy\,dx = 0$, separando as variáveis:

$$\dfrac{4x}{3 - 2x^2}\,dx + \dfrac{dy}{y} = 0.$$

A solução geral é obtida integrando-se

$$\int \dfrac{4x}{3 - 2x^2}\,dx + \int \dfrac{dy}{y} = C \rightarrow 4\int \dfrac{x}{3 - 2x^2}\,dx + \int \dfrac{dy}{y} = C$$

Na primeira integral, fazendo

$u = 3 - 2x^2 \rightarrow du = -4x\,dx \rightarrow dx = \dfrac{du}{-4x}$.

Logo,

$$4\int \dfrac{x\,du}{-4ux} = -\int \dfrac{du}{u} = -\ln|u| + C_1 = -\ln|3 - 2x^2| + C_1$$

integrando a segunda integral, $\int \dfrac{dy}{y} = \ln|y| + C_2$

A solução geral da equação diferencial é a soma das integrais, ou seja, $-\ln|3 - 2x^2| + C_1 + \ln|y| + C_2 = C \rightarrow -\ln|3 - 2x^2| + \ln|y| = C$, pois $C_1 + C_2 = C$ (soma de constantes gera uma nova constante).

Essa solução pode ser mais bem representada pela equação $y = C(3 - 2x^2)$.

Processo de transformação da solução:

Usando as propriedades de logaritmo $\ln a - \ln b = \ln\left(\dfrac{a}{b}\right)$ e $\ln a = b \leftrightarrow a = e^b$, tem-se

$\ln\left|\dfrac{y}{3 - 2x^2}\right| = C \rightarrow \dfrac{y}{3 - 2x^2} = e^C$

Como e^c é uma constante,

$$\frac{y}{3 - 2x^2} = e^c = C_1 \rightarrow y = C(3 - 2x^2)$$

A partir de agora será utilizada apenas a constante de integração C que engloba as constantes C_1 e C_2.

Exercícios resolvidos

Determine a solução geral das equações diferenciais:

◗ **Exercício 16.1:**

$$\frac{1}{3x - 4} dx + \frac{5y}{y^2 + 5} dy = 0$$

Solução:
Como as variáveis já estão separadas, pode-se integrar

$$\int \frac{dx}{3x - 4} + \int \frac{5y}{y^2 + 5} dy = C \rightarrow \frac{1}{3} \ln|3x - 4| + \frac{5}{2} \ln|y^2 + 5| = C$$

Essa solução pode ser mais bem representada pela equação
$(y^2 + 5)^{5/2}(3x - 4)^{1/3} = C$.

Processo de transformação da solução:
Usando as propriedades de logaritmo $a \cdot \ln b = \ln b^a$, $\ln a + \ln b = \ln(a \cdot b)$ e $\ln a = b \leftrightarrow a = e^b$, tem-se:

$$\frac{1}{3} \ln|3x - 4| + \frac{5}{2} \ln|y^2 + 5| = C \rightarrow \ln|(3x - 4)^{1/3}| + \ln|(y^2 + 5)^{5/2}| = C$$

$$\rightarrow \ln|(3x - 4)^{1/3} \cdot (y^2 + 5)^{5/2}| = C \rightarrow (3x - 4)^{1/3} \cdot (y^2 + 5)^{5/2} = e^c = C$$

◗ **Exercício 16.2:**

$$\frac{dy}{dx} = 5x + 4$$

Solução:
Arrumando as variáveis, tem-se: $dy = (5x + 4)dx \rightarrow (5x + 4)dx - dy = 0$.
Integrando, tem-se:
$\int(5x + 4)dx - \int dy = C$

$$\frac{5x^2}{2} + 4x - y = C$$

▶ **Exercício 16.3:**

$$\frac{dy}{dx} + \frac{1 + y^3}{xy^2(1 + x^2)} = 0$$

Solução:

Em $\frac{y^2}{1 + y^3}dy + \frac{dx}{x(1 + x^2)} = 0$, as variáveis estão separadas, logo

$$\int \frac{dx}{x(1 + x^2)} + \int \frac{y^2}{1 + y^3}dy = C$$

A primeira integral pode ser escrita como

$$\int \frac{dx}{x(1 + x^2)} = \int \frac{dx}{x} - \int \frac{x\,dx}{1 + x^2}$$, utilizando o método de frações parciais.

$\ln|x| - \frac{1}{2}\ln|1 + x^2| + \frac{1}{3}\ln|1 + y^3| = C$ ou $x(1 + y^3)^{1/3} - C(1 + x^2)^{1/2} = 0$ é a solução geral da equação diferencial.

Equações diferenciais homogêneas

Uma equação diferencial da forma $M(x,y)dx + N(x,y)dy = 0$ é homogênea se $M(x,y)$ e $N(x,y)$ são expressões homogêneas do mesmo grau em x e y.

Uma função $g(x,y)$ é homogênea de grau n em x e y se, e somente se, $g(kx,ky) = k^n g(x,y)$, onde k é uma constante qualquer.

Quando as equações diferenciais são homogêneas, suas variáveis podem ser separadas por meio de uma das seguintes substituições:

$y = vx$ e $dy = v\,dx + x\,dv$

ou

$x = vy$ e $dx = v\,dy + y\,dv$

Usando uma dessas substituições, a equação diferencial resultante pode ser escrita na forma

$M(x)dx + N(v)dv = 0$ ou $M(y)dy + N(v)dv = 0$

que é solúvel por meio de integração.

▶ **Exemplo 16.4**

Resolva a equação diferencial
$2xy\,dy = (x^2 - y^2)dx$

Verificação de uma equação homogênea:

$2(kx.ky)dy - [(kx)^2 - (ky)^2]dx = 0$

$2k^2xy\, dy - k^2(x^2 - y^2)dx = 0$

$k^2[2xy\, dy - (x^2 - y^2)dx] = 0$

É uma equação homogênea de grau 2, pois $g(kx,ky) = k^2 g(x,y)$.

Substituindo

$y = vx$ e $dy = v\, dx + x\, dv$, têm-se

$2x(vx)(v\, dx + x\, dv) = (x^2 - (vx)^2)\, dx$

$2v^2x^2\, dx + 2x^3v\, dv - (x^2 - v^2x^2)dx = 0$

$2v^2x^2\, dx + 2x^3v\, dv - x^2\, dx + v^2x^2\, dx = 0$

$3v^2x^2\, dx - x^2\, dx + 2x^3v\, dv = 0$

$(3v^2x^2 - x^2)dx + 2x^3v\, dv = 0 \rightarrow x^2(3v^2 - 1)dx + 2x^3v\, dv = 0$

$\dfrac{dx}{x} + \dfrac{2v}{3v^2 - 1}\, dv = 0$

que tem as variáveis separadas.

Integrando, tem-se:

$\int \dfrac{dx}{x} + \int \dfrac{2v}{3v^2 - 1} dv = C \rightarrow \ln|x| + \dfrac{1}{3}\ln|3v^2 - 1| = C$

Substituindo $v = \dfrac{y}{x}$, tem-se:

$\ln|x| + \dfrac{1}{3}\ln\left|3\dfrac{y^2}{x^2} - 1\right| = C$ ou $3xy^2 - x^3 = C$

Exercícios resolvidos

Determine a solução geral da equação diferencial:

▶ **Exercício 16.4:**

$\dfrac{dy}{dx} = \dfrac{x - y}{x} \rightarrow x\, dy - (x - y)dx = 0$

Solução:

Teste para verificar se a equação diferencial é homogênea:

$kx\, dy - (kx - ky)dx = 0 \rightarrow k(x\, dy - (x - y))dx = 0$

É uma equação diferencial homogênea de primeira ordem, pois $g(kx,ky) = k^1 g(x,y)$.

Substituindo
y = vx e dy = v dx + x dv, têm-se:
x(v dx + x dv) − (x − vx)dx = 0
xv dx + x²dv − x dx + vx dx = 0
2xv dx − x dx + x²dv = 0
(2xv − x)dx + x²dv = 0 ➡ x(2v − 1)dx + x²dv = 0

$$\frac{dx}{x} + \frac{dv}{2v-1} = 0$$

Integrando, tem-se:

$$\int \frac{dx}{x} + \int \frac{dv}{2v-1} = C \rightarrow \ln|x| + \frac{1}{2}\ln|2v-1| = C$$

Substituindo $v = \frac{y}{x}$, tem-se:

$$\ln|x| + \frac{1}{2}\ln\left|2\left(\frac{y}{x}\right) - 1\right| = C \text{ ou } 2xy - x^2 = C$$

▶ **Exercício 16.5:**
Determine a solução particular da equação diferencial:

$$\frac{dy}{dx} = -\left(1 + \frac{y}{x}\right) \text{ no ponto } x = 1 \text{ e } y = 3$$

$$\frac{dy}{dx} = -\left(\frac{x+y}{x}\right) \rightarrow (x+y)dx + x\,dy = 0$$

Solução:
Teste para verificar se é uma equação diferencial homogênea:
(kx + ky)dx + kx dy = 0 ➡ k((x + y)dx + x dy) = 0

Trata-se de uma equação diferencial homogênea de primeira ordem, pois g(kx,ky) = k¹g(x,y).

Substituindo y = vx e dy = v dx + x dv
(x + vx)dx + x(v dx + x dv) = 0
x dx + vx dx + xv dx + x²dv = 0
(x + 2vx)dx + x²dv = 0 ➡ x(1 + 2v)dx + x²dv = 0

$$\frac{x\,dx}{x^2} + \frac{dv}{1+2v} = 0 \rightarrow \frac{dx}{x} + \frac{dv}{1+2v} = 0$$

Integrando, tem-se:

$$\int \frac{dx}{x} + \int \frac{dv}{1+2v} = C \rightarrow \ln|x| + \frac{1}{2}\ln|1+2v| = C$$

Substituindo-se $v = \frac{y}{x}$, tem-se:

$$\ln|x| + \frac{1}{2}\ln\left|1+\frac{2y}{x}\right| = C$$

Substituindo $x = 1$ e $y = 3$, tem-se:

$$\ln 1 + \frac{1}{2}\ln 7 = C \rightarrow C = \frac{\ln 7}{2}$$

Logo, a solução particular é $\ln|x| + \frac{1}{2}\ln\left|1+\frac{2y}{x}\right| = \frac{\ln 7}{2}$ ou $x^2 + 2xy = 7$.

▶ **Exercício 16.6:**
$(x^2 + 2y^2)dx = xy\, dy$
Solução:
Para verificar se a equação diferencial é homogênea:

$$(k^2x^2 + 2k^2y^2)dx - kx\, ky\, dy = 0 \rightarrow k^2((x^2 + 2y^2)dx - xy\, dy) = 0$$

Trata-se de uma equação diferencial homogênea de segunda ordem, pois $g(kx,ky) = k^2 g(x,y)$.

Substituindo
$y = vx$ e $dy = v\, dx + x\, dv$

$(x^2 + 2(vx)^2)dx - x(vx)\cdot(v\, dx + x\, dv) = 0$
$x^2 dx + 2v^2 x^2 dx - v^2 x^2 dx - vx^3 dv = 0$
$x^2 dx + v^2 x^2 dx - vx^3 dv = 0$
$x^2(1 + v^2)dx - vx^3 dv = 0$

$$\frac{x^2 dv}{x^3} - \frac{v}{1+v^2}dv = 0 \rightarrow \frac{dx}{x} - \frac{v}{1+v^2}dv = 0$$

Integrando, tem-se:

$$\int \frac{dx}{x} - \int \frac{v}{1+v^2}dv = C \rightarrow \ln|x| - \frac{1}{2}\cdot\ln|1+v^2| = C$$

Substituindo $v = \frac{y}{x}$, tem-se:

$$\ln|x| - \frac{1}{2}\ln\left|1+\frac{y^2}{x^2}\right| = C \text{ ou } x^4 - C(x^2 + y^2) = 0$$

Equações diferenciais exatas

A equação diferencial $\dfrac{\partial F(x,y)}{\partial x}\,dx + \dfrac{\partial F(x,y)}{\partial y}\,dy = 0$ é denominada equação diferencial exata.

Se uma equação diferencial da forma $M(x,y)dx + N(x,y)dy = 0$ é exata, então $\dfrac{\partial M(x,y)}{\partial y} = \dfrac{\partial N(x,y)}{\partial x}$

A sua solução é obtida por meio dos seguintes procedimentos:

(A) Integrar $M(x,y)$ em relação a x, substituindo a constante de integração por uma função $f(y)$.

Logo, $F(x,y) = \int M(x,y)dx = G(x,y) + f(y)$.

(B) Derivar $F(x,y) = G(x,y) + f(y)$ em relação a y e comparar o resultado com $N(x,y)$ para obter a expressão $\dfrac{\partial f(y)}{\partial y}$.

Logo, $\dfrac{\partial F(x,y)}{\partial y} = \dfrac{\partial G}{\partial y} + \dfrac{\partial f(y)}{\partial y} = N(x,y) \rightarrow \dfrac{\partial f(y)}{\partial y} = N(x,y) - \dfrac{\partial G}{\partial y}$.

(C) Integrar $\dfrac{\partial f(y)}{\partial y}$ em relação a y para obter $f(y)$.

Logo, $\int \dfrac{\partial f(y)}{\partial y}\,dy = f(y)$.

Então, a solução da equação diferencial exata é $F(x,y) = G(x,y) + f(y) + C = 0$.

▶ **Exemplo 16.5:**

Resolva a equação diferencial
$(3e^{3x}y - 2x)dx + e^{3x}dy = 0$

Para verificar se é uma equação diferencial exata:

$M(x,y) = 3e^{3x}y - 2x$ e $N(x,y) = e^{3x}$

$\dfrac{\partial M(x,y)}{\partial y} = 3e^{3x}$ e $\dfrac{\partial N(x,y)}{\partial x} = 3e^{3x}$

Como $\dfrac{\partial M(x,y)}{\partial y} = \dfrac{\partial N(x,y)}{\partial x}$, a equação diferencial é exata.

Para obter a solução:

(A) $F(x,y) = \int M(x,y)dx + f(y)$

$F(x,y) = \int(3e^{3x}y - 2x)dx + f(y) \rightarrow F(x,y) = 3y\int e^{3x}dx - 2\int x\, dx + f(y)$

$F(x,y) = 3y\int e^u \dfrac{du}{3} - 2\dfrac{x^2}{2} + f(y) \rightarrow F(x,y) = ye^{3x} - x^2 + f(y)$

(B) $\dfrac{\partial F(x,y)}{\partial y} = N(x,y)$

$\dfrac{\partial F(x,y)}{\partial y} = e^{3x} + f'(y) = e^{3x} \rightarrow f'(y) = 0$

(C) $\int f'(y)dy = C$
$F(x,y) = ye^{3x} - x^2 + C = 0$

Exercícios resolvidos

Resolva as equações diferenciais:
▶ **Exercício 16.7:**
$(2x^3 + 3y)dx + (3x + y - 1)dy = 0$
Solução:
Para verificar se a equação é exata:

$M(x,y) = 2x^3 + 3y \rightarrow \dfrac{\partial M(x,y)}{\partial y} = 3$

$N(x,y) = 3x + y - 1 \rightarrow \dfrac{\partial N(x,y)}{\partial x} = 3$

Como $\dfrac{\partial M(x,y)}{\partial y} = \dfrac{\partial N(x,y)}{\partial x}$, a equação diferencial é exata.

O procedimento para obter a solução de uma equação diferencial exata é:
(A) $F(x,y) = \int M(x,y)dx + f(y) \rightarrow F(x,y) = \int(2x^3 + 3y)dx + f(y)$

$F(x,y) = \dfrac{x^4}{2} + 3xy + f(y)$

(B) $\dfrac{\partial F(x,y)}{\partial y} = N(x,y)$

$\dfrac{\partial F(x,y)}{\partial y} = 3x + f'(y) = 3x + y - 1 \rightarrow f'(y) = y - 1$

(C) $\int f'(y)dy = \int (y-1)dy = \dfrac{y^2}{2} - y$

A solução é:
$$F(x,y) = \frac{x^4}{2} + 3xy + \frac{y^2}{2} - y = C$$

▶ **Exercício 16.8:**
Determine a solução particular da equação diferencial:
$2x(ye^{x^2} - 1)dx + e^{x^2}dy = 0$ se $x = 1$ e $y = 1$
Solução:
Para verificar se a equação diferencial é exata:

$$M(x,y) = 2xy\,e^{x^2} - 2x \rightarrow \frac{\partial M(x,y)}{\partial y} = 2xe^{x^2}$$

$$N(x,y) = e^{x^2} \rightarrow \frac{\partial N(x,y)}{\partial x} = 2xe^{x^2}$$

Como $\dfrac{\partial M(x,y)}{\partial y} = \dfrac{\partial N(x,y)}{\partial x}$, a equação diferencial é exata.

$F(x,y) = \int M(x,y)dx + f(y)$
$F(x,y) = \int (2xye^{x^2} - 2x)dx + f(y) \rightarrow F(x,y) = 2\int xye^{x^2}dx - 2\int x\,dx + f(y)$

Na primeira integral, $u = x^2 \rightarrow du = 2x\,dx \rightarrow x\,dx = \dfrac{du}{2}$.

$F(x,y) = 2y\int e^u \cdot \dfrac{du}{2} - 2\int x\,dx + f(y)$

$F(x,y) = ye^u - x^2 + f(y) \rightarrow F(x,y) = ye^{x^2} - x^2 + f(y)$

$\dfrac{\partial F(x,y)}{\partial y} = e^{x^2} + f'(y) = N(x,y) = e^{x^2} \rightarrow f'(y) = 0$

$\int f'(y)dy = C$
$F(x,y) = ye^{x^2} - x^2 = C$
Se $x = 1$ e $y = 1$, tem-se:
$1 \cdot e - 1 = C \rightarrow C = e - 1$
Logo, a solução particular da equação é $ye^{x^2} - x^2 = e - 1$.

▶ **Exercício 16.9:**
Determine a solução geral da equação diferencial:
$$\frac{x\,dx + y\,dy}{x^2 + y^2} + 4y^3 dy = 0$$

Solução:
Para verificar se a equação diferencial é exata:

$$\frac{x}{x^2+y^2}dx + \left(4y^3 + \frac{y}{x^2+y^2}\right)dy = 0$$

$$M(x,y) = \frac{x}{x^2+y^2} \rightarrow \frac{\partial M(x,y)}{\partial y} = -\frac{2xy}{(x^2+y^2)^2}$$

$$N(x,y) = 4y^3 + \frac{y}{x^2+y^2} \rightarrow \frac{\partial N(x,y)}{\partial x} = -\frac{2xy}{(x^2+y^2)^2}$$

Como $\dfrac{\partial M(x,y)}{\partial y} = \dfrac{\partial N(x,y)}{\partial x}$, a equação diferencial é exata.

$$F(x,y) = \int M(x,y)dx + f(y)$$

$$F(x,y) = \int \frac{x}{x^2+y^2}dx + f(y) \rightarrow F(x,y) = \frac{1}{2}\ln|x^2+y^2| + f(y)$$

$$\frac{\partial F(x,y)}{\partial y} = \frac{1}{2} \cdot \frac{2y}{x^2+y^2} + f'(y) = 4y^3 + \frac{y}{x^2+y^2}$$

Logo, $f'(y) = 4y^3$.

$$\int f'(y)dy = \int 4y^3 dy = y^4$$

$$F(x,y) = \frac{\ln|x^2+y^2|}{2} + y^4 = C$$

Equações diferenciais lineares

Uma equação na forma $\dfrac{dy}{dx} + y\,P(x) = Q(x)$ ou $\dfrac{dx}{dy} + x\,P(y) = Q(y)$ é uma equação diferencial linear de primeira ordem.

A solução da equação $\dfrac{dy}{dx} + y\,P(x) = Q(x)$ é dada por:

$$y = e^{-\int P(x)dx}\left[\int e^{\int P(x)dx}Q(x)dx + C\right]$$

Ou a equação da forma

$\dfrac{dx}{dy} + x\,P(y) = Q(y)$ tem como solução:

$$x = e^{-\int P(y)dy}\left[\int e^{\int P(y)dy}Q(y)dy + C\right]$$

▶ **Exemplo 16.6:**

Resolva a equação diferencial:

$x\,dy = (5y + x + 1)dx$

$x\dfrac{dy}{dx} = 5y + x + 1 \rightarrow \dfrac{dy}{dx} = \dfrac{5y}{x} + \dfrac{x}{x} + \dfrac{1}{x}$

$\dfrac{dy}{dx} - \dfrac{5y}{x} = 1 + \dfrac{1}{x}$, que é da forma:

$\dfrac{dy}{dx} + y\,P(x) = Q(x)$. Portanto, é uma equação diferencial linear onde:

$P(x) = -\dfrac{5}{x} \rightarrow \int P(x)dx = \int -\dfrac{5}{x}dx = -5\ln|x|$

$e^{\int P(x)dx} = e^{-5\ln|x|} = x^{-5}$ e $e^{-\int P(x)dx} = e^{-(-5\ln|x|)} = e^{5\ln|x|} = x^5$

$Q(x) = 1 + \dfrac{1}{x}$

A solução é:

$y = e^{-\int P(x)dx}[\int e^{\int P(x)dx}Q(x)dx + C]$

Logo, $y = x^5\left[\int x^{-5}\left(1 + \dfrac{1}{x}\right)dx\right] \rightarrow y = x^5[\int x^{-5}dx + \int x^{-6}dx]$

$y = x^5\left[-\dfrac{x^{-4}}{4} - \dfrac{x^{-5}}{5} + C\right] \rightarrow y = -\dfrac{x}{4} - \dfrac{1}{5} + Cx^5$

Equações diferenciais lineares em uma função de y ou x

Uma equação da forma $\dfrac{d}{dx}f(y) + f(y)P(x) = Q(x)$ (1) ou $\dfrac{d}{dy}f(x) + f(x)P(y) = Q(y)$ (2) é uma equação diferencial linear do primeiro grau em uma função de y ou x, respectivamente.

Para encontrar a solução dessa equação, basta transformá-la em uma equação diferencial linear por meio da substituição z = f(y), para a equação (1), ou z = f(x), para a equação (2).

Feita a substituição de z, deve-se determinar $\dfrac{dz}{dx}$ (equação 1) ou $\dfrac{dz}{dy}$ (equação 2), isto é, $\dfrac{dz}{dx} = \dfrac{dz}{dy} \cdot \dfrac{dy}{dx}$ ou $\dfrac{dz}{dy} = \dfrac{dz}{dx} \cdot \dfrac{dx}{dy}$ e substituir na equação. Assim, a equação diferencial linear em uma função passa a ser uma equação diferencial linear.

▶ **Exemplo 16.7:**
Encontre a solução particular da equação diferencial
$\dfrac{dx}{dy} + xy \ln x = xye^{-y^2}$ se $y = 0$ e $x = 1$.

Dividindo-se essa equação por x, tem-se a equação na forma

$\dfrac{d}{dy} f(x) + f(x)P(y) = Q(y)$

$\dfrac{1}{x} \cdot \dfrac{dx}{dy} + y \ln x = ye^{-y^2}$ \quad (1)

Substituindo $f(x) = z = \ln x$

$\dfrac{dz}{dy} = \dfrac{dz}{dx} \cdot \dfrac{dx}{dy} \rightarrow \dfrac{dz}{dy} = \dfrac{1}{x} \cdot \dfrac{dx}{dy}$

Substituindo em (1), tem-se:

$\dfrac{dz}{dy} + yz = ye^{-y^2}$, que é uma equação linear da forma $\dfrac{dz}{dy} + z P(y) = Q(y)$.

Onde $P(y) = y \rightarrow \int P(y)dy = \int y \, dy = \dfrac{y^2}{2}$

$e^{\int P(y)dy} = e^{y^2/2}$; $e^{-\int P(y)dy} = e^{-y^2/2}$ e $Q(y) = ye^{-y^2}$

A solução é:
$z = e^{-\int P(y)dy}[e^{\int P(y)dy}Q(y)dy + C]$
Logo,
$z = e^{-y^2/2}[\int e^{y^2/2} ye^{-y^2}dy + C] \rightarrow z = e^{-y^2/2}[\int ye^{-y^2/2}dy + C]$
$z = e^{-y^2/2}[-e^{-y^2/2} + C] \rightarrow z = -e^{-y^2} + Ce^{-y^2/2}$.
Como $z = \ln x$, tem-se:
$\ln x = -e^{-y^2} + Ce^{-y^2/2}$
se $y = 0$ e $x = 1 \rightarrow \ln 1 = -e^0 + Ce^0 \rightarrow C = 1$
$\ln x = -e^{-y^2} + e^{-y^2/2}$ é a solução particular da equação.

Exercícios resolvidos

▶ **Exercício 16.10:**
Determine a solução geral da equação diferencial:
$x^2 dy + (y - 2xy - 2x^2)dx = 0$

Solução:

$\dfrac{dy}{dx} + y\left(\dfrac{1-2x}{x^2}\right) = 2$, que é uma equação diferencial linear, onde:

$P(x) = \dfrac{1-2x}{x^2} \rightarrow \int P(x)dx = \int \dfrac{1-2x}{x^2} dx = \int \dfrac{dx}{x^2} - \int \dfrac{2x\,dx}{x^2} = -\dfrac{1}{x} - 2\ln|x|$

$e^{\int P(x)dx} = e^{-1/x - 2\ln|x|} = x^{-2}e^{-1/x}$; $e^{-\int P(x)dx} = x^2 e^{1/x}$ e $Q(x) = 2$

Logo,

$y = x^2 e^{1/x}\left[\int \dfrac{e^{-1/x}}{x^2} 2dx\right] \rightarrow y = x^2 e^{1/x}[2e^{-1/x} + C]$

$y = 2x^2 + Cx^2 e^{1/x}$

▶ Exercício 16.11:

Determine a solução particular da equação diferencial

$\dfrac{dy}{dx} + \dfrac{2}{x}y = \dfrac{\cos x}{x^2}$ se $y = 0$ e $x = \pi$.

Solução:

A equação é diferencial linear onde:

$P(x) = \dfrac{2}{x} \rightarrow \int P(x)dx = \int \dfrac{2}{x} dx = 2\ln|x|$

$e^{\int P(x)dx} = e^{2\ln|x|} = x^2$; $e^{-\int P(x)dx} = e^{-2\ln|x|} = x^{-2}$ e $Q(x) = \dfrac{\cos x}{x^2}$

$y = x^{-2}\left[\int x^2 \dfrac{\cos x}{x^2} dx\right] \rightarrow y = x^{-2}[\int \cos x\, dx]$

$y = x^{-2}[\operatorname{sen} x + C] \rightarrow y = x^{-2}\operatorname{sen} x + Cx^{-2}$

Substituindo-se $y = 0$ e $x = \pi$, tem-se:

$\pi^{-2}\operatorname{sen} \pi + C\pi^{-2} = 0 \rightarrow C = 0$

Logo, a solução particular da equação é $y = x^{-2}\operatorname{sen} x$.

▶ Exercício 16.12:

Determine a solução geral da equação diferencial

$\dfrac{dy}{dx} + 2y = y^2 e^{-2x}$

Solução:

Escrevendo na forma $\dfrac{d}{dx}f(y) + f(y)P(x) = Q(x)$.

$$\frac{1}{y^2} \cdot \frac{dy}{dx} + \frac{2}{y} = e^{-2x} \quad (1)$$

Substituindo $z = \dfrac{1}{y}$, tem-se:

$$\frac{dz}{dx} = \frac{dz}{dy} \cdot \frac{dy}{dx} = -\frac{1}{y^2} \cdot \frac{dy}{dx}$$

Substituindo em (1), tem-se:

$$-\frac{dz}{dx} + 2z = e^{-2x} \;\rightarrow\; \frac{dz}{dx} - 2z = -e^{-2x},$$ que é uma equação linear da forma $\dfrac{dz}{dx} + z\, P(x) = Q(x)$

Onde $P(x) = -2 \rightarrow \int P(x)dx = \int -2dx = -2x$

$e^{\int P(x)dx} = e^{-2x}$; $e^{-\int P(x)dx} = e^{2x}$ e $Q(x) = -e^{-2x}$

A solução é:

$z = e^{-\int P(x)dx}[\int e^{\int P(x)dx} Q(x)dx + C]$

$z = e^{2x}[\int e^{-2x}(-e^{-2x})dx + C]$

$z = e^{2x}[\int -e^{-4x}dx + C] \rightarrow z = -e^{2x}\left[\dfrac{-e^{-4x}}{4} + C\right] \rightarrow z = \dfrac{e^{-2x}}{4} - Ce^{2x}$

Como $z = \dfrac{1}{y}$, tem-se: $\dfrac{1}{y} = \dfrac{e^{-2x}}{4} + Ce^{2x} \rightarrow y = \dfrac{4e^{2x}}{1 + Ce^{4x}}$.

Aplicações

▶ **Exemplo 16.8:**

A taxa de lucro de uma empresa em relação às despesas com qualidade de vida de seus funcionários é modelada por $\dfrac{dL_t}{dx} = 2(5 - L_t)$. Sabe-se que o lucro da empresa, quando a despesa com qualidade de vida de seus funcionários é nula, é igual a 4. Determine o lucro quando as despesas com qualidade de vida de seus funcionários é de 0,3 (em milhões de unidades monetárias). Interprete o resultado.

$$\frac{dL_t}{dx} = 2(5 - L_t) \rightarrow \frac{dL_t}{(5 - L_t)} = 2dx \rightarrow \int \frac{dL_t}{5 - L_t} = \int 2dx$$

$-\ln|5 - L_t| = 2x + C \rightarrow \ln|5 - L_t| = -2x + C$

$5 - L_t = C e^{-2x} \rightarrow L_t = 5 - Ce^{-2x}$

Quando a empresa não tem despesa com qualidade de vida de seus funcionários, tem-se $x = 0$ e $L_t = 4$, logo $C = 1$.

Quando a empresa tem a despesa de 0,3, o lucro é de aproximadamente $L_t = 5 - e^{-2 \cdot 0,3} = 4,45$.

O lucro aumenta quando o investimento com qualidade de vida de seus funcionários aumenta.

Exercícios resolvidos

Resolva as equações diferenciais:

▶ **Exercício 16.13:**

A variação no preço y em relação à quantidade demandada x, em toneladas, de um determinado tipo de maçã é modelada por $\dfrac{dy}{dx} = -\dfrac{2xy + 15x}{x^2 - 3}$. Determine a relação entre o preço e a quantidade demandada sabendo que o preço é 5 quando a quantidade de demanda é de 4 toneladas.

Solução:

$\dfrac{dy}{dx} = -\dfrac{2xy + 15x}{x^2 - 3} \rightarrow \dfrac{dy}{dx} + \dfrac{2xy + 15x}{x^2 - 3} = 0$

$(2xy + 15x)dx + (x^2 - 3)dy = 0$

$M(x,y) = 2xy + 15x \rightarrow \dfrac{\partial M(x,y)}{\partial y} = 2x$

$N(x,y) = x^2 - 3 \rightarrow \dfrac{\partial N(x,y)}{\partial x} = 2x$

Logo, a equação é uma equação diferencial exata.

$F(x,y) = \int M(x,y)dx + f(y)$

$F(x,y) = \int (2xy + 15x)dx + f(y) \rightarrow F(x,y) = x^2 y + \dfrac{15x^2}{2} + f(y)$

$\dfrac{\partial F(x,y)}{\partial y} = x^2 + f'(y) = N(x,y) = x^2 - 3$

$f'(y) = -3 \rightarrow \int f'(y)dy = \int -3 dy = -3y$

$F(x,y) = x^2y + \dfrac{15x^2}{2} - 3y + C = 0$

Se $y = 5$ e $x = 4$, $4^2 \cdot 5 + \dfrac{15 \cdot 4^2}{2} - 3 \cdot 5 = C$

$C = 80 + 120 - 15 = 185$

Logo, a solução particular da equação é $x^2y + \dfrac{15x^2}{2} - 3y = 185$.

▶ Exercício 16.14:

A variação do custo em logística (C) em milhões de unidades monetárias na manutenção de equipamentos eletrônicos em uma unidade naval está relacionada com intervalos de manutenção preventiva (x) pelo modelo matemático $\dfrac{dC}{dx} + \left(\dfrac{2}{x}\right)C = \dfrac{3}{x^2}$.
Determine a relação custo-intervalo sabendo que quando o intervalo entre as manutenções é de 3 meses, o custo é de 3 (expresso em milhões).

Solução:

$\dfrac{dC}{dx} + C\left(\dfrac{2}{x}\right) = \dfrac{3}{x^2}$

Trata-se de uma equação diferencial linear, onde:

$P(x) = \dfrac{2}{x} \rightarrow \int P(x)dx = 2\ln|x|$

$e^{\int P(x)dx} = e^{2\ln|x|} = x^2$; $e^{-\int P(x)dx} = x^{-2}$ e $Q(x) = \dfrac{3}{x^2}$

$C = x^{-2}\left[\int x^2 \cdot \left(\dfrac{3}{x^2}\right)dx + k\right]$

$C = x^{-2}[3x + k] \rightarrow C = 3x^{-1} + kx^{-2}$

Se $C = 3$ e $x = 3$, tem-se:

$3 = 3 \cdot 3^{-1} + k \cdot 3^{-2} \rightarrow 3 = 1 + \dfrac{k}{9} \rightarrow k = 18$

Logo, o custo, em função do intervalo, é dado pela equação é $C = \dfrac{3}{x} + \dfrac{18}{x^2}$.

▶ Exercício 16.15:

O preço de venda de imóveis, P (em mil), em uma cidade litorânea varia em função da distância (em km) do imóvel até a praia, x. O modelo matemático adequado para essa cidade é dado por $\frac{dp}{dx} = -\left(\frac{3}{x} + 5\right)$. Se o preço é de 200.000 quando a distância é de 2 km, determine o preço do imóvel em função da distância à praia.

Solução:

$$\frac{dp}{dx} = -\left(\frac{3 + 5x}{x}\right) \rightarrow dp + \left(\frac{3 + 5x}{x}\right)dx = 0$$

$$\int dp + \int \frac{3 + 5x}{x} dx = C$$

$P + 3\ln|x| + 5x = C \rightarrow P = -3\ln|x| - 5x + C$

Se P = 200 e x = 2, tem-se:

$200 = -3\ln 2 - 5 \cdot 2 + C \rightarrow C = 210 + 3\ln 2$.

Logo, a relação entre preço de venda de imóveis e a distância à praia é $P = -3\ln|x| - 5x + 210 + 3\ln 2$.

Exercícios propostos

Encontre a solução geral das seguintes equações diferenciais.

- **16.1:** $\frac{4x}{5x^2 - 5} dx + \frac{2y}{y^2 - 1} dy = 0$
- **16.2:** $\frac{dy}{dx} = \frac{xy + x}{xy + y}$
- **16.3:** $\frac{dy}{dx} + \frac{3 + y^4}{xy^3(1 + x^2)} = 0$
- **16.4:** $\frac{y^2 dy}{x^3 dx} = \frac{1 + y^3}{3 + x^4}$
- **16.5:** $\frac{\text{sen}(5x)}{(3y^2 + 1)dy} + \frac{e^{y^3 + y + 5}}{dx} = 0$
- **16.6:** $(x^2 - 2y^2)dy + 2xy\,dx = 0$
- **16.7:** $y^3 dx - x^3 dy = 0$
- **16.8:** $(x + y)dy - (x - y)dx = 0$
- **16.9:** $(x + y)dx = x\,dy$
- **16.10:** $-2x^3 + y^3 + 3x^2 y \frac{dx}{dy} = 0$

- 16.11: $x(6xy + 5)dx + (2x^3 + 3y)dy = 0$
- 16.12: $(3y \operatorname{sen} x - \cos y)dx + (x \operatorname{sen} y - 3 \cos x)dy = 0$
- 16.13: $(x + y)dx + (x - 2y)dy = 0$
- 16.14: $\cos y\, dx - (x \operatorname{sen} y - y^2)dy = 0$
- 16.15: $\dfrac{dy}{dx} + 2xy = 4x$
- 16.16: $y \ln y\, dx + (x - \ln y)dy = 0$
- 16.17: $x\dfrac{dy}{dx} + (1 + x)y - e^x = 0$
- 16.18: $y\, dy - 3x\, dy = y^2 dy$
- 16.19: $\cos x\, dy - (y \operatorname{sen} x - x^2)dx = 0$
- 16.20: $\dfrac{dx}{dy} = xy + x^{1/2}ye^{y^2}$
- 16.21: $z^3\dfrac{dz}{dx} + xz^4 = xe^{-x^2}$
- 16.22: $(xy^2 + y^3 + \operatorname{sen} x)dx + (3xy^2 + x^2y + e^y)dy = 0$
- 16.23: $\dfrac{y^2}{x} \cdot \dfrac{dx}{dy} = y - x$
- 16.24: $\sqrt{xy}\, dy + x\, dy = y\, dx$
- 16.25: $(t^3 - z^3)dt + tz^2 dz = 0$

Encontre a solução particular das seguintes equações diferenciais:

- 16.26: $\dfrac{dy}{dx} + xy \ln y = xy\, e^{-x^2}$ se $x = 0$ e $y = 1$
- 16.27: $\dfrac{dy}{dx} = 7x^2 + 8$ se $x = 1$ e $y = 0$
- 16.28: $(x + 3y)dx + (3x - 4y)dy = 0$ se $x = 2$ e $y = 4$
- 16.29: $(ye^x - 2x)dx + e^x dy = 0$ se $x = 0$ e $y = 6$
- 16.30: $y\, dx - (ye^{x/y} + x)dy = 0$ se $x = 0$ e $y = 1$
- 16.31: $(x - 2)\dfrac{dy}{dx} = y + (x - 2)^3$ se $x = 0$ e $y = 3$
- 16.32: $(x + 1)(2y + 3)dy + xy^3 dx = 0$ se $x = -2$ e $y = 1$

- 16.33: $x^2(x\,dy - y\,dx) + y^3 dy = 0$ se $x = 3$ e $y = 1$
- 16.34: $x\dfrac{dy}{dx} = y + x^3 + 3x^2 - 2x$ se $x = 1$ e $y = 2$
- 16.35: $(y - \sqrt{xy})dx = x\,dy$ se $x = 1$ e $y = 4$
- 16.36: $\dfrac{e^{x^2}}{y^3 - 1}dx = -\dfrac{1}{xy}dy$ se $x = 1$ e $y = 0$
- 16.37: $(xy^2 + x^2y)dx - x^2y\,dy = 0$ se $x = 2$ e $y = 4$
- 16.38: $(e^x + 3x^2 + ye^{xy})dx + \left(y^2 + \dfrac{1}{y} + xe^{xy}\right)dy = 0$ se $x = 0$ e $y = 1$
- 16.39: $e^y dx + (xe^y - 2y)dy = 0$ se $x = 10$ e $y = 0$
- 16.40: $y\,dx + (2x - xy - 3)dy = 0$ se $x = 1$ e $y = 1$
- 16.41: $(1 - y^2)\dfrac{dy}{dx} + xy - x^{1/2}y(1 - y^2) = 0$ se $x = 0$ e $y = 1$
- 16.42: $x^2\dfrac{dy}{dx} + y^2 = xy$ se $x = 1$ e $y = 3$
- 16.43: $x^3\dfrac{dy}{dx} + x^4 y - ye^{-y^2} = 0$ se $x = 2$ e $y = 0$
- 16.44: $3\dfrac{dx}{dy} + \dfrac{2x}{y+1} = \dfrac{y}{x^2}$ se $x = 1$ e $y = 1$
- 16.45: $\dfrac{dy}{dx} + \left(y - \dfrac{1}{y}\right)x = 0$ se $x = 0$ e $y = 3$

▶ 16.46: A taxa de aumento no custo, y (em mil), com segurança de uma cidade quando o poder aquisitivo, x (em mil), da população diminui é modelada por $\dfrac{dy}{dx} = -\dfrac{5x^2 + 7y^2}{2xy}$. Determine a relação entre o custo com segurança e o poder aquisitivo da população quando o poder aquisitivo é de 1.000 e o custo em segurança é de 30.000.

▶ 16.47: A variação no preço (y) e a quantidade (x), ambos em mil, de um determinado tipo de detergente é modelada por $(x^2 + y^2)dx = 2xy\,dy$. Determine a relação entre o preço e a quantidade demandada se o preço é 1.000 quando a demanda é de 3.000 unidades.

▶ 16.48: O custo de manutenção de radares em determinado aeroporto, y, está relacionado com os intervalos de manutenção corretiva, x, pelo modelo matemático $\dfrac{dy}{dx} + 2y = y^2 e^{-x}$. Determine o custo em manutenção dos radares em função dos intervalos entre as manutenções corretivas, sabendo que quando não há intervalos, o custo inicial é de 3.

▶ **16.49:** O crescimento mensal de uma plantação de arroz em uma determinada região é de 3% e é proporcional ao número de sementes semeadas (em toneladas), tem o seguinte modelo matemático $\frac{dy}{dt} = 3y$. Se a quantidade de sementes é de 3 toneladas no 3º mês, determine a relação entre a quantidade de arroz em qualquer instante de tempo.

▶ **16.50:** O preço de venda de terrenos, P (em mil), em uma cidade histórica varia com a distância em km, do terreno ao centro histórico, x. O modelo matemático adequado para essa cidade é dado por $\frac{dP}{dx} = -\left(\frac{7}{x} + 8\right)$. Se o preço é de 5.000 quando a distância é de 7 km, determine o preço do terreno em função da distância ao centro histórico.

Respostas dos Exercícios Propostos

Capítulo 1

- **1.1:** $x = 3/5$
- **1.2:** $x = -3/2$
- **1.3:** $x = -5$
- **1.4:** $x = 7/5$
- **1.5:** $x = 1/5$
- **1.6:** $x = \dfrac{3 + \sqrt{13}}{2}$ e $x = \dfrac{3 - \sqrt{13}}{2}$
- **1.7:** $x = 0$ e $x = 5/2$
- **1.8:** $x = 7$ e $x = -7$
- **1.9:** $x = -1$ e $x = -5/2$
- **1.10:** $x = 1$ e $x = -4$
- **1.11:** 8
- **1.12:** -4
- **1.13:** 1
- **1.14:** -64
- **1.15:** 0
- **1.16:** 16
- **1.17:** 25/49
- **1.18:** 8/27
- **1.19:** 1/81
- **1.20:** 1/25
- **1.21:** 5^{10}
- **1.22:** 3
- **1.23:** 7^{12}
- **1.24:** 9/4
- **1.25:** 625/4096
- **1.26:** Quociente: $x - 1$
  Resto: zero
- **1.27:** Quociente: $3x + 1$
  Resto: $-7x^2 + x + 3$
- **1.28:** Quociente: $-x^4 - 3x^3 - 9x^2 - 27x - 78$
  Resto: $-236x - 4$
- **1.29:** Quociente: $\dfrac{3}{2}x^2 - \dfrac{3}{4}x - \dfrac{17}{8}$
  Resto: $1/8$

Capítulo 2

- **2.1:** $fog(x) = f(g(x)) = -10x^2 + 5x + 2$
  Domínio: R; Imagem $(-\infty; 21/8]$
  $gof(x) = g(f(x)) = -50x^2 - 35x - 6$
  Domínio: R; Imagem $(-\infty; 5/40]$

- **2.2:** $fog(x) = f(g(x)) = 3x - 1$
  Domínio: R; Imagem: R
  $gof(x) = g(f(x)) = 3x - 3$
  Domínio: R; Imagem: R

- **2.3:** $fog(x) = f(g(x)) = \dfrac{x - 4}{3}$
  Domínio: R; Imagem: R
  $gof(x) = g(f(x)) = \dfrac{x}{3} - 6$
  Domínio: R; Imagem: R

- **2.4:** $fog(x) = f(g(x)) = |3x + 8|$
  Domínio: R; Imagem: R_+
  $gof(x) = g(f(x)) = 3|x + 7| + 1$
  Domínio: R; Imagem: $[1; \infty)$

- **2.5:** $fog(x) = f(g(x)) = 3|x| + 13$
  Domínio: R; Imagem: $[13; \infty)$
  $gof(x) = g(f(x)) = |3x + 1| + 4$
  Domínio: R; Imagem: $[4; \infty)$

▶ **2.6:** $fog(x) = f(g(x)) = \left|\dfrac{x}{5} + 3\right| - 7$
Domínio: R; Imagem: $[-7;\infty)$
$gof(x) = g(f(x)) = \dfrac{|x+3| - 7}{5}$
Domínio: R; Imagem: $[-7/5; \infty)$

▶ **2.7:** $fog(x) = f(g(x)) = \sqrt{x^2 - 25}$
Domínio: $(-\infty;-5] \cup [5;\infty)$; Imagem: R_+
$gof(x) = g(f(x)) = x - 25$
Domínio: R_+; Imagem: $[-25;\infty)$

▶ **2.8:** $fog(x) = f(g(x)) = \sqrt{36 - x^2}$
Domínio: $[-6;6]$; Imagem: $[0;6]$
$gof(x) = g(f(x)) = 36 - x$
Domínio: R_+; Imagem: $(-\infty;36]$

▶ **2.9:** $fog(x) = f(g(x)) = x - 11$
Domínio: R; Imagem: R
$gof(x) = g(f(x)) = x - 11$
Domínio: R; Imagem: R

▶ **2.10:** $fog(x) = f(g(x)) = 3x^2 + 3x - 1$
Domínio: R; Imagem: $[-7/4; \infty)$
$gof(x) = g(f(x)) = 9x^2 - 3x$
Domínio: R; $[-1/4; \infty)$

▶ **2.11:** $fog(x) = f(g(x)) = -3e^{-x+4} + 9$
Domínio: R; Imagem: $(-\infty;9)$
$gof(x) = g(f(x)) = 3e^{x+1} - 6$
Domínio: R; Imagem: $(-6;\infty)$

▶ **2.12:** $fog(x) = f(g(x)) = \cos\left(\dfrac{3x^2}{2} + 5\right)$
Domínio: R; Imagem: $[-1;1]$
$gof(x) = g(f(x)) = 3\cos^2\left(\dfrac{x}{2} + 5\right)$
Domínio: R; Imagem: $[0;3]$

▶ **2.13:** $fog(x) = f(g(x)) = \ln(12x^2 - 2)$
Domínio: $\left(-\infty; -\dfrac{1}{\sqrt{6}}\right) \cup \left(\dfrac{1}{\sqrt{6}};\infty\right)$
Imagem: R
$gof(x) = g(f(x)) = 3\ln^2(4x - 2)$
Domínio: $(1/2;\infty)$; Imagem: R_+

▶ **2.14:** $fog(x) = f(g(x)) = \sqrt{3 - \sqrt{x^2 - 16}}$
Domínio: $[-5;-4] \cup [4;5]$; Imagem: $[0;\sqrt{3}]$

$gof(x) = g(f(x)) = \sqrt{-x - 13}$
Domínio: $(-\infty;-13]$; Imagem: $[0;\infty)$

▶ **2.15:** $fog(x) = f(g(x)) = \sqrt{\sqrt{x + 5} - 2}$
Domínio: $[-1;\infty)$; Imagem: $[0;\infty)$
$gof(x) = g(f(x)) = \sqrt{\sqrt{x - 2} + 5}$
Domínio: $[2;\infty)$; Imagem: $[\sqrt{5};\infty)$

▶ **2.16:** $y = f^{-1}(x) = x - 7$

▶ **2.17:** $y = f^{-1}(x) = -\dfrac{x - 1}{3}$

▶ **2.18:** $y = f^{-1}(x) = \dfrac{-7x + 21}{5}$

▶ **2.19:** $y = f^{-1}(x) = \dfrac{4 + 2x}{x - 1}, x \neq 1$

▶ **2.20:** $y = f^{-1}(x) = \dfrac{3x + 5}{x - 1}$

▶ **2.21:** $y = f^{-1}(x) = \dfrac{2x - 4}{3}$

▶ **2.22:** $y = f^{-1}(x) = \dfrac{x + 7}{2}$

▶ **2.23:** $y = f^{-1}(x) = (x - 9)^2$

▶ **2.24:** $y = f^{-1}(x) = \dfrac{x + 7}{x - 1}, x \neq 1$

▶ **2.25:** $y = f^{-1}(x) = (x + 8)^2 - 5$

▶ **2.26:** $y = f^{-1}(x) = \dfrac{8x^2 - 5}{x^2 - 1}, x \neq \pm 1$

▶ **2.27:** $y = (fog)^{-1}(x) = (x - 7)^2 - 6$
$y = (gof)^{-1}(x) = (x - 15)^2 + 2$

▶ **2.28:** $y = (fog)^{-1}(x) = x - 5$
$y = (gof)^{-1}(x) = x - 5$

▶ **2.29:** $y = (fog)^{-1}(x) = \dfrac{8x + 59}{x + 7}, x \neq -7$
$y = (gof)^{-1}(x) = \dfrac{3}{x + 15}, x \neq -15$

▶ **2.30:** $y = (fog)^{-1}(x) = \dfrac{-3x + 19}{-x + 7}, x \neq 7$
$y = (gof)^{-1}(x) = \dfrac{2}{x + 4}, x \neq -4$

▶ **2.31:** $y = (fog)^{-1}(x) = -2x - 2$
$y = (gof)^{-1}(x) = -2x - 14$

▶ **2.32:** $y = -\dfrac{3}{2}x + 2$
Domínio: R; Imagem: R
Gráfico:

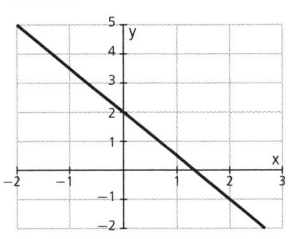

▶ **2.33:** $y = -2x - 1$
Domínio: R; Imagem: R
Gráfico:

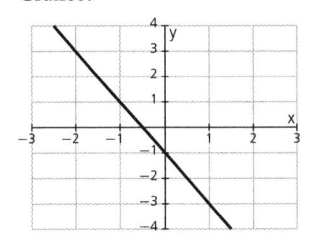

▶ **2.34:** $x = -2$
Domínio: $\{-2\}$; Imagem: R
Gráfico:

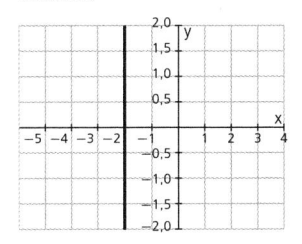

▶ **2.35:** $y = -x + 3$
Domínio: R; Imagem: R
Gráfico:

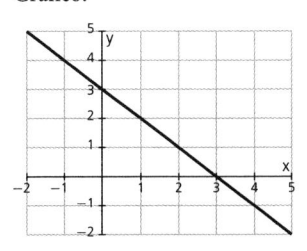

▶ **2.36:** $y = -2x + 8$
Domínio: R; Imagem: R
Gráfico:

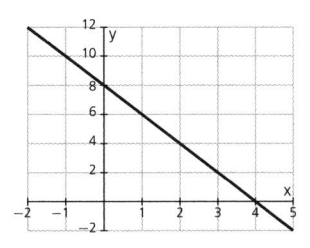

▶ **2.37:** $y = -\dfrac{x}{2} - \dfrac{13}{2}$
Domínio: R; Imagem: R
Gráfico:

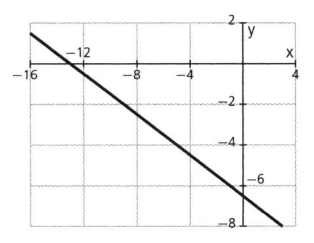

▶ **2.38:** $y = 3x + 2$
Domínio: R; Imagem: R
Gráfico:

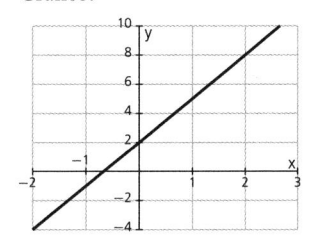

▶ **2.39:** $y = 4$
Domínio: R; Imagem: $\{4\}$
Gráfico:

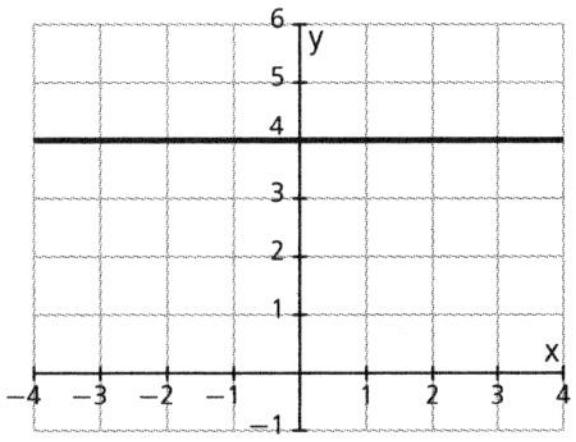

▶ **2.40:** $y = -3x - 4$
Domínio: R; Imagem: R
Gráfico:

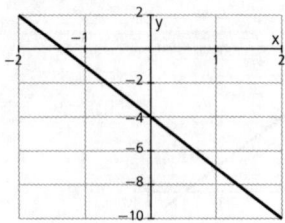

▶ **2.41:** $y = -\dfrac{3}{4}x - \dfrac{5}{2}$
Domínio: R; Imagem: R
Gráfico:

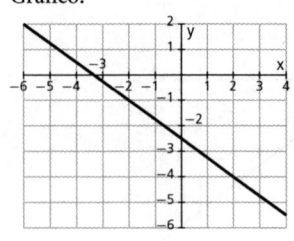

▶ **2.42:** $y = x - 3$
Domínio: R; Imagem: R
Gráfico:

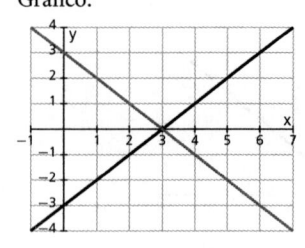

▶ **2.43:** $y = -\dfrac{4}{3}x - \dfrac{10}{3}$
Domínio: R; Imagem: R
Gráfico:

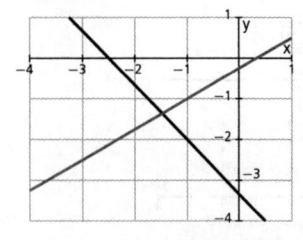

▶ **2.44:** $y = \dfrac{1}{2}x - 2$
Domínio: R; Imagem: R
Gráfico:

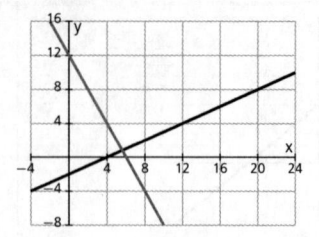

▶ **2.45:** $y = \dfrac{3}{2}x + \dfrac{3}{2}$
Domínio: R; Imagem: R
Gráfico:

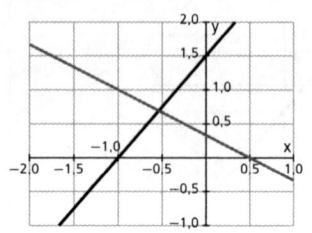

▶ **2.46:** $y = -\dfrac{2}{3}x - 1$
Domínio: R; Imagem: R
Gráfico:

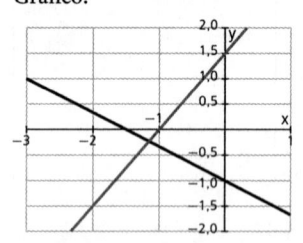

▶ **2.47:** $S = (-\infty; -1] \cup [-1/5; \infty)$
▶ **2.48:** $S = (-\infty; 1] \cup [3/2; \infty)$
▶ **2.49:** $S = [-9/7; -1) \cup (-1; -3/5]$
▶ **2.50:** $S = \varnothing$
▶ **2.51:** $S = (-\infty; -1) \cup (5/7; 1) \cup (1; \infty)$
▶ **2.52:** $S = (-\infty; -13/2) \cup (-11/6; \infty)$

▶ **2.53:** S = R

▶ **2.54:** Domínio: $(-\infty; -2] \cup [2; \infty)$
Imagem: R_+

▶ **2.55:** Domínio: $(-\infty; -5] \cup [3; \infty)$
Imagem: R_+

▶ **2.56:** Domínio: $(-3; \infty)$; Imagem: R_+^*

▶ **2.57:** Domínio: $(-2; \infty)$; Imagem: R_+^*

▶ **2.58:** Domínio: $(-\infty; -7) \cup [-3; -2] \cup (-1; \infty)$
Imagem: R_+^*

▶ **2.59:** Domínio: $(-\infty; -7)$; Imagem: R_+^*

▶ **2.60:** $\dfrac{(x-3)^2}{9} + \dfrac{(y-1)^2}{2} = 1$ elipse com centro $(3,1)$, $a = 3$ e $b = \sqrt{2}$
Domínio: $[0;6]$; Imagem: $[1 - \sqrt{2}; 1 + \sqrt{2}]$
Gráfico:

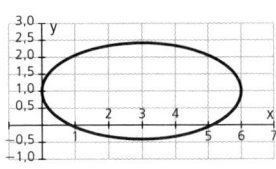

▶ **2.61:** $\dfrac{(x-3)^2}{16} + \dfrac{(y+1)^2}{9} = 1$ elipse com centro $(3,-1)$, $a = 4$ e $b = 3$
Domínio: $[-1;7]$; Imagem: $[-4;2]$
Gráfico:

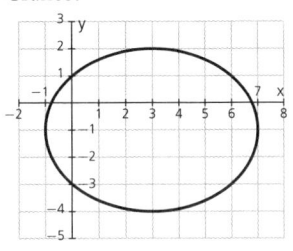

▶ **2.62:** $(x-2)^2 + (y-3)^2 = 25$ circunferência com centro $(2;3)$ e raio $r = 5$
Domínio: $[-3;7]$; Imagem: $[-2;8]$
Gráfico:

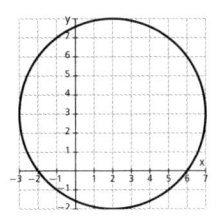

▶ **2.63:** $(x + 4)(y + 12) = 2$ hipérbole equilátera com centro $(-4,-12)$
Domínio: $R - \{-4\}$; Imagem: $R - \{-12\}$
Assíntonas: $x = -4$ e $y = -12$
Gráfico:

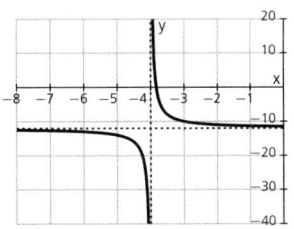

▶ **2.64:** $(y-2)^2 = 4(x+1)$ parábola com vértice $(-1,2)$
Domínio: $[-1; \infty)$; Imagem: R
Reta diretriz: $x = -2$
Gráfico:

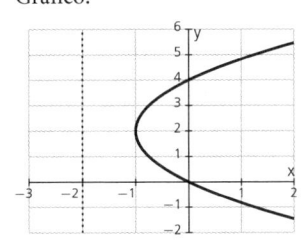

▶ **2.65:** $\dfrac{x^2}{5} - \dfrac{y^2}{6} = 1$ hipérbole com centro $(0,0)$, $a = \sqrt{5}$ e $b = \sqrt{6}$
Domínio: $(-\infty; -\sqrt{5}] \cup [\sqrt{5}; \infty)$; Imagem: R
Assíntonas: $\dfrac{y}{\sqrt{6}} = \pm \dfrac{x}{\sqrt{5}}$
Gráfico:

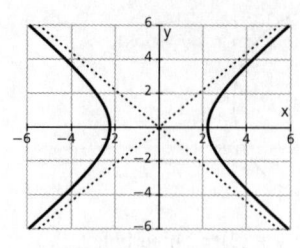

▶ 2.66: $\dfrac{(x+2)^2}{3} + \dfrac{(y-1)^2}{2} = 1$ elipse com centro $(-2,1)$, a $=\sqrt{3}$ e b $=\sqrt{2}$
Domínio: $[-2-\sqrt{3};-2+\sqrt{3}]$
Imagem: $[1-\sqrt{2};1+\sqrt{2}]$
Gráfico:

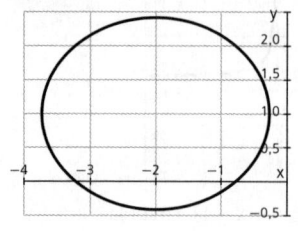

▶ 2.67: Elipse com centro $(0,0)$, a $=\sqrt{2}$ e b $=\sqrt{3}$
Domínio: $[-\sqrt{2};\sqrt{2}]$; Imagem: $[-\sqrt{3};\sqrt{3}]$
Gráfico:

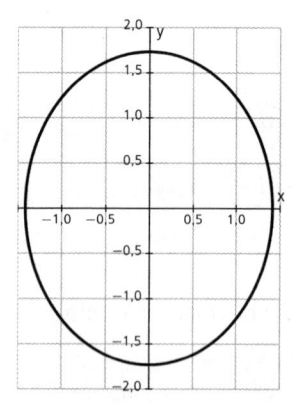

▶ 2.68: $x^2 + y^2 = 36$ circunferência com centro $(0,0)$ e raio r = 6
Domínio: $[-6;6]$; Imagem: $[-6;6]$
Gráfico:

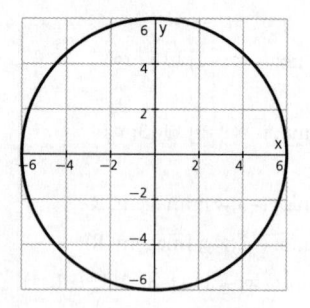

▶ 2.69: $(y-1)^2 - (x-1)^2 = 1$ hipérbole com centro $(1;1)$, a = 1 e b = 1
Domínio: R; Imagem: $(-\infty;0] \cup [2;\infty)$
Assíntonas: $y - 1 = \pm(x - 1)$
Gráfico:

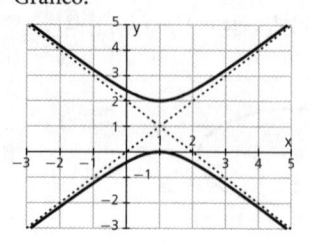

▶ 2.70: $(x-1)^2 + (y-1)^2 = 5$ circunferência com centro $(1,1)$ e raio $\sqrt{5}$
Domínio: $[1-\sqrt{5};1+\sqrt{5}]$;
Imagem: $[1-\sqrt{5};1+\sqrt{5}]$
Gráfico:

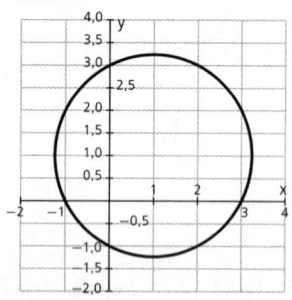

▶ 2.71: $\dfrac{(x-3)^2}{4} + \dfrac{(y+2)^2}{6} = 0$ elipse com centro $(3,-2)$, a = 2 e b = $\sqrt{6}$
Domínio: $\{3\}$; Imagem: $\{-2\}$
Gráfico:

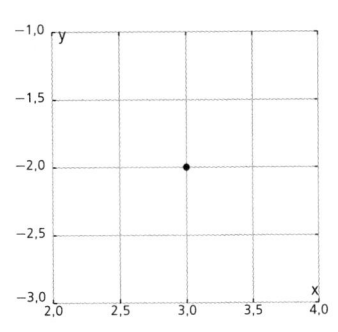

▶ 2.72: $\left(x - \dfrac{7}{2}\right)^2 = \dfrac{1}{4}$ duas retas paralelas
Domínio: {3,4}; Imagem: R
Gráfico:

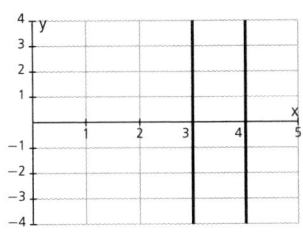

▶ 2.73: $(x - 3)^2 = 12(y + 1)$ parábola com vértice (3,−1)
Domínio: R; Imagem: [−1;∞)
Reta diretriz: y = − 4
Gráfico:

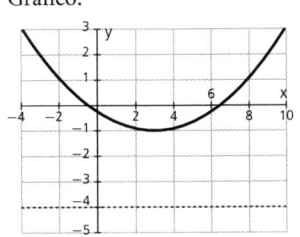

▶ 2.74: $(y + 2)^2 + x^2 = 10$ circunferência com centro (0,−2) e raio $\sqrt{10}$
Domínio: $[-\sqrt{10}; \sqrt{10}]$;
Imagem: $[-2 - \sqrt{10}; -2 + \sqrt{10}]$
Gráfico:

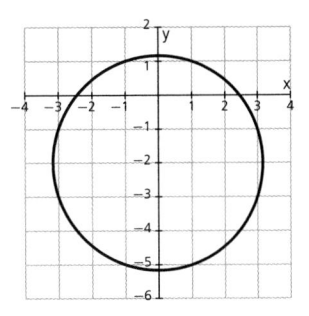

▶ 2.75: $(x + 3)^2 + (y - 3)^2 = 0$ circunferência com centro (−3,3) e raio nulo
Domínio: {−3}; Imagem: {3}
Gráfico:

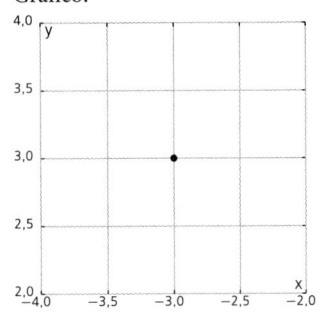

▶ 2.76: $(y - 3)^2 = -2(x - 1)$ parábola com vértice (1,3)
Domínio: (−∞;1]; Imagem: R
Reta diretriz: $x = \dfrac{3}{2}$
Gráfico:

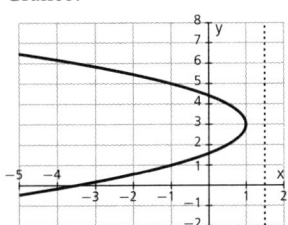

▶ 2.77: $\dfrac{(x + 3)^2}{2} - \dfrac{(y + 2)^2}{3} = 1$ hipérbole com centro (−3,−2), $a = \sqrt{2}$, $b = \sqrt{3}$
Domínio: $(-\infty; -3 - \sqrt{2}] \cup [-3 + \sqrt{2}; \infty)$
Imagem: R

Assíntonas: $\dfrac{y+2}{\sqrt{3}} = \pm \dfrac{x+3}{\sqrt{2}}$

Gráfico:

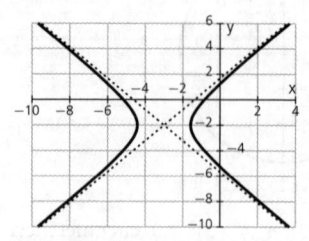

▶ 2.78: $\dfrac{(x+5)^2}{2} - \dfrac{(y+5)^2}{2} = 1$ hipérbole com centro $(-5,-5)$, $a = \sqrt{2}$, $b = \sqrt{2}$
Domínio: $(-\infty;-5-\sqrt{2}] \cup [-5+\sqrt{2};\infty)$
Imagem: R
Assíntonas: $y + 5 = \pm(x + 5)$
Gráfico:

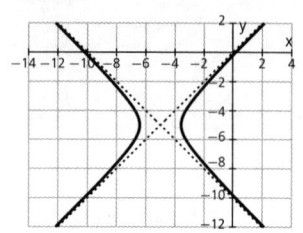

▶ 2.79: $\dfrac{(y+1)^2}{2} - \dfrac{(x+4)^2}{3} = 1$ hipérbole com centro $(-4,-1)$, $a = \sqrt{3}$, $b = \sqrt{2}$
Domínio: R
Imagem: $(-\infty;-1-\sqrt{2}] \cup [-1+\sqrt{2};\infty)$
Assíntonas: $\dfrac{y+1}{\sqrt{2}} = \pm \dfrac{x+4}{\sqrt{3}}$
Gráfico:

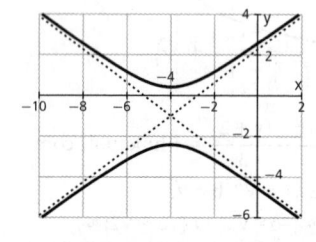

▶ 2.80: $(x-3)^2 + (y-3)^2 = 4$ circunferência com centro $(3,3)$ e raio 2
Domínio: $[1;5]$; Imagem: $[1;5]$
Gráfico:

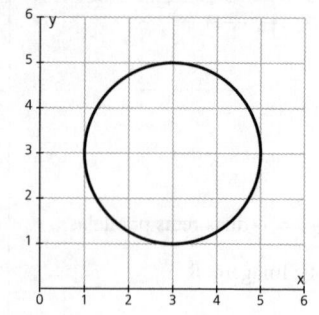

▶ 2.81: $\dfrac{x^2}{3} - \dfrac{y^2}{2} = 1$ hipérbole com centro $(0,0)$, $a = \sqrt{3}$, $b = \sqrt{2}$
Domínio: $(-\infty;-\sqrt{3}] \cup [\sqrt{3};\infty)$
Imagem: R

Assíntonas: $\dfrac{y}{\sqrt{2}} = \pm \dfrac{x}{\sqrt{3}}$

Gráfico:

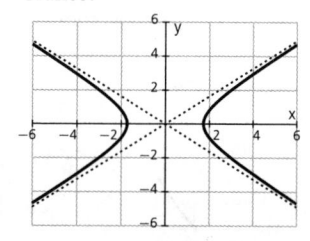

▶ 2.82: $(x-4)(y+3) = 0$ hipérbole equilátera degenerada
Domínio: $\{4\}$; Imagem: $\{-3\}$
Assíntotas: $x = 4$ e $y = -3$
Gráfico:

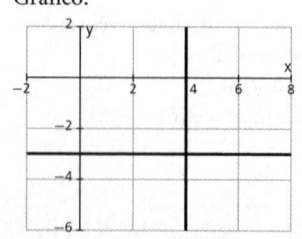

▶ **2.83:** $\left(x - \frac{3}{2}\right)^2 - (y-1)^2 = 0$ hipérbole degenerada

Assíntonas: $y - 1 = \pm\left(x - \frac{3}{2}\right)$
Gráfico:

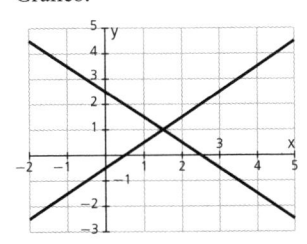

▶ **2.84:** $(y-1)(y+2) = 0$ parábola degenerada em duas retas paralelas, $y = 1$ e $y = -2$
Domínio: R; Imagem: $\{-2;1\}$
Gráfico:

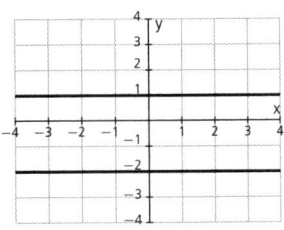

▶ **2.85:** $x(y+5) = -5$ hipérbole equilátera com centro $(0,-5)$
Domínio: $R-\{0\}$; Imagem: $R-\{-5\}$
Assíntotas: $x = 0$ e $y = -5$
Gráfico:

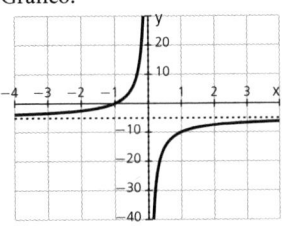

▶ **2.86:** $\frac{(x-1)^2}{2/5} + (y-2)^2 = -1$ elipse degenerada
Gráfico: não tem.

▶ **2.87:** $\left(y + \frac{5}{2}\right)^2 = -\frac{3}{4}$ parábola degenerada
Gráfico: não tem.

▶ **2.88:** $x = 1$ e $x = 2$
▶ **2.89:** $x = 2$ e $x = 3$
▶ **2.90:** $x = \frac{3 - \sqrt{13}}{2}$ e $x = \frac{3 + \sqrt{13}}{2}$
▶ **2.91:** $x = 1$ e $x = \frac{3}{2}$
▶ **2.92:** Domínio: R; Imagem: R_+^*
Gráfico:

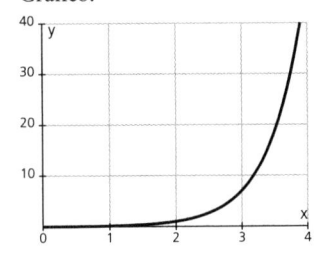

▶ **2.93:** Domínio: R; Imagem: R_+^*
Gráfico:

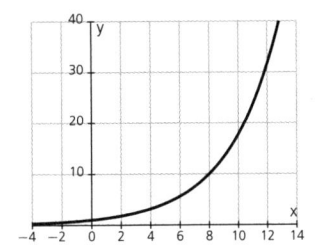

▶ **2.94:** Domínio: R; Imagem: R_+^*
Gráfico:

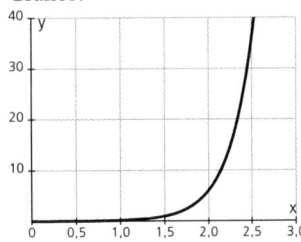

▶ **2.95:** Domínio: R; Imagem: R_+^*
Gráfico:

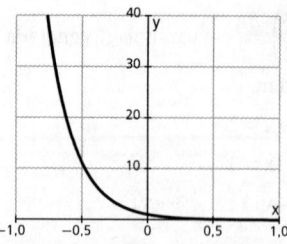

▶ **2.96:** Domínio: R; Imagem: R_+^*
Gráfico:

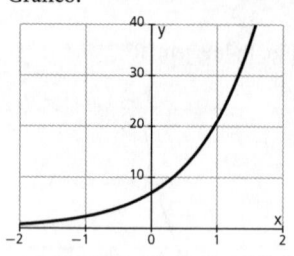

▶ **2.97:** Domínio: R; Imagem: R_+^*
Gráfico:

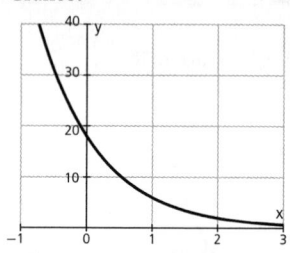

▶ **2.98:** Domínio: R; Imagem: $(-3;\infty)$
Gráfico:

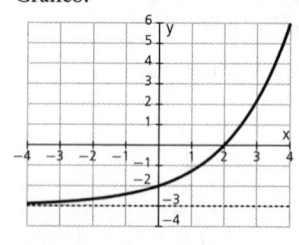

▶ **2.99:** Domínio: R; Imagem: $(-\infty;2)$
Gráfico:

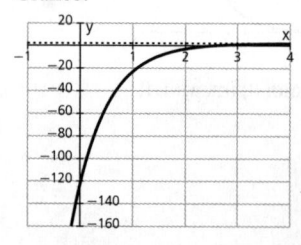

▶ **2.100:** Domínio: R; Imagem: $(-3;-2]$
Gráfico:

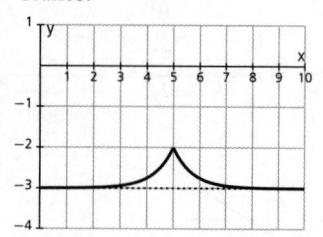

▶ **2.101:** Domínio: R; Imagem: $[2;3)$
Gráfico:

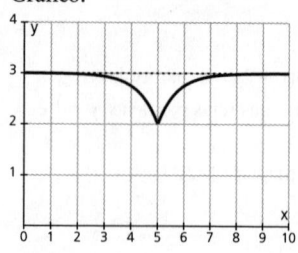

▶ **2.102:** Domínio: R; Imagem: $(-3;\infty)$
Gráfico:

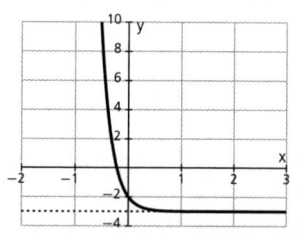

▶ **2.103:** Domínio: R; Imagem: $(-\infty;5/3)$
Gráfico:

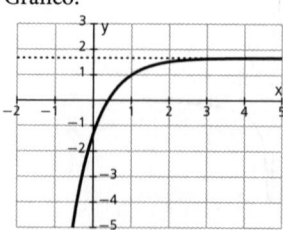

▶ **2.104:** x = 2

▶ **2.105:** x = −9 e x = 3

▶ **2.106:** x ≈ 0,23

▶ **2.107:** x = − 1/4

▶ **2.108:** Domínio: (− 4/3; ∞); Imagem: R
Gráfico:

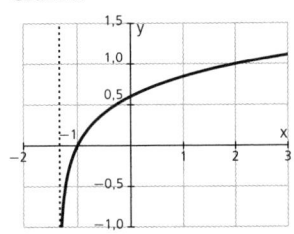

▶ **2.109:** Domínio: (3/8; ∞); Imagem: R
Gráfico:

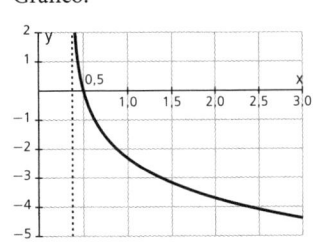

▶ **2.110:** Domínio: (7/2; ∞); Imagem: R
Gráfico:

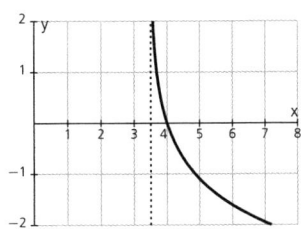

▶ **2.111:** Domínio: (−∞;−3); Imagem: R
Gráfico:

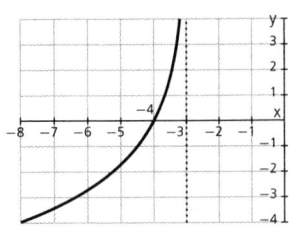

▶ **2.112:** Domínio: (−∞;2); Imagem: R
Gráfico:

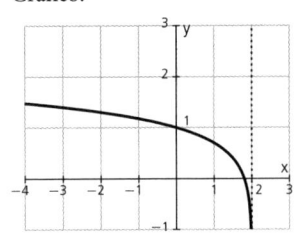

▶ **2.113:** Domínio: $R - \left(-\dfrac{5}{7}\right)$; Imagem: R
Gráfico:

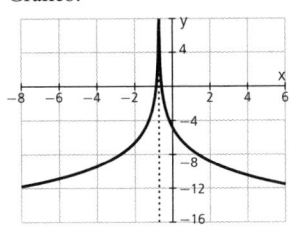

▶ **2.114:** Domínio: (3/8; ∞); Imagem: R
Gráfico:

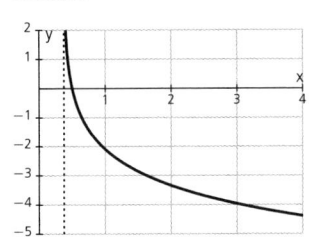

▶ **2.115:** Domínio: (2; ∞); Imagem: R
Gráfico:

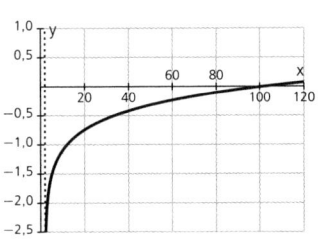

▶ **2.116:** Domínio: $(1/3; \infty)$; Imagem: R
Gráfico:

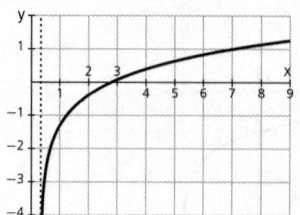

▶ **2.117:** Domínio: $R - \left\{ -\dfrac{7}{2} \right\}$; Imagem: R_+
Gráfico:

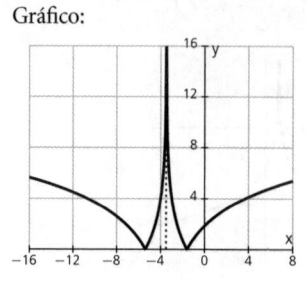

▶ **2.118:** Domínio: R; Imagem: $[0; 1]$
Gráfico:

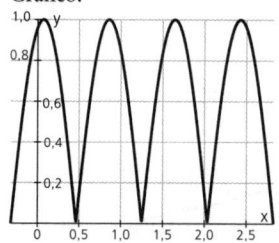

▶ **2.119:** Domínio: R; Imagem: $[-5; -1]$
Gráfico:

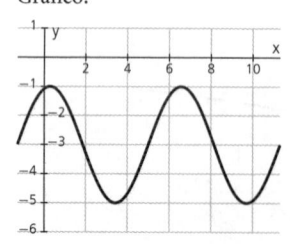

▶ **2.120:** Domínio: R; Imagem: $[-1; 1]$
Gráfico:

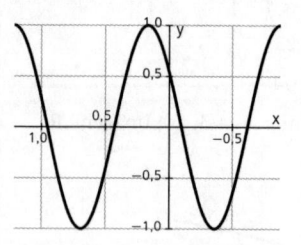

▶ **2.121:** Domínio: R; Imagem: $[0; 2]$
Gráfico:

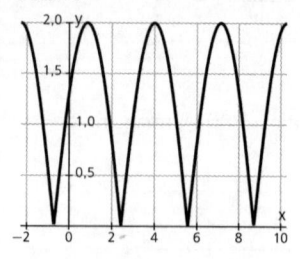

▶ **2.122:** Domínio: R; Imagem: $[-1; 1]$
Gráfico:

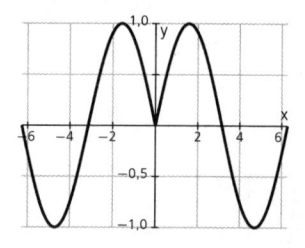

▶ **2.123:** Domínio: R; Imagem: $[-12; -2]$
Gráfico:

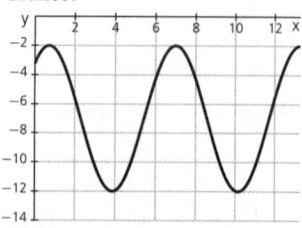

▶ **2.124:**
Domínio: $R - \left\{ x / x = \dfrac{k\pi}{6} + \dfrac{\pi}{12} - \dfrac{3}{2}, k \in z \right\}$

Imagem: R
Gráfico:

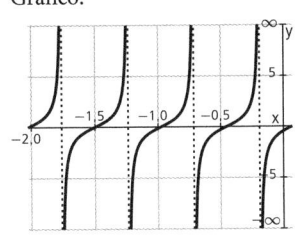

2.125:
Domínio: $R - \left\{ x/x = -k\pi - \dfrac{\pi}{2} - 1, k \in z \right\}$
Imagem: R
Gráfico:

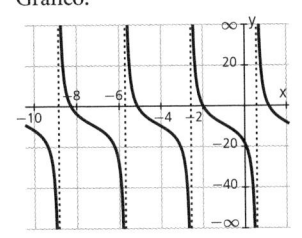

2.126:
Domínio: $R - \{x/x = k\pi + 5, k \in Z\}$
Imagem: R
Gráfico:

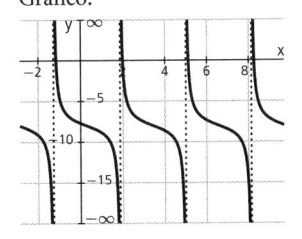

2.127:
Domínio: $R - \left\{ x/x = k\pi + \dfrac{\pi}{2} + 8, k \in z \right\}$
Imagem: $(-\infty; -5] \cup [-3; \infty)$
Gráfico:

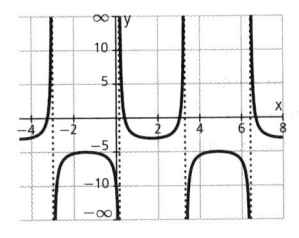

2.128:
Domínio: $R - \left\{ x/x = -\dfrac{k\pi}{6} - \dfrac{1}{6}, k \in z \right\}$
Imagem: $(-\infty; -1] \cup [1; \infty)$
Gráfico:

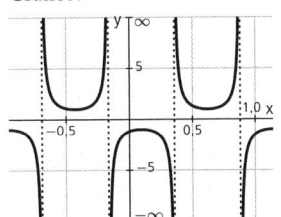

Capítulo 3

▶ **3.1:**

A) $R_A = 90$ (em 1000 unidades monetárias)
B) $R_B = 90$ (em 1000 unidades monetárias)
C) $R_C = 100$ (em 1000 unidades monetárias)
D) $R_D = 90$ (em 1000 unidades monetárias)
E) $R_t = 370$ (em 1000 unidades monetárias)

F) $R_{indústria} = p_1q_1 + p_2q_2 + p_3q_3 + p_4q_4 = \sum_{i=1}^{4} p_iq_i$
onde:
p_i = preço de venda do produto i (i = 1, ..., 4)
q_i = quantidade vendida do produto i (i = 1, ...,4)
G) $C_V^A = 40$ (em 1000 unidades monetárias)
H) $C_V^B = 100$ (em 1000 unidades monetárias)
I) $C_V^C = 60$ (em 1000 unidades monetárias)
J) $C_V^D = 80$ (em 1000 unidades monetárias)
K) $C_V^{indústria} = 280$ (em 1000 unidades monetárias)

L) $C^{indústria} = \sum_{i=1}^{4} p_iq_i = p_1q_1 + p_2q_2 + p_3q_3 + p_4q_4$
onde:
p_i = custo de produção do produto i (i = 1 , ..., 4)
q_i = quantidade produzida do produto i (i = 1, ..., 4)
M) $C_V^{indústria} = 380$ (em 1.000 unidades monetárias)
N) O custo médio é: C = 2,9 (em 1000 unidades monetárias)
O) $L_t^{indústria} = 110$ (em 1000 unidades monetárias)
P) ponto de equilíbrio (50, 150)

▶ **3.2:**

A) $C_t^{fazenda} = (2x_1 + 3x_2 + 7x_3) + 30$
B) $R_t^{fazenda} = (5x_1 + 7x_2 + 3x_3) + 35$
C) $L_t^{fazenda} = (3x_1 + 4x_2 - 4x_3) + 5$
D) $L_t^{fazenda} = 6$ (em 1000 unidades monetárias)
E) $C_{fixo} = 30$ (em 1000 unidades monetárias)
F) Função lucro total da batata $L_t^{batata} = 3x_1 - 7$
Função lucro total do trigo $L_t^{trigo} = 4x_2 + 7$
Função lucro total do tomate $L_t^{tomate} = -4x_3 + 5$
G) Custo fixo alocado à batata $C_t^{batata} = 15$ (unidades monetárias em 1000)
Custo fixo alocado ao trigo $C_t^{trigo} = 5$ (unidades monetárias em 1000)
Custo fixo alocado ao tomate $C_t^{tomate} = 10$ (unidades monetárias em 1000)

H) O ponto de equilíbrio para a batata é (7/3; 59/3).
O ponto de equilíbrio para o trigo é (–7/4; –1/4). Não tem significado econômico.
O ponto de equilíbrio para o tomate é (5/4; 75/4).

I)

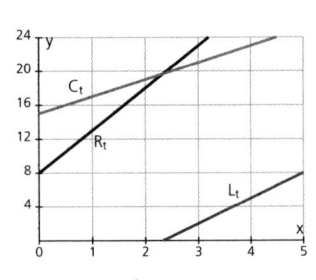

batata

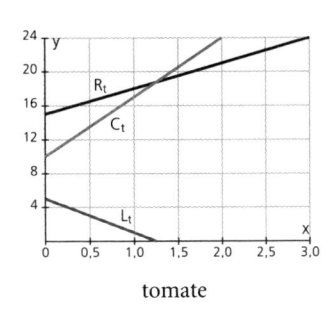

tomate

J) Para a batata:

$0 \leq x < \dfrac{7}{3}$, prejuízo

$x = \dfrac{7}{3}$, nem lucro nem prejuízo

$x > \dfrac{7}{3}$, lucro

Para o tomate:

$0 \leq x < \dfrac{5}{4}$, prejuízo

$x = \dfrac{5}{4}$ nem lucro nem prejuízo

$x > \dfrac{5}{4}$ lucro

▶ 3.3:
A) Produto A ➡ $R_t^a = 5a + 1$
   Produto B ➡ $R_t^b = 3b + 4$
   Produto C ➡ $R_t^c = 9c + 1$
B) $R_t^{indústria} = (5a + 3b + 9c) + 6$
C) $C_t^{indústria} = (3a + b + 3c) + 15$
D) $C_t^{indústria} = 15$
E) Produto A ➡ $C_f^a = 2$
   Produto B ➡ $C_f^b = 6$
   Produto C ➡ $C_f^c = 7$
F) Produto A ➡ $C_v^a = 3a$
   Produto B ➡ $C_v^b = b$
   Produto C ➡ $C_v^c = 3c$
G) Produto A ➡ ponto de equilíbrio (1/2; 7/2)
   Produto B ➡ ponto de equilíbrio (1, 7)
   Produto C ➡ ponto de equilíbrio (1, 10)
H)

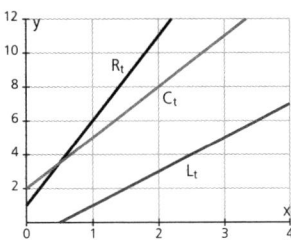

Produto A

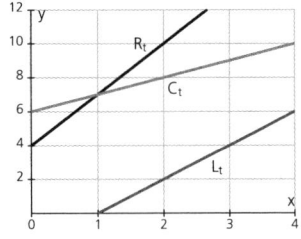

Produto B

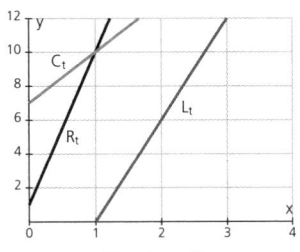

Produto C

I) Para o porduto A:

$0 \leq x < \frac{1}{2}$, prejuízo

$x = \frac{1}{2}$, nem lucro nem prejuízo

$x > \frac{1}{2}$, lucro

Para o produto B:
$0 \leq x < 1$, prejuízo
$x = 1$, nem lucro nem prejuízo
$x > 1$, lucro

Para o produto C:
$0 \leq x < 1$, prejuízo
$x = 1$, nem lucro nem prejuízo
$x > 1$, lucro

▶ 3.4:
A) para x_1 (xampu): ponto de equilíbrio (3/4; 17/4)
para x_2 (sabonete): ponto de equilíbrio (2, 11)
para x_3 (desodorante): ponto de equilíbrio (1, 5)
B) $O^{indústria} = (3x_1 + 3x_2 + x_3) + 11$
C) $D^{indústria} = (-x_1 - 2x_2 - 2x_3) + 27$
D)

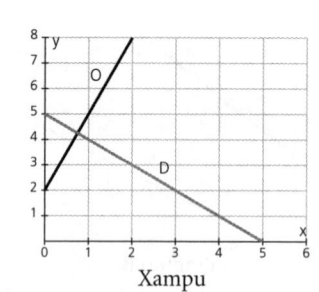

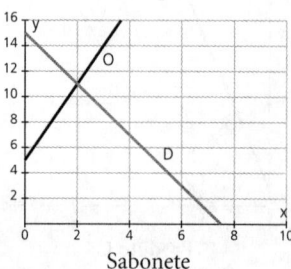

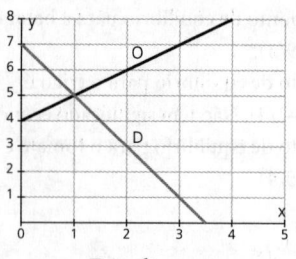

Xampu

Sabonete

Desodorante

E) Para o xampu:

$0 \leq x < \frac{3}{4}$, excesso de demanda

$x = \frac{3}{4}$, oferta = demanda

$x > \frac{3}{4}$, excesso de oferta

Para o sabonete:
$0 \leq x < 2$, excesso de demanda
$x = 2$, oferta = demanda
$x > 2$, excesso de oferta

Para o desodorante:
$0 \leq x < 1$, excesso de demanda
$x = 1$, oferta = demanda
$x > 1$, excesso de oferta

▶ 3.5:
A) Para navios graneleiros: ponto de equilíbrio (100, 400)
Para navios petroleiros: ponto de equilíbrio (250, 1250)
Para navios de passageiros: ponto de equilíbrio (140, 1120)

B) Para navios graneleiros:
$R_t(x_1) = 4x_1$ (em 100.000 unidades monetárias)
Para navios petroleiros:
$R_t(x_2) = 5x_2$ (em 100.000 unidades monetárias)
Para navios de passageiros:
$R_t(x_3) = 8x_3$ (em 100.000 unidades monetárias)

C) Para navios graneleiros: $L_t(x_1) = 3x_1 - 300$ (em 100.000 unidades monetárias)
Para navios petroleiros: $L_t(x_2) = 2x_2 - 500$ (em 100.000 unidades monetárias)

Para navios de passageiros: $L_t(x_3) = 5x_3 - 700$ (em 100.000 unidades monetárias)

D) $C_t^{empresa} = (x_1 + 3x_2 + 3x_3) + 1500$ (em 100000 unidades monetárias)

E) $C_v^{empresa} = x_1 + 3x_2 + 3x_3$ (em 100.000 unidades monetárias)

F) $C_f^{empresa} = 1500$ (em 100.000 unidades monetárias)

G)

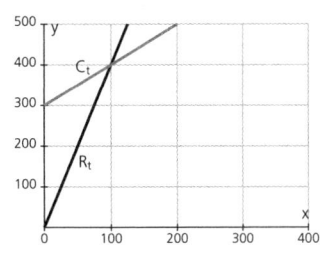

Navios graneleiros

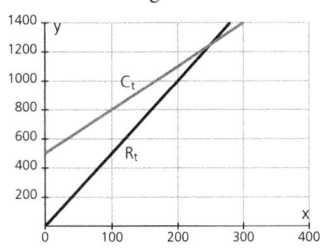

Navios petroleiros

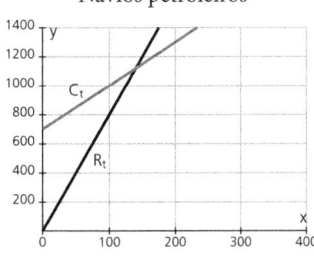

Navios de passageiros

H) Para navios graneleiros:
$0 \leq x < 100$, prejuízo
$x = 100$, nem lucro nem prejuízo
$x > 100$, lucro
Para navios petroleiros:
$0 \leq x < 250$, prejuízo
$x = 250$, nem lucro nem prejuízo
$x > 250$, lucro
Para navios de passageiros:
$0 \leq x < 140$, prejuízo
$x = 140$, nem lucro nem prejuízo
$x > 140$, lucro

▶ 3.6:

A) Ação A: rentabilidade de 5%
   Ação B: rentabilidade 9%

B) Ação A = 21%
   Ação B = 37%

C) As ações têm mesma rentabilidade entre agosto e setembro de 1990.

D)

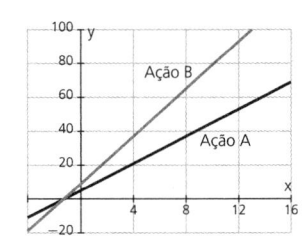

E) A ação B é mais rentável que a ação A.

F) Ação A = 53%
   Ação B = 93%

▶ 3.7:

A) Para o equipamento tipo 1: 98%
   Para o equipamento tipo 2: 95%

B) Para o equipamento tipo 1: 78%
   Para o equipamento tipo 2: 90%

C) Os equipamentos têm a mesma confiabilidade após 1 ano de uso.

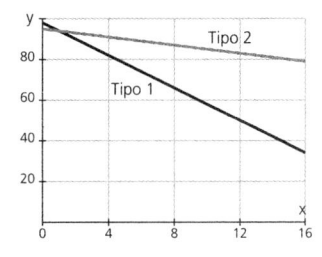

D) O equipamento tipo 2 tem menor degradação.

▶ 3.8:
A) Para a bactéria do tipo 1: 100 (milhões de bactérias)
Para a bactéria do tipo 2: 200 (milhões de bactérias)
B) Para a bactéria do tipo 1: 79 (milhões de bactérias)
Para a bactéria do tipo 2: 193 (milhões de bactérias)
C) As bactérias terão quantidades iguais em 11 de novembro de 1997
D) Para a bactéria do tipo 1: 10 (milhões de bactérias)
Para a bactéria do tipo 2: 170 (milhões de bactérias)
E)

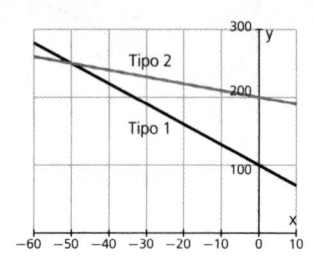

F) O produto é mais eficaz contra bactérias do tipo 2.

▶ 3.9:
A) Grão do tipo 1: 3 (toneladas de grãos)
Grão do tipo 2: 4 (toneladas de grãos)
B) Grão do tipo 1: 7 (toneladas de grãos)
Grão do tipo 2: 6 (toneladas de grãos)
C) As produções têm quantidades iguais após 1 mês de plantio
D) Grão do tipo 1: 23 (toneladas de grãos)
Grão do tipo 2: 14 (toneladas de grãos)

E)

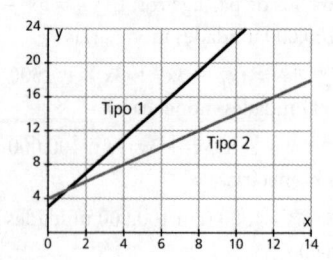

F) Os grãos do tipo 1 têm maior produtividade que os grãos do tipo 2.

▶ 3.10:
A)

Tipo de investimento	Rentabilidade em t = 0
A	13%
B	−1%
C	4%
D	7%
E	0%
F	2%

B)

Tipo de investimento	Rentabilidade em t = 3
A	28%
B	2%
C	5%
D	1%
E	12%
F	5%

C)

Tipo de investimento	Rentabilidade em t = 5
A	38%
B	4%
C	17/3%
D	−3%
E	20%
F	7%

D) A rentabilidade dos investimentos A e C será igual em meados de junho de 1998.
O investimento A é mais rentável.
O investimento E é mais rentável.
O investimento F é mais rentável.

▶ 3.11:
A) (20,75; 2,5)

B)

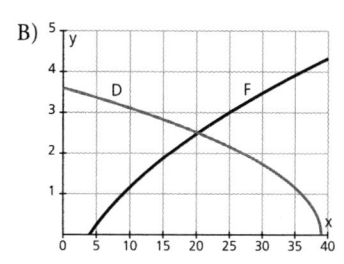

C) $4 \leq x < 20{,}75$, excesso de demanda
$x = 20{,}75$, oferta = demanda
$20{,}75 < x \leq 39$, excesso de oferta

▶ 3.12:
A) $R_t = 3x - x^2$
B) $C_t = x^2 - 5x + 6$
C) 6.000 unidades monetárias.
D)

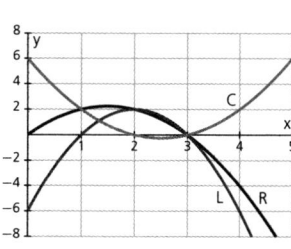

E) $(1,2)$ e $(3,0)$

▶ 3.13:
A) $(2, 16)$.
B)

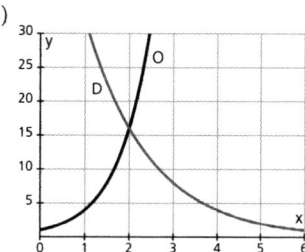

C)
$0 \leq x < 2$, excesso de demanda
$x = 2$, oferta = demanda
$x > 2$, excesso de oferta

▶ 3.14:
A) $(1, 25)$

B)

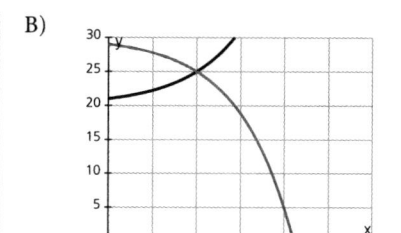

C)
$0 \leq x < 1$, excesso de demanda
$x = 1$, oferta = demanda
$x > 1$, excesso de oferta

▶ 3.15:
A) $(2, 6)$
B) O custo fixo é de 2.000 unidades monetárias.
C) $L_t = 3^x - 2x - 5$
D)

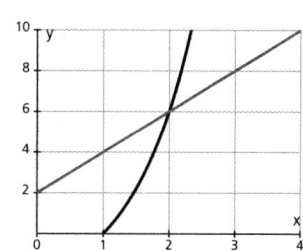

E)
$1 \leq x < 2$, a empresa tem prejuízo
$x = 2$, a empresa não tem lucro nem prejuízo
$x > 2$, a empresa tem lucro

▶ 3.16:
A)

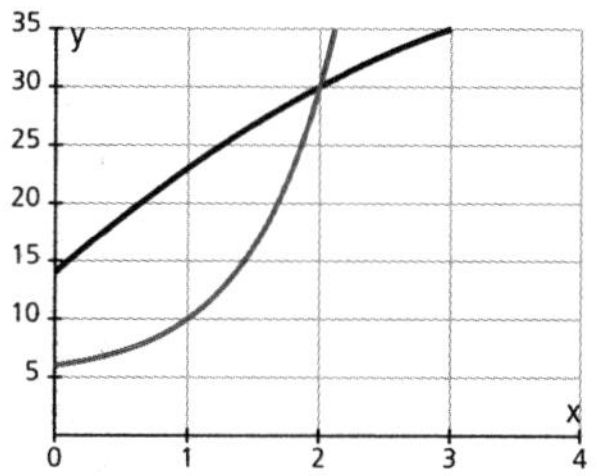

B) $(2, 30)$
C) O custo fixo é de 5.000 unidades monetárias.
D) $L_t = -x^2 + 10x - 5^x + 9$
E) Com 5 unidades a empresa tem prejuízo, com 1 unidade, lucro.

Capítulo 4

- 4.1: −1
- 4.2: −20
- 4.3: = 14
- 4.4: −1
- 4.5: 3
- 4.6: −1/3
- 4.7: 1/25
- 4.8: 9
- 4.9: −8
- 4.10: e^5
- 4.11: −1
- 4.12: 1/9
- 4.13: −2
- 4.14: 1/6
- 4.15: 1/16
- 4.16: 1
- 4.17: $\dfrac{e+4}{2e-2}$
- 4.18: 29/4
- 4.19: −1/3
- 4.20: $\dfrac{e^2+3}{e^4+2}$
- 4.21: 5
- 4.22: 1/6
- 4.23: 0
- 4.24: 1/4
- 4.25: −1/2
- 4.26: 0
- 4.27: 1/6
- 4.28: 5
- 4.29: 3
- 4.30: 1/3
- 4.31: 0
- 4.32: 0
- 4.33: 5
- 4.34: ∞
- 4.35: ∞
- 4.36: 5
- 4.37: 9
- 4.38: 16
- 4.39: 0
- 4.40: −∞
- 4.41: 6
- 4.42: −∞
- 4.43: 9
- 4.44: ∞
- 4.45: ∞
- 4.46: ∞
- 4.47: −∞
- 4.48: ∞
- 4.49: 0
- 4.50: ∞
- 4.51: 1
- 4.52: 0
- 4.53: 0
- 4.54: 1
- 4.55: ∞
- 4.56: 0
- 4.57: −2
- 4.58: 2
- 4.59: 0
- 4.60: ∞
- 4.61: ∞
- 4.62: −∞
- 4.63: −∞
- 4.64: −∞
- 4.65: ∞
- 4.66: ∞
- 4.67: não existe
- 4.68: 0
- 4.69: 2
- 4.70: ∞
- 4.71: (A) não existe; (B) 8; (C) 8; (D) ∞
- 4.72: (A) 9; (B) 19/5; (C) 7/2; (D) ∞; (E) 4; (F) 13; (G) não existe
- 4.73: (A) 1; (B) 6; (C) não existe; (D) 0; (E) −63; (F) −∞; (G) −∞; (H) 3
- 4.74: (A) e^2; (B) não existe; (C) ∞; (D) −∞; (E) −2; (F) e^5; (G) não existe
- 4.75: (A) ∞; (B) −∞; (C) não existe; (D) −3; (E) −25; (F) 11/3; (G) −1
- 4.76: (A) ∞; (B) −∞; (C) 1; (D) −4; (E) não existe; (F) não existe; (G) 9
- 4.77: 1/5
- 4.78: 2/15
- 4.79: ±2
- 4.80: ±$\sqrt{7/2}$

Capítulo 5

▶ **5.1:** Descontinuidade infinita em x = −2 e x = 5
Gráfico:

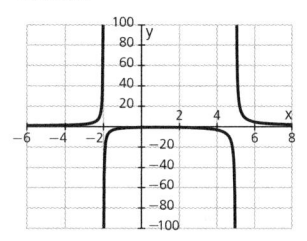

▶ **5.2:** Contínua no intervalo (−∞; ∞)
Gráfico:

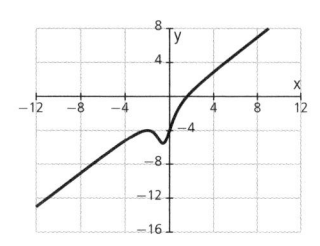

▶ **5.3:** Contínua no intervalo (−∞; ∞)
Gráfico:

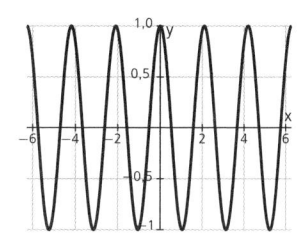

▶ **5.4:** Descontinuidade infinita em
$x = k\pi + \dfrac{\pi}{2}; k \in z$

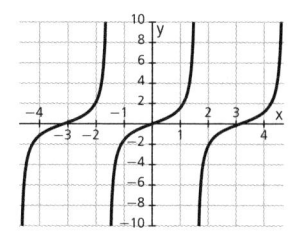

▶ **5.5:** Contínua no intervalo (−∞; ∞)
Gráfico:

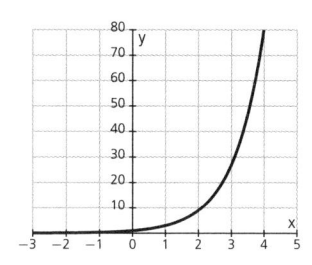

▶ **5.6:** Descontinuidade infinita em x = a
Gráfico:

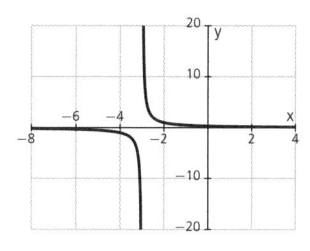

▶ **5.7:** Descontinuidade de salto em x = 0
Gráfico:

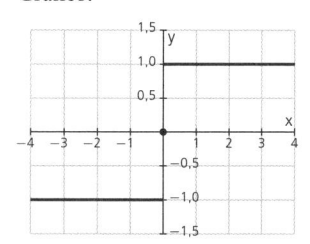

▶ **5.8:** Descontinuidade infinita em x = 5 e x = –5
Gráfico:

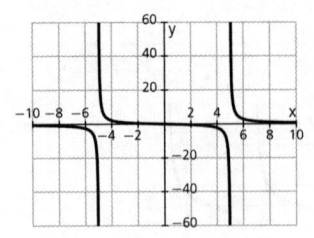

▶ **5.9:** Descontinuidade infinita em
$$x = \frac{k\pi}{6} \pm \frac{\pi}{2}; k \in z$$
Gráfico:

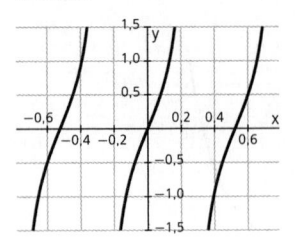

▶ **5.10:** Contínua no intervalo $(-\infty; \infty)$
Gráfico:

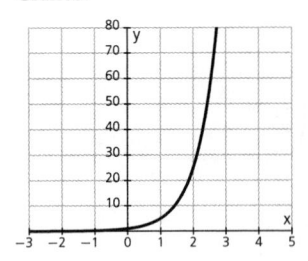

▶ **5.11:** Descontinuidade de salto em x = 0
Gráfico:

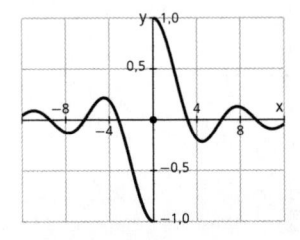

▶ **5.12:** Descontinuidade de salto em x = 4
Gráfico:

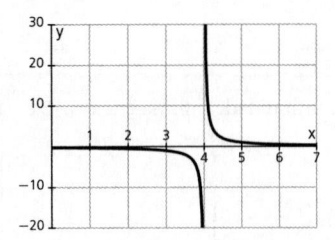

▶ **5.13:** Contínua no intervalo $(-\infty; \infty)$
Gráfico:

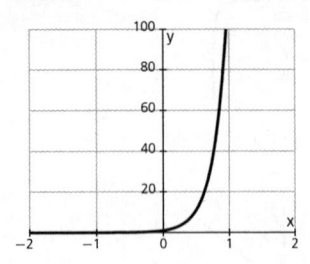

▶ **5.14:** Descontinuidade infinita em x = 0
Gráfico:

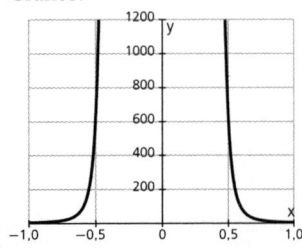

▶ **5.15:** Contínua no intervalo $R - \left\{-\dfrac{1}{5}\right\}$
Gráfico:

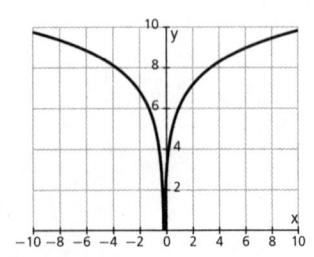

▶ **5.16:** Descontinuidade infinita em x = kπ; k ∈ z
Gráfico:

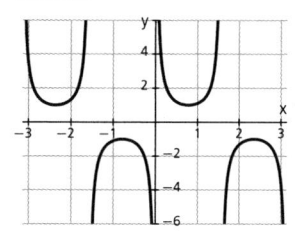

▶ **5.17:** Descontinuidade infinita em x = kπ; k ∈ z
Gráfico:

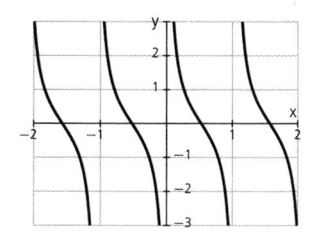

▶ **5.18:** Descontinuidade removível x = 1
Gráfico:

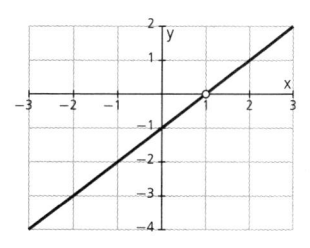

▶ **5.19:** Descontinuidade infinita em x = 5 e descontinuidade removível em x = − 5
Gráfico:

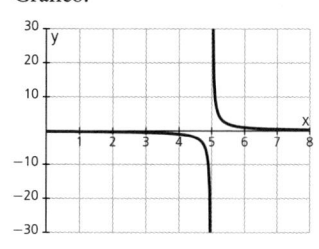

▶ **5.20:** Contínua no intervalo $(-\infty; \infty)$
Gráfico:

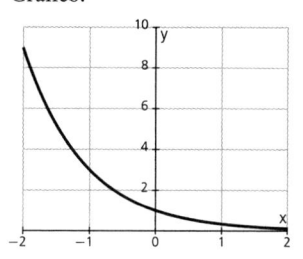

▶ **5.21:** Descontinuidade removível em x = −7
Gráfico:

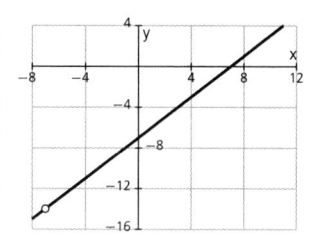

▶ **5.22:** Contínua no intervalo $(-\infty; \infty)$
Gráfico:

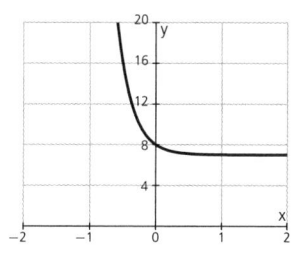

▶ **5.23:** Contínua no intervalo $\left(-\dfrac{1}{4}; \infty\right)$
Gráfico:

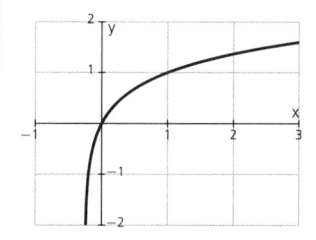

▶ **5.24:** Descontinuidade infinita em x = –2
Gráfico:

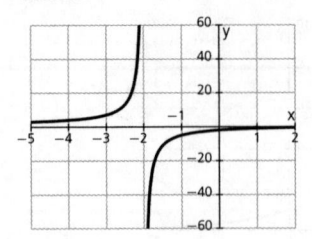

▶ **5.25:** Contínua no intervalo $\left(-\infty; -\dfrac{4}{7}\right)$
Gráfico:

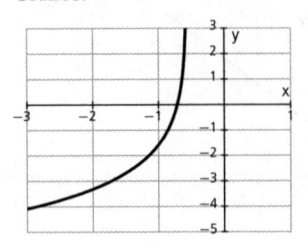

▶ **5.26:** Descontinuidade removível em x = 3
Gráfico:

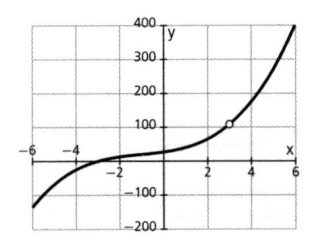

▶ **5.27:** Descontinuidade infinita em x = – 4
Gráfico:

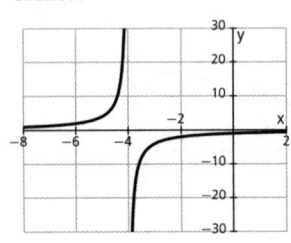

▶ **5.28:** Descontinuidade infinita em x = 0; x = –2; x = 2
Gráfico:

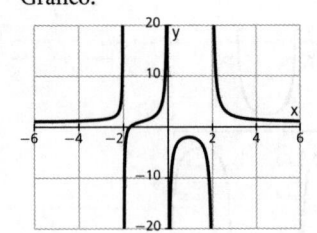

▶ **5.29:** Descontinuidade infinita em x = 0
Gráfico:

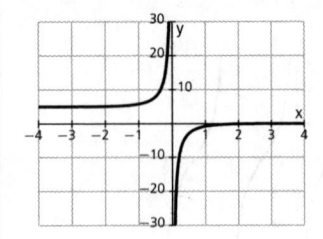

▶ **5.30:** Descontinuidade infinita em x = – 3
Gráfico:

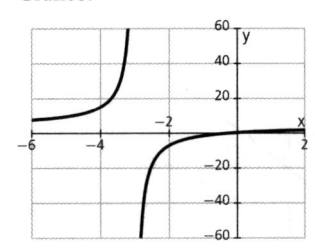

▶ **5.31:** Contínua no intervalo (– ∞; ∞)
Gráfico:

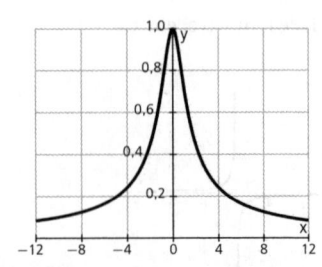

▶ **5.32:** Descontinuidade de salto em x = 0
Gráfico:

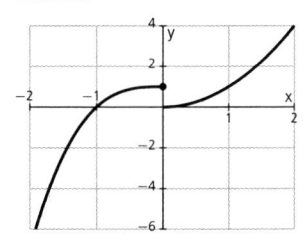

▶ **5.33:** Descontinuidade removível em x = −3
Gráfico:

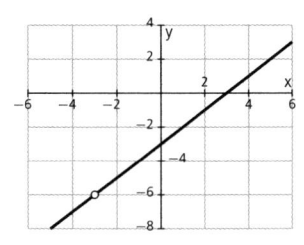

▶ **5.34:** Descontinuidade infinita em x = 3
Gráfico:

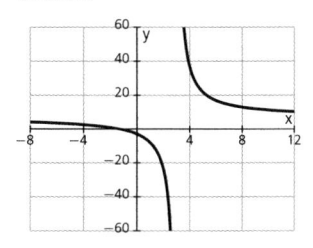

▶ **5.35:** Contínua no valor $R = \left\{\dfrac{1}{2}\right\}$
Gráfico:

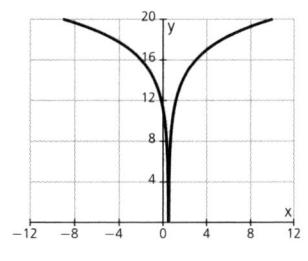

▶ **5.36:** Descontinuidade de salto em x = 5
Gráfico:

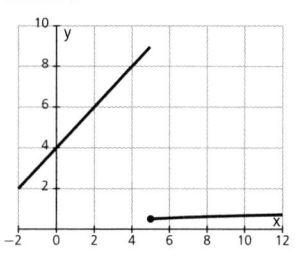

▶ **5.37:** Descontinuidade de salto em x = 5
Gráfico:

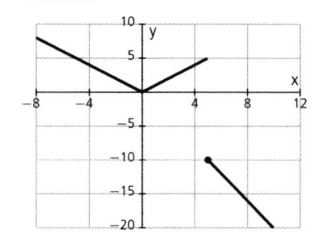

▶ **5.38:** Descontinuidade de salto em $x = \dfrac{7}{2}$

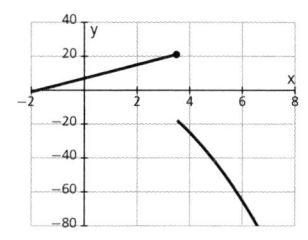

Capítulo 6

- 6.1: $\dfrac{dy}{dx} = 6x + 4$

- 6.2: $\dfrac{dy}{dx} = 3ax^2 + 2bx + c$

- 6.3: $\dfrac{dy}{dx} = -8ax^{-9}$

- 6.4: $\dfrac{dy}{dx} = -6x^{-4} - 8x^{-3} - 3x^{-2}$

- 6.5: $\dfrac{dy}{dx} = \dfrac{28}{5}x^6 - \dfrac{3}{2}x^3 + 5x^2 + 2$

- 6.6: $\dfrac{dy}{dx} = 2x - 1$

- 6.7: $\dfrac{dy}{dx} = 5x^4 + 3x^2 - 8x$

- 6.8: $\dfrac{dy}{dx} = 6(x+1)(x^2 + 2x + 1)^2$

- 6.9: $\dfrac{dy}{dx} = \dfrac{2x-1}{5(x^2 - x + 13)^{4/5}}$

- 6.10: $\dfrac{dy}{dx} = 8x + 7$

- 6.11: $\dfrac{dy}{dx} = \dfrac{5a}{3}x^{2/3} + \dfrac{7b}{5}x^{2/5} - \dfrac{2c}{3}x^{-1/3}$

- 6.12: $\dfrac{dy}{dx} = 24x^3 + 21x^2 - 22x - 7$

- 6.13: $\dfrac{dy}{dx} = -\dfrac{n}{x^{n+1}}$

- 6.14: $\dfrac{dy}{dx} = \dfrac{ad - bc}{(cx + d)^2}$

- 6.15: $\dfrac{dy}{dx} = \dfrac{9(x^2 + 2)}{(5x^2 - 8x - 10)^2}$

- 6.16: $\dfrac{dy}{dx} = -\dfrac{x}{\sqrt{16 - x^2}}$

- 6.17: $\dfrac{dy}{dx} = \dfrac{21x + 24}{4(x+1)^{1/4}}$

- 6.18: $\dfrac{dy}{dx} = \dfrac{40x^2}{3(x+1)^{1/3}}$

- 6.19: $\dfrac{dy}{dx} = \dfrac{-6b}{x^3}\left(a + \dfrac{b}{x^2}\right)^2$

- 6.20: $\dfrac{dy}{dx} = -\dfrac{1}{2x^{3/2}}$

- 6.21: $\dfrac{dy}{dx} = 1$

- 6.22: $\dfrac{dy}{dx} = \dfrac{x\,e^x}{(x+1)^2}$

- 6.23: $\dfrac{dy}{dx} = x^2(1 + 3\ln x)$

- 6.24: $\dfrac{dy}{dx} = \dfrac{1}{x^2 - a^2}$

- 6.25: $\dfrac{dy}{dx} = \dfrac{1}{x + \sqrt{1 + x^2}}\left(1 + \dfrac{x}{\sqrt{1 + x^2}}\right)$

- 6.26: $\dfrac{dy}{dx} = x^{\log x - 1}(\log x + \ln x.\log e)$

- 6.27: $\dfrac{dy}{dx} = (2ax + b)[e^{ax^2 + bx + c} - e^{-ax^2 - bx - c}]$

- 6.28: $\dfrac{dy}{dx} = 6xe^{3x^2 + 4} + 2x\dfrac{\log e}{x^2 + 1} + \dfrac{4x^3}{x^4 - 1}$

- 6.29: $\dfrac{dy}{dx} = e^{ax+b}\left[\dfrac{c\log e}{cx + d} + a\log(cx + d)\right]$

- 6.30: $\dfrac{dy}{dx} = \dfrac{e^{ax+b}\left[a\ln(cx + d) - \dfrac{c}{cx + d}\right]}{\ln^2(cx + d)}$

▶ **6.31:** $\dfrac{dy}{dx} = -\dfrac{1}{3}\left[e^{-x} + \ln^2\left(\dfrac{4x}{3} - 1\right)\right]^{-2/3}\left[-e^{-x} + \dfrac{8}{4x-3} \cdot \ln\left(\dfrac{4x}{3} - 1\right)\right]$

▶ **6.32:** $\dfrac{dy}{dx} = -\dfrac{8x+5}{5} \cdot \dfrac{\log e}{4x^2+5x-1}(\log(4x^2+5x-1))^{-6/5}$

▶ **6.33:** $\dfrac{dy}{dx} = 3x^2 + \dfrac{6x^5}{x^6+4}$

▶ **6.34:** $\dfrac{dy}{dx} = \dfrac{2+x(x^2+3)^{-1/2}}{2x+\sqrt{x^2+3}}$

▶ **6.35:** $\dfrac{dy}{dx} = \dfrac{-2}{3(x-1)^2}\left(\dfrac{x+1}{x-1}\right)^{-2/3}$

▶ **6.36:** $\dfrac{dy}{dx} = \dfrac{e^{11x/2} - 3e^{13x/2}}{2e^{5x}}$

▶ **6.37:** $\dfrac{dy}{dx} = \dfrac{\ln 3(3^{7x+1} - 5 \cdot 3^{9x})}{3^{4x}}$

▶ **6.38:** $\dfrac{dy}{dx} = \dfrac{3\log_{1/2} e}{3x+7} - \dfrac{8x}{4x^2+1} + 20x^3\, e^{5x^4+4}$

▶ **6.39:** $\dfrac{dy}{dx} = 2x \cos(x^2+5)$

▶ **6.40:** $\dfrac{dy}{dx} = (-16x^3 - 8x)\,\text{sen}(x^4+x^2+1)$

▶ **6.41:** $\dfrac{dy}{dx} = 6x\,\text{tg}^2(x^2+7)\sec^2(x^2+7)$

▶ **6.42:** $\dfrac{dy}{dx} = \dfrac{3}{2} - \dfrac{14x}{3}\,\text{cossec}^2\left(x^2 + \dfrac{1}{5}\right)$

▶ **6.43:** $\dfrac{dy}{dx} = \dfrac{-3x \cos^2(\sqrt{x^2+7})\,\text{sen}(\sqrt{x^2+7})}{\sqrt{x^2+7}}$

▶ **6.44:** $\dfrac{dy}{dx} = 2\, e^{\text{sen}\, 2x} \cos 2x$

▶ **6.45:** $\dfrac{dy}{dx} = -4x^3 e^{\cos(x^4+5)}\text{sen}(x^4+5) - 2xe^{\text{tg}(x^2+7)}\sec^2(x^2+7)$

▶ **6.46:** $\dfrac{dy}{dx} = \left(\dfrac{2}{x}+1\right)\text{sen}\,(x^{-2}+x^{-1}-5) + 2x\cos(x^{-2}+x^{-1}-5)$

▶ **6.47:** $\dfrac{dy}{dx} = 30\ln^2(\text{cossec}^2(1-5x))\text{cotg}(1-5x) - 3x^4\cos(3x) - 4x^3\,\text{sen}(3x)$

▶ **6.48:** $\dfrac{dy}{dx} = (\cos x)^{\text{sen}\,x-1}[\cos^2 x \ln(\cos x) - \text{sen}^2 x]$

▶ **6.49:** $\dfrac{dy}{dx} = 28x^2(4x^3+1)^{4/3}$

- 6.50: $\dfrac{dy}{dx} = (2x-3)^{-1/2}$

- 6.51: $\dfrac{dy}{dx} = -\dfrac{1}{3}(x^4 + 4x^3 + 2x)^{-2}(4x^3 + 12x^2 + 2)$

- 6.52: $\dfrac{dy}{dx} = \dfrac{e^{2x}(2x-1) - e^{-2x}(2x+1)}{x^2}$

- 6.53: $\dfrac{dy}{dx} = \dfrac{1}{2}[x^5 + x^3 + x)^3 + (x^5 + x^3 + x)^2 + 3(x^5 + x^3 + x)^4]^{-1/2}[3(x^5 + x^3 + x)^2 + (2x^5 + 2x^3 + 2x + 3)][5x^4 + 3x^2 + 1]$

- 6.54: $\dfrac{dy}{dx} = 18x^3(2\cos(3x^2) - 3x^2\,\text{sen}(3x^2))$

- 6.55: $\dfrac{dy}{dx} = \dfrac{4y^2 + 3}{8y}$

- 6.56: $\dfrac{dy}{dx} = \dfrac{(9+y^2)^{1/2}}{9+2y^2}$

- 6.57: $\dfrac{dy}{dx} = \dfrac{8y^2 + 5}{16y}$

- 6.58: $\dfrac{dy}{dx} = \dfrac{2x - y^2}{2xy + 1}$

- 6.59: $\dfrac{dy}{dx} = \dfrac{3y - x^2}{y^2 - 3x}$

- 6.60: $\dfrac{dy}{dx} = -\dfrac{\sqrt{y}}{\sqrt{x}}$

- 6.61: $\dfrac{dy}{dx} = -\dfrac{y}{x}$

- 6.62: $\dfrac{dy}{dx} = -\dfrac{y}{x}$

- 6.63: $\dfrac{dy}{dx} = -\dfrac{y}{2(x+1)}$

- 6.64: $\dfrac{dy}{dx} = -1$

- 6.65: $\dfrac{dy}{dx} = \dfrac{y\,\text{sen}(xy) - y\cos(xy)}{-x\,\text{sen}(xy) + x\cos(xy)}$

- 6.66: $\dfrac{dy}{dx} = \dfrac{-y(xy+3)^{-1/2} + x^{-1/2}}{x(xy+3)^{-1/2}}$

- 6.67: $\dfrac{dy}{dx} = \dfrac{-7\cdot 2^{7x+y}\ln 2 + y}{2^{7x+y}\ln 2 - x}$

- 6.68: $\dfrac{dy}{dx} = \dfrac{2y^{-4}x^{-3} + 3}{-4x^{-2}y^{-5} + 3}$

- 6.69: $\dfrac{dy}{dx} = \dfrac{x^{-4/3} - 3x(x^2 + 2y^2)^{-1/2} + 21}{6y(x^2 + 2y^2)^{-1/2}}$

- 6.70: $\dfrac{dy}{dx} = \dfrac{-6x^2y^4 - 3(3x+y)^{-1/2} + 16x}{8x^3y^3 + (3x+y)^{-1/2}}$

- 6.71: $\dfrac{dy}{dx} = \dfrac{-3x^4e^{3x+y} - 4x^3e^{3x+y} - 4y}{x^4e^{3x+y} + 4x}$

- 6.72: $\dfrac{dy}{dx} = \dfrac{-2x^5y^6 - x^5(x^6 + y^6)^{-1/2}}{2x^6y^5 + y^5(x^6 + y^6)^{-1/2}}$

- 6.73: $\dfrac{dy}{dx} = \dfrac{-x^2y + y^3}{-x^3 + xy^2 - 7x^2y^2}$

- 6.74: $\dfrac{dy}{dx} = \dfrac{3\cos(3x)\cos(4y)}{4\,\text{sen}(3x)\,\text{sen}(4y)}$

- 6.75: $\dfrac{dy}{dx} = \dfrac{y^3 - x^2y}{xy^2 - x^3}$

- 6.76:
$\dfrac{dy}{dx} = mx^{m-1}$ (derivada de 1ª ordem)

$\dfrac{d^2y}{dx^2} = m(m-1)x^{m-2}$ (derivada de 2ª ordem)

$\dfrac{d^3y}{dx^3} = m(m-1)(m-2)x^{m-3}$ (derivada de 3ª ordem)

▶ 6.77:

$\dfrac{dy}{dx} = \dfrac{2a}{(a-x)^2}$ (derivada de 1ª ordem)

$\dfrac{d^2y}{dx^2} = \dfrac{4a}{(a-x)^3}$ (derivada de 2ª ordem)

$\dfrac{d^3y}{dx^3} = \dfrac{12a}{(a-x)^4}$ (derivada de 3ª ordem)

▶ 6.78:

$\dfrac{dy}{dx} = -\dfrac{b}{(a+bx)^2}$ (derivada de 1ª ordem)

$\dfrac{d^2y}{dx^2} = \dfrac{2b^2}{(a+bx)^3}$ (derivada de 2ª ordem)

$\dfrac{d^3y}{dx^3} = -\dfrac{6b^3}{(a+bx)^4}$ (derivada de 3ª ordem)

▶ 6.79:

$\dfrac{dy}{dx} = a^x \ln a$ (derivada de 1ª ordem)

$\dfrac{d^2y}{dx^2} = a^x \ln^2 a$ (derivada de 2ª ordem)

$\dfrac{d^3y}{dx^3} = a^x \ln^3 a$ (derivada de 3ª ordem)

▶ 6.80:

$\dfrac{dy}{dx} = e^x(x+1)$ (derivada de 1ª ordem)

$\dfrac{d^2y}{dx^2} = e^x(x+2)$ (derivada de 2ª ordem)

$\dfrac{d^3y}{dx^3} = e^x(x+3)$ (derivada de 3ª ordem)

▶ 6.81:

(A) $C_t(x) = \dfrac{3x^2 + 400}{x} \to C(200) = 602$

(B) $\dfrac{dC_t(x)}{dx} = 6x$ unidades monetárias

(C) $\dfrac{dC_t(15)}{dx} = 90$ unidades

▶ 6.82:

(A) $C_t(x) = \dfrac{3x^{1/2} + 2x^{1/4} + 100}{x}$

(B) $C_t'(x) = \dfrac{-3x^{1/2} - 3x^{1/4} - 200}{2x}$

(C) $C_t(30) = \dfrac{3\sqrt{30} + 2\sqrt[4]{30} + 100}{30}$

▶ 6.83:

(A) $R_t(x) = -0{,}01x^3 + 700x$
(B) $R_t'(x) = -0{,}03x^2 + 700x$
(C) $R_t'(30) = 673$

▶ 6.84:

(A) $L_t(x) = -0{,}02x^3 + 600x - 100$
(B) $L_t'(x) = -0{,}06x^2 + 600$
(C) $L_t'(40) = 504$ unidades monetárias (em 1000)

▶ 6.85:

(A) $R_t(x) = -0{,}0005x^2 + 1500x$
(B) $L_t(x) = 0{,}0295x^2 + 800x - 10000$
(C) $C_t'(x) = 0{,}06x + 700$
(D) $R_t'(x) = -0{,}001x + 1500$
(E) $L_t'(x) = 0{,}059x + 800$
(F) $C_t(x) = \dfrac{-0{,}03x^2 + 700x + 10000}{x}$
(G) $C_t'(x) = \dfrac{-0{,}03x^2 - 10000}{x^2}$
(H) $C_t'(70) = 695{,}8$, $R_t'(70) = 1499{,}93$, $L_t'(70) = 804{,}3$. Quando o nível de produção é de 70 unidades do produto, o custo real para produzir 1 unidade adicional é de 695,8 unidades monetárias, a receita real de 1499,93 e o lucro real de 804,13.

▶ 6.86:

(A) $C_t'(x) = 1{,}2t^2 - 6t^{-3}$
(B) $C_t'(8) = 76{,}79$
A taxa de crescimento da população de peixes é de 76,79%.
(C) $C_r''(t) = 2{,}4t + 18t^{-4}$
(D) $C_r''(9) = 21{,}6$
A variação da taxa de crescimento da população de peixes é crescente, com taxa de 21,6% ao ano.

▶ 6.87:
(A) $R_t(x) = -0,00007x^3 + 0,05x^2 + 7000x$
(B) $L_t(x) = -0,00014x^3 + 0,0503x^2 + 6300x - 3000$
(C) $C'_t(x) = 0,000021x^2 - 0,0006x + 700$
(D) $R'_t(x) = -0,00021x^2 + 0,1x + 7000$
(E) $L'_t(x) = -0,00042x^2 + 0,1006x + 6300$
(F) $C'_t(200) = 700,72$, que é o custo real na produção de 1 unidade adicional do produto quando o nível de produção é de 200 unidades. $R'_t(200) = 7011,6$, que é a receita real na venda de 1 unidade adicional do produto quando o nível de produção é de 200 unidades. $L'_t(200) = 6303,32$, que é o lucro real na venda de 1 unidade adicional do produto quando o nível de produção é de 200 unidades.

▶ 6.88:
(A) $n'(t) = 4t + 1$
(B) $n'(3) = 13\%$
(C) $n''(t) = 4$
A variação da taxa de falha do sistema é constante nesse período.

▶ 6.89: $\dfrac{dn}{dt} = -0,014$
A taxa de variação no tempo do número de habitações decresce 0,14% ao ano.

▶ 6.90: $\dfrac{dx}{dt} = 0,145$
A taxa de variação no tempo da quantidade demandada aumenta 14,5% ao mês.

▶ 6.91: A produção mensal da fábrica aumentará em 9 unidades.

▶ 6.92: A produção mensal da fábrica será reduzida em 11.250 unidades.

▶ 6.93:
a) $E = -\dfrac{2y}{100 - 2y}$
b) $E(20) = -0,67$
Se ocorrer um aumento de 1% no preço, a demanda cairá aproximadamente 0,67%.
$E(25) = -1,0$
Se ocorrer um aumento de 1% no preço, a demanda cairá aproximadamente 1%.
$E(30) = -15$
Se ocorrer um aumento de 1% no preço, a demanda cairá aproximadamente 1,5%.

▶ 6.94:
a) $E = -\dfrac{10y}{300 - 10y}$
b) $E(10) = -0,5$
Se ocorrer um aumento de 1% no preço, a demanda cairá aproximadamente 0,5%.
$E(15) = -1,0$
Se ocorrer um aumento de 1% no preço, a demanda cairá aproximadamente 1%.
$E(20) = -2,0$
Se ocorrer um aumento de 1% no preço, a demanda cairá aproximadamente 2%.

Capítulo 7

▶ **7.1:** A função não tem máximo nem mínimo relativos.

x = 2   Ponto de inflexão

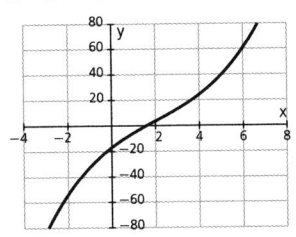

▶ **7.2:**

x = −3 e x = 1 Máximos relativos
x = −1 e x = 3 Mínimos relativos
x = −$\sqrt{5}$, x = 0 e x = $\sqrt{5}$ Pontos de inflexão

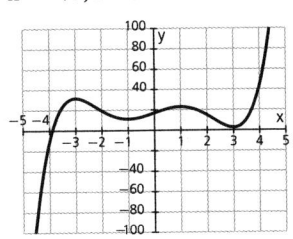

▶ **7.3:** Não tem máximo nem mínimo relativos.

x = −$\frac{1}{2}$ Ponto de inflexão

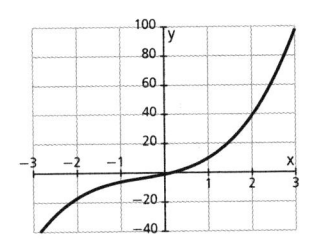

▶ **7.4:**

x = −7   Máximo relativo
x = 3   Mínimo relativo
x = −2   Ponto de inflexão

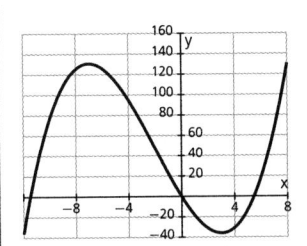

▶ **7.5:**

x = −1   Máximo relativo
x = 5   Mínimo relativo
x = 2   Ponto de inflexão

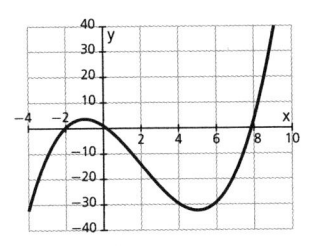

▶ **7.6:** A função não tem máximo nem mínimo relativos.

x = 4   Ponto de inflexão

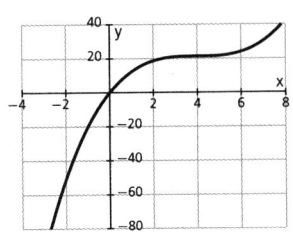

▶ 7.7:

$x = \sqrt{\dfrac{7}{3}}$ Máximo relativo

$x = -\sqrt{\dfrac{7}{3}}$ Mínimo relativo

$x = 0$ Ponto de inflexão

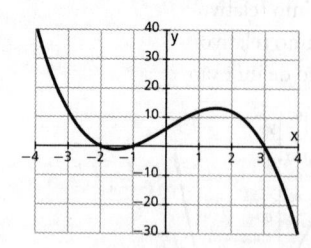

▶ 7.8: A função não tem máximo nem mínimo relativos, e nem ponto de inflexão.
A função tem descontinuidade infinita em $x = \dfrac{3}{2}$.

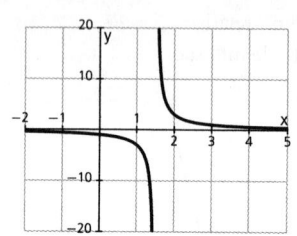

▶ 7.9:

$x = -\dfrac{\sqrt{10}}{4}$ e $x = \dfrac{\sqrt{10}}{4}$ Mínimos relativos

$x = 0$ Máximo relativo

$x = -\dfrac{\sqrt{30}}{12}$ e $x = \dfrac{\sqrt{30}}{12}$ Pontos de inflexão

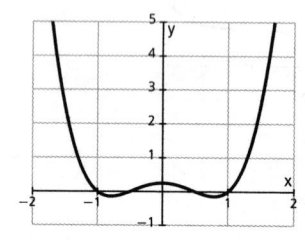

▶ 7.10: A função não tem máximo nem mínimo, e nem ponto de inflexão.
A função tem descontinuidade infinita em $x = -10$.

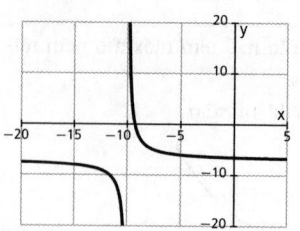

▶ 7.11:

$x = -1$ e $x = 1$ Mínimos relativos
$x = 0$ Máximo relativo
$x = -\dfrac{1}{3}$ e $x = \dfrac{1}{3}$ Pontos de inflexão

Mínimo absoluto → $x = -1$ e $x = 1$
Máximo absoluto → $x = 2$

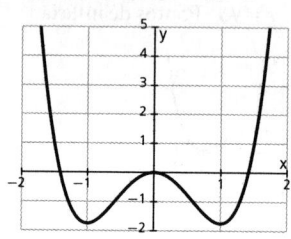

▶ 7.12:

$x = \dfrac{1}{3}$ Mínimo relativo

A função não tem ponto de inflexão.

Mínimo absoluto → $x = \dfrac{1}{3}$

Máximo absoluto → $x = -1$

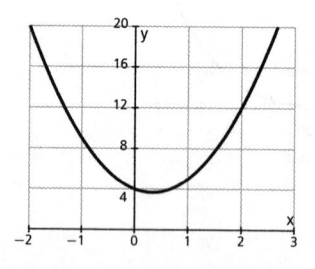

▶ **7.13:**

$x = \dfrac{5}{7}$ Máximo relativo

A função não tem ponto de inflexão.
Mínimo absoluto ➥ x = 2
Máximo absoluto ➥ $x = \dfrac{5}{7}$

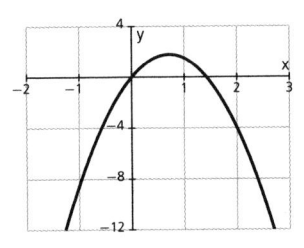

▶ **7.14:**

$x = -\dfrac{1}{3}$ Máximo relativo

$x = \dfrac{1}{3}$ Mínimo relativo

x = 0   Ponto de inflexão
Mínimo absoluto ➥ x = −2
Máximo absoluto ➥ não tem

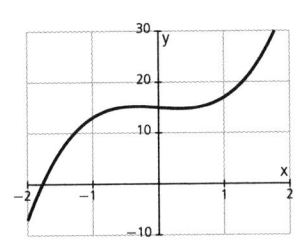

▶ **7.15:** Não tem máximo nem mínimo relativos.
x = 0 ponto de inflexão
Mínimo absoluto ➥ não tem
Máximo absoluto ➥ x = 2

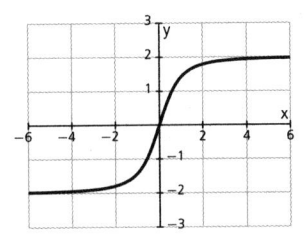

▶ **7.16:** A função não tem máximo nem mínimo relativos, e nem ponto de inflexão.
Mínimo absoluto ➥ x = 3
Máximo absoluto ➥ x = 4

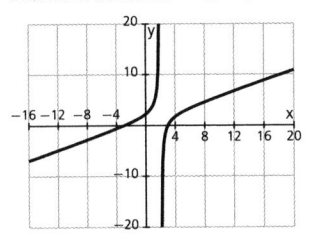

▶ **7.17:**
x = 0   Mínimo relativo
A função não tem ponto de inflexão.
Mínimo absoluto ➥ x = 0
Máximo absoluto ➥ não tem

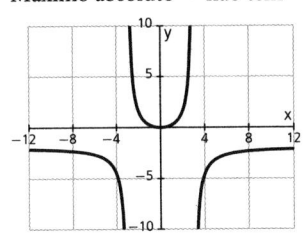

▶ **7.18:**
$x = \sqrt{3}$ Mínimo relativo
$x = -\sqrt{3}$ Máximo relativo
$x = -\sqrt{\dfrac{3}{2}}, x = 0$ e $x = \sqrt{\dfrac{3}{2}}$ Pontos de inflexão
Mínimo absoluto ➥ $x = \sqrt{3}$
Máximo absoluto ➥ não tem

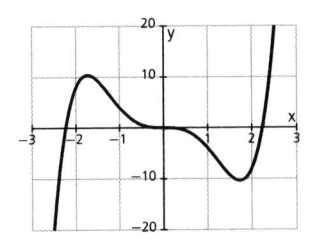

▶ **7.19:** x = 9000 quantidade vendida cujo lucro é máximo.

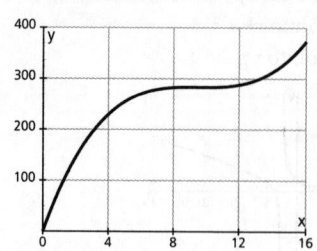

O lucro máximo é de 2.835.000 unidades monetárias na venda de 9.000 unidades do produto. O lucro mínimo é de 2.833.000 unidades monetárias na venda de 10.000 unidades do produto.

▶ **7.20:** x = 9000 quantidade produzida cujo custo é mínimo.

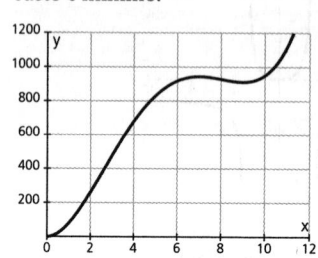

O custo total mínimo é de 91.125.000 unidades monetárias quando 9.000 unidades do produto são produzidas. O custo total máximo é de 94.325.000 quando 7.000 unidades do produto são produzidas.

▶ **7.21:** (A) x = 2.000
(B)

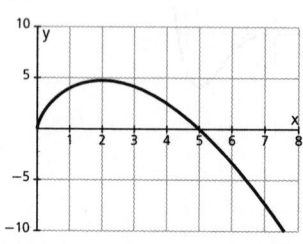

▶ **7.22:** (A) Não há rendimento máximo.
(B)

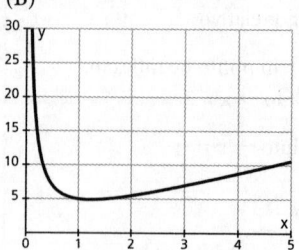

(C) Em t = 1,22, o rendimento teve rendimento mínimo de 4,9%; e em t = 0, os dados não podem ser considerados, pois houve uma descontinuidade.

▶ **7.23:** (A) Demanda máxima em x = 3000 unidades.
(B)

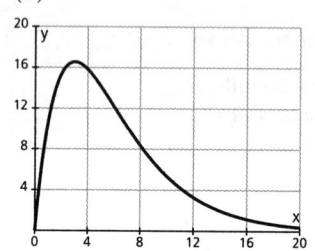

(C) Não existe demanda mínima.

▶ **7.24:** (A) O lucro máximo é obtido quando a demanda é de 1000 unidades do produto.
(B)

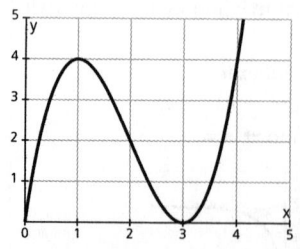

(C) O lucro mínimo (L = 0) é obtido quando a demanda é de 3000 unidades do produto.

▶ **7.25:** (A) O lucro máximo é obtido na venda de 100.000 unidades do produto.
(B)

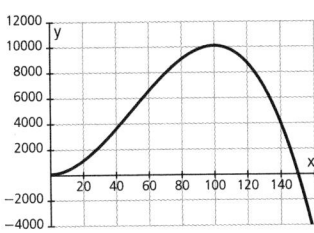

(C) O lucro máximo da indústria é de 10.100.000 unidades monetárias na venda de 100.000 unidades do produto, e não existe lucro mínimo.

▶ **7.26:** (A) Em 1974 o PIB foi máximo, e em 1977, mínimo.
(B)

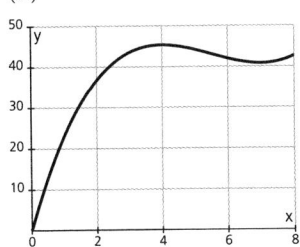

(C) O PIB em 1974 foi de 45,33, e em 1977, 40,83.

▶ **7.27:** (A) O investimento foi máximo em abril de 1999, e mínimo em julho de 1999.
(B)

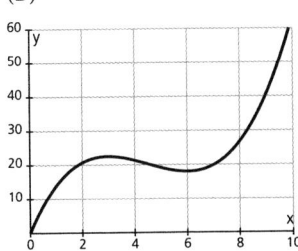

(C) Em abril o rendimento foi de 22,5%, e em julho de 18%.

▶ **7.29:** (A) x = 200 quantidade produzida para obter custo médio mínimo.
(B)

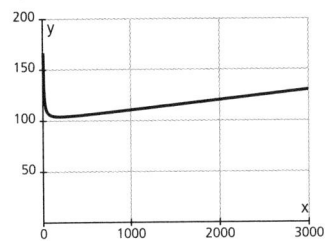

(C) A produção de 200 unidades do produto determina o custo médio mínimo de 104.000 unidades monetárias.

▶ **7.29:** (A) Obtém-se o lucro máximo se forem fabricados e vendidos semanalmente 32 armários.
(B) O lucro semanal máximo é de R$ 61.946,00.
(C)

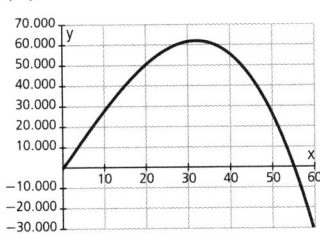

▶ **7.30:**
(A) $R_t(x) = 18x$;
(B) $L(x) = -0,02x^2 + 12x - 500$;
(C) 300;
(D) R$ 1.300,00.

Capítulo 8

- 8.1: 2
- 8.2: 0
- 8.3: 0
- 8.4: $-3/4$
- 8.5: 0
- 8.6: -10
- 8.7: $1/10$
- 8.8: -4
- 8.9: 1
- 8.10: Não existe
- 8.11: $-\sqrt{3}/3$
- 8.12: ∞
- 8.13: $1/9$
- 8.14: 0
- 8.15: 0
- 8.16: 3
- 8.17: 0
- 8.18: 0
- 8.19: $2/3\pi$
- 8.20: $4/\pi$
- 8.21: 1
- 8.22: e^{-6}
- 8.23: ∞
- 8.24: 0
- 8.25: e
- 8.26: 1
- 8.27: ∞
- 8.28: Não existe
- 8.29: não existe
- 8.30: -1
- 8.31: não existe
- 8.32: não existe
- 8.33: não existe
- 8.34: ∞
- 8.35: não existe
- 8.36: e^2
- 8.37: e
- 8.38: ∞
- 8.39: não existe
- 8.40: -1
- 8.41: 0
- 8.42: 1
- 8.43: $-1/\sqrt{5}$
- 8.44: e
- 8.45: $1/2$
- 8.46: $e^{1/2}$
- 8.47: 4,5
- 8.48: $1/2$
- 8.49: 0
- 8.50: $-21/4$

Capítulo 9

- 9.1: $x^2 + 3x + C$
- 9.2: $\dfrac{x^3}{3} - \dfrac{2}{3}x^{3/2} + C$
- 9.3: $\dfrac{3}{4} z^{4/3} + C$
- 9.4: $\dfrac{2}{3} x^3 - \dfrac{5}{2} x^2 + 3x + C$
- 9.5: $\dfrac{2}{3} x^{3/2} - \dfrac{2}{3} x^{5/2} + C$
- 9.6: $3s^3 + 12s^2 + 16s + C$
- 9.7: $\dfrac{1}{3}(x^3 + 2)^3 + C$
- 9.8: $-\dfrac{1}{2}(1 - 2x^2)^{3/2} + C$
- 9.9: $\dfrac{2}{9}(x^3 - 1)^{3/2} + C$
- 9.10: $-\dfrac{4}{3}\left(1 + \dfrac{1}{2x}\right)^{3/2} + C$
- 9.11: $\dfrac{2}{5}\left(x + \dfrac{1}{x}\right)^{5/2} + C$
- 9.12: $-\dfrac{1}{4}(1 - 2x^2)^{1/2} + \dfrac{1}{12}(1 - 2x^2)^{3/2} + C$
- 9.13: $\dfrac{1}{32(1 - 2x^4)^4} + C$
- 9.14: $-\dfrac{3}{4}(3 - 2x)^{3/2} + \dfrac{3}{10}(3 - 2x)^{5/2} - \dfrac{1}{28}(3 - 2x)^{7/2} + C$
- 9.15: $-\dfrac{3}{8}(9 - 4x^2)^{5/3} + C$
- 9.16: $y = x^3 + \dfrac{x^2}{2} + x + \dfrac{5}{2}$
- 9.17: $y = \dfrac{(x + 7)^3}{3} - 239$
- 9.18: $y = \dfrac{2}{11} x^{11/2} - 2$
- 9.19: $y = \dfrac{(x^2 - 3)^{3/2}}{3} - 5$
- 9.20: $y = \dfrac{x^3}{3} + \dfrac{x^2}{2} - x + \dfrac{79}{6}$
- 9.21: 9/2
- 9.22: 14
- 9.23: 29/8
- 9.24: $\sqrt{8} - \sqrt{6}$
- 9.25: 444
- 9.26: 57
- 9.27: $-1105/16$
- 9.28: 15/8
- 9.29: 10/9
- 9.30: 3/16
- 9.31: 36 unidades de área
- 9.32: 16/3 unidades de área
- 9.33: 32 unidades de área
- 9.34: 40/3 unidades de área
- 9.35: 64/3 unidades de área
- 9.36: 32/3 unidades de área
- 9.37: 8 unidades de área
- 9.38: $8\sqrt{3}$ unidades de área
- 9.39: 63/4 unidades de área
- 9.40: $-\dfrac{1}{3}e^{-3x+4} + C$
- 9.41: $e^{x^2+5x+4} + C$
- 9.42: $\dfrac{1}{3}e^{\text{sen}(3x)} + C$
- 9.43: $-\dfrac{1}{7}e^{-7x} + \dfrac{1}{7}e^{7x} + C$
- 9.44: $e^{x^4+3x^2} + C$
- 9.45: $-\ln|-3x^2 + 4x + 5| + C$
- 9.46: $-\dfrac{1}{6}(x^4 + 5x + 16)^{-6} + C$

▶ 9.47: $\dfrac{1}{2\sqrt{5}} \ln\left|\dfrac{\sqrt{5}+x}{\sqrt{5}-x}\right| + C$

▶ 9.48: $\dfrac{1}{5}\ln|3 + 5\sec(x)| + C$

▶ 9.49: $\dfrac{1}{7\cos(7x)} + C$

▶ 9.50: $\dfrac{x^2}{2}\ln x - \dfrac{x^2}{4} + C$

▶ 9.51: $-x\cos x + \operatorname{sen} x + C$

▶ 9.52: $-\dfrac{xe^{-2x}}{2} - \dfrac{e^{-2x}}{4} + C$

▶ 9.53: $-x^3 e^{-x} - 3x^2 e^{-x} - 6xe^{-x} - 6e^{-x} + C$

▶ 9.54: $x\ln x - x + C$

▶ 9.55: $\dfrac{x^6}{6}\ln x - \dfrac{x^6}{36} + C$

▶ 9.56: $2x(5+x)^{1/2} - \dfrac{4}{3}(5+x)^{3/2} + C$

▶ 9.57:
$\dfrac{-2x^2(7-x)^{3/2}}{3} - \dfrac{8x(7-x)^{5/2}}{15} - \dfrac{16(7-x)^{7/2}}{105} + C$

▶ 9.58: $\dfrac{2x(3+x)^{3/2}}{3} - \dfrac{4(3+x)^{5/2}}{15} + C$

▶ 9.59: $\dfrac{x^3 e^{2x}}{2} - \dfrac{3x^2 e^{2x}}{4} + \dfrac{3xe^{2x}}{4} - \dfrac{3e^{2x}}{8} + C$

▶ 9.60: $3\ln|x| - \ln|x+3| + 2\ln|x-1| + C$

▶ 9.61:
$\dfrac{6}{7}(x+1)^{7/6} + \dfrac{6}{7}(x+1)^{5/6} + \dfrac{3}{2}(x+1)^{2/3} + 3(x+1)^{1/2}$
$- 3(x+1)^{1/3} + 3(x+1)^{1/3} + 6x + 6\ln|x| + C$

▶ 9.62: $x + \dfrac{x^2}{2} + \dfrac{7}{2}\ln|x-2| - \dfrac{1}{2}\ln|x| + C$

▶ 9.63:
$2\ln|x+1| - \dfrac{1}{(x-2)^2} + \dfrac{3}{x-2} + \ln|x-2| + C$

▶ 9.64:
$-\dfrac{1}{3x^3} + \dfrac{3}{2x^2} - \dfrac{2}{x} - 5\ln|x| + 4\ln|x+3| + C$

▶ 9.65:
$\dfrac{x^2}{2} - \dfrac{3}{2}\ln|x-1| - 6x + \dfrac{15}{2}\ln|x+1| + C$

▶ 9.66: $\dfrac{3}{x} + \dfrac{2}{3}\ln|x| + \dfrac{5}{3}\ln(x^2+9) + C$

▶ 9.67: $x - 4\ln|x| + 5\ln(x^2+4) + C$

▶ 9.68:
$\dfrac{x^3}{3} - x^2 + 3x - \dfrac{1}{2x} - \dfrac{1}{4}\ln|x| - \dfrac{23}{4}\ln|x+2| + C$

▶ 9.69: $-\dfrac{1}{2(x^2+1)} + C$

▶ 9.70: $x + \dfrac{10}{x-1} - \ln|x-1| + C$

▶ 9.71: $-4x^{1/4} - 4\ln|-x^{1/4}+1| + C$

▶ 9.72: $\dfrac{x^3}{3} + \dfrac{1}{9}\ln|x| - \dfrac{1}{18}\ln(x^2+9) + C$

▶ 9.73: $\dfrac{\sqrt{7+4x}}{8} + \dfrac{7}{8\sqrt{7+4x}} + C$

▶ 9.74: $\sqrt{\dfrac{(2+4x)^3}{24}} - \sqrt{\dfrac{2+4x}{4}} + C$

▶ 9.75: $\sqrt{\dfrac{4+x^2}{4x}} + C$

▶ 9.76:
$\dfrac{3}{2}\sqrt[3]{(x+10)^2} - 3\sqrt[3]{x+10} + 3\ln|\sqrt[3]{x+10}+1| + C$

▶ 9.77: $2\sqrt{-3+x} - \dfrac{6}{\sqrt{-3+x}} + C$

▶ 9.78: $L_t(x) = 40x - \dfrac{5x^2}{2} - x^3$

▶ 9.79: O ganho do consumidor no ponto de equilíbrio é de 130,78 unidades monetárias. O ganho do produtor no ponto de equilíbrio é de 162,29 unidades monetárias.

▶ 9.80: O ganho do produtor é de 2,47 unidades monetárias.

▶ 9.81: O ganho do consumidor é de 3,83 unidades monetárias.

▶ 9.82: O lucro total da fazenda é
$L(x_A; x_B) = -x_A^3 + x_A^2 + 10x_A - x_B^2 + 30x_B + C$.

▶ 9.83: A função de produção total da indústria após 't' anos é $P_t(t) = -1000e^{-0,2t} - 3000e^{-0,1t}$.

▶ 9.84: Aproximadamente 3.668 pessoas contraíram a doença nos primeiros 10 dias.

▶ 9.85: O ganho do produtor é de 14,05 unidades monetárias.

▶ 9.86: O ganho do consumidor é de 10,35 unidades monetárias.

Capítulo 10

10.1: A soma não é definida, pois as matrizes não têm a mesma dimensão.

10.2: $A = \begin{bmatrix} 3 & -1 \\ -1 & 3 \end{bmatrix}$

10.3: $x = -2$ e $y = \dfrac{1}{2}$

10.4: $y = 4$; $z = 1$ e $w = 3$

10.5: (A) $\begin{bmatrix} 3 & -3 & 3 & 3 \\ 2 & -5 & -1 & -4 \end{bmatrix}$
(B) Impossível

10.6: $x = -2$; $y = -2$ e $z = -1$

10.7: $A = \begin{bmatrix} -3 & -2 \\ 1 & 4 \end{bmatrix}$

10.8: $x = \begin{bmatrix} 0 & -2 \\ -1 & -2 \end{bmatrix}$

10.9: $x_1 = 4$; $x_2 = -2$ e $x_3 = -8$

10.10: (A) 3, 5, 9
(B) 1, 4
(C) Não há elementos na matriz diagonal, pois a matriz não é quadrada.

10.11: (A) $\begin{bmatrix} 3 & -6 & 9 \\ 12 & 15 & -18 \end{bmatrix}$
(B) $\begin{bmatrix} -7 & -4 & 0 \\ 29 & 7 & -36 \end{bmatrix}$

10.12: (A) $\begin{bmatrix} 1 & 5 \\ 3 & 11 \end{bmatrix}$
(B) $\begin{bmatrix} 4 & 6 \\ 6 & 8 \end{bmatrix}$

10.13: $x = 2$; $y = 4$; $z = \dfrac{5}{3}$ e $w = 3$

10.14: (A) $\begin{bmatrix} -1 & -8 & 10 \\ 1 & -2 & 5 \\ 9 & 22 & -15 \end{bmatrix}$
(B) $\begin{bmatrix} -15 & 19 \\ 10 & -3 \end{bmatrix}$

10.15: $\begin{bmatrix} 1 & 2 & 0 \\ 0 & 3 & -1 \\ 1 & 4 & 1 \\ 0 & 5 & 4 \end{bmatrix}$

10.16: (A) $\begin{bmatrix} 5 & 1 \\ 1 & 26 \end{bmatrix}$
(B) $\begin{bmatrix} 10 & -1 & 12 \\ -1 & 5 & -4 \\ 12 & -4 & 16 \end{bmatrix}$

10.17: $\begin{bmatrix} -3 & 5 \\ 2 & -3 \end{bmatrix}$

10.18: $\begin{bmatrix} -5 & 4 & -3 \\ 10 & -7 & 6 \\ 8 & -6 & 5 \end{bmatrix}$

10.19: (A) $\begin{bmatrix} -1 & 6 \\ 5 & 1 \end{bmatrix}$
(B) $\begin{bmatrix} -2 & 6 \\ 2 & 3 \end{bmatrix}$
(C) $\begin{bmatrix} 6 & 0 \\ 3 & 6 \end{bmatrix}$

10.20: (A) $\begin{bmatrix} 1 & 0 & 0 \\ 0 & 1 & 0 \\ 0 & 0 & 1 \end{bmatrix}$
(B) $\begin{bmatrix} 1 & 0 & 0 \\ 0 & 1 & 0 \\ 0 & 0 & 1 \end{bmatrix}$
(C) $\begin{bmatrix} -5 & -8 & 0 \\ 3 & 5 & 0 \\ 1 & 2 & -1 \end{bmatrix}$

(D) $\begin{bmatrix} -5 & -8 & 0 \\ 3 & 5 & 0 \\ 1 & 2 & -1 \end{bmatrix}$

▶ 10.21: $x = \dfrac{21}{26}$ $y = \dfrac{29}{26}$

▶ 10.22: $x = 5; y = 1$ e $z = 1$

▶ 10.23: O sistema não pode ser resolvido por meio da regra de Cramer, pois o determinante da matriz dos coeficientes do sistema é zero.

▶ 10.24: $x = 1; y = -1$ e $z = 2$

▶ 10.25: $x = -2; y = 1$ e $z = -3$

▶ 10.26: (A) 57 (B) –80 (C) 23 (D) –255 (E) 610 (F) –488

Capítulo 11

▶ 11.1: $\dfrac{\partial w}{\partial x} = -\operatorname{sen}(x + 3y^2 + 5z^3)$

$\dfrac{\partial w}{\partial y} = -6y\operatorname{sen}(x + 3y^2 + 5z^3)$

$\dfrac{\partial w}{\partial z} = -15z^2\operatorname{sen}(x + 3y^2 + 5z^3)$

▶ 11.2: $\dfrac{\partial w}{\partial x} = 3x^2 + y^2 \cdot 2^{5y-z}$

$\dfrac{\partial w}{\partial y} = 2xy \cdot 2^{5y-z} + 5\ln 2 \, xy^2 \cdot 2^{5y-z}$

$\dfrac{\partial w}{\partial z} = -\ln 2 \, xy^2 \cdot 2^{5y-z}$

▶ 11.3: $\dfrac{\partial w}{\partial x} = \dfrac{5xe^{5x^2+6y^3-7z^2}}{2}$

$\dfrac{\partial w}{\partial y} = \dfrac{9y^2 e^{5x^2+6y^3-7z^2}}{2}$

$\dfrac{\partial w}{\partial z} = -\dfrac{7ze^{5x^2+6y^3-7z^2}}{2}$

▶ 11.4: $\dfrac{\partial w}{\partial x} = \dfrac{1}{x}$

$\dfrac{\partial w}{\partial y} = \dfrac{1}{y}$

$\dfrac{\partial w}{\partial z} = 28z^3$

▶ 11.5: $\dfrac{\partial w}{\partial x} = \dfrac{x}{\dfrac{x^2}{2} + \dfrac{y^3}{3} + \dfrac{z^4}{4}} + 5$

$\dfrac{\partial w}{\partial y} = \dfrac{y^2}{\dfrac{x^2}{2} + \dfrac{y^3}{3} + \dfrac{z^4}{4}} + 7$

$\dfrac{\partial w}{\partial z} = \dfrac{z^3}{\dfrac{x^2}{2} + \dfrac{y^3}{3} + \dfrac{z^4}{4}} + 1$

▶ 11.6: $\dfrac{\partial w}{\partial x} = e^{x+2y+z}(x + 1)$

$\dfrac{\partial w}{\partial y} = 2xe^{x+2y+z} + \dfrac{3}{2}y^{-1/2}$

$\dfrac{\partial w}{\partial z} = xe^{x+2y+z} + 6z^{1/2}$

▶ 11.7: $\dfrac{\partial w}{\partial x} = \dfrac{6x\log_5 e}{3x^2 - 5y^2 + \dfrac{7}{2}z^2} + 21x^2$

$\dfrac{\partial w}{\partial y} = -\dfrac{10y\log_5 e}{3x^2 - 5y^2 + \dfrac{7}{2}z^2} + 20y^3$

$\dfrac{\partial w}{\partial z} = \dfrac{7z\log_5 e}{3x^2 - 5y^2 + \dfrac{7}{2}z^2} + 1$

▶ 11.8: $\dfrac{\partial w}{\partial x} = \dfrac{2x}{3}\sec^2\left(\dfrac{x^2}{3} + \dfrac{y^2}{5} + z^{7/2}\right) + \dfrac{7}{2}$

$\dfrac{\partial w}{\partial y} = \dfrac{2y}{5}\sec^2\left(\dfrac{x^2}{3} + \dfrac{y^2}{5} + z^{7/2}\right) + \dfrac{3}{2}y^{-1/2}$

$\dfrac{\partial w}{\partial z} = \dfrac{7}{2}z^{5/2}\sec^2\left(\dfrac{x^2}{3} + \dfrac{y^2}{5} + z^{7/2}\right) - \dfrac{5}{4}$

▶ 11.9: $\dfrac{\partial w}{\partial x} = y^2 - \dfrac{3\log e}{x}\log_2^2\left(\dfrac{xy}{z}\right)$

$\dfrac{\partial w}{\partial y} = 2xy + z^3 - \dfrac{3\log e}{y}\log_2^2\left(\dfrac{xy}{z}\right)$

$\dfrac{\partial w}{\partial z} = 3yz^2 + \dfrac{3\log e}{z}\log_2^2\left(\dfrac{xy}{z}\right)$

▶ 11.10:
$\dfrac{\partial w}{\partial x} = \dfrac{e^{x+2y+3z}[\text{sen}(2x + 4z^3) - 2\cos(2x + 4z^3)]}{\text{sen}^2(2x + 4z^3)}$

$\dfrac{\partial w}{\partial y} = \dfrac{2e^{x+2y+3z}}{\text{sen}(2x + 4z^3)}$

$\dfrac{\partial w}{\partial z} = \dfrac{3e^{x+2y+3z}[\text{sen}(2x + 4z^3) - 4z^2\cos(2x + 4z^3)]}{\text{sen}^2(2x + 4z^3)}$

▶ 11.11: $\dfrac{\partial w}{\partial x} = -\dfrac{1}{y}\text{cossec}^2\left(\dfrac{x}{y} + \dfrac{y}{z}\right) + e^{x+y}(x + 1)$

$\dfrac{\partial w}{\partial y} = \left(\dfrac{x}{y^2} - \dfrac{1}{z}\right)\text{cossec}^2\left(\dfrac{x}{y} + \dfrac{y}{z}\right) + xe^{x+y}$

$\dfrac{\partial w}{\partial z} = \dfrac{y}{z^2}\text{cossec}^2\left(\dfrac{x}{y} + \dfrac{y}{z}\right)$

▶ 11.12:
$\dfrac{\partial w}{\partial x} = 8x^2\,\text{sen}^3\left(\dfrac{2x^3}{3} - \dfrac{3y^4}{5}\right)\cos\left(\dfrac{2x^3}{3} - \dfrac{3y^4}{5}\right) + 2xz^4$

$\dfrac{\partial w}{\partial y} = -\dfrac{48y^3}{5}\text{sen}^3\left(\dfrac{2x^3}{3} - \dfrac{3y^4}{5}\right)\cos\left(\dfrac{2x^3}{3} - \dfrac{3y^4}{5}\right) + 5$

$\dfrac{\partial w}{\partial z} = 4x^2z^3$

▶ 11.13:
$\dfrac{\partial w}{\partial x} = \dfrac{x^{-1/2}\log e}{2(x^{1/2} + y^{1/4} + z^{1/5})} + 3x^2 e^{x^3+2y^4+3z} + 5$

$\dfrac{\partial w}{\partial y} = \dfrac{y^{-3/4}\log e}{4(x^{1/2} + y^{1/4} + z^{1/5})} + 8y^3 e^{x^3+2y^4+3z} + 6$

$\dfrac{\partial w}{\partial z} = \dfrac{z^{-4/5}\log e}{5(x^{1/2} + y^{1/4} + z^{1/5})} + 3e^{x^3+2y^4+3z} - 3$

▶ 11.14:
$\dfrac{\partial w}{\partial x} = -9y^4\cos^2(3xy^4)\text{sen}(3xy^4) + 7^{x+y+z}\ln 7 + 5z - 7y$

$\dfrac{\partial w}{\partial y} = -36xy^3\cos^2(3xy^4)\text{sen}(3xy^4) + 7^{x+y+z}\ln 7 + 3z - 7x$

$\dfrac{\partial w}{\partial z} = 7^{x+y+z}\ln 7 + 5x + 3y$

▶ 11.15: $\dfrac{\partial w}{\partial x} = y^3 z\sec^2(xz) + \dfrac{1}{4y + z^2}$

$\dfrac{\partial w}{\partial y} = 3y^2\text{tg}(xz) - \dfrac{4x - 8z}{(4y + z^2)^2}$

$\dfrac{\partial w}{\partial z} = xy^3\sec^2(xz) + \dfrac{2z^2 - 8y - 2xz}{(4y + z^2)^2}$

▶ 11.16: $\dfrac{\partial z}{\partial x} = 4ax^3 + 3bx^2y + 2cxy^2 + dy^3$

$\dfrac{\partial z}{\partial y} = bx^3 + 2cx^2y + 3dxy^2 + 4ey^3$

$\dfrac{\partial^2 z}{\partial x\,\partial y} = 3bx^2 + 4cxy + 3dy^2$

$\dfrac{\partial^2 z}{\partial x^2} = 12ax^2 + 6bxy + 2cy^2$

$\dfrac{\partial^2 z}{\partial y^2} = 2cx^2 + 6dxy + 12ey^2$

$\dfrac{\partial^2 z}{\partial y\,\partial x} = 3bx^2 + 4cxy + 3dy^2$

▶ 11.17: $\dfrac{\partial z}{\partial x} = 2x + 3y$

$\dfrac{\partial z}{\partial y} = 3x + 2y;\quad \dfrac{\partial^2 z}{\partial x\,\partial y} = 3$

$\dfrac{\partial^2 z}{\partial x^2} = 2;\quad \dfrac{\partial^2 z}{\partial y^2} = 2$

$\dfrac{\partial^2 z}{\partial y\,\partial x} = 3$

▶ 11.18: $\dfrac{\partial w}{\partial x} = -6x\,\text{sen}(3x^2)$

$\dfrac{\partial w}{\partial y} = 9y^2 \cos(3y^3)$

$\dfrac{\partial w}{\partial z} = 20z^3 \sec^2(5z^4)$

$\dfrac{\partial^2 w}{\partial x\, \partial y} = 0 = \dfrac{\partial^2 w}{\partial y\, \partial x}$

$\dfrac{\partial^2 w}{\partial x\, \partial z} = 0 = \dfrac{\partial^2 w}{\partial z\, \partial x}$

$\dfrac{\partial^2 w}{\partial y\, \partial z} = 0 = \dfrac{\partial^2 w}{\partial z\, \partial y}$

$\dfrac{\partial^2 w}{\partial x^2} = -36x^2 \cos(3x^2) - 6\,\text{sen}(3x^2)$

$\dfrac{\partial^2 w}{\partial y^2} = 18y \cos(3y^3) - 81y^4\, \text{sen}(3y^3)$

$\dfrac{\partial^2 w}{\partial z^2} = 800z^6 \sec^2(5z^4)\text{tg}(5z^4) + 60z^2 \sec^2(5z^4)$

▶ 11.19: $\dfrac{\partial^3 w}{\partial x^3} = -27e^{-3x+4y-5z} - \dfrac{1}{8}\cos\left(\dfrac{x}{2}+y-z\right)$

$\dfrac{\partial^3 w}{\partial y^3} = 64e^{-3x+4y-5z} - \cos\left(\dfrac{x}{2}+y-z\right)$

$\dfrac{\partial^3 w}{\partial z^3} = -125e^{-3x+4y-5z} + \cos\left(\dfrac{x}{2}+y-z\right)$

$\dfrac{\partial^3 w}{\partial x^2 \partial y} = 36e^{-3x+4y-5z} - \dfrac{1}{4}\cos\left(\dfrac{x}{2}+y-z\right)$

$\dfrac{\partial^3 w}{\partial y^2 \partial x} = -48e^{-3x+4y-5z} - \dfrac{1}{2}\cos\left(\dfrac{x}{2}+y-z\right)$

$\dfrac{\partial^3 w}{\partial z^2 \partial x} = -75e^{-3x+4y-5z} - \dfrac{1}{2}\cos\left(\dfrac{x}{2}+y-z\right)$

$\dfrac{\partial^3 w}{\partial z\, \partial y\, \partial x} = 60e^{-3x+4y-5z} + \dfrac{1}{2}\cos\left(\dfrac{x}{2}+y-z\right)$

▶ 11.20:

$\dfrac{\partial^3 w}{\partial x^3} = -64\cos(4x+5y-2z) - 7^{-x+y-2z}\ln^3 7$

$\dfrac{\partial^3 w}{\partial y^3} = -125\cos(4x+5y-2z) + 7^{-x+y-2z}\ln^3 7$

$\dfrac{\partial^3 w}{\partial z^3} = 8\cos(4x+5y-2z) - 7^{-x+y-2z}\cdot 8 \ln^3 7$

$\dfrac{\partial^3 w}{\partial x^2 \partial y} = -80\cos(4x+5y-2z) + 7^{-x+y-2z}\ln^3 7$

$\dfrac{\partial^3 w}{\partial y^2 \partial x} = -100\cos(4x+5y-2z) - 7^{-x+y-2z}\ln^3 7$

$\dfrac{\partial^3 w}{\partial z^2 \partial x} = -16\cos(4x+5y-2z) - 7^{-x+y-2z}\cdot 4\ln^3 7$

$\dfrac{\partial^3 w}{\partial z\, \partial y\, \partial x} = 40\cos(4x+5y-2z) + 7^{-x+y-2z}\cdot 2 \ln^3 7$

▶ 11.21: $dw = 3x^2 dx + 6y\, dy - 24z^3 dz$

▶ 11.22: $dw = 8\,\text{sen}^3(2x)\cos(2x)dx - 5\,\text{sen}(5y)\,dy + 8\,\text{tg}(4z)\sec^2(4z)dz$

▶ 11.23: $dw = ae^{ax+by+cz}dx + be^{ax+by+cz}dy + ce^{ax+by+cz}dz$

▶ 11.24: $dw = \dfrac{5\log e}{x}dx + \dfrac{7\log e}{y}dy - \dfrac{3}{z}dz$

▶ 11.25: $dw = 2x\cdot 7^{x^2}\ln 7\, dx + 6y^2\cdot 8^{2y^3}\ln 8\, dy - 9z^2\cdot 2^{-3z^3}\ln 2\, dz$

▶ 11.26: $dw = (3x^2 + 2xy)dx + x^2 dy - 3z^2 dz$

▶ 11.27: $dw = e^{xyz}(yzdx + xzdy + xydz)$

▶ 11.28: $dw = \dfrac{\ln^{-2/3}(x^2+y^2+2z)}{3}\left[\dfrac{2x}{x^2+y^2+2z}dx + \dfrac{2y}{x^2+y^2+2z}dy + \dfrac{2}{x^2+y^2+2z}dz\right]$

▶ 11.29: $dw = \left(\dfrac{2x}{x^2+y^2} + \dfrac{x}{\sqrt{x^2+y^2}}\right)dx + \left(\dfrac{2y}{x^2+y^2} + \dfrac{y}{\sqrt{x^2+y^2}}\right)dy$

▶ 11.30: $\dfrac{\partial w}{\partial r} = (18r+6)\cos(9r^2 - 20s^2 + 6r + 11s)$

$$\frac{\partial w}{\partial s} = (11 - 40s)\cos(9r^2 - 20s^2 + 6r + 11s)$$

▶ **11.31:** $\dfrac{\partial w}{\partial r} = 9e^{3r}\left(\dfrac{1}{r} - s\right) - \dfrac{3(e^{3r} + s)}{r^2} + 9r^2(r^3 + 2s)^2;\quad \dfrac{\partial w}{\partial s} = \dfrac{3}{r} - 6s - 3e^{3r} + 6(r^3 + 2s)^2$

▶ **11.32:** $\dfrac{\partial w}{\partial r} = (2\operatorname{sen} r - 1)e^{-2\cos r - 2\operatorname{sen} 2s - r - s};\quad \dfrac{\partial w}{\partial s} = (-4\cos 2s - 1)e^{-2\cos r - 2\operatorname{sen} 2s - r - s}$

▶ **11.33:** $\dfrac{\partial w}{\partial r} = (11 - 6r)\sec^2(11r + 3s - 20s^2 - 3r^2 + 9s^3)$

$\dfrac{\partial w}{\partial s} = (3 - 40s + 27s^2)\sec^2(11r + 3s - 20s^2 - 3r^2 + 9s^3)$

▶ **11.34:** $\dfrac{\partial w}{\partial r} = -36r^3s^2 + 10rs + 10s^2 + 162r^5;\quad \dfrac{\partial w}{\partial s} = -18r^4s + 20rs + 5r^2$

▶ **11.35:** $\dfrac{\partial z}{\partial x} = 6x^2z^{1/2};\quad \dfrac{\partial z}{\partial y} = 7y^{5/2}z^{1/2}$

▶ **11.36:** $\dfrac{\partial z}{\partial x} = \dfrac{-\cos(x - 3y) - e^{x+y^2} + 2x}{3z^2};\quad \dfrac{\partial z}{\partial y} = \dfrac{3\cos(x - 3y) - 2ye^{x+y^2}}{3z^2}$

▶ **11.37:** $\dfrac{\partial z}{\partial x} = -\dfrac{7^{x+y^2-z^3}\ln 7(-x - 2y + z) - 1}{-3z^2 \cdot 7^{x+y^2-z^3}\ln 7(-x - 2y + z) + 1}$

$\dfrac{\partial z}{\partial y} = -\dfrac{2y \cdot 7^{x+y^2-z^3}\ln 7(-x - 2y + z) - 2}{-3z^2 \cdot 7^{x+y^2-z^3}\ln 7(-x - 2y + z) + 1}$

▶ **11.38:** $\dfrac{\partial z}{\partial x} = -\dfrac{2\sec^2(2x - 3y + 4z)(4x - y + 2z) + 12\log_{1/4}^2(4x - y + 2z)\log_{1/4} e}{4\sec^2(2x - 3y + 4z)(4x - y + 2z) + 6\log_{1/4}^2(4x - y + 2z)\log_{1/4} e}$

$\dfrac{\partial z}{\partial y} = \dfrac{3\sec^2(2x - 3y + 4z)(4x - y + 2z) + 3\log_{1/4}^2(4x - y + 2z)\log_{1/4} e}{4\sec^2(2x - 3y + 4z)(4x - y + 2z) + 6\log_{1/4}^2(4x - y + 2z)\log_{1/4} e}$

▶ **11.39:** $\dfrac{\partial y}{\partial x} = -\dfrac{y(6x^2 - 1 + xe^{x+2y+z})}{x(-12y^3 + 1 + ye^{x+2y+z})};\quad \dfrac{\partial y}{\partial z} = -\dfrac{y(1 + ze^{x+2y+z})}{z(-12y^3 + 1 + ye^{x+2y+z})}$

▶ **11.40:**

$\dfrac{\partial y}{\partial x} = \dfrac{2xz^{3/2} + 2z\operatorname{tg}(2x - 3y) - yze^{xy}}{3z\operatorname{tg}(2x - 3y) + xze^{xy}};\quad \dfrac{\partial y}{\partial z} = \dfrac{3x^2z^{1/2} - 2\ln(\cos(2x - 3y)) - 2xye^{xy}}{6z\operatorname{tg}(2x - 3y) + 2xze^{xy}}$

▶ **11.41:** A produção aumentará em 10.000 unidades.

▶ **11.42:** Os bens são concorrentes.

▶ **11.43:** Os bens não são concorrentes nem complementares.

▶ **11.44:** Os bens são complementares.

▶ **11.45:** Os bens são complementares.

▶ **11.46:** $\dfrac{\partial C_t}{\partial x} = 5 + 2y;\quad \dfrac{\partial C_t}{\partial y} = 2x + 6y$

Se y é mantido constante em 2 toneladas, a produção de 1 tonelada adicional de x acrescenta 9 unidades monetárias em milhares no custo total.

Se x é mantido constante em 1 tonelada, a produção de 1 tonelada adicional de y acrescenta 14 unidades monetárias em milhares no custo total.

▶ 11.47: $\dfrac{\partial C_t}{\partial x} = 10x + 2xy$; $\dfrac{\partial C_t}{\partial y} = x^2 + 6$

Se a quantidade de tangerinas produzidas é mantida constante em 4 toneladas, a produção de 1 tonelada adicional de laranjas acrescenta 54 unidades monetárias em milhares no custo total.

Se a quantidade de laranjas produzidas é constante em 3 toneladas, a produção de 1 tonelada adicional de tangerinas acrescenta 15 unidades monetárias em milhares no custo total.

▶ 11.48: $\dfrac{\partial y}{\partial x_1} = e^{x_1+x_2}$; $\dfrac{\partial y}{\partial x_2} = 2x_2 e^{x_1+x_2}$

$\dfrac{\partial y}{\partial x_1}$ é sempre positiva e aumenta quando x_1 e x_2 aumentam

$\dfrac{\partial y}{\partial x_2}$ é sempre positiva e aumenta quando x_1 e x_2 aumentam

▶ 11.49: $\dfrac{\partial y}{\partial x_1} = \dfrac{5x_1^{-1/2} x_2^{3/2}}{2}$; $\dfrac{\partial y}{\partial x_2} = \dfrac{15 x_1^{1/2} x_2^{1/2}}{2}$

$\dfrac{\partial y}{\partial x_1}$ é sempre positiva mas diminui quando x_1 aumenta

$\dfrac{\partial y}{\partial x_2}$ é sempre positiva e aumenta quando x_2 aumenta

▶ 11.50: $\dfrac{\partial y}{\partial x_1} = 3x_1^2 x_2^2$; $\dfrac{\partial y}{\partial x_2} = 2x_1^3 x_2$

$\dfrac{\partial y}{\partial x_1}$ é sempre positiva e aumenta quando x_1 e x_2 aumentam

$\dfrac{\partial y}{\partial x_2}$ é sempre positiva e aumenta quando x_1 e x_2 aumentam

▶ 11.51: $\dfrac{\partial C_t}{\partial x} = 2 + 2xy$; $\dfrac{\partial C_t}{\partial y} = x^2 + 1$

Se y é mantido constante em 3000 unidades, a produção adicional de 1000 unidades de x acrescenta 14 unidades monetárias em milhares no custo total. Se x é mantido constante em 2000 unidades, a produção adicional de 1000 unidades de y acrescenta 5 unidades monetárias em milhares no custo total.

▶ 11.52: As vendas aumentarão em 90 unidades.

▶ 11.53: A demanda crescerá à razão de 7 unidades por mês.

▶ 11.54: Daqui a 4 meses, a demanda do suco de laranja será de 110 litros por mês.

▶ 11.55: Serão produzidas cerca de 459,2 unidades adicionais.

Capítulo 12

▶ **12.1:** $\left(-\dfrac{1}{4}, 16\right)$ ponto de máximo local da função

▶ **12.2:** (1,1) ponto de mínimo local, (−2,−1) ponto de máximo local e (−2,1) e (1,−1) pontos de sela

▶ **12.3:** (0,0) mínimo local da função

▶ **12.4:** (0,0) máximo local da função

▶ **12.5:** $\left(-\dfrac{1}{3}, \dfrac{11}{3}\right)$ ponto de sela e (1,5) ponto de mínimo local

▶ **12.6:** (1, 1) ponto de mínimo local

▶ **12.7:** $\left(\dfrac{1}{2}, -1\right)$ ponto de mínimo local

▶ **12.8:** $\left(\dfrac{8}{3}, \dfrac{10}{3}\right)$ ponto de máximo local

▶ **12.9:** (1, 1) ponto de sela

▶ **12.10:** $\left(4, \dfrac{19}{2}\right)$ ponto de mínimo local e $\left(2, \dfrac{7}{2}\right)$ ponto de sela

▶ **12.11:** Bombons tipo 1, (x) = 9; bombons tipo 2, (y) = 1,5; preço por bombom tipo 1 = 22 unidades monetárias; preço por bombom tipo 2 = 7,5 unidades monetárias; e lucro máximo da loja = 160,75 em 1000 unidades monetárias.

▶ **12.12:** A quantidade ótima de x é de 200 unidades e a de y 100 unidades. O lucro ótimo é de 10.500 unidades monetárias.

▶ **12.13:** A quantidade ótima de x é de 53 em 1.000 unidades e a de y de 55 em 1000 unidades. O lucro ótimo da loja é de 770 unidades monetárias.

▶ **12.14:** A quantidade ótima de x é de 3 em 1000 unidades e a de y, de 2 em 1000 unidades. O preço unitário ótimo de x é de 25 unidades monetárias e o de y, de 24 unidades monetárias. O lucro ótimo da indústria é de 90 em 1000 unidades monetárias.

▶ **12.15:** A quantidade ótima de x é de 3 em 1.000 unidades e a de y de 3 em 1000 unidades. O custo mínimo para a produção das TV é de 973 unidades monetárias.

▶ **12.16:** $\left(\dfrac{\sqrt{35}}{2}, \dfrac{1}{2}\right)$ ponto de máximo relativo
$\left(-\dfrac{\sqrt{35}}{2}, \dfrac{1}{2}\right)$ ponto de máximo relativo
(0,3) ponto de mínimo relativo
(0,−3) ponto de mínimo relativo

▶ **12.17:** $\left(\dfrac{187}{21}, \dfrac{88}{21}\right)$ ponto de mínimo relativo

▶ **12.18:** (5,3) ponto de mínimo relativo

▶ **12.19:** (4,7) ponto de mínimo relativo

▶ **12.20:** (8,5) ponto de máximo relativo

▶ **12.21:** $\left(\dfrac{17}{2}, 4\right)$ ponto de mínimo relativo

▶ **12.22:** (14, 16) ponto de máximo relativo

▶ **12.23:** Devem ser produzidos 180 rádios e 50 CDs.

▶ **12.24:** 2.000 unidades do produto do tipo 1 e 1000 unidades do produto do tipo 2.

▶ **12.25:** Devem-se gastar 15.000 unidades monetárias em revistas e 45.000 unidades monetárias em *outdoors*.

▶ **12.26:** Devem ser produzidos 6 sapatos e 12 bolsas.

▶ **12.27:** Deve ser feita uma troca de peça no subsistema x, x = 1, e duas trocas no subsistema y, y = 2.

▶ **12.28:** Devem ser produzidos 600 pães de centeio e 1800 pães de aveia.
O custo mínimo é de 108 unidades monetárias.

Capítulo 13

▶ **13.1:** $\left(\dfrac{52}{71}, -\dfrac{55}{71}, 0\right)$ é o ponto de mínimo relativo da função.

▶ **13.2:** $(-1, 4, 1)$ é o ponto de mínimo relativo da função.

▶ **13.3:** $\left(0, 0, \dfrac{1}{2}\right)$ é o ponto de máximo relativo da função.

▶ **13.4:** $(0, 0, 3)$ é o ponto de mínimo relativo da função.

▶ **13.5:** $\left(\dfrac{20}{3}, \dfrac{10}{3}, 1\right)$ é o ponto de máximo relativo da função.

▶ **13.6:** $\left(\dfrac{1}{2}, \dfrac{1}{6}, \dfrac{1}{2}\right)$ é o ponto de mínimo relativo da função.

▶ **13.7:** $(0, 0, 1)$ é o ponto de máximo relativo da função.

▶ **13.8:** $(0, 0, 2)$ é o ponto de mínimo relativo da função.

▶ **13.9:** $(7, 7, 7)$ é o ponto de mínimo relativo da função.

▶ **13.10:** $\left(\dfrac{2}{3}, -\dfrac{4}{3}, \dfrac{4}{3}\right)$ é o ponto de mínimo relativo da função.

▶ **13.11:** $\left(\dfrac{235}{12}, \dfrac{235}{24}, \dfrac{255}{24}\right)$ é o ponto de máximo relativo da função.

▶ **13.12:** $\left(-\dfrac{2}{11}, -\dfrac{6}{11}, \dfrac{9}{22}\right)$ é o ponto de mínimo relativo da função.

▶ **13.13:** $(15, 9, 11)$ é o ponto de máximo relativo da função.

▶ **13.14:** $(8, 3, 4)$ é o ponto de mínimo relativo da função.

▶ **13.15:** 14 latas do tipo 1, 14 do tipo 2 e 28 do tipo 3 em 1000 unidades.

▶ **13.16:** Devem ser produzidos mensalmente 208 termostatos do tipo 1, 64 do tipo 2 e 80 do tipo 3. O lucro máximo será de 14.680 unidades monetárias.

▶ **13.17:** $(5, 5, 5)$

▶ **13.18:** Devem ser produzidas 400 caixas da cerveja *premium*, 1200 da extra e 600 da *light*.

▶ **13.19:** A produção ótima de cada fábrica é de 10 toneladas cada uma.

▶ **13.20:** Para obter o lucro máximo, a empresa deverá distribuir 8 unidades da revista A, 2 da B e 1 da C.

▶ **13.21:** O custo mínimo é de 108 unidades monetárias.

Capítulo 14

- **14.1:** $-\dfrac{1}{2}e + 1$
- **14.2:** $\dfrac{1}{4}(e^4 + e^2)$
- **14.3:** 23/3
- **14.4:** π
- **14.5:** 42
- **14.6:** 427,74
- **14.7:** $\dfrac{1}{4}\ln 2$
- **14.8:** -4
- **14.9:** 1/2
- **14.10:** $-49/5$
- **14.11:** 1/3 unidade de área
- **14.12:** 125/6 unidades de área
- **14.13:** 1/12 unidade de área
- **14.14:** 1/6 unidade de área
- **14.15:** 0,201
- **14.16:** 4430/7
- **14.17:** $\dfrac{12a}{5}2^{2/3} - \dfrac{6}{5}a$
- **14.18:** $\dfrac{1}{7} + \dfrac{\pi}{8}$
- **14.19:** $\dfrac{3}{16}\ln 3$
- **14.20:** π
- **14.21:** $\dfrac{5(1 - 8^{-12})}{4\ln 8}$
- **14.22:** $\dfrac{16}{21}(e^{3/2} - e^{-3/4})$
- **14.23:** $\dfrac{e^9}{2} - 5$
- **14.24:** $\dfrac{2}{7}\ln\left(\dfrac{10}{3}\right)$
- **14.25:** 17/2450
- **14.26:** $\dfrac{1}{9e^6} + \dfrac{e^6}{9} - \dfrac{2}{9}$
- **14.27:** 0
- **14.28:** $\dfrac{512}{735}\sqrt{2} - \dfrac{74}{735}$
- **14.29:** $\dfrac{2 - \sqrt{2}}{2}$
- **14.30:** $4e - 2$
- **14.31:** 1
- **14.32:** 98/3
- **14.33:** 0
- **14.34:** 54.365/84
- **14.35:** $-2 - \dfrac{11}{9e^3} - \dfrac{e^3}{9}$
- **14.36:** $\dfrac{9}{8e^{-8}} + \dfrac{3}{64} - \dfrac{5}{8e^4}$
- **14.37:** $1 + \dfrac{\pi}{2} + \dfrac{3\pi^2}{8}$

Capítulo 15

- 15.1: Convergente.
- 15.2: Divergente.
- 15.3: Absolutamente convergente.
- 15.4: Divergente.
- 15.5: Condicionalmente convergente.
- 15.6: Absolutamente convergente.
- 15.7: Divergente.
- 15.8: Convergente.
- 15.9: Divergente.
- 15.10: Convergente.
- 15.11: Absolutamente convergente.
- 15.12: Condicionalmente convergente.
- 15.13: Divergente.
- 15.14: Condicionalmente convergente.
- 15.15: Convergente.
- 15.16: Divergente.
- 15.17: Condicionalmente convergente.
- 15.18: Absolutamente convergente.
- 15.19: Absolutamente convergente.
- 15.20: Converge para todo x.
- 15.21: Converge no intervalo $-1 \leq x \leq 1$.
- 15.22: Converge no intervalo $-2 \leq x < 4$.
- 15.23: Converge no intervalo $\dfrac{17}{9} \leq x < \dfrac{19}{9}$.
- 15.24: Converge para todo valor de x.
- 15.25: Converge no intervalo $-1 < x < 1$.
- 15.26: Converge no intervalo $-16 < x \leq 16$.
- 15.27: Converge no intervalo $-1 \leq x < 1$.
- 15.28: Converge no intervalo $-5 < x \leq -3$.
- 15.29: Converge para $x = -2$.

Capítulo 16

- **16.1:** $(5x^2 - 5)^{2/5}(y^2 - 1) = C$
- **16.2:** $y - x + \ln \dfrac{y}{x} = C$
- **16.3:** $x(3 + y^4)^{1/4} = C(1 + x^2)^{1/2}$
- **16.4:** $(1 + y^3)^{1/3} = C(3 + x^4)^{1/4}$
- **16.5:** $\dfrac{-\cos(5x)}{5} + e^{y^3+y+5} = C$
- **16.6:** $3x^2y - 2y^3 = C$
- **16.7:** $\dfrac{2x^2 - y^2}{2x^2y^2} = C$
- **16.8:** $y^2 - 2xy - x^2 = C$
- **16.9:** $x \ln|x| - y - Cx = 0$
- **16.10:** $x^3 + y^3 = Cy^2$
- **16.11:** $4x^3y + 5x^2 + 3y^2 = C$
- **16.12:** $3y \cos x + x \cos y = C$
- **16.13:** $x^2 + 2xy - 2y^2 = C$
- **16.14:** $x \cos y + \dfrac{y^3}{3} = C$
- **16.15:** $y = 2 + Ce^{-x}$
- **16.16:** $x = \dfrac{\ln y}{2} + \dfrac{C}{\ln y}$
- **16.17:** $2xye^x - e^{2x} = C$
- **16.18:** $x = -y^2 + Cy^3$
- **16.19:** $x^3 + 3y \cos x = C$
- **16.20:** $3x^{1/2} = Ce^{y^2/4} + e^{y^2}$
- **16.21:** $e^{2x^2z^4} - 2e^{x^2} = C$
- **16.22:** $x^2y^2 + 2xy^3 + 2e^y - 2 \cos x = C$
- **16.23:** $y = Ce^{y/x}$
- **16.24:** $y = Ce^{2(x/y)^{1/2}}$
- **16.25:** $t^3 e^{(z/t)^3} = C$
- **16.26:** $\ln y = -e^{-x^2} + e^{-x^2/2}$
- **16.27:** $y = \dfrac{7x^3}{3} + 8x - \dfrac{31}{3}$
- **16.28:** $\dfrac{x^2}{2} + 3xy - 2y^2 = -6$
- **16.29:** $ye^x - x^2 = 6$
- **16.30:** $\ln y + e^{-x/y} = 1$
- **16.31:** $y = \left(\dfrac{x^2}{2} - 2x - \dfrac{3}{2}\right)(x - 2)$
- **16.32:** $-\dfrac{2}{y} - \dfrac{3}{2y^3} + x - \ln|x + 1| = -\dfrac{11}{2}$
- **16.33:** $y = e^{\frac{x^3}{3y^3} - 9}$
- **16.34:** $y = \dfrac{x^3}{2} + 3x^2 - 2x \ln|x| + Cx$
- **16.35:** $2\sqrt{\dfrac{y}{x}} - \ln x = 4$
- **16.36:** $3e^{x^2} + 2y^3 - 6 \ln y = 5$
- **16.37:** $\ln y - \dfrac{y}{x} = \ln 2 - 2$
- **16.38:** $e^x + x^3 + e^{xy} + \dfrac{y^3}{3} + \ln y = \dfrac{7}{3}$
- **16.39:** $xe^y - y^2 = 10$
- **16.40:** $xy^2 + 3(y + 1) - 7e^{y-1} = 0$
- **16.41:** $3x^{1/2} - y^2 - 4(1 - y^2)^{1/4} + 1 = 0$
- **16.42:** $x = y\left(\ln x + \dfrac{1}{3}\right)$
- **16.43:** $x^4e^{2y^2} - 2e^{y^2} = 14$
- **16.44:** $12x^3(y + 1)^2 - 3y^4 - 8y^3 - 6y^2 = 31$
- **16.45:** $y^2 = 2 + 7e^{-x^2/2}$
- **16.46:** $x^7(9y^2 + 5x^2) = 8105$
- **16.47:** $y^2 = x^2 - \dfrac{8}{3}x$
- **16.48:** $y = 3e^x$
- **16.49:** $y = 0{,}00037e^{3t}$
- **16.50:** $P = -7 \ln |x| - 8x + 61 + 7 \ln 7$

markpress
BRASIL

Tel.: (11) 2225-8383
www.markpress.com.br